DAS BUCH DES LEBENS

Das Buch des Lebens

Herausgeber
Stephen Jay Gould

AUTOREN
Peter Andrews · Michael Benton
Christine Janis · J. John Sepkoski jr.
Christopher Stringer

ILLUSTRATOREN
Marianne Collins · Ely Kish · John Barber
Akio Morishima · Jean-Paul Tibbles

Aus dem Englischen von
Wolfgang Bansemer-Hoffmann

Wissenschaftliche Beratung für
die deutsche Ausgabe:
Martin Sander

Die Deutsche Bibliothek – CIP-Einheitsaufnahme

Das **Buch des Lebens** / Hrsg.: Stephen Jay Gould. Autoren:
Peter Andrews ... Ill.: Marianne Collins ... Aus dem Engl. von
Wolfgang Bansemer-Hoffmann. – Köln : vgs, 1993
Einheitssacht.: The book of life <dt.>
ISBN 3-8025-1269-3
NE: Gould, Stephen Jay [Hrsg.]; Andrews, Peter; Collins, Marianne;
EST

Titel der englischen Originalausgabe:
The Book of Life

erschienen bei
Ebury Hutchinson/Random House UK Limited, London 1993

Gestaltung: Paul Welti mit Toucan Books Ltd.
Lektorat: Marcus Reckewitz, Bonn
Satz: ICS Communications-Service, Bergisch Gladbach
Druck: New Interlitho S.p.a., Mailand

Printed in Italy

ISBN 3-8025-1269-3

Titelseite: *Tarbosaurus* jagt *Saurolophus* in einen See (mongolische Oberkreide)

INHALT

DER VERGANGENHEIT AUF DER SPUR – ORIGINAL UND FÄLSCHUNG

Stephen Jay Gould

Dem Vorurteil verpflichtet

Die Große Ausstellung von 1851 stärkte die Moral zweier zentraler Gestalten im England Königin Viktorias. Der eine war ihr Gatte, Prinz Albert, der diese großartige Show von Macht und Industrie im Crystal Palace inszenierte und sich die Anerkennung und Achtung seiner zuvor eher mißtrauischen Untertanen sicherte; der andere war Charles Darwin, ein häufiger Besucher der Ausstellung, der dieses riesige, doch transparente Bauwerk als Symbol dafür betrachtete, daß die Nation nun für eine seit Ende der dreißiger Jahre des 19. Jahrhunderts überfällige, geistige Revolution empfänglich geworden war.

Als die Ausstellung im Hydepark die Tore schloß, bauten die Arbeiter Crystal Palace ab, um das neuartige, aus Glas und Stahl gefertigte Gebäude am Stadtrand von Sydenham wiederzuerrichten. Unter den vielen, für den neuen Standort von Crystal Palace vorgesehenen Attraktionen war keine so aufsehenerregend, so neuartig, nachhaltig schöpferisch und dauerhaft wie die Sammlung lebensgroßer Modelle prähistorischer Tiere, die der Londoner Bildhauer Waterhouse Hawkins (1807–1889) in enger Zusammenarbeit mit Englands größtem Anatomen Richard Owen

Eine viktorianische Szene: Dinosaurier im Crystal Palace.

(1804–1892), dem Vater des Begriffs »Dinosaurier«, hergestellt hatte.

Crystal Palace brannte 1936 ab, aber Hawkins Modelle stehen immer noch in Sydenham (seit kurzem nach der lange fälligen Restaurierung im neuen Glanz und mit frischer Farbe). Und sie stehen nach wie vor in ihrer naturalistischen Kulisse, in und um einen künstlichen See (der einst nach Hawkins Originalplänen Ebbe und Flut simulierte, so daß Ichthyosaurier und Plesiosaurier auf- und untertauchten). Ihre derzeitige Umgebung mag die Originallandschaft noch übertreffen, da die teilweise zu diesem Zwecke eigens gepflanzten Bäume heute das *Iguanodon* und den *Megalosaurus* mit einem Schleier des Mysteriums einhüllen.

Zweimal bin ich mit dem Vorortzug von London zum Crystal Palace gefahren. Und beide Male erfüllte mich das derzeitige Ambiente mit Ehrfurcht und Heiterkeit – Ehrfurcht vor einer derart weiträumigen und beeindruckenden Kulisse, die bereits 10 Jahre, nachdem Owen den Namen Dinosaurier geprägt hatte, entstanden war; Erheiterung wegen der unvermeidlichen Irrtümer. Ichthyosaurier und Plesiosaurier sind als Küstenbewohner dargestellt, obwohl sie im offenen Meer lebten. (Die spätere Entdeckung der Rücken- und Schwanzflossen des Ichthyosauriers bewies die Eleganz seines hydrodynamischen, für kraftvolles Schwimmen entworfenen Körperbaus.) *Iguanodon* trägt immer noch den infamen Dorn auf der Nase (in Wirklichkeit ein Teil der Hand des Tieres, jedoch seit der ersten Entdeckung stets an die falsche Stelle gesetzt), und es geht auf allen vieren (obwohl wir heute wissen, daß es ein Zweibeiner war).

Diese Irrtümer sind der übliche Fluch unvollständigen Wissens. Der Dorn des *Iguanodon* wurde als isoliertes Bruchstück gefunden, woher sollte man also wissen, wohin er gehörte? Die Flossen der Ichthyosaurier konnten (da sie keine Stützknochen besitzen) erst im späteren 19. Jahrhundert identifiziert werden, als die großartigen Funde von Fossilien in Holzmaden die Umrisse der weichen Körperteile enthüllten.

Ein anderer Irrtum in Sydenham scheint mir jedoch noch lehrreicher zu sein, da er die Wechselbeziehung zwischen Wissenschaft und menschlichem Leben aufzeigt, die die lebensechte Darstellung von Fossilien so interessant macht (und den vorrangigen Gegenstand dieser Einführung darstellt). Betrachten wir Hawkins *Labyrinthodon*, ein frühes Amphib: Wir wissen, daß dieses Tier langgestreckt war und vier ungefähr gleich große Beine besaß. Hawkins, dem zur Durchführung seiner Arbeit jedoch kaum mehr als ein Schädel zur Verfügung stand, rekonstruierte es als Allerweltsamphib unserer Tage — als Frosch mit kräftigen Sprungbeinen und gedrungenem Körper. Der Grund liegt auf der Hand — wir rekonstruieren entsprechend unserer Vorurteile und Standardvorstellungen.

Die Chronik der Rekonstruktionen fossiler Tiere wird so zu einem faszinierenden Abriß unserer sozialen und geistigen Geschichte. Die Wechselwirkung dieser beiden Faktoren — des empirischen und des sozialen — beschreibt die zentrale Dynamik des Wandels in der Geschichte der Wissenschaft.

Auf der einen Seite gewinnen wir objektiv belegbares Wissen, indem wir immer mehr über Fossilienfunde lernen. *Iguanodon* hatte keinen Dorn auf der Nase, und *Ichthyosaurus* trug eine Rückenfinne. Wir erkennen diese Fakten und gewinnen so an Wissen. Es ist ein Mythos (der häufig aus eigennützigen Interessen aufrechterhalten wird), daß die Wissenschaft stets auf diese Weise vorgeht — intrinsisch und einheitlich. Die Geschichte der sich wandelnden Standpunkte müßte also einen einfachen Fortschritt zu größerem Wissen dokumentieren, das wir durch die Anwendung einer unfehlbaren, zu empirischer Wahrheit verhelfenden Vorgehensweise, der wissenschaftlichen Methode, ermitteln.

Andererseits muß Wissenschaft jedoch in einem gesellschaftlichen Zusammenhang arbeiten und von Menschen vorangetrieben werden, die den Zwängen ihrer Zivilisation, dem Druck der sie umgebenden Umstände, und ihren eigenen Hoffnungen und Träumen unterworfen sind. Wir Wissenschaftler neigen dazu, diese menschlichen Einflüsse herunterzuspielen, da der Mythos unseres eigenen Berufes vorgibt, daß sich wandelnde Ansichten von universalen Begründungszusammenhängen angetrieben werden, die auf einer akkumulierenden Sammlung von Beobachtungen beruhen. Aber wissenschaftlicher Wandel ist stets eine komplexe und untrennbare Mischung aus wachsendem Wissen und sich ändernder sozialer Umstände.

Fotografie des Ichthyosauriers im Crystal Palace, von Stephen Jay Gould.

Daraus dürfen wir jedoch nicht schließen, daß die Sammlung von Fakten der reine Segen ist und der soziale Zusammenhang ein bloßes Hindernis. Daten werden häufig falsch interpretiert (sie erreichen uns nie als eindeutige Tatbestände), doch sich ändernde gesellschaftliche Verhältnisse können alte Vorurteile aufbrechen und den Blick für fruchtbare Neuerungen öffnen. Charles Darwin kam zur Theorie der natürlichen Selektion (Zuchtwahl) mehr durch die Frage, wie er das ökonomische Laisser-Faire-Prinzip von Adam Smith auf die Natur übertragen könnte, als durch die Beobachtung der Schildkröten auf den Galapagos-Inseln.

Die bildhafte Darstellung bietet meiner Erfahrung nach das beste Feld zum Begreifen dieser Wechselwirkung zwischen gesellschaftlichen und intellektuellen Faktoren auf dem Weg der Zunahme von Wissen — und die Darstellung von Urtieren öffnet ein Fenster zur Erkenntnis unseres Selbst, indem sie unsere Vorstellungen von Geschöpfen aus ferner Vergangenheit bündelt. Schauen wir in einen Brontosaurus hinein, und die Kobolde unserer Phantasie werden uns entgegenstarren.

Bildhafte Darstellungen treffen uns unvorbereitet, da wir als Intellektuelle darauf trainiert sind, Texte zu analysieren und Zeichnungen oder Fotografien als unbedeutendes Beiwerk abzutun. So analysieren wir Sprache eingehend auf Unstimmigkeiten und verborgene Bedeutungen, während wir unsere Bilder als Dekorationen und Veranschaulichungen begreifen, als simple Illustrationen einer natürlichen Realität oder als Krücken für schlichte Gemüter, die eine visuelle Stütze benötigen. Wir enthüllen uns in dem, was wir nicht genau prüfen.

Die Abhängigkeit der bildhaften Darstellung von gesellschaftlichen Konventionen offenbart

Studie für Rudolph Zallingers Wandgemälde in Yale: »The Age of Reason« (Das Zeitalter der Aufklärung).

sich in dem Kontrast zwischen den dargestellten Szenen und jeglichem erfaßbaren Gegenstück in der Natur. (Ich war oft überrascht, wie viele Menschen den Unterschied zwischen der Natur und unseren Vorstellungen von Natur in der malerischen Abbildung nicht erkennen. Viele von uns betrachten diese Bilder das ganze Leben lang, und sehen sie nach wie vor als Ebenbilder der natürlichen Welt an.) Alle Kunstgattungen folgen gesellschaftlichen Konventionen, doch einige Menschen nehmen an, daß die Endprodukte eine natürliche Gegebenheit wiedergeben. Betrachten wir nur einmal drei Faktoren, die die gemalten Fossilienschauplätze von der angenommenen Wirklichkeit unterscheiden.

1. Die Anzahl. In der Natur werden die Organismen normalerweise mit den verschiedensten Ereignissen nicht gleichzeitig und am selben Ort konfrontiert. Diesen Tatbestand jedoch als Realität darzustellen, wäre langweilig. Außerdem steht in Museen und Büchern nur wenig Raum für gemalte Szenen zur Verfügung, so daß die Künstler die begrenzten Möglichkeiten optimal ausnutzen müssen. Wenn ich nur ein einziges Bild einer Landschaft des Mesozoikums malen darf, versuche ich, alles darin unterzubringen — Raubtier und Beute, Teichbewohner und Bergkletterer. Denken wir doch nur an Rudolph Zallingers berühmtes Wandgemälde an der Yale-Universität. Wir akzeptieren die erforderliche pädagogische Absicht, machen uns aber kaum klar, daß diese Szenen eher eine künstlerische

Umsetzung denn die natürliche Landschaft darstellen.

2. Die Handlung. Wir zeichnen die Tiere während ihrer wenigen »interessanten« Lebenssituationen, doch unser Begriff von »interessant« ändert sich mit der Zeit. Die viktorianischen Zeitgenossen liebten Tennysons Beschreibung der »Natur, rot in Zähnen und Klauen« und übergingen gemäß der gesellschaftlichen Konvention beschämt die Paarungsszenen. Die Zeichnungen stellen nahezu unverändert stets den Beutezug in den Mittelpunkt (hübsch appetitlich mit wenig fließendem und geronnenem Blut). Darstellungen der vergangenen zwei Jahrzehnte, besonders wenn sie für Kinder gemalt wurden, konzentrieren sich mehr auf »erziehungsgerechte« Themen — mütterliches Verhalten, Schützen und Helfen.

Der Prototyp der Darstellung von »Szenen aus der Tiefe der Zeit« (um Martin Rudwicks Titel seines letzten Buches zu erwähnen) ist Henry de la Beches »Duria Antiquior« (Das alte Dorset), erstmalig lithographiert 1830, jedoch unzählige Male reproduziert (auf legalem Wege ebenso wie als Raubdruck) und auch als Vorlage von nahezu allen späteren Künstlern oft schamlos abgekupfert. De la Beche, seinem frankophonen Namen zum Trotz im tiefsten Innern Engländer, war der erste Direktor des Britischen Geologischen Dienstes. Um sicherzugehen, zeichnete er seine Gestalten teilweise mit einem humorvollen Augenzwinkern (durch den Verkauf

unterstützte er die verarmte Sammlerin Mary Anning, der die britischen Paläontologen so viel zu verdanken haben). De la Beches Gemälde wurde gleich zu Beginn dieser Kunstform im wahrsten Sinne des Wortes zum Vorbild der Darstellung des Lebens der Urzeit. Schauen wir uns an, wie er den Vorstellungen von einer unnatürlich dichten Bevölkerung und einer eindringlichen Handlung Rechnung trägt: Nahezu jedes Geschöpf ist Fresser oder Gefressener, und der im Mittelpunkt stehende Ichthyosaurier, der die Zähne in den Nacken eines Plesiosauriers schlägt, wurde zum Inbegriff der bildhaften Rekonstruktion im 19. Jahrhundert. (Beachten wir aber auch de la Beches unkonventionelle Darstellung des Kotes mehrerer großer Tiere – ein Punkt, den die meisten seiner Plagiatoren später »korrigierten«.)

3. Der Schwerpunkt. Wir kommen nun von der erforderlichen künstlerischen Umsetzung (die immer noch die Wirklichkeit verzerrt und falschen Vorstellungen Vorschub leistet), zu dem vornehmlich gesellschaftlichen Einfluß (was den Verkauf und die Akzeptanz betrifft), der diese Gemälde zu einer solch tendenziösen Darstellung der fossilen Welt macht. Betrachten wir die vollständige Geschichte des Lebens, zumindest seit Entstehen moderner mehrzelliger Tiere (bereits hier liegt ein Vorurteil) vor über 500 Millionen Jahren: Die Taxonomen beschrieben über eine Million Arten (zumeist Insekten), unterteilt in über 20 Stämme. In diesem Heer machen die

Vertebraten (Wirbeltiere) mit rund 40 000 Arten lediglich einen Teil eines einzigen Stammes aus. Die Menschen sind bloß ein Zweig vom Lebensbaum (immerhin ein ungewöhnlich erfolgreicher Zweig, der die größten Organismen ausgebrütet hat).

Ich habe nichts gegen die Hervorhebung der Wirbeltiere, haben wir doch ein ureigenes Interesse an uns selbst und unseren unmittelbaren Vorfahren. Doch die konventionellen Darstellungen der Geschichte des Lebens als einem Triumphzug von den Wirbellosen bis zum Menschen verfälschen das Hauptmuster unserer Fossilienfunde.

Jüngere geologische Epochen mögen neue Arten von Vertebraten hinzufügen, aber die Invertebraten (und die frühen Vertebraten) verschwinden doch deshalb nicht; sie bestehen fort und beherrschen die meisten ihrer Lebensräume. So ist das konventionelle Tableau des Kambriums ein Meeresboden, gefüllt mit Trilobiten und Brachiopoden, während die Standarddarstellung des späteren Tertiärs eine mit Säugetieren gefüllte Landschaft zeigt. Doch die Ozeane beherrschen unseren Planeten noch heute und bedecken rund 70 Prozent der Erdoberfläche; immer noch wimmeln sie von wirbellosem Leben, das sich auf faszinierende Weise von den kambrischen Faunen unterscheidet. Und doch zeigt kein konventionelles Bild der Geschichte des Lebens je eine Unterwasserszene mit Wirbellosen aus einer Zeit, als die Landwirbeltiere sich entwickelten.

Henry de la Beches
Zeichnung vom Leben
»im urzeitlichen
Dorset« (1830).

Ein Verteidiger der Tradition mag einwenden, daß sie jedermann verstehe. Die Geschichte der Wirbeltiere sei doch nur ein besonders interessantes Beispiel für die Gesamtheit. Dem ist nicht so. Im Bildtitel beanspruchen diese künstlerischen Schmuckstücke Einschließlichkeit. Untersuchen wir die drei einflußreichsten Darstellungen unseres Jahrhunderts – Charles R. Knights »Before the Dawn of History« (Vor der Morgenröte der Geschichte), 1935, sein späteres Werk »Parade of Life Through the Ages« (Parade des Lebens durch die Zeiten), 1942, und den Band von J. Augusta und Z. Burian, 1956, über »Prähistorische Tiere«. Nicht einer zeichnet auch nur ein einziges wirbelloses Tier aus irgendeiner auf die Entstehung der Wirbeltiere folgenden Epoche. Selbst dieses Buch, das mit der ausführlichen Betrachtung der Invertebraten bereits einen großen Schritt nach vorne darstellt, bricht nicht mit dieser ungerechten Tradition der bildlichen Darstellung vom Triumphzug des *Homo sapiens.* Dennoch nennen wir dieses Werk umfassend »Das Buch des Lebens«.

Obgleich die Menschen erkennen, daß Invertebraten und »niedere« Vertebraten fortbestanden, nährt die einseitige bildliche Tradition die Überzeugung, daß solche »primitiven« Formen in den Startblöcken stehenblieben (und deshalb ganz zu Recht

vernachlässigt werden können), als die Fackel der Neuerung auf höhere Vertebraten überging (die deshalb eine Chronik wert sind). Dem ist nicht so. Sämtliche Formen des Lebens vervielfältigen und adaptieren sich weiter, spielen weiterhin ihre faszinierende Rolle für die endlose Ebbe und Flut, für das Aussterben und Entstehen des Lebens. Wir fördern die Darstellung eines schiefen Bildes, wenn wir die Geschichte der früh entstandenen Tiere ignorieren und so tun, als ob der Zweig der Vertebraten als Ersatz für die gesamte spätere Geschichte stehen könnte. Außerdem ist das so verursachte Mißverständnis der schlimmste und gefährlichste unserer Irrtümer über die Geschichte unseres Planeten – die arrogante Vorstellung, daß die Evolution eine vorhersehbare Richtung mit dem Ziel Mensch habe.

Selbst wenn ein Künstler etwas Platz für Wirbellose läßt, entspricht dieser in den seltensten Fällen der ihrer eigentlichen Bedeutung oder der dargestellten Epoche. Der größte Teil der Geschichte des Lebens wird in ein oder zwei einführende Bilder gepreßt. Augusta und Burian widmen die ersten drei von sechzig Darstellungen den Wirbellosen des Paläozoikums. Knight (1942) gönnt ihnen zwei von vierundzwanzig – eines über Tiere des Burgess Shale, das andere den Eurypteriden als den größten und auffälligsten Wirbellosen. Knights früheres Werk (1935) behandelt die prävertebrate Erde nur geringfügig großzügiger, indem er ihnen die ersten vier von vierundvierzig Illustrationen widmet: »Die Welt vor dem Leben«, »Blaugrüne Algenteiche«, »Küste des Ordoviziums« und »Korallenriff im Silur — im Gebiet von Chicago«. Diese vier Bilder erniedrigen das wirbellose Leben zu einer Randerscheinung. Keine der dargestellten Schauplätze zeigt die Wirbellosen in ihrem natürlichen Lebensraum — nämlich unter Wasser. Sie alle folgen einer alten künstlerischen Konvention, die auf das 17. Jahrhundert zurückgeht und von Rudwick (1992) gründlich dokumentiert wurde und die Invertebrate nur als tote, an die Küste geworfene Geschöpfe zeigt. Wir können uns aber keine klare Vorstellung vom Leben im Meer machen, wenn uns diese Tiere nur als Schale oder austrocknende Kadaver, die in eine fremde Umgebung geschleudert wurden, präsentiert werden.

Bis 1942 korrigierte Knight diesen Fehler und zeigte in seinen beiden Bildern die Invertebraten als lebende Unterwassergeschöpfe. Rudwick merkt an, daß westliche Künstler vermutlich Schwierigkeiten hatten, sich überhaupt eine unterseeische Landschaft vorzustellen, bevor Mitte des 19. Jahrhunderts der große Aquarien-Boom solche Schauplätze in das allgemeine Interesse rückte.

In diesem Sinne ist de la Beches »Duria Antiquior« von 1830 ein tatsächlich bahnbrechendes Bild, das später selten wiederholt wurde (abgesehen von simplen Kopien). Knights fortgesetztes Befolgen der alten Konventionen ein Jahrhundert später beweist, wie schwer es offensichtlich fiel, die Wirbellosen fair zu behandeln.

Denen, die eine bildhafte Darstellung als nebensächliche oder unterstützende Funktion zum Text begreifen, möchte ich einen wesentlichen Tatbestand unserer eigenen biologischen Entwicklung entgegenhalten. Primaten sind im wesentlichen visuelle Tiere, und zwar seitdem die ersten Baumbewohner des frühesten Tertiär flink durch das Geäst turnten oder sich zu Tode stürzten. Die Menschen als ihre rechtmäßigen Erben lernen durch visuelle Wahrnehmung und Darstellung. Als Konfuzius verkündete, daß ein gutes Bild mehr wert sei als zehntausend Worte, offenbarte er kein verschlüsseltes Orakel geheimnisvoller östlicher Weisheit, sondern beschrieb eine zentrale Wahrheit.

Apatosaurus, Gemälde von Charles R. Knight.

In diesem Zusammenhang habe ich nie begriffen, warum großformatige Bildbände von Akademikern und Intellektuellen häufig geringschätzig als »Kaffeetischlektüre« verurteilt werden (wenn diese Einschätzung auch eher von Angebern als von reputierten Wissenschaftlern vorgenommen wird). Ich betrachte einen Kaffeetisch keineswegs als niederes Möbelstück, und für mich gehören schöne und informative Bücher mit Bildern zu den wertvollsten Erzeugnissen des Verlagswesens.

Die Geringschätzung illustrierter Bücher gepaart mit unserer entgegengesetzten Neigung, uns von Bildern bewegen und beeinflussen zu lassen und das große Maß an gesellschaftlichen und kulturellen Fehldarstellungen in einem Medium, dessen Existenz und Möglichkeiten wir nicht genügend untersuchen – all dies macht die Kunst der optischen Darstellung zu einem enorm wichtigen Gegenstand für Wissenschaftler und Historiker, die der menschlichen Vorstellungswelt nachspüren.

Dies ist auch mein persönliches Lieblingsthema, das in der Chronik der menschlichen Geistesgeschichte zu meinem Bedauern nach wie vor zu wenig beachtet und untersucht wird (siehe Gould, 1990, 1993).

Die optische Darstellung der Vergangenheit kommt zu uns wie ein Dieb in der Nacht – machtvoll und erstaunlich wirkungsvoll, jedoch oft so leise, daß wir ihren Einfluß gar nicht bemerken. Auf die Frage, »wer unsere (bis vor kurzem noch geltende) konventionelle Vorstellung von Dinosauriern als ausgesprochen dumme Schwergewichte geprägt hat«, werden die meisten nach dem Namen eines Wissenschaftlers suchen, der den Dinosaurier-Begriff prägte. Aber die Antwort ist klar und eindeutig: Es war Charles R. Knight (1874–1953), von dem wohl viele noch nie gehört haben. Er war der große, konkurrenzlose Dinosaurier-Illustrator seiner Zeit.

Er malte vor dem II. Weltkrieg sämtliche großen Wandgemälde in den großen amerikanischen Museen – New York, Chicago, Los Angeles. Seine eleganten, anatomisch akkuraten, ökologisch ausführlichen und aufregend anzuschauenden Bilder füllten Bücher und Magazine. Charles R. Knight schuf die maßgebenden Darstellungen von Dino-

»Überquerung der Senke«, Restauration eines *Mamenchisaurus hochuanensis* von Mark Hallett.

sauriern, für Wissenschaftler ebenso wie für Laien. Ich kann mir keinen stärkeren Einfluß eines einzelnen Mannes in einem solch breitgefächerten Gebiet wie der Paläontologie vorstellen.

Ein Signal unseres sich ändernden Verständnisses stammt von einer neuen Generation von Dinosaurier-Künstlern, die endlich diese großen alten Konventionen überwinden und alternative Darstellungen für eine erstaunliche Reihe von Produkten liefern, vom Kinderbuch über Cornflakes-Kartons bis hin zu Briefmarken.

Betrachten wir nur den Unterschied zwischen Knights klassischem Brontosaurus, der im Wasser watet, da selbst derartige elefantenartige Säulenbeine einen solch gewichtigen Körper an Land nicht tragen konnten, und Mark Halletts entsprechende Sauropoden, die mit ausgestrecktem Kopf und Schwanz vorwärts stapfen.

Hatte Konfuzius recht? Oder soll ich weitere 20 000 Worte zur Erläuterung der konzeptionellen Unterschiede verschwenden? »Ein passendes Wort ist wie goldene Äpfel in Bildern aus Silber« (Sprüche 25:11).

Marksteine der Geschichte der Fossilien-Darstellung

Schon in alten griechischen Texten stoßen wir auf Beschreibungen von Fossilien. In den Abhandlungen von Konrad Gesner und Ulysse Aldrovandi aus dem 16. Jahrhundert finden wir Holzschnitte von Fossilien als Gründungsdokumente der modernen Naturkunde. Die erste Rekonstruktion eines fossilen Wirbeltieres aus verstreuten Knochen wird für gewöhnlich (meines Erachtens jedoch mit zweifelhafter Berechtigung) dem deutschen Physiker und Erfinder der Luftpumpe, Otto von Guericke (1602–1686), für ein groteskes Einhorn zugeschrieben, das aus einem Haufen unzusammenhängender Fundstücke zusammengesetzt war. Die ersten korrekten Rekonstruktionen von fossilen Vertebraten wurden erst möglich, als Georges Cuvier in den letzten Jahren des 18. Jahrhunderts auf der Basis eines ganzen Museums voller moderner Skelette die Wissenschaft der Wirbeltierpaläontologie begründete.

Aus der *Kupferbibel* von Johann Jakob Scheuchzer.

Aber in diesem Buch interessiert uns eine andere Tradition – Fleisch und Blut, Wechselwirkung und Ökologie. Unser Anliegen ist die Verschmelzung von künstlerischer und wissenschaftlicher Vorstellungskraft zur Herstellung von Leitbildern aus der Vergangenheit – Szenen aus der Tiefe der Zeit, um die passende Ausdrucksweise von Rudwicks Titel aufzugreifen. Dieses Thema wurde von der Wissenschaft kaum behandelt, obwohl Rudwick (1992) einen hübschen Anfang versuchte. Ich kann deshalb keine allgemein anerkannte Geschichte der Entwicklung prähistorischer Darstellungen vorlegen. Statt dessen möchte ich ein paar Vorschläge in Form von vier aufeinanderfolgenden Marksteinen in einer zum großen Teil unerforschten Chronologie machen.

1. *»Die Kupferbibel« (1731–1733) von J. J. Scheuchzer.* Wenn es vor Cuvier keine angemessene Rekonstruktion individueller fossiler Vertebraten gab, konnte es vor dem 19. Jahrhundert auch keine korrekt ausgeführten künstlerischen Szenen prähistorischen Lebens geben. Aber Rudwicks »Szenen aus der Tiefe der Zeit« enthält mehrere wertvolle Spuren, von denen einige in eine Welt führen, die nur geringe unmittelbare Kenntnis von Fossilien hatte. Wenn eine Spur in der exakten Beschreibung von Fossilien besteht, dann leitet sich eine zweite, ebenso wichtige von anderen kulturellen Überlieferungen ab, die in der bildlichen und chronologischen Darstellung des Triumphzugs der Geschichte besteht.

Wir beziehen unsere historischen Daten heute aus geologischen und anderen naturwissenschaftlichen Fachtexten. Unsere Vorläufer lasen jedoch andere, eher literarische Texte – sie studierten die Worte der als unfehlbar geltenden Heiligen Schrift. Heute weisen wir die kurze Zeitskala, die wörtliche Auslegung, die Anerkennung von Wundern als Faktoren des Wandels zurück, doch die biblische Geschichte hat viele Elemente mit unserer späteren Darstellung der Ereignisse in der Tiefe der Zeit gemein: Sie ist umfassend (sie beginnt mit der Entstehung der Erde), aufeinanderfolgend, progressiv (in den sechs Schöpfungstagen), und vor allem ist sie intellektuell und moralisch bildend. Rudwick hat deshalb geltend gemacht (in meinen Augen zu Recht, und ich folge ihm in der Auswahl des Einstiegs), daß die Überlieferungen der bildhaften Bibelgeschichte die Grundlage unseres Genres darstellen.

Die Überraschung über solch einen Anspruch (den einige bereits im Keim zurückweisen möchten) sollten wir zu einer Korrektur

Aus der *Kupferbibel* von Johann Jakob Scheuchzer.

unserer Vorurteile nutzen. Wir wurden gelehrt, daß Wissenschaft und Religion in sich unvereinbar sind, aber das gilt nur (und auch nur eingeschränkt) für den kleinen Bereich, in dem die Theologie einst ihren Arm zu weit in taxonomische Gefilde vorstreckte, die heute der empirischen Forschung unterliegen. In anderen Bereichen bieten Wissenschaft und Religion unterschiedliche und unschätzbare (jedoch gleichermaßen notwendige) Einsichten in die verschiedenen Facetten des Lebens – Sphären des Wissens und der Ethik, die in ihrer Gemeinschaft Weisheit darstellen. In anderen Gebieten mögen Wissenschaft und Religion gemeinsame Interessen haben, zum Beispiel die gemeinsame Neigung, den Pfad der Geschichte als einen feierlichen Festzug zu interpretieren.

Der große Schweizer Gelehrte Johann Jakob Scheuchzer (1672–1733) lebte in einem Zeitalter, das keine scharfen Grenzen zwischen den später in Fakultäten unserer Universitäten aufgeteilten Disziplinen zog. Er war Arzt und Mathematikprofessor in Zürich, veröffentlichte jedoch auch eine topographische Karte der Schweiz und schrieb ein 29bändiges Werk über die Geschichte der Schweiz. Seine bedeutenden paläontologischen Veröffentlichungen, besonders über Pflanzen, weisen ihn als einen der Begründer unserer Wissenschaft aus. In seinem späteren Leben, bis kurz vor seinem Tod, vollendete Scheuchzer einen der großen Triumphe in der Geschichte der wissenschaftlichen Veröffentlichungen. Die Tragweite können wir nur begreifen, wenn wir eine Analogie zu einem vergleichbaren Ereignis der Gegenwart bemühen: Heute würde es sich um eine verschwenderisch mit Mitteln ausgestattete, vielstündige, keine Ausgaben scheuende, mit Kamerateams in aller Welt realisierte TV-Sonderserie handeln, mit Scheuchzer als Carl Sagan oder Bill Moyers, und einem nach Hunderten von Mitarbeitern zählenden Team (und mit nach Millionen zählender Unterstützung der Fernsehgesellschaften), die ein solches Projekt erst ermöglichen. Die »Physica Sacra« (die »Heilige Physik«, die im wesentlichen die heute von uns als Naturwissenschaft bezeichnete Domäne umfaßt) besteht aus einer Reihe großer Folianten, die mit 745 ganzseitigen Kupferstichen versehen sind, die die biblische Geschichte in chronologischer Reihenfolge vom Anbeginn der Zeit abbilden und extensiv jedes verfügbare Verbindungsglied zwischen einer Bibelpassage und jeglichem wissenschaftlichen oder kulturellen Zusammenhang kommentieren. Wenn Jesus die Pharisäer und

Sadduzäer als »Sippe von Vipern« bezeichnet, untermalt Scheuchzer dies mit einem wundervollen Stich einer vollständigen Taxonomie bekannter Schlangen. Der Bau des Tempels des Salomo wird mit einer großartigen Serie von Stichen über die Normen und Praktiken der öffentlichen Architektur illustriert. Die Sintflut animierte ihn zu mehreren Versionen der Arche, maßstabsgetreu gezeichnet und mit Vorschlägen versehen, wie man die Tiere unterbringen könnte.

Die Stiche wurden zunächst von Scheuchzers Freund J. M. Fueslin gezeichnet und dann von einem Team, bestehend aus 19 Künstlern unter der Leitung von Johann Andreas Pfeffel, dem kaiserlichen Graveur des Heiligen Römischen Reiches, graviert. Einige dieser Künstler arbeiteten ausschließlich an dem reichen barocken Rahmenwerk, das die Szenen umgab. Einer schrieb die Titel in lateinischer und gotischer Schrift. »Physica Sacra« erschien in drei Auflagen, eine in Scheuchzers Muttersprache Deutsch, die anderen in Latein und Französisch, der alten und der neuen internationalen Sprache der Wissenschaft und der Gelehrten. Der Titel der deutschen Ausgabe spielte auf die Gravuren an – »Die Kupfer-Bibel«. Viele der späteren, auch heute noch befolgten Konventionen in der künstlerischen Darstellung der prähistorischen Zeit gehen auf diesen großartigen Beginn zurück.

Stich 125 zur Froschplage zur Zeit Moses in Ägypten zeigt, wie die Frösche die Stadtmauer emporklettern und einen menschlichen Leichnam überspringen. Zur wissenschaftlichen Erläuterung stellt die Rahmenillustration den vollständigen Lebenszyklus der Frösche dar, vom Froschlaich über die Kaulquappe bis zum ausgewachsenen Tier, das die beiden Teile des Stiches durch den Sprung vom Rahmen in die Szene verbindet.

Stich 19, »Opus quintae diei« (das Werk des Fünften Tages), stellt die Schöpfung der Mollusken dar, stützt sich jedoch eher auf moderne Arten als auf Fossilien und folgt der konventionellen Darstellungsweise von Muschelschalen, die an Land geworfen wurden, anstatt im Meer zu leben. In Stich 34 sehen wir Noahs Söhne beim Bau der Arche, und der Rahmen stellt die bildliche Bestimmung der Nadelbäume dar, die zum Bau verwendet wurden. Scheuchzer kommentiert die Sintflut mit 14 Stichen von Fossilien, die er als »Restes du Déluge« (Überreste der Sintflut) bezeichnet. Stich 49 ist bei weitem nicht der schönste dieser prachtvollen Serie (dieser Anspruch gebührt einer Gravur von Ammoni-

ten), er ist jedoch der ausdrucksstärkste, denn er zeigt das berühmte Fossil, das Scheuchzer selbst 1726 entdeckt hatte und als *Homo diluvii testis* (Der Mensch als Zeuge der Flut) bezeichnete. Eine große Tat birgt auch stets die Gefahr großer Irrtümer, und man sollte Fehler in dieser Hinsicht nicht zum Vorwurf machen: Wer nicht wagt, der nicht gewinnt. Aber Scheuchzers *Homo diluvii testis* stellte sich als Salamander heraus; die Korrektur erfolgte durch Cuvier. (Das Exemplar kann man noch heute im Museum in Haarlem in den Niederlanden bewundern).

2. *Hawkins und Figuier stärken das Genre.*
Rudwick (1992) hat nahezu sämtliche noch vorhandenen Szenen gesammelt und vorgelegt, die zwischen den ersten erfolgreichen Rekonstruktionen von Wirbeltierfossilien um 1800 und dem Beginn des Genres um die Mitte des 19. Jahrhunderts von prähistorischem Leben entstanden waren. Es sind nur wenige, bisweilen sind sie außerdem falsch, und häufig wurden sie zusammen mit der Entschuldigung der Wissenschaftler für ihre pfiffigen Spekulationen, mit denen sie ihre bruchstückhaften Informationen ausschmückten, abgedruckt. Einige namhafte populärwissenschaftliche Werke zur Geologie und Paläontologie sind zwar gefüllt mit Stichen von Fossilien, enthalten jedoch keine künstlerischen Rekonstruktionen, so zum Beispiel William Bucklands 1836 geschriebene Abhandlung »Geology and Mineralogy Considered with Reference to Natural Theology« (Betrachtungen der Geologie und Mineralogie in bezug auf die Naturtheologie). Zudem waren die meisten Werke Einzelleistungen, keine Serien – und sie förderten unbeabsichtigt den falschen Eindruck, daß man mit einem einzigen Gemälde den Unterschied zwischen dem Leben in der Urzeit, einer ungeordneten und undifferenzierten vorsintflutlichen Zeit, und der Gegenwart darstellen könne. Da das Wesen der Geschichte im chronologischen Ablauf besteht, dessen einzelne Stadien im ursächlichen (oder zumindest stark prägenden) Zusammenhang mit den folgenden Abschnitten zu sehen sind, kann jedoch eine solch zweigleisige Sicht des Lebens (Vergangenheit gegen Gegenwart) nicht als Wissenschaft anerkannt werden.

Die Einrichtung einer Zeitskala und die Erkenntnis einer beständigen und weltweiten Reihenfolge von Veränderungen bei Fossilien aufgrund ihrer stratigraphischen Position stellt den größten Triumph der sich seit der ersten Hälfte des 19. Jahrhunderts entwickelnden Wissenschaft der Geologie dar. Im Jahre

Aus der *Kupferbibel* von Johann Jakob Scheuchzer.

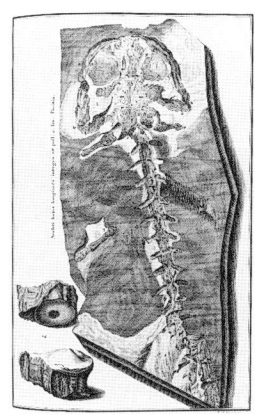

Aus der *Kupferbibel* von Johann Jakob Scheuchzer.

1800 hatte man die Aussterbeereignisse kaum wahrgenommen, und nur wenige fossile Organismen waren korrekt rekonstruiert worden. Bis 1850 hatte die Geologie eine kohärente globale Chronologie auf der Grundlage der Geschichte des Lebens entworfen. Diese Entdeckungen und die Rekonstruktion der Geschichte muß als größter je geleisteter Beitrag der Geologie für den menschlichen Wissensschatz gewertet werden. Ein so spektakulärer Erfolg trug auch zur Reifung der bildhaften Darstellung bei, die die Vergangenheit nun als eine Serie aufeinanderfolgender Stadien zeigte, und nicht mehr als eine monolithische, diffuse Vergangenheit als Kontrast zu unserer heutigen Welt.

Diese neuartige Darstellungsweise – die die Überlieferung von Scheuchzers chronologischer Sicht mit dem neuen Wissen über ganze Faunen fossiler Organismen paarte – etablierte sich gegen 1860, nur wenige Jahrzehnte nach den ersten schüchternen Versuchen, und beschleunigte die Entwicklung der geologischen Wissenschaft. Zwei Leistungen möchte ich als beispielhaft für diese erstmalig zuverlässige Darstellungsform der Vergangenheit hervorheben.

Durch die Errichtung maßstabsgetreuer dreidimensionaler Modelle einer Reptilien-Fauna (fliegende Pterosaurier, landlebende Dinosaurier und marine Ichthyosaurier und Plesiosaurier) tat Waterhouse Hawkins das Seinige, um die künstlerische Rekonstruktion der Vergangenheit zu einer wichtigen Tätigkeit zu erheben, die nun keine Randexistenz mehr

führte und sogar beste Aussichten auf kommerzielle Erfolge hatte. In enger Zusammenarbeit mit Richard Owen prägte Hawkins einen Arbeitsstil, der seitdem immer wieder kopiert wurde (Knight zusammen mit Osborn, Burian mit Augusta), und er bewies, daß wissenschaftliche Präzision und künstlerische Perfektion Hand in Hand gehen können. Zudem ergänzte die Extravaganz des Hawkinschen Crystal Palace die Geschichte der Paläontologie um viele Legenden. Am berühmtesten wurde das Dinner, das Hawkins und Owen am 31. Dezember 1853 im Innern des Körpers ihres halb fertiggestellten *Iguanodon*-Modells abhielten. Professor Owen saß, wie es sich gehörte, am und im Kopf. Der Legende nach sang die versammelte Gesellschaft von 21 Gästen um Mitternacht ein von dem Geologen Edward Forbes für diesen Anlaß eigens komponiertes Lied:

The jolly old beast
Is not deceased
There's life in him again.

(Das hübsche alte Tier ist nicht gestorben. In ihm ist wieder Leben.)
Welch eine Idee, ein Richtfest zu feiern!

Um dem Genre zu seiner vollen Bedeutung zu verhelfen, bedurfte es einer vollständigen Reihe chronologischer Szenen in der Reihenfolge der geologischen Zeitskala, so wie Scheuchzer die biblischen Sequenzen gestaltet hatte. Vor Rudwick (1992) finden wir die erste Leistung in dieser Richtung in F. X. Ungers Werk von 1851 »Die Urwelt in ihren verschiedenen Bildungsperioden«. Die 14 Lithographien

»Das Leben im Meer des Karbons« aus Louis Figuiers *Die Erde vor der Sintflut*.

von Josef Kuwasseg waren ein tauglicher Versuch, machten aus dem Genre jedoch noch keine populäre Kunstgattung. Ungers Werk kam als großer, teurer Atlasband heraus, der nur in geringer Auflage in Deutsch und Französisch erschien. Zudem war Unger Botaniker, und die meisten Szenen schließen, wenn überhaupt, nur wenige Tiere ein – die dann auch nur im Hintergrund sichtbar werden. (Mir ist natürlich klar, daß der Zoozentrismus eine weitere beklagenswerte Unart darstellt, aber schließlich sind wir Tiere, und eine interessante Darstellung muß unseren Lebensbereich abbilden.)

Der Durchbruch gelang 1863, als der berühmte französische Populärwissenschaftler Louis Figuier (1819–1894) den Pariser Landschaftsmaler und Illustrator Edouard Riou (1833–1900) beauftragte, zwei Dutzend ganzseitige Stiche von urzeitlichen Szenen zu schaffen, die in der Zeit zwischen der präbiotischen Welt bis zur »Schöpfung des Menschen« spielen sollten. Die Zusammenarbeit zwischen Figuier und Riou, der auch auf dem andersartigen, aber nicht gar so weit entfernten Gebiet der Science-fiction für Jules Verne arbeiten sollte, führte zu einem der größten Erfolge in der Geschichte der populärwissenschaftlichen Veröffentlichungen – »La Terre avant le déluge« (Die Erde vor der Sintflut). Dieser preiswerte Oktavband erfuhr eine große Verbreitung in zahlreichen Druckauflagen und Übersetzungen in mehreren Sprachen (meine eigene Ausgabe ist die in Leder gebundene, vierte englische Auflage, die 1867, vier Jahre nach der französischen Erstveröffentlichung in New York gedruckt wurde).

Figuier und Riou hielten sich an die zeitgenössische Konvention. Die frühen Stiche von Wirbellosen zeigen an die Küste geworfene Schalen, keine im Meer lebenden Tiere. Sie schwindelten auch bei der Darstellung des strittigen Ursprungs der Menschheit und präsentierten eine paradiesische Szene einer hellhäutigen Familie ohne Waffen inmitten moderner Tiere. Spätere Ausgaben zeigten jedoch mehr Dynamik und eine bessere Perspektive. Riou fügte eine paläozäne marine Szene mit Fischen und Wirbellosen in ihrer natürlichen Umgebung hinzu. Figuier entsprach den zahlreichen Belegen für ein Zusammenleben des frühen Menschen mit den ausgestorbenen eiszeitlichen Säugetieren und ordnete den Ursprung des Menschen in die Natur ein, anstatt ihn als späte Zugabe von oben aufzusetzen. In meiner Ausgabe ist das frühere paradiesische Szenario herausgenommen und durch eine Abbildung von einer Horde mit Äxten ersetzt worden, die einer urigen Fauna mit Mammuts und irischen Elchen gegenüberstehen. Die Menschen sind weiterhin von europäischem, weißhäutigem Typ und anatomisch modern, aber man kann immer nur mit wenigen Konventionen gleichzeitig brechen – besonders in Werken, die beim großen Publikum ankommen sollen. Figuier und Riou entschieden sich für den Tanz auf beiden Hochzeiten und plazierten die alte paradiesische Szene an noch auffälligerer Stelle – auf der Titelseite des Buches!

»Das Erscheinen des Menschen« aus Louis Figuiers *Die Erde vor der Sintflut*.

»Das Erscheinen des Menschen« aus Louis Figuiers *Die Erde vor der Sintflut*.

3. *Die Kunstgattung reift in den wegweisenden Bildern von C. R. Knight.* Unger, Figuier, Hawkins und andere schufen eine Darstellungsform mit umfassenden Szenenfolgen. Aber zur Etablierung einer Kunstgattung bedarf es eines Picassos — eines derart talentierten und offenkundig über allen Zweifeln erhabenen Künstlers, dessen Bilder Leitmotive werden (sowohl was die Präzision und die künstlerische Perfektion, als auch das Risiko der Lächerlichkeit betrifft). Die Darstellung von Fossilien erlangte diesen geheiligten Status erst, als Charles R. Knight sein Werk begann und ausgestorbenen Tieren neues

vibrierendes, atmendes, glaubhaftes und aufregendes Leben verlieh.

Knight (1874–1953) wuchs in New York City auf und wurde 1890 als Gebrauchsgraphiker bei der Firma für Kirchenausstattungen J. & R. Lamb angestellt. Stets hatte Knight die Naturkunde über alles geliebt, und er wurde bald mit sämtlichen Darstellungen von Pflanzen und Tieren für die Buntglasfenster der Firma betraut. Knight baute seine Fertigkeiten allmählich aus und verbrachte mehrere Vormittage in der Woche im Central-Park-Zoo mit der Skizzierung von Tieren. Schließlich beschloß er, seine Karriere der zoologischen Kunst zu widmen, und er erwarb sich einen zunehmend guten Ruf mit Fossilienrekonstruktionen und Zeichnungen von lebenden Organismen. Die Überlegenheit seiner prähistorischen Gemälde beruhte vornehmlich auf seiner unerreichten Sachkunde von der Muskulatur und vom Bewegungsverhalten moderner Organismen. Kein Künstler vor ihm kannte die universellen Grundlagen des tierischen Körperbaus derartig genau.

Als Knight schließlich mit dem brillanten und politisch einflußreichen Henry Fairfield Osborn, dem führenden Wirbeltierpaläontologen und Präsidenten des Amerikanischen Naturkundemuseums »American Museum of Natural History«, zusammenarbeitete, schien seine Zukunft als »offizieller« Maler des Urlebens gesichert. Völlig zu Recht stellte

Dryptosaurus, Gemälde von Charles R. Knight.

Darstellung des 9 m langen Mosasauriers *Tylosaurus* von Charles R. Knight.

Osborn fest: »Charles R. Knight ist der größte Genius prähistorischer Rekonstruktion menschlichen und tierischen Lebens, den die Paläontologie je gekannt hat. Sein Werk im Amerikanischen Museum wird zu aller Zeit Bestand haben.« Als Kind besuchte ich das Museum jeden Monat. Ich blieb stets vor der Statue Osborns stehen und lernte die Inschrift auf dem Podest auswendig. Noch heute kann ich die Worte rezitieren, denke aber, daß sie am besten zu Charles R. Knight passen: »Für ihn gewannen die trockenen Knochen Leben, und gigantische Formen vergangener Zeiten schlossen sich erneut dem Zug der Lebenden an.«

Wenn wir heute Knights Dinosaurier betrachten, spüren wir den Hauch des Archaischen, weil im Laufe der vergangenen zwei Jahrzehnte das Bild von geschmeidigen, beweglichen, hocheffizienten und recht intelligenten (möglicherweise sogar warmblütigen) Tieren die Vorstellung vom langsamen, schwerfälligen, tumben »primitiven« Geschöpf, wie Knight es oft darstellte, ersetzt hat. In seinen Zeichnungen von diesen schweren und plumpen Tieren setzte Knight jedoch lediglich die Vorstellungen der führenden Paläontologen um, er markierte damit keine künstlerische Grenze. Er konnte Tiere ebenso aktiv und geschmeidig darstellen, wie sie heute von Wissenschaftlern beschrieben werden – so zum Beispiel in seinem zu wenig

bekannten, jedoch brillanten 1897 fertiggestellten Gemälde vom kleinen fleischfressenden Dinosaurier *Dryptosaurus* oder seinem berühmteren Bild eines *Mosasaurus,* der einen kreidezeitlichen Fisch jagt.

Bei allen Verbesserungen in der Darstellung vergangener Tiere als leistungsfähige Geschöpfe anstelle von primitiven, uneffizienten Fleischklumpen, ist es den neuen Rekonstrukteuren nicht gelungen, sich vom stärksten Zwang zu befreien – der Vorstellung vom Leben als Einbahnstraße der Verbesserung, möglicherweise von außen in seinem Aufstieg gelenkt, mit Sicherheit und Voraussagbarkeit jedoch in menschlicher Intelligenz kulminierend, wenn auch von Naturkräften vorangetrieben. Der Geist von Scheuchzers biblischer Chronologie sitzt uns noch im Nacken. So schrieb Knight 1935:

»Diejenigen von uns, deren Sinn große religiöse Überzeugung aufweist, werden in dieser anscheinenden Auswahl (für gesteigerte menschliche Intelligenz) das Eingreifen und die Unterstützung einer Macht erkennen, die höher ist als wir – ein bestimmter Zweck, göttlicher oder anderer Bestimmung, der unser Schicksal prägt, und dessen endgültiges Ziel die Vervollkommnung aller unserer Fähigkeiten ist . . . Andere, eher wissenschaftlich orientierte Menschen, werden diese Haltung bestreiten und einer rein logischen und physiologischen Entwicklung all unsere

»Das Meer im Silur«, Gemälde von Zdenek Burian.

geistigen und physischen Verbesserungen zuschreiben — der Entwicklung von einem niederen, geistig unentwickelten Wesen zum mehr oder weniger vollkommenen, physisch beeindruckenden modernen Menschen, der sich kraft seiner überlegenen Gehirnkapazität zum Herrn über seine Welt erhebt.«

4. *Postmoderne Darstellungsformen.* Hier und heute steht das Genre in voller Blüte. Dafür gibt es viele Gründe, unter anderem auch das Geld, eine moralisch zwiespältige, aber normative Kraft in einer vom Geschäft bestimmten Welt. Doch ansprechende Modelle und prächtige Gemälde verschlingen viel Geld in einem Zeitalter, in dem sich bewegende und grunzende Plastikmodelle mehr Menschen ins Museum ziehen als die großartigsten Skelette aus echten Knochen.

Aber für die vielen neuen Denkanstöße, die uns zwingen, Urgeschöpfe als leistungsfähige und wertvolle Kreaturen ihrer Zeit zu begreifen, gibt es bessere Gründe. Wir verachten prähistorische Tiere nicht mehr wegen ihrer Unfähigkeit oder weil sie vor langer Zeit lebten, und wir zollen ihnen endlich Respekt und erkennen an, daß Aussterben in unserer auf Zufall gegründeten Welt keine Schande ist — und daß ein Geschöpf, und ganz besonders wir selbst, die erst seit so kurzer Zeit bestehen, keinen Grund haben, auf Tiere wie Dinosaurier herabzublicken, die die Erde über Hunderte von Millionen Jahren beherrschten. Vor allem aber ist das Interesse am Leben der Vergangen-

heit heute so verbreitet, daß das Thema nicht so rasch wieder in die Versenkung abtauchen und die anfallende Arbeit bei einem einzelnen Manne belassen wird — selbst wenn es sich dabei um einen so begnadeten Künstler wie Charles R. Knight handeln sollte.

Ich will hier nicht die Untersuchung der zeitgenössischen Darstellungsformen vertiefen, das wäre ein zu großer Sprung, und außerdem können wir die besten zeitgenössischen Ergebnisse in diesem Buch genießen — warum soll ich also predigen. Ich möchte jedoch anmerken, wie eng die Trends in den Darstellungsformen verknüpft sind mit dem Wind des Wandels, der »Postmoderne«, die in so vielen anderen Gebieten von der Literatur bis zur Architektur bestimmend ist. Wir sind also erneut Bestandteil einer allgemeinen gesellschaftlichen Bewegung, frönen nicht ausschließlich dem wissenschaftlichen Standard, indem wir auf die Verbesserung des faktischen Wissens reagieren.

Wenn die Postmoderne vielfältig, unhierarchisch, verspielt, persönlich, pluralistisch und mannigfaltig in ihren Standpunkten ist — während die Moderne einen vereinfachten, an Regeln gebundenen Konsens anstrebte —, dann werden die verwirrend vielfältigen modernen Darstellungsweisen von Fossilien diesem Etikett sicherlich gerecht, mit ihren grellen Dinosauriern und den buchstäblich neuen Perspektiven (herab aus der Sicht eines Pterosauriers oder nach oben aus der zwergenhaften Sicht eines frisch geschlüpften Dinosaurierbabys). Nehmen wir als Beispiel nur Gregory Pauls »Was geschieht, wenn *Apatosaurus ajax* im Meer Schutz vor *Allosaurus fragilis* sucht.« Selbst der Titel ist Satire und ein Seitenhieb gegen den alten modernistischen Konsens. Man muß die Geschichte der vorangegangenen Streitigkeiten kennen, um die Verspieltheit und die herausgestreckte Zunge von Pauls sardonischem Bild zu begreifen. Ein altes Vorurteil der Dinosaurologie lautet, daß Sauropoden sich vor den Therapoden ins Wasser zurückzogen, die ihnen dorthin angeblich nicht folgten. Es hat sich jedoch nie jemand die Frage nach dem »Warum« gestellt, und so zeigt uns Paul, daß eine Herde Allosaurier sehr wohl die Verfolgung aufnehmen und ihre Jagdbeute auch erwischen konnte.

Ich wünschte nur, daß diese ikonoklastische Haltung gegenüber den geheiligten Ansichten von individuellen Geschöpfen auch gegenüber der am meisten verbreiteten und zwanghaftesten aller Konventionen eingenommen würde – die traditionelle Darstellung der Geschichte des Lebens als Prozession von den Wirbellosen die Leiter der Wirbeltiere hinauf bis zu den Menschen (ein trotz all seiner Innovationen auch in diesem Buch durchgehaltenes allgemeines Schema). Wir hegen häufig die Vorstellung, daß Darwin und die Evolution die größte Wasserscheide darstellen, die in der Biologie alles geändert hat. Aber viele Standpunkte haben diese größte aller Barrieren unbeschadet überquert und tauchen unversehrt auf der anderen Seite wieder auf – in eine evolutionäre Erläuterung gewandet, aber im Grunde genommen unverändert. Die Vorstellung vom »Aufstieg zum Menschen« ragt als prominenteste hervor aus diesen unveränderten, aber schmerzlich fehlerhaften Gewißheiten. Die Paläontologen vor Darwin schrieben dieses Muster der aufsteigenden Schöpfung Gottes zu; die Evolutionisten nach Darwin (wie Charles R. Knight) erzählten dieselbe Geschichte, nur bei ihnen trat die natürliche Zuchtwahl an die Stelle Gottes.

Auf die eigentliche Revolution warten wir noch – auf die Erkenntnis und die Einsicht, daß alle Linien der Abstammung die Einzelheiten ihrer Geschichte weit mehr dem glücklichen Zufall verdanken als vorhersehbarer Entwicklung. Darwins revolutionäre Weltsicht übrigens verlangt ein solch sensibles Erklärungsmuster, das auf Tatsachen zurückgeht, nicht auf Vorhersagen – aber wir gehen nicht auf diese Forderung ein, weil der Geist Scheuchzers uns in unserer Weigerung unterstützt, von unserem Bild des Menschen

als Zentrum des Ordnungsprinzips der Geschichte des Lebens abzurücken. Die Evolutionisten verstehen sehr wohl den historischen Zwang, der auf die paläontologischen Abstammungslinien einwirkt, aber wir vergessen diese Einsicht, wenn es darum geht, unsere eigene, mentale Konditionierung zu hinterfragen.

Wir sind nicht einmal imstande, die Weltsicht zu begreifen, geschweige denn zu zeichnen, die den *Homo sapiens* in die korrekte Beziehung zur Geschichte des Lebens rückt. Wir kennen nur den richtungsgebundenen Triumphzug, weil wir die Geschichte seit Jahrhunderten nach diesem Schema zeichnen, aber wie steht es um die Darstellung des Zufalls? Ich liebe »Das Buch des Lebens«, aber es überliefert uns die Vergangenheit weiterhin durch eine dunkle Glasscheibe. Eines Tages werden wir unseren Vorfahren vielleicht von Angesicht zu Angesicht gegenüberstehen.

»Was geschieht, wenn *Apatosaurus ajax* im Wasser Schutz vor *Allosaurus fragilis* sucht«, von Gregory Paul.

BIBLIOGRAPHIE

Augusta, J. und Z. Burian, *Prehistoric Animals*, London, 1956.
Buckland, William, *Geology and Mineralogy considered with reference to natural theology*, 2 Bände, London, 1836.
Figuier, Louis, *La terre avant le Déluge: Ouvrage contenant 24 vues idéales de paysages de l'ancien monde dessinés par Riou*, Paris, 1863.
Figuier, Louis, *The World before the Deluge: A new edition, the geological portion carefully revised, and much original matter added, by Henry·W. Bristow, F.R.S.*, London, 1867.
Gould, Stephen Jay, *Die Entdeckung der Tiefenzeit*, München, 1990
Gould, Stephen Jay, *Eight Little Piggies*, New York, 1993.
Knight, Charles R., *Before the Dawn of History*, New York, 1935.
Knight, Charles R., *Parade of Life Through the Ages*, National Geographic Magazine, 1942, Band 81, Nr. 2, S. 141–184.
Rudwick, Martin J. S., *Scenes from Deep Time*, Chicago, 1992.
Scheuchzer, Johann Jakob, *Physica Sacra Johannis Jacobi Scheuchzeri . . . iconibus aeneis illustrata procurante & sumptus suppeditante Johanne Andrea Pfeffel*, Augsburg und Ulm, 1731–1735.
Unger, Franz-Xaver, *Die Urwelt in ihren verschiedenen Bildungsperioden. 14 landschaftliche Darstellungen mit erläuterndem Text. Le monde primitif à ses différentes époques de formation. 14 paysages avec texte explicatif*, Wien, 1851.

LEBEN UND ZEIT

Michael Benton

Die Geschichte des Lebens ist eine lange Geschichte, und sie wird immer länger, da die Wissenschaft auf der Suche nach ihren Anfängen immer tiefer in die Zeit vorstößt. Noch im 18. Jahrhundert vermutete man, daß das Universum erst 6000 Jahre zuvor, und das Leben ein paar Tage später entstanden sei. Im 19. Jahrhundert erkannte die neuentstandene Wissenschaft der Geologie, daß die Erde mehrere hundert Millionen Jahre alt sein mußte. Heute wissen wir, daß ihr Alter bei etwa 4,5 Milliarden Jahren liegt. Zu Zeiten von Charles Darwin schienen die Überreste von Schalentieren in den Felsen des Kambriums mit 600 Millionen Jahren die frühesten Fossilienfunde zu sein. Im 20. Jahrhundert finden wir in urzeitlichen, über 3,5 Milliarden alten Gesteinsformationen Spuren von mikroskopischem Leben.

Die Geschichte, die »Das Buch des Lebens« uns erzählt, beginnt also irgendwo zwischen der Entstehung der Erde und der Zeit, aus der uns erste Nachweise lebender Organismen vorliegen. Diese Geschichte vom Ursprung des Lebens hat ihre eigene Wissenschaft, die Paläontologie. Das Leben ist jedoch eine gierige, tiefgründige und weit verzweigte Kraft, deren Ruf sich nur wenige Wissenschaften entziehen können. Neben Biologie und Geologie (der Erforschung des heutigen Lebens und der Geschichte und Struktur der Erde) umfaßt dieses Buch Erkenntnisse aus einer Vielzahl von wissenschaftlichen Disziplinen wie Astrophysik, Chemie, Ökologie, Meteorologie und Ozeanographie.

Die Geschichte bricht unter der Last der Tatsachen schier zusammen, und ihre Vitalität fordert all die Wissenschaften, die sich mit ihr beschäftigen, heraus. Bei ihrem kühnen Unterfangen, ein Sachbuch nicht für die Hand der Experten zu schreiben, tappt die Populärwissenschaft leicht in die eine oder andere Falle. Die eine ist der spektakuläre Evolutionskrimi: Riesenhaie, Dinosaurier, Säbelzahntiger. Die andere ist der Königsweg, die elegante, abgerundete und perfekt erzählte Entwicklungsstory vom Urschlamm zum modernen Menschen, als folgte alles einem unausweichlichen Plan. Die Autoren dieses Buches haben sich vorgenommen, den Sinn für das Wunderbare, den ihr Gegenstand verlangt, zu bewahren, und nutzen den freien Raum zwischen grober Vereinfachung und wissenschaftlicher Verdunkelung. Dies erfordert nicht nur die Darstellung der neuesten und aufregendsten Erkenntnisse der Forschung, sondern auch die Beschreibung der wichtigsten Gegensätze und heißesten Streitpunkte, damit der Leser ein hautnahes Gespür für den Gegenstand bekommt.

Die Paläontologie hat in den vergangenen Jahrzehnten einen riesigen Aufschwung genommen, sowohl was neue Entdeckungen als auch die Entwicklung einer Flut neuer Theorien und Ideen angeht. Ein großer Teil dieser Geschichte hätte noch vor zwanzig oder dreißig Jahren nicht erzählt werden können, weil man ihn ganz einfach noch nicht ausgegraben hatte. Und es liegt noch weit mehr im Boden oder unbemerkt in unserem wachsenden Berg von Beweismaterial begraben. So gibt es ganze Bereiche, in denen wir nur den Anklang einer Geschichte erkennen, und wo eine Handvoll Fakten für Millionen von Jahren Zeugnis ablegen muß. Hier hat man lediglich ein verschwommenes Bild von den tatsächlichen Vorgängen, und nur mit scharfsinnigen Mutmaßungen vermag man die vorhandenen Lebenszeichen zu entdecken. Diese Einführung soll einige Daten vorstellen, auf die wir bauen, und einige Vorstellungen aufzeigen, die diese Fakten miteinander verknüpfen.

Die Zeit

Die menschliche Geschichte zählt nach Tagen und Jahrhunderten. Die längste Einheit ist das Jahrtausend – nur ein Augenblick für Geologen und Paläontologen, die in Jahrmillionen und Milliarden zählen. Verglichen mit der Lebenserwartung der meisten Tiere ist ein Menschenleben lang, aber es erfordert eine schier grenzenlose Vorstellungskraft, um die Ausdehnung der geologischen Zeit zu ermessen. Zum Vergleich: Man stelle sich das Alter der Erde als einen Tag im Kosmos vor. Dann erscheinen die Dinosaurier spät am Abend um 22.42 Uhr, die Menschen eineinhalb Minuten vor Mitternacht, und die Zivilisation gerade eine Sekunde vor dem Gong.

Die geologische Zeitskala unterteilt diese unüberschaubare Ewigkeit in leichter zu handhabende Einheiten, auf die sich die Erdwissenschaftler seit Mitte des 19. Jahrhunderts in internationaler Absprache geeinigt haben. Nun unterteilt ein Kalender die Erdgeschichte in Äonen, Ären, Perioden und feinere Zeiteinheiten, die allesamt auf der Untersuchung von Gesteinen beruhen, deren Alter sich bis auf vier Milliarden Jahre zurückdatieren läßt. Stellt man sie sich als in der Reihenfolge ihrer Entstehung aufeinanderliegende Schichten vor, erhielte man eine »geologische Säule«, in der die gesamte chemische und biologische Geschichte als Vermächtnis unseres Planeten enthalten ist. In Wirklichkeit jedoch offenbart die Erdkruste ein Bild der geologischen Gewalt. Sie ist seit Anbeginn geschmolzen, erodiert und auf andere Weise bewegt oder umgeformt worden, Gebirge wurden emporgeschoben oder als Sediment abgelagert. Dennoch haben die Geologen auf der Oberfläche Überreste vergangener Zeitalter gefunden und deren zeitliche Abfolge festgestellt. Anfang des 19. Jahrhunderts erkannten die Landschafts- und Naturforscher, daß, wenn man denselben Zeitmaßstab für den Wandel in der Vergangenheit annimmt, wie er in der Gegenwart erkennbar wird, Hunderte von Jahrmillionen erforderlich waren, um derart mächtige Gebirge und Erosionsformen zu schaffen. Sie stellten fest, daß die Sedimentgesteine Sandstein, Tonstein und Kalkstein sich in erkennbarer Folge in Schichten ablagerten, und sie fanden heraus, daß einige dieser Schichten Fossilien einschlossen, die sich von den in der darüber- und der darunterliegenden Schicht gefundenen unterschieden. Jede Ansammlung von Fossilien war für ihr Zeitalter typisch und ließ sich zur Identifikation gleichaltriger Gesteinsformationen in einem anderen Teil des Landes oder der Welt nutzen. Die Geologen erarbeiteten die typische Anordnung der Sedimentgesteine aufgrund der übereinstimmenden Reihenfolge zunächst in England, dann in Europa und darüber hinaus. Dann kennzeichneten sie die in den fossilienhaltigen Gesteinen zum Ausdruck kommenden Zeitalter, und zwischen 1799 und 1879 gaben sie ihnen die Bezeichnungen, die wir noch heute für derartige eindeutige Stadien der Erdgeschichte verwenden. Einige erhielten ihren Namen nach der Landschaft, in der ihre typische Schichtung vorkommt: »Jura« nach dem französischen und schweizerischen Juragebirge, »Kambrium« nach dem lateinischen Namen für Wales. Andere Namen benennen das typische Gestein jener Epoche, Kreide zum Beispiel oder Karbon. Die Grenzen zwischen den Zeitaltern markierten deutliche Änderungen der abgelagerten Gesteinsarten und am klarsten die darin eingeschlossenen fossilen Pflanzen oder Tiere.

Eines der Wunder der Paläontologie ist die Entdeckung neuer Welten. Fossilien lassen auf Tiere schließen, bizarrer, als ein Science-Fiction-Autor sie erfinden könnte. Jedes Jahr machen die Paläontologen neue Entdeckungen. Anfang der 70er Jahre fand man in Texas die gigantischen Knochen eines Pterosauriers. Er erhielt den Namen eines aztekischen Gottes – *Quetzalcoatlus* – und war das größte flugfähige Tier aller Zeiten. Seine Flügel maßen 12 m – die Spannweite eines kleinen Motorflugzeugs. Eigentlich unmöglich: Die Berechnungen beweisen, daß kein fliegendes Tier so groß werden kann. Aber er existierte, und er flog!

Die Zeitalter gliedern sich in das Paläozoikum (Erdaltertum), Mesozoikum (Erdmittelalter) und Känozoikum (Erdneuzeit). Diese Namen erfand 1841 John Philips aufgrund der festgestellten tiefgreifenden Änderungen an den Übergängen zwischen diesen Zeitaltern, vom Fehlen zum Auftauchen von Leben am Beginn des Paläozoikums, einem Wechsel von über der Hälfte der Arten von Lebewesen zu Beginn des Mesozoikums und dem Verschwinden mehrerer großer Gruppen am Übergang vom Mesozoikum zum Känozoikum. Die fossilienbergenden Zeitalter nennt man Phanerozoikum (erschienenes Leben), die vorhergehende breite Spanne von Gesteinen und Zeit heißt Präkambrium. Diese Einteilung umfaßt eine Zeitspanne von rund vier Milliarden Jahren, und weil wir mehr über die Geschichte des präkambrischen Lebens wissen, haben wir damit begonnen, es handlicher zu unterteilen: Das Hadeum, das vor rund 3,9 Milliarden Jahren zu Ende ging, als die ältesten Gesteine sich bildeten; das Archaikum, das vor 2,5 Milliarden Jahren endete, und das Proterozoikum (»erstes Leben«), daß vom Kambrium abgelöst wird. Die wissenschaftliche Stratigraphie kartiert und erforscht das Alter der verschiedenen Gesteinsschichten. Die exakte Altersbestimmung ist ohne die Technologie des Atomzeitalters undenkbar. Die Datierung mit Hilfe der Radiometrie stützt sich auf die Tatsache, daß die Erdkruste mehrere Elemente enthält, die in instabiler Form (Isotopen) vorkommen und die durch das Abgeben von atomaren Teilchen zerfallen. Unter Umständen verlieren sie so viele Teilchen, daß sie sich in ein anderes, stabiles Element verwandeln. Kalium 40 verwandelt sich in Argon 40 und Kalzium 40, Uran 238 in Blei 206, Kohlenstoff 14 in Stickstoff 14, usw. Mit Ausnahme von Kohlenstoff findet man diese Elemente in Urgestein, das bei hohen Temperaturen tief in der Erdrinde (wie Granit) oder an der Oberfläche (wie Lava) entsteht, wenn die sich abkühlende Flüssigkeit in einen festen Zustand auskristallisiert.

Das neue Gestein kann mehrere dieser Isotopen enthalten, deren Zerfall vom unstabilen »Mutterelement« in die stabile »Tochterform« beginnt. Jedes Isotop hat eine unterschiedliche Zerfallsdauer, die sogenannte Halbwertzeit, die Zeit also, die es braucht, sich halb von der Mutter in die Tochter zu verwandeln. Durch Messung dieses Zerfallsprozesses

GEOLOGISCHE ZEIT

Die geologische Zeitskala ist ein international gültiges, sinnvolles Bezugssystem. Wir zeigen hier die Grundlagen auf, obwohl die Geologen ein weitaus detaillierteres System entwickelt haben, das die Erdgeschichte in eine Vielzahl präzise definierter Unterabschnitte einteilt. Dies gilt insbesondere für das Paläozoikum, Mesozoikum und das Känozoikum.

Die Grundlage der Zeitskala ist die Datierung der Gesteine durch die in ihnen enthaltenen Fossilien. Das Leben entwickelt sich weiter, keine Art lebt ewig unverändert fort. Die Arten kommen und gehen, und dadurch wird es möglich, eine Zeitspanne durch die Existenz fossiler Arten zu definieren. Hieraus ergibt sich wiederum die Möglichkeit des Vergleichs von Gesteinen in den verschiedenen Gebieten der Welt.

Verbleibende Atome (proportional)

Zeit (Halbwertzeit)

Die Radiometrie als Zeitmessung basiert auf der Tatsache, daß bestimmte chemische Elemente wie Uran, Argon, Kalium und natürlich Kohlenstoff in zwei oder mehr Formen bzw. Isotopen vorkommen. Eines der Isotopen kann instabiler sein als das andere und dazu neigen, sich mit der Zeit in das andere Isotop oder gar in ein anderes Element zu verwandeln, indem es seine natürliche Radioaktivität verliert. Dieser Zerfall ist quantitativ vorhersagbar. Das Alter eines Gesteins läßt sich bestimmen, wenn die ursprünglichen Proportionen zweier Isotopen bekannt sind und mit den bestehenden Isotopen-Proportionen verglichen werden können. Der Isotopenzerfall erfolgt in jedem beliebigen Gestein in einer konstanten arithmetischen Reihe. Jedes Isotop hat eine unterschiedliche Zerfallsdauer, die sogenannte Halbwertzeit. Deshalb messen wir die Halbwertzeit, die die Zeitspanne bis zum Verlust der halben Strahlungsenergie wiedergibt.

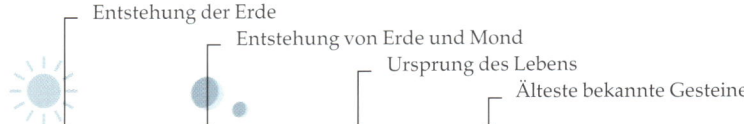

Entstehung der Erde

Entstehung von Erde und Mond

Ursprung des Lebens

Älteste bekannte Gesteine

Älteste bekannte Fossilien

Archaikum

4.800   4.000   3.800   2.500

können wir schätzen, wann der Vorgang begann. Je länger die Halbwertzeit, desto länger die meßbare Zeitspanne, aber desto ungenauer auch die Berechnung. Uran 238 hat eine Halbwertzeit von 4,5 Milliarden Jahren. Kohlenstoff 14 hat eine Halbwertzeit von nur 5730 Jahren, damit lassen sich also keine Jahrmillionen, dafür aber um so genauer Jahrtausende messen.

Geologische Kräfte

Welche Kräfte formen die Oberfläche des Globus? Die Geologen nehmen an, daß die heute wirkenden Energien auch in der Vergangenheit gewirkt haben. Sie untersuchen die Auswirkungen tätiger Vulkane und können daraus Rückschlüsse auf die Auswirkungen des Vulkanismus vor 200 Millionen Jahren ziehen. Sie können das Ausmaß berechnen, in dem Flüsse die Landschaft durch Erosion abtragen, in dem sich Sedimente in Flußbetten oder auf dem Meeresgrund ablagern, und dementsprechend hochrechnen, daß die Erdoberfläche vor 500 Millionen Jahren in den gleichen Dimensionen gestaltet wurde.

Charles Lyell, einer der bedeutendsten Geologen des frühen 19. Jahrhunderts, war überzeugt, daß die Erdgeschichte von allmählichen Veränderungen geprägt gewesen sei. Der große französische Paläontologe Georges Cuvier und der Geologe William Buckland glaubten hingegen an die Kraft plötzlicher, außergewöhnlicher Ereignisse, die jeweils neue Zeitalter einleiteten. Diese gegensätzlichen Überzeugungen wurden als Aktualismus und als Katastrophismus bekannt. Die erste Theorie erklärt vieles, schließt jedoch die Möglichkeiten der zweiten Theorie nicht aus. Die Hochebene des zentralindischen Dekkan bedeckt eine Fläche von rund 520 000 Quadratkilometern, das Überbleibsel riesiger Lavaströme, die in der vulkanischen Zeit vor 65 Millionen Jahren entstanden. Nichts Derartiges ist seither je wieder geschehen. Einige Übergänge zwischen geologischen Perioden scheinen durch Massenaussterben geprägt zu sein. Die Ursachen dafür sind zu einem wichtigen Forschungsgegenstand geworden: wahrscheinlich sind Meteoriteneinschläge, andere Theorien gehen von einer Änderung des Klimas und der Höhe des Meeresspiegels sowie von Evolutionsschüben aus.

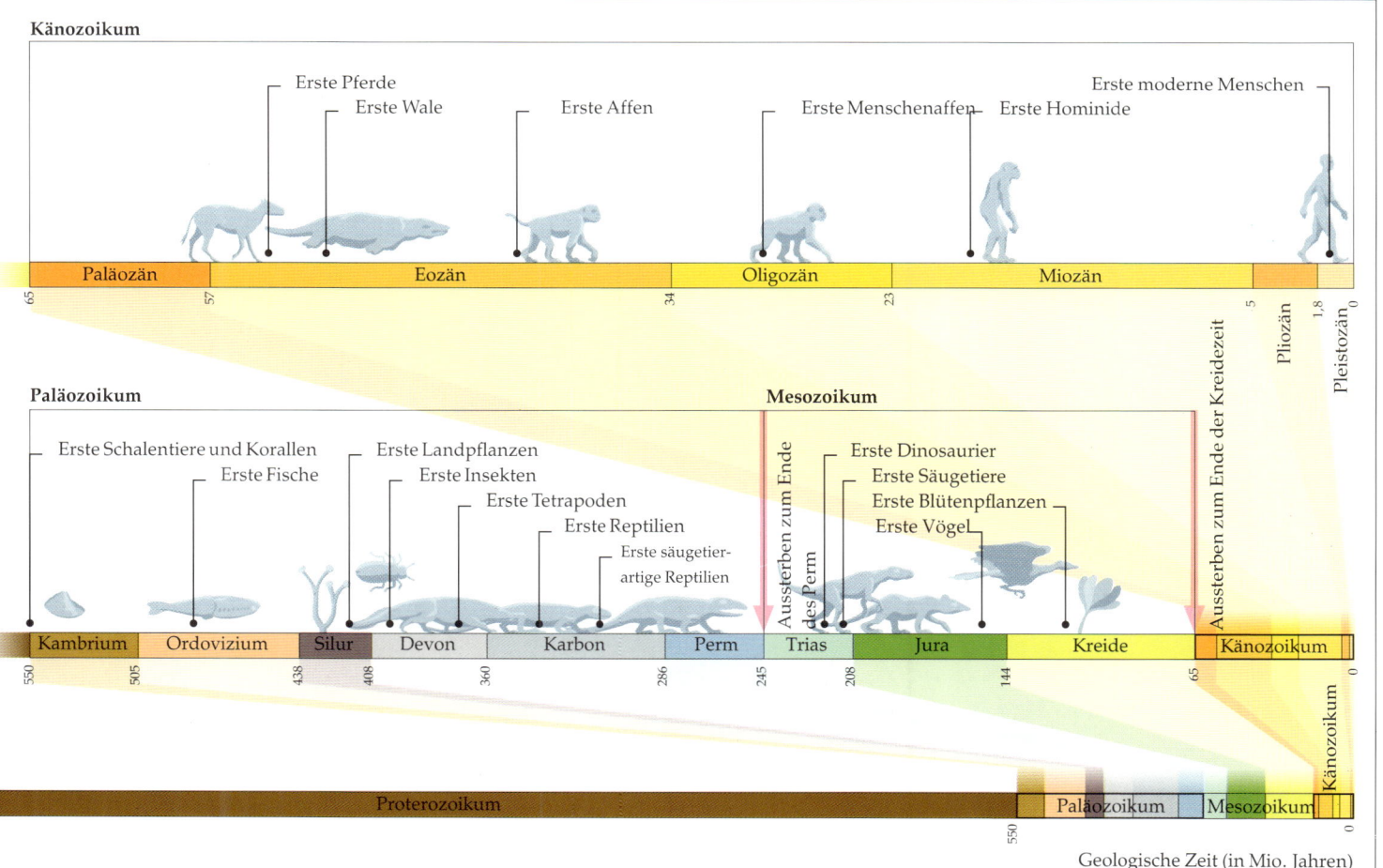

Geologische Zeit (in Mio. Jahren)

In den 60er Jahren veränderte eine stille Revolution unser Verständnis von der treibenden Kraft, die Gebirge auftürmt, Meere öffnet und schließt, Kontinente zusammentreibt und trennt und sie langsam, aber unaufhaltsam über die Oberfläche des Globus schiebt. Alfred Wegener (1880–1930) ist der bekannteste frühe Verfechter der Theorie von der Kontinentaldrift. Wie bereits andere vor ihm stellte er bei der Betrachtung der Weltkarte fest, wie gut die Kontinente ineinander passen würden, wenn man Südamerika nach Osten an Afrika heran und Nordamerika und Grönland gegen Nordafrika und Europa schöbe. Die Geologen fanden heraus, daß Tausende von Kilometern voneinander entfernte Gesteinsformationen und Mineralablagerungen sich mit der Präzision eines Spiegelbildes entsprechen, so daß es äußerst fragwürdig wäre, dies als bloßen Zufall zu betrachten. Die Paläontologen fanden Hunderte fossiler Arten, die einander zu ähnlich waren, um nicht verwandt (wenn nicht gar identisch) zu sein, und die dennoch von verschiedenen Kontinenten stammten: Der Baum *Glossopteris* und das Reptil *Lystrosaurus* tauchen in Südamerika, Südafrika, Indien und Australien auf. Wie kamen sie dorthin? Sicherlich nicht über das Meer, und selbst wenn ein langgezogener Landweg theoretisch denkbar wäre, warum hinterließen die Arten auf diesem Wege keine Fossilien? Kohlenablagerungen in der Antarktis sind die fossilen Rückstände tropischer Wälder. Felsen in der Sahara sind von der Bewegung früherer Gletscher zerkratzt. Dürre Pole und eisige Tropen: Konnte das Klima so vollständig wechseln?

Wegeners einfache Erklärung lag in der Bewegung der Kontinente. Im Paläozoikum waren sie zu einem Superkontinent verbunden gewesen, den er Pangäa nannte. Später spaltete er sich in eine nördliche und eine südliche Landmasse, die Wegener Laurasia und Gondwana nannte. Aber man wußte, daß die Kontinente aus vergleichsweise leichtem Material bestanden, das auf einer dichteren Basis lag. Doch niemand konnte sich einen Mechanismus vorstellen, der ein weicheres durch ein härteres Objekt bewegt. Wegeners Theorie wurde zurückgewiesen. Aber der Katalog von Widersprüchen wuchs, und schließlich platzte der Knoten. In den 50er Jahren entdeckte die neue Wissenschaft des Paläomagnetismus, daß sich der Magnetismus neuer Gesteine bei ihrer Entstehung am Erdmagnetismus ausrichtet und daß sie ihre ursprüngliche Polung beibehalten, sofern sie nicht durch Hitze transformiert wird. Die Stärke ihres Magnetfeldes richtet sich nach dem in ihnen enthaltenen Eisenanteil, das Feld selbst richtet sich an der Lage des magnetischen Nord- und Südpols aus, wie sie bei der Entstehung bestand. Der Magnetismus der Urgesteine in Europa und Nordamerika wies keineswegs in Richtung der heutigen Pole, folglich mußten sich entweder die Pole oder das Land bewegt haben. Könnte man das Alter der Gesteine überall datieren, erhielte man einen Plan der Nord-Süd-Ausrichtung der Regionen und könnte zeitlich bestimmen, auf welchem Teil des Globus diese Region gelegen haben muß, denn dort muß ihre magnetische Schnittstelle liegen. Die Befunde belegen, daß die magnetische Ausrichtung zwischen den Gesteinen Nordamerikas und Europas vor 200 Millionen Jahren nur dadurch zustande kommen konnte, daß beide unmittelbar nebeneinander lagen.

Die traditionelle Sicht von der Erde als stabilem Planeten mit fest verwurzelten Kontinenten war zu einem wissenschaftlichen Dogma geworden, dessen Starrheit alternative und unbequeme Vorstellungen ausschloß. Überwinden wir das Dogma, dann sind die Gedanken frei für die Entwicklung neuer Konzepte, und die abgelegten Daten können neu in die Forschung eingegeben werden. Als die Wissenschaft gezwungen war, die Bewegung der Kontinente zuzugeben, wurde mit neuen Theorien versucht, die Vorgänge auf der Erdkruste als Ergebnis tief darunterliegender Kräfte zu erklären.

Die Erde ist ein kugelförmiger Ofen, dessen Feuer bei der Entstehung des Planeten entstand und das nun durch den radioaktiven Zerfall langlebiger Elemente im Innern in Gang gehalten wird. Der durch den Gravitationsdruck stabil gehaltene Erdkern wird von einem inneren und einem äußeren Mantel umgeben. Die Außenhaut des äußeren Mantels stellt die Lithosphäre, eine etwa 70 km dicke, relativ stabile Schale dar. Bestandteil dieser Schale ist die Erdkruste, die am Meeresboden durchschnittlich 5 km, auf den Kontinenten zwischen 10 und 50 km dick ist. Darunter reicht die heiße, teilweise glutflüssige Schicht der Asthenosphäre etwa 250 km weiter in die Tiefe. Hitzeherde im Innern der Asthenosphäre pressen Magma empor, das vornehmlich an unterseeischen Gebirgskämmen, die den Pazifik und den Atlantik von Nord nach Süd durchziehen, zutage tritt. Das Magma bildet eine neue Kruste und verdrängt die bereits bestehende. Durch diesen Mechanismus werden die Kontinente, die auf dieser Kruste liegen, bewegt. Die Erdkruste ist

Die Bewegungen der Kontinente im Laufe der Zeiten wurde aufgrund einer Vielzahl geologischer und paläontologischer Erkenntnisse rekonstruiert. Je weiter die Rekonstruktion in die Vergangenheit zurückreicht, desto umstrittener wird sie. Ein überzeugender Anhaltspunkt ist die Verteilung bestimmter Gesteinsarten und Fossilien (unten). Quantitative Erkenntnisse stammen aus paläomagnetischen Untersuchungen. Bei der Ablagerung oder Kristallisierung behalten eisenerzhaltige Gesteine eine eindeutige nord-süd-gerichtete magnetische Orientierung. In alten Gesteinen entspricht diese Orientierung jedoch vorwiegend nicht der heutigen Nord-Süd-Ausrichtung. Somit lassen sich die Kontinente modellhaft in ihre vormalige Ausgangsstellung drehen.

KONTINENTALVERSCHIEBUNG

Bereits vor 130 Jahren fielen den Geographen erstaunliche Ähnlichkeiten zwischen der Ostküste Südamerikas und der Westküste Afrikas auf: Die beiden Kontinente paßten ineinander wie zwei Stücke eines Puzzles. Was damals noch Spekulation war, bestätigte sich im zwanzigsten Jahrhundert durch neue geologische und paläontologische Erkenntnisse.

Wie konnte man die Ausbreitung von *Mesosaurus* erklären, der im Permgestein Ostbrasiliens und Westafrikas gefunden wurde? Dann war da noch die *Glossopteris*-Flora der südlichen Halbkugel. *Glossopteris* wurde im oberen Perm in Südamerika, Südafrika, Indien und Australien gefunden. Wie ließ sich diese seltsame Verbreitung erklären, wo doch diese Erdteile durch große Meere getrennt waren?

Ein weiteres Problem war die Gletscherbildung im oberen Karbon in der südlichen Hemisphere. Vor rund 300 Millionen Jahren lassen sich auf sämtlichen Kontinenten, wo *Glossopteris* vorkam, eisige Klimabedingungen und der Vortrieb einer großen Eiskappe, vom Südpol bis nach Indien, nachweisen.

Die Anordnung der Kontinente, wie sie hier dargestellt ist, bietet schlüssige Antworten auf all diese Fragen.

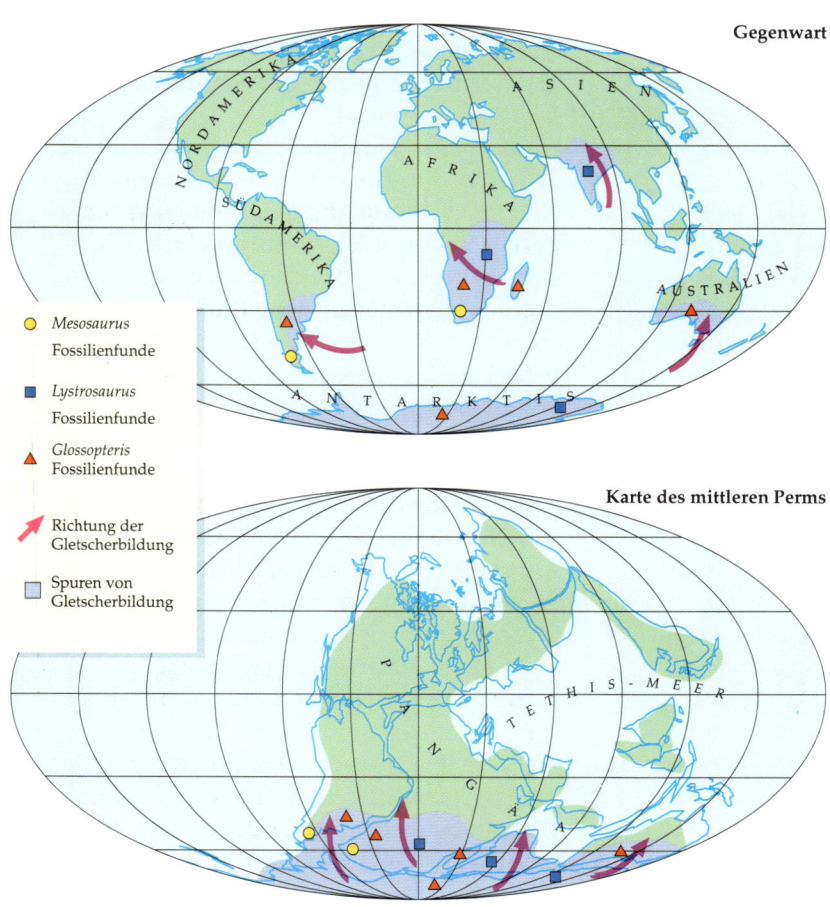

Gegenwart

Legende:
- ○ *Mesosaurus* Fossilienfunde
- ■ *Lystrosaurus* Fossilienfunde
- ▲ *Glossopteris* Fossilienfunde
- ↗ Richtung der Gletscherbildung
- ▢ Spuren von Gletscherbildung

Karte des mittleren Perms

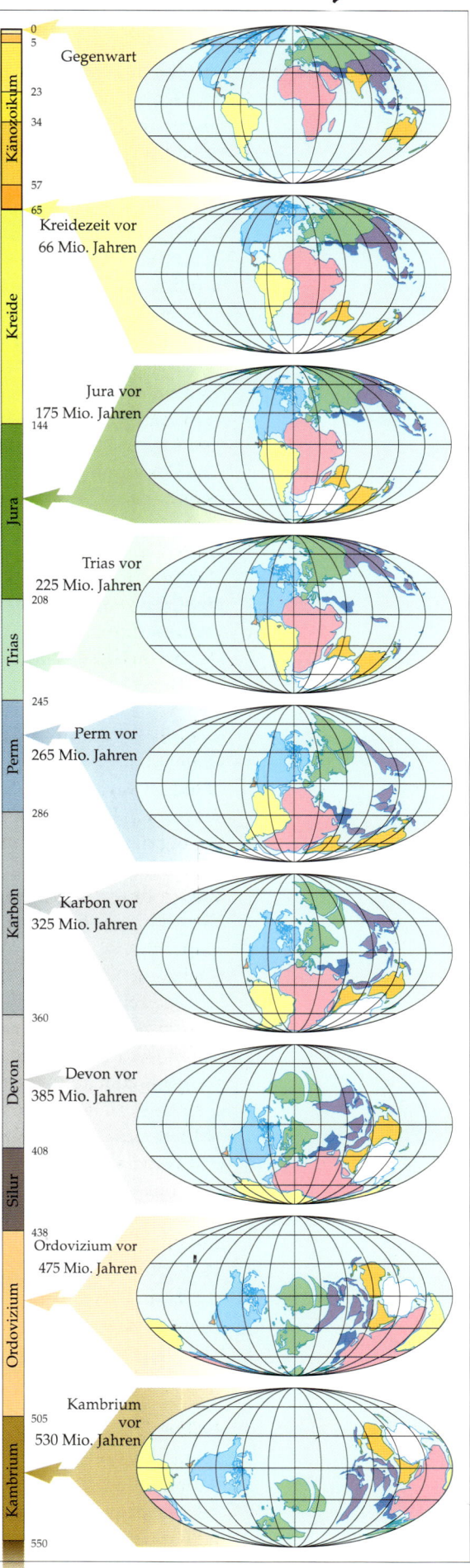

Geologische Zeit (in Mio. Jahren)

Känozoikum	0 / 5 / 23 / 34 / 57	Gegenwart
Kreide	65 / 66 / 144	Kreidezeit vor 66 Mio. Jahren
Jura	175 / 208	Jura vor 175 Mio. Jahren
Trias	225 / 245	Trias vor 225 Mio. Jahren
Perm	265 / 286	Perm vor 265 Mio. Jahren
Karbon	325 / 360	Karbon vor 325 Mio. Jahren
Devon	385 / 408	Devon vor 385 Mio. Jahren
Silur	438	
Ordovizium	475 / 505	Ordovizium vor 475 Mio. Jahren
Kambrium	530 / 550	Kambrium vor 530 Mio. Jahren

dadurch in acht große und Dutzende von kleineren Platten zerbrochen, die sich aneinander reiben und stoßen und die Kontinente auf ihrem Rücken verändern und bewegen. In einigen Regionen schiebt sich die aus dem mittelozeanischen Rücken gepreßte Kruste, die abkühlt und dichter wird, unter die zwar dickere, jedoch leichtere Kontinentalkruste und sinkt zurück in die Asthenosphäre, wo sie erneut schmilzt. Dieser Vorgang heißt »Subduktion«, und wo er vorkommt, ist die Region vulkanisch unstabil und wirft an den Küsten Gebirgsketten auf, wie das zum Beispiel bei den Sierras und den Anden in Nord- und Südamerika der Fall ist. Wo zwei Platten aufeinanderprallen, wird der Boden wie zwischen zwei gigantischen Bulldozern aufgeworfen. Dies geschah, als die indische subkontinentale Platte ihren Stammplatz zwischen Afrika, Australien und Antarktis aufgab, um über die Asthenosphäre nach Norden zu gleiten, wo sie mit der asiatischen Platte zusammenstieß. Der Himalaya ist ein recht junges Gebirge, und er wächst weiter.

Die Forschung spricht in diesem Zusammenhang von Plattentektonik. Es gibt Belege, daß Vorgänge dieser Art seit mindestens 2 Milliarden Jahren stattfinden, und für einen Teil dieser Zeitspanne verfügen wir über ausreichende Kenntnisse, um eine ungefähre Karte von der Erdoberfläche zu zeichnen, indem wir die tektonischen Daten mit dem paläomagnetischen (»Urmagnetismus«) Lageplan und den Erkenntnissen aus Fossilienfunden verbinden. Keine dieser Quellen läßt einfache Erkenntnisse zu, und die oft entgegengesetzten Deutungen führen zu teilweise erbitterten Auseinandersetzungen. Man kann nicht mit Sicherheit sagen, wie die Erde in grauen Vorzeiten aussah, aber man kann aus den vorliegenden Fakten einleuchtende Schlußfolgerungen ziehen.

Es liegt auf der Hand, daß eine sich bewegende Erde den auf ihr existierenden Lebensformen keine stabilen Bedingungen bieten kann. Mit der Zeit können die Kontinente nicht nur aus einem Klima in ein anderes treiben, sondern ihre Verbindung oder Trennung kann zu Abkühlung oder Erwärmung führen, Ozeane verschwinden lassen und das gesamte Erdklima verändern. Ebenen werden überschwemmt, gefaltet und zu Gebirgen aufgeworfen. Für eine an ihre Umwelt ideal angepaßte Art kann bereits die geringste Veränderung fatale Folgen haben. Eine andere wiederum hat vielleicht gerade das Glück, nicht so perfekt angepaßt zu sein und hat deshalb größere Überlebenschancen.

Wandel

Das Leben verändert sich in der Zeit. Es gibt keine andere Erklärung für das Aufeinanderfolgen und den Artenreichtum der als Fossilien erhaltenen Lebensformen oder für die uns berichtete Geschichte, seit der Mensch vor etwa 30 000 Jahren begann, zu zeichnen, zu malen oder in Steine zu ritzen. Es gibt keine andere Erklärung für die mit den Techniken der modernen Biologie enthüllte Verwandtschaft zwischen lebenden Arten. Sie haben sich nicht nur verändert, sie haben sich entwickelt. Alles Leben hängt zusammen in einem Plan, der vier Milliarden Jahre zurückreicht, als die ersten Lebensformen auf der Erde auftauchten. Jede Pflanze und jedes Tier, alle fünf Reiche des Lebens, lebendig oder ausgestorben, ließen sich darstellen − wenn wir sie alle aufspüren könnten − als ein einziges System von Pfaden, Straßen und auch vielen Sackgassen, die auf einen einzelnen Pfad zurückweisen, eine Art, die unser aller gemeinsamer Vorfahre war, der Vorfahre für schleimige Schimmelpilze, Bakterien, Schmetterlinge und Butterblumen, Austern und Austernfischer, Plankton und Menschen.

Charles Darwin erkannte das Wirken der Evolution, aber er war nicht der erste, der verstand, daß das Leben sich wandelte und weiterwandelt. Pflug oder Bergbau förderten in der Zeit vor Darwin fossile Knochen zutage, die zu groß waren, um zu irgendeiner lebenden Art zu gehören, und man ordnete sie Monstern, Riesen und Drachen zu. Die Gelehrten erklärten, das Leben müsse mit einer Vielzahl solcher Kreaturen begonnen haben, die sich vielleicht immer noch an den Grenzen der bekannten Welt verborgen hielten − aber sie waren einfach ausgestorben. Einer der zahlreichen Denker des 18. Jahrhunderts, der an die *scala naturae*, die Stufenleiter der Natur, glaubte, war der brillante französische Naturkundler Jean Baptist Lamarck (1844−1929), der Schlüsselbegriffe wie »Biologie« und »Wirbellose« prägte. Er sah eine Kette oder gar mehrere Ketten, eine »möglicherweise für Tiere, eine andere für Pflanzen«, deren Kettenglieder Kreaturen der einfachsten bis zur komplexesten Bauart darstellen, von denen − entlang dieser einzigartigen, allumfassenden Linie − jede in die nächsthöhere aufsteigen kann.

Das Dogma von der durch ein unwandelbares Dekret ein für allemal abgeschlossenen Schöpfung kettete die Wissenschaft derart fest an den religiösen Glauben und die Vorstellung von einer stabilen politischen Ordnung, daß

jeder Zweifel einem Umsturzversuch gleich-
kam. Um diesen Irrglauben zu kippen,
brauchte es schon einen Helden vom Kaliber
eines Prometheus, einen leidenschaftlichen
Rebellen. Der Ausersehene war ein englischer
Landpfarrer, der fünf Jahre (1831–36) als
Naturkundler an Bord des Forschungs- und
Vermessungsschiffes HMS Beagle mitreiste,
das im Auftrag der Admiralität die Küsten
Südamerikas inspizierte. Die Fossilien, die er
dort fand, und die lebenden Tiere, die er auf
den Galapagosinseln beobachtete, erregten in
ihm Zweifel an der Unwandelbarkeit der
Arten. In Argentinien und China stieß er auf
Überbleibsel von in der jüngsten Vergangenheit ausgestorbenen Säugern und fragte sich,
warum sie lebenden Formen so ähnlich waren,
wenn sie nicht deren Vorfahren waren.

Im Jahre 1859 veröffentlichte Charles
Darwin »Die Entstehung der Arten durch
natürliche Zuchtwahl«. Sein Buch offenbarte
keine einwandfreien Beweise für die Evolution,
aber es diente als Rahmen, in dem die Wissenschaft eine Menge von Informationen zuordnen konnte, die sich vorher einer Deutung
entzogen hatten. Darwin war es, der ein
Strukturprinzip lieferte, den Mechanismus
eines langfristigen Wandels. Die Selektion
(natürliche Auswahl) basierte auf einem
Bündel einfacher Voraussetzungen:

1) Im allgemeinen produzieren Organismen
   einen Überschuß an Nachwuchs, der nicht
   überlebens- oder fortpflanzungsfähig ist.
2) Zum überlebenden Nachwuchs gehören für
   gewöhnlich die Stärkeren.
3) Die Eltern vererben ihre Eigenschaften an
   den Nachwuchs.
4) Es überleben für Hunderttausende von
   Generationen die Stärkeren und geben die
   stärkeren Eigenschaften weiter.

Die Stärke der Pflanzen und Tiere liegt in
deren Anpassung, die sie befähigt, ihre
Umwelt optimal zu nutzen und diese Fähigkeit
weiterzugeben. Laufen sie rascher, verdauen
sie wirkungsvoller, widerstehen sie Hitze und
Kälte, absorbieren sie mehr Sonnenlicht? Sind
in einer Gruppe von Tieren einige Weibchen
fruchtbarer, einige Männchen geschickter als
die Rivalen im Kampf um die Partnerin?

Es war jedoch nicht Darwin, sondern sein
Förderer Herbert Spencer, der diese Zusammenhänge mit den Worten »der Stärkste
überlebt« (The Survival of the Fittest) um-
schrieb, und diese Formel hat seither sehr viel
Ärger verursacht. Einige Viktorianer vertraten
nun die Ansicht, daß »dem Stärksten« eine
angeborene Überlegenheit innewohnt, die er
die ganze Lebensgeschichte hindurch bewahrt.

Sie sahen die Evolution als Baum, auf dessen
oberstem Ast die Menschen sitzen, und nicht
als einen Prozeß, in dem die Menschen zufällig
den vorübergehenden Vorteil von Umständen
genießen, die einem stetigen Wandel unterliegen. Wenn dieser Satz nicht mehr bedeutete,
als das nur die Stärksten überleben, mußte die
Wissenschaft ganze Lebensräume und deren
Ökologien neu untersuchen, um zu verstehen,
welche Anpassungsvorgänge in einem Zeitalter Stärke und in einem anderen möglicherweise Aussterben bedeuteten.

Darwin begriff die Evolution als eine Reihe
von allmählichen Wandlungsprozessen, die im
allgemeinen viel zu langsam ablaufen, um in
der Gegenwart erkannt zu werden. Zu seiner
Zeit war die Fossilienkunde noch nicht weit
genug entwickelt, um die umfassende Geschichte zu erzählen, die wir heute als »Makro-
Evolution« kennen. Aber er vertraute auf die
noch auszugrabenden Funde, und er war sich
sicher, über die zeitliche Streuung ihrer
Herkunft die evolutionären Wege durch eine
»Verbindung der einzelnen Punkte« entdecken
zu können. Dies ist nicht geschehen. Von den
10 (oder sind es 30?) Millionen lebenden Arten
wies keine einen durch Fossilien ausreichend
dokumentierten Stammbaum auf, der ihren
Weg durch Raum und Zeit nachweisen konnte.
Die Erhaltung als Fossil ist zudem willkürlich,
selbst wo sie erfolgt, war die Geschichte der
Erdkruste doch zu gewaltsam, um mehr als ein
bloßes Muster vornehmlich von Lebewesen,
die zäh genug zur Bildung von Fossilien waren,
zu bewahren.

Somit muß die Paläontologie Wege finden,
um mehr Erkenntnisse aus den Fossilien zu
gewinnen, um die Bedeutung der »natürlichen
Zuchtwahl« zu begreifen und sowohl innerhalb als auch außerhalb Darwins Denken
breitere Spuren zu entdecken. Seit den 70er
Jahren dieses Jahrhunderts sind auf der
Grundlage fossiler wie lebendiger Belege eine
Reihe dramatischer Evolutionsmodelle
aufgetaucht.

Ein Untersuchungsansatz geht der Frage
nach, wie es zur Bildung der vielfältigen
Lebensformen gekommen ist. Wenn sämtli-
ches Leben auf unserer Welt vor vier Milliarden Jahren einem einzigen Vorfahren ent-
sproß, wie hat sich dieser Urahn in unsere
zehn Millionen Arten verwandeln können,
ganz zu schweigen von den Hunderten von
Millionen seit langem ausgestorbenen Arten?
Heute wissen wir, daß diese Entwicklung nicht
regelmäßig verlief. Lange Phasen geringer
Veränderungen des globalen Artenreichtums
lösten Phasen mit überraschendem, rasantem

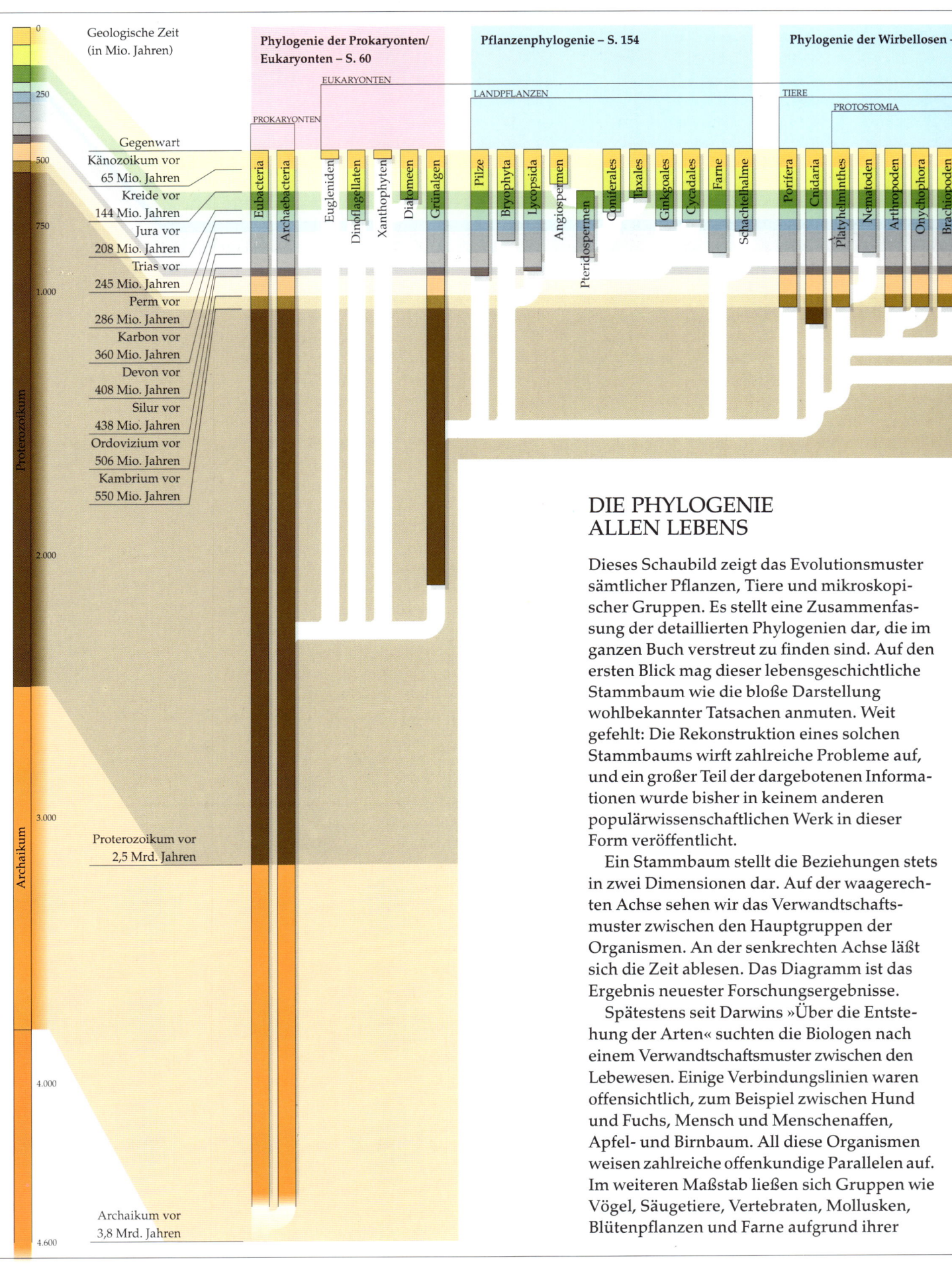

Geologische Zeit
(in Mio. Jahren)

0
250
500
Gegenwart
Känozoikum vor
65 Mio. Jahren
Kreide vor
144 Mio. Jahren
Jura vor
208 Mio. Jahren
Trias vor
245 Mio. Jahren
Perm vor
286 Mio. Jahren
Karbon vor
360 Mio. Jahren
Devon vor
408 Mio. Jahren
Silur vor
438 Mio. Jahren
Ordovizium vor
506 Mio. Jahren
Kambrium vor
550 Mio. Jahren

750
1.000
2.000
3.000
4.000
4.600

Proterozoikum

Archaikum

Proterozoikum vor
2,5 Mrd. Jahren

Archaikum vor
3,8 Mrd. Jahren

**Phylogenie der Prokaryonten/
Eukaryonten – S. 60**

EUKARYONTEN

PROKARYONTEN

Eubacteria
Archaebacteria
Eugleniden
Dinoflagellaten
Xanthophyten
Diatomeen
Grünalgen

Pflanzenphylogenie – S. 154

LANDPFLANZEN

Pilze
Bryophyta
Lycopsida
Angiospermen
Pteridospermen
Coniferales
Taxales
Ginkgoales
Cycadales
Farne
Schachtelhalme

Phylogenie der Wirbellosen – S.

TIERE

PROTOSTOMIA

Porifera
Cnidaria
Platyhelminthes
Nematoden
Arthropoden
Onychophora
Brachiopoden

DIE PHYLOGENIE
ALLEN LEBENS

Dieses Schaubild zeigt das Evolutionsmuster
sämtlicher Pflanzen, Tiere und mikroskopi-
scher Gruppen. Es stellt eine Zusammenfas-
sung der detaillierten Phylogenien dar, die im
ganzen Buch verstreut zu finden sind. Auf den
ersten Blick mag dieser lebensgeschichtliche
Stammbaum wie die bloße Darstellung
wohlbekannter Tatsachen anmuten. Weit
gefehlt: Die Rekonstruktion eines solchen
Stammbaums wirft zahlreiche Probleme auf,
und ein großer Teil der dargebotenen Informationen wurde bisher in keinem anderen
populärwissenschaftlichen Werk in dieser
Form veröffentlicht.

Ein Stammbaum stellt die Beziehungen stets
in zwei Dimensionen dar. Auf der waagerechten Achse sehen wir das Verwandtschaftsmuster zwischen den Hauptgruppen der
Organismen. An der senkrechten Achse läßt
sich die Zeit ablesen. Das Diagramm ist das
Ergebnis neuester Forschungsergebnisse.

Spätestens seit Darwins »Über die Entstehung der Arten« suchten die Biologen nach
einem Verwandtschaftsmuster zwischen den
Lebewesen. Einige Verbindungslinien waren
offensichtlich, zum Beispiel zwischen Hund
und Fuchs, Mensch und Menschenaffen,
Apfel- und Birnbaum. All diese Organismen
weisen zahlreiche offenkundige Parallelen auf.
Im weiteren Maßstab ließen sich Gruppen wie
Vögel, Säugetiere, Vertebraten, Mollusken,
Blütenpflanzen und Farne aufgrund ihrer

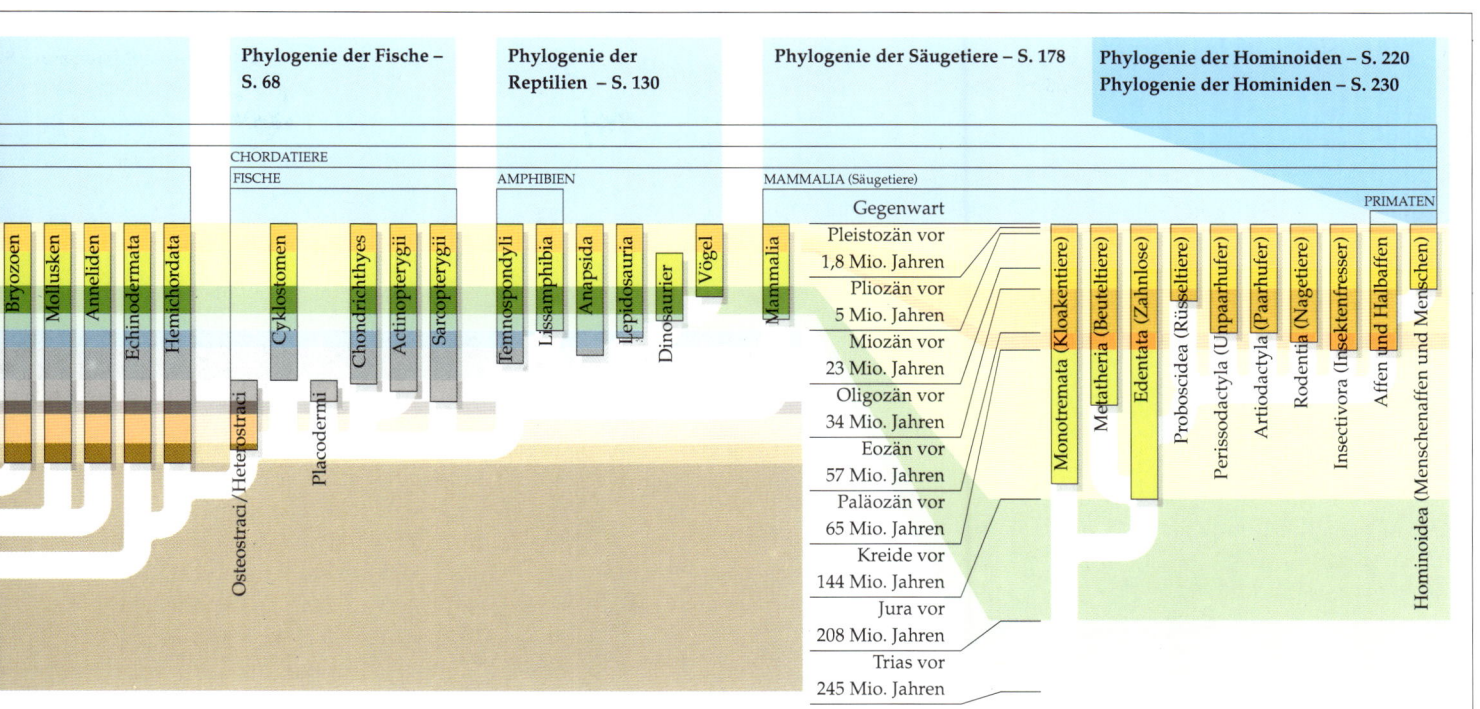

Phylogenie der Fische – S. 68

Phylogenie der Reptilien – S. 130

Phylogenie der Säugetiere – S. 178

Phylogenie der Hominoiden – S. 220
Phylogenie der Hominiden – S. 230

einzigartigen Merkmale ebenso leicht definieren. Der Schlußfolgerung beim Aufstellen solcher Gruppen liegt die Hypothese zugrunde, daß sie auf einen gemeinsamen Vorfahren zurückblicken.

Die Verwandtschaftsmuster werden heutzutage durch zwei verschiedene, voneinander unabhängige technische Verfahren ermittelt: einerseits durch die Kladistik, die auf der anatomischen Untersuchung der Organismen basiert. Inklusivgruppen wie »Vögel«, »Singvögel«, »Drosseln« usw. werden über ihre gemeinsamen Merkmale definiert, die Verwandtschaftsbeziehungen durch ein Zweigdiagramm bzw. Kladogramme dargestellt. Man könnte sie ebenso durch ein Venn-Diagramm darstellen, der Grundform des mathematischen Ausdrucks von Beziehungen. Es wäre möglich, ein Kladogramm sämtlicher Organismen, lebender wie ausgestorbener, aufzustellen, in dem jede Art in einem ungeheuren Stammbaum den ihr zukommenden Platz einnimmt.

Das zweite, moderne technische Verfahren zur Untersuchung von Verwandtschaftsbeziehungen ist ein molekularer Vergleich zwischen den verschiedenen Arten. Sämtlichen Organismen sind einige Basisproteine in den Zellen gemein, insbesondere besitzen alle Lebewesen DNS (DesoxyriboNukleinSäure), in denen die Informationen verschlüsselt liegen, die für ihre Entwicklung entscheidend sind.

Proteine bestehen aus in Spiralen angeordneten Aminosäuren. Auch die DNS besteht aus solchen paarig angeordneten Grundbausteinen. Der Molekularbiologe kann diese Anordnungsmuster mit einiger Genauigkeit lesen. Je enger zwei Organismen miteinander verwandt sind (d. h., je jünger ihr letzter gemeinsamer Vorfahr ist), desto ähnlicher sind ihre Protein- und DNS-Ketten. Die meisten menschlichen Proteine sind von denen des Schimpansen, mit dem wir einen fünf Millionen Jahre alten Vorfahren teilen, praktisch nicht zu unterscheiden. Unsere Proteine unterscheiden sich jedoch erheblich von denen eines Salatkopfes, da unser gemeinsamer Vorfahr bereits 800 Millionen Jahre zurückliegt. Aufgrund der Messung der gemeinsamen Merkmale der DNS oder anderer Proteine läßt sich für jede spezifische Gruppe von Organismen ein eigener Zweig des Stammbaumes nachvollziehen.

Der molekulare Stammbaum läßt sich durch Hinzufügung der Zeitachse in einen phylogenetischen Stammbaum umwandeln. Die Zeitdaten ergeben sich aus den Fossilienfunden. Nach 200 Jahren konzertierter Forschungsanstrengungen steht uns ein im Gestein erstaunlich gut erhaltener Überblick zur Verfügung. Moderne Gruppen lassen sich bis in die Zeit ihrer Entstehung zurückverfolgen, die Zuordnung der Zeit wird mit ziemlicher Genauigkeit vorgenommen.

Der Stammbaum der Mammalia (oben) wird getrennt vom übrigen Stammbaum dargestellt, um eine genauere Betrachtung zu ermöglichen. Diesem Teil des Stammbaums wird in letzter Zeit von den Kladisten und Molekularbiologen viel mehr Aufmerksamkeit gewidmet, da eine Positionsbestimmung der Hominoiden (Menschen und Menschenaffen) von großem Interesse ist. Erstaunlicherweise blieben trotz aller Forschungen die Verwandtschaftsbeziehungen zwischen den Hauptgruppen der Eutheria (Plazentatiere) zum großen Teil ungeklärt. Vielleicht ist der Blick für das eigentliche Problem getrübt. Wahrscheinlich ist jedoch, daß sich die Hauptlinien der Säugetierevolution vor 65 Millionen Jahren nach dem Aussterben der Dinosaurier sehr abrupt teilten, und ihre Entwirrung gestaltet sich sehr schwierig.

DAS WIRKEN DER EVOLUTION

Die Theorie der Evolution durch Selektion hat sich im Prinzip seit ihrer Formulierung durch Charles Darwin im Jahre 1859 nicht geändert. Tatsächlich stützen sich einige der wichtigsten Erkenntnisse immer noch auf Feldforschungen, wie er sie dreißig Jahre lang betrieb, bevor er sein berühmtes Werk veröffentlichte. Er erkannte offenkundige Parallelen zwischen natürlicher und künstlicher Zuchtwahl: Es war bekannt, daß Züchter mit Pflanzen, Hunden oder Tauben erstaunliche Ergebnisse erzielen konnten, indem sie die Zuchttiere für die nächste Generation sorgfältig auswählten. Dasselbe galt für natürliche Populationen, die der natürlichen Selektion in ihrem Lebensraum ausgesetzt waren.

Darwin erkannte die Bedeutung der Anpassung für die Evolution. Er zeigte, daß Pflanzen und Tiere Merkmale in ihrer Anatomie, Physiologie und in ihrem Verhalten annehmen, die ihrer Lebensweise entsprechen. Darwin stellte außerdem die Konvergenz zahlreicher Anpassungen fest: Fische, Reptilien und Säugetiere, die schnell schwimmen, sehen einander ähnlich. Dementsprechend kann die Struktur der mittlerweile so unterschiedlichen Gliedmaßen eines Schweines und eines Delphins auf einen gemeinsamen Vorfahren schließen lassen.

•Typischer moderner Hai

•Jurassisches Meeresreptil – *Ichthyosaurus*

•Moderner Meeressäuger – Delphin

•Modernes Landsäugetier – Hausschwein

Wachstum oder unvermitteltem Verlust ab. Diese Evolutionssprünge hingen vielleicht mit der Eroberung reicherer oder sicherer Lebensräume zusammen – an Land zu kriechen, auf die Bäume zu klettern, sich in die Luft zu erheben, sich immer tiefer einzugraben – und mit der Entwicklung völlig neuer Anpassungsformen – die Fähigkeit, Sauerstoff umzusetzen oder zu fliegen, die Entwicklung harter Knochengerüste oder warmen Blutes.

Diese Überlegungen führen zu weiteren Fragen. Welche Faktoren beschleunigen evolutionäre Sprünge: Ist es der Überlebenskampf gegen andere Pflanzen oder Tiere, sind es Veränderungen der physischen Umwelt? Konnte sich die Wandlungsfähigkeit selbst wandeln? Ist Darwins natürliche Auswahl wörtlich zu nehmen, überleben wirklich nur die perfektesten Anpasser, oder sind die meisten Organismen, wie der *Homo sapiens*, nur zu etwa 60 Prozent an ihre Lebensweise angepaßt? (Plattfüße, Arthritis, Rückenschmerzen und Leistenbrüche würden bei einem idealen Zweifüßer nicht vorkommen). Warum leiden wir unter armseligen zwei Sätzen von Zähnen, die bei Fischen, Amphibien und Reptilien stets nachwachsen? Was heißt überhaupt Erfolg in der Evolution? Ist ein heutiges Pferd »besser« als sein Artgenosse vor 50 Millionen Jahren? Waren die Dinosaurier eine »Panne der Evolution«?

Der Artenreichtum ist entlang einer ansteigenden Kurve mit der Zeit gewachsen, wird aber von einer Reihe scharfer Einschnitte unterbrochen, die zum Teil durch Massenaussterben gekennzeichnet waren. Zwei bestechende jüngere Theorien sprechen von »atomarem Winter« und »Treibhauseffekt«, und beide stellen durch menschliches Verhalten verursachte, bedrohliche globale Änderungen dar. Vielleicht haben diese Sorgen die intensiven Studien seit Anfang der 80er Jahre beflügelt, die den Schlüssel für die Rasanz dieses Massenaussterbens, seine Ursachen, seine Langzeitauswirkungen und die Selektionsfaktoren für Überleben oder Aussterben suchen.

Systematisierungsversuche

Die ungeheure Vielfalt des vergangenen wie des gegenwärtigen Lebens ist offensichtlich. Darwins Überzeugung, daß durch eine fortwährende Aufspaltung sämtliche Arten aus einer einzigen Quelle hervorgegangen sind, wird durch sämtliche paläobiologischen und molekularbiologischen Funde bestätigt. Um Ordnung und Klarheit in unsere Erkenntnisse zu bringen, müssen wir Entwicklungsstränge entwirren und neu aufbauen, zuweilen aus Informationen, die in Millionen von Jahren über Tausende von Kilometern verstreut wurden. Welches sind die Haupt- und welches die Nebenstraßen der Vergangenheit? Finden wir eine Sprache, um ihre Geschichte und ihre Zusammenhänge zu entschlüsseln? Dies ist die Aufgabe der Systematik, mit deren Hilfe die Lebensmuster identifiziert und der Entstehungsmechanismus der Arten sowie deren Wandel in der Zeit erforscht und beschrieben werden. Diese Systematik, die versucht, solche Muster zu ordnen, nennt sich als wissenschaftlicher Zweig Taxonomie. Zwei ihrer Haupterrungenschaften sind zum einen die Entwicklung von Stammbäumen zur Darstellung der verzweigten Verwandtschaft innerhalb bestimmter Gruppen; und zum anderen Klassifizierungen, Listen von Arten und Unterarten innerhalb einer vorgegebenen Gruppe, die sie in absteigender Ordnung von Basiskategorien über spezifischere Kategorien in noch kleinere Einheiten unterteilen.

Basiseinheit ist die biologische Art, deren Mitglieder sämtlich kreuzungsfähig sind und lebensfähigen Nachwuchs zeugen. Alle Haushunde können dies ungeachtet ihrer Gestalt, und deshalb werden sie in der Art des *Canis familiaris* zusammengefaßt. Die Klassifizierung dehnt sich auf allgemeinere Eigenschaften der Tiermorphologie, der Gestalt und Struktur, aus. Hunde gehören zusammen mit dem Wolf, dem Kojoten und vielfältigen Spielarten des Schakals zur Gattung *Canis*. (Diese Arten können sich weder kreuzen noch lebensfähigen Nachwuchs zeugen.) Diese Gattung verbindet sich mit anderen hundeartigen Gattungen zur Familie der Kaniden, die neben der Familie der Feliden (Katzen), Ursiden (Bären) und anderen Familien von Fleischfressern der Ordnung der Carnivora (Fleischfresser) angehört. Mit anderen Ordnungen bilden diese die Klasse der Mammalia (Haare, Milchproduktion), die dem Unterstamm der Wirbeltiere, der Abteilung der Chordaten aus dem Reich der Tiere (Fähigkeit zur Bewegung) und dem Überreich der Eukaryonten (deren Zellen Zellkerne und Organellen besitzen) angehören.

Der deutsche Insektenkundler Willi Hennig erkannte in den 50er Jahren, daß sich mit diesem Gruppenschema, sofern es logisch organisiert ist, eine Hierarchie in die Zeit zurückverfolgen lassen mußte: bei Arten vielleicht ein paar Millionen Jahre zurück, bei Gattungen vielleicht einige zehn Millionen, bis zurück zu den Ursprüngen der Stämme vor einer halben Milliarde Jahren bis hin schließlich zur letzten allumfassenden Gruppe »Leben« vor rund vier Milliarden Jahren. Er schlug eine neue Methode der phylogenetischen (stammesgeschichtlichen) Analyse der Arten vor, die sich inzwischen zur Wissenschaft der Kladistik entwickelt hat. Frühere Systematiker hatten keine allgemeinen Grundsätze zur Bestimmung der Eigenschaften ihrer Arten, Gattungen und Familien angewandt. Es waren nicht immer die augenfälligsten Gemeinsamkeiten, die eine nahe Verwandtschaft belegten (wie der einflußreiche französische Naturforscher Georges Cuvier, der Elefanten, Nilpferde und Nashörner der inzwischen überholten Ordnung der Dickhäuter zuordnete, nur weil sie eine dicke Haut hatten). Als Schlüssel zum Erfolg schlug Hennig vor, sämtliche Eigenschaften einer Gruppe zu analysieren und alle Eigenschaften wegzulassen, die nicht die einheitliche Entwicklung dieser Gruppe markierten. In Hennigs System war eine Kladis der Prototyp einer Gruppe, der sämtliche Abstammungseigenschaften bestimmter Vorfahren vereinte. Deshalb kann die Gruppe der Dinosaurier keine vollständige Kladis sein, solange sie nicht die Vögel miteinbezieht, die von theropoden Dinosauriern abstammen.

Mit Hilfe der modernen Molekularbiologie erzielte man aufregende Fortschritte in der Systematik durch die Analyse der Proteine und der DNS (Desoxiribonukleinsäure) lebender Organismen. Der Aufbau eines jeden Proteins einer Art wird gemäß der Folge von Aminosäuren in einem Proteinmolekül untersucht. Eng verwandte Arten zeigen ähnliche Protein- und DNS-Anordnungen. Mit schwindender Verwandtschaft wächst der Unterschied zwischen diesen Anordnungen. Somit hat der gemeinsame Vorfahre zweier sehr entfernt verwandter Arten vor viel längerer Zeit gelebt, als der zweier eng verwandter. Begierig isolieren die Molekularbiologen jedes Protein- und DNS-Molekül, um über Vergleiche mittels Computerprogrammen Entwürfe wahrscheinlicher evolutionsgeschichtlicher Abstammungslinien zu zeichnen. Manchmal stimmt ihr Stammbaum mit den Evolutionsgängen der kladistischen Diagramme, die aufgrund morphologischer Daten entwickelt wurden, überein. Widersprüche zwischen beiden Disziplinen sind schwer zu lösen, da niemand eine Priorität der eigenen Daten geltend machen kann.

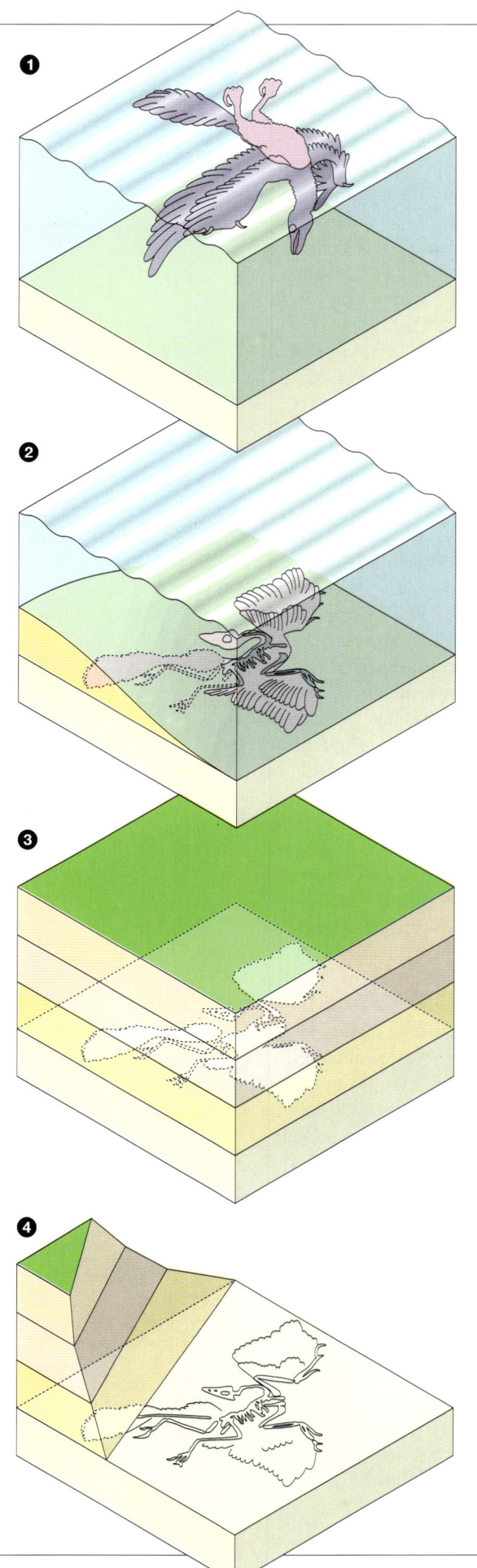

Fossilien werden auf mannigfache Weise erhalten, am häufigsten jedoch unter Wasser. Der abgestorbene Organismus – Tier oder Pflanze – mag anfangs noch einige Zeit im Wasser treiben. Viele große Tiere dümpeln – aufgetrieben durch die Verwesungsgase in ihren Eingeweiden – zunächst an der Oberfläche. Irgendwann bricht der Körper auf, und der Kadaver sinkt auf den Boden des Meeres, Sees oder Flusses. Sofern es sich bei dem Gewässer um ein Meer oder einen See handelt, wird der Kadaver möglicherweise einige Zeit umhergewälzt, bevor er von feinkörnigen Sedimenten bedeckt wird. In einem Fluß wird der Kadaver ein Stück weitergespült, bis der Körper an einer Sandbank strandet und dort zu verrotten beginnt. Aasfresser reißen Fleischstücke heraus, Bakterien verwerten das meiste Eiweiß des Kadavers – so tragen sie zum Verfall bei.

Normalerweise werden auf diese Weise die weichen Körperteile der Organismen entfernt, bevor oder kurz nachdem sie begraben werden. In der Tiefsee und in bestimmten Seen kann das Wasser am Grund sauerstoffarm sein und Aasfresser abhalten, so daß der Organismus beinahe vollständig erhalten bleibt. Hohl- und Zwischenräume im Gewebe füllen sich mit Mineralien.

Jahrmillionen vergehen, bis wechselnde Umstände die Fossilschicht an die Oberfläche tragen und die Erosion sie bloßlegt. Nun mag ein glücklicher Paläontologe das Fossil bergen und es unserer Geschichte des Lebens auf der Erde hinzufügen.

Stimmen aus der Ferne

Meist liefern lebende Arten die Informationen, mit denen Morphologen und Molekularbiologen nach verläßlichen Pfaden durch die Evolutionsgeschichte des Lebens suchen. Vor nur einem Jahrhundert schienen die Fossilienfunde der einzig mögliche Führer zu sein. Fossilien sind die Überreste oder Spuren vergangener Lebensformen, konserviert in Ablagerungen, Kohle, Teer, Öl, Bernstein, Vulkanasche, eingefroren im Eis, mumifiziert in luftleeren Räumen oder im Wüstensand. Sie allein sind aus vier Milliarden Jahren Entwicklung und Wandlung geblieben, das Ergebnis von Myriaden einzelner Lebewesen, die die Kladis des Lebens ausmachen. Kann man ihrer leisen Stimme trauen?

Sicher ist Mißtrauen angebracht. Eines der Hauptprobleme bei der Untersuchung und Deutung der Geschichte des Lebens ist die Unvollständigkeit der Fossilfunde. Bei den wenigsten Fossilien ist der gesamte Organismus erhalten. Die weichen Teile verwesen und verschwinden für gewöhnlich. Da viele Organismen aus weichen Stoffen bestehen, ist die Konservierung von Quallen, Seeanemonen, Würmern, den meisten Einzellern und vielen anderen äußerst selten. Am häufigsten bleiben Fossilien von Pflanzen und Tieren mit widerstandsfähigen Bestandteilen erhalten: Lignin als härtender Stoff in Baumstämmen; Knochen bei Wirbeltieren (die aus Apatit, einer Form des Kalziumphosphats, bestehen); Schalen bei Mollusken (aus Apatit oder Kalzit, Kalziumkarbonat); das Außenskelett von Gliederfüßern wie Käfern, Krebsen oder Trilobiten (aus dem Protein Chitin oder aus Kalzit).

Organismen mit Weichkörpern bleiben nur in seltenen Fällen erhalten, zum Beispiel wenn sie unvermutet lebendig oder tot begraben wurden und infolge von Sauerstoffmangel Aasfresser und Bakterien nicht an sie herankommen. Taphonomie nennt sich die Wissenschaft, die die Umstände, unter denen Organismen erhalten oder zerstört werden, untersucht. In Experimenten haben Taphonomen bewiesen, daß der Zerfall sehr rasch eintreten kann, daß ein toter Wurm beispielsweise in normalem Salzwasser innerhalb weniger Tage durch den Angriff von Bakterien verschwindet. An Land werden sogar die Gerippe von großen Tieren wie Kühen oder Elefanten durch aasfressende Hyänen, Geier und kleinere Fleischfresser verstreut, Hitze und Regen beschleunigen den chemischen Zerfall der Knochen derart, daß schon nach wenigen

Monaten kaum noch etwas für die Entstehung eines Fossils übrigbleibt.

Nehmen wir an, ein Organismus entgeht aufgrund harter Körperteile der völligen Verwesung und der Vertilgung durch Aasfresser. Nun kann man nur noch hoffen, daß er an einem Ort gestorben ist, wo sich Sedimente ablagern und er in Stein verwandelt wird. Dies geschieht heutzutage auf Geröllhalden im Gebirge, in Schwemmland am Fuße von Gebirgen, im Gleithang mäandrierender Flüsse, in tiefen Seen, in Lagunen hinter Korallenriffs oder auf dem Tiefseeboden. Flachland und Seeboden sind optimal: Hügel und Berghänge sind in Fossiliensammlungen als Fundorte stets selten ausgewiesen. In seinem Grab braucht unser Fossil jetzt nur noch die kommenden Jahrmillionen oder Jahrmilliarden zu überstehen. Solange die Sedimente noch weich sind, darf allerdings keine Flut den See- oder Flußgrund verwirbeln, kein Sturm den Gezeitenstrom aufwühlen, keine Tiefenströmung den Meeresboden durchspülen. Eingebettet in die Erdkruste, ist das Fossil den Erdbewegungen ausgeliefert, der Subduktion und der Aufschmelzung, der Hebung und der Zerstörung durch Druck oder hohe Temperaturen. Wenn es all das überstanden hat, wird es auf der Oberfläche verwittern und zerbröseln, sofern es nicht zufällig jemand findet. Es ist kein Zufall, daß sich so viele Zeugnisse von der Geschichte des Lebens auf der Erde da konzentrieren, wo heute Nordamerika und Europa liegen − dort gibt es nämlich auch die meisten Paläontologen.

Mehrere hunderttausend fossile Arten sind bekannt und wurden registriert, sie machen jedoch nicht einmal 0,05 Prozent aller Lebensformen aus. So überrascht es, daß zu einigen Fossiliengruppen nicht viel Neues zu sagen ist. In Nordamerika kommen heute trotz intensiver Feldforschung nicht einmal mehr als fünf bis sechs neue Dinosaurierarten pro Jahrzehnt ans Licht. Neue Formen von Dinosauriern, die neuen Familien zuzuordnen wären, werden nun in zuvor wenig erforschten Gebieten gefunden, in Ländern wie China und Australien oder in Südamerika. Vielleicht besitzen wir in diesem Fall tatsächlich eine repräsentative Musterpalette von der Vielfältigkeit der Dinosaurier und von ein paar anderen Gruppen großer Pflanzen- und Tierfossilien. Im allgemeinen jedoch haben die Paläontologen nur sehr begrenzte Kenntnisse von den früheren Erdbewohnern, obwohl gerade die Zufälligkeit der Muster darauf schließen läßt, daß es nur noch wenige grundlegende Gruppen zu entdecken gibt.

Die Oasen in der vornehmlich ausgedörrten Wüste bilden fossile Lagerstätten. Solche Orte liefern außergewöhnlich gut erhaltene Fossilien, teilweise sogar mit weichen Körperteilen. Bis jetzt hat man über 100 aus verschiedenen Zeitaltern stammende Schlüssellagerstätten entdeckt. Sie eröffnen uns Einsicht in kurze Zeitabschnitte, und die Fülle eines vormaligen Lebensraums offenbart sich uns wie in intakten Bildern einer alten Filmrolle.

Ein Schwerpunkt dieses Buches basiert auf fossilen Lagerstätten, Schatzkammern einzigartiger Informationen, als Schlüssel zu vergangenem Leben. Die Autoren haben versucht, die neuesten Entdeckungen und Theorien darzustellen, und sie haben mit Künstlern zusammengearbeitet, um Originalrekonstruktionen präsentieren zu können, die die Kraft und Üppigkeit des Lebens zum Ausdruck bringen.

Paläontologie bedeutet nicht nur »Knochen und Steine«, sondern auch Feldforschung, Wissenschaft, und vor allem gehören auch die Menschen dazu, die sich damit beschäftigen. Selbstverständlich diskutieren sie. Meinungsverschiedenheiten sind unumgänglich. Wir möchten unsere Leser in den Gegenstand und die geistige Aufregung miteinbeziehen, die uns bewegt, wenn wir Spuren finden und den Rhythmen nachspüren, die einsetzten, als die Materie eine ungewöhnliche Form der Selbstorganisation entwickelte.

Für die Erdbewohner gibt es einige sehr praktische Gründe für die Erforschung der Mysterien ihres Ursprungs und ihrer Verbreitung. Wir müssen wissen, ob das Leben im Kosmos die Regel oder die Ausnahme ist. Wimmelt das Universum von unbewohnten Planeten, wie einige Wissenschaftler vermuten, ist hier auf der Erde etwas Einmaliges geschehen? Und wenn das Leben an sich nicht einzigartig ist, was ist mit dem Denken? Seit den 60er Jahren arbeiten verschiedene Gruppen von Wissenschaftlern an SETI (Search for Extra-Terrestrial Intelligence), einem Projekt, das sich zur Aufgabe gemacht hat, verheißungsvolle Wellenlängen nach galaktischen Funkbotschaften abzuhören. Vielleicht ist die biologische Vergangenheit unseres Planeten das Laboratorium, in dem wir erforschen müssen, woher wir kommen, um eine Antwort auf die Frage zu finden, wohin unser Weg möglicherweise führt.

Eine Szene aus dem mittleren Kambrium in British Columbia auf der Grundlage von Fossilienfunden im Burgess Shale. Der große Arthropode *Anomalocaris* schwimmt über dem mit Schalen ausgestatteten Arthropoden *Leancho-ilia,* dem Schwamm *Vauxia,* der garnelen-ähnlichen *Waptia* und dem lanzettfischartigen Chordatier *Pikaia.* Darunter gräbt sich ein weiterer *Anomalocaris* im Schlamm ein, so daß die Trilobiten, *Olenoides,* auseinander-stieben. Rechts auf dem Meeresboden kriecht der Stummel-füßer *Aysheaia* um einen großen Schwamm herum. *Vauxia* und darüber die rätselhafte *Wiwaxia* zeigen ihre aufgerichteten doppelten Dornen-reihen. Auf dem Grund links schwimmt ein kleiner Schwarm von garnelenartigen *Marrella* unterhalb von drei größeren *Sidneya.* Einige Seegurken, *Eldonia,* schwimmen oben links darüber.

Kapitel 1

STARTSCHUSS

DAS LEBEN IN DEN MEEREN

J. John Sepkoski jr.

Wie hoch die Wahrscheinlichkeit für die Entstehung von Leben ist, kann niemand sagen. Wimmelt unsere Milchstraße von Leben, weil Materie dazu neigt, immer kompliziertere Strukturen zu bilden, die die Eigenschaft haben, sich zu verändern und fortzupflanzen? Oder stellt das einfachste Geschöpf auf der Erde eine Kette von Zufällen dar, die so unwahrscheinlich sind, daß ein ganzer Kosmos mit Milliarden Planeten nötig ist, um auch nur ein einziges Mal Leben zu ermöglichen?

Keine unserer Theorien reicht aus, um aus Newtons Mechanik, Maxwells Thermodynamik oder Einsteins Relativität zu folgern, daß ein kleines, vor fünf Milliarden Jahren am Rande einer Milchstraße geborenes Sonnensystem Leben bergen könnte. Ebensowenig kennen wir eine Formel, um die Häufigkeit von Wandlungen und die nahezu unerschöpfliche Vielfalt zu berechnen, die das Leben quer über unseren ganzen Planeten hervorbringt. Diese Geschichte liegt als Mysterium in den Tiefen der Zeit verborgen, die weit jenseits unseres Fassungs-vermögens liegen. Selbst wenn Entdeckungen ein paar wichtige Einzelheiten preisgeben und einige Teilchen des Puzzles zurechtrücken, vor dem wir anscheinend sitzen, dann nur, um auf das nächste Mysterium zu verweisen, das uns die Dimensionen dieses Puzzles enthüllt. Unser Leben gedeiht aus der Wechselbezie-hung zwischen mächtigen kosmischen Kräften und dem ewigen Wandel chemischer und physikalischer Ereignisse, die manchmal zu gewaltig, manchmal zu winzig und meist zu chaotisch sind, um eine Vorhersage zu ermög-lichen.

Jede Generation muß das Buch des Lebens neu schreiben, denn sie kennt jeweils ein Stückchen mehr von der Geschichte. Es gibt keine Endfassung, nur die Freude über neue Perspektiven, die durch abermals erweitertes Wissen korrigiert oder ersetzt werden. Alle Völker der Erde suchen nach einer sinnvollen Erklärung für ihre eigenen Ursprünge sowie für den Reichtum an Lebewesen im Wasser, auf dem Lande und in der Luft einer von der Sonne erwärmten Erde.

Es ist kein Zufall, daß einiges von der frühen Geschichte des Lebens in einem Jahrhundert klarer geworden ist, in dem wir uns ein Bild von den Ereignissen machen, die in den ersten Minuten und Sekunden des Universums abliefen, der Entstehung von Sonnen und Sonnensystemen. Wir mußten erst begreifen, daß unser Planet einst ein völlig anderer Ort war, um nachzuvollziehen, welche Umstände unbelebte Materie in Bausteine des Lebens verwandelten. Der erste Akt des Stückes fand auf einer Bühne statt, die die Zeit und das Leben selbst veränderten. Der folgende Bericht beginnt mit den Elementen, die in den atomaren Schmelzöfen längst erloschener Sterne geschmiedet wurden, um sich dann aufgrund von Supernovae genannten katastrophalen Ereignissen über das Universum zu verstreuen. Sie bilden die Atome, aus denen der »Sternstaub« besteht.

Vor etwa 4,6 Milliarden Jahren sammelten Gravitationskräfte die Überreste von Supernovae zu einer sich drehenden Scheibe, deren Nabe so dicht war, daß Materie den Brennstoff für einen atomaren Schmelzofen lieferte. Die Sonne begann zu scheinen. Klumpen von Materie vereinigten sich zu rotierenden Planetenkernen — Gesteinsgloben in Sonnennähe, Gasgiganten weiter im All, die sich mit der ursprünglichen Geschwindigkeit der Scheibe in der Umlaufbahn bewegten. Die Umlaufbahn des steinigen Planeten Erde gab dem Leben seine Chance: Nicht zu nah an der Sonne, daß das Wasser verdampfte, und nicht so weit, daß es gefror.

Über Jahrmillionen torkelten kleinere Körper, die mit den Planeten zusammen entstanden waren, im Sonnensystem umher, stießen zusammen, bis die Planeten die meisten von ihnen einfingen und der Rest die uns heute bekannte ordentlichere Reihenfolge einnahm. Der Asteroid Ceres hat einen Durchmesser von 750 km. Noch größere Brocken waren an den heftigen Bombardements der Planeten beteiligt. Zeugen dafür sind die über der unveränderten Oberfläche des Planeten Mars verstreuten Einschlagkrater und unser Mond. Diese Bombardements scheinen vor rund 4 bis 3,8 Milliarden Jahren aufgehört zu haben.

Die bei solchen Einschlägen freiwerdende Energie erwärmte die Temperatur an der Erdoberfläche, während die Schwerkraft schwerere Elemente zum Erdkern trieb. Durch die Gewalt, mit der diese zusammengepreßt wurden, entstand mehr Wärme, die durch den langzeitigen Zerfall von Elementen wie Thorium, Kalium und Uran noch verstärkt

wurde. Leichtere Elemente wie Kieselsäure, Magnesium und Aluminium blieben zum Aufbau der äußeren Hülle übrig.

Die einschlagenden Körper brachten große Mengen Material mit, u. a. Kohlenstoff und Wasser (in Form von Eis). Zahlreiche wesentliche Bausteine des Lebens entstehen durch die Fähigkeit des Kohlenstoffs, vielseitige chemische Verbindungen mit anderen Elementen einzugehen — und deshalb nennen wir das Studium seiner Zusammensetzungen die organische Chemie. Komplizierte organische Moleküle wurden bei Untersuchungen des vorbeifliegenden Halleyschen Kometen und in der Atmosphäre des Saturnmondes Titan entdeckt.

Jegliche Regung von Leben vor längerer Zeit als 4 Milliarden Jahren wäre durch die von den Einschlägen erzeugte Hitze und durch die vulkanische Tätigkeit sterilisiert worden. Wir würden unsere Erde in der Phase, als sie beim Abkühlen der Oberfläche auftauchte, nicht wiedererkennen. Es war ein fremder Planet, vornehmlich Ozean, mit verstreuten Ketten vulkanischer Inseln. Die durch die Anziehungskraft des Mondes verursachten Gezeiten bremsten die Umdrehungsgeschwindigkeit, der junge Erdentag war jedoch nicht einmal 18 Stunden lang. Eine gedämpfte rote Sonne schickte 75 Prozent ihrer heutigen Strahlen durch eine erstickend dichte Atmosphäre voller Kohlendioxid, stinkend vor Schwefelwasserstoff und Methan, mit nur sehr wenig Sauerstoffanteilen. Braune Meere reflektierten einen rosa bis orangenfarbenen Himmel, dessen Treibhausdecke die schwache Sonnenhitze speicherte. Nur wenige moderne Organismen hätten diese giftige Welt überlebt, und dennoch muß genau dort das Leben begonnen haben.

Der Start

Die Entwicklung zum Menschen hin hat Milliarden von Jahren länger gedauert als die menschliche Geschichte selbst. Wie russische Babuschkapuppen stecken die Eigenschaften ineinander, die wir mit immer mehr Organismen gemeinsam haben, je tiefer wir in die Geschichte dringen: Als Menschen haben wir große Gehirne und den aufrechten Gang; als Primaten besitzen wir Fingernägel und unser stereoskopisches Sehvermögen; als Säugetiere haben wir warmes Blut und stillen unsere Jungen mit Milch; als Amnioten (die Gruppe, die Säugetiere, Vögel und Reptilien umfaßt) kennen wir die interne Befruchtung und die

Fortpflanzung außerhalb des Wassers. Alle Tiere besitzen Gewebe und Organe, und wir alle beziehen unseren Kohlenstoff und unsere Energie aus organischen Bausteinen, die von all den Algen, Bakterien und Pflanzen herrühren, die mit chemischer Energie oder Licht ihre eigene Nahrung aus anorganischen Rohstoffen herzustellen vermögen. Wie alle Tiere mit Ausnahme der Bakterien bestehen wir aus Zellen mit Kernen und Chromosomen, Organellen und Sauerstoffantrieb. Gemeinsam mit allen Lebewesen sind uns die DNS — die genetischen Blaupausen — und der Metabolismus, die Ausrüstung, um nützliche Moleküle aufzunehmen und zu spalten.

Diese Abfolge ist eine Reise in die Vergangenheit. So aufgezählt hört es sich an, als sei sie durch eine einzige Kraft mit vorgezeichnetem Resultat geschehen. Und doch ist die lange Kette, auf die wir zurückblicken, das Ergebnis eines Gewitters von Ursachen, zu zahlreich und vielseitig, um vorhersehbar zusammenzuwirken, und das System ist so dynamisch und offen, daß der Rhythmus des Lebens keine vorgefaßten Schlußfolgerungen zuläßt. Zu viele Veränderungen spielen eine Rolle. Das Buch des Lebens hätte durchaus eine völlig andere Geschichte erzählen können, als es das heute tut.

Diese Behauptung läßt sich durch einen Schlüsselstrang der Handlung erläutern. Die Gene eines Organismus enthalten die Informationen für den Bau des nächsten Organismus, aber die biologische Reproduktion gelingt nicht exakt. »Fehler« müssen geschehen, wie beim Kinderspiel »Stille Post«, bei dem eine Flüsterstafette von Mund zu Ohr am Schluß einen herrlichen Unsinn ergibt. Solange die biologische Information stimmt (solange der Satz grammatisch Sinn macht), wird sie weitergegeben. Wandel zeigt einen wachsenden Strom von Fehlern. Diese Fehler verändern vielleicht eine Struktur oder ein Verhalten auf sinnvolle Art, vielleicht nehmen sie die Anpassung ihres Subjekts vorweg und bieten ihm einen Vorteil, durch den es in einer neuen Umgebung überleben kann, oder sie tragen zur Erhaltung des Subjekts bei, wenn die alte Umgebung sich verändert. Die Bedingungen auf unserem Planeten und ein veränderbarer genetischer Code machen es notwendig, sämtliche Charaktere der Geschichte des Lebens fortlaufend umzuschreiben.

Ein uns eigener Widerspruch ist unser »Größenwahn«. Wir vermögen große Ebenen der Vielfalt des Lebens zu überschauen, da wir selbst groß sind — wie Mücken und Wale groß sind, im Vergleich zu vielen anderen Lebewesen. Jeder von uns ist ein Ökosystem mit vielen unsichtbaren Organismen, von Ungeziefern wie Hautmilben oder Pilzen bis hin zu unentbehrlichen »Gästen«. Unsere Gedärme beherbergen Bakterien, von deren Anzahl die meisten Menschen keine Vorstellung haben. Wie fast alle »höheren« komplizierten Tiere haben auch wir diese inneren Hausmeister,

DIE ABSTAMMUNG DES MENSCHLICHEN KÖRPERS

Der Körper eines Organismus liest sich wie eine Evolutionschronik: Je spezifischer ein Merkmal für eine Art und deren enge Verwandte ist, desto jünger ist dieses Merkmal. Unsere eigenen spezifischen Merkmale, ein großes Gehirn und die aufrechte Körperhaltung, entwickelten sich vor nicht einmal 5 Millionen Jahren. Fingernägel, die wir wie alle Primaten haben, entwickelten sich vor rund 65 Millionen Jahren. Andere Merkmale, die wir mit mehreren Tieren teilen, entwickelten sich in noch entfernterer Vergangenheit. Wenn wir schließlich die Struktur unserer Zellen untersuchen, stoßen wir auf universelle Merkmale des Lebens, die bis zum Ursprung aller lebenden Organismen zurückreichen.

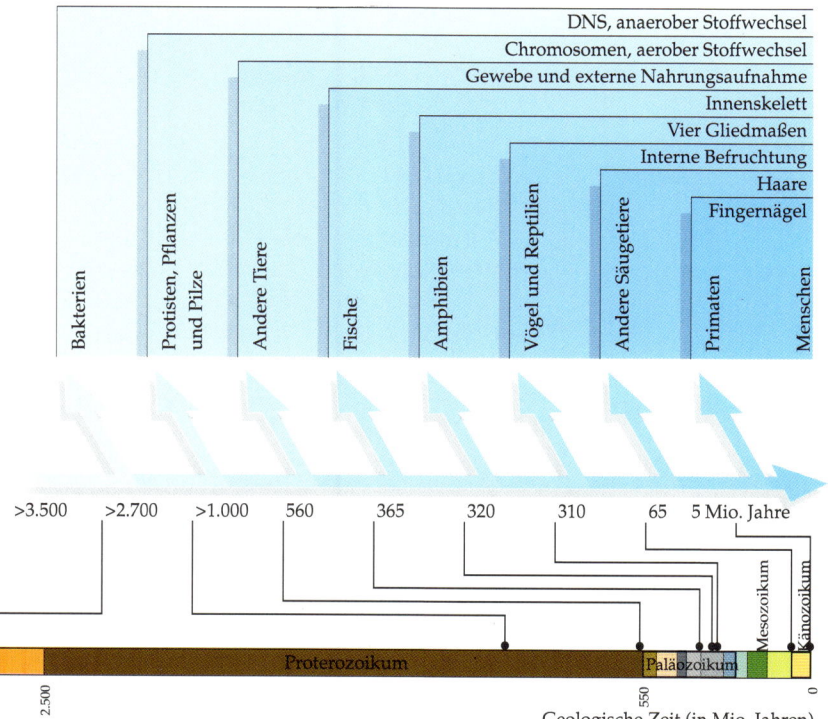

DIE ZELLSTRUKTUR

Eine der schärfsten Grenzen zwischen Lebensformen verläuft zwischen den Zellen von Prokaryonten und Eukaryonten. Jedes Leben besteht aus Zellen, biochemischen Fabriken, die von einer durchlässigen Membrane umgeben sind und das genetische Material (DNS) umschließen, das die Zellfunktionen und die Zellteilung steuert. Ribosome übersetzen den Steuercode in Proteine und andere Zellbausteine. Die Prokaryonten-Zelle ist recht einfach aufgebaut, aber die weiterentwickelte Eukaryonten-Zelle besitzt ein Genom aus DNS-Strängen, die, in einer Membrane verpackt, einen Nukleus bilden. Das Zytoplasma außerhalb des Nukleus ist von einer weiteren Membrane durchzogen, dem endoplasmatischen Retikulum. In dieser Membrane liegen Organellen: Mitochondrien, die die Zelle mit Energie versorgen, und Plastidon, die in autotrophen Eukaryonten für die Photosynthese sorgen. Zellen von Eukaryonten besitzen ein peitschenartiges »Undulipodium« (Wellenfuß), mit dem sich die Zelle fortbewegt.

Merkmale einer typischen Prokaryonten -Zelle	Merkmale einer typischen Eukaryonten-Zelle
Zumeist klein (0,2–10 Mikrometer)	Zumeist größer (10–100 Mikrometer)
Genom ist in einen einzelnen DNS-Strang gebettet, der nicht von einer Membrane umgeben ist	Genom ist in 2–600 Chromosomen gebettet, die jeweils eine Kombination aus DNS, RNS und Eiweiß in einem Membranen umgebenen Zellkern darstellen.
Keine Organellen	Haben meistens Mitochondrien, die photosynthetischen Zellen haben Plastiden.
Enorme Bandbreite von Stoffwechselformen	Zumeist oxidativer Stoffwechsel
Keine komplexen Membranen im Zellinneren	Endoplasmatisches Retikulum, im Zellinneren kompliziert gefaltet
Einfache Geißeln (peitschenartiges Fortbewegungsorgan)	Komplexe Undulipodien mit derselben Funktion wie Geißeln

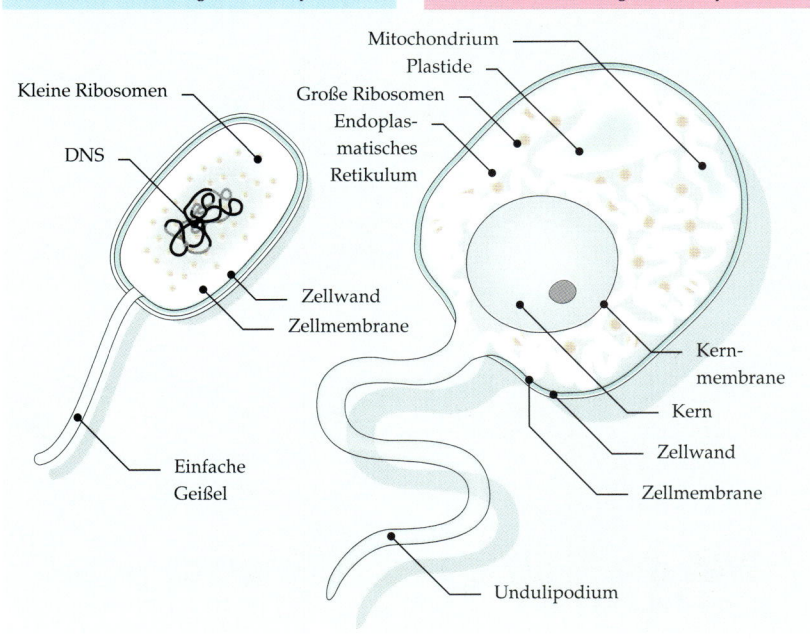

Schematische Darstellung einer Prokaryonten-Zelle

Schematische Darstellung einer Eukaryonten-Zelle

Kleine Ribosomen
DNS
Zellwand
Zellmembrane
Einfache Geißel

Mitochondrium
Plastide
Große Ribosomen
Endoplasmatisches Retikulum
Kernmembrane
Kern
Zellwand
Zellmembrane
Undulipodium

die uns die Verdauung ermöglichen, die tief in unseren Körpern hausen, weit weg vom Sauerstoff, der für sie ein tödliches Gift darstellt. Die »höheren« Pflanzen hängen ebenfalls von Bakterien ab, die Stickstoff aufnehmen und zur Proteinerzeugung anreichern.

Die Einteilung des Lebens in Tiere und Pflanzen ist eine recht grobe und vom Menschen vorgenommene Klassifizierung. Man unterscheidet insgesamt drei große Hauptgruppen, deren Unterscheidung mit dem von Zellen entwickelten Basismechanismus zusammenhängt. Zunächst erscheinen die Archaebacteria (alte Bakterien), Nachkommen der ersten Organismen. Bis heute haben nicht sehr viele Arten überlebt. Sie haben sich einst auf einer fremden Welt entwickelt und gedeihen keineswegs gut in der Welt, die daraus geworden ist. Dann erschienen die Eubacteria, Tausende von Arten mit enorm vielfältigen Lebensstilen — Hefepilze, Krankheitsträger, Stickstoff-Fixer, Sauerstoffhersteller, Recyclingspezialisten für alle Arten von vitalen Molekülen. Beide Gruppen sind Prokaryonten, Zellkernlose, so genannt, weil sie ihre DNS, das genetische Material, kernlos in ihrer äußeren Zellmembrane tragen. Die dritte Hauptabteilung sind die sogenannten Eukaryonten, die einen echten Zellkern und membranumgrenzte Organellen besitzen. Sie umfassen nahezu sämtliche Lebewesen, einschließlich der Menschen, lassen aber eine problematische Gruppe außen vor, die Viren. Viren sind schwer zu definieren. Sie haben keine Zellen und stammen vermutlich von der DNS oder der RNS, die irgendwie aus einer der drei anderen Gruppen entwich. Sie können sich ernähren, wachsen und vermehren, indem sie einfach in lebende Zellen eindringen und deren Stoffwechsel umschalten.

Molekularbiologen haben gelernt, wie man die Struktur der in den Nukleinsäuren DNS und RNS enthaltenen Botschaften entschlüsselt, die in jeder Art in unterschiedlicher und erkennbarer Anordnung auftreten. Angenommen, die genetischen »Fehler«, die diese spezifische Anordnung erzeugt haben, sind regelmäßig aufgetreten, dann ist die Zahl der Unterschiede zwischen zwei Arten ein Indikator dafür, wie eng sie mit dem gemeinsamen Vorfahren noch verwandt sind. Ausgeklügelte Computerprogramme benutzen dasselbe »Countback-System« zum Vergleich der informationstragenden Moleküle von Hunderten und Tausenden von Arten in allen Basisgruppen, und man hat damit begonnen, Stammbäume zu entwerfen, die die Verwandtschaftsbeziehungen innerhalb wie zwischen den Gruppen beschreiben sollen. Jüngere Untersuchungen bestätigen, daß die Archaebakterien, wie ihr Name sagt, die primitivste Lebensform darstellen und daß die Eukaryonten von ihnen abstammen.

Ein besonders beeindruckendes Ergebnis der Messung molekularer Übereinstimmungen zwischen lebenden Organismen ist die Entdeckung, daß die molekular am weitesten von anderen Lebewesen entfernten Bakterien nicht mit freiem Sauerstoff leben können. Diese primitivsten Lebensformen der Erde – die in blubbernden heißen Quellen und stinkendem schwarzem Schlamm gedeihen – sterben, wenn sie mit Sauerstoff in Berührung kommen. Ihre komplexen Kohlenstoffmoleküle zerfallen sofort. Und eben dies ist von primitiven Organismen zu erwarten. Komplexe Moleküle aus Kohlenstoff, Sauerstoff und Wasserstoff können sich in Gegenwart von molekularem Sauerstoff in chemischen Reaktionen nicht bilden. Er würde sie verbrennen – bei geringer Konzentration langsam, in hellen Flammen aber, wenn die auf Kohlenstoff basierenden Moleküle konzentriert vorhanden sind (als wenn ein Haufen ölgetränkter Lumpen plötzlich Feuer fängt). Wenn jedoch nur wenig freier Sauerstoff neben einer großen Menge Energie vorhanden ist – Blitz, ultraviolette Strahlung oder sogar kinetische Energie durch Meteoriteneinschlag – dann können sich komplexe organische Moleküle bilden, einschließlich Kohlenhydrate (wie Zucker), Aminosäuren (den Bausteinen des Proteins) und Nukleotiden (den Bausteinen der DNS und RNS). In Experimenten zur Simulation erdgeschichtlicher Urzustände sind alle diese Chemikalien und noch mehr synthetisiert worden. Aber Leben konnte im Reagenzglas nicht erzeugt werden, und vieles verstehen wir noch nicht über die Zusammenballung organischer Moleküle zu primitiven Lebensformen vor 4 Milliarden Jahren.

Wie konnte sich das Leben ohne Sauerstoff zum Atmen entwickeln? Wiederum sind moderne Bakterien der Schlüssel. Zahlreiche anpassungsfähige Arten dieser winzigen Organismen finden Quellen chemischer Energie, vollkommen unabhängig von dem Sauerstoff, den wir brauchen. Einige leben von Schwefelverbindungen und atmen Schwefelwasserstoff, das Gas, das nach faulen Eiern riecht, um chemische Energie zu tanken. Wieder andere Bakterien leben vom Stickstoff in verschiedenen organischen Verbindungen, und wieder andere vergären organische Moleküle, um an die chemische Energie in Kohlenstoff-

STOFFWECHSEL DER BAKTERIEN

Wir neigen dazu, uns Organismen als Tiere oder Pflanzen vorzustellen: Tiere, die andere Organismen fressen, Sauerstoff atmen und ihren Zellen Brennstoff zuführen; Pflanzen, die Kohlendioxid atmen, dem Sonnenlicht Energie abgewinnen und organische Materie erzeugen. Dies sind jedoch nur einige Lebensformen, die der eukaryonten Organismen. Prokaryontische Bakterien haben ganz andere Lebensformen entwickelt, die zum Beispiel die Verwertung chemischer Verbindungen, die für Eukaryonten schädlich oder gar tödlich sind, mit einbeziehen. Die Bandbreite des bakteriellen Stoffwechsels ist ebenso interessant wie aufschlußreich: Sie zeigt, wie einfach das Leben in früher Zeit chemische Energiequellen erschloß, um sich zu erhalten und fortzupflanzen. Einige der Verfahren, die Bakterien entwickelt haben, sind in diesem Diagramm aufgeführt. Es gibt jedoch noch sehr viel mehr, zum Beispiel die Verwendung von Stickstoff (der für die Proteinsynthese wichtig ist) und die Verarbeitung von Metallen (deren Oxidation chemische Energie freisetzt).

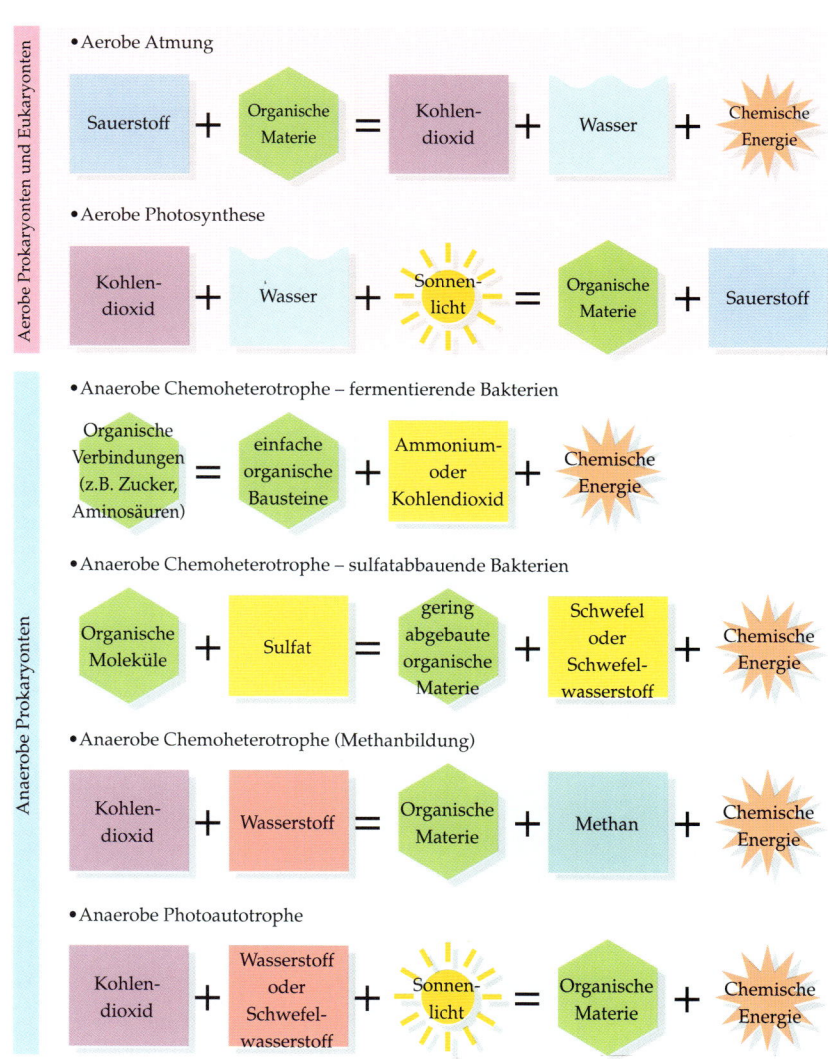

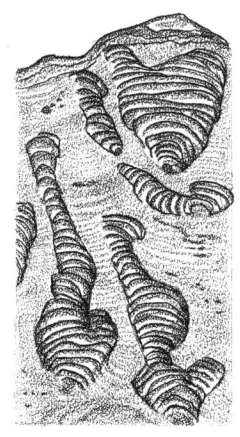

Die in unregelmäßigen Schichten übereinander liegenden Stromatoliten sind Spuren mikrobieller Populationen, in der Hauptsache photosynthetisierender Zyanobaktieren. Stromatoliten kommen vornehmlich in kohle- und feuersteinführenden Sedimentgesteinen vor und schwanken in der Größe zwischen wenigen Millimetern und mehreren Metern.

verbindungen zu gelangen. Das Leben in der frühen Urzeit scheint rasch eine Vielzahl von Möglichkeiten gefunden zu haben, in einer in radioaktive Strahlung gehüllten Welt und im trüben Sonnenlicht zu überleben, ohne sich der Gefahr des molekularen Sauerstoffs auszusetzen.

Ein anderer Weg, auf dem frühe Bakterien chemische Reaktionen herbeizuführen lernten, war die Nutzung der Sonnenenergie. Selbst trübes Sonnenlicht kann von Pigmenten absorbiert werden. Die gewonnene Energie dient zum Aufbrechen des in einfachen Verbindungen enthaltenen Wasserstoffs, der mit Kohlendioxid verbunden wird, um Kohlenhydrate zu bilden. Primitive Bakterien brauchen kein Wasser (H_2O) als Wasserstoffquelle. Statt dessen verarbeiten sie sicherere Bausteine wie Schwefelwasserstoff (H_2S). Der beim Gewinn des Wasserstoffs aus Wasser freiwerdende Sauerstoff würde ihre Zellen verbrennen. Wasser war bereits in der Frühzeit der Erde eine reiche Quelle, und infolge einer Reihe genetischer Irrtümer (Mutationen) begannen mehrere Gruppen von Bakterien, komplexe Moleküle (Enzyme) zu synthetisieren, die den Sauerstoff innerhalb der Zellen aufnehmen konnten, um diese tödlichen Moleküle jedoch durch die Zellwände auszuscheiden, bevor sie Schaden anrichteten. Nun waren sie endlich imstande, die reichste in der Umwelt vorhandene Wasserstoffquelle anzuzapfen, um organische Verbindungen durch Photosynthese herzustellen. Zyanobakterien, eine der Gruppen, die diese Fähigkeit entwickelten, zählen zu den häufigsten Fossilien in präkambrischen Gesteinen und kommen noch heute im Überfluß im Meer vor.

Kohlenstoff hat zwei stabile Isotope, ^{12}C und das geringfügig schwerere ^{13}C. Lebende Organismen bevorzugen das leichtere Isotop, da es einen Bruchteil weniger Energie verbraucht. Wenn also in Sedimenten Gesteine gefunden werden, die mehr als das gewöhnliche Verhältnis von ^{12}C zu ^{13}C enthalten, muß das darin begrabene Leben die Balance verändert haben. Zu den ältesten Gesteinen der Erde gehört die Isua-Gruppe auf Grönland. Sie besteht aus 3,8 Milliarden Jahren altem vulkanischem und sedimentärem Gestein. Dort gibt es einen ^{12}C-Überschuß, den das Leben dort hinterlassen haben muß. Dieser Beleg für Photosynthese erstaunt um so mehr, wenn man sich vergegenwärtigt, aus welcher Zeit er stammt: Gerade einmal 200 Millionen Jahre, nachdem die Erde soweit abgekühlt war, um Leben zuzulassen, waren vergangen – die Erdgeschichte hatte auf ihrer Reise durch die Zeit ein wahrlich rasantes Tempo vorgelegt.

Ein weiteres Indiz für vorhandenes Leben sind die geschätzten 600 Billionen Tonnen Bändereisenerz, die zu den industriellen Schlüsselressourcen der Erde zählen. Hierbei handelt es sich um Gesteine, in denen Schichten eisenreichen Sediments sich mit eisenarmen Schichten anderer Mineralien abwechseln. Nur auf einer uns fremden Erde war eine solche Ablagerung möglich, da Eisen sich in Wasser nur dann auflösen kann, wenn es nicht oxydiert ist.

Diese Bändereisenerze bezeugen einen vielleicht regelmäßigen Zyklus, in dem durch Photosynthese Sauerstoff auftauchte und wieder verschwand. War er vorhanden, oxydierte die Eisenoberfläche und das Eisen blieb erhalten, verschwand er, löste sich das Eisen auf und lagerte sich im Meer ab. Die meisten Bändereisenerzvorkommen wurden vor 2,5 bis 1,8 Milliarden Jahren abgelagert. Doch erste Spuren gibt es bereits in der Isua-Gruppe – Spuren von Leben.

Stromatolithen, Kalksteinablagerungen von Algenmatten, finden wir auf jedem Kontinent. Sie sind der einfachste Beweis weitverbreiteten Lebens im Präkambrium. Manchmal sehen sie aus wie scheibchenweise aufgeschnittene Kohlherzen oder wie flache Wellenmuster, manchmal auch wie einfache oder verzweigte Säulen.

An einigen Orten erscheinen sie als über 1 km dicke und Hunderte von Kilometern breite Ablagerungen. Sie entstanden hauptsächlich vor 2,5 Milliarden Jahren bzw. zu Beginn des Kambriums, aber auch die 3,5 Milliarden Jahre alten Gesteine aus der westaustralischen Warrawoona-Gruppe enthalten frühe Stromatolithen. Niemand war sich anfangs über die biologische Natur der im neunzehnten Jahrhundert entdeckten Stromatolithen im klaren, bis sich in den 50er Jahren dieses Jahrhunderts die Untersuchungen auf deren moderne Entsprechungen in Westaustralien, Florida und anderswo konzentrierten. Sie stellten sich als das Werk bakterieller Gemeinschaften, hauptsächlich photosynthetisierender Zyanobakterien, heraus, deren mikrobielle Matten die Oberfläche von Flachwassersedimenten bedeckten. Die Mikroben produzieren ein klebriges Gel, das sie an einem Ort zusammenhält, aber auch Sedimente auffängt, und wenn das Sediment so dick wird, daß es das Licht trübt, kriecht die Gemeinschaft ins Sonnenlicht und baut eine neue Schicht.

Doch dies sind lediglich fossile Spuren, Nebenprodukte des Lebens. Echte Fossilien fand Stanley Tyler 1953, als er Proben im

Gunflint Chert am Oberen See in Kanada sammelte. Der Botaniker Elso Barghoorn untersuchte sie, indem er so dünne und durchsichtige Gesteinsscheiben abschliff, daß man sie anschließend auf Objektträger legen und unter dem Mikroskop genau betrachten und analysieren konnte.

Er fand winzige kettenförmige Fäden und eiförmige Strukturen, 2 Milliarden Jahre alte Fossilien von Zyanobakterien und anderen Bakterien. Wenn je ein Organismus unseren Planeten beherrscht hat, dann diese blaugrünen Algen. Durch die Freigabe von Sauerstoff als »Giftmüll« begannen sie mit der Erzeugung der Erdatmosphäre − und mit ihrer eigenen Verdrängung.

Nur wenige Gesteine sind aus der Zeit vor 4−2,5 Milliarden Jahren übriggeblieben, und die in ihnen enthaltenen Fossilien sind Bakterien, die quasi in Salzwasser »eingelegt« wurden und in Kieselsäure fossilierten. Alte Kratone, die Kerne früher Kontinente, die in Kanada, Australien und Südafrika erhalten blieben, bezeugen, daß diese Landmassen klein und reich an vulkanischem Gestein waren. Das Erdinnere war zu jener Zeit sehr viel heißer und aktiver als heute, und raschere Wärmeströme zerbrachen jeden größeren Kontinent, der begann, sich aus nach oben gepreßten Elementen zu bilden. Wenn diese auftauchenden Elemente Roheisen und andere unoxydierte Mineralien oder Gase mitführten, entzogen sie der Umgebung sämtlichen freien Sauerstoff.

Als vor etwa 2,5−2 Milliarden Jahren die Wärmeerzeugung nachließ und die Erdkrustenbewegung sich verlangsamte, wandelte sich die Erde erneut; große Kontinente bildeten sich, indem kleinere Blöcke kollidierten und zusammenwuchsen. Weite Flachwasserozeane, viel größer als heute, boten ausgedehnte Lebensräume für photosynthetisierende Bakterien. Das Leben kann einen Planeten verändern. Vor 2,3 Milliarden Jahren durchlebte unser Planet die erste Eiszeit. Die Erde hatte ihre Decke verloren. Der Prozeß des Lebens entzog der Atmosphäre die Treibhausgase.

Dann rostete die Erde. Vor 2,5−1,8 Milliarden Jahren bildeten sich ungeheure Formationen von Bändereisenerz. Die Ozeane hatten einen Vorrat an reduziertem (nichtoxydiertem) Eisen angelegt und wirkten nun wie »Sauerstoffgullis«, wo das Eisen mit dem vorhandenen Sauerstoff reagierte und ihn in rostigen Eisenblöcken einschloß. Als das freie Eisen zur Neige ging, gab es kein anderes chemisches Gefängnis, das groß genug gewesen wäre, um

die Neuzufuhr von Sauerstoff vollständig aufzunehmen.

Winzige Organismen, die eine Unmenge Kohlendioxid, Wasser und Sonnenlicht verbrauchten, hatten die Erde umgewandelt. Ihr Abfallprodukt Sauerstoff hatte den rosa Himmel blau gefärbt, die braune See azurblau, und den Dunst von anderen einfachen Lebensformen aus der Atmosphäre gefegt. Die Bühne war umgebaut für einen weiteren Akt. Über die Hälfte der Erdzeit war bereits vergangen.

Strategien für einen veränderten Planeten

Der Sauerstoffboom muß eine weltweite Krise ausgelöst haben. Er zwang einige Organismen tief in die luftleeren Lebensräume in Sedimenten oder ins Innere abgestorbener organischer Materie, für deren Verwesung sie sorgten. Andere wurden vernichtet: Seltsame einzelne Zellen, die im Gunflint Chert gefunden worden waren, tauchten später nie wieder auf. Eine lebenserhaltende Anpassung bestand in der Nutzung des Sauerstoffs zum Aufbrechen der Nahrung in Kohlendioxid und Wasser. Diese neue Physiologie verschlang viel mehr Energie, als die früheren Prozesse, machte diese jedoch nicht überflüssig.

Tief in den Zellen der Sauerstoffatmer arbeitete der alte Mechanismus zur Aufschlüsselung der Nahrung in Nebenprodukte, die er dem neueren, Sauerstoff verbrennenden Apparat zur weiteren Umwandlung zuführte.

Der Ursprung der Eukaryonten weicht so weit vom traditionellen Bild der Evolution als mörderischem Überlebenskampf ab, daß er erst in den 80er Jahren dieses Jahrhunderts bekannt wurde. Amerikanische Biologen stellten fest, daß Bakterien häufig zusammenarbeiten und biologische Dienstleistungen austauschen, die ihnen bei der Bewegung, bei der Erzeugung von Nahrung oder gar bei der Fortpflanzung helfen. Einige Arten nisten in den Zellwänden anderer, leben von deren Nahrung und liefern als Gegenleistung nützliche Moleküle. Zuweilen sind auch mehr als zwei Arten an diesem Tauschhandel beteiligt.

Stellen wir uns vor, die Eukaryontenzelle als Basiseinheit komplexer Organismen wurde als Kooperative geboren. Dieser Zelltyp besteht aus einer Membrane, die einen Tropfen Protoplasma und den echten Zellkern ein-

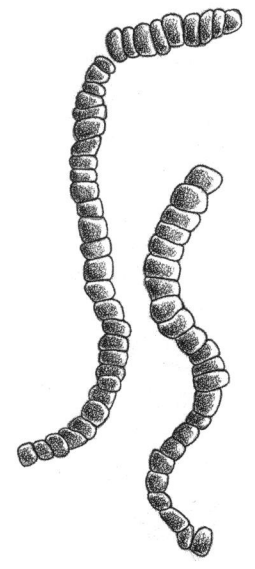

Die Warrawoona-Mikrofossilien sind die ältesten bekannten Fossilien. Sie wurden in 3,5 Mrd. Jahren alten Feuersteinschichten in Westaustralien gefunden. Dabei handelt es sich um die Überreste von Fasern zylindrischer Zellen. Diese einfache Morphologie ähnelt der einiger lebender Bakteriengruppen, vornehmlich der von Zyanobakterien.

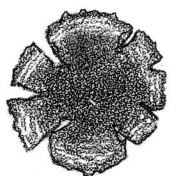

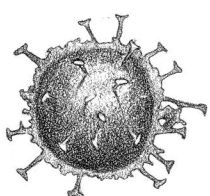

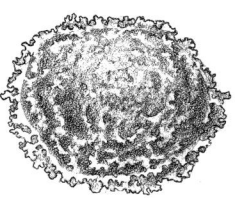

Präkambrische Acritarcha sind kleine, resistente Zysten unbekannter einzelliger eukaryotischer Organismen. Einige sind sehr einfache, häufig an den Rändern eingedrückte Halbkugeln und Ellipsoide. Andere Formen sind anspruchsvoller gebaut und weisen verzierte Oberflächen auf. Die ältesten Acritarcha sind rund 1,8 Mrd. Jahre alt.

schließt. Die DNS im Kern verbindet sich mit Proteinen und bildet Chromosomen, die komplexer als Bakterien gebaut und in einer eigenen Membrane untergebracht sind. Diese Zellen enthalten auch Organellen – wie die Mitochondrien, die Energie erzeugen und speichern, oder die Chloroplasten, die in der Lage sind, mit Hilfe von Licht auf photosynthetischem Weg Kohlenhydrate zu erzeugen.

Diese Organellen sind in eigenen Membranen untergebracht. Mitochondrien ähneln bestimmten sauerstoffverarbeitenden Bakterien, und die meisten Chloroplasten teilen viele Merkmale mit Zyanobakterien. Keine dieser Organellen wird durch die Eukaryontenzelle selbst erzeugt: Statt dessen teilen sie sich durch einfache Spaltung, wie es viele Bakterien tun, wenn sich der Zellkern zur Zellreproduktion teilt.

Sind es Invasoren, die mehr Gewinn aus dem Handel als aus dem Tod ihrer Gastgeber ziehen? Wann sind sie eingezogen? Es muß nach dem Beginn der Anreicherung von Sauerstoff gewesen sein, und die Zellen, die genügend Platz für den Zellkern wie für die Organellen hatten, mußten größer als vorherige gewesen sein.

In rund 1,8 Milliarden Jahre alten Fossilien tauchten die ersten größeren Zellen auf. Es sind Acritarchen, zähe organische Hüllen oder Zellen, die im Ruhestadium gebildet wurden, wenn einzellige Eukaryontenalgen auf schlechte Bedingungen stießen und abgeworfen wurden, wenn die Bedingungen sich verbesserten.

Eukaryonten entwickelten sich zunächst zu leistungsstärkeren Einzellern, machten dann aber einen weiteren, revolutionären Sprung. Eine Veränderung ihres genetischen Programms ermöglichte ihnen den Aufbau von Körpern, die mehrere statt einer Zelle brauchten, Zellen mit einer Reihe unterschiedlicher Strukturen und Aufgaben. Dies war der Wendepunkt, der das Leben aus dem Mikrokosmos herauskatapultierte, um komplexere Strukturen aufzubauen, deren Größe zwischen Moosen und Sequoias und zwischen Blattläusen und Dinosauriern schwankte. Bakterienkörper sind häufig mehrzellig, aber ihre Zellen sind nahezu identisch.

Nur Eukaryonten können aus ihren verschiedenen Zelltypen Haut, Knochen, Muskeln, Blut, Blätter, Rinde, Samen, Mark gestalten – eine wahre Flut von Formen, Geweben und Funktionen, die so vielfältig sind, daß Biologen sie niemals werden endgültig entschlüsseln können.

Der Ursprung komplexen Lebens

Wir besitzen nur wenige Erkenntnisse über die frühen mehrzelligen Organismen. Das älteste Fossil ist *Grypania,* die auf 2,1 Milliarden Jahre alten Gesteinen in Michigan als spiralige Kohlenstoff-Filme von bis zu 30 mm Durchmesser erhalten blieb. Danach gibt es Kohlenstoffüberzüge auf jüngeren Gesteinen, die jedoch nicht eindeutig als mehrzellige Eukaryonten zu identifizieren sind. Viel später erst folgt ein Wachstumsschub, der zur Entstehung von Rot- und Braunalgen, Chromophyten (wie Diatomeen und gelbbraunen Algen), Grünalgen, Pilzen und Tieren führte. Schätzungen nach der »Countback-Methode« datieren diesen Entwicklungsschub auf 1 Milliarde Jahre zurück. Von diesem Zeitpunkt ab sind Organismen entdeckt worden, die den modernen Stämmen zugerechnet werden können. (Stämme sind Gruppen von Arten, die einige sehr grundlegende strukturelle und biochemische Merkmale teilen, die nur dieser Gruppe eigen und anderen Gruppen kaum zuzuordnen sind.) Neben mehrzelligen Rot-, Braun- und Grünalgen wurden andere komplexe Fossilien gefunden, deren Struktur wir noch nicht verstehen.

Was war der Anlaß für diese Explosion der Wandlungen? Vielleicht hängen sie mit der Entstehungsgeschichte der Eukaryonten-Geschlechtlichkeit zusammen.

Bei fortgeschrittenen Eukaryonten steuert jeder Elternteil eine zufällig bestimmte Hälfte seiner eigenen genetischen Anlagen zur Bildung von Gameten (Fortpflanzungszellen) bei. Keine zwei Gameten sind gleich. Jedesmal, wenn sich die Gameten zur Erzeugung einer Zygote, der befruchteten Zelle, die zu einem neuen Organismus heranwächst, verbinden, bringen sie ein unterschiedliches, neu gemischtes und verteiltes Paket von Informationen ein.

Die langfristigen Vorteile liegen auf der Hand. Dieses ständige Neumischen des genetischen Kartenstapels verschafft sämtlichen Arten durch einen Vorrat möglicher Mutationen und erfolgreicher genetischer Ausrutscher die Möglichkeit, sich auf verschiedene Weisen neu zu verbinden. Geschlechtlichkeit bietet im Vergleich zu den Techniken einfacherer Organismen, die durch das Klonen lediglich Kopien ihrer selbst reproduzieren, viel mehr gestaltliche, verhaltensmäßige und chemische Variablen zur Erprobung für die Selektion. Mit jeder neuen Generation kann eine Eukaryontenpopulation sich die für die Umwelt und für die im ständigen Wandel befindliche Gemeinschaft am besten passenden Kombinationen zunutze machen.

Aber welcher Umstand förderte diese Technik zu Anfang? Sicher nicht die noch in der Zukunft verborgenen Vorteile. Eine Schnellschußtheorie vermutet, daß Geschlechtlichkeit die Parasiten verwirrt. Die Retroviren, die Zellmembranen durchdringen können, sind verirrte DNS- und RNS-Bröckchen, die die Fähigkeit besitzen, sich in die Kette der genetischen Anlagen des Gastgebers an einer bestimmten Stelle einzufügen. Wenn sich das Programm jedoch mit jeder neuen Generation ändert, sind diese Stellen wahrscheinlich schwerer auszumachen.

Vielleicht war es eine evolutive Neuerung zur Virenbekämpfung, die vor rund 1 Milliarde Jahre zum Durchbruch der Eukaryonten führte. Die Neuerung war vermutlich auch für die folgenden hohen Evolutionsraten verantwortlich, die wir annehmen müssen.

Metazoen (mehrzellige Tiere) haben bis vor 600 Millionen Jahren im Gestein keine Fossilien hinterlassen — ein hundertmillionenjähriges Schweigen. Wenn die Fossilienfunde recht haben, erkennen wir zwar ein Spektrum neuer Geschöpfe, aber deren früherer Lebensweg ist quälend unbekannt — keine Fossilien, keine Spuren.

Waren sie zu klein? Die Algenmatten der Stromatolithen boten ein Meer leicht zugänglicher Nahrung, aber ihre Fossilien zeigen keinerlei Spuren kleiner oder großer weidender Tiere. Wenn irgend etwas in der Umwelt den Aufstieg hungriger Metazoen hervorrief, dann wäre der einfachste Faktor doch wohl der Sauerstoffgehalt gewesen. Einzellige Eukaryonten brauchen weniger Sauerstoff, da ihre Enzyme den Sauerstoff das kurze Stück von der Zellwand zum Mitochondrium transportieren. Tiere mit zahlreichen Zellen brauchen jedoch viel mehr Sauerstoff oder sie verhungern innerlich, weil nur die äußeren Zellen ernährt werden. Für einen Luftatmer mit mehreren hundert Zellen ist es ausgeschlossen, in einer sauerstoffarmen Umgebung zu überleben.

Zwischen dem Daten-Blackout der Metazoen und dem vor rund 1 Milliarde Jahre aus zusammenrückenden kleineren Landmassen entstandenen Superkontinent besteht kein erkennbarer Zusammenhang. Vor rund 800 Millionen Jahren begann er auseinanderzubrechen, währenddessen endete eine Serie von Eiszeiten mit der härtesten Eiszeit der Erdgeschichte. Sie hinterließ in Australien vor 600 Millionen Jahren Eiskappen, als sich der Kontinent am zehnten Breitengrad, also am präkambrischen Äquator befand! Die Photosynthetiker hatten sich derart reichlich am Treibhausgas Kohlendioxid gütlich getan, daß sie beinahe das Einfrieren des Planeten verschuldet hätten.

Und doch erlebte derselbe Zeitraum einen erheblichen Rückgang von Stromatolithen, die durch Photosynthetiker wie Zyanobakterien entstanden. Noch vor 1,5 Milliarden Jahren waren sie in nahezu sämtlichen tropischen Meeren gediehen. Ihr rascher Niedergang vor rund 680 Millionen Jahren, zu gletscherlosen Zeiten, bezeugt, daß irgendein neuer Einfluß diese Gemeinschaften einschränkte oder aktiv dezimierte.

Früheste Tiere

Fünf Sechstel der Erdgeschichte waren bereits vergangen. Das Leben hatte seinen Planeten neugeformt — durch langsames, hartnäckiges Überwinden der Endlosigkeit der Zeit und durch das Werk von Organismen, die ihre Evolution über Hunderte von Millionen Jahren schrittweise vorantrieben. Eine radikale Änderung erfolgte durch die Entstehung der Metazoen, vergleichsweise gigantischen Tieren, die gleichsam durch die Evolution rasten.

Von Anfang an brachte der Siegszug der Metazoen die Wissenschaft von der Evolution in Schwierigkeiten. Kambrische Gesteine, jünger als 550 Millionen Jahre, erstatteten einen ersten fossilen Bericht — in Form von Arthropoden, Mollusken, Brachiopoden und anderen. Davor gab es nichts. Darwin selbst gab zu, daß seine Theorie der Evolution als ein System natürlicher Zuchtwahl das Vorhandensein vorangegangener Populationen, aus der die Geschöpfe hervorgegangen waren, zwingend erforderte. Als die Kontinentaldrift als Tatsache anerkannt wurde, boten die Wissenschaftler als Erklärung an, daß die früheren Zeugen durch Erosion beseitigt worden waren. Aus der Theorie wurde eine Annahme, und das Fehlen präkambrischer Fossilien wurde zum Axiom: Gesteine, die tierische Fossilien enthalten, mußten also per definitionem aus dem Kabrium oder noch späterer Zeit stammen.

Seit Ende der 40er Jahre dieses Jahrhunderts hat eine Reihe von Entdeckungen auf der ganzen Welt dieses Bild umgeworfen, und die Frage, wo neue komplexe Lebensformen zum ersten Mal erschienen, wurde neu gestellt. Die Funde belegten auch die Existenz viel mehr

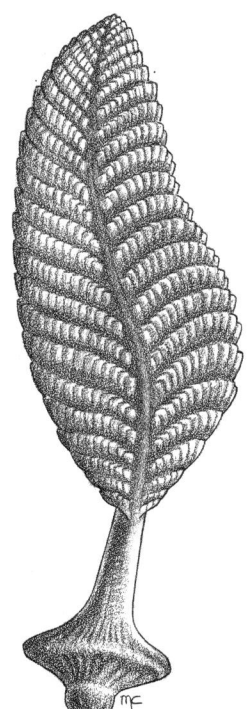

Charniodiscus aus der Ediacara-Fauna von Shropshire. Dieses wedelförmige, etwa 50 cm lange Tier war mit einem knolligen Auswuchs im Boden verankert. Die Wedel links und rechts von der Mittelachse weisen die für viele Tiere der Ediacara-Fauna typischen »Steppnähte« auf.

kambrischen Lebens, dessen fossile Erhaltung einst als unmöglich gegolten hatte. Die neue Story greift besser als die alte, aber sie wirft neue Fragen auf, und immer noch bleiben die frühesten Hunderte von Jahrmillionen metazoischen Lebens ohne fossilen Beleg.

Man entdeckte eine Fundstelle, die Ediacara Hills in den Flinders Ranges in Südaustralien, wo der Geologe R. C. Sprigg Fossilien fand; aber auch von Shropshire bis Namibia und von Rußland bis Neufundland stieß man auf Fossilien vom Ediacara-Typ. Sie sind 580 bis 560 Millionen Jahre alt und wurden als Abdrücke oder Hohlformen in Sedimentgestein ohne eine Spur zusammenhängender Hartteile gefunden. Ihre Größe reicht von 1 cm bis 1 Meter, meist sind sie scheiben- oder blattförmig. Der deutsche Paläontologe Martin Glaessner hatte sich auf der Flucht vor den Nationalsozialisten in Australien niedergelassen und festgestellt, daß Spriggs Fossilien aus vorkambrischer Zeit datieren müssen, da gleichartige Funde in Shropshire offensichtlich unterhalb von kambrischen Sedimenten lagen.

Nach Ansicht Glaessners und seiner Kollegen offenbaren sich die Wurzeln moderner Stämme in der fossilen Fauna vom Ediacara-Typ — vermutlich Seefedern, Quallen, Ringelwürmer u. a. –, aber die Fossilien sind nicht ausgeprägt genug, um überzeugende Indizien zu liefern. Der Paläontologe Dolf Seilacher bot in den 80er Jahren dieses Jahrhunderts ein anderes Erklärungsmuster. Nach seiner Überzeugung wären echte Quallen als Vertiefungen im Sand erhalten geblieben. Die Ediacara-Qualle erschien jedoch als Buckel auf Sandsteingrund. Seilacher schlußfolgerte, daß es sich um den Abdruck von Tieren handeln mußte, die im Grundschlamm lebten, als sich der Sand über ihnen ablagerte, und nicht im Wasser.

Dieser Umstand und andere Merkmale überzeugten Seilacher, daß die Ediacara-Fauna sich unabhängig von den modernen Stämmen entwickelt hatte. Er machte auf die seltsame Struktur aufmerksam, die einige der Tiere wie gesteppte Luftmatratzen aussehen läßt, und spekulierte, daß es sich in Wirklichkeit um große einzellige Eukaryonten handelte und nicht um Metazoen.

Eine andere Interpretation sieht in diesen Geschöpfen eine mögliche Zwischenstufe einfacher Tiere, die zum Untergang verurteilte evolutionäre »Experimente« darstellten. James Valentine von der Universität von Kalifornien wandte ein, daß sie ihre Körper aus höchstens 11 verschiedenen Zelltypen bauen konnten, dem Maximum primitiver Stämme wie zum Beispiel Quallen. (Säugetiere können bis zu 120 verschiedene Zelltypen haben.) Sie seien »Schwebstofffresser« gewesen — Tiere, die sich von strömungsgetriebenen Nahrungspartikeln, Bakterien und einzelligen Eukaryonten ernährten. *Spriggina* wurde als ein sich vom breiten Kopf zum Schwanz verjüngender Wurm interpretiert. Stellt man ihn auf den Kopf, wird er zur Basis für ein auf dem Meeresboden festsitzendes Tier. Kein Zweifel: Die so undeutlich konservierten Fossilien regten die Phantasie ihrer Betrachter an.

Unser Schlüsselthema an diesem Punkt heißt Zelldifferenzierung — keine einfache Aufgabe für die Evolution. Man braucht komplizierte genetische Mechanismen, nicht nur, um eine Reihe von spezialisierten Zellen zu erzeugen, sondern auch, um sie zusammenarbeiten zu lassen. Drei Milliarden Jahre Evolution hatten die bestgeeigneten Organismen für die Genweitergabe ausgewählt, und doch leisten die meisten Zellen im Körper eines Tieres Arbeiten, die sie zur Aufgabe dieses grundlegenden Ziels zwingen.

Tiere haben eine einzigartige Technik zur Verwaltung ihrer Fortpflanzungszellen. Früh in ihrer Entwicklung legen sie eine kleine Gruppe von Zellen zur geschlechtlichen Fortpflanzung auf die hohe Kante. Leo Buss von der Yale-Universität meinte, daß dies eine Vorsichtsmaßnahme zum Schutz der Genome sei, des genetischen Päckchens für künftige Generationen. Die meisten Körperzellen ersetzen sich selbst durch Teilung, und das tun sie so oft, daß Fehler wahrscheinlich werden. Die gelagerten Zellen teilen sich seltener und minimieren somit mögliche Fehler, die für den Nachwuchs fatale Folgen haben könnten.

Eine völlig andere Technik wenden die Pilze an. Ihr »zönozytisches« Wachstum als Zellkolonie benutzt nur wenige oder gar keine Zellmembranen und enthält eine Menge Zellkerne in Vertiefungen im Körper. Nach ausgeklügelten Regeln erfolgt die Auswahl der Zellkerne, aus denen Sporen zur Fortpflanzung werden sollen.

Ein Gedankenmodell zum Ursprung der Zellspezialisierung in Metazoen geht davon aus, daß einige Eukaryonten Kolonien bildeten, die die verschiedenen Aufgaben unter den Mitgliedern verteilten und sich dann langsam zu einem einzelnen Tier entwickelten. Ein anderes Modell geht davon aus, daß der tierische Vorfahr zönozytisch wie Pilze war. Frühe Formen hatten vielleicht Hohlräume, in denen zahlreiche Kerne in Wechselwirkung die spezifischen Aufgaben untereinander verteilten. Wenn erst einmal eine Aufgabe übernommen worden war, bildeten sich Zellmembranen zum Schutz der Kerne.

Jüngste Molekularstudien zeigen, daß die Tiere mit den Pilzen eigentlich äußerst eng verwandt sind. Vielleicht stellt es sich heraus, daß einige Typen des Ediacarium Überbleibsel eines zönozytischen Stadiums sind, das mit versiegelten Abteilungen zur Arbeitsteilung unter den Zellkernen experimentierte. Jedenfalls waren diese Geschöpfe der Ediacara-Fauna nicht allein. Andere Tierarten hinterließen ihre Spuren, wenn auch nicht ihrer Körper, und eine Menge einfacher Tierspuren tauchen an den Fundorten des Ediacaratyps auf – gradlinige oder gewellte Furchen auf der Sedimentoberfläche oder in Höhlen direkt darunter.

Kleine Tiere weideten die Mikroben auf der Oberfläche ab oder nahmen Schlick und Sand auf, um die darin enthaltenen Bakterien zu verdauen. (Eine heute noch übliche Verhaltensform.) Wer oder was immer diese Spuren hinterlassen hatte, es waren keine fossilen Blatt- oder Scheibenformen, sondern Weichkörpertiere mit schlecht konservierbarer Außenhaut. Rezente Tiere, die horizontal wühlen, sind alle komplexer und besitzen mehr Zelltypen als die Qualle, die dem Stamm einiger Fossilien des Ediacariums am nächsten kommt. Diese modernen Wühler weisen Gewebe und Organe auf. Sie sind Bilateria, deren Kopf und Hinterteil sich unterscheiden und die durch eine einzige Symmetrieebene in zwei spiegelbildlich gleiche Hälften geteilt sind. Sie erleben die Umwelt mit dem Kopf voran, sie sitzen nicht und treiben auch nicht ziellos umher. Die Nerven sind an dem Ende konzentriert, das sich später zum Kopf entwickelt und auch die Nahrungswerkzeuge herausbildet. Diese frühen Bilateria ebneten den Weg für »fortgeschrittene« Tiere.

Das an Stätten des Ediacaratyps gefundene Fossil *Cloudina* ist ein einzigartiger Zeuge seiner Zeit, denn es ist das früheste bekannte Tier mit einem mineralisierten (Kalziumkarbonat) Skelett. Es sieht aus wie ein wenige Zentimeter großer Stapel runder Mini-Eiswaffeln – eine Struktur, die ein Tier durch Drehen seines Kopfes beim Ablegen einer Röhre aus organischem Zement erzeugt.

Wenn Fossilien des Ediacaratyps unmittelbar unter kambrischem Gestein liegen, verschwinden sie zwischen den fossilen Spuren von Wühlern. Nach Ansicht von Dolf Seilacher hat ein allmähliches oder durch eine plötzlich eintretende Katastrophe verursachtes Massensterben die eigentliche Fauna des Ediacariums ausgelöscht, und er behauptet,

daß nur wenige kambrische oder spätere Tiere auf sie zurückgeführt werden können. Andererseits hat der einflußreiche Paläontologe Simon Conway Morris aus Cambridge ein Fossil, das der blattförmigen *Charnia* des mittleren Kambriums ähnelt, identifiziert, und blattförmige Arten des Ediacariums werden häufig als Seefedern identifiziert.

Die Welle von Entdeckungen, im Anschluß derer die Geschichte des frühesten Kambriums neu geschrieben werden mußte, begann, als die Sowjetunion nach dem Zweiten Weltkrieg große Teams von Wissenschaftlern beauftragte, geologische Ressourcen in Sibirien zu erforschen. Dort liegen unter dicken Schichten präkambrischer Sedimentgesteine dünnere Formationen unterkambrischer Sedimente ungestört durch spätere gebirgsbildende Ereignisse (im Gegensatz zum gefalteten Kambrium in Wales), in wundervoller Lage entlang den Flüssen Lena und Aldan sowie in anderen Teilen dieses riesigen, bevölkerungsarmen Gebietes. Unter der Leitung von Alexi Rozanov vom Paläontologischen Institut Moskau entdeckte ein Team in den Kalksteinen des unteren Kambriums eine ganze Palette kleiner, ungewöhnlicher Skelette und Skelettteile, die nicht größer als 1 cm waren, und die der erstickenden lateinischen Namensgebung durch die schlichte Bezeichnung »kleine Schalenfossilien« entgingen.

Eine Monographie aus dem Jahre 1969 beschrieb auf 380 Seiten diese bis dahin unbekannten Fossilien, und die Paläontologen, die nun wußten, wonach sie suchen mußten, entdeckten vergleichbare Schichten an Lagerstätten im südchinesischen Meishucun, in Indien, Brasilien, Neufundland, Nova Scotia und Südaustralien.

Die *Anabarites-Protochertzina* (A-P)-Zone liegt am tiefsten und enthält die ältesten Fossilien mit harten Teilen, außer *Cloudina*. *Anabarites*-Fossilien sind kleine, zuweilen spiralig gedrehte Röhren aus Kalziumkarbonat mit drei Graten oder Einkehlungen, das Werk eines unbekannten Tieres, das vermutlich im Innern der Röhre lebte. Die gebogenen Kalziumkarbonat-Nadeln der Fossilien des

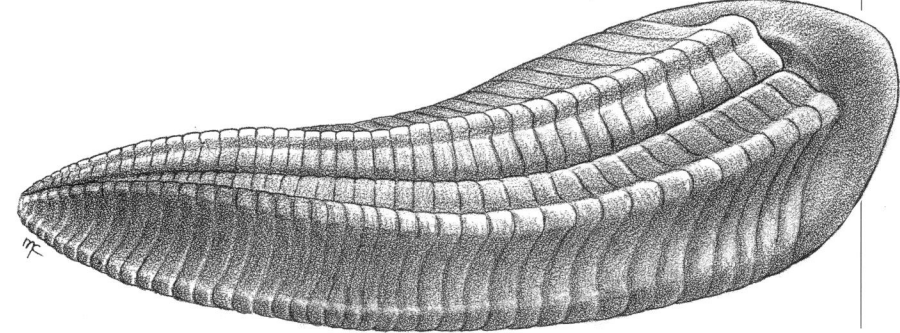

Spriggina, ein 4–10 cm langes Ediacara-Fossil. Einige Wissenschaftler halten sie für einen frühen Ringelwurm oder gar einen Protarthropoden, mit Kopfschild und segmentiertem Körper.

Cloudina, das älteste Fossil eines Skelett-Tieres. Auseinandergebrochen sehen diese Fossilien aus wie aufgeschichtete Kalziumkarbonat-Hohlkegel von 2,5 cm Länge. Die Rekonstruktion zeigt einen einfachen, röhrenbewohnenden Polypen, der mit seinen Tentakeln Nahrungsteile aus dem Meerwasser fischte.

GEGENÜBERLIEGENDE SEITE, OBEN LINKS: *Opabinia,* ein fantastisch anmutender Räuber aus dem Burgess Shale. Sie besitzt einen stromlinienförmigen, segmentierten Körper mit Schwimmkiemen und Augen. Wie viele andere Tiere des Burgess Shale ist ihr Stammbaum unbekannt, vermutlich ist er mit *Anomalocaris* verwandt.

Kambroklaven, eine andere Art von Skleriten, ist aus dem Atdabanium und älteren Gesteinen bekannt. Das Tier, das diese winzigen Schuppen trug, ist unbekannt und längst ausgestorben. Zusammengedrückte Fossilienhaufen belegen jedoch, daß die Kambroklaven das Tier wie ein Panzerhemd umkleidet haben müssen.

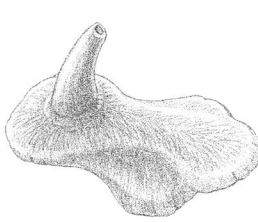

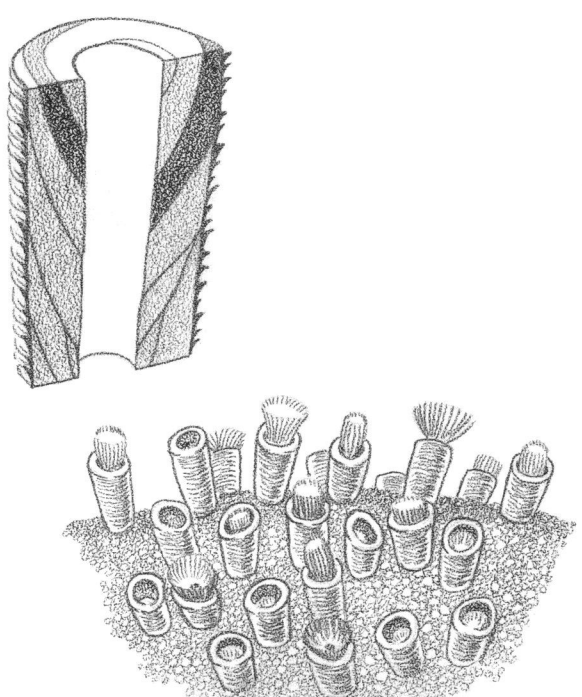

Protochertzina ähneln den Freßwerkzeugen des modernen Pfeilwurms, einem Räuber. Senkrechte Wühlgänge tauchen erstmalig in der A-P-Zone auf, in Form einfacher oder U-förmiger Röhren, deren beide Enden aus der Sedimentoberfläche herausschauen. Noch heute leben Würmer und Arthropoden auf diese Weise und strecken ihre Freßwerkzeuge heraus, um nach vorbeitreibenden Nahrungspartikeln zu angeln. Die Urheber dieser fossilen Spuren waren vermutlich Weichkörpertiere verschiedener Gruppen.

Im oberen Bereich der A-P-Zone erscheint eine andersartige Gruppe von kleinen Schalen-

fossilien als Beleg für die typische Fauna der darüberliegenden Tommotium-Stufe, einem mehrere Millionen Jahre dauernden Intervall vor etwa 570 Millionen Jahren. Die Fossilien sind keinen Zentimeter lang und präsentieren eine breite Palette von Skeletteilen und Stücken aus Kalziumkarbonat, Kalziumphosphat und Kieselsäure. Zu den verschiedenen primitiven Mollusken zählen einschalige Monoplacophora, die sich wie Schnecken auf einem Muskelfuß bewegten, und doppelschalige, heute ausgestorbene Rostroconchia, deren Schalen fest verwachsen waren und die vermutlich den Bivalven wie Miesmuscheln und Herzmuscheln den Weg ebneten, die durch Scharniere Bewegung in die Schalen brachten. Die paarigen Schalen inartikulater, gelenkloser Brachiopoden (Armfüßer), wurden nur durch Muskeln zusammengehalten.

Im Tommotium tauchen mehr röhrenförmige Fossilien auf, die vermutlich zu Quallen, ausgestorbenen Stämmen, wurmartigen Schwebstofffressern und einfachen, noch heute zahlreich vorkommenden Foraminiferen (Wurzelfüßern) gehören. Nach Milliarden Jahren mikroskopischen Lebens wimmelten die frühen kambrischen Meere plötzlich von futtersuchenden und röhrenlebenden Würmern, allen Arten von Mollusken und hornschaligen Hyolithen, vermutlich Verwandten des Erdnußwurms (Sipunkuliden). Die schwammartigen Archaeocyathiden bauten aus Kalziumkarbonat zweischichtige, ineinandersteckende, mit Streben verbundene Skelette. Einige besaßen ein kegelförmiges Skelett, das aussah wie ein gestieltes Weinglas, in dem ein zweites stielloses Glas steckte. In der Mitte des Unterkambriums bildeten sie zusammenhängende Dickichte von Einzeltieren, die erheblich größer waren als die meisten Tiere des Tommotiums und die den Kern für Riffe darstellten. Vielfältige fünf- und sechsstrahlige Skelettnadeln, winzige Klumpen von Kieselsäurenadeln, sind der Beleg für die frühesten echten Schwämme, die damit ihre Gestalt zusammen- und Räuber fernhielten.

Verschiedene andere Skelettnadeln mit vielfältigen Gestalten und aus verschiedenen Materialien wurden von unbekannten Tieren erzeugt; weitere unbekannte Tiere hinterließen eine verwirrende Vielfalt winziger, Skleriten genannter Fossilien, Platten oder Nadeln, die einst einen geschmeidigen Panzer bildeten. Borstenwürmer und Seegurken tragen diese Kettenhemden in den Meeren unserer Zeit. Wenn ihr Besitzer stirbt, verlieren die sehr unterschiedlichen Skleriten das

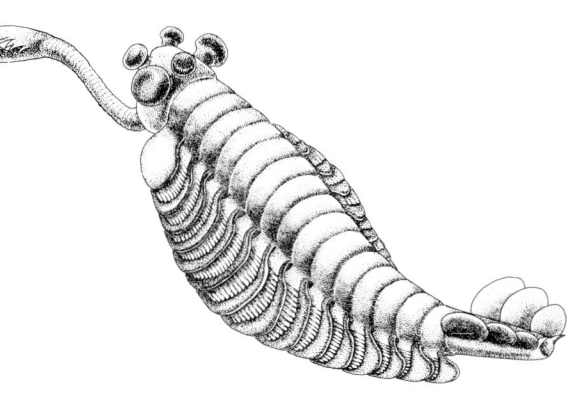

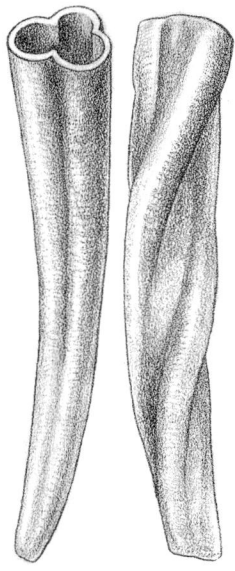

Bindegewebe und fallen auseinander, wie eine Marionette mit durchschnittenen Schnüren. Nur selten stoßen wir auf das Tier, das uns zeigt, wie es diese Skleriten trug. Andere Überreste bilden ein verwirrendes Durcheinander, das sich nicht zur Gestalt ihres Eigentümers zusammenfügen will.

Auch in der folgenden Stufe des Atdabaniums vor rund 560 Millionen Jahren lebten noch viele Tommotium-Gruppen. Neue Gruppen von Skleritom-Trägern bieten uns jedoch ebensowenig Ansatzpunkte wie ihre Vorgänger. Einige vertraute Gesichter tauchen auf — die frühesten zweischaligen Mollusken, artikulate Brachiopoden, die ihre Schalen mit Zapfenscharnieren stabilisieren, und die ältesten Echinodermen, die Vorfahren moderner Seescheiden und Seesterne.

Die Arthropoden geben ihr fossiles Debüt, obwohl schon Tommotium-Gesteine Fossilspuren enthalten, die von Extremitäten auf dem Meeresgrund gekratzt wurden, vielleicht von älteren Arten, deren Skelette zu brüchig waren, um erhalten zu bleiben. Die Fossilien sind Trilobiten, eine Arthropoden-Klasse, die später zu den häufigsten Bewohnern des oberen Kambriums zählten, obwohl noch zu sehen sein wird, daß sie nicht unbedingt die zahlenmäßig größte Vertretergruppe der gesamten Fauna des Kambriums waren. Trilobiten sahen aus wie gigantische Asseln oder Wanzen. Sie waren in drei Abschnitte gegliedert, Kopf, Thorax und Schwanz, das

dicke Exoskelett bestand aus Kalziumkarbonat. Spätere Arten erreichten eine Länge von 60 cm.

Die Erfindung des Skeletts

Diese plötzlich so reiche Verbreitung von Tierfossilien zeugt von einem vielseitigen Ausprobieren verschiedener Lebensformen – in Zentimetern, Dezimetern oder sogar Metern. Aber ab einer gewissen Körpergröße ist häufig eine Stütze erforderlich, selbst im tragenden Element Wasser. Die in unterkambrischen Gesteinen geborgenen Fossilien zeigen Skelette, die der Verstärkung des Körpers und dem Ansatz von Muskeln dienten. Muschelschalen, die Nahrungskammern einschlossen, in denen dem eingesogenen Wasser Nährstoffe entzogen wurden. Harte Werkzeuge zum Abraspeln und Abknabbern von Nahrungsteilchen. Schließlich beschützten Skelette ihre Besitzer auch vor Umweltgiften, mikrobiellen Parasiten und Raubtieren.

Weiche Körper hatten keine Chance gegen die scharfen Stacheln der *Protohertzina*. Die Löcher in einigen chinesischen Exemplaren von *Cloudina* sehen aus wie das Werk eines Raubtieres, das sich ins Skelett gebohrt hat, um an das Gewebe zu gelangen. Waffen aber lassen gleichermaßen Schutzmechanismen entstehen. Schon bald nach dem Ediacarium stoßen wir sowohl bei Eukaryonten als auch bei Zyanobakterien auf regelrechte Skelette aus Kalziumkarbonat, die die organische

Anabarites, eine kalkige Röhre aus der Frühzeit des Kambriums. Dieses Fossil weist eine ungewöhnliche Dreipunktsymmetrie auf.

UNTEN LINKS: *Eopteria*, kommt zwar aus dem oberen Kambrium und Ordovizium, stammt jedoch von den frühesten kambrischen Rostrokonchia ab. Sie lebten ähnlich wie Muscheln.

LINKS: Archaeocyathiden. Diese einfachen, einzeln oder in Kolonien lebenden Tiere waren mit den Schwämmen verwandt. Sie filterten die Nahrung aus dem Wasser, daß sie durch ihr poröses Skelett einsaugten und durch die Zentralöffnung wieder ausstießen.

UNTEN: *Latouchella*, eine der frühesten kambrischen Mollusken. Das Tier ernährte sich vermutlich von Bakterien und Algen. Es bewegte sich mit einem Muskelfuß fort.

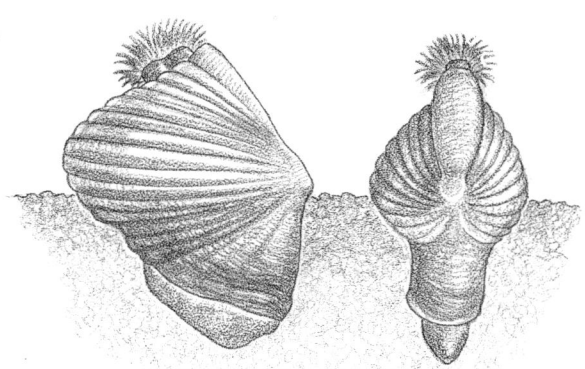

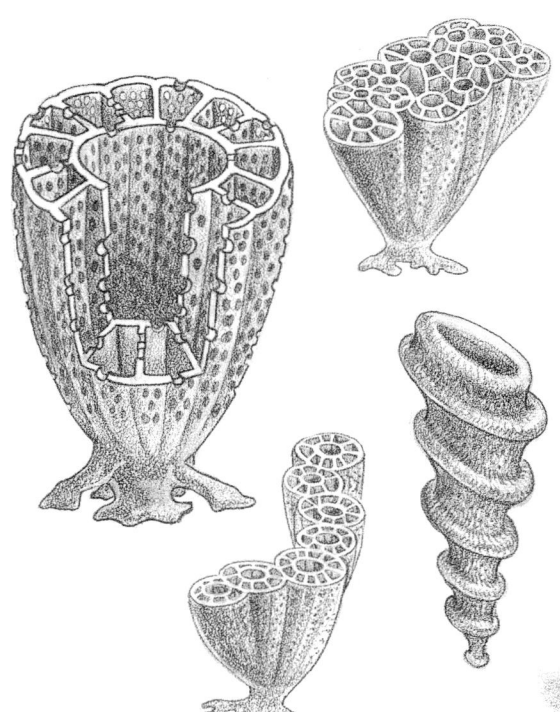

Chancelloria, eine siebenstrahlige Spicula. Trotz der Ähnlichkeit mit Schwamm-Spiculen sind sie hohl und gänzlich anders aufgebaut. Vollkommen erhaltene Fossilien aus dem Burgess Shale belegen jedoch, daß das gesamte Tier einen schwammartigen Körper besaß.

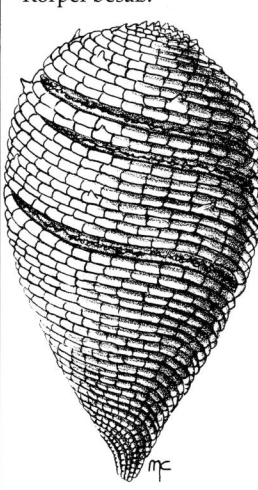

Helioplacus, ein sehr früher Echinoderme (Stachelhäuter). Dieses außergewöhnliche Tier sah aus wie ein Senkblei. Seinen Körper umgaben in Spiralen angeordnete Kalkschuppen sowie drei ebenfalls spiralig angeordnete Freß-organe (statt der für fünfstrahlige Echinodermen typischen fünf).

Dailyatia, Skleriten aus dem unteren Kambrium. Die winzigen Schuppen bestehen aus Kalziumphosphat und unterscheiden sich von den Skleriten sämtlicher heute lebenden Tiere. Die Rekonstruktion zeigt, wie das gestreckte, mit zwei Reihen von Schutzschilden gepanzerte Tier ausgesehen haben könnte.

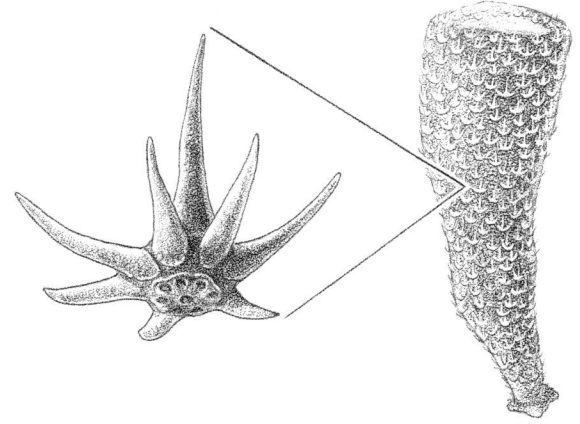

Oberfläche schützen — Vorreiter waren die Photosynthetiker. Wappneten sie sich auf diese Weise gegen mobile Tiere, die den Meeresgrund abgrasten?

Viele neuartige Konstruktionen — Röhren, Schalen, Dornen, Stützkorsetts — wurden für die mineralisierten Teile der Tiere entworfen, deren Grabstätte das Ende des Präkambriums, die Dämmerung des Phanerozoikums und den auffälligsten Wandel in der sichtbaren Sprache der Fossilienfunde in der ganzen Welt markiert.

Von da an tauchten mineralisierte Schalen und Skelettstrukturen aus Kalziumkarbonat, Kalziumphosphat und Kieselsäure überall auf. Heute sondert jeder Tierstamm nicht nur diese drei Baumaterialien, sondern auch exotische Baustoffe wie Eisenoxid, Sulphate und Halogenide (z. B. in Form von Gips, Flußspat und anderen Mineralien) ab.

Kein Einzelfaktor kann diese rasche Evolution erklären, obwohl der Nutzen harter Teile, wenn sie erst einmal konstruiert worden sind, kein Rätsel darstellt. Endoskelette (die innen

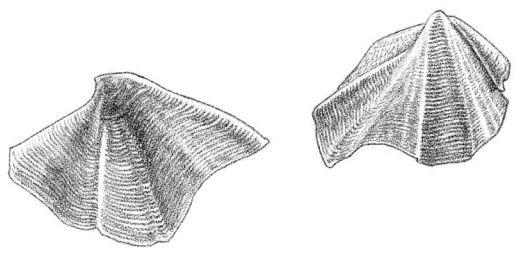

getragen werden), oder Exoskelette (äußerlich) liefern stabile Rahmen zur Aufrechterhaltung des Körpers und zur Verankerung von Muskeln. Zähne schneiden oder malmen Nahrung. Die Knochen unseres Mittelohrs übertragen

Vibrationen. Kleine mineralisierte Teile dienen Quallen, Cephalopoden und Fischen als Schwerkraft- und Orientierungssensor, und mit einem Magnetit im Gehirn können Delphine und Tauben Magnetfelder erkennen.

Die Entstehung dieser Fähigkeit zur Rüstung und Stützung des Körpers mag ein evolutionärer Zufall gewesen sein. Die Bausteine aller Mineralien, die die harten Körperteile bilden, können die Zelltätigkeit beeinflussen — zu viel Kalzium ist giftig, Phosphat bildet den wertvollen Baustein Adenosintriphosphorsäure (ATP), kommt aber im Meerwasser selten vor. In beiden Fällen wäre es von Vorteil, wenn ein Organismus diese Stoffe zur Zellwand transportieren könnte, sei es um ihre Konzentration zu steuern oder sie zur späteren Verwendung zu speichern.

Ein möglicher Weg wäre die Bildung mineralischer Salze an der Zellwand. Die Evolution förderte diese Fähigkeit, da sie jedem Tier, das sich größere Stabilität wünscht, ein besseres Leben verschafft. Das einfache Verschieben eines bereits vorhandenen Stoffes wäre billiger für die Herstellung harter Teile, als die Produktion organischer Moleküle, wie es die Arthropoden mit Chitin tun.

Nachdem die Probe aufs Exempel gelang, könnten die Zellen zur Herstellung bestimmter Mineralstoffe angeregt worden sein. Doch dadurch hätten sie ihre Rolle für andere Aufgaben verloren, was wiederum für andere Zellen ein Anreiz gewesen wäre, selbst aktiv zu werden und zu einer viel größeren Zahl spezialisierter Zellen führen mußte, als das Dutzend Zelltypen, das von den Tieren des Ediacariums benutzt wurde. Die Fähigkeit, sich eines Werkzeugs zu bedienen, an dem man eigentlich nicht ausgebildet ist, bzw. Arbeit zu verrichten, für die man ursprünglich nicht konstruiert wurde, nennt man Präadaptation.

Mehrere verschiedene Faktoren könnten die von so vielen Spezies plötzlich entwickelte Fähigkeit, Mineralien aufzunehmen, erklären. Geologische Gewalten könnten eine größere Menge dieser lebenswichtigen Chemikalien ins Meer gegossen haben. Ein ständig steigender Anteil in Wasser gelösten Sauerstoffs vermag spezifische Körperorgane in die Lage versetzt haben, den Transport dieser Stoffe in die inneren Zellen zu besorgen. Dadurch hätten die Tiere es sich leisten können, die übrige Körperoberfläche für andere Zwecke als nur zur Aufnahme von Nährstoffen zu nutzen.

Explosion des Lebens im Kambrium

Die Vielseitigkeit des heutigen tierischen Lebens ist phänomenal, viel größer als in irgendeinem anderen der fünf Reiche des Lebens. In den vergangenen drei Jahrhunderten haben die Wissenschaftler schätzungsweise 1,5 Millionen Arten lebender Tiere beschrieben, und dabei so manche übersehen – insbesondere die kleinen in den Tropen –, und man schätzt die tatsächliche Gesamtzahl auf 5 bis gar 50 Millionen. Die meisten dieser Arten (vornehmlich Arthropoden und Parasiten, d. h. 75 Prozent aller Arten) leben auf dem Land. Weitaus weniger Arten leben im Meer (rund 275 000 wurden bisher erfaßt). Und doch enthält der Ozean mehr Hauptabteilungen (Stämme) des Tierreichs – nahezu jede von ihnen –, weil es ja schließlich der Ozean war, der sie alle erfunden hat. Sie liegen sozusagen im Schoß der Artenvielfalt des Lebens.

Die Wissenschaftler unterteilen die rezenten Tiere in 25 bis 35 Stämme und klassifizieren sie nach Grundmerkmalen wie Zahl der Gewebe und Organe, Körpersymmetrie sowie Existenz und Art von Körperhöhlen. Man hat sich daran gewöhnt, sie in der Reihenfolge ihrer Komplexität aufzulisten, angefangen bei Schwämmen und Quallen vor Würmern und Mollusken bis zu Arthropoden vor Chordatieren. Einige Stämme umfassen klar abgegrenzte und voneinander unterscheidbare Gruppen von Arten, während andere weiterer Definitionen bedürfen.

Der Stamm der Chordata, die Chordatiere, interessiert uns besonders, weil wir selbst dazu gehören. Er umfaßt die Kerngruppe der Vertebraten (Wirbeltiere) ebenso wie die Tunicata (Manteltiere), deren Larven dorsale Nervenstränge und, wie die Menschen, eine Wirbelsäule oder eine Chorda dorsalis besitzen, die die erwachsenen Tiere allerdings verlieren. Neben ihrer Eigenschaft als Bilateria und Chordaträger sind die Menschen auch Zölomaten und Deuterostomier – Klassifikationen, deren Erläuterung wir anderen Büchern überlassen.

Das Außergewöhnliche an all diesen Stämmen, diesen Grundmerkmalen und Lebensformen ist, daß sie alle sich anscheinend an der Grenze zwischen Präkambrium und Kambrium entwickelt haben, in einer evolutionären Explosion von Erfindungsgeist, die die Meereswelt vor rund 550 Millionen Jahren bis zum Bersten mit neuem metazoischem Leben füllte. Dieselbe Explosion erzeugte eine Palette einmaliger und zuweilen fremdartig anmutender Tiere, deren Fossilien sich keinem rezenten Stamm zuordnen lassen.

Wie können wir uns diesen phänomenalen Ausbruch beispielloser Kreativität erklären? Sehen wir hier das Leben im Aufbruch zu einer wundervollen und radikalen Phase neuer Konstruktionen und Strategien, oder entdecken wir einfach Arten, die vorher unsichtbar waren und nun neue Skelettmoden vorführen? Vielleicht handelt es sich um die alten Linien von Weichkörper-Metazoen, deren Ursprünge tief im Präkambrium liegen. Zwei Forschungszweige haben sich dieser Frage in den letzten Jahrzehnten angenommen.

Zunächst haben eingehende Untersuchungen fossiler Spuren Beweise von weit mehr Aktivitäten und viel mehr Akteuren erbracht, die in den ältesten kambrischen Gesteinen am Werk waren, als bis dahin vermutet. Wühler haben sich nun offensichtlich das Schlängeln angewöhnt, bewegen sich spiralförmig oder treten in verzweigten Kammern auf. Einige sind viel größer als diejenigen zur Zeit des Ediacarium, außerdem gruben sie sich viel tiefer in den Meeresboden. Eine größere Vielfalt von Kratzspuren durchfurchte den sonnenbeleuchteten Meeresgrund. Tiere mit Skeletten hinterließen sie. Viele von diesen Spuren, und ganz besonders die der Wühler, waren das Werk weichhäutiger Tiere – »Würmer« aller Art. Vielartig sind sie wirklich, paßt doch dieser Begriff zu nahezu jedem Tier, das lang, dünn, knochen- und vornehmlich beinlos lebt, während wir keinen Sammelnamen für die entsprechende Unbestimmtheit der härteren, kompakteren Tiere kennen, die wir leichter auseinanderhalten. Jedenfalls beweisen die Unmengen von Spuren, daß die kambrische Revolution alle Tiere erfaßte, mit oder ohne Knochengerüst.

Der zweite Forschungszweig beschäftigt sich mit der Identifizierung der ungepanzerten Brigaden, die den Sand und den Grund darunter belebten. Alle Arten meeresbewohnender Tiere teilen eine beschränkte Reihe von Verhaltensweisen und hinterlassen gleichartige Spuren, die keine genauen Rückschlüsse auf die Urheber zulassen. Hier brauchen wir einen besonderen Zufall, ein statistisches Wunder, das nur dann eintrat, wenn man ihm genug Raum und Zeit zubilligt. Dieses Wunder sind die Lagerstätten, seltene Fenster, durch die man die Fülle vergangenen Lebens betrachten kann, Stätten mit außergewöhnlich gut erhaltenen Fossilien, wo die zerbrechlichen Überreste weicher Tierkörper liegen und unser Wissen selbst über hartgesottene Zeitgenossen noch vermehren.

Die explosionsartige Entwicklung tierischen Lebens im Kambrium ging nicht ungleichmäßig vor sich. Zählungen von Fossilien (nach Ordnungen, Familien und Gattungen) in unterschiedlichen Schichten offenbaren eine regelmäßige Zunahme (siehe rechts). Es handelt sich um eine Entwicklung, die man in einer Welt unbegrenzter ökologischer Möglichkeiten erwartet.

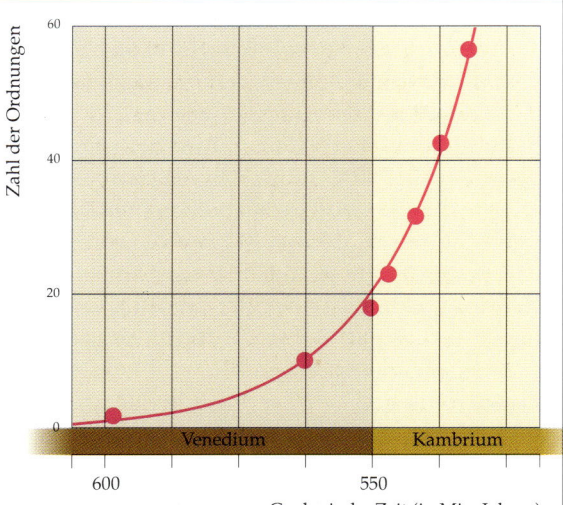

DIE PLÖTZLICHE ZUNAHME DER ARTEN

Die phänomenale Artenbildung während des unteren Kambriums ist lediglich im Ausmaß einzigartig. Tiere scheinen auf neue Lebensräume mit einer erstaunlich raschen Artenbildung zu reagieren. Fünf Millionen Jahre zuvor hatte sich ein brackiger Ozean über Südosteuropa gebildet. Binnen weniger zehntausend Jahre entwickelten sich dort über 30 Gattungen von Muscheln. Ungefähr zur gleichen Zeit entstand der Tanganjika-See in Ostafrika. Seither haben sich dort über 34 Gattungen und mehr als 100 Arten von Buntbarschen entwickelt. Einige dieser einzigartigen Gestalten sind unten abgebildet.

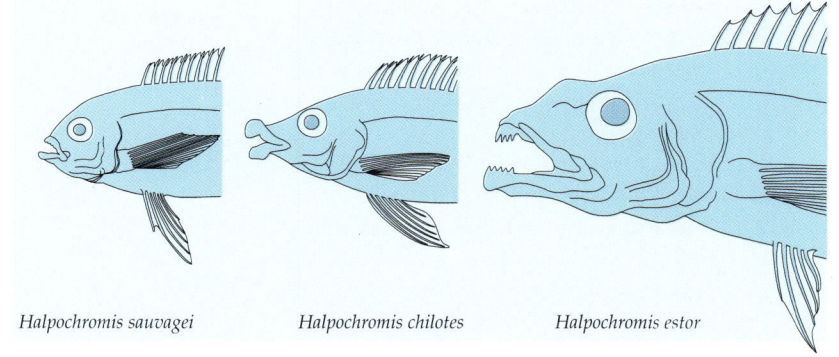

Halpochromis sauvagei   *Halpochromis chilotes*   *Halpochromis estor*

Von allen Wundern der Welt des Paläozoikums würde der Verlust des Burgess Shale unser Wissen am meisten schmälern und unsere Sichtweise entscheidend einengen. Stephen Jay Gould hat den Burgess Shale als die wichtigste je gefundene Fossilienlagerstätte bezeichnet. Die Entdeckung von 120 oder mehr tierischen Arten ermöglicht uns das Studium des damals sich entwickelnden Alphabets metazoischen Lebens.

Der Burgess Shale ist eine Gesteinsschicht von 70 m Länge und fast 3 m Dicke entlang des Mt. Stephen im kanadischen British Columbia. Sie datiert auf das mittlere Kambrium vor rund 530 Millionen Jahren und wurde 1909 vom damaligen Doyen der amerikanischen Paläontologie, Charles Doolittle Walcott, dem Sekretär der Smithsonian Institution, entdeckt. Er bemerkte glänzende hauchdünne Schichten von Aluminium- und Kalziumsilikaten auf der Oberfläche einer Steinplatte, die sich als abgeflachte Fossilien einer uralten Fauna herausstellten, zu denen zahlreiche Weichkörpertiere und skeletttragende Tiere gehörten. Zwischen 1910 und 1920 sammelte er rund 65 000 Fossilien, die er zum Teil beschrieb und die er als Arthropoden, Würmer, Quallen identifizierte — bekannte rezente Stämme. Seine Etiketten klebten.

Forschungsarbeiten im Burgess Shale veranlaßten Professor Harry Whittington von der Universität Cambridge Ende der 60er Jahre zu einer erneuten Untersuchung der Sammlungen von Walcott. Die Funde, die er und die beiden Doktoranden Derek Briggs und Simon Conway Morris in den 70er Jahren machten, zwangen sie, die seit einem Jahrhundert gesammelten Erkenntnisse über das Kambrium einschließlich der Walcotts über den Haufen zu werfen.

Die Burgess-Fauna hatte auf Schlickbänken unter einem Kliff im seichten Meer gelebt. Gelegentliche Schlammströme hatten sie in ein tieferes Becken hinabgeschoben, wo sie nach ihrem Tod durch Sauerstoffmangel vor dem Verwesen bewahrt wurden. Whittingtons Team entdeckte, daß die fossilen Abdrücke gerade dick genug waren, um eine Vielzahl von Einzelheiten preiszugeben, obwohl die Tiere des Burgess Shale durch den Gebirgsdruck plattgedrückt worden waren. Sie wurden vorsichtig freigelegt und wiesen eine niemals zuvor gesehene Qualität auf, die aufsehenerregende Rückschlüsse zuließ.

Ihre Ergebnisse, die seither durch Funde in China und anderswo bestätigt wurden, offenbaren eine kambrische Welt, die viel reicher, lebendiger und vielfältiger ist, als es einst den Anschein hatte — unsere Ansicht über das Ausmaß und die Möglichkeiten tierischen Lebens in einer seiner wichtigsten Phasen wurde revolutioniert.

Die meisten Burgess-Shale-Fossilien sind Arthropoden, und nur ein Bruchteil besteht aus normalen »haltbaren« Trilobiten. Die übrigen sind leicht gepanzerte Arten, von denen Fossilfunde verschwindend gering sind und von denen die meisten sich keiner modernen Gruppe zuordnen lassen. Andere Fossilien liegen entlang bekannter Entwicklungspfade — Schwämme, Mollusken, Echinodermen —, wieder andere sind uralte Mitglieder moderner Stämme, z. B. Priaps- und Borstenwürmer.

Übrig bleiben mindestens 20 Arten, die auf jeden Beobachter bizarr wirken und zu Stämmen gehören mögen, die vernichtet wurden, bevor ihre eigentliche Laufbahn begann.

Der Schatz ist zu groß, um gänzlich beschrieben zu werden. Wir können ein paar grobe Trends umreißen und einige der Arten betrachten, die das kambrische Leben und seinen Erfindungsgeist beleuchten.

Heute sind die Arthropoden der artenreichste Stamm im Meer wie an Land. Nur 30 Millionen Jahre nach ihrem ersten Auftritt im Kambrium erreichen sie in Äquatorialkanada eine breite Formenpalette. Die Standardart des Burgess Shale und gleichzeitig die primitivste, die je entdeckt wurde, ist *Marrella* mit einem einfachen, 2,5 cm langen, segmentierten Körper, mindestens zwei Dutzend Beinpaaren und Kiemen (die älteste Technik zur Aufnahme von Sauerstoff), langen Antennen und zwei Paar langen Dornen hinter dem Kopfschild. Abgesehen von dem Hörnerschmuck lassen sich aus dieser Konstruktion sämtliche anderen arthropoden Formen ableiten: stark segmentierte Körper, alle mögliche Arten von Anhängen und Greifwerkzeugen rund um das Maul, Rückenschilde aus Chitin, unterschiedlich aufgehängte Beine und glatte oder phantastisch geformte Kiemen.

Die Trilobiten aus dem Burgess Shale sind uns von anderen Ablagerungen vertraut, doch hier wurden auch Weichteile erhalten, die man zuvor noch nicht gesehen hatte. *Naraoia* heißt ein primitiver Trilobit mit einem zwei- statt dreigeteilten Rückenschild, wie man ihn vom Grundmodell her kennt. Zahlreiche andere Burgess-Shale-Arthropoden sind ausgestorbene Formen mit verlorengegangenen Bauplänen. Sie entstanden durch genetische »Fehler«. Wenn ihr Bauplan auch unter anderen Umständen weiterhin funktioniert hätte, wären dann vielleicht die uns bekannten als kuriose »Pannen« verschwunden?

Wiwaxia ist 2–5 cm lang, sieht aus wie eine einzelne Walnußschale, bedeckt mit flachen Schuppen und einigen hervorstehenden Dornen. Anhand der Anordnung ihrer Schuppen wagten Stefan Bengtson und Simon Conway Morris die Vorhersage, daß Halkieriden genannte Skleriten im oberen Kambrium Grönlands gefunden werden würden, die zu einem ähnlichen Tier gehörten. Als tatsächlich einige Exemplare unbeschädigt entdeckt wurden, sahen sie aus wie von den beiden Wissenschaftlern vorhergesagt — jedoch mit einer Schale an jedem Körperende, die weitere Rätsel aufgab.

Größere Probleme verursachte *Hallucigenia*. Als Conway Morris sie zum ersten Mal rekonstruierte, war sie ein Traumgeschöpf von 2,5 cm Länge mit sieben dornigen Stelzenpaaren und mit einer Reihe weicher Schnorchel am Rücken. Lars Ramsköld vom Schwedischen

Wiwaxia und *Halkiera*. *Wiwaxia* ist ein 2–5 cm langes Tier aus dem Burgess Shale. Es war vollkommen mit einem Schuppenpanzer bedeckt, aus dem zwei Reihen Schuppen hervortraten. Möglicherweise ist es mit *Halkiera*, einem skleritentragenden Tier des unteren Kambriums, verwandt. Ein unlängst in Grönland geborgenes, vollständig erhaltenes Fossil belegt, daß *Halkiera* die herausragenden Schuppen fehlten, dafür aber vorne und hinten seltsame, schalenähnliche Platten trug. Eine Verwandtschaft zu anderen Tieren ist unbekannt.

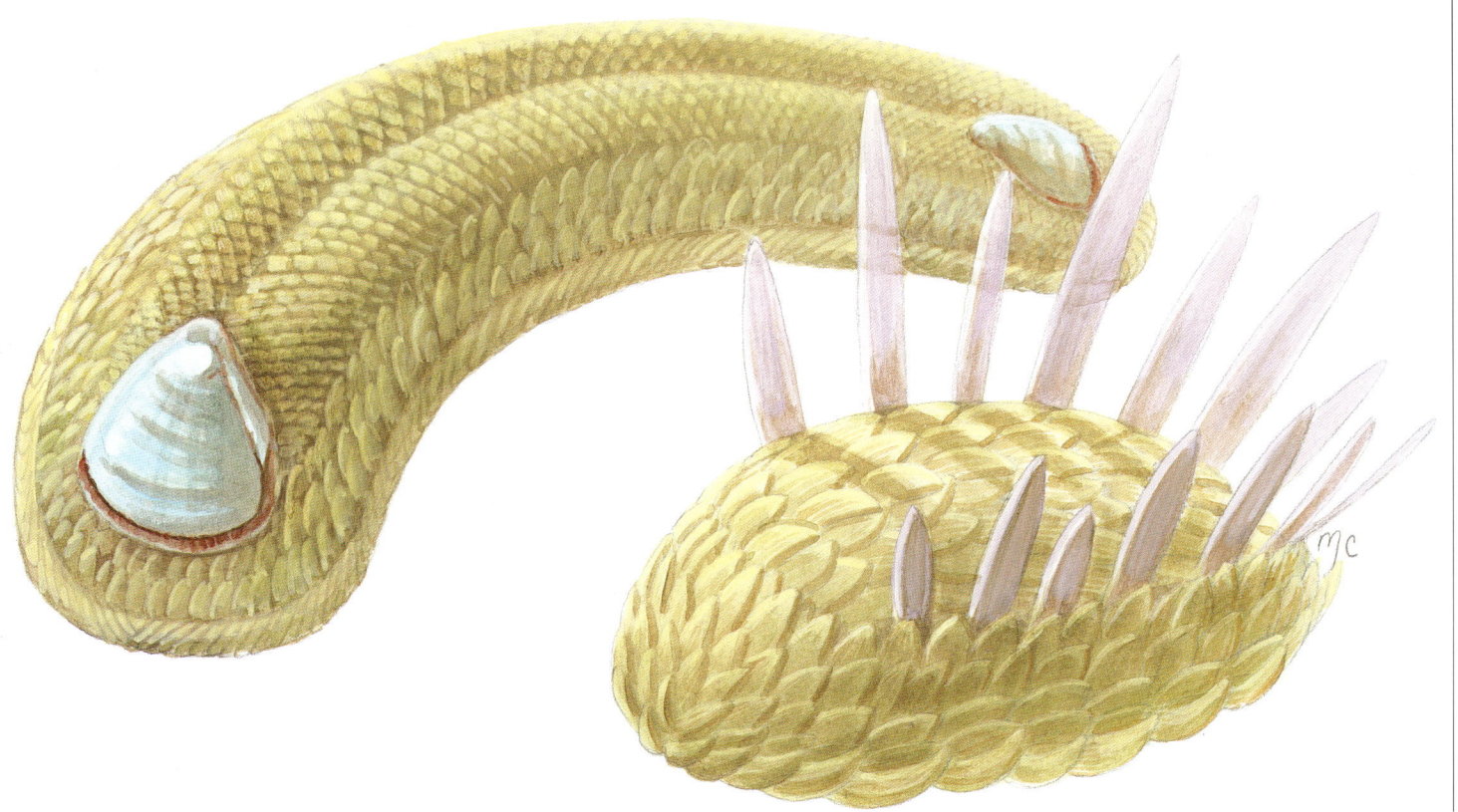

Naturkundemuseum erinnerte sich beim Anblick dieser Erscheinung an zwei Fossilien des Atdabaniums, die raupenförmigen, plump- und kurzbeinigen *Microdictyon* und *Xenusion.* Der eine trug winzige Kalziumkarbonat-Schuppen wie Achselklappen über jedem Glied, der andere wies dort kurze Dornen auf. Was, wenn die Dornen der *Hallucigenia* eine Fortsetzung dieses Bauplans waren? Er präparierte ein paar Exemplare und stellte fest, daß jeder der sieben Schnorchel einen versteckten Zwilling verbarg. Dies mußten die Beine sein, und bei den Stelzen handelte es sich um Schulterdornen. Vermutlich gehört *Hallucigenia* zusammen mit *Aysheia,* einem anderen Tier des Burgess Shale, zum Stamm der Onychophora. Die Onychophoren sind uns in 80 Arten tropischer (borstenloser) Samtwürmer erhalten geblieben.

Die Anordnung der Gewebe, der Organe, die Symmetrie und Segmentation einiger Arten waren damals und sind auch zu unserer Zeit noch einzigartig. *Dinomischus* ist ein gestielter Schwebstofffresser, der mit seinem von Tentakelpalisaden gekränztem Kopf (den Blütenblättern), mit denen er Schwebeteilchen fängt, wie ein geschlossenes Gänseblümchen aussieht. *Amiskwia* ist ein beweglicher, wurm-

ähnlicher Schwimmer. Sein steifer Körper trägt Seitenflossen und am Ende ein Ruder, und aus seinem Knollenkopf sprießt ein Paar Tentakeln.

Opabinia ist eindeutig ein Räuber. Sein bis zu 7 cm langer segmentierter Körper trägt an den Flanken einen Kranz von Lappen, Kiemen und Spitzen, die zu einem Schwanzstück mit drei Paaren V-förmig gestaffelter Schuppenplättchen laufen (vgl. Abbildung auf Seite 49). Der wirklich phantastisch gestaltete Kopf trägt eine Gruppe von fünf Augen, je zwei neben dem mittleren, und ein biegsames hakenförmiges Organ, das aus der Stirn wie der Schlauch eines Staubsaugers herausragt.

Das weitaus größte Tier des Burgess Shale, die fast 60 cm lange *Anomalocaris,* ist ein gigantischer Räuber, dessen stromlinienförmiger Körper vom Schlag paariger Seitenflossen vorwärtsgetrieben wurde. Ein Paar starker, gelenkiger, bestachelter Greifer brachte die Beute zu einem runden Maul, das aussieht wie eine Scheibe Ananas und sich ausdehnen und zu seiner geöffneten Mitte zusammenziehen kann, um das Opfer zu zermalmen. Die Geschichte der *Anomalocaris* sollte uns heute eine Warnung sein: Bevor Briggs und Whittington die verschiedenen Teile richtig zusam-

mensetzten, waren sie zunächst als Teile oder Ganzes von drei verschiedenen Tieren – Garnele, Schwamm oder Qualle (Greifer, Maul, Körper) – zugeordnet worden.

Bevor die Untersuchung des Burgess Shale neue Ergebnisse lieferte, schienen Raubtiere am Anfang der metazoischen Geschichte selten und das Leben friedlich gewesen zu sein. Nur von wenigen der bekannten Schalenfossilien glaubte man, daß sie imstande waren, andere Tiere zu jagen und sich an ihnen gütlich zu tun.

Die neuen Erkenntnisse über bewegliche Räuber korrigierten diesen Eindruck. In den Fossilien des Arthropoden *Sidneyeia* und weichhäutiger Priapswürmer fand man Rückstände deren letzter Mahlzeit aus Trilobiten oder Brachiopoden.

Eine ganze Reihe von Raubtieren ergänzte die fehlenden Glieder der Nahrungskette, die eine funktionierende aktive Ökologie am Steilabbruch eines Riffs in einem Meer aufbaute, das ebenso voller Leben wimmelte, wie das Land leer war. Gestielte Schwebstofffresser wogen sich in der Strömung und filterten ihre Nahrung aus dem Wasser, schalige oder borstige Bewohner nahmen photosynthetisierende Organismen vom Meeresboden auf. Andere krochen umher und kratzten ihre Nahrung von der Sedimentoberfläche oder schlüpften mit ihrem weichen Körper durch den Schlick auf der Suche nach bakterienreichen Körnern.

Vielleicht gab es dort auch Makroparasiten, die von tierischem Gewebe lebten, ohne ihren Gastgeber dabei zu töten, so wie *Aysheia* auf Schwämmen lebte. Aasfresser suchten nach der neuesten Nahrungsquelle, den Kadavern anderer Tiere.

Ein neues Gesicht in der Burgess-Bevölkerung zog die wissenschaftliche Aufmerksamkeit auf sich: Es gehört zu *Pikaia,* einem wurmartigen, ca. 3 cm langen Schwimmer. Die V-förmigen Muskelbündel an seinen Flanken kennt man nur von Chordaten. Die steife Masse, die sich hinter seinem Kopf über den Körper erstreckt, konnte eine Chorda dorsalis zur Stützung der ebenfalls nur bei Chordaten vorhandenen Nervenleiste sein. *Pikaia* scheint zu den Cephalochordata zu gehören, verwandt mit heutigen Lanzettfischen, aber diese Kategorisierung ist nicht sicher. Als zuverlässiger Zeuge des Kambriums blieben die Conodonten – winzige zahnförmige Fossilien – in Ablagerungen des mittleren Kambriums erhalten.

Ein aus dem unteren Karbon erhaltenes Tier mit weichem Körper und mit Sicherheit ein Chordatier weist in seinem Maul Reihen dieser scharfen Conodonten auf – es hat den Anschein, als habe es unter den Chordatieren kurz nach dem Einsetzen der kambrischen Artenexplosion aktive Räuber gegeben.

Entschlüsselung des Kambriums

Das Kambrium war stets ein Rätsel, eine Straße, die in der Wüste begann. Inzwischen hat man einige Zubringer gefunden, und es stellt sich als breitere Straße heraus, als man zunächst vermutet hatte. Noch reichen unsere Entdeckungen nicht aus, um eine geradlinige Entwicklung nachzuzeichnen, aber wir erkennen bereits eine revolutionäre Epoche, voller neuer Tiere, großer und kleiner, mit und ohne Knochengerüst. Finden wir die grundlegenden Stämme für so vollkommen verschiedene und so plötzlich aufgetauchte Tierarten? Und warum gab es in jedem Stamm eine derartige Explosion des Artenreichtums? Die Wissenschaftler fragen sich, was »höheren« Tieren ihre Funktionen und Strukturen am Anfang verlieh, und ob sich die Gesetzmäßigkeiten seither geändert haben.

Zweifellos sind Tiere zu Entwicklungsschüben imstande, das haben sie häufig bewiesen. Vor fünf Millionen Jahren bedurfte es einer Zeitspanne von nur wenigen Zehntausend Jahren, um die brackige See, die sich damals über den Balkan erstreckte, mit dreißig Gattungen von Herzmuscheln zu besiedeln. Etwa gleichzeitig bildete sich in Ostafrika der Tanganjika-See, in dessen Süßwasser sich bis zu 34 Gattungen und über 100 einzigartige Arten von Buntbarschen (Cichlidae) entwickelten. Die Formel, nach der die Entwicklung ablief: eine leere Umwelt, unberührte Ressourcen, ideale Lebensräume. Die rasche evolutionäre Auswahl fördert die Talente, bis alle Ressourcen ausgenutzt, alle Nischen gefüllt und die Voraussetzungen für den Nachwuchs gesichert sind.

Wenden wir diese Formel auf die kambrische Arten-Explosion an. Plötzlich gab es Tiere, die ganze Ozeane, angefüllt mit leicht erreichbaren und verdaulichen Ressourcen, vorfanden. Dem Wachstum ins Uferlose war keine Grenze gesetzt.

Die kleinsten Metazoen ernährten sich von Mikroben, die auf dem Meeresgrund lagen oder im Wasser trieben. Dann kamen die etwas größeren, die den Meeresboden durchstießen und sich von den darunter im Sediment

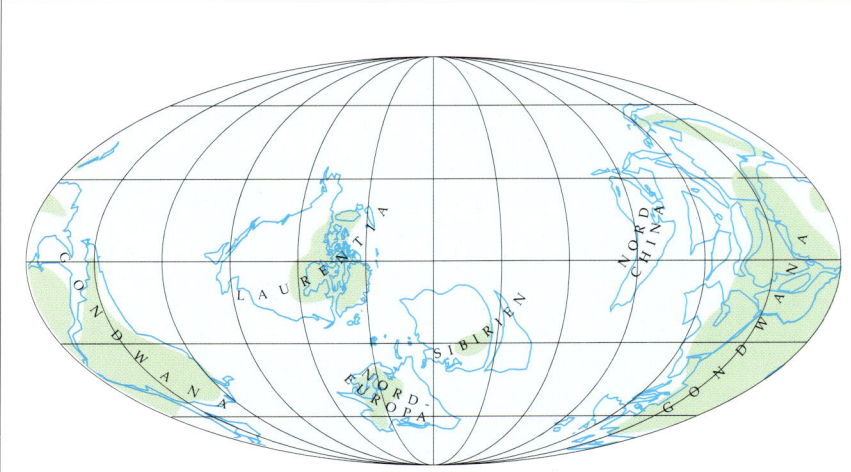

DIE WELT DES KAMBRIUMS

Diese paläogeographische Rekonstruktion zeigt die Lage der Kontinente zur Zeit des Unterkambriums. Laurentia (das paläozäne Nordamerika) erstreckte sich über den Äquator und drehte sich um 90 Grad zu seiner heutigen Lage. Im Süden lag Sibirien in den Subtropen, Nordeuropa in der südlichen gemäßigten Zone. Die meisten anderen kontinentalen Landmassen waren zum Superkontinent Gondwana verschmolzen, der an beiden Rändern der Karte erscheint und sich vom hohen Norden bis in die südlichen Breiten erstreckte. Südchina lag in den tropischen Gebieten vor Gondwanas Westküste.

lebenden Mikroben ernährten. Stufe drei: Jagd auf die Kleineren aus Stufe eins und zwei.

Was geschieht, wenn Tiere in den leeren ökologischen Raum vorstoßen, ist aus der Geschichte wohlbekannt. Nicht nur einzelne Tiere, sondern auch die Arten beginnen sich in einer arithmetischen Reihe zu vermehren: 1 2 4 8 16 . . . Nach Geeri Vermeijs Ansicht verlangt die Entstehung einer Art geradezu nach einem Zufall bei der Anpassung an die Umgebung. Je einfacher der Zugang zu neuen, unterschiedlichen Lebensräumen, um so größer die Wahrscheinlichkeit eines Zufalls, der zur Speziation führt, der Geburt einer neuen Art.

Wir können die Gesteine des unteren Kambriums zwar nur mit einer Genauigkeit von 5 bis 10 Millionen Jahren datieren, aber es ist offensichtlich, daß sich die Zahl fossiler Arten in einer arithmetischen Reihe vervielfältigt. Dies geschah nach der Ausrottung der einfachen Tiere des Ediacariums — möglicherweise durch komplexere Metazoen. Der Anstieg erfolgte innerhalb von nicht einmal 20 Millionen Jahren, danach pendelte sich der Artenreichtum bis zum Ende des Kambriums ein. Offensichtlich nutzten diese frühen Tiere alle Möglichkeiten, die sich ihnen boten.

Dieses Muster erklärt das Wachstum der Populationen und den Artenreichtum im Laufe der Zeit, aber es gibt keinen Aufschluß über die derartig schnelle Entwicklung so vieler großer, als Stämme und Klassen bekannter Gruppen von Tieren mit grundlegend unterschiedlichem Aussehen und Aufbau. In diesem Zusammenhang liegen uns einige Daten zum Vergleich mit einem vergleichbaren Ereignis vor. D. H. Erwin, J. W. Valentine und ich selbst haben darauf hingewiesen und gezeigt, daß lediglich einige tausend Tierarten das ungeheure Massenaussterben überlebten, mit dem das Permzeitalter vor rund 245 Millionen Jahren zu Ende ging, und nach dem eine Situation wie zu Beginn des Kambriums bestand.

Bei allem Artenreichtum jedoch, der im Laufe der unteren Trias die Bestände wieder auffüllte, entwickelte sich nicht ein einziger neuer Stamm. Irgendeine Voraussetzung muß für die Tiere an der Schwelle des Kambriums grundlegend verschieden gewesen sein. Vielleicht bestand der Unterschied in der Weitergabe der genetischen Kommandos. Die DNS im Menschen steuert die Geschwindigkeit und Reihenfolge, in der wir Proteine und andere organische Moleküle zur Schaffung unseres Nachwuchses erzeugen. Unsere inneren Bauanleitungen erfolgen in einem dichten Netzwerk: Einige Gene schalten andere ein oder aus, die wiederum dasselbe mit anderen Genen tun usw. In bestimmten Fällen erteilen mehr als ein Gen dasselbe Kommando, und mehr als ein Befehlsempfänger steht zur Ausführung des Kommandos bereit. Dies ist ein bewährtes Sicherheitsverfahren.

Eine Fehlschaltung — ein »Fehler« oder eine Mutation — verursacht nicht notwendigerweise Unordnung im gesamten Netzwerk — ein anderer übernimmt dann den Job. Eine halbe Milliarde Jahre während Systemtests haben zu dieser Technik der Mehrfachsicherung geführt, die den genetischen Weitergabemechanismus stabilisiert, indem sie die eigenen Fehler ignoriert, korrigiert und dennoch ein funktionsfähiges Tier hervorbringt.

In der Frühgeschichte der Tiere haben die ersten Kommandomoleküle vermutlich sehr viel einfacher gearbeitet. Anstatt durch eine entsprechende Korrekturmitteilung gelöscht zu werden, setzte sich der Fehler in einem mutierten Gen leichter durch und wirkte fort. Normalerweise tötete oder verstümmelte er das sich entwickelnde Tier bereits vor der Geburt.

Es konnte jedoch auch eine geringfügige Veränderung des Bauplans eintreten, mit der das Tier überlebte. Der Überfluß an Nahrung und Raum in seiner Umwelt führte dazu, daß es trotz mangelnder Effizienz fortbestand. Die darauf folgende Anpassung wirkte dann auf den Nachwuchs und verbesserte dessen Fähigkeit, mit den neuen Eigenschaften umzugehen und sie entsprechend vorteilhaft einzusetzen.

Dieses Szenarium erzeugt einen Mechanismus zur Förderung des raschen Aufbaus sehr unterschiedlicher Tiere mit allen möglichen seltsamen Merkmalen im unteren Kambrium. (Jedes einzelne von ihnen hatte mit einem Fehlschuß begonnen, und was heute wie ein ganz normaler Prototyp aussieht, mag vielleicht mit allen Arten von erfolgreichen kambrischen Vettern ums Überleben gekämpft haben, die uns heute wie Freaks vorkommen. Nichts ist vorprogrammiert.)

Aber der Druck einer sich ausdehnenden Population und die härtere Konkurrenz lassen einem »schlechten Gen« immer weniger Chancen, und immer weniger nachfolgende Generationen können den Mangel reparieren oder umfunktionieren.

Auf lange Sicht und unter den verhältnismäßig stabilen Bedingungen, die dieser Planet bietet, belohnen die selektiven Kräfte artgerechte genetische Bauanleitungen und bestrafen Fehler. Systeme mit automatischer Fehlerkorrektur, deren Produkte unter den gegebenen Umständen funktionieren, verdrängen die anderen ungetesteten, gefährdeten Produkte. Diese Vorkehrung sollte zum Baustein des Lebens werden. Als also am Ende des Permzeitalters das nächste große Sterben anstand, hatten die Überlebenden 300 Millionen Jahre genetisches Sicherheitstraining hinter sich; Fehlbildungen setzten sich nicht durch, so daß wir keine Abweichungen vorfinden, die wir heute als separaten Stamm klassifizieren können.

Vieles von dieser verkürzten Darstellung ist zwangsläufig Spekulation, solange die Wissenschaftler nicht mehr über die Funktionen und die Geschichte der Systeme wissen, die zur Erzeugung und Weitergabe von Genomen führen.

Wir müssen auch noch viel mehr über die Verwandtschaftsbeziehungen zwischen den frühen kambrischen Tieren lernen. Es ist so, als wollten wir viktorianischen Familienphotos Ähnlichkeiten und Unterschiede der Korsettmode, der steifen Körperhaltung, der Schnauzbärte oder der Wölbung des Hinterteils entnehmen.

Neue Wellen des Lebens

Bakterien hatten für Sauerstoff auf der Erde gesorgt, einzellige Eukaryonten brachten getrennte Geschlechter mit, und die Tiere hatten die Stufenleiter von Größe und Komplexität erweitert. Das Leben hatte einen großen Wendepunkt hinter sich gelassen. Ein Spaziergang am Strand zeigt uns die Entfernung zum Kambrium. Miesmuscheln und andere Schalentiere, Schnecken und Krustentiere waren die Zwerge der Urmeere, das silbrige Schimmern dort ist ein angetriebener Fisch, und jenseits der Flutzone wachsen Gräser, Sträucher und Bäume, die vor einer halben Milliarde Jahren noch nicht erfunden waren.

Am Ende des Kambriums setzten leichte Änderungen ein. Ein paar zuvor unbedeutende Gruppen von schloßtragenden Brachiopoden vermehrten sich in ihren Lebensräumen, neue Gruppen wie Gastropoden und Cephalopoden entwickelten sich.

Zu den Gastropoden zählen heute Schnecken, Uferschnecken und andere einschalige Tiere, deren Schale sich ausdehnte und schließlich in Kammern teilte. Die Tiere lebten in der äußeren Kammer und pumpten Gas in die anderen, um den nötigen Auftrieb zu bekommen. Durch das Ausstoßen von Wasserstrahlen schossen sie nun als Räuber vorwärts. Heute kennen wir sie als Perlboot; als Tintenfisch oder Oktopus haben sie ihre Schale verkleinert oder ganz abgelegt.

Vor rund 500 Millionen Jahren explodierten diese und andere Gruppen in einem Boom, der das Ende des Kambriums und den Beginn des Ordoviziums markiert. Dieser Wachstumsschub verdreifachte den Artenreichtum des Lebens im Meer binnen 50 Millionen Jahren — das war ein größerer Artenzuwachs als der des Kambriums. Die Fabrik des Lebens wandelte sich, als die erste Welle evolutionärer Fauna der zweiten, paläozoischen Fauna mit einem neuen Katalog dominanter Gruppen Platz machte.

Schloßtragende Brachiopoden lenkten Wasserströme zwischen ihre gelenkig miteinander verbundenen Schalen und benutzten ihre mit Tentakeln besetzte Lophophore zum Zusammenraffen von Nahrungsteilchen. Crinoiden (Seelilien) waren Echinodermen (Stachelhäuter), die sich auf festen Stengeln wiegten und nach den Teilchen haschten, die über den am Boden kauernden Brachiopoden schwebten. Diese Technik war so erfolgreich, daß auch gestielte Verwandte, Blastoiden und Zystoiden, dazu übergingen, ihre gefiederten Arme über dem Meeresgrund auszubreiten.

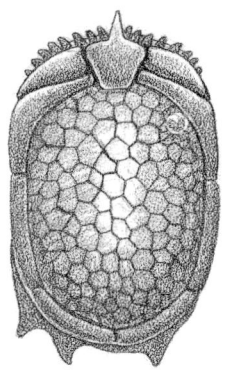

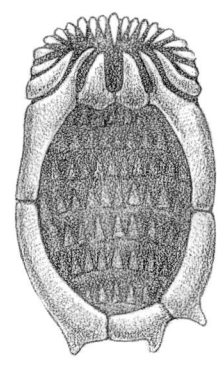

Ein Ctenocystoid, ein mittelkambrischer Echinoderme. Echinodermen erfuhren eine immense evolutionäre Verbreitung und bildeten im Ordovizium neun Klassen. Ctenocystoiden gehören zu einer bizarren, als Carpoidea bekannten Gruppe des unteren Paläozoikums, die nach Ansicht einiger Fachleute die Vorfahren der Vertebraten waren.

Gogia, ein eokrinoider Echinoderme. Eokrinoiden kamen im Atdabanium vor und hinterließen zahlreiche fossilisierte Schuppen in den oberen kambrischen Gesteinen. Diese sessilen Schwebstofffresser fingen ihre Nahrungspartikel mit Tentakeln aus dem Wasser und führten sie der Mundöffnung an der Oberseite zu. Man nimmt an, daß sie die Vorfahren zahlreicher gestielter Echinodermen im postkambrischen Paläozoikum sind.

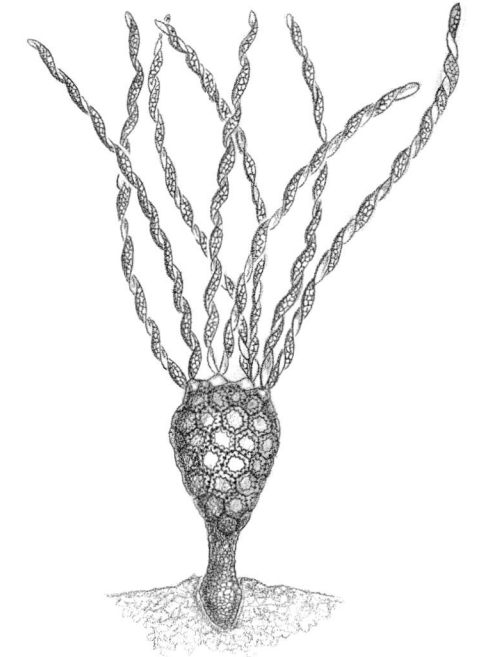

Nautiloide Cephalopoden aus dem Ordovizium. Diese nautiloiden Mollusken gehörten zu den Gruppen, die die maritime Welt erbten, als die Fauna des Kambriums verschwand. Die frühen Nautiloiden besaßen gestreckte bis leicht gebogene Schalen am Vorderteil des mit Tentakeln ausgestatteten Körpers.

Tabulate und rugose Korallen, heute ausgestorben, fingen winziges Zooplankton. Bryozoen (Moostiere), winzige in Kolonien lebende Organismen, breiteten sich als krustige Matten oder pflanzenförmige Gebilde aus und waren die einzigen Zeugen ihres neuen Stamms (Ectoprocta), der im kambrischen Gestein noch nicht vorkommt.

Nicht alle dominanten Tiere klebten auf den Steinen und dem Meeresboden fest. Die Cephalopoden verzweigten sich in eine breite Palette freischwimmender Aasfresser oder Räuber mit wunderschön geformten, gekrümmten, gehörnten oder spiraligen Schalen. Aus irgendeinem beinlosen stachelhäutigen Vorfahren entstand der Seestern, der sich von Schalentieren und festsitzenden Beutetieren

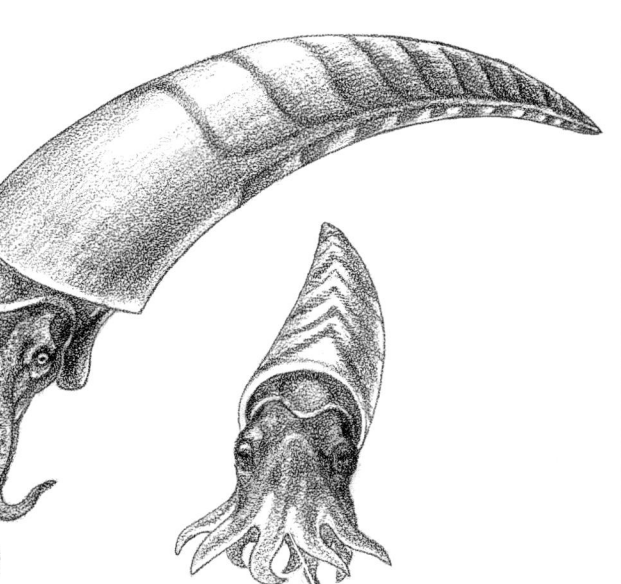

ernährte. Kalkige Ostrakoden (Muschelkrebse), winzige Krustentiere, wimmelten in verschiedenen Gestalten und Lebensformen als Aas- und Teilchenfresser umher.

Mit diesen neuen Gruppen paläozoischer Fauna formierte sich die ozeanische Umwelt neu. Die Schlüsselfiguren sind in den meisten Fällen Filtrierer auf dem Meeresgrund und in spezielleren Lebensräumen. Teilweise hatten sie höhere Formen der Nahrungsaufnahme und leistungsstärkere Werkzeuge zum Durchfluß von mehr Wasser entwickelt. Die Arten des Kambriums siedelten in verschiedenen Lebensräumen, ihre Nachfolger zogen eine einzige, spezielle Umgebung vor, vermutlich um die Ausnutzung der Nahrungsressourcen zu verbessern und das Überdauern ihrer Art zu sichern.

Einen selbstgebauten Lebensraum stellten die tropischen Riffe dar, Blöcke von Algen- und Tierskeletten, die vom Grund bis an die Wellen und Strömungen der Oberfläche ragten.

Angelockt von diesen sicheren, soliden Unterkünften oberhalb des erstickenden Schlicks und des kratzigen Sandes, suchten hier viele Tiere Nahrung und Schutz — Seelilien, Schnecken, Schalentiere, Würmer. Auch Korallen stellten sich ein, aber die fleißigsten Baumeister vor 300 Millionen Jahren bis zum Ende der Trias waren Kalkschwämme, die solide Skelettplatten bildeten.

Ältere Gruppen verschwanden, lediglich die Trilobiten überlebten bis ins Perm. Nur wenige Nachfahren bezeugen heute die kambrische Fauna: schloßlose Brachiopoden im Schlick seichter Meere oder an der Unterseite von Felsen, und ein paar Tiefseeformen von einschaligen Mollusken, Monoplacophora, die erst vor kurzem wiederentdeckt wurden.

Fünf möglicherweise durch wiederholte klimatische Abkühlung verursachte Vernichtungsschläge suchten die Tierbestände des Kambriums heim, und jedesmal gelang es ihnen, den alten Bestand wieder aufzubauen. Die paläozoische Fauna, die sie an den Rand drängte, war nicht weniger anfällig für solches Massensterben. John Sepkoski hat ausgerechnet, daß mindestens 70 Prozent der Meeresarten am Ende des Ordoviziums durch das — zumindest für meeresbewohnende Bilateria — zweitstärkste Untergangsereignis aller Zeiten vernichtet wurden. Es löschte vorübergehend sämtliche riffbildenden Gemeinschaften und zahlreiche Familien von Brachiopoden, Echinodermen und Ostrakoden sowie die Agnostiden, kleine freitreibende Trilobiten aus dem unteren Kambrium, aus.

Großräumige kontinentale Bewegungen, die als Angriff mit drei Stoßrichtungen kamen, waren die Ursache dieser Veränderungen. Gondwana, der Superkontinent, der Afrika, die Antarktis, Australien, Indien und Südamerika umfaßte, hatte sich über den Südpol geschoben. Nordamerika strebte als riffgesäumter tropischer Kontinent dem Äquator zu. Heute liegt über der Antarktis das Eis des Südpols. Sie kann nur noch Eisberge in die umliegende See entlassen. Im Ordovizium breitete sie sich weit nach Norden aus. Gletscher wuchsen und kühlten die Meere ab. Nun dehnten sich die Faunen der Nordpolgebiete zum Äquator hin aus, ein großer Teil der tropischen Fauna kam um. Inzwischen entzogen die Gletscher Gondwanas den Meeren das Wasser, der Meeresspiegel sank, und als Nordamerika trocken lag, starben die Riffe zusammen mit allen Arten, die in den geschützten Meeren hinter ihnen lebten. Als am Ende des Ordoviziums die Gletscher schließlich schmolzen, die Meere sich erwärmten, der Meeresspiegel aber niedrig blieb, erstickte die Fauna zum großen Teil.

Das Leben kam rasch zurück. Riffgemeinschaften mit neu entstandenen Bewohnern tauchten wieder auf und machten sich auf den Weg Richtung Devon, wo die tropischen Meere solche Ökosysteme zehn Millionen Jahre lang hoch und breit wie Gebirge werden ließen. Die paläozäne Fauna überschritt die Grenze zum Silur mit neuen Arten der alten Hauptgruppen – Bivalven und Brachiopoden, die auf einem Meeresgrund siedelten, der von weiteren Brachiopoden, Korallen, Schwämmen und Bryozoen nur so wimmelte. Furchtbare Räuber entwickelten sich zu nie gekannter Größe. Eurypteriden waren Arthropoden, die aussahen wie gigantische Skorpione und im oberen Devon bis zu 2 m lang wurden. Einige Nautiloiden erreichten bis zu 3 m Länge und beherrschten Ozeane, deren Farben- und Formenreichtum Inseln der Ruhe und Kontinente umspülte, die nur wenig mit dem 3 Milliarden Jahre alten Leben zu tun hatten.

Die Blüte des Devon hielt nicht lange an. Gegen Ende dieses Erdzeitalters dezimierte die paläozoische Fauna ein weiteres Aussterbeereignis, über dessen Gründe wir nur wenig wissen. In dem darauffolgenden Karbon erholte sich die Fauna und gedieh – jedoch mit gewissen Unterschieden. Tiergruppen wie Muscheln und Schnecken, Seeigel und marine Vertebraten, darunter Haie und Knochenfische, hatten ihren Bestand stark vermehrt. Dieser evolutionäre Trend setzte sich über die folgenden 100 Millionen Jahre fort, bis die

Tiere des Meeres vom großem Perm-Aussterben weitestgehend vernichtet wurden – ein weiteres, kaum erkläliches Ereignis, das die Fauna verwüstete und dem mindestens 95 Prozent der Meeresarten zum Opfer fielen.

In den Trümmern des Paläozoikums übernahmen nun die Tiere, die sich nach dem Devon überdurchschnittlich stark vermehrt hatten, die Herrschaft über die Meere und bildeten die dritte und moderne evolutionäre Fauna. Zu ihnen zählten Muscheln, Schnekken, Seeigel und Fische ebenso wie Krebstiere und neue Formen von Bryozoen – die Tiere, die wir heute am Strand aufsammeln. Sie scheinen noch spezialisierter, als ihre paläozoischen Vorfahren. Viel mehr Sedimentbewohner gruben sich auf der Suche nach Nahrung und Schutz vor den ebenfalls zahlreicher gewordenen Räubern immer tiefer in den Schlick und Sand ein. Eine klare Trennung der Nahrungsquellen ermöglichte die Herausbildung unvergleichlich vielfältiger Formen. In der Blüte dieser Entwicklung übertrafen sie die paläozoische Fauna des Devons um das Doppelte.

In dieser Üppigkeit der Faunen scheint eine gesetzmäßig wiederkehrende Ordnung den Ursprung neuer Tiergruppen im Ozean zu diktieren. Sie entstehen für gewöhnlich in den seichten Küstenlebensräumen und breiten sich dann in die Tiefe aus. Der Lebensraum an der Küste kennt keine Ruhe. Gezeiten, Stürme und Süßwasserüberschwemmungen, Temperaturschwankungen, Algenblüten, reißende Strömungen, Sedimentregen bis zu Lawinenstärke – unter diesen unwirtlichen Bedingungen überleben nur die starken, widerstandsfähigen Arten, während ihre Nachbarn untergehen. Und irgendwann gelangen ihre Nachkommen in tieferes Wasser, in dem kurzlebige Arten kaum leben können. So breitet sich die widerstandsfähige Fauna weiter ins Meer hinaus aus.

Wärend des Wandels im Ordovizium drangen die frühen Vertreter der paläozoischen Fauna zunächst in das seichte Küstenwasser ein. Als sie sich in die Tiefe ausbreiteten, besetzten neue Gruppen von Tieren den Lebensraum im Flachwasser – die Vorfahren der modernen Fauna. Bereits im Silur begannen viele dieser Tiergruppen die mittleren Meerestiefen als Lebensraum zu erobern. Einige jedoch schlugen den entgegengesetzten Weg ein und richteten sich zum Süßwasser und sogar zum Festland hin.

Die turbulenten Bedingungen mit einer hohen Sterberate übten einen starken Anpassungsdruck auf die Bewohner aus. Und wenn

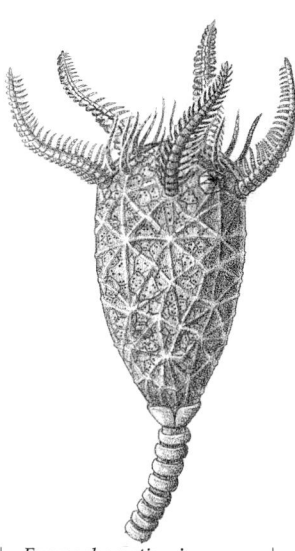

Eumorphocystis, ein gestielter Echinoderme aus dem Ordovizium. Bei diesem Tier handelt es sich um einen diploporiten Cystoiden. Gemeinsam mit Crinoideen, Blastoiden, Coronoiden, Paracrinoideen und Parablastoiden bildeten die Cystoiden in den Meeren des postkambrischen Paläozoikums Gärten aus gestielten Schwebstofffressern.

PHYLOGENIE DER PROKARYONTEN UND EUKARYONTEN

Diese Phylogenien basierten auf Übereinstimmungen der molekularen Geninformationen, insbesondere der Untereinheiten der ribosomalen Ribonukleinsäure (r-RNS). In jedem Stammbaum weisen verbundene Gruppen eine ähnliche r-RNS auf, und die Längen der Linien zwischen den Verbindungen sowie die Grenzlinien reflektieren die verwandtschaftliche genetische Differenzierung. Die Phylogenie der Prokaryonten wurde in den Labors von Karl Woese und James Lake erforscht; der Stammbaum der Eukaryonten ist vornehmlich das Werk von Vincent Sogins Labor.

Bei den zahlreichen Stämmen der Bakterien und Protisten wurde die r-RNS bis dahin nur stichprobenweise analysiert. Deshalb sind diese Phylogenien unvollständig, und einige der dargestellten Verwandtschaftsbeziehungen können sich noch durch die Ermittlung und Hinzufügung neuer Stämme geringfügig ändern. Zu den aufgeführten Stämmen sind nachfolgend einige ihrer Merkmale aufgelistet:

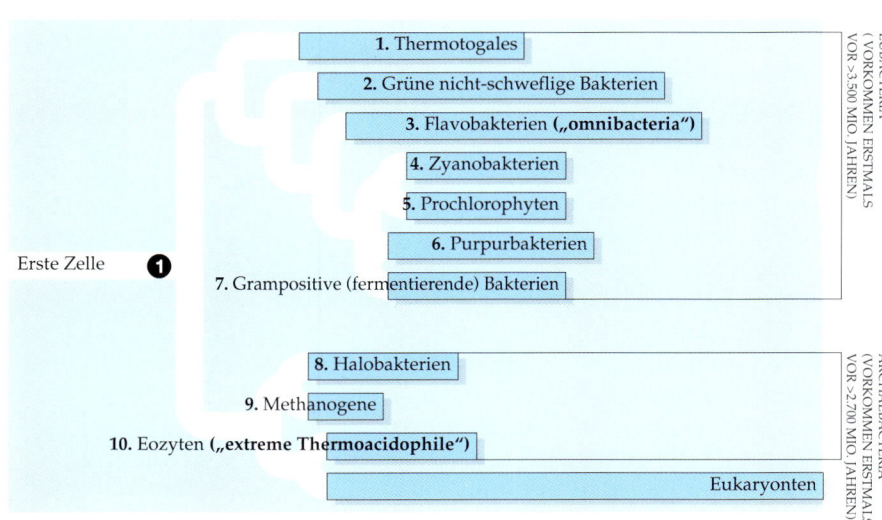

1 Thermotogales: primitive anaerobe heterotrophe Heißquellenbewohner.
2 Grüne nicht-schweflige Bakterien: anaerobe chemoautotrophe und photoautotrophe, ebenfalls in heißen Quellen lebende Bakterien.
3 Flavobakterien: anaerobe heterotrophe, im Darmkanal lebende Symbionten, einschließlich Escherichia-coli-Bakterien.
4 Zyanobakterien: wichtige aerobe Photosynthetiker.
5 Prochlorophyten: ähnlich den Zyanobakterien, jedoch mit Chlorophyll a und b.
6 Purpurbakterien: anaerob und photoautotroph, verbrauchen Schwefelwasserstoff.
7 Grampositive Bakterien: heterotrophe Bakterien, die Organismen in einfachere Verbindungen, u. a. Äthanol, aufbrechen.
8 Halobakterien: rosa Archaebakterien, die in salzigen Lebensräumen leben.
9 Methanogene: anaerobe Bakterien, die ausschließlich Methan produzieren.
10 Eozyten: anaerob und chemoautotroph, leben in heißen Quellen.
11 Giardia: vornehmlich aerob und heterotroph, mit Zellkern, jedoch ohne Mitochondrien.
12 Mikrosporiden: einzellige Parasiten ohne Mitochondrien.
13 Kinetoplastiden: vornehmlich aerobe Einzeller mit Mitochondrien.
14 Euglenide: aerobe Einzeller mit pflanzen- und tierartigen Funktionen.
15 Entamoeben: amöboide, einzellige Parasiten.
16 Zelluläre Schleimschimmelpilze: heterotrophe Süßwasserbewohner, die sich zu vielzelligen Kolonien verbinden.
17 Rotalgen: vorwiegend Vielzeller.
18 Ciliaten (Wimperntiere): vorwiegend einzellig, heterotroph, die sich mit Hilfe von Wimpern fortbewegen und ernähren.
19 Dinoflagellaten: planktische oder symbiotische, einzellige Photosynthetiker.
20 Plasmodische Schleimpilze: amöboide Zellen, die sich zu vielzelligen, gestielten Reproduktionskörpern verbinden.
21 Zoosporen: einzellige heterotrophe Bakterien mit komplexen Lebenszyklen.
22 Oomyceten: ›Wasserschimmel‹ mit pilzähnlicher Lebensform.
23 Labyrinthuliden: heterotroph, kolonienbildend.
24 Braunalgen: braun pigmentierte Photosynthetiker, einschließlich des Riesenseetangs.
25 Xanthophyten: vornehmlich im Süßwasser vorkommende, gelbe vielzellige Photosynthetiker.
26 Diatomeen: einzellige Photosynthetiker, die Skelette aus Kieselsäure bilden.
27 Chrysophyten: goldgelb pigmentierte Photosynthetiker.
28 Acanthamoeben: verbreitet vorkommende heterotrophe Amöben, die die Undulipodien verloren haben.
29 Grünalgen: verschiedene einzellige bis kolonienbildende heterotrophe Algen mit starken Undulipodien.
30 Choanoflagellaten: einzellige bis kolonienbildende heterotrophe Geißeltierchen mit kräftigen Undulipodien.

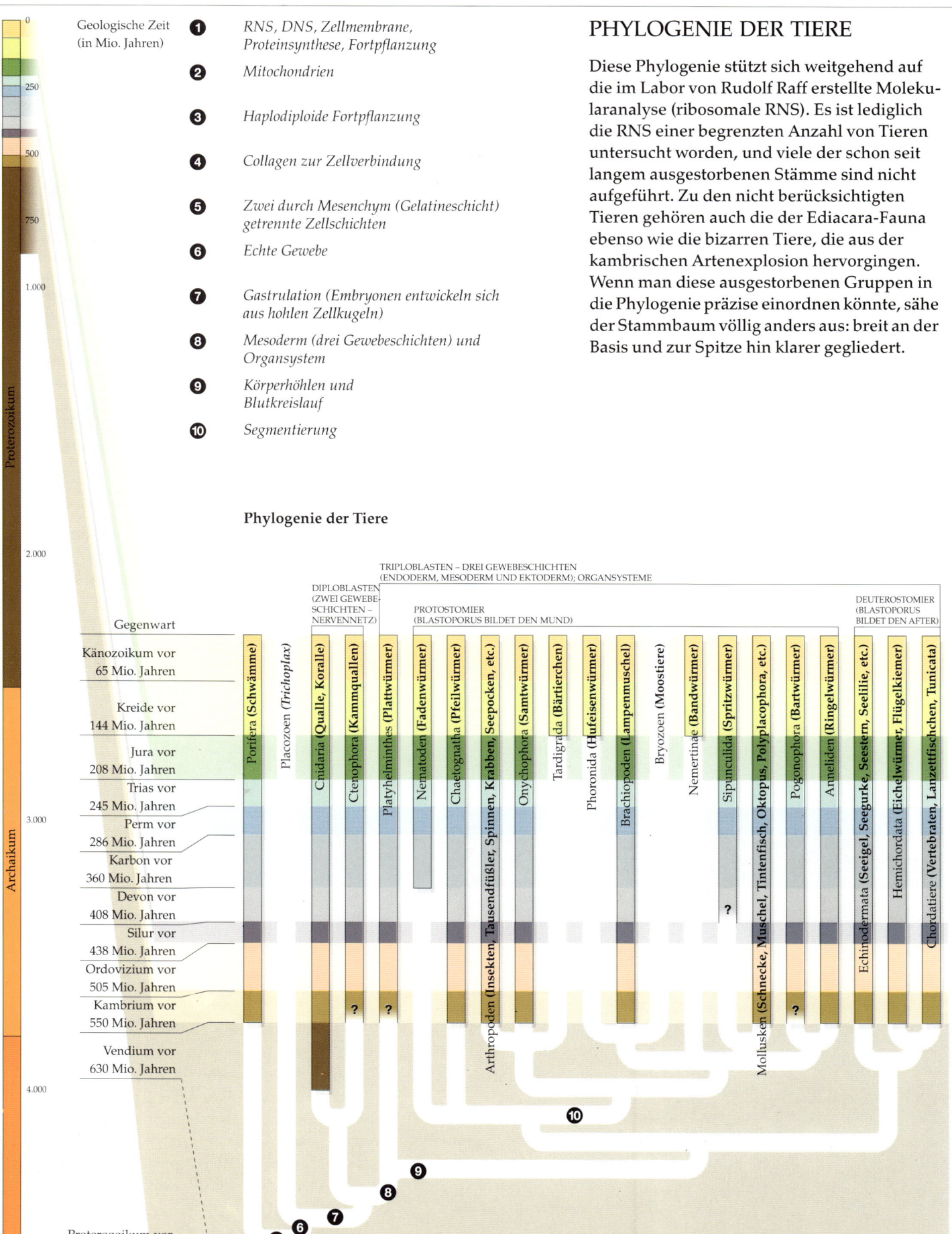

Geologische Zeit
(in Mio. Jahren)

❶ *RNS, DNS, Zellmembrane, Proteinsynthese, Fortpflanzung*

❷ *Mitochondrien*

❸ *Haplodiploide Fortpflanzung*

❹ *Collagen zur Zellverbindung*

❺ *Zwei durch Mesenchym (Gelatineschicht) getrennte Zellschichten*

❻ *Echte Gewebe*

❼ *Gastrulation (Embryonen entwickeln sich aus hohlen Zellkugeln)*

❽ *Mesoderm (drei Gewebeschichten) und Organsystem*

❾ *Körperhöhlen und Blutkreislauf*

❿ *Segmentierung*

PHYLOGENIE DER TIERE

Diese Phylogenie stützt sich weitgehend auf die im Labor von Rudolf Raff erstellte Molekularanalyse (ribosomale RNS). Es ist lediglich die RNS einer begrenzten Anzahl von Tieren untersucht worden, und viele der schon seit langem ausgestorbenen Stämme sind nicht aufgeführt. Zu den nicht berücksichtigten Tieren gehören auch die der Ediacara-Fauna ebenso wie die bizarren Tiere, die aus der kambrischen Artenexplosion hervorgingen. Wenn man diese ausgestorbenen Gruppen in die Phylogenie präzise einordnen könnte, sähe der Stammbaum völlig anders aus: breit an der Basis und zur Spitze hin klarer gegliedert.

Phylogenie der Tiere

sich auch einige von ihnen in die Tiefe locken ließen, so ist das Leben doch viel zu anpassungs- und widerstandsfähig, um nicht irgendwann auch das Land zu erobern. Feuchte Lebensräume unmittelbar über dem Meeresspiegel stellten den Eingangsbereich dar. Schädliche ultraviolette Sonnenstrahlung macht Zyanobakterien nichts aus, da sie einen isolierenden Schleim ausscheiden, um ihre eigene Mikroumwelt zu schaffen. Jüngste Untersuchungen des kambrischen Bodens haben eine erhöhte ^{12}C-Konzentration ergeben, des leichteren Kohlenstoffisotops, den lebende Organismen dem ^{13}C vorziehen und das sich im Erdboden konzentriert, wenn sie absterben. Vermutlich stammt sie von photosynthetisierenden Mikroorganismen. Diese waren die Vorhut einer Invasion, die das Land begrünen und verändern, neue Lebensräume mit Schutz und Nahrung für neue Tiere liefern sollte und die vermutlich die Hälfte des sich ständig erneuernden Sauerstoffvorrats der Erde erzeugten.

Seit Milliarden Jahren lebten Pflanzen im Meer. Die meisten behielten ihre einfache Form. Es gab keinen großen Anreiz zur Entwicklung eines vielzelligen Körpers, bot doch die freitreibende Einzelle eine optimale Oberfläche für die Aufnahme von Chemikalien und Sonnenlicht. Die Lebensräume an der Küste erzwangen jedoch einen Wandel und boten Halt. Vielzellige Algen entwickelten sich, die sich als Tang mit Wurzeln an den Felsen festklammerte. Sie entwickelten auch Systeme geschlechtlicher Fortpflanzung; ihr Rhythmus des Generationenwechsels wird noch heute von den Landpflanzen befolgt. Eine Generation nahm eine geschlechtslose, sporophyte Pflanzenform an, die Sporen erzeugte. Jede Spore konnte sich in ein neues und unterschiedliches, gametophytes Stadium entwickeln. Dieses erzeugt Gameten, geschlechtliche Zellen, die sich paarten, um die nächste Generation sporophyter Pflanzen zu erzeugen, die den Kreislauf fortsetzten. Gameten waren bewegliche Zellen, die sich durch chemische Signale des anderen fanden und vereinten — eine für das offene Meer nahezu aussichtslose Technik. Sie hätten sich zu weit voneinander entfernt und einen Standort am Meeresboden gebraucht.

Die Vorfahren sämtlicher Landpflanzen sind Grünalgen. Die Photosynthetiker hatten sich bis zum Ende des Ordoviziums oder schon früher an das Süßwasser der Flüsse, Seen und Teiche angepaßt. Süßwasser enthielt das gelöste Kohlendioxid, das sie benötigten, ebenso wie die zum Aufbau ihrer Biomoleküle

unverzichtbaren Phosphate und Nitrate. Das größte Problem war das Halten des Wassers in den Zellen. Es mußte von einer wirksamen molekularen Barriere daran gehindert werden, die Zellen zu verlassen.

Als dieses Problem gelöst war, war die Eroberung anderer Feuchtgebiete wie zum Beispiel jahreszeitlich gefüllte Teiche nur ein kleiner Schritt. Es ist immer die gleiche Taktik: Rasches Wachstum und ebenso rasche Fortpflanzung, um sicherzustellen, daß ein Teil des Nachwuchses sich in dem flüchtigen Lebensraum ansiedelt, sobald er erneut entsteht. Aber die Evolution entwickelte noch andere Rezepte. Als die Zellwände durch die Anstrengungen des Süßwasserlebens verhärteten und gar undurchdringlich wurden, verhinderten sie das Austrocknen durch Frischluft und trotzten der ultravioletten Strahlung. Ausgewachsene Photosynthetiker überdauerten die Trockenheit, um in der Regenzeit erneut zu gedeihen. Jetzt war die Möglichkeit der Fortpflanzung über mehrere Generationen hinweg gewährleistet.

Um diesen Herausforderungen standhalten zu können, brauchten die Pflanzen eine neue Ausrüstung. Zunächst einen Mantel, der das Wasser zurückhielt, aber dennoch Luft durchließ — also entwickelten sie Poren zum Atmen (Stomata). Dann stärkere Sporen, um die Fortpflanzung zu gewährleisten, und gegebenenfalls Spezialzellen (Xylem), um das Wasser aus den Wurzeln weiterzuleiten. Auch Wurzeln waren eine Neuheit. Die frühesten Landpflanzen vertrauten einem Rhizom, einem unterirdischen Stamm, der Triebe bilden, aber keinen festen Halt bieten konnte.

Die Landpflanzen verfolgten zwei Hauptstrategien. Pflanzen, die Xylem, Wurzeln und wirksame Wasserkreislaufsysteme entwickelten, sind Gefäßpflanzen oder Thracheophyten. Unter ihnen dominiert die sporophyte Generation (Gras, Rose, Eiche) und bildet langlebige Gewächse, die die gametophyte Generation verkleinert hat und Wege gefunden hat, die Gameten zu vereinen, ohne sie ins Wasser zu werfen.

Einen anderen Weg schlugen die Bryophyten ein, die als Moose und Lebermoose bis heute überdauert haben. Ihre dominante Generation sind die Gametophyten, die tief am Boden in schattiger Feuchtigkeit leben müssen, da sie noch Gameten ausstreuen, die wandern müssen, um sich zu finden, und deshalb nicht zu weit verstreut werden dürfen. Ihre Vereinigung erzeugt eine kurzlebige sporophyte Generation, die als Sporenkapseln oben auf einem kurzen, nackten Stengel liegen. Diese geschlechtslosen Sporen gehen in den nächsten Gametophyten über, der grün ist und eventuell Blätter trägt, aber nicht hoch wachsen kann. Dies sind primitive Lebensgewohnheiten, und dieses Verhalten entspricht eher dem von Wasserpflanzen in Küstengewässern. Man nimmt allgemein an, daß die Pflanzen zunächst als Bryophyten ans Land gekommen sein müssen, um an schattigen Gestaden zu leben.

Sporen, die nur von Landpflanzen erzeugt werden konnten, wurden in oberordovizischen nichtmarinen Sedimenten entdeckt und gehörten entweder zu Bryophyten oder zu sehr einfachen Gefäßpflanzen. Gesteine aus derselben Zeit enthalten U-förmige Fossilspuren, die wie die Röhren von Arthropoden aussehen. Über den Landgang der Tiere müssen wir noch viel lernen. Verschiedene Arten von Arthropoden haben anscheinend unabhängig voneinander Luftatmungssysteme entwickelt, aber es ist nicht gelungen, die Reihenfolge festzustellen, in der Milben, Springschwänze, Skorpione, Tausendfüßler und einige weiche Würmer, die eigentlich in feuchten Umgebungen lebten und nur äußerst selten in einer Landumgebung als Fossil erhalten bleiben, erschienen. Auf dem Land konnten wegen Erosion und Verwesung viel weniger Tiere unbeschädigt fossilisiert werden als in den Sedimenten in Seen und Meeren.

Die frühesten bekannten Gefäßpflanzen sind Spielarten von *Cooksonia* aus dem oberen Silur, schlingpflanzenähnliche, wurzel- und blattlose Pflanzen von nur 10 cm Höhe. Spielarten von *Rhynia,* einer Pflanze mit ähnlichem, wenn auch größerem und komplexerem Bauplan, erscheinen in einer wichtigen Lagerstätte des unteren Devon. Im schottischen Rhynie wurde sie als Teil einer Pflanzen-Arthropoden-Gemeinschaft gefunden, die uns viel über die frühe Ökologie dieses Landes verrät. Zu den Arthropoden gehören Skorpione, Pseudoskorpione, Milben und sogar spinnenähnliche Trogonotarbiden, aber es gibt auch Tracheaten, Arthropoden, die durch ein verzweigtes Röhrensystem atmen. Zu dieser Gruppe gehören Hundertfüßler, Tausendfüßler und Insekten. In den Jahrmillionen, bevor die Vertebraten an Land stiegen, gehörte die frühe terrestrische Welt den Arthropoden.

Nicht alle neuen Bewohner sind direkt an Land gestiegen. Einige müssen zunächst die Süßwasserwege ins Landesinnere erforscht haben, während andere sich in Sümpfen und Salzwiesen breitmachten. Pflanzen und Tiere veranstalteten ein ausgedehntes ökologisches Bockspringen, die Tiere wagten sich in Lebensräume vor, die von neuen Pflanzen erobert worden waren, und die Pflanzen entwickelten den Drang, nicht nur weiter ins Landesinnere, sondern auch zu lichten Höhen emporzuwachsen, die unerreichbar für die Geschöpfe waren, die von der konzentrierten Sporennahrung angezogen wurden. Hier entstand ein neues Laboratorium für Formen und Lebensweisen, aber der Ozean hatte einen Vorsprung von 3 Milliarden Jahren, und er sollte noch einige Wunder vollbringen.

Der große räuberische Lungenfisch *Dipterus* lauert zwischen dem Seegras, um sich auf einen der schlanken, stacheligen Fische aus dem in der Mitte vorbeischwimmenden Schwarm zu stürzen. Einige der Wasserpflanzen dieser Szene aus dem mittleren Devon im nordschottischen Orkney-Becken vor 380 Millionen Jahren leben zwar schon an Land, wurzeln jedoch noch im Wasser. Das von oben einfallende Sonnenlicht läßt Spinnen, Insekten, Würmer und eine Welt erkennen, die noch nicht von Vertebraten erforscht war.

KAPITEL 2

DER AUFSTIEG DER FISCHE

Michael Benton

Ein neuartiges Tier schwamm im Meer des Ordoviziums — gewappnet wie ein kleiner Panzer. *Astraspis* ist ein 10 cm langer, kieferloser Fisch im nordamerikanischen Ordovizium. Bauch und Rücken sind mit einer breiten, ovalen Knochenplatte gepanzert, die Platten sind an der Seite durch kleine Schuppen verbunden, umgeben von einer Reihe von Kiemenschlitzen. Dieses stabile Außenskelett bildet eine starre phosphatische Hülle, die Kopf und Körper schützt. Flossen sind nicht vorhanden. Hinten schaut nur der mit knochigen Schuppen bedeckte, zu den Seiten bewegliche Schwanz aus der Hülle hervor. Von *Pikaia* bis *Astraspis* ist es ein Sprung von 30 Millionen Jahren, vom Kambrium zum Ordovizium, vom flinken Stürmer zum auf Verteidigung spezialisierten Arbeitstier, und vor allem vom Chorda- zum Wirbeltier. Es gibt keine fossilen Funde vom Chorda-Stadium vor *Pikaia* und keine Verbindungsglieder zwischen *Pikaia* oder verschwundenen verwandten Arten und der von ihr äußerst verschiedenen Form des *Astraspis,* dessen schwerer Panzer ihn für ein Leben auf dem Meeresboden bestimmt — mit dem kieferlosen Maul über dem Grund schwebend und Wasser einsaugend. Beißen konnte er nicht. Der einzige frühere Fund hat die Form schwarzer Bruchstücke von Knochen, die man in Crook County, Wyoming, in Meeresablagerungen aus dem oberen Kambrium fand. Die Entdeckung wurde 1978 von Dr. J. E. Repetski gemeldet, aber falls der Besitzer tatsächlich ein Fisch war, so ist er noch nicht zum Vorschein gekommen.

Der Stamm der Chordata umfaßt sämtliche Tiere mit einer Chorda dorsalis, einem flexiblen, stabilisierenden Skelettstab entlang des Mittelgrates des Rückens. Der Unterstamm der Wirbeltiere umfaßt mehr als 99 Prozent aller Arten von Chordatieren, und seine Mitglieder verfügen über Wirbel ebenso wie über eine Chorda dorsalis. Diese Knochenelemente verbinden sich zum Rückgrat, dem Hauptstabilisierungselement bei erwachsenen Wirbeltieren, das die Chorda dorsalis ersetzt, die für gewöhnlich nur in den frühesten Entwicklungsstadien zu erkennen ist. Das Rückgrat bietet den Ansatzpunkt für den

Einer der ältesten Fische ist *Astraspis* aus dem amerikanischen Ordovizium. Der kieferlose Fisch hatte eine einfache Mundöffnung, mit der er Nahrungspartikel vom Meeresboden saugte. Kopf und Körper waren mit dicken Knochenplatten geschützt. An einer Stelle im vorderen Bereich befand sich ein Auge, hinter dem eine Reihe von Kiemenschlitzen lag. Der Fisch schwamm, indem er seinen weniger gepanzerten Schwanz seitwärts schlug.

Schädel, für zahlreiche Muskeln und für die Glieder.

Die Geschichte wird von den Siegern geschrieben, sagt man. Die Geschichte des Lebens kennt keine Sieger, nur vorübergehende Überlebende. Von diesen Überlebenden kann nur eine Art die Geschichte schreiben, und das liegt zum Teil daran, daß der Wirbeltierbauplan die Entwicklung und den Schutz eines Gehirns möglich machte. Auch andere Tiergruppen verfügen über dieses Organ, doch sein Wachstum ist begrenzt — was sich bereits sehr früh in der Geschichte des Lebens herausstellte, als die Tiere zum ersten Mal so etwas wie eine Grundausstattung entwickelten, eine Bauch- und eine Rückenseite, Sinnesorgane und die Fähigkeit, Informationen der Sinnesorgane in einfache Befehle umzuwandeln wie Stop, Start, vorwärts und rückwärts. Der Klumpen Nervengewebe, wo die Daten zusammenlaufen und von wo die Befehle ausgehen, ist vielleicht nur eines von mehreren solcher Nervenbündeln in einem Tier, aber es ist das wichtigste und liegt an der günstigsten Stelle irgendwo in der Nähe der Stirn. Bei Wirbeltieren ist dieses Nervenbündel (Ganglion) und das Zentralnervensystem im Schädel und in der Wirbelsäule, getrennt vom übrigen Körper, untergebracht. Bei Gliederfüßern und Weichtieren besteht das Zentralganglion aus einem Gewebering um den Darm. Jeder Versuch dieses Gewebes, sich auszudehnen, würde auf den Darm drücken und die Nahrungsversorgung unterbrechen. Diesen Widerspruch hat der Bauplan der Gliederfüßer nie lösen können, obwohl den Arthropoden als weitestverbreitetem Stamm mit 80 Prozent aller Arten vermutlich nicht der Gedanke käme, daß sie zu den Benachteiligten zählen — wenn ihnen überhaupt ein Gedanke käme. Der andersartige Bauplan hat bei den Wirbeltieren für eine enorme Entwicklung gesorgt, und die Paläontologen suchen mit berechtig-

tem Interesse nach den Ursprüngen der Chordatiere.

Angesichts der spärlichen Fossilienfunde sind wir auf Hinweise der lebenden wirbellosen Chordatiere angewiesen, die sich so sehr von unseren gemeinsamen Vorfahren vor 570 Millionen Jahren nicht unterscheiden. Diese lebenden Chordata sind Wechselbälge, und wie ein Balg sehen einige von ihnen tatsächlich aus. Die erwachsene Seescheide (Unterstamm Urochordata) ist ein schlaffes, etwas wabbliges Tier in Form einer roh gefertigten Feldflasche oder Kaffeekanne mit einer kurzen, dicken Tülle in unmittelbarer Nähe der Ausgangsröhre, die den Deckel bildet. Sie sitzt fest auf dem Meeresboden, wird bis zu 15 cm groß und ernährt sich durch das Einsaugen von Meerwasser durch eine Öffnung und dessen Ausstoß durch zwei andere (Deckel und Tülle). Beim Durchströmen des Wassers durch zahlreiche Kiemenschlitze in der Rachenhöhlenwand des großen inneren Beutels werden kleine Nahrungspartikel ausgefiltert. Alle Chordata verfügen im Laufe ihres Lebenszyklus, und sei es nur im Embryonalstadium, über Kiemenschlitze in der Gegend des Schlundes oder der Rachenhöhle. Die junge Seescheide gibt Aufschluß darüber, warum dieser sitzende Sack mit Zellulosehaut als Chordatier anzusehen ist. Im Larvenstadium entwickelt sich eine großköpfige »Kaulquappe« mit einer Mundöffnung an der Stirnseite, kleinen Kiemenschlitzen an der Seite und einem primitiven »Auge«, einem lediglich lichtempfindlichen Pigmentfleck, und einem langen, dünnen Schwanz, den eine Chorda dorsalis durchzieht.

Diese bewegliche Larve dient nur der Suche nach einem geeigneten Standort. Wenn sie sich weiterentwickelt, sucht sie sich schwimmend einen angemessenen Ort zum Festsetzen, ein typisches Verhalten von standortabhängigen Meeresgrundbewohnern. Innerhalb weniger Tage, in denen sie keine Nahrung aufnimmt, wählt die Larve eine geeignete Stelle aus und setzt sich kopfunter am Meeresboden fest. Schwanz und Chorda dorsalis verwesen, Kiemenschlitze und Rachenhöhle dehnen sich aus, die inneren Organe passen sich der neuen Form an.

Es ist leicht nachzuvollziehen, daß sich mit Hilfe der Entwicklung eines mineralischen Skeletts aus einem Tier des Mittelkambriums wie der *Pikaia* ein Fisch entwickeln konnte; aber aus welcher Art Tier entwickelte sich *Pikaia*? Woher kamen die Chordatiere? Ergebnisse der Anatomie, der Embryologie und Molekularbiologie weisen als die den Chordaten am nächsten stehende Ordnung die Echinodermen (Stachelhäuter) – Seesterne, Seegurken, Seelilien und Seeigel – aus. Die Fossiliengruppe der Calcichordaten, von denen es keine lebenden Exemplare mehr gibt, ist vielleicht das Bindeglied zwischen Echinodermen und Chordata, aber es gibt keine direkte Spur. Calcichordata sind von Kalzitplatten umgeben, und galten folglich allgemein als echte Echinodermen. Aber sie verfügen auch über einen seltsamen flexiblen »Arm«, und an dem scheiden sich die Geister. Dick Jefferies vom Londoner National History Museum besteht darauf, daß es sich bei diesem Fortsatz nicht um einen Arm, sondern um einen Schwanz handelt – ein Charakteristikum der Chordata – und daß sämtliche anderen Eigenschaften die Calcichordata als Bindeglied zwischen Echinodermen und Chordata ausweisen.

Die ersten Fische

Fossile Fischfunde aus dem Ordovizium bis weit ins Silur (vor 505–438 und 438–408 Millionen Jahren) sind selten. Lediglich in Australien, Nordamerika und Südamerika wurden einzelne Fische aus dem Ordovizium entdeckt, wie der *Astraspis* und der stromlinienförmigere *Arandaspis* in Australien, doch es sind recht unbedeutende Tiere. Aus dem oberen Silur kennen wir eine ganze Palette kieferloser, zwischen 2 und 20 cm langer Panzerfische. Einige besaßen schwergepanzerte Rüstungen, andere trugen flexiblere Kettenhemden aus Schuppen. Allen gemeinsam war ein Paar kleiner Augen in Stirnnähe

und ein schwach ausgeprägtes, kieferloses Maul. Die Ernährung wurde diesen frühesten kieferlosen Fischen zum Verhängnis, obwohl sie während des Devon (vor 408–360 Millionen Jahren) in vielfältigen Formen auftraten. Die Entwicklung beweglicher Kiefer in anderen Gruppen setzte den Kieferlosen Grenzen, und die einzigen überlebenden Agnatha sind mehrere Arten von Neunaugen und Schleimaale – alle mit langen, ungepanzerten, aalartigen Körpern und runden Saugmündern. Sie ernähren sich als Parasiten, indem sie sich an anderen Fischen festsetzen und deren Fleisch abraspeln oder Stücke aus toten oder sterbenden Fischen reißen.

Das Orkney-Becken

Bereits in den 20er und 30er Jahren des neunzehnten Jahrhunderts entdeckten Fossiliensammler den Reichtum fossiler Fische im Devon. Eines der reichsten Gebiete liegt im Norden Schottlands im früheren Orkney-Becken, einem großen See, der sich über das Gebiet von Inverness und Elgin nach Norden über Caithness, Orkney und die Shetland-Inseln bis zur heutigen schottischen Ostküste über den Moray Firth hinaus in die Nordsee erstreckte. In Caithness wurden Sedimente bis zu 5 km Dicke und mehr, auf den Shetlands sogar bis zu 10 km Dicke gefunden.

In den 30er Jahren des letzten Jahrhunderts stellten die Fossiliensammler fest, daß bestimmte Schichten aus normalerweise rotem feinem Sand- und Tonstein, der als Old-Red-Sandstein bekannt war, Dutzende vollkommen erhaltener Fischskelette in Form von glänzen-

Ein Exemplar des Quastenflossers *Gyroptychius agassizi* aus dem nordschottischen Orkney-Becken. Dieser für das Orkney-Becken typische Fisch schwamm in warmem Wasser und suchte kleine Beute.

DIE PHYLOGENIE DER FISCHE

Wir stellen die Evolution der Fische hier als Stammbaum dar, der sich auf die jüngeren kladistischen Analysen der Beziehungen der mannigfaltigen lebenden und fossilen Gruppen stützt. Die Zeitleiste entspricht den präzisesten Schätzungen der Zeiten, zu denen die jeweilige neue evolutionäre Linie abzweigte.

Die ältesten ungesicherten Überreste von Fischen stammen aus dem oberen Kambrium, die Funde aus dem Ordovizium sind spärlich. Im Laufe des Silurs und besonders im Devon entwickelten die Fische in den Meeren und Seen eine große Artenvielfalt. Die kieferlosen Fische (Agnathen) und die Placodermen herrschten vor. Diese machten im oberen Devon und Karbon Knorpel- und Knochenfischen Platz.

Die Knochenfische breiteten sich in mehreren Schüben aus. Aus ihnen gingen im Devon die Amphibien hervor. Dann breiteten sich neue Gruppen aus, die Holostei in der Trias und im Jura und die Teleostier im Jura und in der Kreide. Die Teleostier riefen auf diesem Weg Zehntausende von Arten ins Leben.

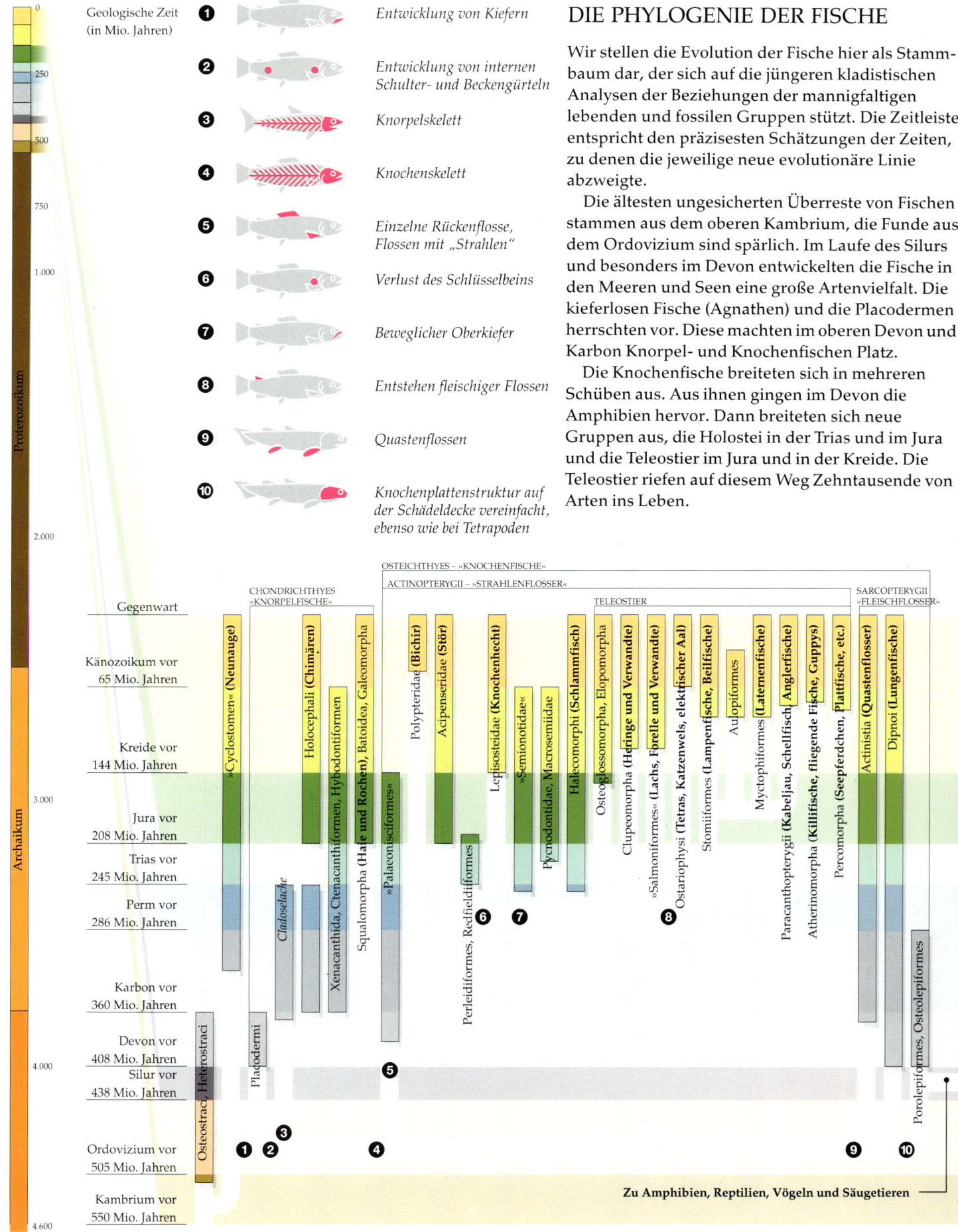

Geologische Zeit (in Mio. Jahren)

1 — *Entwicklung von Kiefern*
2 — *Entwicklung von internen Schulter- und Beckengürteln*
3 — *Knorpelskelett*
4 — *Knochenskelett*
5 — *Einzelne Rückenflosse, Flossen mit „Strahlen"*
6 — *Verlust des Schlüsselbeins*
7 — *Beweglicher Oberkiefer*
8 — *Entstehen fleischiger Flossen*
9 — *Quastenflossen*
10 — *Knochenplattenstruktur auf der Schädeldecke vereinfacht, ebenso wie bei Tetrapoden*

Zu Amphibien, Reptilien, Vögeln und Säugetieren

DER FISCH IM SCHOTTISCHEN SANDSTEIN

Ein Armeearzt, ein Buchhalter – ehemals Steinmetz –, ein Professor für Gerichtsmedizin und ein ehrgeiziger Naturforscher, dies waren die Begründer der modernen Paläoichthyologie, der Wissenschaft von fossilen Fischen. 1830 beschloß der schweizer Naturforscher Louis Agassiz (1807–73), sämtliche auf der Welt bekannten fossilen Fische zu beschreiben und zu illustrieren. Diese Arbeit dauerte zwölf

Jahre lang. Er stützte sich auf eine Gruppe begeisterter Amateure, die auf der Suche nach Wissen teilweise als Kollegen zusammen-, teilweise als Konkurrenten gegeneinander arbeiteten. Zwischen 1833 und 1844 veröffentlichte er fünf Bände über Fischfossilien, verkündete eine Entdeckung nach der anderen und machte sich einen Namen als einer der größten Paläontologen seines Jahrhunderts.

Dieser Ruhm beruht auf der Leistung von Enthusiasten, die heute großteils vergessen sind. Der großzügige Professor Thomas Traill von der Universität Edinburgh stellte seine Sammlung devonischer Fossilien für Abgüsse zur Verfügung.

Fossil des *Osteolepis macrolepidotus* aus Orkney.

John Malcolmson, ein aus dem Militärdienst in Indien heimgekehrter Chirurg, korrespondierte mit Agassiz und schickte ihm Zeichnungen von Exemplaren, die sein schottischer Landsmann, der frühere Steinmetz Hugh Miller, gesammelt hatte.

Miller veröffentlichte bald darauf seine eigenen Entdeckungen, insbesondere in seinem 1841 erschienenen Buch mit dem Titel *The Old Red Sandstone*.

GANZ LINKS: Louis Agassiz (1807–73) LINKS: Hugh Miller (1802–56)

LINKS: *Pterichthyodes milleri*, eines der von Hugh Miller benannten Fossilien. GANZ LINKS: *Coccosteus cuspidatus*.

dem schwarzen Apatit einschloß. Solche fossilienstrotzenden Schichten erkannte man an den verräterischen Querschnitten von Fischen in Gesteinsbruchflächen – dünne, zwischen den Sandstein gepreßte Schichten schwarzen Materials. Andernorts fand man diese Fische in Kalksteinknollen. Hier hatten die Fische als Kristallisationskerne für Kalziumkarbonatablagerungen gedient. Erfahrene Fossiliensammler konnten bereits beim Anblick der Knollen sagen, ob sie einen Fisch enthielten, manche erkannten bereits an der Form die Art des Fisches und die Haltung, in der er fossilisiert worden war.

Diese sensationellen Entdeckungen in Nordschottland stießen auf weltweites Interesse, besonders bei dem berühmten Schweizer Paläontologen und Anatomen Louis Agassiz (1807–1873), der in seinem zwischen 1833 und 1844 veröffentlichten fünfbändigen Werk über Fischfossilien sämtliche Erkenntnisse jener Zeit zusammentrug. Später half Agassiz in den Vereinigten Staaten bei der Einrichtung des Museums für vergleichende Zoologie in Harvard. Er besuchte Schottland zweimal, um die Fische des Old-Red-Sandsteins zu sehen, die er 1844 in einer umfassenden Arbeit beschrieb. Die staunende Welt erfuhr von einer beeindruckenden Zahl gepanzerter Kieferloser und Placodermen, von winzigen dornigen Acanthodiern und stromlinienförmigen, panzerschuppigen und quastenflossigen Fischen. Die zweite herausragende Figur der Old-Red-Forschung jener Zeit war Hugh Miller (1802–1856), ein völlig anders gearteter Enthusiast, der seinen Unterhalt als Steinmetz verdiente, aber in seiner Freizeit Gedichte schrieb und Fischfossilien sammelte. 1841 veröffentlichte er »The Old Red Sandstone«, ein Katalog der fossilen Reichtümer seiner Heimatgegend. Dieses wie auch spätere Werke trugen erheblich zur Verbreitung und Popularität dieses Themas unter einer großen Schar viktorianischer Leser bei, die den gewichtigen und dennoch lebhaften Stil schätzten. Hier ein Zitat aus Millers »Footprints of the Creator« (Fußabdrücke des Schöpfers) von 1847, das den knochigen Kopfschild des Placodermen *Asterolepis* beschreibt:

»Der Kopf des größten heute lebenden Krokodils ist weit schwächer gepanzert als der von *Asterolepis* aus dem Lower Old Red Sandstone. Weshalb dieser urzeitliche Schmelzschupper so trefflich behelmt war, können wir nur raten: Wir wissen lediglich, wenn die Natur ihre Kreatur wappnet, geschieht dies, um Angreifern zu widerstehen und um einem Ansturm

standzuhalten. Die hintere Zentralplatte, vermutlich das Gegenstück zum Stirnbein, war ein wunderliches, massives Ornament in Blattform, gleich den größeren Blättern einer korinthischen Säule, und lief darunter, wo der Säulenstamm beginnt, in einen knochigen Buckel gleich einer Pickelhaube aus.«

So schrieb ein Mann, der seine Forschung liebte und vermutlich großen Sachverstand besaß. Er beteiligte sich an einer der großen wissenschaftlichen Kontroversen seiner Zeit, der Frage nach den Möglichkeiten der Evolution.

Häufig gilt Charles Darwin mit seiner Veröffentlichung von »Die Entstehung der Arten durch natürliche Zuchtwahl« (The Origin of Species by Means of Natural Selection, 1859) als Entdecker der Evolution. In Wirklichkeit bewegte die Evolution im Sinne von zeitlichem Wandel die europäischen Wissenschaftler bereits seit hundert Jahren. Die ersten umfassenden Ausführungen kamen von französischen Naturforschern aus der Zeit der Aufklärung im achtzehnten Jahrhundert und wurden in verschiedenen englischen Veröffentlichungen in den 40er Jahren des neunzehnten Jahrhunderts bestätigt. Miller bestand darauf, daß die Fossilienfunde das Prinzip der Evolution widerlegten. Dies mutet heute als seltsamer Gedankengang an, sind wir doch daran gewöhnt, in Fossilienfunden einen zeitlichen Fortschritt von einfachen zu komplexen Formen zu sehen. Miller hielt dem entgegen, daß Old-Red-Fische komplexer und somit fortgeschrittener waren als ihre degenerierten lebenden Verwandten. Sie besaßen eine wirkungsvolle Panzerung, die den rezenten Fischen fehlt. Das Skelett war insgesamt komplexer als heute. Und es wurde darüber hinaus eine größere Vielzahl von Fischarten in den Old-Red-Seen gefunden als heute existiert.

Diese Argumentation geriet im späten neunzehnten Jahrhundert in Vergessenheit. Sie stammt aus einer Zeit, als ein ornamentaler Stil auf größte Bewunderung stieß und als Fortschritt gegenüber der »primitiven« Schlichtheit streng funktionaler Formen galt. Später dehnte sich das Interesse an den Fischen des Old-Red-Sandsteins auf deren Anatomie und Vielfältigkeit aus. Intensives Suchen förderte zahlreiche neue Arten ans Licht. Sorgfältige Präparation und mikroskopische Untersuchungen enthüllten nie zuvor gesehene anatomische Einzelheiten. Im zwanzigsten Jahrhundert hat sich unser Wissen über die Welt des Devon als Ganzes erweitert. Die neue Wissenschaft der Taphono-mie untersucht umfassend das physikalische, chemische und biologische Umfeld, in dem Fossilien abgelagert und konserviert wurden. Wir können heute das gesamte Szenarium des Orkney-Sees beschreiben und verstehen allmählich, warum die Fische des schottischen Old-Red-Sandsteins so gut erhalten blieben.

Nordschottland war nicht immer eine Winterlandschaft mit Schnee und heulenden Stürmen. Zur Zeit des Devon lag Großbritan-nien im äquatorialen Raum, und wenn man alle verstreuten devonischen Fundstätten von Fischen auf der urzeitlichen Weltkarte einträgt, stellt sich heraus, daß sie rund um den Äquator lagen, während sie heute in Grönland, Kanada, dem Baltikum, China, Australien, Rußland und Großbritannien liegen. Der Orkney-See enthielt vermutlich Süßwasser, obgleich andere devonische Fundstätten ehemals im Meer angesiedelt waren. Die warmen Gewäs-ser wurden von Tieflandpflanzen gesäumt, deren Wurzeln im späten Silur und frühen Devon noch ins Wasser reichten und die wie kurze Binsen über die Wasseroberfläche emporragten. Ungefähr im mittleren Devon entwickelten sich einige Pflanzen vom Ufer weg, im oberen Devon gab es bereits große Pflanzen wie zum Beispiel Bäume. Neue Wuchsformen brachten komplizierte Ast-systeme und Dornen hervor, winzige Blätter entwickelten sich aus abgeflachten Dornen, Wachstumsschübe führten zu großflächigen Blättern, die dann durch Bindegewebe zu neuen Formen zusammenwuchsen. Der Zweck solcher Wuchsformen bestand norma-lerweise im Auffangen von mehr Licht. Eine Form der Überlegenheit gegenüber Konkur-renten lag in einem verstärkten Höhenwachs-tum, was allerdings auch eine stärkere Stabili-tät erforderte: Zusätzliche Wasserleitungen stärkten Pflanzen bei der Holzbildung, und breiteres Wurzelwerk trug zur festeren Veran-kerung und besseren Ernährung der ersten Bäume bei, die eine Höhe von bis zu 10 Metern erreichten. Die ersten Landpflanzen, die Rhyniophyten und deren Nachfolger, die Trimerophyten, wuchsen empor, knickten ab und starben im Devon aus, jedoch nicht, ohne zuvor Bärlapp- und Schachtelhalmgewächsen und Baumfarnen, deren teilweise gigantische Wuchsformen die Welt des Karbon beherr-schen sollten, den Weg zu ebnen.

Weitere Verbesserungen bei den Pflanzen galten der Fortpflanzung. In sinnvoller Ar-beitsteilung begann in einigen Pflanzen die sporentragende (sporophyte) Generation mit der Produktion zweier verschiedener Sporen-

arten, einer großen weiblichen und einer kleineren männlichen. Die größere entwickelte sich zur weiblichen, gametophyten (sich geschlechtlich fortpflanzenden) Pflanze, die ein kleines Lebensmittellager in sich barg. Die kleinere produzierte eine winzige, kurzlebige männliche gametophyte Pflanze, die nichts anderes zu tun hatte, als Spermien zur Be-fruchtung der weiblichen Pflanze abzusondern und die nächste sporophyte Generation zu zeugen. Nun war es ein kurzer Schritt für die sporophyte Pflanze, die weiblichen Sporen festzuhalten anstatt abzuwerfen, und einen Weg zu finden, die männlichen Sporen in sie einzubringen, in eine feuchte Umgebung, so daß die Pflanzen von da ab die Fortpflanzung unabhängig von einem Standort in feuchtem Boden besorgen konnten. Dies war der erste Schritt hin zur Produktion echter Samen, die die befruchtete weibliche Spore oder Eizelle schützen und ernähren und auf günstige Bedingungen zur Keimung warten konnten. Die ersten samenbildenden Pflanzen, die Progymnospermen, entstanden gegen Ende des Devon. Sie eroberten sowohl das Landesin-

An den Ufern der Seen und Flüsse des Devons wuchsen kleine Pflanzen. Zu ihnen gehörte die farnartige Pflanze *Archiopteris hibernica,* die im gelben Devon-Sandstein des irischen Kilkenny besonders gut erhalten blieb; dieses Exemplar ist 25 cm lang.

nere, auch die Hochlandgebiete, zu denen sie zuvor keinen Zugang hatten. Die Produktion unterschiedlicher Sporen, die diesen Prozeß wahrscheinlich einleitete, nennt man Heterosporie.

Am Ende des Devon hatten sich vermutlich sämtliche landbewohnenden Wirbellosen, sogar Plattwürmer, Blutegel und Regenwürmer, die keine Fossilien hinterlassen, auf dem Land eingefunden. Schnecken waren entstanden, Insekten hatten sich aus den Myriapoden (Vielfüßlern − Hundert- und Tausendfüßler) entwickelt, Spinnen, Milben und Skorpione vermehrten sich. Spätestens seit dem Silur gab es Pilze; nach Ansicht einiger Paläobotaniker haben sie sich aus Rotalgen entwickelt, die außerstande waren, mit den halb im Wasser lebenden Pflanzen zu konkurrieren, die aber große Mengen abgestorbenen Materials hinterließen, in das ein Organismus seine Fasern stecken konnte, um sich zu ernähren. Die Pilze brauchten ihre Energie nicht durch Photosynthese zu gewinnen, solange sie als Saprophyten (Fäulnispflanzen) auf ihren reicheren Verwandten gediehen. Vielleicht haben sie ihren Verwandten bei der Eroberung des Landes geholfen, indem sie ihren Wurzeln Nährstoffe zuführten und sie vor dem Austrocknen bewahrten. Sie trugen zur Zersetzung abgestorbener Materie bei und lieferten Nahrung für kleinere Organismen. Die Bildung des Bodens zusammen mit dem darauf abgelagerten organischen Abfall schuf neue Lebensräume für kleine Tiere und Nährstoffe für größere Pflanzen. Diese Pflanzen wuchsen ihrerseits in luftige Höhen, wo in den Baumkronen ein neues Ökosystem entstand, das wir in tropischen Wäldern seit kurzer Zeit erst beobachten können. Das Leben dehnte sich rund um den Orkney-See aus.

Fische des Old-Red-Sandsteins

Kieferlose Fische sind für den Sandstein des mittleren Orkney-Old-Red nicht typisch, aber im unteren Old-Red-Sandstein wurden *Cephalaspis* und *Pteraspis* gefunden. Der hufeisenförmige *Cephalaspis* besaß einen breiten, an der Stirn abgerundeten gepanzerten Kopf, der sich zur Mittellinie des Rückens wölbte. Die Unterseite war flach. Der Mundschlitz diente lediglich dem Wühlen nach Nahrung am Boden. Auf dem Kopfschild befinden sich in der Mitte zwei Augenbuckel und drei ungewöhnliche, mit kleinen Schuppen gefüllte Vertiefungen, die eine in der Mitte zwischen und hinter den Augen, die anderen entlang den Kopfseiten. Möglicherweise handelte es sich hierbei um Sinnesorgane, die über elektrische Impulse kleinste Bewegungen, eventuell von Raubfischen, im Wasser registrierten, eine Technik, die heute noch von vielen Fischen benutzt wird. Auf dem Rücken des feingeschuppten Körpers befand sich eine Flosse, unterhalb des Schwanzes eine lange Schwanzflosse. *Cephalaspis* bewegte sich durch seitliche Schwanzschläge vorwärts.

Zu jener Zeit waren zahlreiche Gruppen von kieferlosen Fischen weltweit verbreitet. Eine Gruppe weist eine extrem abgeflachte Körperform auf. *Drepanaspis* sieht aus wie ein *Pteraspis*, der unter eine Dampfwalze geraten ist. Der Kopf ist flach, und die Kopfplatten sind vollständig vorhanden, jedoch nach allen Seiten verstreut, so daß die obere, die untere, die Maul- und Kieferplatte nicht mehr zusammenpassen, sondern durch mit kleinen

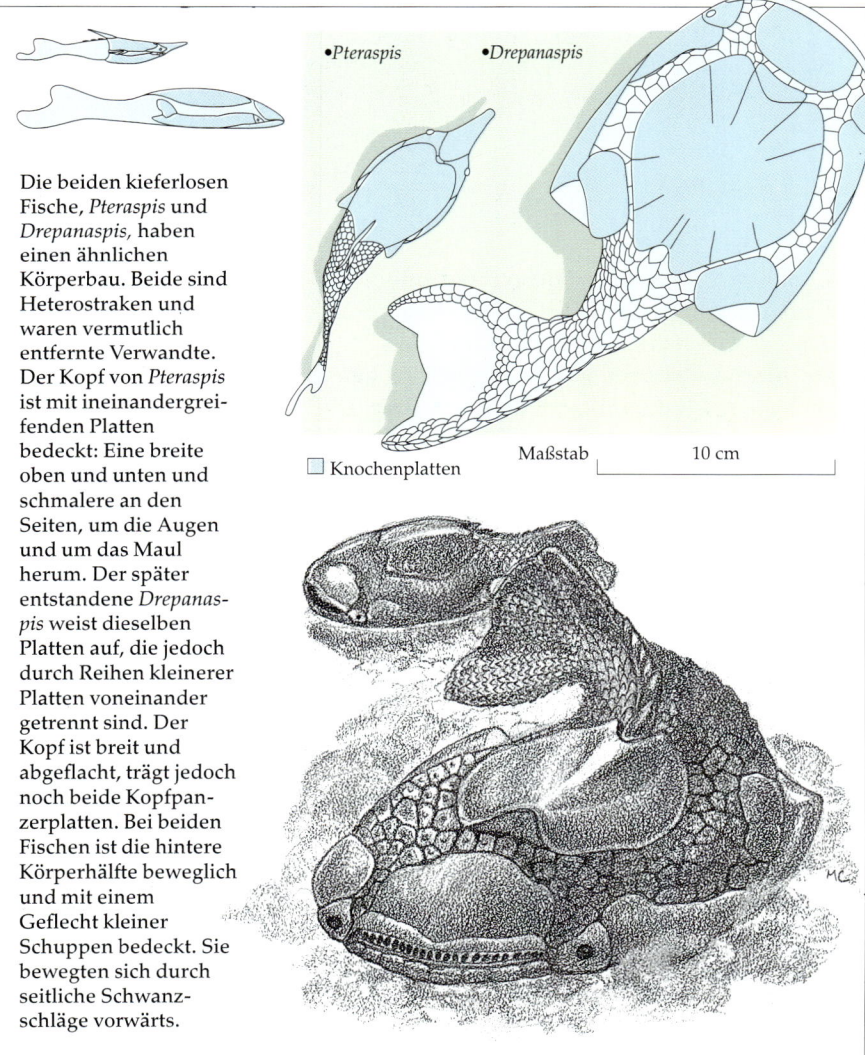

Die beiden kieferlosen Fische, *Pteraspis* und *Drepanaspis,* haben einen ähnlichen Körperbau. Beide sind Heterostraken und waren vermutlich entfernte Verwandte. Der Kopf von *Pteraspis* ist mit ineinandergreifenden Platten bedeckt: Eine breite oben und unten und schmalere an den Seiten, um die Augen und um das Maul herum. Der später entstandene *Drepanaspis* weist dieselben Platten auf, die jedoch durch Reihen kleinerer Platten voneinander getrennt sind. Der Kopf ist breit und abgeflacht, trägt jedoch noch beide Kopfpanzerplatten. Bei beiden Fischen ist die hintere Körperhälfte beweglich und mit einem Geflecht kleiner Schuppen bedeckt. Sie bewegten sich durch seitliche Schwanzschläge vorwärts.

•*Pteraspis* •*Drepanaspis*

☐ Knochenplatten   Maßstab   10 cm

Schuppen (Tesserae) gefüllte Zwischenräume getrennt sind. Die flache Gestalt deutet auf ein Leben am Meeresboden hin.

Die zweite große Gruppe von Fischen im Old-Red-Sandstein sind die Placodermen (Panzerfische). Auf den ersten Blick unterscheiden sie sich kaum von den gepanzerten Kieferlosen. Aber es gibt mehrere neue Eigenschaften, darunter ein Nackengelenk, mit dem der Kopfschild bei einer Kopfbewegung angehoben werden konnte, und eine wirklich moderne Einrichtung: die Kiefer. Die Placodermen erscheinen überall in der Welt, bleiben zeitlich jedoch auf das Devon beschränkt – die einzige größere Gruppe von Fischen mit einer derart kurzen Lebensspanne.

Eine der auffälligsten Formen des Old-Red-Sandsteins war *Pterichtyodes.* Sein spitzer Kopfschild setzte sich aus mehreren Knochenplatten zusammen, aus seinem mit schweren Schuppen bedecktem Körper ragten an beiden Kopfseiten schuppenbedeckte Arme oder Flossen. Diese Arme waren vollkommen mit Knochen ummantelt und durch ein Schultergelenk und ein weiteres Gelenk auf halber Länge beweglich. Vielleicht halfen sie dem Tier bei der Fortbewegung über den Boden oder dienten zum Bewerfen des Rückens mit

Sand zu Tarnungszwecken, beim Schwimmen waren sie jedenfalls keine besonders große Hilfe.

Spätere Placodermen tendierten zu einer schwächeren Körperpanzerung. *Coccosteus* aus dem Old-Red-Sandstein besaß einen erheblich verkleinerten, zweigeteilten Kopfschild, der eine unmittelbar auf, der andere hinter dem Kopf im Schulterbereich. Beide Schilde waren auf beiden Seiten mit einem Paar Kugelgelenken verbunden. Die Kiefer wurden auf ungewöhnliche Weise durch Heben des Kopfes und leichtes Senken des Unterkiefers geöffnet. Die doppelte Aufhängung war eine zusätzliche Erleichterung. Zur Ordnung dieser als Arthrodira bekannten Placodermen zählten die furchtbarsten der devonischen Raubfische, die bis dahin entstanden waren, und die zweifellos größten Wirbeltiere. *Dunkleosteus* aus dem Oberdevon erreichte eine Länge von 10 m. Mit ihren beweglichen Kiefern konnten die Plakodermen ihre Beute packen, zerbeißen und zermahlen – Tätigkeiten, die ohne Kiefer undenkbar wären. Kein Fossilienfund belegt die einzelnen Entwicklungsstadien der Kiefer, aber die weitestgehend anerkannte Theorie geht von einer Entwicklung aus Knochenveränderungen im Schlundraum aus, die die

Der haifischähnliche *Cladoselache* verfolgt einen Schwarm von mit winzigen Stacheln bewehrten Acanthodiern im oberen Devon. *Cladoselache* besaß einen schlanken, deutlich für hohe Geschwindigkeiten gebauten Körper, breite Vorderflossen, die ihm wie den modernen Haien zum Steuern und zur Stabilisierung der Lage dienten. Seine Schwanzflosse wurde von einem aufwärts gebogenen Schwanz gestützt. Auf seinem Rücken trug er eine breite Finne. Zu dieser Zeit lebten die Acanthodier in großen Schwärmen, was ihnen ebenso wie ihre Stacheln einen gewissen Schutz vor Räubern gewährte.

Dieses lebende Fossil des Quastenflossers *Latimeria chalumnae* (unten) ging an der Ostküste Afrikas ins Netz und wurde in einem Tank konserviert. Es ist ca. 2 Meter lang. Sein Vorfahr vor 150 Millionen Jahren war die sehr ähnliche, jedoch kleinere *Cocoderma suovicum* (oben). Dieses herrliche, 32 cm lange Exemplar aus dem lithographischen Kalkstein Bayerns zeigt die zarten Knochen und die gesamte Gestalt des Körpers.

Kiemenbögen der kieferlosen Fische stützten. Die vorderen drei knochigen Bogenreihen sind vermutlich auf verschiedene Weise gewandert und haben sich zu Teilen des Schädels verformt, verwuchsen fester mit dem Schädel und bildeten Ober- und Unterkiefer. Die Abstützung der Kiemenschlitze bestand aus einem jeweils großen oberen und unteren Element, die miteinander verfugt waren, so daß der Schritt zu mit Gelenken verbundenen Kieferknochen nicht allzugroß war, zumal diese Form der Aufhängung auch nützlich für das verstärkte Pumpen von Wasser durch die Kiemenschlitze war, um mehr Sauerstoff zu erhalten.

Eine weitere Klasse von kiefertragenden Fischen waren die Acanthodier, Stachelfische mit einem viel moderneren Aussehen als die Kieferlosen oder Placodermen. Sie scheinen mit den rezenten Knochenfischen — der Mehrzahl der Fische — verwandt, obgleich

einige Paläontologen sie auch den Knorpelfischen (Haien und Rochen) zuordnen. Acanthodiier durchschwammen in riesigen Schwärmen die Seen und Meere des Old-Red-Sandsteins. Es waren verhältnismäßig kleine Fische von höchstens 20 cm Länge. Sie hielten sich in mittlerer Wassertiefe auf, im Gegensatz zu den Kieferlosen und den Placodermen, die auf dem Boden lebten. Die Flossen waren mit langen Dornen bewehrt und mehrere Dornenpaare lagen auch entlang der Bauchregion.

Die Augen der Acanthodier waren nach vorne ausgerichtet, was auf ihre Sichtorientierung in trübem Wasser hindeutet. Sie verfügten über sensorische Seitenlinien, die jede Bewegung im Wasser meldeten. Einige Acanthodier waren zahnlos und filterten vermutlich ihre Nahrung aus dem Wasser, die meisten besaßen jedoch eine Reihe feiner Zähne. Es waren gefräßige Raubfische; ein fossiler Fund zeigt einen Acanthodier mit einem komplett verschluckten Knochenfisch in der Bauchhöhle. Sie überlebten bis in das Perm-Zeitalter (vor 286–245 Millionen Jahren).

Im Oberdevon entwickelten sich Knorpelfische, die Klasse der Chondrichthyes, die heute unter anderem von den Haien und Rochen repräsentiert werden. Die bekannteste Frühform ist *Cladoselache* aus Ohio, der bereits eine eindeutige Haiform besaß: kleiner Kopf mit langen Kiefern, spitzen Rückenflossen, tiefliegende Brust- und Schwanzflosse, stromlinienförmiger, ungepanzerter Körper. *Cladoselache* erreichte eine Körperlänge von 2 m und war ein kraftvoller Raubfisch. Von seitwärts peitschenden Schwanzschlägen vorwärtsgetrieben, nutzte er die breiten Brustflossen zur Stabilisierung der Schwimmlage und für rasche Körperdrehungen bei der Verfolgung seiner Beute.

Die Klasse der Osteichthyes (Knochenfische) repräsentiert die heute am meisten verbreiteten, in Tausenden von Arten vorkommenden Fische. Sie entstanden im Devon. Eine typische Frühform ist *Cheirolepis* aus dem mittleren Old-Red-Standstein Schottlands. Sein 25 cm langer schlanker Körper besitzt dieselbe Flossenverteilung wie rezente Arten – mittlere Rückenflosse, Schwanz- und Afterflosse und zwei Paar Brust- und Beckenflossen am Schulter- und Hüftansatz.

Im Vergleich zu seinen rezenten Verwandten weist *Cheirolepis* einen schweren, knochigen Schädel auf. Zähne saßen in drei Knochen, der Maxilla und Praemaxilla im Schädel und dem Dentale im Unterkiefer, genau wie bei späteren Wirbeltieren. Nach eingehenden Untersuchungen von David Pearson und Stanley Westoll in den 70er Jahren war der knochige Kopf in sich außergewöhnlich kinetisch. Mehrere Knochenpaare konnten sich gegeneinander frei bewegen, beim Öffnen der Kiefer klappte der ganze Kopf auseinander. Der Unterkiefer wurde wie üblich heruntergezogen, die Seitenpartien und die Schädeldecke klappten zurück, die Kiemenpartie dehnte sich aus und bewegte sich ab- und rückwärts, der Schultergürtel bewegte sich nach unten. Dieser bewegliche Mechanismus erlaubte *Cheirolepis* das Verschlingen großer Beutefische von bis zu zwei Dritteln seiner eigenen Körperlänge.

Cheirolepis und seine urzeitliche und neuzeitliche Verwandtschaft zählen zu den Actinopterygii (Strahlenflosser). Eine weitere im Old-Red-Sandstein häufig anzutreffende Gruppe der Knochenfische sind die Sarcopterygii (Fleischflosser), die diese Bezeichnung der Tatsache verdanken, daß sie Flossenpaare an Brust und Becken mit einem fleischigen Kern besaßen und keine dünnen Blätter mit knochigen Verstrebungen und papierdünner Haut wie die Strahlenflosser. Die bestanden aus Knochen und Muskeln, die einen Einsatz sowohl zum Schwimmen als auch zu einer Art »Gehen« auf dem Meeresboden zuließen.

Gemeinsam mit *Cheirolepis, Pterichthyodes* und anderen Fischen lebte auch *Osteolepis* in der Zeit des mittleren Old-Red-Sandsteins in Schottland und an anderen Fundstellen des Devons. Er war etwa 20 cm lang, schlank und besaß einen *Cheirolepis* ähnlichen Knochenschädel, ein gleichmäßiges Schuppenkleid und für schnelles Schwimmen geeignete Flossen. Die Quastenflossen von *Osteolepis* und seiner Verwandten, der Rhipidistier, weisen auffallende Ähnlichkeiten mit einer anderen Wirbeltiergruppe auf und deuten auf einen der bedeutendsten evolutionären Schritte, den Ursprung der Amphibien, hin. Die schwereren Flossen benötigten eine zweite Verankerung im Skelett, die gleichzeitig Voraussetzung für die Bildung einer wirksamen Gliedmaße ist. Diese für eine ganz andersartige Situation bereits entwickelte und nützliche Eigenschaft nennt man »Präadaptation« (vorgezogene Anpassung). Aber die Flossen erleichterten ihren Besitzern zunächst einmal das Leben im Wasser. Sie entwickelten sich keineswegs, weil die Quastenflossen für die Bewegung an Land vorgesehen waren.

Eine weitere devonische Gruppe von Fleischflossern, die Lungenfische, erscheinen im mittleren Old-Red-Sandstein Schottlands in Gestalt des ebenfalls etwa 20 cm langen *Dipterus.* Er besaß an den Kieferrändern keine Zahnreihen, lediglich ein paar kleinere Vorderzähne. Wie andere Lungenfische verfügte er in der Gaumenmitte über ein Paar breiter Zahnplatten, die auf eine Ernährung mit harter Nahrung, die erst einmal geknackt werden mußte, hindeuten. Die Lungenfische erreichten ihren Zenit im Devon, und ihre Vielfalt ist seither geschwunden, aber sie haben in Afrika, Australien und Südamerika bis heute überlebt.

Die dritte Gruppe von Fleischflossern, die Coelacanthini, erschienen ebenfalls im Devon, sind jedoch nicht typisch für die Formen des Old Red. Sie überlebten, wenn auch in ausgedünnter Vielfalt, über viele Millionen Jahre, galten aber als vor rund 70 Millionen Jahren ausgestorben, bis 1938 vor der Ostküste Afrikas ein rezentes Exemplar ins Netz ging, das im darauffolgenden Jahr nach seiner Entdeckerin Marjorie Courtenay-Latimer die Bezeichnung *Latimeria* erhielt.

DIE ORKNEY-SEEN

Die Fische des Devons aus dem nördlichen Schottland sind nicht nur deshalb weltberühmt, weil sie in den 20er Jahren des 19. Jahrhunderts entdeckt wurden und Material für einige der frühen Klassiker der Paläontologie lieferten, sondern auch wegen ihrer Vielfalt und ihres vorzüglichen Erhaltungszustands. Jüngere Untersuchungen der Paläogeographie und der Sedimente im Gebiet des Old-Red-Sandsteins von Caithness und den Orkneys zeigen, wie das Leben in der subtropischen Seenlandschaft aussah. Es stellte sich insbesondere heraus, daß die grauen und roten Schichten von Sandstein, Schlamm und Kalkstein, nahezu Jahr für Jahr, die Veränderung der Bedingungen in einem urzeitlichen See dokumentierten. Einen See bei Achanarras untersuchte Nigel Trewlin von der Universität Aberdeen besonders gründlich. Er fand Hinweise auf ein allmähliches Verflachen des Wassers, angefangen bei dunklem Schlick, in dem Fische gut erhalten bleiben, dann in Sedimenten, die in unruhigerem Wasser abgelagert wurden, sowie in Gesteinen, die in sehr flachem Wasser gelegen hatten.

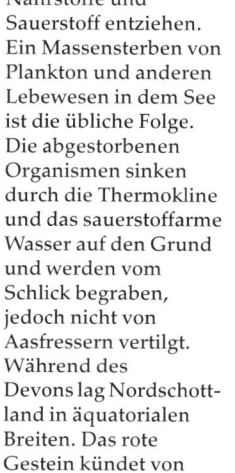

❶ Fisch lebt in seichtem Wasser
❷ Fisch stirbt
❸ Der verwesende Kadaver treibt in die Seemitte
❹ Skelett sinkt auf Seeboden

Warmes sauerstoffreiches Wasser
Thermokline
Kaltes sauerstoffarmes Wasser

Die fossilen Fische des Old-Red-Sandsteins der Orkney-Seen sind häufig ausgezeichnet erhalten. Damals besaßen die Fische schwere knochige Schuppen, die zu ihrer Erhaltung beitrugen. Viele Fische zeigen nur geringe Spuren von Beschädigung. Es hat den Anschein, als seien ganze Fischschwärme auf einen Schlag ums Leben gekommen.

Aufgrund der jährlichen Schwankungen des Sauerstoffgehalts und der Lage der Thermokline im Wasser weisen die Orkney-Seen einen einzigartigen Reichtum an vorzüglichen Fossilien auf. Tiefe Seen haben eine solche Thermokline: Oberhalb dieser Temperaturgrenze wird das Wasser von der Sonne erwärmt, darunter bleibt es eiskalt und sauerstoffarm. Die Fische leben im oberen Teil. Zu bestimmten Zeiten des Jahres entwickeln sich riesige Algenblüten, wenn die an der Oberfläche lebenden Pflanzen blühen und dem Wasser sämtliche

Nährstoffe und Sauerstoff entziehen. Ein Massensterben von Plankton und anderen Lebewesen in dem See ist die übliche Folge. Die abgestorbenen Organismen sinken durch die Thermokline und das sauerstoffarme Wasser auf den Grund und werden vom Schlick begraben, jedoch nicht von Aasfressern vertilgt. Während des Devons lag Nordschottland in äquatorialen Breiten. Das rote Gestein kündet von

heißen Klimaten, die Seen trockneten weitgehend aus. Die Ablagerungen in den Seen und den umliegenden Flußsystemen belegen, daß Sedimente aus dem umgebenden Hochland herabgeschwemmt wurden.

Karte des Devons

▨ Bergregionen
☐ Binnenmeere

Fossilienlagerstätten in Schottland

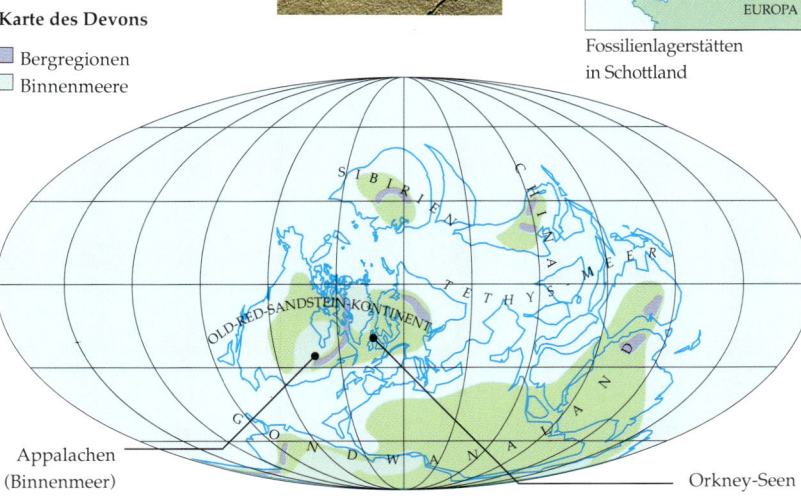

Appalachen (Binnenmeer)

Orkney-Seen

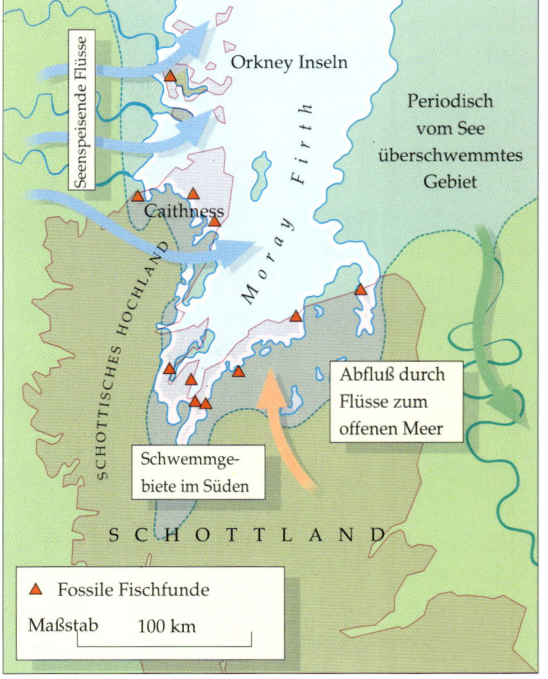

Seenspeisende Flüsse

Orkney Inseln

Periodisch vom See überschwemmtes Gebiet

Caithness

Abfluß durch Flüsse zum offenen Meer

Schwemmgebiete im Süden

SCHOTTLAND

▲ Fossile Fischfunde

Maßstab 100 km

Die Orkney-Seen

Warum sind die Fische des schottischen Old-Red-Sandsteins so dauerhaft konserviert worden? Taphonomen haben die Sedimente und die physikalischen, chemischen und biologischen Umstände untersucht, unter denen die Tiere starben und eingeschlossen wurden. Aus den Untersuchungen geht hervor, daß der rote, braune und graue Sandstein, der Schluffstein und der Kalkstein des Orkney-Beckens aus dem umgebenden Hügelland stammten und sich in einem großen subtropischen See ablagerten. Die Erosion verlief rasch, weil das Hochland noch nicht mit Vegetation bekleidet war. Die erodierten Partikel waren aufgrund des eingeschlossenen Eisenoxidanteils in der Regel rot oder lila – ein Beleg für eine heiße Atmosphäre, die die Oxidation begünstigte. Der Wasserstand des Sees schwankte mit den jährlichen Regen- und Trockenperioden, veränderte sich aber auch in längeren Zyklen. Die jährlichen Zyklen werden an Warven sichtbar, etwa 1 mm dicke Schluffsteinschichten, deren regelmäßige Feinschichtung in 1 m Gestein einen Zeitraum von etwa eintausend Jahren markiert. Die längeren Zyklen sind ca. 10 m dick und zeigen folgende, sich wiederholende Schichtung:

1. Dunkelfarbiger Schluff- und Tonstein, die in sauerstoffarmen Phasen abgelagertes, schwarzes organisches Material enthalten.
2. Sandsteinablagerungen als Folge von durch die Schwerkraft oder durch Erdbeben verursachten Erdrutschen (nur in vereinzelten Seen).
3. Sandstein und Schluffstein mit Rippelmarken, die die Verflachungsphasen und eine verhältnismäßig schnelle Ablagerung anzeigen.
4. Grüner Tonstein und Sandstein mit Trockenrissen, die in austrocknenden Seen entstanden.

Fische findet man in der gesamten Schichtung in Form von zerstreuten Fragmenten, vornehmlich jedoch in »Fischschichten« mit vielen vollständig erhaltenen Exemplaren. Diese »Fischschichten« stehen für sauerstoffarme Phasen, in denen der See am tiefsten war, und im Lichte der sorgfältigen Arbeit von Nigel Trewin aus Aberdeen scheinen sie etwa alle zehn Jahre abgelagert worden zu sein. Vielleicht wurde die sauerstoffarme Phase durch eine Algenblüte verursacht – die Algen entzogen dem Wasser den Sauerstoff – vielleicht auch durch verwesendes Pflanzenmaterial oder durch heftige Stürme, die das sauerstoffarme Tiefenwasser an die Oberfläche spülten.

Die schwerer gepanzerten kieferlosen Fische und Placodermen starben vermutlich auf dem Grund und wurden von sanften Grundströmungen allmählich in tieferes Wasser getrieben. Acanthodier und Knochenfische trieben tot auf der Oberfläche. Verwesungsgase trieben ihre Bäuche wie Ballons auf, bis sie platzten und der Kadaver auf den Grund sank. Das Grätenskelett zahlreicher Fische wurde zerbrochen. Lagen die Kadaver dann auf dem sauerstofflosen Grund, wo es keine Aasfresser gab, wurden sie durch einen feinen Sedimentregen zugedeckt.

Das Leben hatte vor 3,5 Milliarden Jahren das Meer erobert. Bakterien, Algen, Pilze, Pflanzen und eine Armee von Wirbellosen waren bereits an Land gegangen. Fossilienfunde von Eurypteriden belegen, wie diese »Meeresskorpione« ab dem Silur die Küstengebiete eroberten, und als sie erst richtig Fuß gefaßt hatten, waren sie Giganten in einer Welt, die von liliputhafter Beute nur so wimmelte.

In den Meeren und Seen des Devons herrschte geschäftiges Treiben im Kampf ums Überleben. Den größeren Tieren bot sich das Land wie eine wohlgefüllte Speisekammer und ein sicherer Hafen an – in den sie vorerst aber nur als Pendler einliefen.

Die Art der Erhaltung dieses Exemplars des Fleischflossers *Glyptolepis* aus dem nordschottischen Anacharras-Steinbruch ist typisch für die Orkney-Seen: Das Skelett ist nahezu vollständig erhalten und blieb von Aasfressern verschont. Es wurde in dunklem, feinkörnigem Sediment unter kaltem, sauerstoffarmem Wasser konserviert.

Die Karbon-Wälder im tschechischen Nürschan vor rund 320 Millionen Jahren beherbergten ein vielfältiges Leben: große Bäume, Samenfarne, Bärlapp u. ä. Gigantische Insekten, Libellen, so groß wie Möwen, schwirrten durch den feuchten Wald auf der Suche nach Beute. Amphibien waren zahlreich vertreten. Einige lebten hauptsächlich an Land, andere blieben vornehmlich im Wasser. Alle mußten zur Eiablage ins Wasser zurück, wo die kaulquappenartigen Larven ausschlüpften.

Kapitel 3

MIT VIER FÜSSEN AUF DEM BODEN

Michael Benton

Man ist sich nicht einig darüber, wann die Wirbeltiere den Schritt an Land wagten und warum sie es taten. Unstrittig ist jedoch, daß die Amphibien im oberen Devon auftauchten.

Einige umstrittene Belege für ein viel früheres Erscheinen bestehen aus Fußabdrücken. Aus dem oberen Silur oder dem unteren Devon stammt eine 1977 in Australien entdeckte fossile Spur mit dreiundzwanzig Fußabdrücken. Die Abdrücke sind nicht besonders deutlich, und die Gesteinsplatte wurde leider nicht vor Ort, sondern als Fußbodenbelag in einem Hof gefunden. Oberdevonische Skelette sagen da schon mehr aus: *Ichthyostega* und *Acanthostega* aus Grönland, *Tulerpeton* aus Rußland und *Metaxygnathus* aus Australien.

Warum der Schritt an Land? Gemäß der klassischen Theorie von Alfred S. Romer aus den 50er Jahren kletterten die Fische an Land, um dem Untergang in den austrocknenden Gewässern zu entrinnen. Nach seiner Ansicht war das Devon in Schottland und anderswo von zeitweisen Dürreperioden geprägt, die zu überleben schon besondere Fähigkeiten verlangte. Die Fische konnten »übersommern« – d. h. sich in den Schlamm eingraben und die Trockenzeit mit Sparenergie »schlafend« überdauern, wie rezente Lungenfische – oder auf der Suche nach neuen Gewässern über Land marschieren. Somit war nach Romers Ansicht die Landnahme ein Mittel, ins Wasser zu gelangen! Diese Theorie stieß auf Ablehnung, da es nur wenige Hinweise auf Dürrezeiten gibt und da dadurch nur ein geringer Teil der Landadaptation zu erklären wäre, aber nicht die komplexe Amphibienbildung. Die einfachste Hypothese geht davon aus, daß die Quastenflosser an Land stiegen, um neue Lebensgrundlagen zu erschließen: Und zwar nicht nur Nahrung in Form von Pflanzen und kleinen Tieren, die niemand sonst als Nahrung dienten, sondern auch in Form von Sauerstoff, der in der Luft viel reicher vorhanden war als im Wasser – man mußte ihn nur aufnehmen können.

Schweres Landleben

Insbesondere größeren Tieren bereitete die Schwerkraft an Land Probleme. Und ebenso wie die Pflanzen mußten sie wegen ihrer ursprünglich für das Leben im Wasser konzipierten Ausrüstung Methoden finden, an Land zu atmen, den Feuchtigkeitsverlust zu verringern und sich fortzupflanzen.

Die Atmung war das letzte Hindernis, das bei der Entwicklung devonischer Quastenflosser zu Amphibien im Wege stand. Die Hauptschwierigkeiten lagen in der Stabilisierung und in der Fortbewegung. Im Wasser ist der Körper nahezu gewichtslos, eine besondere Anpassung der Körpergestalt und der Anordnung der Organe ist folglich überflüssig.

Zunächst die Stabilität: Das Rückgrat eines Fisches ist zum Schwimmen besonders auf Seitenflexibilität ausgelegt. Bei einer vierbeinigen Amphibie richtet sich der Hauptdruck nach unten. Das Rückgrat und die damit verbundenen Muskeln verändern sich so, daß der Rücken nicht durchsackt, wenn das Tier sich aufrichtet. Der Kopf muß mit neuen Muskeln aufrecht gehalten werden, und Bauchmuskeln verhindern, daß das Gewicht der inneren Organe einen Bruch verursacht.

Die Fortbewegung an Land unterscheidet sich vollkommen von der im Wasser. Der Salamander und die Eidechse schwingen den Körper beim Gehen in Kurven seitwärts — ein Erbe ihrer schwimmenden Vorfahren. Aber die Hauptantriebskraft kam aus einer neuen Quelle. Anstelle des sanften Vorangleitens brachte nun eine Reihe ruckender Schritte die Amphibie zum Ziel. Mit dem Flossenpaar der Quastenflosser konnten zwar ein paar einfache Gehbewegungen ausgeführt werden — aber für die ersten Amphibien waren radikale Verbesserungen nötig.

Es besteht eine große Ähnlichkeit zwischen paarigen Flossenknochen der Rhipidistier wie *Osteolepis* und seinem Verwandten, *Eusthenopteron,* und den entsprechenden Gliedmaßen der Amphibien. Im Brustflossenskelett von *Eusthenopteron* erkennt man den Humerus (Oberarmknochen) sowie Elle und Speiche (Unterarmknochen), die Übereinstimmung bei Hand- und Fingerknochen ist weniger ausgeprägt.

Wie gut konnten die Rhipidistier gehen? Im Jahre 1960 unternahm Mahala Andrews vom Königlich-Schottischen Museum in Edinburgh den Versuch, eine detaillierte Rekonstruktion der vorderen Gliedmaßen von *Eusthenopteron* herzustellen, und baute ein Modell, mit dem man die Gehbewegung nachvollziehen konnte.

Sie kam zu dem Schluß, daß *Eusthenopteron* seine vorderen Gliedmaßen hauptsächlich durch Bewegungen des Schultergelenks und lediglich 20–25 cm vor- und rückwärts bewegen konnte. Der Ellbogen war kaum biegsam, aber die Glieder am Ende des Ruderfußes waren flexibler. Folglich muß *Eusthenopteron* seine Vorderflossen vor- und rückwärts bewegt haben, um sich durch weichen Schlamm zu ziehen. Er konnte seinen Körper für richtige Gehbewegungen nicht vom Boden abheben — bis dahin war es noch ein langer Weg.

Für die Rekonstruktion der einzelnen Schritte auf diesem Wege sind die Paläontologen einmal mehr auf Vermutungen angewiesen. Die frühesten Amphibienskelette wiesen bereits voll entwickelte Schulter-, Ellbogen- und Handgelenke, grobe Gliederknochen, gut entwickelte Stütz- und Bewegungsmuskeln sowie klar ausgeprägte Hände und Finger auf. Die Glieder waren gestreckt, Ellbogen und Knie zur Seite abgespreizt, Humerus und Femur (Oberarm- und Oberschenkelknochen) lagen beim Gehen fast waagerecht. Bei jedem Schritt wippt der Körper auf und ab. Dieser »Schreitschwung« ist bei allen Landwirbeltieren, einschließlich der Menschen, zu beobachten. Stellen wir uns hinter einer kopfhohen Mauer einen gehenden Menschen vor, so sehen wir, wie sein Kopf beim Gehen regelmäßig auftaucht und wieder verschwindet.

Das Landleben führte zu zahlreichen weiteren Veränderungen des Skeletts. So wuchsen und verstärkten sich zum Beispiel Hüft- und Schultergürtel und verbanden sich stärker mit dem Rumpfskelett, um die Glieder zu stabilisieren und Ansatzpunkte für die wachsenden Fortbewegungsmuskeln zu bieten. Bei Fischen ist der Hüftgürtel winzig und »schwimmt« in den Bauchmuskeln. Bei Landwirbeltieren ist er fest mit dem Rückgrat verbunden. Bei Fischen ist der Schultergürtel

Der Fisch *Eustheopteron* aus dem kanadischen Devon gehörte der Gruppe der Rhipidistia an und besaß einen biegsamen Rumpf mit breiten runden Knochenschuppen. Der Kopf war mit schweren Knochenplatten gepanzert. Die seltsam gegabelte Schwanzflosse und die Rückenflossen dienten zum Schwimmen und Steuern. Die Brustflossen können beim Steuern hilfreich gewesen sein, da sie jedoch fleischig und muskulös waren, könnten sie auch zur Durchführung einfacher Gehbewegungen gedient haben.

DIE BEINE DER VIERFÜSSLER

Die Beine der Vierfüßler müssen sich aus den Flossen vorzeitlicher Fische entwickelt haben. Aber wie konnte sich aus einer Schwimmflosse ein gehfähiges Bein entwickeln? Der Schlüssel liegt vermutlich im Skelett der Flossenpaare bestimmter Fische des Devons.

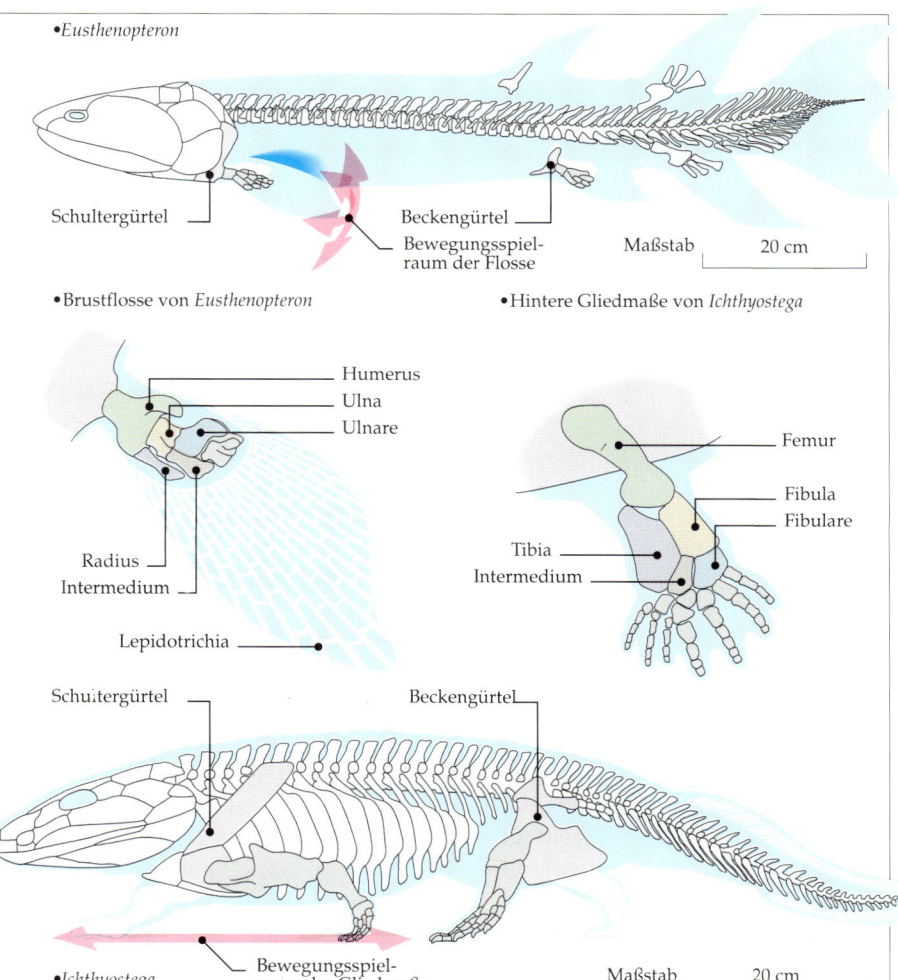

•*Eusthenopteron*

Schultergürtel — Beckengürtel — Bewegungsspielraum der Flosse — Maßstab 20 cm

•Brustflosse von *Eusthenopteron*

Humerus — Ulna — Ulnare — Radius — Intermedium — Lepidotrichia — Schultergürtel

•Hintere Gliedmaße von *Ichthyostega*

Femur — Fibula — Fibulare — Tibia — Intermedium — Beckengürtel

•*Ichthyostega*

Bewegungsspielraum der Gliedmaße — Maßstab 20 cm

Möglicherweise ist *Eusthenopteron* ein Vorfahr der Vierfüßler. Dieser 1 m große Fisch besaß muskulöse Quastenflossen. Er gehört zu den Sarcopterygii, einer Gruppe von Quastenflossern, die heute durch die seltenen Lungenfische und Coelacanthinen vertreten wird. Vorderes und hinteres Flossenpaar hinter dem Kopf und unter dem Hinterleib weisen einen komplizierten Knochenbau auf. Einzelne Knochen der Vorderflosse sind dem Arm des Vierfüßlers ähnlich. Es gibt einen Oberarmknochen (Humerus), zwei Unterarmknochen, Elle und Speiche (Radius und Ulna) und Handknochen (Radiale, Intermedium, Ulnare). Diese Elemente lassen sich am Arm des ersten Vierfüßlers, *Ichthyostega*, feststellen. Eine überraschende Feststellung bei neueren Funden: Die frühen Vierfüßler und ihre Fischahnen wiesen noch keine Fünffingrigkeit auf: *Ichthyostega* verfügte über sieben Finger. Vermutlich konnte *Eusthenopteron* mit Hilfe seiner Vorderflossen »gehen«, indem er sie vor- und zurückschob und sich über den Schlamm ausgetrockneter Gewässer zu neuen Ufern zog.

Teil des Hinterschädels, was bei Vierfüßlern bei jedem Schritt einen Schlag gegen den Kopf verursachen und das kleine vorhandene Gehirn erschüttern würde. Der Schultergürtel trennte sich vom Schädel und verband sich seitlich mit dem Brustkorb.

Der Kopf erfuhr andere Veränderungen. Die Schädel der ersten Amphibien waren nicht mehr so beweglich wie die der Knochenfische, doch die Beweglichkeit tauschten sie gegen schwerere Schädelknochen, um den Kopf gegen die Schwerkraft abzustützen und vor Verletzungen bei einem Sturz an Land zu schützen. Das Kiefergelenk bei den ersten Vierfüßlern bestand aus einem einfachen Scharnier zwischen Unterkiefer und Schädel. Die Rhipidistier hatten bereits ein Paar Nasenlöcher entwickelt.

Der Gefahr des Austrocknens entgingen die ersten Amphibien, indem sie in der Nähe des Wassers blieben. Bei der erforderlichen Änderung des Gebärvorganges blieben die Amphibien wiederum auf halbem Weg stehen. Wie rezente Amphibien legten die frühesten Vierfüßler ihre Eier im Wasser ab, wo sie sich zu Kaulquappen entwickelten, um im Erwach-senenstadium wieder an Land zurückzukehren. Dieser Tatbestand wird durch fossile Funde von kompletten Kaulquappen mit fedrigen Kiemen zur Unterwasseratmung bestätigt.

Ichthyostega

Der bekannteste frühe Vierfüßler ist *Ichthyostega* aus dem grönländischen Oberdevon. Er war etwa 1 m lang und trug deutliche Fischmerkmale: einen stromlinienförmigen Körper, einen runden Schädel wie *Osteolepis*, einen Schultergürtel nahe am Hinterkopf, eine große Schwanzflosse und Seitenlinien an den Schädelseiten. Die ungewöhnlich großen Rippen hingen an beiden Seiten des Tieres herab. Dies diente vermutlich dem Halt der inneren Organe. Es hätte die Entwicklung der Wirbeltiere vermutlich erheblich eingeschränkt, wenn statt des Brustkorbs eine Brustplatte entstanden wäre. Kopf und Glieder sind schwer, was gegen eine schnelle Fortbewegung von *Ichthyostega* an Land spricht. Vielmehr mußte das Tier bei seinen Landaus-

Ichthyostega war eins der ersten Amphibien. Sie lebte im oberen Devon in Grönland. Der Schädel entsprach dem des Rhipidistia-Fisches *Eusthenopteron,* und wie seine nahen Verwandten besaß *Ichthyostega* einen seitlich abgeflachten Schwanz mit Flossen. Dieses Amphib besaß vier landgängige Gliedmaßen, und der Kopf war durch einen (wenngleich kurzen) Hals deutlich vom Körper getrennt. Das Rückgrat und der Brustkorb waren für das Tragen des Körpergewichts an Land ausgelegt.

flügen wohl von Zeit zu Zeit Kopf und Bauch auf den Boden legen, um auszuruhen. Die langen, scharfen Zähne weisen es als Fleischfresser aus, der vielleicht seine Fischnahrung durch an Land lebende Gliederfüßer und Würmer ergänzte. Jahrzehntelang nahm man an, daß *Ichthyostega* wie alle Vierfüßler fünf Finger und Zehen besäße. Dies ist das Fünffinger-Grundmodell (Pentadactylie), auf dem nach damaliger Annahme sämtliche Tetrapodenglieder basierten: Walflosse, Vogelschwinge, Pferdehuf, Menschenhand. Neue Untersuchungen von Jenny Clack und Michael Coates an der Universität Cambridge im Jahre 1990 belegten, daß dieses Grundmodell jedoch nicht in jedem Fall seine Gültigkeit besitzt: *Ichthyostega* hat sieben Zehen, *Acanthostega* acht. Die »Extrazehen« waren perfekt geformt und keineswegs außergewöhnlich. Diese aktuelle Entdeckung wurde auch durch frühere russische Untersuchungen des oberdevonischen Amphibs *Tulerpeton* bestätigt, das ebenfalls mehr als fünf Finger besaß.

Die neuen Erkenntnisse führten zu einem Umdenken über die Modelle der Evolution der Gliedmaßen und anderer Skelettmerkmale. Es stellte sich heraus, daß sämtliche Vierfüßler des Devon mehr als fünf Finger besaßen, bevor sich die Standardzahl fünf oder weniger durchsetzte. Die Anzahl der Zehen und Finger der Wirbeltiere war keineswegs auf die Zahl Fünf festgelegt. Hier löste sich ein Dogma in Luft auf. Die Paläontologen waren davon ausgegangen, daß die Anzahl der Finger und Zehen bereits im Embryonalstadium in der Zelle genetisch verankert war und daß für eine

Veränderung dieser Zahl erhebliche evolutionäre Wandlungen erforderlich gewesen wären.

Neuere Theorien gehen davon aus, daß die Entwicklung einer Körperstruktur wie die Wirbeltiergliedmaßen das Ergebnis einer Reihe von Entscheidungspunkten ist. Diese Reihe ist genetisch als Entwicklungsprogramm kodiert. Die spezifische Ausformung wird jedoch von Umweltaspekten entschieden. Lediglich der körpernächste Gliedmaßenknochen, Humerus oder Femur, ist vorgegeben. Die erste Entscheidung muß getroffen werden, wenn die unteren Gliedmaßen gebildet werden. Der nächste Entscheidungspunkt liegt am Handgelenk, wo eine variable Zahl von Knochen in Knorpelform angelegt ist. Die Finger schließlich werden nach einer Reihe von Entscheidungen von innen nach außen gebildet. Die Bildung von mehr als fünf Fingern oder Zehen bedingt lediglich, daß diese Entwicklungsphase etwas länger aktiv bleibt.

Entwicklungsbiologische Experimente von Pere Alberch am Museum von Madrid haben unter anderem eine Miniaturisierung (Verkleinerung) als Ursache für den Verlust von Fingern ergeben. Dutzende von Salamandern besitzen vier statt der üblichen fünf Finger — eine ganz normale Umwandlung in der Entwicklungsgeschichte dieser rezenten Amphibien —, und an diesem Entscheidungspunkt läuft immer dasselbe ab: Die Verschmelzung des vom Daumen am weitesten entfernten fünften mit dem vierten Finger. Eindeutig besteht hier ein latent vorhandenes Potential, Finger zu verlieren. Die theoretische Erklärung: Wenn eine Gliedmaßenknospe kleiner als die zu einem bestimmten Entwicklungsstadium vorgegebene Größe ist, werden nur vier Finger herausgebildet, anderenfalls sind es fünf.

Die Artenvielfalt der Amphibien des Karbons

Man sagt oft, die Amphibien hätten im Karbon (vor 360–286 Millionen Jahren) »die Erde beherrscht«, was immer das heißen mag. Tatsächlich dehnten sie ihren Lebensraum aus und nahmen an Artenvielfalt zu, und die wichtigsten Entwicklungslinien der Vierfüßler beginnen sämtlich in dieser Zeit.

Im Karbon bewegten sich die Kontinente zur Bildung einer mehr oder weniger durchgehenden Landmasse aufeinander zu. Europa war mit Nordamerika, Afrika mit Südamerika und die Antarktis mit Australien verbunden. Große Mengen fossiler Amphibien wurden gefunden, besonders in kohlehaltigen Gebieten Europas und Nordamerikas, die in einem Gürtel um den Äquator des Karbons lagen. Die Bäume des oberen Devons waren hier die herausragenden Landschaftsmerkmale: Riesige, 30 bis 40 m hohe Schuppenbäume wie *Sigillaria* und *Lepidodendrom; Calamites* bis zu 15 m Höhe und ebenso hohe Farnbäume wie *Psaronius*. Die Samenfarne hatten gemeinsam mit anderen Samenpflanzen wie den mittlerweile ausgestorbenen Cordaiten und Koniferen eine Blütezeit. Die samentragenden Pflanzen werden Gymnospermae (Nacktsamer) genannt. Die Paläobotaniker finden die Samen häufig als Fossilien, haben jedoch oft Schwierigkeiten, Samen und Pflanze einander zuzuordnen. Bäume wie die im Hochland beheimateten Koniferen entwickelten eine Form der Fortpflanzung, die an die Sporenstrategie der Meerespflanzen erinnert: Sie setzten Millionen von Pollen zur Befruchtung des weiblichen Zapfens frei. Diese Windbefruchtung erforderte eine starke Pollenstreuung, die bei den massenhaften Ansammlungen solcher Bäume sehr erfolgversprechend war.

Viele große und üppige Karbonwälder erhoben sich im sumpfigen Tiefland und in periodisch überfluteten Flußmündungen. Die Wälder bildeten große Laubschichten und fruchtbare Böden. Überschwemmungen knickten und stürzten die Bäume um, die übereinanderfielen, organische Schichten bildeten und mit der Zeit zu oft meterdicken Kohleflözen zusammengepreßt wurden. Mit jedem Wachstums- und Überschwemmungs-

zyklus kamen neue Schichten hinzu. Im Laufe der Jahrmillionen häuften sich diese Kohleablagerungen zu 900 m Dicke auf.

Durch die Wälder stolzierten riesige, bis zu 2 m lange Tausendfüßler, und Libellen mit Spannweiten von Möwen flogen durch die Baumkronen. Gegen Ende des Devon hatten die Insekten offensichtlich das Fliegen gelernt, vielleicht, als die Baumbewohner, deren kurze Seitenflügel als Wärmespeicher dienten, den Sprung vom Baum wagten und so die Evolution zur Arbeit herausforderten. Zu den weiteren Insekten der Karbonwälder gehörten Springschwänze, Fliegen und Schaben sowie Spinnen, Skorpione und Hundertfüßler, die sich durch die organischen Abfälle des Waldbodens wühlten.

Eine der besterhaltensten fossilen Faunen des Karbons fand der Fossiliensammler Stan Wood 1980 in East Kirkton in der Nähe des schottischen Edinburgh. Ein herausragendes Amphib war der groteske Dachschädler *Crassigyrinus*, ein Tier mit riesigem Kopf und Maul, fischartigem Körper und Gliedmaßen, die eher zu einem Tier mit einem Viertel seiner Körpergröße paßten. Der Dachschädler ernährte sich von Fischen und war sichtlich ein besserer Schwimmer als Fußgänger. Er lauerte auf dem Grund im Gewirr der Wasserpflanzen und umgestürzten Bäume und ergänzte seine

Neuropteris, eine farnartige Pflanze aus dem Karbon, wird in der Regel in Kohleablagerungen gefunden.

Crassigyrinus, ein Amphib aus dem unteren schottischen Karbon, kehrte zum Leben ins Wasser zurück, die Gliedmaßen bildeten sich zurück. Die verbleibenden kurzen Arme und Beine mögen beim Schwimmen vielleicht noch hilfreich gewesen sein, für einen solchen Rumpf waren sie zur Fortbewegung an Land jedoch nutzlos. Vermutlich war *Crassigyrinus* ein Räuber, der im dichten Pflanzengewirr auf dem Boden von Teichen lauerte, um seine Fischbeute mit massiven Kiefern zu packen.

Nahrung gelegentlich durch große Wirbellose. *Crassigyrinus* war ein reptilgestaltiger Lurch, ein früher Vertreter einer der beiden großen Evolutionslinien von Amphibien, die vom Karbon ausgingen.

Amphibien aus Nürschan

Die meisten Amphibien des Karbons wurden an zahlreichen Orten in Europa und Nordamerika gefunden, die zum Teil für den hervorragenden Erhaltungszustand ihrer Fossilien bekannt waren. Einer der bekanntesten ist die frühere Bergarbeiterstadt Nürschan im Nordwesten der Tschechoslowakei. Zwischen 1870 und 1900 wurden nach Beendigung des industriellen Abbaus Hunderte von Fossilien gefunden.

Die fossilen Amphibien stammen fast ausnamslos aus einer 30 cm starken, Plattelkohle genannten Schicht aus kohlehaltigen Schiefern und Tonsteinen. Die Ablagerung erfolgte vor etwa 300 Millionen Jahren im Sumpfgebiet eines intermittierenden 5 km langen und 2 km breiten Sees. Die Amphibien lebten eindeutig im und um den See herum, und ihre Kadaver sanken entweder unmittelbar zu Boden oder wurden nur ein kurzes Stück weitergetrieben, bevor sie in unverwestem Zustand begraben wurden. Nach der Untersuchung heutiger, ähnlicher Seen, wo das Schilf in 1 m flachem Wasser wächst, gelangte man zu dem Schluß, daß die Bildung

der 30 cm dicken Schicht Plattelkohle etwa 300 bis 700 Jahre erforderte. Die amphibienführende Hauptschicht macht vermutlich weniger als ein Jahrhundert aus, und die Tiere kamen nicht schlagartig durch ein einziges Ereignis um, sondern sie befinden sich auf verschiedenen Laminae (dünnen Schichten) des Flözes.

Die Amphibien wurden in Nürschan ebenso wie in den Fischschichten im Orkney-Becken wegen des sauerstoffarmen Wassers am Grund so gut erhalten. Selbst winzige Tiere sind oft vollständig erhalten, und man erkennt sogar Spuren von Haut und Gedärmen. Die weißen oder bräunlichen Knochen sind häufig mit einem kohligen Film überzogen, der die früheren Körperlinien und Weichteile wie zum Beispiel Kiemen anzeigt. Im sauerstoffarmen Wasser unmittelbar über dem Seeboden gab es keine aasfressenden Tiere, die die Kadaver hätten verwerten können. Außerdem war eine weitere Bedingung für eine gute Konservierung erfüllt: Es gab keine starken Strömungen, Fluten, Stürme oder Großtiere mit heftigen Schwimmbewegungen, so daß die Kadaver in ihrem nassen Grab weder weggeschwemmt noch zerbrochen wurden. Sümpfe sind häufig säurehaltig, ebenso wie das Torfmoor, das aus ihnen manchmal hervorgeht, und unter solchen Bedingungen zersetzen sich die Knochen. Es scheint jedoch, daß der Sumpf von Nürschan durch die in den Sedimenten enthaltenen Salze neutralisiert wurde. Der einzige nennenswerte Schaden scheint durch die Explosion der Verwesungsgase entstanden zu sein — wie bei den Fischen des Orkney-Beckens. Viele der fossilen Amphibien in Nürschan weisen zerbrochene Rippenbögen und den Verlust der damit zusammenhängenden Haut und Schuppen auf.

Andrew Milner vom Londoner Birkbeck College hat eine Statistik von den 700 Amphibienfunden aus Nürschan zusammengestellt, die er in Museen untersuchen konnte. Sie gehören zu zwanzig Amphibien- und vier Reptilienarten. Weitere Funde belegten die Existenz seltener Fische und kleiner garnelenartiger Kreaturen. Die Vierfüßler verteilen sich auf drei ökologische Haupträume: Offene Gewässer, Sumpf und See sowie Land.

Von drei Arten größerer schwimmender Amphibien gibt es sehr wenige Exemplare. Dies sind ein *Eogyrinus*, Mitglied der Anthracosauria (eine reptilienähnliche Gruppe), *Diplovertebron* genannt, und zwei loxommatide (»langäugige«) Batrachomorphen, *Megalocephalus* und *Baphetes*. Sie waren etwa 60 cm lang, hatten breite, mächtige Schädel, kurze Gliedmaßen und lange, tiefliegende Schwänze. Sie werden die meiste Zeit im Wasser verbracht haben, wo sie sich von Fischen ernährten. Sie wurden abgelagert, als sie sich von der Seemitte zum sumpfigen Ufer bewegten.

Am häufigsten sind natürlich Funde von Tieren, die in ihrem Lebensraum am Seeufer konserviert wurden. Die meisten waren klein, teilweise Wassertiere, und lagen zwischen den Pflanzen und sonstigen organischen Resten auf dem flachen Grund verstreut.

Branchiosaurus zum Beispiel ist ein seltsames, 7 cm kleines Tier, ein temnospondyles Amphib, das die hohe Qualität des Nürschan-Fundes unterstreicht. Aufgrund der fleischigen, federartigen Kiemen an den Körperseiten wurde häufig vermutet, daß sich das Tier im Larvenstadium befand. Einige Paläontologen haben jedoch angenommen, daß zumindest ein Teil des Materials von *Branchiosaurus* zu erwachsenen Tieren gehören muß, die in einem jugendlichen Körper geschlechtsreif wurden. Dieser Vorgang ist noch unter den rezenten Amphibien üblich und als Pädomorphose bekannt. Es mag evolutionäre Vorteile für ein Amphib mit sich bringen, als ausgewachsenes Tier die ökologische Rolle zu übernehmen, die normalerweise von Kaulquappen gespielt wird, und im Larvenstadium zu verharren, um sich von im Wasser lebenden Gliederfüßern zu ernähren.

Im oberen Karbon und unteren Perm wimmelte es nur so von Kleinsauriern, meistens an Land, jedoch mit einer Vielzahl vom im Wasser

lebenden Vettern. *Microbrachis* war ein neuartiges, dünnes, 30 cm langes Tier mit kleinem Kopf und kurzen Gliedmaßen. Es ernährte sich von kleinen, im See schwebenden Organismen.

Am vielseitigsten zeigte sich die Fauna von Nürschan am Seeufer: Dreizehn Arten wurden identifiziert, allesamt außergewöhnlich, was die Theorie zu bestätigen scheint, daß sie von Zeit zu Zeit zufällig angeschwemmt wurden. Zu ihnen zählen die Temnospondylen *Gaudrya* und *Amphibamus*, die Anthracosaurier *Gephyrostegus* und *Solenodonsaurus*, die Aistopode *Phlegethontia*, Microsaurier *Hyloplesion*, *Sparodus*, *Ricnodon* und *Crinodon* sowie drei primitive Reptilien: *Brouffia*, *Coelostegus* und *Archaeothyris*.

Die Anthracosauria waren eine kleine Gruppe von an Land und im Wasser lebenden Tieren, vom unteren Karbon bis ins obere Perm. Exemplare aus beiden Lebensräumen sind in Nürschan vertreten. Im Gegensatz zu den Temnospondyli hatten sie hohe, schmale Schädel, und sie befanden sich auf der reptiliomorphen Stufe der Amphibienevolution auf dem Weg zu echten Reptilien.

Bei den Microsauriern am Ufer handelte es sich eindeutig um kleine, 10—15 cm lange, auf den ersten Blick eidechsenähnliche Landtiere. Dasselbe gilt für die drei Nürschan-Reptilien, und alle diese Tiere ernährten sich vermutlich von Insekten und anderer auf dem Land lebender Beute. Aller Ähnlichkeit zum Trotz ist keines von ihnen mit den Eidechsen verwandt.

Die Nürschan-Amphibien erscheinen auch in anderen etwa gleich alten, oberkarbonischen Ablagerungen in Großbritannien und

DIE WELT DES KARBONS
Position und Aussehen der Kontinente im Karbon sind umstritten. Einige Geologen sehen hier bereits Anzeichen für Pangäa, einen Superkontinent, der sich allerdings erheblich von dem unterschied, der später im Mesozoikum entstand.

Überzeugende Funde in Karbongestein verweisen auf die Existenz großer Klimagürtel. Auf den südlichen Kontinenten finden wir in Gletscherablagerungen Tillit (Gletscher-Geschiebelehm). Dies beweist die Existenz einer großen, sich nach Norden erstreckenden Eiskappe über dem Südpol. Die für das Karbon typische Kohle weist auf einen vornehmlich feuchten, warmen Klimagürtel hin, der sich von Nordamerika aus über einen großen Teil Europas erstreckte. Die großen tropischen und subtropischen Wälder waren der Lebensraum früher Amphibien und Reptilien.

Über einen langen Zeitraum des Karbons gab es offenkundig drei Hauptkontinente: Gondwanaland auf der südlichen Halbkugel, Laurussia (Nordamerika und Europa) und Sibirien. Die beiden nördlichen Kontinente wuchsen zu Laurasia zusammen.

Tillit (Gletscher-Geschiebelehm)
Kohleablagerungen
Fossilienfunde von Vertebraten

Feuchtes Klima
Gletscherkälte
Wüste

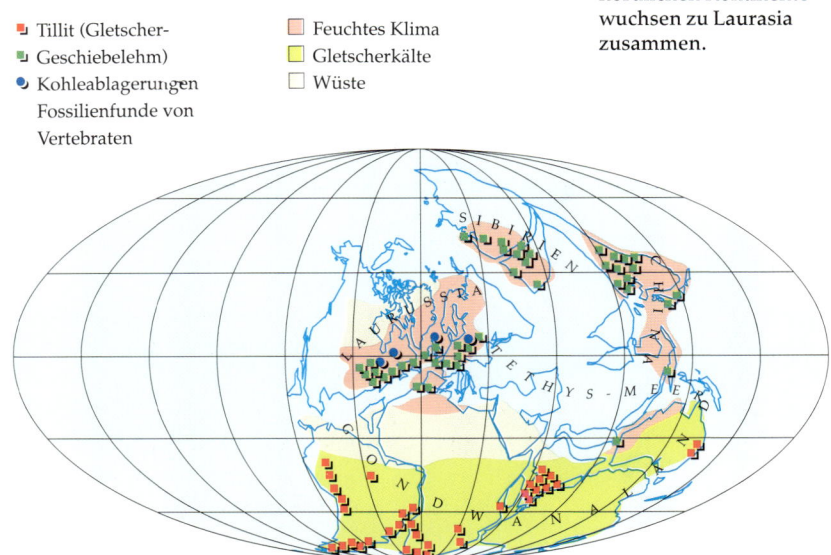

Seltsam anmutende Haie bevölkerten die Meere des schottischen, amerikanischen und irischen Karbons. *Stethacanthus* (links) trug eine Art Radarschirm über der Schulter, der mit kleinen scharfen Zähnen besetzt war. Ein zweiter Satz Zähne schmückte die Oberseite des Kopfes. *Falcatus* (rechts) besaß an derselben Stelle einen vorspringenden Dorn, der wie das Kanonenrohr eines Panzers nach vorn ragte. Dieser überzählige Knochen war, ebenso wie der Kopf, mit Zahnreihen ausgestattet. Die Funktion dieser Stachel der stethacanthiden Haie bleibt ein Geheimnis.

Nordamerika. Es sieht so aus, als hätte es gemeinsame Muster bei den ökologischen Voraussetzungen gegeben. Man kann mit Recht annehmen, daß die Beziehung zwischen diesen Tieren nicht nur aus zufällig gefundenen Fossilien besteht, sondern daß es sich hier um ein Beispiel für wirkliche ökologische Gemeinschaften handelt, daß es Gruppen von Pflanzen und Tieren mit recht festen Anordnungen und Wechselbeziehungen gab.

Die Meere des Karbons

Im Zeitalter des Karbons lag ein großer Teil Europas und Nordamerikas um den Äquator, die marinen Fossilien spiegeln diese tropischen Bedingungen wider. Dicke Kalksteinablagerungen wurden gebildet, und die im Wasser lebenden Wirbellosen bauten ungeheuer große Riffe. Auf diesen siedelten tabulate und rugose Korallen, gigantische Brachiopoden (Armfüßer), Seelilien und Algen. Seesterne, Schnecken und Seescheiden belebten das Meer an den Riffen neben kunstvoll gedrechselten Perlbooten und Ammoniten, während die Fische darüber hinweg glitten. Viele der wichtigsten frühen Gruppen der Fische waren inzwischen ausgestorben, und die neuen Fische sahen ganz anders aus als ihre Vorfahren aus dem Devon. Die Placodermen, die gepanzerten Kieferlosen

und Rhipidistier waren sämtlich verschwunden, und die Acanthodier sowie die Lungenfische schwanden zusehends. Haie und Knochenfische beherrschten das Meer, und die Haie hatten verschiedene Formen seltener Besonderheiten entwickelt.

Die Körper der eugeneodonten Haie ähnelten offensichtlich dem von *Cladoselache,* soweit man das aus den dürftigen Fossilfunden erkennen kann. Das Skelett ist größtenteils unbekannt, mit einer Ausnahme: der großen Zahnspirale im Unterkiefer. Hierbei handelte es sich um eine Spirale von Zähnen, die sich während des Wachstums abrollte und so die abgenutzten Zähne ständig erneuerte, wie ein dentales Fließband. Um diese Zahnspirale unterzubringen, wuchsen das Maul und der Oberkiefer in die Länge.

Stethacanthide Haie kennen wir aus Irland, Schottland und den Vereinigten Staaten. Sie machen aus heutiger Sicht einen besonders ulkigen Eindruck. Dem etwa 1 m langen *Stethacanthus* ragte ein dicker, mit Dutzenden kleiner Zähne bestückter Dorn direkt hinter dem Kopf heraus. Es sieht so aus, als hätte ihm jemand einen Rasierpinsel in den Rücken gepflanzt. Wie an der Spitze dieses Dorns wuchsen ihm auch Zähne direkt aus seiner Stirn, und dies brachte Rainer Zangerl auf einen genialen Einfall, als er 1984 in der Bear-Gulch-Formation in Montana neues Material fand. Wenn *Stethacanthus* halb-

begraben im Sand lag, erweckten die Zahnformationen im Nacken und auf der Stirn den Anschein eines weit aufgesperrten Rachens auf dem Seeboden. Zangerl schlußfolgerte, daß dieses Aussehen eine Abschreckungsfunktion gegen Raubfische erfüllte.

Ein anderer Stethacanthide, *Falcatus*, trägt einen Dorn in Form eines umgekehrten L auf dem Rücken, dessen kurzer Balken aus der Schultergegend emporragt, während der lange Balken über den Kopf hinaussteht. Diesen gezähnten Dorn besitzen nur geschlechtsreife männliche Tiere (man kann das Geschlecht eines fossilen Hais daran erkennen, daß die Männchen unter dem Bauch Auswüchse der Beckenflossen aufweisen). Der Stachel über dem Kopf mag bei der Werbung vor der Paarung dieselbe Rolle gespielt haben, wie das Geweih bei brünstigen Hirschen. Ob darüber hinaus eine praktische Verwendung für diesen Auswuchs bestand, ist nicht sicher. Bei einem Exemplar fand man das Weibchen fest auf den Dorn geheftet, das Weibchen oben, das Männchen unten, ihr den Rücken zugewandt. Die beiden hatten vielleicht noch ein bißchen Übung nötig.

Andere Haie des Karbons, wie *Xenacanthus* und die Hybodontiden, waren schnelle Schwimmer ohne ungewöhnliche Verzierungen und lagen schon eher auf der Hauptevolutionslinie der Haie. Sie kündeten von einer starken Ausbreitung der Haie von der Mitte des Zeitalters der Dinosaurier bis in unsere Tage.

Auch die Knochenfische des Karbons wiesen den Vorgängern des Devon gegenüber Vorteile auf. Die Spielarten des Karbons und Perms hatten ebenso wie *Cheirolepis* vor ihnen einfache Scharnierkiefer, einen asymmetrischen Schwanz und schwere Knochenschuppen. Sie lebten in Schwärmen und entwickelten eine großartige Gestaltenvielfalt. Die meisten sahen aus wie eine Zigarre, andere jedoch wie *Cheirodus* aus dem Karbon hatten hohe, seitlich abgeflachte Körper. Diese hohe, schmale Körperform tauchte in der späteren Evolution der Fische mehrfach unvermittelt, jedoch aus bislang ungeklärtem Grunde auf.

Gegen Ende des Perms hatten das Phytoplankton der Meere und das üppige Pflanzenwachstum an Land soviel Sauerstoff in die Atmosphäre gepumpt, daß beinahe eine mit heutigen Verhältnissen vergleichbare Konzentration erreicht war. Riesige Wälder boten einer Unzahl von Tieren Lebensraum, die diese reiche Energiequelle nutzten und ihren Platz in der sich ausdehnenden Nahrungskette

einnahmen. Das spätere Paläozoikum ist eine Periode der Stabilisierung und Entwicklung, weniger der radikalen Neuschöpfungen. Die Wirbeltiere erreichten an Land eine Länge zwischen 2,5 und 5 cm bis 4,50 m und mehr, im Meer wurden sie 9 m und länger. Aber dies waren Variationen ein und derselben Melodie. Die Grundmuster standen fest. Neuschöpfungen oder Veränderungen mußten von ihnen selbst kommen — oder gar nicht. Andererseits handelte es sich um eine ausgesprochen begabte Besetzung mit der Fähigkeit, die physikalischen und gestalterischen Bedingungen zu ändern, die alles Bisherige in den Schatten stellte. Nun galt es neue Drehbücher und Rollen zu schreiben.

Eine Erklärung für die Unmengen an Pflanzenresten, die als Kohle erhalten blieben, besteht in der damals noch mangelnden Fähigkeit der Abbauspezialisten, der Bakterien, Pilze und wirbellosen Pflanzenfresser, mit der chemischen Struktur der Zellulose und des Lignins in den Pflanzenstoffen fertig zu werden. Entsprechende Leistungsverbesserungen wären in Fossilfunden kaum nachzuvollziehen. Aber sicherlich spielten die Vierfüßler eine neue Aufgabe bei der Pflanzenvertilgung. Wo sie dazu übergegangen waren, andere Tiere (und einander) aufzufressen, weisen die Veränderungen der Zähne einiger großer Neulinge sie als Pflanzenfresser aus, ihre Körper dehnten sich, um Platz für einen größeren Verdauungstrakt, der viel mehr Nahrung aufnehmen mußte, und einen längeren Darm mit vermutlich neuartiger Darmflora zu schaffen.

Abschied vom Wasser: Der Weg der Reptilien

Die Amphibien hatten alle möglichen mechanischen und lasttragenden Techniken entwickelt, um sich an Land zu halten und zu bewegen. Durch Veränderungen des Mittelohrs konnten sie Geräusche hören, die die Luft herantrug — für das Leben an Land eine wichtige Fähigkeit. Sie lernten die Fortpflanzung außerhalb größerer Gewässer und konnten sich nun weit über Land bewegen, unabhängig von Teichen, Flüssen und dem Meer, das ihre Vorfahren hervorgebracht hatte. Die Umwandlung der Amphibien in eine neue Klasse von Wirbeltieren gelang durch das cleidoische (geschlossene) Ei, das den Embryo im Innern schützt. Dieses sogenannte Amnioten-Ei hat eine halbdurchlässige

Schale, die eine Reihe von Membranen, Flüssigkeit und ausreichend Nahrung für den Embryo zur vollen Entwicklung in einer sicheren Umgebung bis zum Ausschlüpfen enthält.

Die Schale ist für gewöhnlich hart und kalkhaltig, obwohl Schlangen, einige Eidechsen und Schildkröten Eier mit einer ledrigen Hülle legen. Zu dieser Zeit war es bis zur Eidechse noch ein gutes Stück Weg in die Zukunft, in der einige Reptilien die Mäuler vorschieben, den Kiefer zurückverlegen und sich auf ein biegsames Skelett spezialisieren sollten, wie es auch ihre Nachfahren, die Schlangen, tun sollten.

Im Amnioten-Ei entnimmt der Embryo die Nahrung aus einem Dottersack, Abfälle gelangen in einen anderen Bereich, in die Allantois (Harnsack). Um die Umgebung des Eis nicht zu verschmutzen, werden die Abfälle in unlöslicher Harnsäure gelagert und nicht im löslichen Harnstoff, der von Tieren produziert wird, deren Eier von Wasser umspült werden (vornehmlich Fische und Amphibien). Die den Embryo umschließende Membrane heißt Amnion (Schafhäutchen), und der Keimling wie der Dottersack werden zusätzlich von einer zweiten schützenden Membrane, dem Chorion (Zottenhaut), umhüllt. Durch die Allantois gelangen Atemgase in beiden

AMNIOTEN UND DAS CLEIDOISCHE EI

Die ersten Tetrapoden (vierbeinige Landtiere) waren Amphibien, Tiere, die an Land lebten, zur Eiablage jedoch ins Wasser zurückkehren mußten. Die Trennung vom Wasser vollzogen die Amnioten (Reptilien und deren Nachkommen, die Vögel und Säugetiere) im Unterkarbon. Der Schlüssel zum Erfolg der Amnioten war das cleidoische Ei (rechts).

Das cleidoische Ei ermöglichte es den Reptilien, sich aus den Lebensräumen in Wassernähe zurückzuziehen, um trockene Gegenden zu besiedeln. Weitere Anpassungen trugen zur Ausbreitung der Wirbeltiere auf dem Land bei. Reptilien besitzen eine wasserdichte Haut, die die Verdunstung des Wassers durch die Haut verhindert. Zahlreiche Reptilien verfügen über bemerkenswerte Techniken, Wasser zu speichern. Viele produzieren zum Beispiel halbfesten Urin, eine Eigenschaft, die sie an die Vögel vererbten.

Das cleidoische (»verschlossene«) Ei zeichnet sich durch zwei Eigenschaften aus. Erstens verfügt es über eine halbdurchlässige äußere Schale, die für gewöhnlich aus einem harten, mineralischen Mantel oder aus einer lederartigen Struktur besteht. Die Schale schützt die Flüssigkeiten im Innern vor dem Verdunsten und den Embryo vor äußeren Einwirkungen. Die zweite Eigenschaft besteht aus den amniotischen Häutchen: Dies sind mit verschiedenen Flüssigkeiten gefüllte Beutel, die den Embryo schützen (Amnion), die die Nahrung beherbergen (Dottersack), in denen Abfallstoffe gesammelt werden

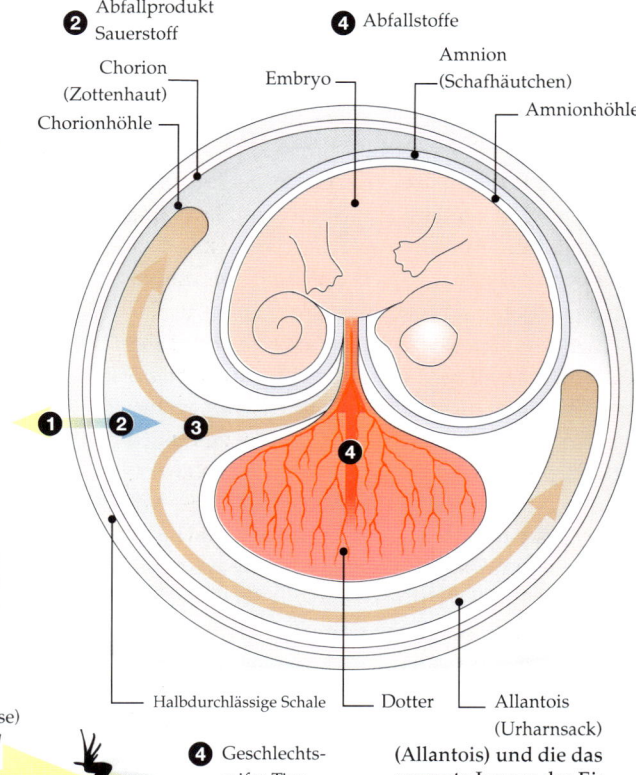

• Schematische Darstellung des cleidoischen Eis

1 Kohlendioxid als Abfallprodukt
2 Sauerstoff
3 Nahrung
4 Abfallstoffe

Chorion (Zottenhaut)
Chorionhöhle
Embryo
Amnion (Schafhäutchen)
Amnionhöhle
Halbdurchlässige Schale
Dotter
Allantois (Urharnsack)

(Allantois) und die das gesamte Innere des Eis umgeben (Chorion). Die Amphibien behielten eine fischartige Fortpflanzung bei; sie legen kleine Eier, aus denen Larven (Kaulquappen) schlüpfen, die sich dann zu erwachsenen Tieren entwickeln. Reptilien legen weniger Eier, kennen kein Larvenstadium, und die Befruchtung erfolgt im Körper Bei Fischen und Amphibien erfolgt die Befruchtung außerhalb des Körpers.

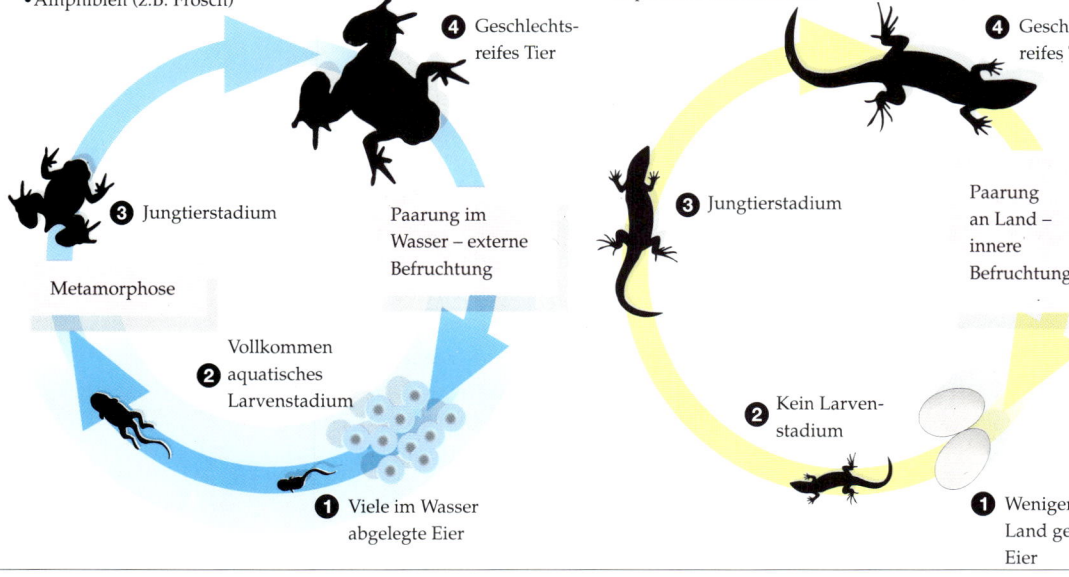

• Amphibien (z.B. Frosch)

4 Geschlechtsreifes Tier
3 Jungtierstadium
Metamorphose
Paarung im Wasser – externe Befruchtung
2 Vollkommen aquatisches Larvenstadium
1 Viele im Wasser abgelegte Eier

• Reptilien (z. B. Eidechse)

4 Geschlechtsreifes Tier
3 Jungtierstadium
Paarung an Land – innere Befruchtung
2 Kein Larvenstadium
1 Weniger an Land gelegte Eier

Richtungen durch die Eierschale, Flüssigkeiten werden jedoch zurückgehalten, um ein Austrocknen des Embryos zu verhindern.

Die Eier werden nicht mehr, wie bei Amphibien, im Wasser abgelegt – diese Fortpflanzungstechnik ist bei den Reptilien endgültig beendet. Außerdem sind die Eier größer und mit Nahrungsvorräten gefüllt, so daß das Stadium der Kaulquappe entfällt. Reptilien legen weniger Eier als Fische und Amphibien, da jedes Ei viel Energie für Ernährung und Brutzeit erfordert. Im Gegensatz dazu muß ein Frosch Unmengen von Laich ablegen, damit wenigstens eine oder zwei Kaulquappen eine Überlebenschance haben.

Da die Reptilien sich an Land fortpflanzen, ist die interne Befruchtung wichtig. Männliche Fische und Amphibien geben ihr Sperma in die Richtung der frischgelegten Laichmasse ab. Dies ist eine verschwenderische Technik, reicht aber im Wasser aus. Bei der Paarung an Land wird das Sperma ökonomischer direkt in das weibliche Tier abgegeben.

Bis vor kurzem wurden die ersten Reptilien ins Oberkarbon datiert, und in den Nürschan-Fundstätten wurden auch Reptilien aus etwas späterer Zeit entdeckt. Ein kürzlich gemachter Fund in Schottland hat jedoch sämtliche Ansichten über die Chronologie der Reptilien umgeworfen. Dieses Fossil entdeckte 1988 der berühmte Sammler Stan Wood bei Ausgrabungen in East Kirkton. Es handelt sich wahrscheinlich um ein Reptil, obwohl wir nicht wissen, welches seine nahen Verwandten sind oder welche Reptilien unmittelbar von ihm abstammen. Das Fossil erhielt seine wissenschaftliche Bezeichnung *Westlothiana lizziae* 1991 zur Erinnerung an den Fundort und den Spitznamen »Lizzie«.

Die Ablagerungen von East Kirkton datieren auf das untere Karbon vor etwa 350 Millionen Jahren, *Westlothiana lizziae* stammt also aus einer Zeit etwa 40–50 Millionen Jahre vor den bekannten Reptilien, *Hylonomus* und *Paleothyris*, die bis dahin in den Akten des Lebens als die ersten Reptilien geführt wurden. So kann selbst nach so vielen Jahren des Sammelns und Untersuchens ein einziger Zeuge ganze Kapitel der Geschichte des Lebens neu schreiben.

Hylonomus und *Paleothyris* sind schlanke Tiere von 20 cm Länge mit vergleichsweise kleinen, für Reptilien typischen Köpfen, die etwa ein Fünftel der Rumpflänge ausmachen, statt ein Drittel bis ein Viertel, wie bei den meisten Amphibien. Die hohe Schädeldecke ist ein Erbe der reptilgestaltigen Amphibien, und der Knochenbau hinter dem Schädel ist

erheblich verkleinert. Im Laufe der Entwicklung von cleidoischen Eiern haben einige Amphibien zu Beginn vermutlich weniger, jedoch größere nicht-amniotische Eier an Land gelegt, und der Schlüpfling eines kleineren Tieres hatte wahrscheinlich Vorteile. Beide Reptilien besitzen leichte Skelette, haben aber abstehende Gliedmaßen und schmale Schultern und Hüftgürtel wie die Amphibien. An Händen und Füßen sitzen sehr lange Fingerglieder, wie bei modernen Eidechsen.

Vermutlich dienten die scharfen Zähne diesen frühen Reptilien zum Durchbohren der Epidermis von Insekten. Der hohe Schädel und einige neue Muskelgruppen, die den Unterkiefer nach innen zogen und gegen den Gaumen drückten, erlaubten ihnen das Festhalten zappelnder, teilweise recht großer Insekten. Den meisten Amphibien fehlte aufgrund ihrer gedrungenen Schädel und schwachen Kiefer der feste Biß.

Die beiden Reptilien sind in hervorragendem Zustand erhalten. Sie wurden im kanadischen Nova Scotia im Innern fossilisierter Baumstümpfe gefunden.

In beiden Fällen war das Gebiet von üppigen, bis zu 30 m hohen Siegelbaumwäldern (*Sigillaria*) bewachsen. Der Wasserspiegel stieg periodisch an und überflutete den Wald. Die Bäume starben ab, so daß häufig nur die Wurzeln der Baumstümpfe in Sedimentschichten eingeschlossen wurden. Die Baumstümpfe verrotteten im Innern rasch und wurden von Tausendfüßlern, Insekten und Schnecken besiedelt. Auch kleine Reptilien und Amphibien sind in diese natürlichen Fallen geraten oder kletterten auf Nahrungssuche hinein. Viele Reptilien scheinen einige Zeit in solchen Stümpfen gelebt und sich von Insekten und Schnecken ernährt zu haben, wie die erhaltenen Kotkügelchen belegen. Mit der Zeit füllten weitere Überschwemmungen die Baum-

Wie in einer Falle ist eines der ältesten bekannten Reptilien, *Hylonumus*, in einem hohlen Baumstamm aus dem Mittelkarbon gefangen. Besonders gut erhaltene Skelette dieser kleinen Reptilien wurden im Innern fossilisierter Baumstämme in Nova Scotia, Kanada, geborgen. Nachdem große Schachtelhalm- und Bärlappgewächse durch Überschwemmungen gefällt worden waren, verrottete deren Inneres und bot Käfern und anderen Detritus-Fressern einen geeigneten Lebensraum. Reptilien gerieten auf der Suche nach Insekten in diese Falle.

stümpfe mit Sedimenten und konservierten die zerbrechlichen Reptilskelette vollständig.

Heute kennen wir fossile Eier von bestimmten Dinosauriern, aber solche Überreste sind aus dem Karbon und Perm ausgesprochen spärlich. Der älteste für ein Reptilei gehaltene Fossilfund stammt aus dem texanischen Perm vor etwa 270 Millionen Jahren, aber das Exemplar überzeugt keineswegs. Wenn die Fähigkeit, cleidoische Eier zu produzieren, die Schlüsseleigenschaft von Reptilien ist, jedoch nicht ein einziges derartiges Ei aus dem Karbon gefunden wurde, wie soll man dann Tiere wie *Westlothiana, Hylonomus* und *Paleothyris* als Reptilien identifizieren?

Am einfachsten lassen sich die Antworten aus unserem Wissen von der Stammesgeschichte der Reptilien ableiten, d. h. der Abfolge, in der sie sich entwickelten. Die Tatsache, daß sämtliche Reptilien von Eidechsen und Schlangen bis zu Krokodilen und Schildkröten dieselbe Art von Eiern legen, weist darauf hin, daß cleidoische Eier nur einmal entstanden sind. Es ist höchst unwahrscheinlich, daß derartig komplizierte und integrierte Strukturen sich unabhängig voneinander in verschiedenen Amphibienlinien entwickelt haben. Wir wissen, daß neben den rezenten Reptilien auch die verschiedenen ausgestorbenen Gruppen wie zum Beispiel Dinosaurier dieselben cleidoischen Eier legten — soweit man das aus Einzelheiten der Mikrostruktur der Eierschalen erkennen kann. Somit ist es möglich, den evolutionären Weg all dieser Gruppen entlang einer Reihe bekannter physischer Eigenschaften zurückzuverfolgen und zuverlässig auszusagen, daß ihr gemeinsamer Vorfahr bereits das entsprechende Ei besessen haben muß. *Hylonomus* und *Paleothyris* gehören einer Entwicklungslinie von Reptilien an, deren Eigenschaften nicht einer Reihe anderer bekannter Entwicklungslinien vorausgegangen sein konnten. Deshalb müssen diese Linien von einem allen voranstehenden Urahn stammen, der das cleidoische Ei hervorbrachte.

Der Siegeszug der Amnioten

Wir haben erfahren, wie sich aus dem Stamm der Chordata, den Chordatieren, eine Linie herausbildete, die zu den Fischen führte, aus der dann die Abzweigung der Amphibien entstand, die das Meer verließen. Einen weiteren Zweig stellen die Reptilien dar. Zwar

kennen wir auch die Klasse der Reptilien, aber die schließt nicht sämtliche Nachfahren des gemeinsamen Urreptils ein, da die Vögel (Aves) und die Säugetiere (Mammalia) fehlen. In der Wissenschaft nennen wir eine Gruppe, die einem gemeinsamen Vorfahren entspringt, aber nicht sämtliche seiner Nachfahren umfaßt, eine »paraphyletische« Gruppe. Die Wissenschaftler halten es für nützlich, nach »monophyletischen« Gruppen zu suchen, die alle Nachfahren eines Urahnen einschließen. Dies verlangt von uns eine Bezeichnung für die größere monophyletische Gruppe, die die gesamte Verzweigung — Reptilien, Vögel und Säugetiere — umfaßt. Diese bilden die Überklasse der Amnioten.

Die Entwicklung der Amnioten nahm ihren Anfang im oberen Karbon mit der Herausbildung zweier Hauptlinien unter den Reptilien. Eine davon führte vermutlich zu den Säugetieren und hinterließ eine Vielzahl »säugerähnliche«, allesamt ausgestorbene Reptilien. Eine andere Gruppe führte zu den rezenten Reptilien unserer Tage — Eidechsen, Schlangen und Krokodile —, aber auch zu dem Zweig, auf dem sie die Vögel entwickelten. Eine dritte Gruppe hat sich wahrscheinlich während derselben Zeit entwickelt, hier aber fehlen uns zum wichtigsten Zeitabschnitt entsprechende Fossilfunde; diese Gruppe hat als Schildkröten (Ordnung der Chelonia, auch Testudines genannt) überlebt.

Die Mitglieder dieser Gruppen lassen sich leicht daran erkennen, ob bestimmte Schädelöffnungen (Schläfenfenster) vorhanden sind. Es handelt sich dabei um beidseitige Öffnungen hinter den Augenhöhlen. Die Funktion dieser Öffnungen ist unklar, vielleicht waren sie lediglich eine Folge sparsamer Knochenkonstruktion in Bereichen, wo der Schädel nicht besonders beansprucht wurde, was sowohl bei der Schädelbildung als auch bei seiner Bewegung Energie spart. Die oben erwähnten Gruppen weisen folgende drei Hauptmuster auf:

1. *Anapsida:* Reptilien ohne Schläfenöffnungen. Diese primitive Form finden wir bei Fischen und Amphibien ebenso wie bei den frühesten Reptilien *Westlothiana, Hylonomus* und *Paleothyris.* Zu den Anapsiden gehören auch die Schildkröten und ihre ausgestorbenen Vettern, die erstmalig in der oberen Trias nachgewiesen wurden, sowie eine ganze Vielfalt früher Reptilien, deren Entwicklung und evolutionäre Verwandtschaft ungewiß sind. Zu einer frühen Gruppe der Anapsiden gehören *Hylonomus* und *Paleothyris* und viele andere mit dem unmöglichen Namen Protoro-

thyridae. Unter ihnen führten Entwicklungen zu den Linien der Diapsiden, auf die später noch näher einzugehen sein wird. Sämtliche Anapsiden außer den Schildkröten sind heute ausgestorben.

2. *Synapsida:* Reptilien mit nur einem Paar Schläfenöffnungen, die unterhalb und hinter der Augenhöhle sitzen.

Diese monophyletische Gruppe umfaßt sämtliche heute ausgestorbenen säugerartigen Reptilien, die den Säugetieren den Weg ebneten. Die früheste synapside Gruppe im oberen Karbon waren die unten beschriebenen Ophiacodonten.

3. *Diapsida:* Reptilien mit zwei Paar übereinanderliegenden Schläfenöffnungen hinter der Augenhöhle.

Diese monophyletische Gruppe blickt auf eine ruhmreiche evolutionäre Geschichte zurück, zu ihr gehören die Eidechsen, Schlangen, Dinosaurier, Krokodile, Pterosaurier, Vögel und die Petrolacosauria des oberen Karbons.

Eine weitere Reptiliengruppe, die sich viel später entwickelte, führte ein viertes Muster von Fenstern ein. Die Euryapsiden haben ein einziges Paar Schläfenöffnungen, die kleiner als die der Synapsiden sind und höher hinter der Augenhöhle liegen. Hier handelt es sich um eine gemischte Gruppe ausgestorbener Meeresreptilien – Nothosaurier, Plesiosaurier, Placodontier, Ichthyosaurier –, die sich vermutlich aus einer Reihe von diapsiden Vorfahren entwickelten und möglicherweise das untere Paar Öffnungen einbüßten.

Von den drei Hauptgruppen der Reptilien des Oberkarbons haben wir bereits die Protorothyridae als den anapsiden Teil kennengelernt. Die meisten Synapsiden dieser Zeit gehören zur Familie der Ophiacodontidae. Der älteste von ihnen ist *Archaeothyris*, den man nicht nur an Seeufern in Nürschan fand, sondern auch in den Baumstümpfen von Nova Scotia, zusammen mit *Palaeothyris*. Die Skelette sind nicht vollständig erhalten, aber der schmale, hohe Schädel weist die typische einzelne, tiefliegende Öffnung hinter jedem Auge auf.

Die früheste bekannte diapside Gruppe ist die der Petrolacosauriden. *Petrolacosaurus* selbst stammt aus dem Oberkarbon von Kansas. Er ist schlank, etwa 40 cm lang und ähnelt oberflächlich *Hylonomus*, bis auf den kleineren Kopf, den längeren Hals und die längeren, beweglicher anmutenden Beine. Die scharfen Zähne im Kieferrand und zusätzliche Zahnreihen im Gaumen weisen darauf hin, daß er sich von Insekten und anderen Kleintieren ernährte.

Das frühe diapside Reptil *Petrolacosaurus* aus dem Mittelkarbon auf der Suche nach Insekten durch das Unterholz. Als eines der ersten Reptilien war *Petrolacosaurus* der Urahn der Krokodile, Dinosaurier, Vögel, Eidechsen und Schlangen. Er ernährte sich von großen Insekten im verrottenden Laub, indem er mit seinen scharfen Zähnen ihren Chitinpanzer knackte und das Fleisch aussaugte.

Die texanischen Redbeds

Im Permzeitalter bewegten sich die Kontinente noch mehr aufeinander zu als im Karbon. Der nördliche und der südliche Superkontinent, Laurasia und Gondwana, begannen, sich zu einer einzigen, Pangäa genannten Landmasse zu vereinigen. Über der Antarktis, dem südlichen Afrika, Südamerika und Indien hatte sich im oberen Karbon eine große Eiskappe gebildet, die im unteren Perm wieder abschmolz, als sich das euroamerikanische Klima erwärmte und trockener wurde und die großen Sumpfgebiete, Seen und Schwemmebenen austrockneten. Ihre Flora, vornehmlich die gigantischen Bärlapp- und Schachtelhalmgewächse, verödete rasch und wurde durch Koniferen aus dem Hochland und durch andere Gymnospermae wie Palmfarne, Ginkgos und Samenfarne ersetzt. Nachdem sich die Eiskappe von Gondwana im unteren Perm zurückgebildet hatte, breitete sich eine neue Flora nach Süden aus, beherrscht von dem Samenfarn *Glossopteris*, der diesem deutlich andersartigen Vegetationsgebiet, einer von zahlreichen sich nun ausbreitenden »Vegetationsinseln«, seinen Namen gab. Vielleicht war es für die Entwicklung der Reptilien im Süden noch zu kalt, so wie es für das Wachstum der Amphibien anderswo zu

Texas im Unterperm vor rund 270 Millionen Jahren war ein weitgehend dürres Land, jedoch mit Monsunregen und Wasserläufen. Zwar existierten nach wie vor große Amphibien wie *Eryops*, doch die vorherrschenden Landtiere waren die Reptilien. Drei fleischfressende Pelycosaurier – *Dimetrodon* – stillen ihren Durst.

DIPLOCAULUS – DER SCHWIMMENDE BUMERANG

Eines der seltsamsten frühen Amphibien war *Diplocaulus* aus dem unteren Perm im Mittelwesten der Vereinigten Staaten. Bei ausgewachsenen Tieren waren die hinteren Schädelkanten seitlich lang ausgezogen, was dem Kopf das Aussehen eines Bumerangs verlieh. Welche Funktion erfüllten diese ungewöhnlichen Auswüchse?

Zunächst nahm man an, daß der breite Kopf dazu diente, zu imponieren, ähnlich dem Pfauenrad. Vielleicht verhinderten die breiten Auswüchse, daß das Tier von großen Raubtieren verschluckt wurde. *Diplocaulus* wäre ihnen im Hals stecken geblieben. Ein konstruktionstechnisches Experiment legte eine andere Funktion nahe: Die Auswüchse ließen den Schädel wie eine Tragfläche wirken.

Näherte sich ein Fischschwarm, reckte *Diplocaulus* den Kopf ein wenig in die Höhe, und infolge der Kopfform hob ihn die Wasserströmung mit einem kräftigen Schwung vom Boden hoch. So konnte er sich den ahnungslosen Fischen von unten im toten Winkel nähern und sie überraschen.

Eine Tragfläche spaltet eine stete Luft- oder Wasserströmung. Ein Teil der Strömung streicht unverändert an der Unterseite der Tragfläche entlang, während der andere Teil über die gewölbte Oberseite fließt. Der obere Teil der Luftströmung fließt schneller als der untere, da er einen weiteren Weg zurückzulegen hat, was einen geringeren Druck zur Folge hat. Geringerer Druck von oben erzeugt Auftrieb. Auf diese Weise gewinnt ein Flugzeug an Höhe. Die Tragflächen können das Flugzeug nur in der Höhe halten, wenn sie sich gegen die Luftströmung vorwärts bewegen.

Auftrieb

Wasser- oder Luftströmung

Auftrieb

Wasserströmung

Strömungsrichtung des Wassers

Diplocaulus hebt den Kopf

Durch die Strömung erzeugter Auftrieb ermöglicht *Diplocaulus* eine rasche Aufwärtsbewegung, um sich auf seine Fischbeute zu stürzen.

Diplocaulus senkt den Kopf und sinkt auf den Grund, um seine Beute zu verzehren.

trocken war. Die meisten Reptilienfunde stammen von der nördlichen Halbkugel.

Zu den reichsten Lagerstätten des unteren Perms zählen die Redbeds im nördlichen Texas und Oklahoma, zwischen dem Red River und der Salt Fork des Brazos River. Um 1880 war dieses Gebiet heiß umkämpft zwischen den amerikanischen Ureinwohnern und den Siedlern. Der Schweizer Botaniker Jacob Boll fand einige Pflanzenfossilien und bruchstückhafte Knochen. Er war als Sammler von Edward Drinker Cope (1840–97) angestellt worden, der seinerseits als Teilnehmer am großen Dinosaurierknochen-Krieg gegen Ende des neunzehnten Jahrhunderts bekannt wurde. Im Winter 1877–78 sammelte Boll die ersten Zeugen einer beginnenden Fauna im Archer County, die heute zur Wichita-Gruppe zählt. Cope bestimmte mit diesen Exemplaren eine Reihe neuer Arten. Boll starb 1880 im Feld, und Cope engagierte als nächsten einen wandernden Feldprediger mit Namen W. F. Cummings. Er arbeitete einige Jahre in den Redbeds und wandte sich der jüngeren Fauna im westlichen Baylor County (Clear-Fork-Gruppe) zu. Später wurde dieses Gebiet von einer Reihe herausragender Paläontologen untersucht, zu denen Charles H. Sterneberg, E. C. Case, Samuel W. Williston und Alfred S. Romer zählten.

Eine der bekanntesten Lagerstätten in den texanischen Redbeds ist das Geraldine Bonebed im Archer County, das Romer 1932 fand, dem wir hervorragende Skelette von Amphibien und Reptilien verdanken. Die Fossilien erscheinen in einer Formation von roten und grauen Tonsteinen mit vereinzelten Sandsteineinlagerungen. Die grauen Tonsteine sind Ablagerungen von Teichen und Seen, die roten Tonsteine sind frühere tropische Böden, und der Sandstein wurde in Flußrinnen abgelagert, die den Schlamm und den Boden der Seen zeitweise durchzogen.

Eine Vielzahl zusammen mit den Knochen gefundener Pflanzenreste bestätigen die tropischen Bedingungen. Der riesige Schachtelhalm *Calamites* gedieh noch im Wasser, während Farne, Samenfarne und Koniferen in der Aue und am Seeufer standen. Andere Koniferen und Samenfarne wuchsen auf höherem Grund und wurden in die Seen gespült.

Unter den Tierfossilien befanden sich einige Ostrakoden, Insekten, ein Süßwasserhai, ein Rhipidistier und ein Lungenfisch, die alle inner- oder oberhalb des Teichwassers lebten. Auch einige der Amphibien mögen im Wasser gestorben sein, jedoch der Großteil der Tetrapoden stammte von dem trockenen Umland. Einige Skelette des massigen temnospondylen Räubers *Eryops* und des Anthracosauriers *Archeria*, beide rund 2 m lang, sowie Bruchstücke des fortschrittlichen reptilgestaltigen *Diadectes*, der ausgewachsen bis zu 3,70 m lang wurde, konnten geborgen werden. *Archeria* war ein schlankes, im Wasser lebendes Amphib mit Schwanzflosse und krokodilartigem Schädel. Sie muß sich von Fischen ernährt haben. Die anderen Amphibien, *Eryops* und *Diadectes*, waren eher einem Leben auf dem Land angepaßt, und *Diadectes* zählt zu den frühesten pflanzenfressenden Wirbeltieren.

Zu den Reptilien des Geraldine Bonebed gehört ein kleiner, kurzmäuliger Anapside, *Bolosaurus*, und mehrere vollkommen erhaltene Skelette der urtümlichen segeltragenden Pelycosaurier *Edaphosaurus* und *Dimetrodon* mit ihren seltsamen Rückenkämmen. Auf diese wichtige und faszinierende Gruppe wird unten näher eingegangen.

Die Tiere von Geraldine sind eine Mischung aus nahezu vollständigen Skeletten und zusammengestückelten Fragmenten. Es sieht aus, als ob die Skelette aufgereiht worden seien, und sie wurden gemeinsam mit ähnlich aufgereihten Holzklötzen und Pflanzenstengeln gefunden.

Man gewinnt aus dieser Stellung den Eindruck, daß sie allesamt durch eine mächtige Strömung erfaßt wurden. Martin Sander vom Paläontologischen Institut in Bonn kam zu dem Schluß, daß die Landtiere durch einen Waldbrand ins Wasser getrieben wurden. Sie erstickten in den Flammen, und ihre Kadaver wurden zusammen mit verbrannten Holzstükken weggeschwemmt, bis der Fluß sie endgültig begrub.

Die Pelycosaurier

Die frühen Synapsiden oder säugetierähnlichen Reptilien des oberen Karbons und unteren Perms werden als Pelycosaurier klassifiziert. Häufig werden sie irreführend auch »Segelrücken-Reptilien« genannt.

Zwar tragen die texanischen *Dimetrodon* und *Edaphosaurus* beeindruckende Segel auf dem Rücken und stehlen den Dinosauriern ein wenig die Schau, aber die Mehrheit der Pelycosaurier, wie *Ophiacodon*, *Haptodus* und der 3 m lange Pflanzenfresser *Cotylorhynchus* besaßen keine Segel. Die Pelycosaurier waren mit rund 70 Prozent aller gefundenen Arten zweifellos die Schlüsselgruppe des unteren Perms.

Die Pelycosaurier werden in sechs Familien unterteilt, zu denen Tiere zwischen 60 cm und 4 m Länge gehören. Das in den texanischen Redbeds gefundene *Dimetrodon* (Kammrückenechse) war Fleischfresser mit einem hohen, schmalen Schädel, kräftigen Kiefern und langen Dolchzähnen. Der Pflanzenfresser *Edaphosaurus* ist ebenfalls mit kräftigen Kiefern ausgestattet, besitzt jedoch kleinere blattförmige Zähne an den Kieferseiten und zahlreiche Mahlzähne in der Gaumenmitte. Es ist klar, daß die Pflanzenfresser nach den Fleischfressern auf den Plan traten; sämtliche Reptilien des Karbons fraßen Insekten oder größere Beute, und *Edaphosaurus* gehörte zu den frühesten pflanzenfressenden Reptilien.

Die Segel bei *Edaphosaurus* und *Dimetrodon* waren keineswegs typisch für die Pelycosaurier, und man schenkt ihnen vielleicht mehr Aufmerksamkeit, als sie verdienen. Bei beiden Tieren bestand das Segel aus verlängerten Dornfortsätzen der Rückenwirbel, des letzten Halswirbels und der Lendenwirbel. Diese Dornfortsätze bildeten eine Art halbiertes Rad, das sich zum Hals und Rücken hin neigt und in der Seitenansicht wie ein Segel aussieht. An der Basis der Dornfortsätze befanden sich Auskehlungen, vermutlich für Blutgefäße der Deckhaut.

Eine elegante Theorie schlägt vor, daß die Funktion dieses dünnflächigen, gut durchbluteten Segels in der Wärmeregulierung lag. Als primitive Reptilien waren die Pelycosaurier außerstande, eine konstante Körpertemperatur zu halten. Sie waren wechselwarm, ihre Bluttemperatur richtete sich nach der Temperatur der Umgebung. Das Klima der texanischen Redbeds war tropisch, d. h. es gab kalte Nächte und heiße Tage. Ein kaltes Reptil ist träge, Wärme regt es an. Nun nimmt man an, daß die Kammrückenechsen im Morgengrauen mit der Breitseite zur Sonne die Wärme aufnahmen, um rascher in Schwung zu kommen. Wenn mittags bei gestiegener Temperatur Überhitzung drohte, konnten sie entweder ihre Schmalseite der Sonne zuwenden oder in den Schatten flüchten, wo das Segel die Hitze abgab.

Die Theorie von der Wärmeregulierung macht durchaus Sinn, insbesondere wenn man bedenkt, daß sowohl der pflanzenfressende *Edaphosaurus* wie auch sein Hauptfeind *Dimetrodon* ein Segel besaßen, dessen »Schub« sie zur Jagd oder zur Flucht nutzen konnten. Aber was war mit den restlichen Pelycosauriern und allen anderen segellosen Reptilien? Sie scheinen auch ohne sehr gut ausgekommen zu sein.

Der erste im Wasser lebende Amniot

Es waren 80 Millionen Jahre Evolution erforderlich, bevor sich ein Reptil an das Leben im Wasser anpaßte. Aber es war ein erster, zögerlicher Schritt. *Mesosaurus* war ein 1 m langes, leichtgebautes Tier mit einer Reihe unverwechselbarer Anpassungen für das Leben im Meer: langer, hoher Schwanz, den er beim Schwimmen seitwärts schlug, breite Ruderfüße zum Steuern, schwache Schulter- und Beckengürtel an den Gliedmaßen, verdickte Rippen, langer Hals und krokodilartiger Schädel mit langen, von scharfen Zähnen starrenden Kiefern, die er benutzte, um Fische zu schnappen und festzuhalten, während das Wasser aus seinem Maul lief.

Mesosaurus ist nur von einem Fundort in Brasilien und der Westküste des südlichen Afrika bekannt, die im unteren Perm Nachbarn in Gondwana waren, als der Atlantik noch nicht existierte. Er stellt ein fortgeschrittenes Stadium im Umbau eines Reptilkörpers für das Leben im Wasser dar.

Als erstes marines Reptil durchpflügte *Mesosaurus* flache Meere und Süßgewässer auf der Westseite Afrikas und in Ostbrasilien. Mit seinem langen, seitlich abgeflachten Schwanz und den flossenartigen Gliedmaßen war das kleine Reptil perfekt an das Leben unter Wasser angepaßt. Mit kunstvoll ineinandergreifenden Nadelzähnen fing Mesosaurus kleine Fische.

DIE ENTWICKLUNG DES SÄUGETIER-KIEFERS

Eine der nachhaltigsten Veränderungen erfolgte mit der Entwicklung der Reptilien zu Säugetieren; das Kiefergelenk wechselte seinen Standort. Das Kiefergelenk der Reptilien liegt zwischen dem Quadratum (im Schädel) und dem Articulare (im Unterkiefer), während es sich bei Säugetieren zwischen dem Schuppenbein und dem Dentale befindet. Wie konnte ein solch dramatischer Wandel vor sich gehen?

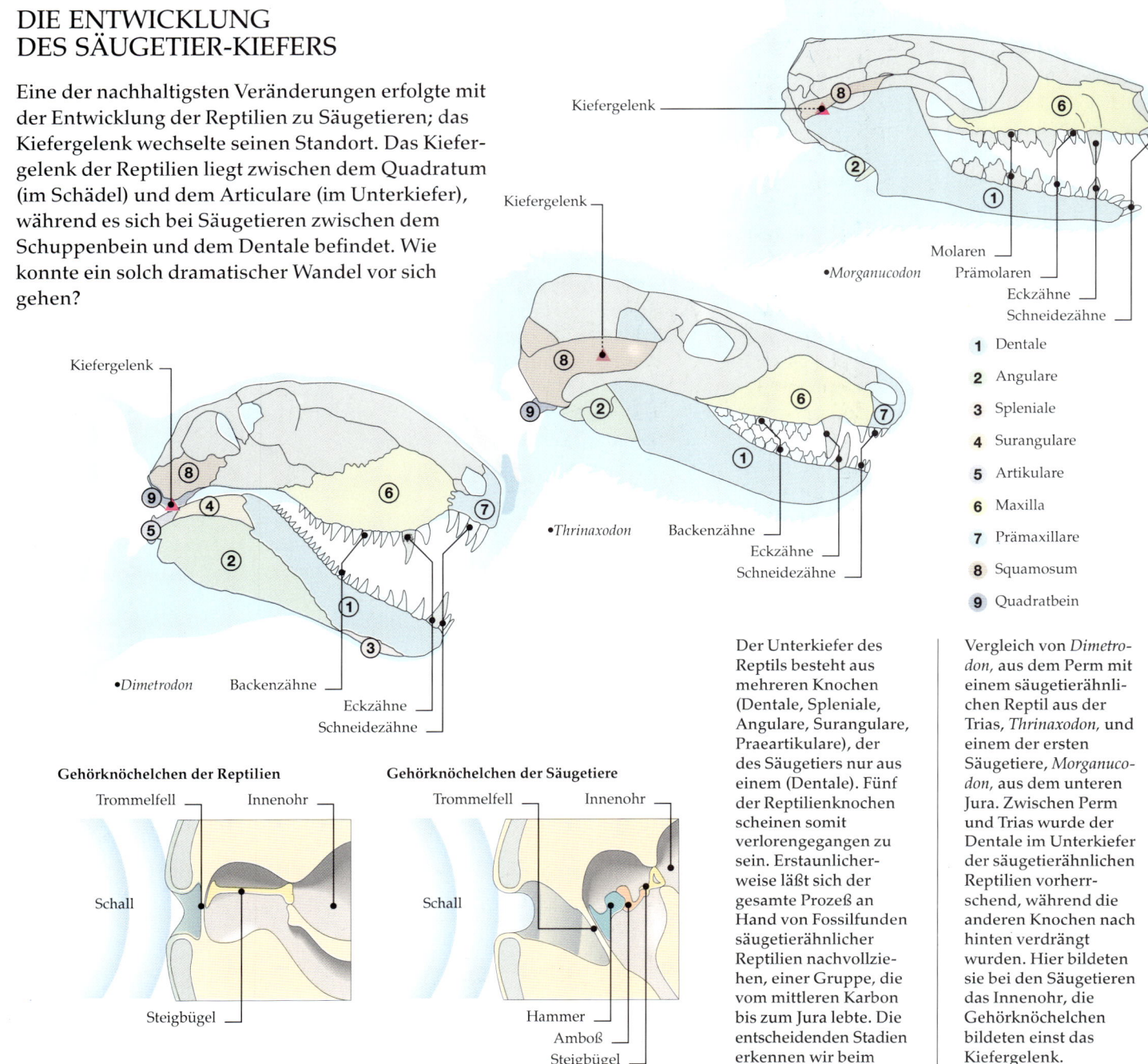

Kiefergelenk

•*Morganucodon*

Molaren
Prämolaren
Eckzähne
Schneidezähne

1 Dentale
2 Angulare
3 Spleniale
4 Surangulare
5 Artikulare
6 Maxilla
7 Prämaxillare
8 Squamosum
9 Quadratbein

Kiefergelenk

•*Thrinaxodon* Backenzähne
Eckzähne
Schneidezähne

Kiefergelenk

•*Dimetrodon* Backenzähne
Eckzähne
Schneidezähne

Gehörknöchelchen der Reptilien

Trommelfell Innenohr
Schall
Steigbügel

Gehörknöchelchen der Säugetiere

Trommelfell Innenohr
Schall
Hammer
Amboß
Steigbügel

Der Unterkiefer des Reptils besteht aus mehreren Knochen (Dentale, Spleniale, Angulare, Surangulare, Praeartikulare), der des Säugetiers nur aus einem (Dentale). Fünf der Reptilienknochen scheinen somit verlorengegangen zu sein. Erstaunlicherweise läßt sich der gesamte Prozeß an Hand von Fossilfunden säugetierähnlicher Reptilien nachvollziehen, einer Gruppe, die vom mittleren Karbon bis zum Jura lebte. Die entscheidenden Stadien erkennen wir beim

Vergleich von *Dimetrodon*, aus dem Perm mit einem säugetierähnlichen Reptil aus der Trias, *Thrinaxodon*, und einem der ersten Säugetiere, *Morganucodon*, aus dem unteren Jura. Zwischen Perm und Trias wurde der Dentale im Unterkiefer der säugetierähnlichen Reptilien vorherrschend, während die anderen Knochen nach hinten verdrängt wurden. Hier bildeten sie bei den Säugetieren das Innenohr, die Gehörknöchelchen bildeten einst das Kiefergelenk.

Die südafrikanischen Therapsiden

Die Pelycosaurier lebten vornehmlich im unteren Perm. Gleichzeitig tauchen einige neue Arten säugetierähnlicher Reptilien in den obersten Schichten der texanischen Redbeds auf. Aber die neue Welle der Reptilien-Evolution im oberen Perm erfolgte im heute europäischen Teil Rußlands und in Südafrika. Wegen seines Reichtums an therapsiden Fossilien wollen wir uns auf Südafrika konzentrieren.

Das Karroo-Becken in Südafrika ist ein ungeheuer großes Gebiet aus von Flüssen und Seen abgelagertem Sandstein und Tonstein. Hier gab es im Perm üppige subtropische Wälder, die aus Samenfarn, *Glossopteris*, aus Schachtelhalmen und Gingkos bestanden. Im Jahre 1840 wurden in der heutigen Halbwüste Fossilien von Reptilien gefunden: Der schottische Ingenieur Andrew Bain entdeckte ein »Beinhaus« voller Knochen in der Nähe von Beaufort. Im Jahre 1845 erreichte eine Schiffsladung London, wo Sir Richard Owen die neuen und überraschenden Tierfunde beschrieb — *Dicynodon*, zahnlos bis auf ein paar

Hauer, und viele andere ungewöhnliche Kreaturen. Danach sammelten mehrere herausragende viktorianische Paläontologen in dem Karroo. Eine umfangreiche Forschungstätigkeit setzte im zwanzigsten Jahrhundert ein, als ein weiterer schottischer Landsmann, Robert Bloom (1866–1951), an den größten Ausgrabungen teilnahm und Dutzenden neuer Arten Namen gab. Er gehörte noch zur alten Schule, und man sah ihn am Ausgrabungsort nie anders als im förmlichen Gehrock mit steifem Vatermörder und Zylinder. Bloom wies die grundlegende Bedeutung der südafrikanischen Funde nach, die den evolutionären Zwischenraum zwischen den nordamerikanischen Pelycosauriern und den späteren säugetierähnlichen Reptilien und vielleicht sogar zu den Säugetieren überbrückte.

Die »fortschrittlichen« säugetierähnlichen Reptilien des Karroo sind sämtlich Therapsiden, die Nachfolger der Pelycosaurier in der synapsiden Linie. Sie besitzen eine Reihe von »Säuger«-Eigenschaften, darunter eine größere Öffnung hinter den Augenhöhlen, weniger Gaumenzähne und ein vergrößertes Dentale, den zahntragenden Unterkieferknochen. (Bei diesen frühen säugetierähnlichen Reptilien stellte das Dentale einen von mehreren Knochen dar, die den Unterkiefer bildeten; er hat sich zum einzigen Unterkieferknochen bei den modernen Säugetieren entwickelt. Experimente mit den Zähnen waren ein Schlüssel zur Säugetierentwicklung. Kein anderes Tier weist eine derartige Vielfalt mit so vielen spezialisierten Funktionen auf.) Die Therapsiden des Oberperms gliedern sich in vier Hauptgruppen: Dinocephalia, Dicynodonten, Gorgonopsia und Therocephalia.

Zu den Dinocephalia gehörten sowohl Pflanzen- als auch Fleischfresser. *Titanosuchus* war offensichtlich Fleischfresser, seine gut entwickelten Reißzähne waren ideal zum

Im südafrikanischen Tropenwald vor rund 250 Millionen Jahren prallen zwei männliche *Moschops* mit ihren massiven Schädeln zusammen. Diese großen Pflanzenfresser waren ca. 5 Meter lang. Vermutlich ermittelten sie durch diese Kopfstoß-Kämpfe den Führer der Herde, so wie heutige Wildschafe während der Paarungszeit.

Hovasaurus, ein Vertreter einer kurzlebigen aquatischen Gruppe diapsider Reptilien aus dem oberen Perm in Afrika und Madagaskar, benutzte zum Schwimmen im Süßwasser den seitlich abgeflachten Schwanz zur Fortbewegung und die eidechsenartigen Gliedmaßen zum Steuern. Er war jedoch auch landangepaßt und jagte seine Beute vermutlich in beiden Lebensräumen.

Packen und Zerreißen der Beute. Er hatte sehr kurze Beine und einen schweren Schädel. Rasante Verfolgungsjagden waren eindeutig nicht seine Spezialität. Der Pflanzenfresser *Moschops* war ein 5 m langes, bulliges Tier. Mit seinem massiven Walzenkörper und schweren Gliedern erinnert er oberflächlich an einen überdimensionalen paläozoischen Pitbull-Terrier. Verglichen mit seinem Körper scheinen die Beine zu einem nur halb so großen Tier zu gehören. Die Schultern strotzten vor Knochen und Muskeln und trugen einen Schädel mit einer 10 cm dicken Schädeldecke.

Mit Arten zwischen 30 cm und 3 m Länge waren die Dicynodonten eindeutig die beherrschenden Therapsiden ihrer Zeit. Die Dicynodonten besaßen entweder keine Zähne oder ein Paar einfache Eckzähne. Als Pflanzenfresser fiel es ihnen nicht schwer, ihre Pflanzennahrung wie Schildkröten mit einem hornigen Schnabel abzurupfen. Die Kieferknochen beschrieben beim Kauen einen Kreis, wobei der Unterkiefer zunächst vorgeschoben wurde, die Nahrung erfaßte und zurückkriß. Dies gelang mittels enormer Muskeln im Unterkiefer, die an einer massiven Knochenbasis am hinteren Schädel verankert waren.

Die Gorgonopsia waren Fleischfresser mit Säbelzähnen. Typische Vertreter wie *Lycaenops* erreichten 1 m Länge und hatten einen dynamischeren Körperbau mit längeren Gliedern und kleineren Schädeln als die fleischfressenden Dinocephalia. Vermutlich ernährten sie sich von den großen, dickhäutigen Pflanzenfressern und Dicynodonten, deren Haut sie mit ihren verlängerten Reißzähnen durchbohrten.

Die gemischte Gruppe der Therocephalia bestand aus kleineren Fleischfressern, die sich von kleinen Dicynodonten und eidechsenähnlichen Reptilien des Karroo ernährten. Diese kleineren Reptilien sind vermutlich weniger bekannt als die säugetierähnlichen Reptilien, weil sie von den Fossiliensuchern in der heißen Karroo-Landschaft nicht so leicht gefunden werden.

Die anderen Tiere des oberen Perms im südlichen Afrika sind Diapside von bescheidener Größe. *Hovasaurus* war ein eidechsenähnliches Wassertier mit breiten hinteren Ruderfüßen zum Steuern. Der Schwanz war wie beim *Mesosaurus* und vielen anderen Wasserreptilien seitlich abgeflacht. Der fischfressende *Hovasaurus* tauchte mit Hilfe von Steinen in der Bauchgegend, die er als Gegengewicht zum Auftrieb im Wasser schluckte. Krokodile wenden diese Ballast-Technik noch heute an, und man könnte sie als eine erste Form der Verwendung von Werkzeugen ansehen.

Ein auffälliger Diapside des oberen Perms in Madagaskar, Deutschland und England ist *Weigeltisaurus*. Er besaß einen kurzen, in Seitenansicht dreieckig geformten Kopf, eine bemerkenswerte Halskrause und kurze Beine. Was dieses leicht gebaute, kleine Tier hervorhebt, sind die langen Rippenfortsätze, über die sich eine Gleitflughaut spannte. Diese Eigenschaft entwickelten später auch einige Eidechsen unabhängig voneinander. Die Fluginsekten waren nicht länger allein in der Luft — *Weigeltisaurus* konnte auf der Jagd nach ihnen von Baum zu Baum gleiten.

Zusammenbruch

Mit dem Perm ging auch das Paläozoikum, das Urzeitalter des Lebens, zu Ende. Die Namen der geologischen Zeitalter richten sich nach den offensichtlichen Veränderungen in den Fossilfunden. Der Übergang vom Perm zur Trias läutet ein neues Zeitalter, das Mesozoikum (Erdmittelalter) ein. Den Namen schlug 1840 John Phillips vor. (Adam Sedgwick hatte dem Paläozoikum 1838 seinen Namen gegeben.) Mit dem auslaufenden Perm erfuhr die Landfauna eine massive Umwälzung. Captorhiniden, Gorgonopsier, Dinocephalier, Weigeltisaurier und 81 Prozent der Amphibien-Familien starben aus. Therocephalier, Procolophonier sowie sämtliche Dicynodonten wurden in ihrem Bestand erheblich ausgedünnt. Nahezu 75 Prozent aller Familien von Amphibien und Reptilien verschwanden. Ein ähnlich umfassendes Massenaussterben schien sich im Meer zu ereignen; es erfaßte die Hälfte aller im Wasser lebenden Familien sowie vier Fünftel sämtlicher Gattungen. Das Massensterben am Ende des Perms zählt zur schlimmsten Katastrophe beziehungsweise Serie von Katastrophen, die das Leben je erfahren hat — sowohl in absoluten Zahlen verlorener Arten als auch in den schmerzlichen Folgen für die weitere Evolution. Was geschah zum Ende des Perms — und warum?

Fossilien sind keine moderne Entdeckung. Zu allen Zeiten menschlicher Existenz witterten Muscheln und Knochen aus dem Boden, wurden aus Äckern und Steinbrüchen gegraben, von Erdbeben und Erdrutschen freigelegt. In vielen Gegenden der Welt offenbart die Landschaft Gesteinsschichten, die kopfstanden, meilenweit emporgefaltet, erneut flachgemeißelt und von waagerechten Schichten bedeckt wurden, deren Farbe und Struktur unmöglich aus derselben Quelle stammen konnten, wie das Gestein, das sie bedeckten. Lange bevor die Wissenschaften der Paläontologie und Geologie erfunden und benannt waren, wußten aufmerksame Beobachter von der frühen Existenz heute unbekannter Tiere. Enorme Kräfte mußten gewirkt haben, um Gebirge emporzuheben, Flußtäler auszusägen und Schichten von Meeresmuscheln über Hunderte von Meilen ins Landesinnere zu tragen. Wie konnte das in einer Welt geschehen sein, deren Alter man einst auf nur wenige tausend Jahre schätzte?

Eine Antwort gab die Katastrophen- oder Kataklysmentheorie, derzufolge nur eine Reihe ungeheuer heftiger Ereignisse diese Auswirkungen in so kurzer Zeit verursachen konnten. Eine dieser Katastrophen war Noahs Sintflut gewesen, aber es konnte weitere gegeben haben. Von Anfang an war die Erde mit Leben erfüllt, aber eine Katastrophe, mächtig genug, um Ozeane trockenzulegen und Berge einzuebnen, mußte die Tierbevölkerungen vernichten und gerade genug von der Fauna übriggelassen haben, daß der Planet erneut bevölkert werden konnte. Wortgetreue Auslegungen der Bibel nährten diese Theorie, und obschon sie nicht überall Zustimmung fand, blieb sie doch über mehrere Jahrhunderte das herrschende Dogma im christlichen Abendland.

Vielleicht fiel der Glaube an die Theorie von einer so jungen Erde leichter in einem von großen Ebenen oder tropischen Wäldern bedeckten Land. James Hutton aber wurde 1726 in Schottland geboren, dessen geologische Formationen zum großen Teil nicht unter Gras, Bäumen oder Heide versteckt liegen. Seine Untersuchungen der Landschaft überzeugten ihn, daß die Welt so alt war, »daß wir kein Zeugnis für einen Anfang noch die Aussicht auf ein Ende finden«. Im Jahre 1788 nahm er seinen Freund, den Geistlichen und Mathematiker John Playfair mit zum Sicar Point an der Küste von Berwickshire, wo eine sanft abfallende Schicht von Old-Red-Sandstein auf hochkant stehenden silurischen Ton- und Sandsteinen liegt. Playfair beschrieb, was

geschehen sein mußte, um einen Zustand zu schaffen, den die Geologie eine Winkeldiskordanz nennt. Für ihn war dies die Vision des »Abgrunds der Zeit«. In seiner 1795 veröffentlichten »Theory of the Earth« (Theorie der Erde) vertrat Hutton die Ansicht, daß die geologischen Formationen auch Zeitmarken seien und daß die Wissenschaft ihre verblendete Lehre von einer neugeborenen Erde über Bord zu werfen hätte, da man keine fantastischen Kräfte der Vergangenheit beschwören müßte, um Ereignisse zu erklären, die lediglich das Wirken von Kräften über einen langen Zeitraum erforderten.

Huttons neue Theorie wurde als Aktualismus bekannt. Zu ihren Gegnern gehörte der große französische Paläontologe Georges Cuvier, ein brillanter Restaurator fossiler Überreste und Pionier der zoologischen Klassifizierung, der jedoch außerstande war, zwei grundlegende Verbindungen herzustellen: zwischen Aussterben und Evolution, und zwischen geologischem Wandel und der Zeit. Der Widerstand dauerte Jahrzehnte. Er wurde erst durch das Werk von Charles Lyell besiegt, der den ersten Band seines Klassikers »Principles of Geology« im Jahre 1830 herausgab. Im Untertitel skizziert er die Idee des Aktualismus als »Versuch, die früheren Veränderungen der Erdoberfläche durch derzeit wirkende Ursachen zu erklären«. Dieselbe Vorstellung vom allmählichen Wandel übernahmen die frühen Evolutionstheoretiker, die der Ansicht waren, Fossilienfunde könnten belegen, daß rezente

Coelurosauravus, ein kleines diapsides Flugreptil, war im oberen Perm in Madagaskar, Deutschland und England sehr erfolgreich. Als erstes Wirbeltier machte er Jagd auf Insekten in der Luft. Getragen von einer über die Rippen gespannten Haut (ähnlich der der modernen Flugechse *Draco*) konnte *Coelurosauravus* nur gleiten. Der Flatterflug wurde erst viel später entwickelt.

Arten sich auf langsamen Wegen bis heute entwickelt haben, wobei die natürliche Selektion mit der Beharrlichkeit geologischer Prozesse voranschritt.

Diese Theorien wurden durch spätere Forschungen wieder in Frage gestellt, und man entwarf ein neuartiges Katastrophen-Szenario. Die Plattentektonik hat unsere Vorstellungen vom Wandel erweitert; die Ökologie der Erde sieht heute weit weniger dauerhaft aus als noch im 19. Jahrundert — vor Umweltverschmutzung, Treibhauseffekt, Ozonloch und atomarem Winter. Wir wissen heute viel mehr darüber, was geschehen ist, sowohl mit unserem eigenen Planeten als auch mit unseren Nachbarn im Sonnensystem, und wir wissen, daß sich nicht aller Wandel langsam vollzogen hat. Meere trocknen aus, Gletscher weichen zurück oder dehnen sich aus, das Klima ändert sich und Ozeane kühlen rascher ab, als die Anpassung des Lebens dies nachvollziehen kann. Asteroiden und Kometen können einschlagen. Das ganze Weltall ist ein viel unruhigerer Ort, als man im 19. Jahrhundert noch angenommen hatte. Wir wissen heute auch viel mehr über das Auf und Ab des Lebens, wie es sich in der Erdgeschichte widerspiegelt. Es war den Geologen bereits vor 150 Jahren klar, daß von einem Zeitalter zum nächsten große Veränderungen stattgefunden haben müssen, deshalb haben sie auch verschiedene Namen.

Die Paläontologen haben in der Geschichte des Lebens zwei Faktoren entdeckt, die eine vollkommen aktualistische Sichtweise fraglich erscheinen lassen. Erstens erscheint der Ursprung der Arten (Speziation) in den Fossilienfunden keineswegs als eine stete Kurve kaum wahrnehmbarer Veränderungen, sondern als Serie von teilweise erheblichen Sprüngen. Einige Theoretiker halten dem entgegen, daß dies lediglich eine Folge der großen Lücken in den Funden sei, die sich mit der Zeit und durch weitere Forschung füllen werden. Andere bekräftigen die Wirklichkeit dieser Sprünge und gehen davon aus, daß die Evolution zu langen relativ unveränderten Zeitspannen tendiert, die durch rapide Entwicklungsstöße unterbrochen werden. Solche Sprünge ereignen sich möglicherweise dann, wenn eine Art vom Hauptstrom der Entwicklung abgeschnitten wird, und zwar unter bestimmten Bedingungen, die solche Veränderungen erzwingen oder fördern; der eigentliche Übergang erscheint in den Fossilienfunden erst, nachdem sich die neue Art weit genug verbreitet und zahlenmäßig entfaltet hat, um sich als Fossil zu verewigen.

Diese beiden Denkschulen bezeichnet man als »phyletic gradualism« (phyletischer Gradualismus) und »punctuated equilibrium« (durchbrochenes Gleichgewicht); letztere wurde zum ersten Mal 1972 in einer Veröffentlichung von Niles Eldredge und Stephen Jay Gould vorgestellt.

Der zweite Faktor ist weit weniger umstritten. Aus den Fossilienfunden geht hervor, daß zahlreiche Veränderungen von einer Periode oder Ära zur nächsten durch ein Massenaussterben verursacht wurden, das massiv genug war, um nicht nur Arten, sondern auch ganze Familien und Ordnungen zu vernichten. Dies trifft zum Beispiel auf das Massenaussterben gegen Ende des Ordoviziums zu, als über ein Fünftel der Familien ausstarb. Dieses Kapitel behandelt später noch das Massenaussterben in der späten Trias, das den Weg für die Dinosaurier ebnete, und Kapitel vier widmet sich dem bekanntesten Fall von Massenaussterben, das vor 65 Millionen Jahren zum Ende der Kreidezeit für die Dinosaurier den Untergang bedeutete und den Start der Säugetiere ermöglichte. Keines dieser Ereignisse reicht jedoch an das Ausmaß des Aussterbens im Oberperm heran, als so viele Arten vernichtet wurden, daß es den Abschluß der Ära des alten Lebens, des Paläozoikums bedeutete.

Das Massensterben am Ende des Perms wog mindestens doppelt so schwer wie jedes andere, möglicherweise gar fünf- bis zehnmal so schwer. Man schätzt, daß nur fünf Prozent aller Arten überlebten, verglichen mit rund 50 Prozent bei den schwersten der übrigen Katastrophen. Und ausgerechnet dieses Ereignis stellt sich auch noch als das am schwersten zu untersuchende heraus. Probleme mit der Datierung der Gesteine führen zu Unstimmigkeiten der Zeitskala, und es mangelt uns an guten fossilführenden Gesteinsformationen, die das entscheidende Zeitintervall belegen. Keiner der nachgewiesenen Sterbefälle hat eine bewiesene Ursache, was nicht überrascht, untersuchen die wissenschaftlichen Detektive doch »Verbrechen«, die Hunderte von Millionen Jahren zurückliegen. Im Leichenschauhaus liegen versteinerte Knochen, und der Tatort existiert nicht mehr oder hat sich verändert. Das gesamte Beweismaterial wurde eher zufällig entdeckt. Wir haben eine Reihe von Verdachtsmomenten: Veränderungen des Meeresspiegels, der Atmosphäre oder des Klimas, Vulkanausbrüche, außerirdische Einflüsse. Doch einige dieser Ereignisse können auch zu Zeiten stattgefunden haben, als gar kein Massenmord am Leben begangen wurde. Keiner der

GLOBALE STRUKTUREN

Karbon	Perm	Trias	Jura	Kreide		
360	286	245	208	144	65	0

Der große Zusammenstoß vor 245 Millionen Jahren wurde vermutlich durch den ungewöhnlichen Zustand der Welt jener Zeit verursacht. Im oberen Perm bewegten sich die Kontinente aufeinander zu und verschmolzen zu der großen Landmasse Pangäa. Ein Effekt war, daß sich die Gesamtfläche der flachen Küstengewässer verringerte. Durch die Verschmelzung der beiden Kontinente miteinander verschwand das dazwischenliegende Meer und damit zum großen Teil auch das dort angesiedelte Leben.

Auch auf das Land wirkte sich die Kontinentalverschmelzung dramatisch aus. Im Innern der Kontinente entstanden ungeheure, aufgrund der riesigen Entfernung zum Meer vermutlich leblose Wüsten (siehe unten). Die Temperaturen in diesen Wüsten schwankten zwischen den Extremen Glut und Frost. In den Gebirgsregionen, die zum großen Teil aufgefaltet wurden, als die Kontinente sich ineinander verkeilten und an den Rändern empordrückten, herrschten niedrige Temperaturen. Es bildeten sich vermutlich Gletscher. Weltweit entstanden ausgeprägte Jahreszeiten.

Diese physikalischen Ereignisse hat man aus paläoklimatischen Untersuchungen an Gesteinen des oberen Perms sowie aus theoretischen Modellen ermittelt. Alle Teilaspekte der Klimaverschlechterung zusammengenommen könnten ein Aussterbeereignis erklären, aber es bleibt dennoch schwer vorstellbar, daß sie zu einem derartig massiven Massenaussterben geführt haben sollen.

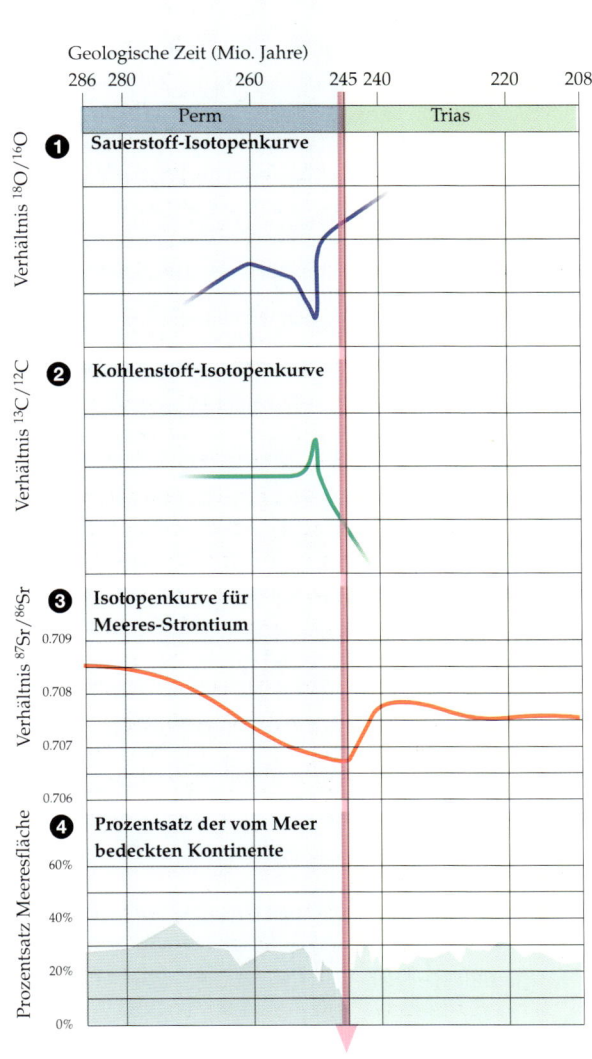

Geologische Zeit (Mio. Jahre)
286 280 260 245 240 220 208

Perm | Trias

❶ Sauerstoff-Isotopenkurve
Verhältnis $^{18}O/^{16}O$

❷ Kohlenstoff-Isotopenkurve
Verhältnis $^{13}C/^{12}C$

❸ Isotopenkurve für Meeres-Strontium
Verhältnis $^{87}Sr/^{86}Sr$
0.709
0.708
0.707
0.706

❹ Prozentsatz der vom Meer bedeckten Kontinente
Prozentsatz Meeresfläche
60%
40%
20%
0%

Verschiedene Umweltindikatoren verweisen auf Änderungen zur Zeit des großen Aussterbens vor 245 Millionen Jahren.

Die Sauerstoffisotopen-Kurve zeigt vor dem Übergang einen scharfen Abwärtsknick, dem eine ebenso scharfe Aufwärtsbewegung folgt. Daraus läßt sich ein abrupter Anstieg der globalen Temperatur ablesen, dem ein längerfristiges Absinken an der Grenze zwischen Perm und Trias folgte.

Die Kohlenstoffisotopen-Kurve steigt etwa eine Million Jahre vor dem Übergang steil an, um dann während des Übergangs steil abzufallen, was für die Oxidation organischen Kohlenstoffs spricht, gefolgt von einem Abfall des Sauerstoffs, der möglicherweise das Massensterben verursacht hat.

Die Strontiumisotopen-Kurve und die Meeresspiegelschwankungen scheinen weitgehend parallel zu verlaufen. Im oberen Perm zog sich das Meer weit von den Kontinenten zurück, um sie dann in der unteren Trias zu überschwemmen. Der hohe Strontiumgehalt im unteren Perm sinkt im oberen Perm drastisch ab, um danach wieder anzusteigen. Dies hängt möglicherweise mit Veränderungen der plattentektonischen Aktivität zusammen.

LINKS: Die Karte der Welt zur Zeit des oberen Perms zeigt die zu Pangäa verschmolzenen Kontinente. Es gab vier verschiedene Floren aus der Zeit, als die Welt noch in vier Hauptkontinente geteilt war.

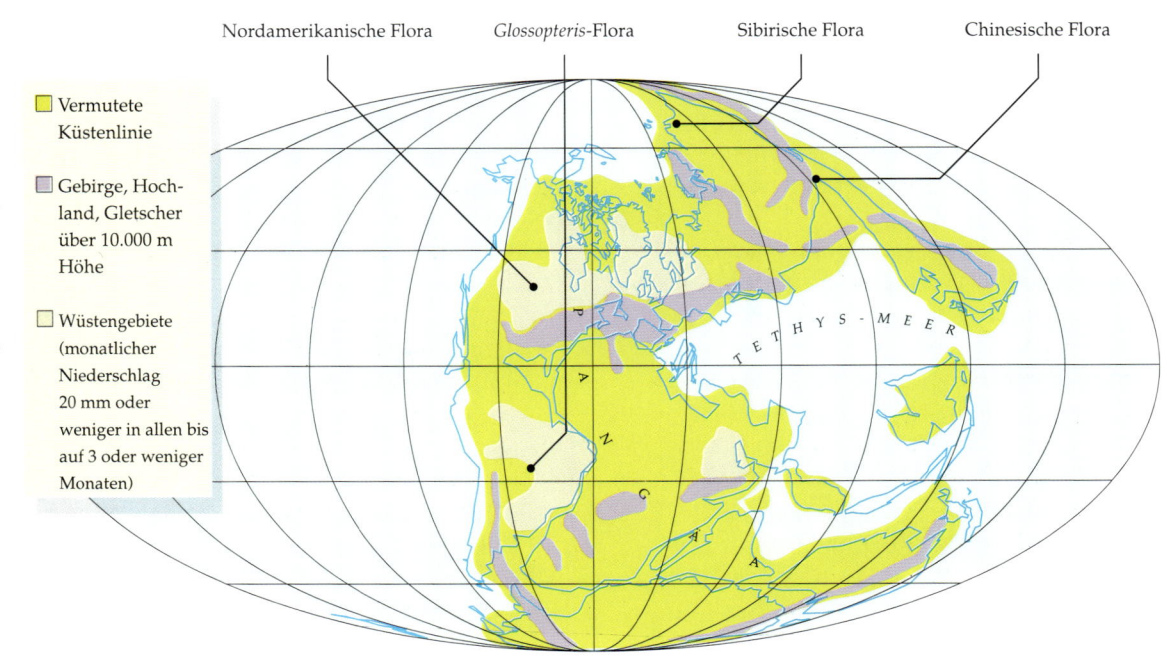

Nordamerikanische Flora *Glossopteris*-Flora Sibirische Flora Chinesische Flora

Vermutete Küstenlinie

Gebirge, Hochland, Gletscher über 10.000 m Höhe

Wüstengebiete (monatlicher Niederschlag 20 mm oder weniger in allen bis auf 3 oder weniger Monaten)

TETHYS-MEER

PANGÄA

Beweise ist eindeutig, keiner wurde ausschließlich am Tatort und nirgendwo sonst gefunden.

Tod im Meer

Die reichsten Funde von tierischem Leben im Meer stammen von Gesteinsformationen auf dem Kontinentalschelf, der Küste etwas vorgelagert und außerhalb des Einflusses von Brandungswellen, die eine Konservierung erschweren. Einige der schönsten Fossilien stammen aus warmem Wasser, wo sich normalerweise Kalkstein ablagert, der häufig große und kleine, in lebendiger Pose erhaltene Fossilien beherbergt. Es ist gelungen, bemerkenswert detaillierte Bilder dieser marinen Lebensräume des Karbons und Perms nachzuzeichnen. Da sind vor allem die komplexen und ausgedehnten Korallenriffe mit den sie besiedelnden Bryozoen (Moostierchen), Arthropoden, Seelilien, Seesternen, Seeigeln, Brachiopoden (Armfüßern), Gastropoden (Schnecken) und Muscheln auf der Oberfläche, grabenden Würmern, Muscheln und Arthropoden darunter und Nautiliden sowie Fischen, die darüber schwammen. Zwei weitere Flachwasserlebensräume stellten die harten Untergründe aus halbverfestigten Kalksteinschlämmen dar, die von sessilen Organismen, die ihre Nahrung aus dem Wasser filterten, wie Bryozoen und Seelilien, besiedelt und von Schwämmen, Muscheln und Würmern durchsetzt wurden, sowie andere, nicht kalkige Schlammgründe, die kleinere Gemeinschaften von Muscheln, Arthropoden, Würmern und dergleichen beherbergten. All diese Organismen lagen zu Beginn der Trias in den letzten Zügen. Die typischen paläozoischen Lebensgemeinschaften starben aus. Neue Lebensgemeinschaften aus hochbeweglichen Mollusken (Weichtieren), Arthropoden und Echinodermen (Stachelhäutern) ersetzten sie und herrschen bis heute vor.

Bei einer Untersuchung sämtlicher Meerestiere errechnete John Sepkoski jr. von der Universität Chicago, daß 54 Prozent der Familien in den letzten rund 5 Millionen Jahren des Perms ausstarben. Der Anteil der vernichteten Gattungen betrug 78–84 Prozent, was wiederum die Artenvielfalt um 96 Prozent senkte. Es ist einfacher, die Überlebenden zu zählen: 46 Prozent der Familien, lediglich 16–22 Prozent der Gattungen und nur noch 4 Prozent der Arten. Jede Familie von Tieren zählt normalerweise zehn oder mehr Gattungen, und jede Gattung beinhaltet mehrere

Arten. Die Bandbreite der Überlebenden schwankt, da es schwer ist, eine größere Gruppe zu töten: Bleibt eine Art erhalten und ihre Gattung am Leben, dann überlebt auch die ganze Familie. Doch die 46 Prozent der überlebenden Familien waren alle schwer angeschlagen, und einige von ihnen hatten extreme Schwierigkeiten, die Trias zu überleben.

Das Ausmaß der Vernichtung schwankte erheblich. Auf Familien bezogen verlor das Meer 98 Prozent der Seelilien, 78 Prozent der Brachiopoden, 76 Prozent der Bryozoen, 71 Prozent der Cephalopoden (Kopffüßer) und 50 Prozent der kleinen Foraminiferen (Wurzelfüßer). Mehrere größere Gruppen gingen gleichzeitig verloren, darunter die Blastoiden (Klasse der Echinodermen), Eurypteriden, rugose und tabulate Korallen, die bereits in der Krise des oberen Devons stark gelitten hatten, und der Restbestand an Trilobiten (Dreilapperkrebse). Insgesamt betrug der Verlust an Wirbellosen des Paläozoikums 79 Prozent aller Familien, im Vergleich zu 27 Prozent Verlust bei den Gastropoden, Schwämmen und Muscheln der »modernen« Fauna, die sie ersetzten.

Gesichter des Todes

Wir wollen nun untersuchen, wie bestimmte Gruppen an bestimmten Orten ausstarben. Ausführliche Studien haben bereits gezeigt, daß das Massensterben im oberen Perm zum Teil plötzlich vor sich gegangen ist, meistens jedoch eine langfristige Entwicklung vorherrschte. Die dominierenden Korallengruppen des Paläozoikums, die Familie der Rugosen und Tabulaten, befanden sich das ganze Perm hindurch in einem Prozeß des Niedergangs. Sie wurden in der mittleren Trias durch ihre Nachfahren, die scleractiden Korallen, ersetzt. Hier bleibt jedoch eine Zeitlücke von Jahrmillionen, in denen anscheinend keine neuen Korallenriffe entstanden.

Eine weitere Gruppe sessiler Organismen, die Bryozoen, nahmen erst in den letzten 10 Millionen Jahren des Perms ab. Beim Plankton dauerte das Aussterben der Foraminifera das ganze Perm hindurch an, erhielt jedoch am Übergang vom Perm zur Trias einen dramatischen Schub.

Langsamer Wandel läßt auf eine allmähliche Veränderung der Lebensumstände schließen und somit eine aktualistische Deutung zu. Härter konturierte Auf- und Abstiege dazwischen sind ein Zeichen dafür, daß ein Massenaussterben auch eintreten kann, wenn ein bereits bestehender Trend durch ein plötzliches Ereignis oder Zusammentreffen von Ereignissen beschleunigt wird. Gegner der Katastrophentheorie wandten ein, daß es wissenschaftlich nicht vertretbar ist, größere Ereignisse lediglich auf vermutete Ursachen zurückzuführen, die nicht mehr wirken. Dieser Einwand verliert an Geltung, wenn die Wissenschaft nachweisen kann, daß es die verschiedensten Ursachen für potentielle Katastrophen in der Vergangenheit, Gegenwart und Zukunft gibt, die dem Mechanismus unserer Erde oder unseres Sonnensystems immanent sind.

Es mag sein, daß biologische Eigenschaften die Anfälligkeit für oder die Widerstandskraft gegen ein Aussterben unterstützen. So nahm man beispielsweise an, daß das Überleben von Muscheln, Brachiopoden und einigen weiteren Gruppen durch das Fortpflanzungsverhalten ihrer Arten beeinflußt wurde. Die Formen, die Larven produzierten, die sich planktonähnlich verhielten und ernährten und an der Oberfläche der Meere trieben, bis sie reiften und als bodenständige Formen siedelten, schienen stärker vom Aussterben bedroht als solche ohne Planktonernährungsphase. Die am meisten in Mitleidenschaft gezogenen Gruppen waren Mitglieder des Zooplanktons, sessile Organismen, die ihre Nahrung aus dem Wasser filterten, und die hochentwickelten Fleischfresser der Meere.

Als weiterer Selektionsfaktor für das Massensterben am Ende des Perms gilt die Nähe zum Äquator. In der Tat starben 75 Prozent der Familien tropischer Brachiopoden gegenüber 56 Prozent nichttropischer Familien aus. Professor Steven Stanley von der Johns-Hopkins-Universität hat darauf hingewiesen, daß im Endstadium des Perms drei größere Gruppen, die Fusulinen, die Rugosa und die Bryozoen auf das Tethys-Meer beschränkt waren, bevor die ersten beiden ausstarben und die Bryozoen 65 Prozent ihrer Familien verloren.

Stanley ist ein entschiedener Vertreter des Klimawandels als Faktor der Vernichtung. Er nimmt an, daß die globale Abkühlung gerade auf tropische Arten verheerende Folgen haben mußte, da sie nicht ausweichen konnten, und daß das äquatoriale Tethys-Meer eine letzte Zuflucht bot, bevor es von der Kälte erfaßt wurde. Es gibt zwar Belege für eine lange glaziale Periode (Eiszeit) in Gondwana, die im Karbon begann und bis ins Perm dauerte, es gibt jedoch keine überzeugenden Belege für eine weiträumige Abkühlung im oberen Perm und in der unteren Trias.

Tod an Land

Entweder war es dieselbe Gewalt, die schon das Leben im Wasser bedrohte, oder es war eine andere, aber nicht weniger tödliche Kraft, die sich im späten Perm auf das Leben an Land auswirkte. Ich habe einen weltweiten Verlust von 27 der insgesamt 37 Familien von Amphibien und Reptilien in den letzten 5 Millionen Jahren dieses Zeitalters dokumentiert. Dazu gehören sechs Familien von Amphibien, sowohl unter den Temnospondyli als auch bei den Reptilomorphen, ebenso wie Captorhiniden, Pareiasaurier, vermutlich Weigeltisaurier und Younginiformes, und mindestens fünfzehn Familien der säugetierähnlichen Reptilien, darunter die letzten Gorgonopsier und Dinocephalier, und die meisten Dicynodonten und Therocaphalier. Insgesamt wurden 73 Prozent der Tetrapoden-Familien an Land vernichtet, mehr noch als die 54 Prozent im

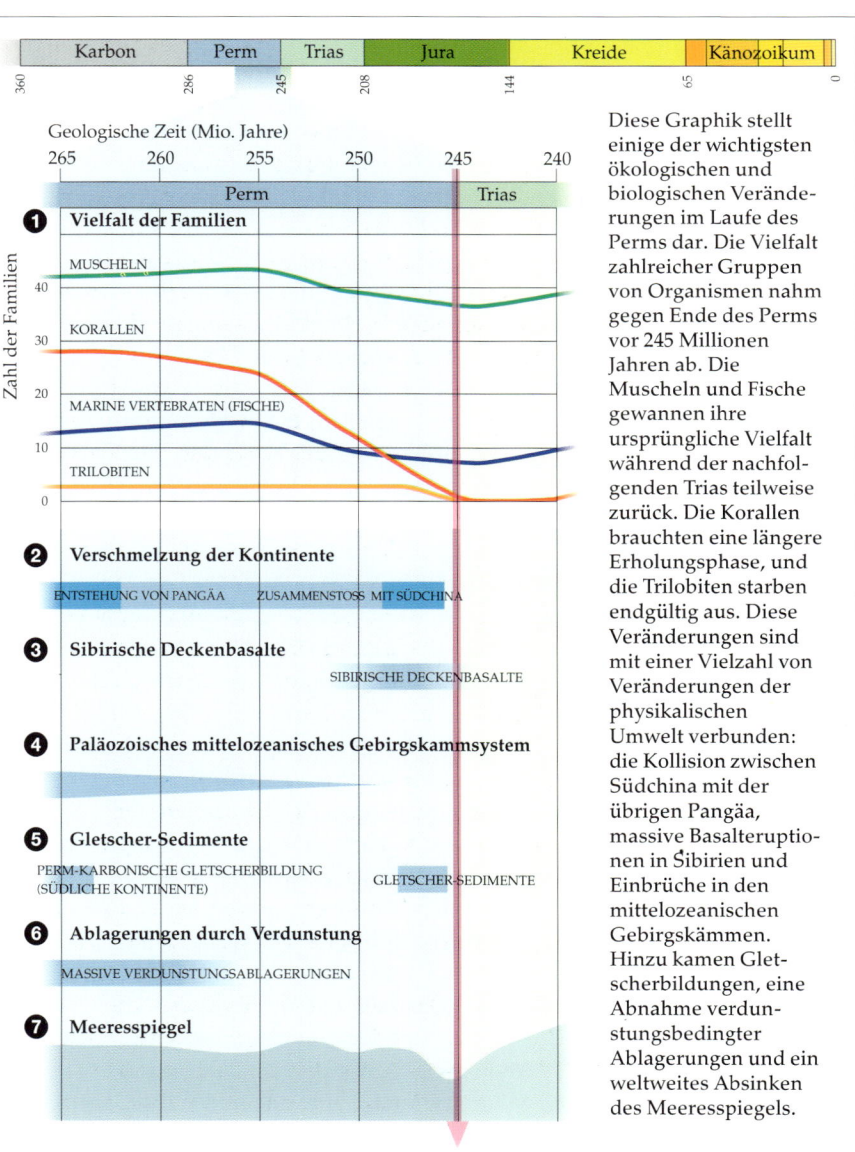

Diese Graphik stellt einige der wichtigsten ökologischen und biologischen Veränderungen im Laufe des Perms dar. Die Vielfalt zahlreicher Gruppen von Organismen nahm gegen Ende des Perms vor 245 Millionen Jahren ab. Die Muscheln und Fische gewannen ihre ursprüngliche Vielfalt während der nachfolgenden Trias teilweise zurück. Die Korallen brauchten eine längere Erholungsphase, und die Trilobiten starben endgültig aus. Diese Veränderungen sind mit einer Vielzahl von Veränderungen der physikalischen Umwelt verbunden: die Kollision zwischen Südchina mit der übrigen Pangäa, massive Basalteruptionen in Sibirien und Einbrüche in den mittelozeanischen Gebirgskämmen. Hinzu kamen Gletscherbildungen, eine Abnahme verdunstungsbedingter Ablagerungen und ein weltweites Absinken des Meeresspiegels.

Meer, was auf eine Vernichtungsquote von 98 bis 99 Prozent der Tetrapoden-Arten schließen läßt. Bei diesen Zahlen ist zu beachten, daß sie auf einer gesamten Vielfalt von 37 terrestrischen Familien weltweit basieren, im Vergleich zu 500 marinen Familien, so daß die Wahrscheinlichkeit von Fehlern vermutlich größer ist.

Neue Untersuchungen der Fossilienfunde legen nahe, daß Verluste unter den landbewohnenden Tetrapoden nicht nur am Ende des Perms zu verzeichnen waren. Ein Niedergang der Vielfalt stellte sich bereits 5 bis 10 Millionen Jahre zuvor in nahezu gleichem Maßstab an der Grenze zwischen den oberpermischen Stufen Ufimium und Kazanium ein, sowie 20 Millionen Jahre zuvor am Übergang zwischen den unterpermischen Stufen Sakmarium und Artinskium. Wiederum empfiehlt sich Vorsicht beim Umgang mit der Statistik, da die Zahlen auf einer noch kleineren Gesamtbasis der globalen Artenvielfalt von Amphibien und Reptilien gründen. Die Zahlen sind eben so global, wie es die Fossilfunde zulassen, aber sie haben ein bedeutendes Gewicht durch außergewöhnlich detaillierte Daten des unteren Perms aus dem Westen der Vereinigten Staaten und des oberen Perms aus Südafrika.

Physikalischer Wandel auf der Erde

Es gibt Anzeichen für eine Vielzahl von Veränderungen der physikalischen Beschaffenheit der Erde, der Ozeane und der Atmosphäre im Oberperm, und viele davon sprechen für das Eintreten von Ereignissen, die Massensterben erklären können. Der Meeresspiegel, das Klima, die stabilen Isotopenwerte der Schlüsselelemente im Meer und die magnetische Polarität der Erde änderten sich. Zahlreiche Vulkanausbrüche fanden statt.

Ab der sakmarischen Stufe des Perms senkte sich der Meeresspiegel das ganze Zeitalter hindurch immer schneller und erreichte seinen Tiefstand am Übergang vom Perm zur Trias. Man schätzt, daß durch das starke Absinken über 70 Prozent des Kontinentalsokkels freigelegt wurden. Das Absinken des Meeresspiegels wurde durch große plattentektonische Vorgänge verursacht, die mit der Entstehung (manche Geologen sagen: mit der Neuentstehung) der großen Landmasse Pangäas im Oberperm verbunden sind, als sämtliche Kontinente zu einem einzigen

verschmolzen. Dieses Verschmelzen erfolgte selbstverständlich an den Rändern ihrer Kontinentalsockel und nicht an den Küsten. Der äußerste Sockel markiert den Rand einer tektonischen Platte, die scharfe Grenze zwischen der kontinentalen und der ozeanischen Erdkruste. Die Verschmelzung kontinentaler Sockel in einem Puzzlespiel aneinanderreibender Platten schob große Gebiete in die Höhe, die einst unter Wasser gelegen und den Lebensraum für eine Vielzahl mariner Lebewesen geboten hatte. Möglicherweise ging dieser Prozeß mit einer Unterbrechung des Ausstoßes neuen Krustenmaterials aus den Quellen unter den mittelozeanischen Rücken einher. Als diese Rücken absanken, floß noch mehr Wasser von den kontinentalen Küsten ab.

Aufgrund von Funden aus Sibirien und Ostaustralien geht man davon aus, daß gegen Ende des Perms eine Eiszeit herrschte. Im oberen Perm drehte Pangäa sich und trieb nach Norden, wobei Sibirien in die Nähe des Nordpols geriet, während Australien und die Antarktis in Südpolnähe blieben. Wenn eine Landmasse in die Nähe der Pole geriet, trat ein steiles Temperaturgefälle ein, und im Landesinneren bildeten sich Eiskappen. Als die Eisbildung einmal begonnen hatte, wurde mehr Sonnenlicht reflektiert als absorbiert (der sogenannte Albedo-Effekt), die Abkühlung wurde beschleunigt und die Eiskappe dehnte sich aus. Die Eisbildung senkte weltweit den Meeresspiegel, weil sie dem Wasserkreislauf Wasser entzog. Für die Existenz dieser Eiszeit spricht die Tatsache, daß der Meeresspiegel während des oberen Perms alle 2,5 Millionen Jahre auf- und abschwappte, möglicherweise infolge zyklischer Perioden der Eiszeit.

Die Entstehung eines Superkontinents, der sich nahezu bruchlos zwischen den Polen erstreckte und von dem riesigen Weltmeer Panthalassa umgeben wurde, hatte zwangsläufig ungeheure Auswirkungen auf das Klima. Das Ende der südlichen Eiszeit während des Sakmariums (vor 277 bis 268 Jahren) führte zum Anstieg der Temperaturen und zu einer weltweit verstärkten Trockenheit. Sichere Anzeichen dafür sind die massiven Salzablagerungen aus den unteren Schichten des mittleren Perms aufgrund der schrumpfenden Meere, die in Form sedimentärer, als Evaporite bekannte Gesteine erhalten sind. Weitere Sedimente belegen harte Klimate, typisch für die kontinentalen Gebiete des Inlands, wo die mäßigenden Einflüsse des Meeres fehlen und die angesichts einer einzigen Landmasse riesig waren. Die durchschnittlichen Temperatur-schwankungen zwischen Sommer und Winter werden auf 50 °C geschätzt. Eine weitere Eigenart dieser Gebiete im Inneren der Kontinente waren schwere Monsune. Kohleab-lagerungen in China, Indien und Rußland belegen das feuchte Klima in diesen Gebieten, die im gemäßigten Gürtel des Perms lagen.

Im Oberperm fanden außerdem große Veränderungen in der Chemie des Ozeans statt, die wir mit Hilfe der Massenspektro-metrie erfassen, indem wir die Proportionen der stabilen Isotopen verschiedener Schlüssel-elemente in den Gesteinen jenes Zeitalters messen. Zahlreiche Elemente kommen in der Natur in mindestens zwei stabilen Isotopenfor-men mit jeweils unterschiedlichem Atomge-wicht vor und lassen sich mit unterschiedli-chen Massezahlen identifizieren: Je niedriger die Zahl, desto leichter das Isotop. Kohlenstoff existiert mit den stabilen Isotopen ^{12}C und ^{13}C. Die eine Form besitzt 12, die andere, seltenere Form 13 Atome. Auf der Erde gibt es eine feste Menge von beiden, und die Wissenschaft hat sich international auf eine Norm geeinigt, die das Verhältnis festlegt, in dem die Verteilung zwischen schwereren und leichteren Isotopen einer Substanz im Vergleich zu einer Normal-verteilung besteht. Bei biochemischen Prozes-sen in Pflanzen und Tieren hat das leichtere Isotop den Vorzug vor dem schwereren, wodurch das Gleichgewicht gestört wird, und man erkennt am höheren Anteil des leichteren »organischen« Isotops ^{12}C das Vorhandensein von biologischer Aktivität. Ein über dem Standard liegender Anteil des schwereren, »anorganischen« Isotops ^{13}C in einer Substanz legt nahe, daß zu irgendeiner Zeit ihres Entstehens die Lebensprozesse einen erhebli-chen Anteil ^{12}C absorbiert und dem Kreislauf entzogen haben.

Anorganisches ^{13}C kann dem Kreislauf auch durch Bindung an verschiedene Kalzit-Formen (Kalziumkarbonat: $CaCO_3$) entzogen werden, sei es in den Skeletten mariner Organismen oder in Kalkstein. Messungen der Verteilung beider Isotopen wurden an Schalen von Brachiopoden oder Kalkstein aus Spitzbergen, Grönland, Texas, Österreich, Nordwesteuropa, Iran und Südchina durchgeführt. Sie belegen einen steilen Anstieg des Verhältnisses von ^{13}C zu ^{12}C im oberen Perm und einen steilen Abfall am Übergang zwischen Perm und Trias. Der Anstieg erfolgte aufgrund des Schwundes organischen Kohlenstoffs, der in die Kohleab-lagerungen während des Perms ebenso wie im oberen Karbon einging. Der Abfall bezeichnet entweder das Verschwinden großer Mengen von ^{13}C oder das erneute Erscheinen von ^{12}C. Wie lassen sich diese Alternativen erklären?

Tony Hallam von der Universität Birming-ham und Paul Wignall von der Universität Leeds glauben, daß der sinkende Meeresspie-gel im oberen Perm ungeheure Landmassen der chemischen Verwitterung preisgab. Sie vertreten insbesondere die Meinung, daß der zuvor in Kohleablagerungen eingebundene organische Kohlenstoff mit dem Sauerstoff in der Atmosphäre reagierte und zu einem erheblichen Anstieg von Kohlendioxid und somit zur Abnahme des freien Sauerstoffs führte. (Der gleiche »Treibhauseffekt« wird heutzutage systematisch von Industriegesell-schaften produziert, deren Energiegewinnung von fossilen Brennstoffen abhängt.) Sauerstoff-proben aus jener Zeit zeigen einen abrupten Anstieg im oberen Perm, gefolgt von einem ähnlich rasanten Abfall am Übergang vom Perm zur Trias, der weit in die Trias hinein anhielt. Man schätzt, daß der Sauerstoffgehalt der Atmosphäre von einem Normalwert von 30 Prozent auf 15 Prozent abfiel. Der Verlust der Hälfte des Sauerstoffvorrats muß für die Landtiere und insbesondere die Tetrapoden, die einen sehr aktiven Energieumsatz entwik-kelt hatten, tödliche Folgen gehabt haben.

Infolge des Sauerstoffverlustes der Luft wurde auch die Sauerstoffversorgung des Meeres geringer, was sich in Ablagerungen von Schwarz-Schiefern und Pyrit ablesen läßt, die nur unter Abschluß von Sauerstoff entste-hen können. Nach Wignalls Schätzungen sank der Sauerstoffgehalt im Meer auf weniger als ein Fünftel seines Normalgehaltes, bevor das Wasser in der unteren Trias wieder stieg.

In diesem Stadium erfolgte die Vernichtung durch langsames Ersticken, während das Land und die See sich still verhielten. Ein Vorteil dieser Theorie ist, daß sie die weltweit wir-kende Macht eines Faktors berücksichtigt (was andere nicht tun), der das Leben an Land mit derselben Leichtigkeit wie im Meer zerstören konnte.

Zwei weltumspannende vulkanische Episoden mögen ihrerseits das globale Klima im oberen Perm beeinflußt haben. In Sibirien verströmten die Vulkane ihre Lava über ein Land von 1,5 Millionen Quadratkilometern, und in Südchina bedeckten die Eruptionen das Gebiet mit einer breiten Ascheschicht. Beide Ereignisse traten am unmittelbaren Übergang vom Perm zur Trias ein. Falls die ausgestoßene Asche hoch genug in die Atmosphäre geblasen wurde, ist sie möglicherweise lange genug dort oben geblieben, um die globale Temperatur zu senken und so die Vereisung auszulösen.

Todesursachen

Mit dem Massenaussterben im oberen Perm wurden zahlreiche einwandfrei dokumentierte Umweltereignisse in Verbindung gebracht. Einige Geologen führen es auf Änderungen der Salinität (Salzgehalt) zurück. Die Ablagerung ungeheurer Salzmassen sorgte für einen erheblich geringeren Salzgehalt der Meere im Perm, und man nimmt an, daß dadurch sämtliche Gruppen von Meereslebewesen umkamen, die das salzärmere Wasser nicht vertrugen. Es gibt jedoch keinen Beleg dafür, daß der Salzgehalt der Meere dramatisch genug abnahm, um derartige Auswirkungen nach sich zu ziehen, und die dicksten Salzablagerungen erfolgten darüber hinaus bereits im Mittelperm — rund 10 oder 15 Millionen Jahre vor dem Ende dieses Zeitalters.

Steven Stanley von der Johns-Hopkins-Universität in Baltimore nannte als weit einleuchtendere Ursache für das Aussterben die globale Abkühlung. Nach seiner Überzeugung kippten die zunehmend trockenen und warmen Klimate, die die meiste Zeit des Perms vorherrschten, an dessen Ende in einer kurzen Phase globaler Abkühlung um, was zur Entstehung von Eiskappen an beiden Polen führte. Aufgrund der weltweit sinkenden Temperaturen verschoben sich die gemäßigten Breiten zum Äquator hin, und der tropische Gürtel verschwand sang- und klanglos.

An das gemäßigte Klima adaptierte Formen fanden weiterhin Lebensräume, aber für die Tropenspezialisten gab es kein Entrinnen. Diese Hypothese wurde durch das Aussterben der Korallen und anderer Warmwassertiere ebenso gestützt wie durch das der großen kaltblütigen Reptilien an Land sowie einiger Pflanzen. Aber die Datierung dieser Eiszeit ist recht dürftig, und es gibt bislang keinen Beleg für deren Zusammenfallen mit dem Aussterben, so daß die ganze Theorie an einer kausalen Problematik krankt. Und: Gleiche Ursachen sollten gleiche Wirkungen zeigen. Warum haben andere glaziale Epochen, die länger und strenger als die am Ende des Perms waren, keine gleichartigen tödlichen Auswirkungen gezeigt?

Die breiteste Zustimmung erhalten Theorien, die das Aussterben am Ende des Perms mit großen physikalischen Veränderungen erklären: Das Zusammenwachsen der Kontinente zu Pangäa, der sinkende Meeresspiegel, Klimaveränderungen. Das Zusammenwachsen brachte global einen dramatischen Verlust von Lebensräumen an den Kontinentalsockeln mit sich. Jim Valentine, derzeit an der kaliforni-schen Berkeley-Universität, und andere sehen hier einen direkten Zusammenhang. Die moderne Ökologie hat gezeigt, daß die Zahl der Arten, die ein Gebiet ernähren kann, auch von der Größe dieses Gebiets abhängt. Warum sollten wir nicht davon ausgehen, daß die Verkleinerung des Schelfs ein entsprechendes Massenaussterben zur Folge hatte?

Hier ergibt sich jedoch eine Reihe von Problemen. Erstens leben wir heute zwar in einer Zeit mit einem außergewöhnlich niedrigen Meeresspiegel, wir haben aber keine umfassenden Beispiele von den Lebensbedingungen auf dem Grund der damaligen Flachmeere und können nur einige wenige Parallelen untersuchen. Zweitens scheint in den großen Lebensräumen moderner Meeresfaunen die Artenvielfalt nicht allein durch die verfügbare Fläche geregelt zu sein. Die örtliche Geographie, die Nahrungsversorgung, die Geschichte der Gemeinschaft, Temperatur, Sedimentbeschaffenheit und andere örtlich begrenzte Faktoren addieren sich zu einem zu komplizierten Muster, um einen einfachen Bezug Arten—Fläche herzustellen. Drittens haben David Jablonski von der Universität Chicago und Karl Flessa von der Universität Arizona eingewandt, daß alle rezenten Familien der marinen Wirbellosen bis auf wenige Ausnahmen ein Absinken des Meeresspiegels und die dadurch erfolgende Freilegung sämtlicher Kontinentalsockel überstehen würden. Sie fanden heraus, daß 87 Prozent der von ihnen untersuchten marinen Molluskengruppen Vertreter auf Inseln im Ozean vorweisen können. Dort würden Regressionen die Flachwasserregionen vergrößern, da solche Inseln normalerweise konisch geformt sind — die Schelfbewohner würden gedeihen.

Valentine betrachtete mit seiner geographischen Theorie das Aussterben am Ende des Perms nicht als gezielte Vernichtungsaktion gegen einzelne Arten, sondern eher als selektive Auswirkung hinsichtlich der weltweiten Verringerung der Zahl von Faunenprovinzen. Als Pangäa zwischen dem mittleren Perm und der oberen Trias entstand, wurden ganze marine Faunenprovinzen, wie die um das chinesische, südostasiatische und das sibirische Massiv, in Mitteleuropa und an den derzeitigen Polargebieten sowie in Arabien, Teilen Indiens und in Madagaskar vernichtet. Man sollte annehmen, daß der Verlust solcher Flachmeere mit der Verringerung der Vielfalt mariner Wirbelloser zusammenhängt, aber die Fossilienfunde belegen keinen derartigen engen Zusammenhang. Schließlich ergibt sich auch hier ein kausales Problem: Der Meeresspiegel ist auch in anderen Epochen, ganz besonders im mittleren Oligozän, gefallen, ohne ein großräumiges Massensterben hervorzurufen.

Die Verschmelzung von Kontinenten und das Zurückweichen der Ozeane kann nicht spurlos am Leben auf dem Land vorbeigegangen sein. Bob Bakker, damals an der Johns-Hopkins-Universität, sah hier einen Zusammenhang mit dem Aussterben terrestrischer Wirbeltiere. So wie die Entstehung Pangäas einige marine Lebensräume vernichtete, wird auch das terrestrische Leben unter den Veränderungen gelitten haben.

Global gesehen muß die Vielfalt der Lebensräume durch das Zusammenwachsen vormals unabhängiger Kontinente zu einem massiven Superkontinent mit klimatischen Extremen verringert worden sein. Außerdem entstand eine ungeheure Küste. Diese Tatsachen könnten gemeinsam mit der im oberen Perm angenommenen Abkühlung die Verluste unter den terrestrischen Wirbeltieren erklären.

Untersuchungen des Aussterbe-Ereignisses am Ende der Kreidezeit, das die Dinosaurier und andere Gruppen vernichtete, haben in jüngster Zeit die Aufmerksamkeit auf außerirdische Ursachen für Massensterben gelenkt. In Kapitel vier gehen wir auf die deutlichen, heute allgemein anerkannten Belege eines großen oder einer Serie kleiner Einschläge von Asteroiden oder möglicherweise Kometen vor rund 65 Millionen Jahren ein. Hohe Konzentrationen des seltenen Elements Iridium wurden in zahlreichen Grenzschichten dieser Zeit gefunden und belegen den explosiven Einschlag eines oder mehrerer großer Asteroiden.

Die Suche nach Iridiumspitzenwerten in den Übergangsschichten zwischen Perm und Trias in Armenien, Rußland, Italien und Österreich blieb jedoch insgesamt erfolglos. Der Iridiumgehalt scheint an der Perm-Trias-Grenze allgemein niedrig zu sein, und einige kleinere Spuren ähneln eher denen aus vulkanischen Gesteinen, die eindeutig irdischen Ursprungs sind.

Nichts bestätigt eine außerirdische Einwirkung als Ursache für das größte aller Massensterben. Kometeneinschläge müssen zwar nicht unbedingt eine Iridiumschicht ablagern, und ein Asteroid muß nicht unbedingt genug von diesem Material enthalten, um Spuren eines Einschlags zu hinterlassen, aber auch die heutige Erdoberfläche weist keinerlei Spuren eines hinreichend großen und alten Kraters auf, der das Gleichgewicht des Lebens derart tief hätte erschüttern können. Bieten also geophysikalische oder irgendwelche anderen

Veränderungen, zum Beispiel die des Meeresspiegels, des Klimas oder der Meereschemie, eine über jeden Zweifel erhabene Erklärung?

Die Antwort lautet Nein. Am Tatort des Verbrechens wurden keine Waffen gefunden, und der Tatort selbst und die Tatzeit liegen weiterhin im Dunkeln. Mit Sicherheit wissen wir nur eins: Die 20 Millionen Jahre von der Mitte bis zum Ende des Perms waren eine Zeit ungeheuren globalen Wandels, und die plausibelsten Ursachen für das Massensterben liegen in einem wechselwirksamen Zusammentreffen der kontinentalen Verschmelzung mit einem klimatischen Wandel.

Einigen Wissenschaftlern wäre eine einheitliche Ursache des Aussterbens am liebsten: sinkende Meeresspiegel, abkühlende Klimate, katastrophale Einschläge. David Raup gesteht ein, daß er eine einzige Ursache vorziehen würde, da eine Reihe von Ursachen schwer zu beweisen wäre: »Wenn die Ursachen des Aussterbens unterschiedlich sind, wird die Dechiffrierung jeder einzelnen nahezu unmöglich.« Diese Position ähnelt auf fatale Weise der des Richters, der die Zulassung einer Berufung gegen ein Unrechtsurteil für undenkbar hält, weil es zu schwierig ist, Urteile zu fällen, wenn die Berufung ermöglicht wird. Raup befürwortet die Theorie, die zu einer Zeit an einem Ort stattfindende katastrophale Kollisionen als wahrscheinlichste Ursache annimmt. Andere Wissenschaftler neigen der Chaostheorie zu, die in den 60er Jahren von Mathematikern und

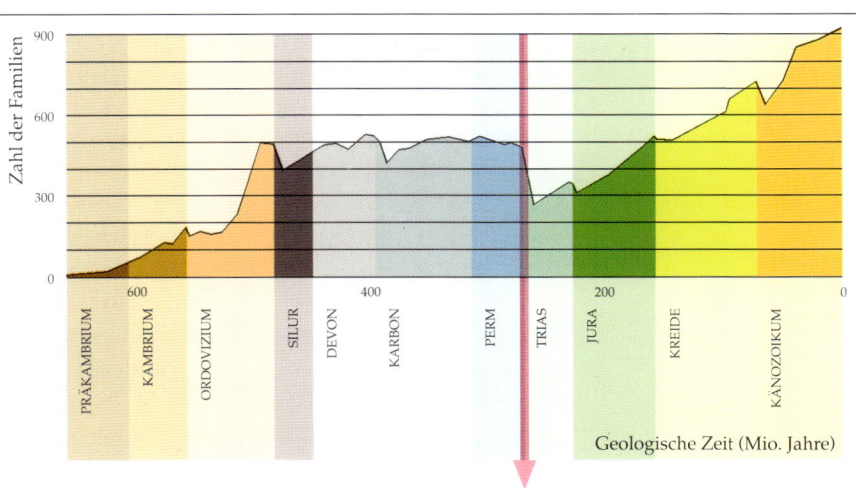

DIE GRAPHIK DES TODES zeigt das Ansteigen der Vielfalt marinen Lebens in den vergangenen 600 Millionen Jahren (Phanerozoikum). Die Anzahl der Familien ist entsprechend den geologischen Phasen eingetragen, in Zeiteinheiten von durchschnittlich 5–6 Millionen Jahren. Der Anstieg der Artenvielfalt war nicht gleichmäßig, sondern trat in Schüben auf und wurde von Einbrüchen gebremst. Einige dieser Einbrüche wurden durch ein Massensterben bedingt. Das größte ereignete sich am Ende des Perms, vor ca. 245 Millionen Jahren. Etwa 50 Prozent der Familien starben aus — eine erstaunliche Vernichtungsrate (Daten: J. John Sepkoski).

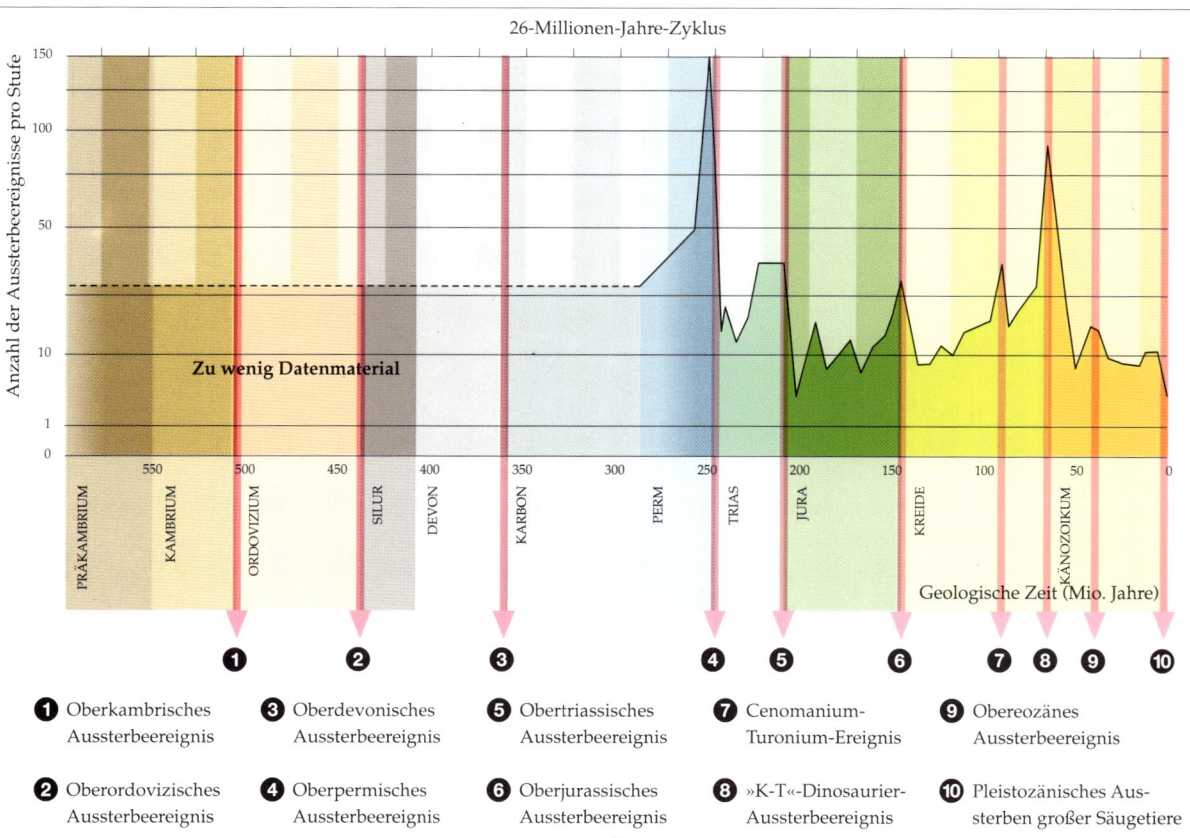

DIE PERIODIZITÄT DES AUSSTERBENS

Vielleicht folgten die Ereignisse des Aussterbens einem Zyklus von jeweils 26 Millionen Jahren. Diesen Vorschlag machten David Raup und Jack Sepkoski für die vergangenen 250 Millionen Jahre. Eine Periodizität trifft für einige der bekannten Aussterbe-Ereignisse zu, aber nicht für alle. Die Datierungsmöglichkeiten in Gesteinen, die älter als 100 Millionen Jahre alt sind, sind nicht gut genug, um eine so kurze Periodizität von 26 Millionen Jahren zu prüfen.

1 Oberkambrisches Aussterbeereignis

2 Oberordovizisches Aussterbeereignis

3 Oberdevonisches Aussterbeereignis

4 Oberpermisches Aussterbeereignis

5 Obertriassisches Aussterbeereignis

6 Oberjurassisches Aussterbeereignis

7 Cenomanium-Turonium-Ereignis

8 »K-T«-Dinosaurier-Aussterbeereignis

9 Obereozänes Aussterbeereignis

10 Pleistozänisches Aussterben großer Säugetiere

Physikern entwickelt wurde. Dies ist ein Versuch, das Verhalten dynamischer Systeme zu begreifen, deren anscheinend zufälligem Verhalten verborgene Muster zugrunde liegen, obwohl sie sich nie unverändert wiederholen. Ein berühmtes Szenario zeigt, daß in einem wirklich »chaotischen« System wie dem des Wetters eine kleine Ursache zur rechten Zeit am rechten Ort, »sagen wir, das Schlagen eines Schmetterlingsflügels«, der Auslöser für weit entfernte Wirbelstürme werden kann. Sollte es sich herausstellen, daß die Evolution und das Aussterben lebender Kreaturen von Ursachen bestimmt wird, die anscheinend geordnete Systeme in plötzliche Turbulenzen verwandeln können, dann vermag jede einzelne der oben beschriebenen Kräfte und jegliche Kombination aus ihnen das Leben durch zufällige stürmische Zeiten zu formen.

Die Wissenschaft hat diese Möglichkeit von vielen potentiellen Schmetterlingen anerkannt, da sie weiß, daß es nicht immer die stärkste und deutlichste Kraft ist, die die nachhaltigsten Wirkungen auslöst. Vielleicht ist bei der Untersuchung von Aussterbeereignissen einfach keine sichere Aussage möglich, aber man sollte dennoch weiter nach Ursachen suchen. Wenn ein kleiner Schmetterling alles ändern kann, dann kann es auch eine bessere Theorie!

Massenaussterben und Erdgeschichte

Zwanzig oder mehr Ereignisse relativ nachhaltigen, globalen Massenaussterbens wurden in der Geschichte des Lebens festgestellt. Man kann sie nach der Anzahl ihrer Opfer gewichten. In Kategorie I fällt nur das Aussterben im Oberperm, das über 50 Prozent der Familien und mehr als 95 Prozent aller Arten dahinraffte.

In Kategorie II fallen die Ereignisse, bei denen 20 bis 25 Prozent der Familien und bis zu 50 Prozent der Arten weltweit ausstarben. Dazu gehören in zeitlicher Reihenfolge:

1. Im oberen Ordovizium vor 438 Millionen Jahren erlitten Brachiopoden und Trilobiten die schwersten Verluste.

2. Im oberen Devon vor 367 Millionen Jahren starben zahlreiche Brachiopoden, Ammonoiden, Gastropoden, Trilobiten, tabulate Korallen, Stromatoporen und viele Gruppen von Fischen aus.

3. Am Übergang zwischen Trias und Jura vor 208 Millionen Jahren starben einige Gruppen von Brachiopoden, Mollusken, Arthropoden und einige Landwirbeltiere aus. Zuvor wurde

in der oberen Trias vor 225 Millionen Jahren der Bestand der meisten vorherrschenden Landwirbeltiere stark dezimiert. Echinodermen, Bryozoen, Conodonten und Fische erlitten große Verluste.

4. Am Übergang von der Kreidezeit zum Tertiär vor 65 Millionen Jahren starben die Dinosaurier, Pterosaurier, Meeresreptilien, Ammoniten und andere marine Gruppen aus.

Weitere unbestrittene Phasen oder Momente des Massensterbens erfolgten im oberen Kambrium, an der Grenze zwischen Jura und Kreide, in der oberen Kreide und im oberen Eozän. Andere Vorfälle dieser Art, wie zum Beispiel in der Zeit zwischen der Fauna des Ediacara-Typs und dem einsetzenden Kambrium, sind nicht klar bestimmt, und viele andere Ereignisse haben sich nur auf bestimmte Gruppen oder bestimmte Teile der Erde ausgewirkt.

Die statistische Erfassung der Zahl verlorener Gruppen sowie der Dauer der Ereignisse ist umstritten. Zuweilen ist der Einwand zu hören, daß das eine oder andere dieser Ereignisse weniger ein Aussterben als vielmehr das Ausbleiben der normalen Entwicklungsrate neuer Arten war. Vergiftung durch Spurenelemente oder ausbrechende Seuchen bieten eine einfache Erklärung, sind aber nicht nachzuweisen und erklären nicht das Spektrum der Vernichtung zahlreicher Arten an Land wie im Meer. Einschläge aus dem Weltraum werden für Ereignisse verantwortlich gemacht, selbst wenn sich das Muster von Aufstieg und Fall zeitlich lange vor die Entstehung des verdächtigen Kraters datieren läßt. Vermutungen über außerirdische Ursachen, wie kosmische Strahlung, die möglicherweise durch Supernovas ausgelöst wurde, werden durch nichts belegt.

Die Erde und ihre Bewohner scheinen heute viel verwundbarer als früher. Der eindeutige Beleg von wiederholtem Massenaussterben hat die Wissenschaft zu der Erkenntnis gezwungen, daß sie sich wiederholen können und daß ihre Geschichte und möglichen Ursachen untersucht werden müssen. Hier erhält die Paläontologie Unterstützung aus anderen wissenschaftlichen Disziplinen, die in der Vergangenheit nach dem Schlüssel zur Gegenwart suchen; zum Beispiel die Physik, die nach Spuren von Ereignissen sucht, die lange vor der Entstehung der Sonne eintraten. Die exotischen Theorien der einen Generation könnten sich als Grundannahme für die nächste herausstellen.

Periodizität des Aussterbens

Eine der dramatischsten Theorien geht von einer Periodizität des Massenaussterbens aus, davon also, daß diese Ereignisse mit manchen der regelmäßigen Schläge eines zeitlichen Rhythmus zusammenfallen. Diese bemerkenswerte Annahme formulierten 1983 David Raup und John Sepkoski von der Universität von Chicago nach der Analyse ihrer umfassenden Datenbank über das Aussterben mariner Lebewesen. Selbst nach verschiedenen statistischen Tests zur Beseitigung möglicher Fehler in der Datensammlung zeigen ihre Graphiken vom Aussterben der Familien und Gattungen, daß zumindestens für die vergangenen 250 Millionen Jahre Intervalle von jeweils rund 26 Millionen Jahre existieren.

Es ist schwer vorstellbar, welche planetaren Mechanismen in solcher zeitlicher Regelmäßigkeit wirken könnten, so daß diese Feststellung, sofern sie korrekt ist, einen außerirdischen Einfluß auf die Erde nahelegt, vielleicht infolge von alle 26 Millionen Jahre erfolgenden nachhaltig wirkenden Einschlägen. Es gibt keinen zuverlässigen Beleg für diese Annahme, aber es wurde eine Reihe von Vorschlägen gemacht, die allesamt von einem regelmäßigen Kometenbeschuß ausgehen. Eine Zeitlang haben die Astronomen angenommen, daß das Sonnensystem von einer Schale von Milliarden von Kometen umgeben ist, die in Tausenden von Milliarden Kilometern Entfernung eine Kreisbahn beschreiben. Ein weit entfernter, zehnter Planet mit der richtigen Umlaufbahn könnte Kometen von ihrer Bahn ablenken, ein Phänomen, das die Wissenschaft »Oortsche Wolke« nennt. Dasselbe gälte für einen entfernten Begleiter der Sonne, zu dunkel für die Erfassung durch Teleskope. Doch: Keine Spur des »Planeten X« oder des Sonnenbegleitsterns, der den sensationslüsternen Namen »Nemesis« erhielt, wurde je beobachtet.

Die Raup-Sepkoski-Hypothese von der Periodizität stieß bei einigen Wissenschaftlern auf harte Kritik, bei anderen auf begeisterte Zustimmung. Raups und Sepkoskis Daten haben das Resultat zweifellos hervorgebracht, und es hat sie selbst überrascht. Es besteht allerdings auch kein Zweifel daran, daß die etwa zehn Fälle von Massensterben in den vergangenen 250 Millionen Jahren nicht gleich behandelt werden können. Die einen existieren vielleicht gar nicht, die anderen, sofern sie existieren, passen nicht in den Zeitplan.

Außerdem ist die Präzision der absoluten Datierung noch nicht gut genug, um die Richtigkeit unserer Datierung auf einer Skala mit einer Einteilung von jeweils 10 Millionen Jahren zu bestätigen (oder zu widerlegen).

Sollte das Massenaussterben tatsächlich in einem zyklischen Rhythmus erfolgt sein, hätte das für die Geschichte des Lebens weitreichende Auswirkungen. Insbesondere würde dadurch die Gewichtung der evolutionären Theorien gegen die der Vorstellung von der Stärke der Arten und zugunsten der Vorstellung vom Zufall als Motor der Evolution (»schlechte Karten, nicht schlechte Gene«, wie David Raup es formulierte) verschoben. Bis zum Beweis oder zur Widerlegung der Periodizität werden die Waagschalen jedoch weiterhin im Gleichgewicht pendeln: Auf der einen Seite die Überzeugung, daß eingebaute biologische und genetische Eigenschaften den Lauf des Lebens bestimmen, auf der anderen die Überzeugung, daß veränderte Umstände und planetare Ereignisse auf diesem Planeten die Karten mischen.

Stellen die Gesetzmäßigkeiten des Lebens auf Erden einen ewig geltenden, unveränderten Standard dar, oder kann er geändert und durchbrochen werden? Auf dieser Ebene vermischt sich der Streit zwischen Aktualisten und Katastrophentheoretikern mit dem weitergehenden menschlichen Problem, wie man sich auf einem so winzigen Planeten verhalten soll.

Weltweite und intensive Anstrengungen zur Untersuchung des Massenaussterbens ziehen tausend oder mehr Geologen, Paläontologen, Geophysiker, Geochemiker und viele andere Wissenschaftler in ihren Bann. Es ist schon bemerkenswert, wie viel und wie wenig wir doch wissen.

Übergang zur Trias

Paläozoikum, Mesozoikum, Känozoikum – Altes, Mittleres und Neues Leben: Bei der Betrachtung der Schichtung der Gesteine erkannten die Geologen des neunzehnten Jahrhunderts ein historisches Drama in drei Akten. Heute wissen wir, daß es einen Prolog von über drei Milliarden Jahren gab, der 1932 die etwas apologetische Bezeichnung Kryptozoikum, »Verborgenes Leben«, erhielt. Weil niemand weiß, wann es begann, lassen viele Paläontologen das »Leben« lieber aus dem Prolog heraus und setzen als Beginn der Erdgeschichte das Präkambrium vor 590

Millionen Jahren. Dies sind große Zeitschritte. In einem Buch mit 100 000 Worten steht, wenn das Leben vor rund vier Milliarden Jahren begann, jedes Wort dieser Geschichte für 40 000 Jahre, jeder einzelne Buchstabe umfaßt einen Zeitraum, der länger als die Geschichte der Menschheit ist. Bescheiden ausgedrückt: ein weites Feld – besonders dann, wenn der Gegenstand kein einzelner Erzählstrang mit ein paar Windungen ist, sondern ein Bündel von Lebenslinien, dargestellt in Milliarden von Arten, und ihren unzähligen und weitgehend unbekannten Vorfahren, die ihre Spuren seit Beginn des Kambriums hinterließen.

Akt zwei, Mesozoikum, Szene eins, Trias (vor 245 bis 208 Millionen Jahren), das hört sich nach einer ausreichend präzisen Einteilung an. Aber eine Menge »alten Lebens« überlebte das Paläozoikum, und ganze Ordnungen von Kreaturen, die in die Fossilienfunde des Mesozoikums eingehen, müssen bereits im vorausgegangenen ersten Akt ins Spiel gekommen sein.

Nach dem Ausverkauf des Lebens im oberen Perm – sicherlich kein kurzes Ereignis, sondern eine von verschiedenen Ursachen bestimmte lange Phase – war der Wiederaufbau schwierig. Die Faunen benötigten mindestens 10 Millionen Jahre, um den alten Bestand wieder herzustellen, einige marine Faunen, insbesondere Riffe, brauchten gar 20 Millionen Jahre, um wieder zu gedeihen. Wo sich neue Lebenslinien herausbildeten, wurden einige durch eine weitere Epoche des Aussterbens in der oberen Trias vor rund 225 Millionen Jahren unterbrochen, die Entwicklung anderer gefördert. Der Superkontinent Pangäa erreichte seine größte Ausdehnung, als die zwölf tektonischen Hauptblöcke zusammendrängten. Ein einziger großer Ozean streckte eine Zunge in seine Ostseite und formte das Tethys-Meer. Im Landesinnern von Pangäa herrschte warmes, trockenes Klima. Geschrumpfte Binnenseen waren für die Tierarten, die sich nun ausbreiteten, kein Hindernis.

Es gibt erstaunlich gute Belege von Wirbeltier-Landfaunen der unteren Trias. Im südafrikanischen Karroo-Becken kontrastieren sie scharf mit der fruchtbaren Szene des ausgehenden Perms, die von winzigen Organismen und geschmeidigen Raubtieren bis hin zu schwerfälligen massigen Pflanzenfressern reichte. Nun gibt es dort einen mittelgroßen Dicynodonten, *Lystrosaurus*, ein stupsnasiges, untersetztes Tier.

Mehrere hundert Schädel wurden in den vergangenen 150 Jahren im Karroo-Becken gesammelt, und über 95 Prozent stammen von

Lystrosaurus. Die anderen gehören einem kleinen Dicynodonten, einem Therocephalier, einem Cynodontier (säugetierähnliches Reptil), einem Procolophoniden, ein paar kleinen Diapsiden und dem fleischfressenden Thecodontier *Proterosuchus*. Die Thecodontier (»Grubenzahn«) waren eine aufsteigende Gruppe, Teil der Gruppe der Archosaurier, die die obere Trias beherrschen sollte. Viele von ihnen sahen wie Krokodile aus (*Proterosuchus* bedeutet »frühes Krokodil«), obwohl die ersten echten Krokodile erst in der oberen Trias auftauchten. Im allgemeinen war diese Tiergemeinschaft ungeheuer eintönig: Man wäre nur schweinsartigen Dicynodonten begegnet, die sich von niedrigen Pflanzen an Teichen und Wasserläufen des Karroo ernährten.

Elemente der Fauna der *Lystrosaurus*-Zone, insbesondere Dicynodonten, wurden in der untersten Trias in der Antarktis, in China, Rußland und Indien gefunden. Diese allgemeine Verbreitung bestätigt ihre Bedeutung, denn es hat sich offensichtlich um eine nahezu weltweite Gemeinschaft gehandelt, die von den wenigen Überlebenden der Umwälzungen des oberen Perms abstammten. Große Tiere tauchen nirgends auf — *Lystrosaurus* hatte offenbar keine Feinde.

In der unteren Trias auf Madagaskar finden wir den ältesten Vertreter der rezenten Amphibiengruppen. Der primitive Frosch *Triadobatrachus* weist den niedrigen, breiten, rundstirnigen temnospondylen Schädeltyp auf, ebenso wie die Ansätze spezifischer Froscheigenschaften: lange Beine, verstärktes Becken, rückentwickelte Rippen und eine Verkürzung des Rückens. Ab jener Zeit erscheinen die Frösche (Ordnung Anura) immer häufiger in Fossilfunden. Seit sie ihren höchst erfolgreichen Sprung- und Lebensstil entwickelten, scheint es für sie keine Notwendigkeit weiterer Änderungen gegeben zu haben.

Dicynodonten und Cynodontier

Diese säugetierähnlichen Reptilien waren am Ende des Perms bis auf ein oder zwei Familien praktisch ausgestorben. Einige Therocephalier überlebten, spielten jedoch eine untergeordnete Rolle. *Lystrosaurus* erlebte unter den Dicynodonten ein bedeutsames Comeback. Innerhalb der ersten 5 Millionen Jahre der Trias hatte die südafrikanische Gattung *Kannemeyeria* eine ebenso starke Präsenz erreicht wie ihre Vorfahren im Oberperm.

Dieser schwere, 3 m lange Pflanzenfresser war der erste einer Reihe gleich großer Dicynodonten, die in der mittleren und auslaufenden Trias in Nord- und Südamerika, Indien, China, Rußland und Australien auftauchten.

Die wichtigste Linie säugetierähnlicher Reptilien der Trias entstand am Ende des Perm. Die frühen Cynodontier waren hundegroße Tiere, wie der *Procynosuchus* aus dem oberen Perm und *Thrinaxodon* aus der südafrikanischen Untertrias. Diese Therapsiden hatten viel mehr Ähnlichkeit mit Säugetieren als ihre Verwandten wie die Therocephalier und Dicynodonten. Besonders am Schädel gibt es entscheidende Veränderungen. Insbesondere trennte eine sekundäre Gaumenplatte den Mund von der Nasenöffnung im Rachen, so daß das Tier gleichzeitig fressen und atmen konnte. Die Zähne wurden zu säugetierähnlichen Schneide-, Eck- und Backenzähnen ausgeformt. Der Unterkiefer bestand vornehmlich aus dem Gebißknochen (Dentale), der bei früheren Tieren kaum mehr als ein dünner Steg für die Befestigung der Zähne war und auf einem Mosaik größerer Bausteine lag; und es gab einen breiten Knochenbogen in der Wangengegend — der Jochbogen —, der nach außen wanderte, um Platz für stärkere Muskeln zu schaffen, die den Biß des Unterkiefers steuerten.

Während der Trias bildeten die Cynodontier alle Arten von Fleisch- und Pflanzenfressern aus, die weltweit erfolgreich waren. Sie nahmen immer mehr säugetierähnliche Eigenschaften an, bis es in der oberen Trias zu einem Punkt kommt, wo es schwierig ist, bestimmte Formen Reptilien oder Säugetieren zuzuordnen. Der Schädel wird noch säugetierähnlicher, die Augenhöhle und die einzelne (synapside) Schläfenöffnung sind verschmolzen, das Dentale hat den Unterkiefer fast vollständig übernommen. Das Skelett belegt eine fortgeschrittene aufrechte Haltung, die Gliedmaßen sind nicht mehr abgespreizt, sondern liegen unter dem Körper. Außerdem scheinen die meisten Cynodontier der Trias endotherm zu sein, also ihre eigene Körperwärme unabhängig von der Umgebung zu erzeugen — sie waren Warmblüter. In der Maulgegend deuten Belege für Nerven und Blutgefäße auf sensorische Schnauzhaare hin, also waren Körperhaare vorhanden, und Körperhaare dienen der Wärmeisolation eines warmblütigen Körpers.

Der Übergang vom Reptil zum Säugetier wurde durch zwei weitere Veränderungen im Schädel bestätigt. Bei Reptilien ist der Kiefer zwischen dem Gelenkbein (Artikulare) im

Unterkiefer und dem Quadratum an der Unterseite des Schädels aufgehängt. Bei Säugetieren liegt die Gelenkverbindung zwischen dem Dentalknochen im Unterkiefer und dem Schläfenbein (Squamosum) des Schädels. Eine Zeitlang besaß die Übergangsgruppe der fortgeschrittenen Cynodontier beide Arten von Gelenkverbindungen. Die Fossilienfunde reichen aus, um die gesamte Phase nachzuvollziehen, in der der Gebißknochen sich im Innern des sich weitenden Jochbogens aufwärtsbewegte, bis beide Enden des U-förmigen Gebißknochens sich mit dem Squamosum an der hinteren Ecke des Bogens verbanden. Auf einer verwandten Linie bildete sich der »Reptil«-Kiefer zwischen Artikulare und Quadratum zurück. Diese Knochen wanderten zu dem neuen Scharnierpunkt, bis sie sich berührten.

Nun folgte ein außergewöhnliches Beispiel für eine evolutionäre Änderung. Die Reptilien benutzten weiterhin die ursprüngliche Kieferaufhängung durch Artikulare und Quadratum; die Säugetiere brauchten keine zwei Paar Scharniere, und so hat der äußere Schädel sie verloren. Bei beiden Tieren liegt das Ohr in der Nähe der Aufhängung. Das Gehör der Reptilien besitzt einen kleinen Knochen, einen Steigbügel genannten dünnen Zapfen, der die Vibrationen des Trommelfells zum Innenohr im Schädel weiterleitet. Das Gehör der Säugetiere bildet im Mittelohr aus drei Knochen ein feines Instrument zur Übertragung der Vibrationen vom Trommelfell zu einer zweiten Membrane, dem runden Fenster, das mit dem Innenohr verbunden ist. Diese drei Knochen heißen in der Reihenfolge ab dem Trommelfell Hammer, Amboß und Steigbügel. Hammer und Amboß haben wir schon kennengelernt, als sie noch Artikulare und Quadratum hießen. Sie sind geschrumpft und gewandert, als diese Aufhängungen und Strukturen im Übergang von Reptil zu Säugetier zusammenrückten. Es scheint, daß Zwillingskräfte am Werk waren, um den Übergang zu beschleunigen: Der Kiefer brauchte ein besseres Gelenk, und das nahegelegene Ohr brauchte einen besseren Mechanismus. Der Reptilkiefer leistete einen dritten Beitrag, als das Angulare sich zum Säugetier-Trommelfellknochen entwickelte, einem C-förmigen Knochen, der das Trommelfell straff spannt.

Von diesem Höhepunkt geht die Geschichte zurück zu den Reptilien, die ihre Glanzzeit im Mesozoikum feierten. Während der nächsten 150 Millionen Jahre wird ihnen kein Tier zu schaffen machen, das größer wäre als eine Katze.

Die Meere der deutschen Mitteltrias

Eine Reihe von Reptilien in der Trias lebten ausschließlich im Wasser — ein großer Unterschied zum Perm, als im Wasser nur sehr wenig Neues im Stil von *Hovasaurus* geschah. Was auf den ersten Blick wie ein plötzlicher mariner Expansionsschub aussieht, war aber wahrscheinlich nicht durch die Nachwirkungen des Massensterbens im Oberperm ausgelöst worden. Das recht frühe Erscheinen im Wasser lebender Reptilien legt nahe, daß sie bereits im Perm entstanden sind, dort wurden aber von ihnen bisher keine Spuren gefunden. Sämtliche Arten des Hochlandes und der Hochsee sind in den Fossilienfunden völlig unterrepräsentiert. Die Ablagerungen des Hochlandes waren besonders stark den Kräften der Zerstörung und Erosion ausgesetzt; und die ozeanische Kruste läßt sich nirgendwo auf der Welt weiter als bis zum mittleren Jura zurückdatieren. Alles, was älter ist, wurde seitdem durch den Druck frischen Materials aus den mittelozeanischen Rücken an den Rand der tektonischen Platten gedrängt und dann durch tektonische Unterschiebung (Subduktionen) zerstört.

Es gibt keinen Hinweis auf einen Wandel der Nahrung, der das marine Leben in der unteren Trias zur Entwicklung hätte stimulieren können. Wenn überhaupt, dann wurden die Nahrungsquellen für Fische und Wirbellose gegenüber dem Überfluß im oberen Perm erheblich verringert. Die warmen Flachmeere der Trias bewohnten spiralige, schwimmende Nautiloiden, Brachiopoden, Muscheln, Gastropoden, Seeigel, die alle nach dem Zusammenbruch des Perms ihr Comeback feierten. Viele Muscheln und Echinodermen hatten neue Fähigkeiten zum Eingraben in das Sediment entwickelt, um Räubern zu entwischen. Zu den neuen Formen des Lebens im Meer gehörten die Hexakorallen, die etwa ab Mitte der Trias mit dem Bau von Riffen begannen, und Austern, eine Spielart der Muscheln, die in großen Kolonien auf Felsen in Flachmeeren saßen.

Unter den Knochenfischen wurden die Strahlenflosser in der Trias schneller und leichter gebaut. Verwandte der Cheirolepis-Familie aus dem Devon, Karbon und Perm, die Paläonisciden, lebten in geringerer Anzahl weiter. Zu den Hauptgruppen zählten die Holostei mit nahezu symmetrischen Schwänzen und komplizierteren Maulsystemen als Cheirolepis. Beim Öffnen des Mauls wurden die Kiefer etwas weiter nach vorne geschoben – eine Eigenschaft, die später von den Knochenfischen vollkommen ausgebildet wurde.

Die Muschelkalkablagerungen in Mitteleuropa und besonders in Deutschland haben eine ganze Palette von Meeresfossilien aus der mittleren Trias erhalten, zu denen einige spektakuläre Reptilien zählen. Spielarten wie *Tanystropheus* paßten sich nur teilweise dem Leben im Wasser an. Dieses bizarre Tier erreichte eine Länge von 7 m, der Körper war schmächtig, die Gliedmaßen eidechsenartig, der Schwanz gewöhnlich, und der Kopf entsprach der Norm für einen Fisch- oder Fleischfresser. Seine Einzigartigkeit bestand in einem schlanken Hals, dessen zwölf Wirbel ganz normal aussahen, außer das jeder einzelne bis zu 30 cm lang war. Die Länge des Halses machte über die Hälfte der Länge des restlichen Tieres aus. Wegen der wenigen Gelenke war diese Verlängerung steif und alles andere als schlangenartig. Der junge *Tanystropheus* hatte einen verhältnismäßig normalen Hals und ernährte sich vermutlich von Insekten, später wuchs der Hals schneller als der Körper. (Hier liegt eine Extremform der Allometrie vor.) Skelette von *Tanystropheus*

wurden in marinen Küstensedimenten gefunden, und man nimmt an, daß der erwachsene *Tanystropheus* entweder schwamm oder auf Felsen stand und mit Hilfe seines langen Halses fischte. Er gehörte zu einer permotriadischen Gruppe von Landtieren, Prolacertiformen genannt, engen Verwandten der Rhynchosaurier und Archosaurier.

Die anderen Reptilien des Muschelkalks sind besser an das Leben im Meer angepaßt. Die Nothosaurier waren stromlienienförmige Tiere mit einem langen Hals und vier Ruderfüßen. Zum Schwimmen schlugen sie mit dem Schwanz und steuerten mit Hilfe der Ruderfüße durch die Meere des Muschelkalks, in denen man einige verstreute Platten mit ihren Kadavern gefunden hat. In der oberen Trias starben sie aus.

Im Muschelkalk-Meer tummelten sich auch die schweren Küstenbewohner, die Placodontier. Diese hatten einen recht landverbundenen Körper beibehalten, schmaler Schwanz, Beine ohne Ruderfüße, schwerer, massiger Körperbau, aber ihre Köpfe waren für eine neue marine Ernährungsweise beachtenswert angepaßt. Placodontier waren Molluskenfresser, die sich an den neuen Austern der Trias

Als eines der bizarrsten Reptilien aller Zeiten lebte *Tanystropheus* in den Seen der mittleren Trias im Germanischen Becken. Ein erwachsenes Tier besaß 12 Halswirbel von je 30 cm Länge. Wahrscheinlich benutzte *Tanystropheus* seinen Hals wie eine Angelrute, mit der er an der Oberfläche schwimmende Fische schnappte und aus dem Wasser zog. Jungtiere hatten einen kürzeren Hals und ernährten sich vermutlich von Insektenkost.

gütlich taten, indem sie zwei verschiedene Sätze Zähne benutzten. Spatelförmige Schneidezähne sprossen aus der Vorderseite des Ober- und Unterkiefers, während breite platte Zähne weiter hinten im Gaumen und Unterkieferraum saßen. Die Schneidezähne brachen die Austern vom Felsen, die hinteren Mahlzähne zermalmten die Schalen, dann schluckten diese Reptilien die fleischigen Teile und spuckten die zersplitterten Schalen aus. Wie die Nothosaurier starben auch die Placodontier in der oberen Trias aus.

Die letzte und am besten an das Leben im Meer angepaßte Gruppe in der Trias waren die Ichthyosaurier. Im Gegensatz zu den Nothosauriern gingen sie nie an Land, nicht einmal zur Eiablage. Ichthyosaurier sind ein klassisches Beispiel für konvergente Evolution. Mit Hai und Delphin (Fisch und Säugetier) teilen sie einen Körperbau, der sie zu starken und schnellen Schwimmern machte, und auch ihre Ernährungseigenschaften waren vermutlich dieselben. Die ältesten Ichthyosaurier aus der unteren Trias in Japan, Spitzbergen und Kanada (letzter dortiger Fund aus dem Jahre 1992) geben nur wenige Hinweise auf die Vorfahren dieser Gruppe. Bereits diese frühen Formen besitzen einen stromlinienförmigen, fischähnlichen Körper, eine langgezogene Schnauze und Paddelfüße wie ihre späteren Nachfahren. *Mixosaurus* aus dem Muschelkalk war 1–2 m lang und schwamm mit einem langen asymmetrischen Schwanz mit der Flosse an der unteren Hälfte. Die langen, von scharfen, konischen Zähnen gesäumten Kiefer belegen, daß er sich von flinken, ungepanzerten Fischen wie den neuen Holostei ernährte. Bis zur oberen Trias hatten sich in Nordamerika einige massige Ichthyosaurier entwickelt. *Shonisaurus* aus Nevada erreichte eine Länge von 15 m. Er hatte einen langen, kegelförmigen Kopf, einen gedrungenen Körper und riesige, verlängerte Paddelfüße. Er muß in Verbänden

geschwommen sein, weil man in einer Ablagerung Dutzende von Exemplaren in einer Reihe gefunden hat, als ob sie alle gemeinsam gestrandet wären. Diese speziellen Gattungen von Ichthyosauriern überlebten das Ende der Trias nicht, obgleich die Ichthyosaurier insgesamt im Jura noch erfolgreicher sein sollten.

Die Verwandtschaftsbeziehungen von Nothosauriern, Placodontiern und Ichthyosauriern liegen noch im dunkeln. Heute nimmt man an, daß alle drei von einem noch unbekannten diapsiden Ahnen abstammen.

Der Weg der Reptilien zur Herrschaft

Bruchstückhafte Überreste aus Rußland belegen, daß die Archosaurier als die herrschenden Reptilien am Ende des Perms auftauchten, aber der erste einigermaßen bekannte Archosaurier ist *Proterosuchus*, dem wir bereits in der Fauna des russischen, chinesischen und Karroo-*Lystrosaurus* begegnet sind. *Proterosuchus* war 1,5 m lang, sah einer Eidechse ähnlich und war mit Sicherheit Fleischfresser. Die frühen Archosaurier werden häufig als Thecodontier bezeichnet. Zu ihnen zählen einerseits die Vorfahren der Krokodilartigen, und andererseits der Pterosaurier und Dinosaurier (und somit auch der Vögel), obwohl diese Karriere nicht unbestritten ist und die Archosaurier als eine aufgeblähte Kategorie gelten, die all diese Gruppen umfassen kann, ohne zu belegen, wann die eine zur anderen wurde oder ob ein bestimmter Thecodontier der Onkel oder der Vater einer späteren Art ist. Als Archosaurier beziehungsweise Thecodontier gilt der *Proterosuchus* aufgrund von Eigenschaften wie dem Autorbitalfenster, einer zusätzlichen Öffnung im Schädel zwischen der Augenhöhle und den Nüstern, und weil seine Zähne seitwärts abgeflacht sind und keinen abgerundeten Querschnitt aufweisen. Die zusätzliche Öffnung im Schädel enthielt möglicherweise eine Drüse zum Abbau überflüssiger Blutsalze – eine nutzbringende Gabe in Wüstenklimaten. *Proterosuchus* war ein Kriecher, seine Gliedmaßen standen ab wie die einer Eidechse, und er brachte vermutlich nur ein gemächliches Watscheln zustande, aber mehr war in der unteren Trias auch nicht nötig.

Die ersten richtig großen Fleischfresser tauchen unter den Erythrosuchia auf, »karme-

Der kleine »Nothosaurier« *Pachypleurosaurus* aus der Schweizer Mitteltrias war ein frühes Mitglied der Gruppe, die den Placodontiern und Plesiosauriern den Weg ebneten. Dieser leistungsfähige Schwimmer kam sehr häufig in Muschelkalk-Meeren vor, wo er mit seinen mit nadelähnlichen, dünnen Zähnen gesäumten Kiefern kleine Fische packte.

RÜSTUNGSWETTLAUF IM MEER

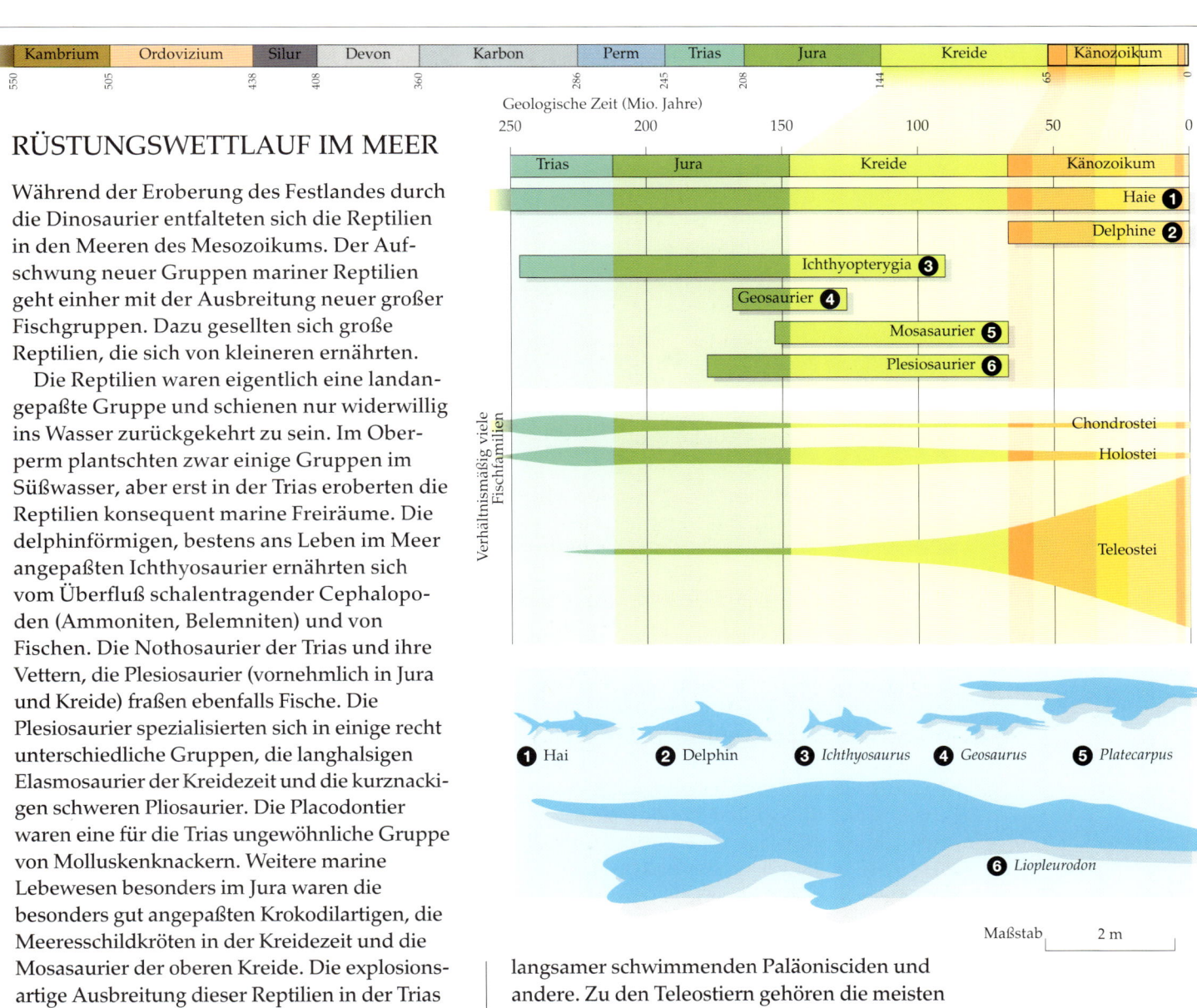

| Kambrium | Ordovizium | Silur | Devon | Karbon | Perm | Trias | Jura | Kreide | Känozoikum |

550 · 505 · 438 · 408 · 360 · 286 · 245 · 208 · 144 · 65 · 0

Geologische Zeit (Mio. Jahre)
250 · 200 · 150 · 100 · 50 · 0

Trias · Jura · Kreide · Känozoikum

Haie ❶
Delphine ❷
Ichthyopterygia ❸
Geosaurier ❹
Mosasaurier ❺
Plesiosaurier ❻

Verhältnismäßig viele Fischfamilien

Chondrostei
Holostei
Teleostei

❶ Hai   ❷ Delphin   ❸ Ichthyosaurus   ❹ Geosaurus   ❺ Platecarpus

❻ Liopleurodon

Maßstab   2 m

Während der Eroberung des Festlandes durch die Dinosaurier entfalteten sich die Reptilien in den Meeren des Mesozoikums. Der Aufschwung neuer Gruppen mariner Reptilien geht einher mit der Ausbreitung neuer großer Fischgruppen. Dazu gesellten sich große Reptilien, die sich von kleineren ernährten.

Die Reptilien waren eigentlich eine landangepaßte Gruppe und schienen nur widerwillig ins Wasser zurückgekehrt zu sein. Im Oberperm plantschten zwar einige Gruppen im Süßwasser, aber erst in der Trias eroberten die Reptilien konsequent marine Freiräume. Die delphinförmigen, bestens ans Leben im Meer angepaßten Ichthyosaurier ernährten sich vom Überfluß schalentragender Cephalopoden (Ammoniten, Belemniten) und von Fischen. Die Nothosaurier der Trias und ihre Vettern, die Plesiosaurier (vornehmlich in Jura und Kreide) fraßen ebenfalls Fische. Die Plesiosaurier spezialisierten sich in einige recht unterschiedliche Gruppen, die langhalsigen Elasmosaurier der Kreidezeit und die kurznackigen schweren Pliosaurier. Die Placodontier waren eine für die Trias ungewöhnliche Gruppe von Molluskenknackern. Weitere marine Lebewesen besonders im Jura waren die besonders gut angepaßten Krokodilartigen, die Meeresschildkröten in der Kreidezeit und die Mosasaurier der oberen Kreide. Die explosionsartige Ausbreitung dieser Reptilien in der Trias mag mit der Zunahme der Holostei und, in Jura und Kreide, der noch umfangreicheren Ausbreitung der Knochenfische zusammenhängen. Allmählich ersetzten diese beiden Gruppen erfolgreich die schwerer gepanzerten und langsamer schwimmenden Paläonisciden und andere. Zu den Teleostiern gehören die meisten modernen Knochenfische, und deren Jäger mußten sich anstrengen, um sie zu überlisten, aber es lohnte sich: ein wohlschmeckender, fleischiger Fisch, der das Maul nicht mit knochigen Schuppen füllte wie die primitiveren Fische.

sinrote Krokodile«, eine Thecodontierfamilie, vom Ende der unteren Trias, die sich über Südafrika, China und besonders Rußland verbreitete. Die russische *Vjushkovia* erreichte eine Länge von 3 m, ihr mächtiger Schädel war mit Kiefern ausgestattet, die die Knochen nahezu jedes Beutetieres knacken konnten, die sie erwischte, einschließlich der großen Dicynodonten. Ein entscheidender Vorteil sind die Veränderungen der Gliedmaßen zugunsten einer aufrechteren Gangart, dem Hinweis auf den fortlaufenden Aufstieg bis hin zur Herrschaft seiner Nachkommen.

Weitere Fortschritte werden bei dem Thecodontier *Euparkeria* deutlich, der Seite an Seite mit dem *Erythrosuchus* am Ende der unteren Trias in der *Cynognathus*-Zone im Karroo-Becken gefunden wurde. *Euparkeria* ist ein bemerkenswerter Archosaurier, da sie der erste bekannte Vierfüßer war, der auf seinen Hinterbeinen laufen konnte. Sie war 50 cm lang, hatte einen schweren Schädel, kurze Beine und einen langen Schwanz, den sie als Stütze benutzte, wenn sie auf den Hinterbeinen ging — was vermutlich entweder der Ausschau oder zum schnellen Laufen diente. Zwei Reihen knochiger Platten entlang des Rückgrates belegen, daß *Euparkeria* eine Plattenpanzerung entwickelte, die von späteren Gruppen verschwenderisch ausgebildet wurde.

Placodus, ein ungewöhnliches Reptil, verwandt mit den agileren Nothosauriern und Plesiosauriern. Placodontier zählten zu den besten Muschelfressern. Mit ihren vorstehenden Schneidezähnen lösten sie Austern und Muscheln von den Felsen und knackten die Schalen zwischen ihren abgerundeten Zähnen.

Änderung der Körperhaltung

Während der mittleren Trias begaben sich die Archosaurier auf eine ehrgeizige und lebendige evolutionäre Reise. Ein Bündel von Linien machte sich in der Zunft der Fleischfresser, der Fischfresser und sogar der Pflanzenfresser breit — bis zum Ende der Trias, ihre Nachkommen bevölkerten das Mesozoikum weitere 150 Millionen Jahre lang.

Der erste entscheidende Vorteil lag anscheinend in der Körperhaltung. Während *Proterosuchus* ein primitiver Kriecher war und *Vjushkovia* gerade mal den Bauch vom Boden abheben konnte, nahmen die Archosaurier nach der Mitte der Trias eine vollständig aufrechte Haltung an, was jedoch keineswegs bedeutet, daß sie Zweibeiner wurden. Zweibeinige Kriecher (sie würden einfach umfallen) gibt es nicht; aber ein Elefant oder ein sauropoder Dinosaurier wie der *Diplodocus* oder *Brachiosaurus* steht ebenso aufrecht wie ein Mensch oder ein Vogel. Die aufrechte Haltung ist die notwendige Voraussetzung für Zweibeinigkeit. Sie ist auch die Voraussetzung für eine entsprechende Größe — Markenzeichen der Dinosaurier und in geringerem Umfang der Säugetiere.

Aufgrund der biomechanischen Vorgaben sind kriechende Vierfüßer in ihrer Größe eingeschränkt. Wenn ein solcher Kriecher seinen Rumpf vom Boden heben will, verlagert sich sein Gewicht auf die Beine. Die Schwerkraft zieht das Gewicht direkt nach unten. Wenn sich das Tier aufrichtet, wirken die Kräfte zunächst waagerecht auf die Hüften und Schultern, dann über die Arme und Beine nach unten, wobei beide Gliedpaare denselben Druck aushalten. Große Kräfte wirken dabei besonders auf Knie- und Ellenbogengelenke, die diesem Druck widerstehen müssen. Wenn die Beine senkrecht unter dem Körper stehen, kann ein Tier sein Gewicht unmittelbar durch diese Gliedmaßen nach unten übertragen. Es wirken keine Hebelkräfte auf Knie- und Ellenbogengelenke, es besteht also keine Gefahr des Zusammenbruchs.

Eine auffallende Besonderheit bei der Entwicklung der Reptilien in der mittleren Trias ist die Häufigkeit, mit der verschiedene Tiere die aufrechte Haltung auf unterschiedlichen Wegen erprobten. Die Zeit war offensichtlich reif für diesen Mechanismus. Eingehende Untersuchungen der verschiedenen Spielarten der Beinskelette ergeben, daß er mindestens einmal bei den Cynodontiern, den säugetierähnlichen Reptilien, vorkam und bei den Archosauriern insgesamt ungefähr zehnmal. War der Grund dafür, daß die Nachkommen solcher Innovationslinien die Möglichkeit erhielten, groß und zweibeinig zu werden? Die Antwort lautet Nein. Solche Eigenschaften sind Konsequenzen und nicht Ursache. Die Natur kennt keine Absichten. Was in der Wüste und in den dampfenden Urwäldern zählte, war, einfach besser zu sein, sei es bei der Jagd oder auf der Flucht vor Räubern.

Jede Anpassung, die dem Räuber oder dem Pflanzenfresser eine größere Geschwindigkeit oder Körpergröße verlieh, bedeutete einen Selektionsvorteil. Die aufrechte Haltung wurde unmittelbar belohnt. Aus unserer nachträglichen Sicht der Dinge können wir erkennen, welche hervorragenden Chancen sich dadurch boten: Die aufrechte Haltung sorgte dafür, daß die Dinosaurier und letztlich auch die Säugetiere an Größe zunahmen und dies führte bei zahlreichen Dinosauriern, den Vögeln und früher oder später auch bei bestimmten Säugetieren sogar zur Zweibeinigkeit.

Knöchel und Archosaurier

Es erforderte bei den Archosauriern eine Reihe von Veränderungen im Gliederskelett, um zum aufrechten Gang zu gelangen. Insbesondere mußten sämtliche Gelenke — Knöchel, Knie, Hüften — ihre Ausrichtung ändern. Beim Gehen waren die Beine ursprünglich nach außen geknickt. Jetzt wanderten sie direkt unter den Körper und bewegten sich einfach

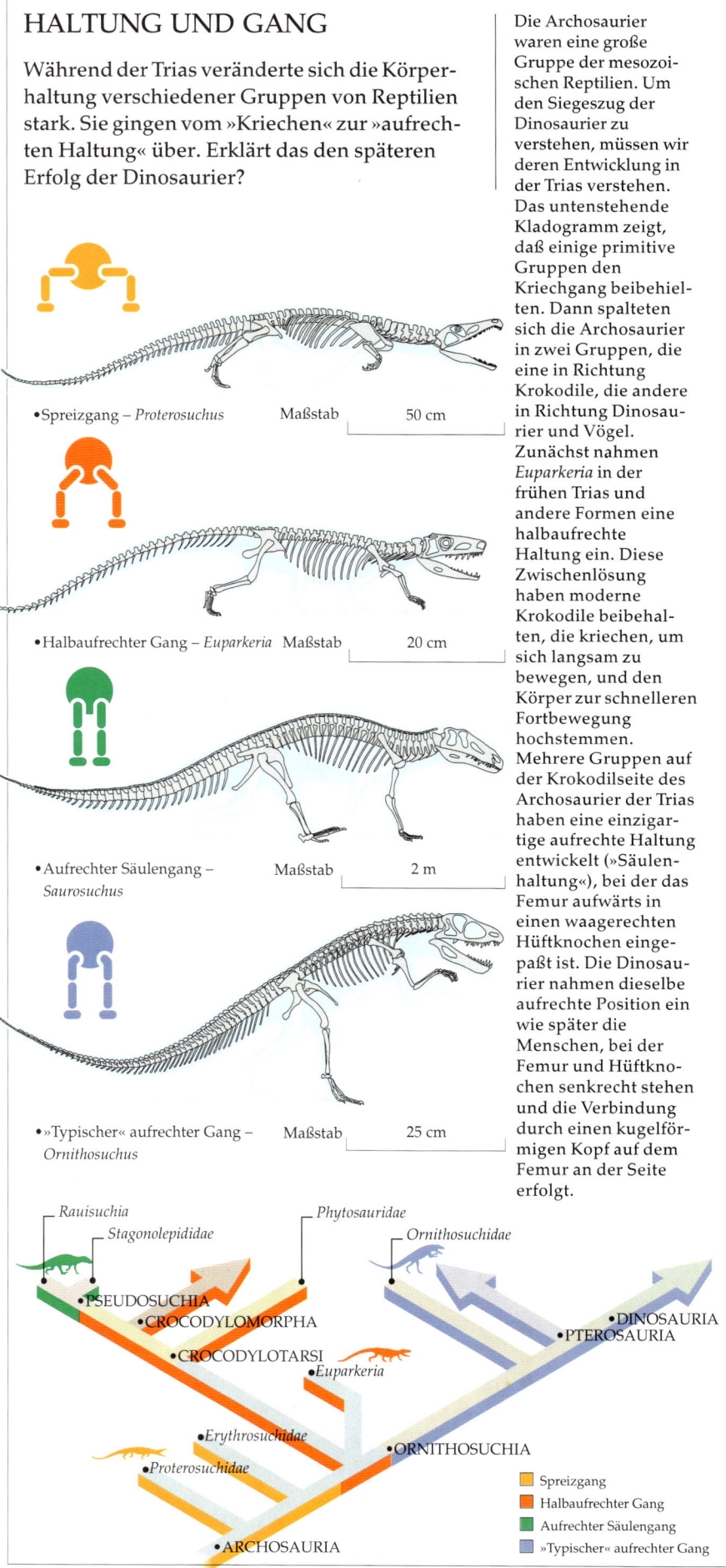

parallel zur Mittellinie des Körpers vor- und rückwärts. Bei den Archosauriern erfolgte dieser Wandel mindestens viermal unabhängig voneinander, und die Einzelheiten der Entwicklung ihrer Haltung prägen die Hauptlinien ihrer Evolution.

Zu Beginn der mittleren Trias vor 240 Millionen Jahren spalteten sich die auf *Euparkeria* folgenden Archosaurier in zwei Hauptlinien, die Ornithodira (Pterosaurier, Dinosaurier und später Vögel) und die Crurotarsia (Phytosaurier, Ornithosuchier, Pseudosuchier, und die Krokodile mit ihren Vorfahren). Nicht alle von ihnen entwickelten den vollkommen aufrechten Gang.

Die Ornithosuchia sind an einer säugetierähnlichen aufrechten Haltung und an dem sogenannten »fortgeschrittenen Mesotarsal-Knöchel« zu erkennen. Um die aufrechte Haltung zu erreichen, zogen sie das Bein teilweise unter den Körper und entwickelten ein Kugelgelenk in der Hüfte, vergleichbar mit dem des Menschen. Das Femur (Oberschenkelknochen) ist bei Tetrapoden (vierfüßigen Wirbeltieren) in eine schalenförmige Vertiefung an der Seite der Hüftknochen, das Acetabulum (Gelenkpfanne), gebettet. Bei einem Kriecher wie *Proterosuchus* ist der Kopf des Femur abgerundet, um unmittelbar in das Acetabulum zu passen, wodurch das Femur sowohl nach außen als auch abwärts gleiten kann. Bei Dinosauriern und Pterosauriern sieht das Acetabulum wieder anders aus, der Femurkopf ist halbkugelförmig ausgebildet und am Ende nach innen gebogen. Er paßt in die Grube des Acetabulums, so daß das Femur mit den Gliedmaßen direkt nach unten verläuft. Der fortgeschrittene Mesotarsal-Knöchel ist bei diesen Formen ein nach vorn weisendes Scharniergelenk, in dem die beiden Hauptknochen, der Astragalus (Sprungbein) und der Calcaneus (Fersenbein), eine einfache Rolle bilden, die fest mit Schienbein und Wadenbein verbunden ist.

Die Crurotarsia sind eine etwas differenziertere Gruppe; die einen kriechen noch, die anderen halten sich bereits aufrecht. Der crurotarsale (krokodilartige) Knöchel ermöglicht diesen Archosauriern einerseits den vollkommen aufrechten Gang oder auch das beliebige Umschalten in eine halbkriechende Position. Die heutigen Krokodile wenden diese Zwischenlösung immer noch an. Wenn sie satt und faul sind, bewegen sie sich halbkriechend und schleifen den Bauch über den Boden. Sind sie hungriger, wird der Gang halbaufgerichtet, und die Glieder schieben sich teilweise unter den vom Boden abge-

HALTUNG UND GANG

Während der Trias veränderte sich die Körperhaltung verschiedener Gruppen von Reptilien stark. Sie gingen vom »Kriechen« zur »aufrechten Haltung« über. Erklärt das den späteren Erfolg der Dinosaurier?

•Spreizgang – *Proterosuchus*   Maßstab   50 cm

•Halbaufrechter Gang – *Euparkeria*   Maßstab   20 cm

•Aufrechter Säulengang – *Saurosuchus*   Maßstab   2 m

•»Typischer« aufrechter Gang – *Ornithosuchus*   Maßstab   25 cm

Rauisuchia   *Phytosauridae*
Stagonolepididae   *Ornithosuchidae*
PSEUDOSUCHIA
•CROCODYLOMORPHA   •DINOSAURIA
CROCODYLOTARSI   •PTEROSAURIA
•*Euparkeria*
•*Erythrosuchidae*   ORNITHOSUCHIA
•*Proterosuchidae*
•ARCHOSAURIA

Spreizgang
Halbaufrechter Gang
Aufrechter Säulengang
»Typischer« aufrechter Gang

Die Archosaurier waren eine große Gruppe der mesozoischen Reptilien. Um den Siegeszug der Dinosaurier zu verstehen, müssen wir deren Entwicklung in der Trias verstehen. Das untenstehende Kladogramm zeigt, daß einige primitive Gruppen den Kriechgang beibehielten. Dann spalteten sich die Archosaurier in zwei Gruppen, die eine in Richtung Krokodile, die andere in Richtung Dinosaurier und Vögel. Zunächst nahmen *Euparkeria* in der frühen Trias und andere Formen eine halbaufrechte Haltung ein. Diese Zwischenlösung haben moderne Krokodile beibehalten, die kriechen, um sich langsam zu bewegen, und den Körper zur schnelleren Fortbewegung hochstemmen. Mehrere Gruppen auf der Krokodilseite des Archosaurier der Trias haben eine einzigartige aufrechte Haltung entwickelt (»Säulenhaltung«), bei der das Femur aufwärts in einen waagerechten Hüftknochen eingepaßt ist. Die Dinosaurier nahmen dieselbe aufrechte Position ein wie später die Menschen, bei der Femur und Hüftknochen senkrecht stehen und die Verbindung durch einen kugelförmigen Kopf auf dem Femur an der Seite erfolgt.

Krokodilähnliche Phytosaurier, *Parasuchus,* belauern ihre Beute am Ufer eines Flusses in der oberen Trias in Nordindien. Normalerweise jagten die Phytosaurier dickschuppige Fische in diesen Gewässern, gelegentlich griffen sie jedoch auch die größeren, trägen pflanzenfressenden Rhynchosaurier an, wenn diese die Pflanzen am Ufer abweideten.

stemmten Bauch. Wenn sie es eilig haben, können sie in aufrechtem Lauf eine erhebliche Geschwindigkeit erlangen, im Notfall schaffen sie sogar einen flachen Galopp. Eine seltene Filmaufnahme zeigt Krokodile, die wie Hasen springen, mit paarweiser Bewegung der vorderen und hinteren Gliedmaßen und auf- und abschwingenden Rückenbewegungen zur Schrittverlängerung.

Im allgemeinen gelten die Phytosaurier als die ersten, die wie Krokodile lebten. Phytosaurier sind erst ab der unteren Trias bekannt, müssen sich aber früher entwickelt haben.

Der indische Phytosaurier *Parasuchus* ist eine der am besten bekannten Formen. Er war 2,5 m lang und sah einem Krokodil sehr ähnlich: eine lange, mit spitzen Zähnen gesäumte Schnauze; ein hinten breiter Kopf mit hochliegenden Nüstern, um unter der Wasseroberfläche zu lauern; kurze Gliedmaßen und ein abgeflachter Schwanz zum Schwimmen. Aber die Ähnlichkeiten mit Krokodilen sind doch eher oberflächlich. Die Schnauzen sind bei Phytosauriern und Krokodilen aus unterschiedlichen Schädelknochen gebildet, und während bei den Phytosauriern die Nüstern auf einem Buckel zwischen den Augen liegen, liegen sie bei den Krokodilartigen an der Schnauzenspitze. Wie die anderen Phytosaurier jagte auch *Parasuchus* Süßwasserfische, die er mit seiner langen Schnauze fing und mit den zahlreichen spitzen Zähnen

festhielt. Zwei Exemplare wurden gefunden, deren Mageninhalt auch auf andere Nahrung hinweist: Ein paar kleine Landreptilien, die vom Flußufer weggeschnappt wurden, wahrscheinlich, als sie sich dort zum Trinken einfanden. Die Ornithosuchiden und Pseudosuchia hatten ebenso wie thecodonte Formen der oberen Trias vollständige crurotarsale Knöchel, die fortschrittlicher erscheinen als die der Phytosaurier. Die Ornithosuchiden waren nicht allzu große Fleischfresser, die kleinere, säugetierähnliche Reptilien fingen. Sie hatten eine teilweise aufrechte Körperhaltung, die sie ähnlich wie die Dinosaurier und Pterosaurier, jedoch auf einem anderen Weg entwickelt hatten.

Es gab zwei Gruppen von Pseudosuchia: Die schwergepanzerten Adlerkopfechsen, die zu den ersten pflanzenfressenden Archosauriern gehörten, und die Rauisuchia. Beide Gruppen hat man vornehmlich in Südamerika gefunden, einige wenige Vertreter in Nordamerika, Europa und Indien. Die Aetosaurier hatten einen biegsamen Panzer auf dem Rücken und dem Bauch und um die Taille. Der Panzer bestand aus zahlreichen rechteckigen Platten, die an Zapfen ineinandergriffen und an der Haut befestigt waren. Sie besaßen kurze Stupsnasen, mit denen sie vermutlich nach eßbaren Knollen und Wurzeln stöberten. Der Panzer schützte sie gegen die Rauisuchier, eine große Gruppe von teilweise zweibeinigen

Fleischfressern, von denen einige Arten bis zu 6−7 m Länge erreichten. Einer davon war *Saurosuchus* aus Argentinien, der einen vollkommen aufrechten vierfüßigen Gang hatte und anscheinend der perfekteste Fleischfresser seiner Zeit war.

Die späteren Pseudosuchia waren anders als die Ornithosuchia zu ihrem aufrechten Gang gelangt. Eine säulenförmige Konstruktion paßte das primitive, gerade Femur in ein nahezu waagerechtes, nach unten zeigendes Acetabulum ein. Diese Konstruktion hatte nahezu dieselbe Wirkung wie das Kugelgelenk mit seitwärts weisendem Acetabulum bei den Dinosauriern, Pterosauriern, Ornithosuchiden und Säugetieren, aber es ermöglichte nicht das Maß an Beweglichkeit der Gliedmaßen für lange Schritte, ganz zu schweigen für einen vollen Galopp.

Die Santa-Maria-Formation in Brasilien

In der Hälfte der Trias liegt das Karnium (vor 230−225 Millionen Jahren), das als »untere Obertrias« eingeordnet wird. Die Erholungsphase nach dem Permzeitalter dauerte sehr lang, weil ein ungeheuer großer ökologischer Leerraum entstanden war. Eine Reihe von Funden aus dem Karnium belegen, welche Vielfalt diese Erholung zeitigte − ein Vorspiel für eine hinreißende Revolution der Landwirbeltiere. Ein intensiv erforschtes Beispiel ist die brasilianische Santa-Maria-Formation, aber auch aus Argentinien, Indien, Marokko, Schottland und den Vereinigten Staaten gibt es vergleichbar bemerkenswerte Funde. Hierbei handelt es sich um die Faunen ohne Dinosaurier.

Die Santa-Maria-Formation am Rio Grande do Sul besteht aus einer 70 m dicken Schicht von einem Fluß abgelagerter Sandsteine und Konglomeraten mit Einschlüssen feinkörniger Sedimente. In der Nähe der Basis wurden fossile Pflanzen, insbesondere Samenfarn *Dicroidium* gefunden. Das darüberliegende 110 m starke Paket aus Wechsellagerungen von Tonstein und Sandstein birgt Überreste fossilen tropischen Bodens, wie an Kalkknöllchen zu erkennen ist. Das Gestein ist vornehmlich rot und zeigt Spuren der ursprünglich trockenen und heißen Umgebung. Viele Knochen wurden in der Trias von der Sonne ausgedörrt und zersplitterten, bevor sie von Sedimenten bedeckt wurden. Seit 1929 haben deutsche, brasilianische und US-amerikanische Expeditionen Unmengen von Knochen aus der Santa-Maria-Formation aufgehäuft und 24 Arten dokumentiert.

Die vorherrschenden Pflanzenfresser der Santa-Maria-Zeit waren mittelgroße, 50 cm lange Cynodontier, wie *Traversodon* und *Massetognathus*, die mit breiten, mahlenden Backenzähnen ausgestattet waren. Diese weisen die säugetierhafte Fähigkeit der Okklusion auf, den Zahnreihenschluß zwischen Ober- und Unterkiefer. Für gewöhnlich besitzen pflanzenfressende Reptilien Zähne, die wie eine Schere ineinander greifen, aber nicht aufeinander liegen, wodurch ihre Fähigkeit, Pflanzennahrung zu zermalmen, eingeschränkt wird. Die pflanzenfressenden Cynodontier konnten ihren Kiefer geringfügig verdrehen, so daß die Backenzähne sich überschnitten und die Nahrung in verdauungsgerechte Stücke zerkleinerten. Sie konnten ihrer Nahrung also mehr Nährstoffe entziehen und eine exzessive Gasbildung vermeiden.

Am weitesten verbreitet unter den Pflanzenfressern der Santa-Maria-Formation waren die Rhynchosaurier, Vettern des *Tanystropheus* und der Archosaurier. *Scaphonyx*, von Smith Woodward beschrieben, stellte sich als Rhynchosaurier und nicht als Dinosaurier heraus. Die Exemplare machten 70 Prozent der Funde in den Lagerstätten der Santa-Maria-Formation aus. *Scaphonyx* war 1−2 m lang und hatte Ähnlichkeit mit einem Schwein. Sein Schädel sah von oben dreieckig aus und bot von der Seite einen bedrohlichen Anblick. Wie bei den Placodontiern war wegen der Breite des hinteren Schädelbereichs Platz für die Kiefernmuskeln, und die Tiefe des Unterkiefers bezeugt den kräftigen Biß des Rhynchosauriers. Die Zähne sind im Oberkiefer in mehreren Reihen auf einem Paar dreieckiger Zahnplatten angeordnet; durch die Mitte der Platten verläuft je eine längliche Vertiefung. Der Unterkiefer ist mit scharfen Graten gesäumt, die genau in die Vertiefungen in jeder Gaumenplatte passen. Wenn die Kiefer fest geschlossen wurden, klappten sie zusammen wie die Klinge eines Klappmessers in den Griff − eine Analogie aus dem neunzehnten Jahrhundert von Thomas Henry Huxley.

Anfangs hielten einige Wissenschaftler die Rhynchosaurier für Austernfänger. Aber derartige Zähne sind nicht zum Zerknacken gedacht: Dadurch wäre der Zahnschmelz auf den Spitzen abgetragen worden. Wäre ein Rhynchosaurier auf die Idee gekommen, zur Abwechslung eine Muschel zu knacken, wäre sie durch den Druck des Zubeißens wie eine Kanonenkugel aus dem Maul geschossen −

ein paar Zahnkronen wären wohl mitgeflogen. Rhynchosaurier ernährten sich vermutlich von Samenfarn *Dicroidium* und anderen niedrigen, buschigen Pflanzen. Die Zahnreihen dienten zum Ergreifen und Abschneiden der zähen Stengel. Das Futter wurde mit dem seltsam gebogenen Schnabel an der vorderen Kopfseite zusammengerafft und dann mit einem Zungenschwung ins Maul gezogen. Rhynchosaurier besaßen kräftige Hinterbeine, und sie konnten auch Wurzeln und Knollen durch Tritte mit den starken Klauen ausgraben.

Zu den seltensten Exemplaren der Santa-Maria-Formation gehörten ein paar mittelgroße zweibeinige Tiere. *Staurikosaurus* hatte eine Länge von etwa 2 m. Sein langer Schwanz stand beim Laufen gerade nach hinten gehalten. Der verhältnismäßig kurze Schädel war mit scharfen Raubtierzähnen besetzt, und die schlanken Glieder weisen auf einen Schnellläufer hin, der sicherlich jeden Cynodontier und andere Reptilien jagen konnte. Absolut gesehen, gab es zuwenig Staurikosaurier, denn er machte nicht einmal 1 Prozent der Santa-Maria-Fauna aus. Im nachhinein ist er jedoch ein Schlüsselfaktor, weil er ein Vertreter der Ornithosuchia und somit der älteste Dinosaurier war. Er besaß den fortgeschrittenen Mesotarsal-Knöchel, aufrechte hintere Gliedmaßen, ein durchlöchertes Acetabulum, und seine Vorderbeine waren nicht einmal halb so lang wie die Hinterbeine – alles typische Eigenschaften der Dinosaurier.

Massentod und die Ausbreitung der Dinosaurier

Gegen Ende des Karniums in der oberen Trias vor etwa 225 Millionen Jahren erfaßte eine radikale Umwälzung die Faunen auf dem Festland. Sie löschte die Rhynchosaurier, die Dicynodonten und die meisten Cynodontiern und Thecodontier als Herrscher der Santa-Maria-Epoche aus, eröffnete den Überlebenden, insbesondere den Dinosauriern, jedoch neue Horizonte. Diese ergriffen ihre Chance und machten sich Hals über Kopf daran, die Welt erneut mit kleinen, mittleren, großen und, im Falle der Dinosaurier, mit gigantischen Fleisch- und Pflanzenfressern zu füllen.

Die Umstände dieses Massensterbens sind derzeit Gegenstand einer heißen Debatte. Hinzu kommt ein größeres Massenaussterben im Meer, das Riffgemeinschaften betraf und

Eine Szene aus der oberen Trias vor 225 Millionen Jahren (Santa-Maria-Formation in Brasilien). Einer der ältesten Dinosaurier, der kleine *Herrerasaurus,* wird von kleinen, fleischfressenden Cynodontiern, *Belesodon,* bedrängt. Diese Cynodontier waren vermutlich Warmblüter und trugen Haare; sie standen kurz vor dem Entwicklungssprung zu den echten Säugetieren. Im Hintergrund ragen ein massiger Rhynchosaurus, *Scaphonyx,* und ein Dicynodontier, *Donodontosaurus* (rechts), empor. Sie wälzen sich grollend und rülpsend durch schwerverdauliche Farnbäume und Schachtelhalme entlang den Seeufern. Diese Szene spielt am Vorabend des Zeitalters der Dinosaurier. Fünf Millionen Jahre später wird *Rhynchosaurus* zusammen mit vielen anderen ausgestorben sein, und die Dinosaurier werden die Herrschaft übernommen haben. Cynodontier und Säugetiere lebten unbehelligt weiter, erreichten ihre spätere Größe jedoch erst nach dem Aussterben der Dinosaurier, ungefähr 160 Millionen Jahre später.

Drei kleine Dinosaurier, *Coelophysis,* wittern Gefahr. Das Aussehen dieser Dinosaurier aus der oberen Trias ist genau bekannt, dank den erstaunlichen Funden von Dutzenden von Skeletten, die aus einer Art Massengrab übereinanderliegend 1947 in New Mexico geborgen wurden. *Coelophysis* war ein aktives Raubtier, das sich von kleinen Tieren ernährte, die er mit seinen kräftigen Händen packte und mit seinen Kiefern sowie den starken vogelähnlichen Klauen zerriß.

große Verluste ganzer Familien von Fischen, Seelilien, Seeigel, Bryozoen, Kammuscheln und anderen Meeresbewohnern zur Folge hatte. Das Leben im Meer wurde am Ende der Trias, 15–20 Millionen Jahre später, noch schwerer heimgesucht. Dieses Ereignis wirkte sich aber auf die Entwicklung der Dinosaurier kaum aus: Das Grundmuster war vorhanden, und nur einige wenige Nachzügler – ein paar Thecodontier und Cynodontier – verschwanden. Vermutlich gab es zwei gleich schwere Massensterben in der oberen Trias, wovon das erste sich mehr auf das Festland, und das zweite auf den Ozean auswirkte.

Wie sah das neue Muster aus? Wodurch wurden die am Ende des Karnium ausgerotteten Faunen ersetzt? Da waren natürlich die Dinosaurier, die »schrecklichen Echsen«, die in zwei anfängliche Gruppen zerfielen, die fleischfressenden Ceratosaurier und die pflanzenfressenden Prosauropoden.

Der bekannteste Ceratosaurier ist *Coelophysis,* der 1947 in Form Dutzender von Skeletten aus der Lagerstätte Ghost Ranch in New Mexico ausgegraben wurde. Verstreute Überreste dieses Dinosauriers waren auch in New Mexico und anderswo in Connecticut aufgetaucht, aber die Ghost-Ranch-Funde der Teams vom American Museum of Natural History (Amerikanisches Naturkundemuseum) scheinen für mehr als eine nur zufällige Ansammlung zu sprechen, vielleicht handelte es sich um eine ganze Herde von Skeletten. Es wurden alte und junge, männliche und weibliche Tiere gefunden, die sämtlich gut erhalten auf einem Fleck lagen. Sie scheinen in einem Fluß ertrunken und flußabwärts an einer Sandbank abgelagert worden zu sein. *Coelophysis* war ein schlanker, zweibeiniger

Dinosaurier mit starken Vorderfüßen und einer langen, mit scharfen, gezackten Zahnreihen versehenen Schnauze. Die Glieder weisen dieselben Anzeichen für einen Schnelläufer auf wie bei *Staurikosaurus,* und vermutlich lebte der Dinosaurier aus New Mexico von kleineren eidechsenartigen Tieren. Bekannt sind die Exemplare von Ghost Ranch jedoch wegen des Mageninhalts einiger erwachsener Tiere, darunter die Skelette und Überreste junger Tiere der eigenen Art, was *Coelophysis* als Kannibalen ausweist. Ihre Verwandten sind aus Faunen in Europa und Afrika aus der Zeit nach dem Aussterben bekannt. Die Ceratosaurier lebten den Jura hindurch und waren die ersten Theropoden, eine Bezeichnung für mehrere verschiedene Linien von fleischfressenden Dinosauriern.

Die ersten pflanzenfressenden Dinosaurier, die Prosauropoden, sind weltweit in der oberen Trias nachgewiesen. Der bekannteste Prosauropode ist der französische und deutsche, 6 bis 10 m lange *Plateosaurus,* den man im deutschen Stubensandstein fand und intensiv erforschte.

Stubensandstein in Deutschland

Sandsteinbrüche in der Gegend von Stuttgart in Südwestdeutschland erwiesen sich beim Abbau von Bausteinen im neunzehnten Jahrhundert als Fossillagerstätten. Einige der ersten Reptilien der Trias wurden hier entdeckt, z. B. Überreste von Phytosauriern im Jahre 1928, und Dutzende großartiger Skelette von Amphibien und Reptilien wurden ausgegraben. Zwei Gruppen von Fischfressern stellen die breitschädligen amphibischen temnospondylen Amphibien, die auch in der englischen und nordamerikanischen Trias auftauchten, und die Phytosaurier dar. *Procomsognathus* und *Halticosaurus* waren möglicherweise mit *Coelophysis* verwandte theropode Dinosaurier, von beiden wurden jedoch nur ein oder zwei Skelette gefunden. Der dritte Dinosaurier und das in diesen Stubensandsteinablagerungen am häufigsten gefundene Tier ist der 1837 von Hermann von Meyer getaufte *Plateosaurus.* Hermann von Meyer sollte später auch den Namen *Archaeopteryx* vergeben.

Seither wurde *Plateosaurus* an über fünfzig Orten in Mitteleuropa in Dutzenden von Exemplaren gefunden. Die größte Ausgrabungsstätte ist ein Steinbruch in Trossingen im südlichen Baden-Württemberg in der Nähe der schweizerischen Grenze. Hier gruben Friedrich von Huene und andere in den 20er und 30er Jahren dieses Jahrhunderts eine Reihe gelber und roter Mergelschichten aus und entdeckten 35 Skelette sowie Bruchstücke von 70 weiteren. Zunächst glaubte Huene bei den Trossinger Ablagerungen an das Massengrab einer Herde von Plateosauriern, die bei der Nahrungssuche in einer Wüste umgekommen waren. Dieses Szenario eines verzweifelten Überlebenskampfes wurde durch spätere Untersuchungen der Fundstätte widerlegt.

David Weishampel von der Johns-Hopkins-Universität fand heraus, daß die Skelette in von Flüssen abgelagertem Schlamm und Sandstein vorkamen. Die Überreste wurden von Aasfressern und durch Wasserbewegungen verstreut – der Tod und die Ablagerung folgten dem klassischen Schema für die Erhaltung von Dinosauriern. Überschwemmungen töteten die Tiere und trugen die Kadaver flußabwärts, bevor sie in einer Flußbiegung ablagerten. Dies wiederholte sich im Laufe der Jahre mehrfach, und so bildete sich ein Massengrab.

Der bis dahin größte Dinosaurier, der Prosauropode *Plateosaurus,* erreichte eine Länge von 10 m, eine geringe Größe im Vergleich mit den kolossalen Sauropoden späterer Zeiten. Er besaß einen langen Schwanz, lange Hinterbeine und einen kleinen Kopf auf einem verhältnismäßig langen Hals. Die spatelförmigen Zähne saßen in einem nicht sehr kräftigen Kiefer, was den *Plateosaurus* als Pflanzenfresser ausweist. Er konnte sich auf die Hinterbeine erheben, um das Laub der Baumkronen zu fressen, und benutzte seine große Daumenklaue zum Heranziehen der Äste. Den Pflanzenfressern stand eine große Auswahl an Nahrung zur Verfügung, darunter Koniferen, Samenfarne wie *Caytonia,* große Palmfarne oder mittlerweile ausgestorbene Farnbäume, üppige Spielarten von Gingkos sowie reiche Bodenfarne. Bis zur Entstehung von Gräsern war es noch ein weiter Weg.

Plateosaurus verzehrte eine sehr viel zähere Nahrung und mußte Verdauungssteine schlucken, um Pflanzenstengel und Blattwerk zu zermahlen, die seine Zähne zwar abrupfen, aber nicht zerkleinern konnten. Die Verdauung war ein schweres Stück Arbeit mit einer Flut von Verdauungssäften im Tonnenbauch und gurgelnden am einen oder anderen Ende entweichenden Gasen. Die Prosauropoden waren recht erfolgreich und lebten bis in den Jura hinein. Irgendwann auf ihrem genetischen Weg vermachten sie ihren Nachfahren,

den Sauropoden, ihren kleinen Kopf, den langen Schwanz und die solide Vierfüßer-Gestalt. Wen wundert's, daß man bei einem von ihnen immer noch an seinem ersten offiziellen Namen *Brontosaurus* – Donnerechse – festhält.

Ungefähr zur selben Zeit lebten die ersten kleinen, mausartigen Säugetiere. Aus Norditalien stammen drei Arten der ersten bekannten fliegenden Wirbeltiere, Pterosaurier, die an der Nordwestküste des Thetys-Meeres lebten. Der älteste, *Eudimorphodon,* war ein Fischfresser mit einer Flügelspannweite von 1 m und dem bei allen Pterosauriern der Trias festgestellten langen Schwanz. Die Flügel der Flugsaurier bestehen aus über die Arm- und Handknochen und über den enorm verlängerten vierten Fingerknochen gespannten Flughäuten. Die Flughaut wird durch ein ausgeklügeltes System Tausender von parallelen Fasern aus bisher unbekanntem Material, womöglich aus Keratin, stabilisiert, die zwischen Hautschichten gebettet waren und nicht nur zur Stabilisierung des Fluges, sondern möglicherweise auch zur Änderung der Flügelstellung bei Flugbewegungen dienten, sofern diese durch Muskelsteuerung gelenkt werden konnten. Diese Konstruktion unterscheidet sich erheblich vom Bauplan der Vögel oder Fledermäuse, aber sie trug die Flugsaurier durch den Jura und die Kreide. Einige besaßen merkwürdig geformte Schnäbel, andere die Flügelspanne eines kleinen Motorflugzeugs. Die meisten Pterosaurier wurden in der Nähe von Gewässern gefunden, aber das sagt wahrscheinlich mehr über die dort günstigen Konservierungsbedingungen als über die Vielfalt ihrer Lebensräume aus.

Der Ursprung der Dinosaurier: eine oder mehrere Gruppen?

Zu den Dinosauriern der oberen Trias zählten Ceratosaurier wie *Coelophysis,* Prosauropoden wie *Plateosaurus* und eine dritte Gruppe, die Ornithischia, deren verstreute Überreste in Nord- und Südamerika gefunden wurden. Diesen war eine bemerkenswerte Zukunft beschieden. Bis vor jüngster Zeit betrachtete man die Dinosaurier als polyphyletische Gruppe: nicht eine Sammlung verwandter Geschöpfe, sondern aus verschiedenen Richtungen zusammengelaufene Kreaturen mit unterschiedlichen Vorfahren, die lediglich durch einige oberflächliche Ähnlichkeiten und

den gemeinsamen Namen Dinosaurier verbunden waren, den Sir Richard Owen 1841 erfand. Die Viktorianer hingegen hielten es für offensichtlich, daß die Dinosaurier eine phylogenetische Einheit waren.

Gegenwärtig erklärt man die ähnlichen Eigenschaften der traditionell zusammen klassifizierten Tiergruppen mit der Tatsache, daß sie ja wirklich miteinander verwandt sind, und nicht, weil diese Eigenschaften zufällig gemeinsam auftraten und sich unabhängig voneinander auf voneinander getrennten Linien entwickelt haben. Verschiedene europäische und nordamerikanische Paläontologen stellten 1984–85 unabhängig voneinander eine Reihe von Kladogrammen von Dinosauriern und anderen Archosauriern auf und bestätigten, daß die Dinosaurier eine eigene Klade bilden, was durch alle möglichen komplizierten mit dem aufrechten Gang verbundenen Veränderungen der Gliedmaßen sowie durch andere Eigenschaften begründet ist, die in den Einzelheiten zu kompliziert sind, um bloßem Zufall zu entspringen. Die Dinosaurier tauchten Ende der mittleren Trias auf und lebten während des Karniums (Typ Santa Maria) in einer Fauna mit äußerst geringer Dichte, um dann in den letzten 15 Millionen Jahren der Trias in einer Formenvielfalt buchstäblich zu explodieren.

Neuanfänge

Die Dinosaurier waren nicht die einzige auffallende neue Gruppe, die in der Fauna der oberen Trias auftaucht. Neben ihnen erscheinen die ersten Schildkröten, die ersten Sphenodontiden (»Keilzähne«: Vorfahren der rezenten Brückenechsen auf Neuseeland), die ersten Krokodilartigen, Pterosaurier und Säugetiere. Man kann tatsächlich feststellen,

daß dies ein entscheidender Wendepunkt war – die Grundsteinlegung der modernen Festlandfauna.

Die Reptilien des Paläozoikums waren endgültig verschwunden, die säugetierähnlichen Reptilien vernichtet, die meisten rezenten bedeutenden Gruppen gaben ihr Debüt. (Amphibien waren aus dem Tritt geraten — Frösche waren früher aufgetaucht, und der älteste Salamander entstammt dem mittleren Jura — und erst im oberen Jura, etwa 40 Millionen Jahre später, flog der erste Vogel.) Aber nicht einmal der skeptischste Betrachter wird bezweifeln können, daß die mächtigsten und innovativsten Newcomer in der oberen Trias die Dinosaurier waren. Von allen Tieren, die als Überlebende in den durch das Massenaussterben zum Ende des Karniums freigewordenen Ökoraum vordrangen, nutzte nur eine Gruppe die Gunst der Stunde wirklich. Die Chance war da, und die Dinosaurier ergriffen sie. Sie erhoben sich in nur vier oder fünf Millionen Jahren zur Weltherrschaft und prägten für über hundert Millionen Jahre die Fauna; jedes andere Geschöpf lebte am Rande der Gesellschaft.

GEGENÜBER: *Plateosaurus,* der erste große Dinosaurier, lebte in der oberen Trias vor 215 Millionen Jahren als Pflanzenfresser in Deutschland. Dieser Dinosaurier erreichte eine Höhe von 5 bis 6, manchmal bis zu 8 Metern. An über 50 verschiedenen Orten in Mitteleuropa fand man von *Plateosaurus* Hunderte von Überresten, an einigen Stellen lagen Dutzende von Skeletten beieinander. Zwei Kuehneosaurier gleiten von ihrem luftigen Sitz in den Zweigen herab. Sie breiten die »Flügel« aus, die noch aus Haut bestanden, die über verlängerte Rippen gespannt war, und mit denen sie auf der Jagd nach Insekten oder auf der Flucht vor den rücksichtslosen Kiefern großer Pflanzenfresser über weite Entfernungen segeln konnten.

Der einzige Überlebende der Ordnung Sphenodonta ist *Sphenodon punctatus,* die heute nur noch auf wenigen Inseln im Norden und Süden der Hauptinseln Neuseelands lebt. Bevor die Maoris nach Neuseeland kamen, war die Brückenechse auch auf dem Festland weit verbreitet. Früher lebten die Sphenodonta über den ganzen Erdball verteilt. Sie erreichten die größte Dichte in der oberen Trias vor 225 Millionen Jahren, zu Beginn der Ära der Dinosaurier. Die Fossilien gleichen den heute lebenden Brückenechsen aufs Haar. Dieses ist 50 cm lang.

Im unteren Jura bedeckte das Meer einen Großteil Europas und überschwemmte das Land, auf dem nicht lange zuvor riesige Dinosaurier gelebt hatten. Schwärme delphinähnlicher Ichthyosaurier schwammen und sprangen im seichten Wasser und jagten Fische und Belemniten (schwimmende, Tintenfischen ähnelnde Mollusken). Die Ichthyosaurier hatten mit Sicherheit auf dem Land lebende Vorfahren, waren selbst jedoch vollkommen marin und gebaren lebende Junge, so wie die heutigen Delphine. Es gab auch Plesiosaurier, langhalsige, fischfressende Meeresreptilien, die von Zeit zu Zeit an Land kamen, vergleichbar mit den heutigen Meeresschildkröten.

Kapitel 4

DINOSAURIER-SOMMER

Michael Benton

Schenkelknochen, länger als der größte Mensch, Schädel von über 2,50 m Länge, Kiefer gespickt mit Reihen von drei- oder vierhundert Zähnen — wenn je eine Tiergruppe für das Überleben ausgestattet war, dann waren es die Dinosaurier. Überreste von Dinosauriern finden wir in Ablagerungen auf dem Festland von der oberen Trias bis zur oberen Kreidezeit. Ihre Fußspuren überziehen die alte Erde von Queensland, Australien, bis Wyoming, USA, und bis zur Isle of Wight in England. Und obwohl es für gewöhnlich die Knochen der Giganten sind, die erhalten bleiben, wissen wir, daß die Dinosaurier in allen Größen existierten, von 60 cm Körperlänge und 2 bis 3 kg Gewicht an aufwärts. Klein, groß, elegant auf zwei Beinen aufgerichtet oder plump auf vier Säulen stehend — das Land im Mesozoikum gehörte ihnen.

Damals waren die Säugetiere noch winzige, mausgroße Tiere, dem Ungeziefer gleich — sie waren die Ratten oder Kakerlaken ihrer Zeit. Die Dinosaurier haben uns ebenso wie die späten Säugetiere stets fasziniert, seit wir wissen, daß es sie gab und wann sie lebten. Die Paläontologen stellen sich nun die Frage, was die Entwicklung der Dinosaurier begründete und welche Eigenschaften sie zu den Herrschern des Juras (vor 208−114 Millionen Jahren) und der Kreide (bis vor rund 65 Millionen Jahren) machten. Einige ihrer evolutionären Vorteile sind offensichtlich. Sie begannen sich in der oberen Trias auszubreiten, in einem heißen Trockenklima, das eher für Reptilien als für Säuger geeignet war. Wir wissen, daß sie ihre Vorgänger nicht erst aus dem Felde schlagen mußten, sondern in einen nahezu leeren Ökoraum vordrangen. Der aufrechte Gang hatte den Vorteil, sich schnell fortbewegen zu können, und ermöglichte die Entwicklung einer entsprechenden Körpergröße. (Es gab allerdings auch andere aufrecht gehende Tiere, die aber entweder ausstarben oder in dinosaurierfreien Räumen überlebten.) Als sich sämtliche Kontinente zu dem Superkontinent Pangäa zusammengeschoben hatten, konnten die Dinosaurier nahezu jeden beliebigen Lebensraum erobern. Gleichzeitig

DIE WELT DES JURA

Im Jura begann Pangäa auseinanderzubrechen. Ein Grabenbruch zwischen Nordafrika und der nordamerikanischen Küste führte zur Öffnung des nordatlantischen Ozeans. Die südlichen Kontinente trieben auseinander. Wenig später brach auch Gondwanaland auseinander. Gesteine des Jura weisen auf die Existenz von Klimagürteln hin, wie wir sie auch heute kennen. Es gibt jedoch keinen Hinweis auf Polareis. Heute sind die tropischen und subtropischen Gürtel viel breiter. Die polaren Gegenden zeigten damals ein milderes Klima. Fossile Wälder und Ansammlungen anderer Pflanzen finden wir auf der ganzen Welt, ebenso wie die Überreste von Dinosauriern. Es gibt nur wenige Belege für unterschiedliche Flora- und Faunazonen im Jura. Identische Gattungen von Pflanzen und Dinosauriern finden sich auf der ganzen Welt, von Australien bis Sibirien, von Afrika bis Nordamerika.

zwar es der Konkurrenz unmöglich, anderswo zu entstehen und sich auszubreiten, hinter unüberwindlichen Gebirgsbarrieren oder jenseits trennender Ozeane etwa: Es gab keine derartigen Enklaven, die groß genug gewesen wären, um ernstzunehmende rivalisierende Gruppen zu ernähren.

Die Geschichte der Wissenschaft gibt viele warnende Beispiele für das Verharren auf einseitigen Grundannahmen: Überlebte alte Theorien verwandeln sich allzu schnell in dogmatische Scheuklappen, die dazu führen, daß neue, den Tatsachen sehr viel eher entsprechende Betrachtungsweisen ignoriert oder gar mit dem Bann belegt werden. Die Astronomie des Kopernikus und die Evolutionstheorie Darwins sind dafür treffende Beispiele. So erging es auch Alfred Wegeners Theorie von der »Kontinentaldrift«; er erkannte, daß die Kontinente einst zusammenpaßten, und schloß daraus, daß sie sich bewegt haben müssen, konnte aber seinerseits keinen Mechanismus erkennen, der dies ermöglicht hätte. Anstatt nach dem Schlüsselmechanismus zu suchen, verwarfen einige Geologen diese Theorie und ignorierten die Tatsachen. Heute kennen wir den Mechanismus der Plattentektonik, der die Bewegung der Kontinente plausibel macht. Da uns die Geschichte der Urzeit zu wenig Fakten liefert, steht sie natürlich für die Entwicklung von Theorien weit offen. Sie ranken sich um die verschiedenen Ereignisse des Aussterbens, bringen gleichzeitig Licht und Dunkelheit – und je haarsträubender die Theorie, desto größer ist

ihre Anziehungskraft. Die neueste Theorie zur Erklärung der langen Herrschaftszeit der Dinosaurier geht davon aus, daß sie, um die Säuger so lange wie möglich außen vor zu halten, einen großen Vorteil mit diesen geteilt haben: Sie müssen Warmblüter gewesen sein. Diese Idee wird mit gewaltigem Enthusiasmus von dem amerikanischen Paläontologen Robert Bakker vorgetragen, der nach kopernikanischer Größe trachtet, indem er sein Buch »The Dinosaurs Heresies« (1986), »Die Ketzerei der Dinosaurier«, nennt. Warmes Blut hätte den Dinosauriern den entscheidenden Wettbewerbsvorteil verschafft: ein effizienter arbeitendes Herz, mehr Energie, größere Geschwindigkeit, ein besseres Gehirn und die Überlebensfähigkeit in kälteren Regionen (ohne nachts in Bewegungslosigkeit zu erstarren). Es würde den Rahmen sprengen, die Gegenargumente hier alle anzuführen. Bakkers Buch ist ebenso lebendig wie die hyperaktiven Tiere seiner aufsehenerregenden Illustrationen, und auf der Grundlage einer einzigen Ursache gibt er komplizierten Ereignissen eine einfache und dramatische Dynamik.

Andererseits gibt es in der Geschichte des Lebens gute Gründe für die Annahme, daß es keine geraden Wege gibt. Das Leben ist ein offenes System, ein Bündel ineinandergreifender, sich gegenseitig beeinflussender Kräfte, die mit Schlüsselereignissen auf jeder, von der elektromikroskopischen bis zur planetaren Ebene, derart vollgestopft sind, daß sie niemals ein Resultat wiederholen. Derartige Systeme nennt man gelegentlich »chaotisch«,

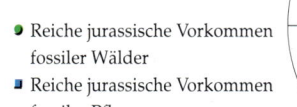

- 🟢 Reiche jurassische Vorkommen fossiler Wälder
- 🟦 Reiche jurassische Vorkommen fossiler Pflanzen
- 🔴 Reiche jurassische Vorkommen von Dinosaurier-Fossilien
- 🟡 Reiche jurassische Vorkommen anderer fossiler Reptilien
- 🟧 Feucht
- 🟨 Jahreszeitlich feucht
- ⬜ Wüste

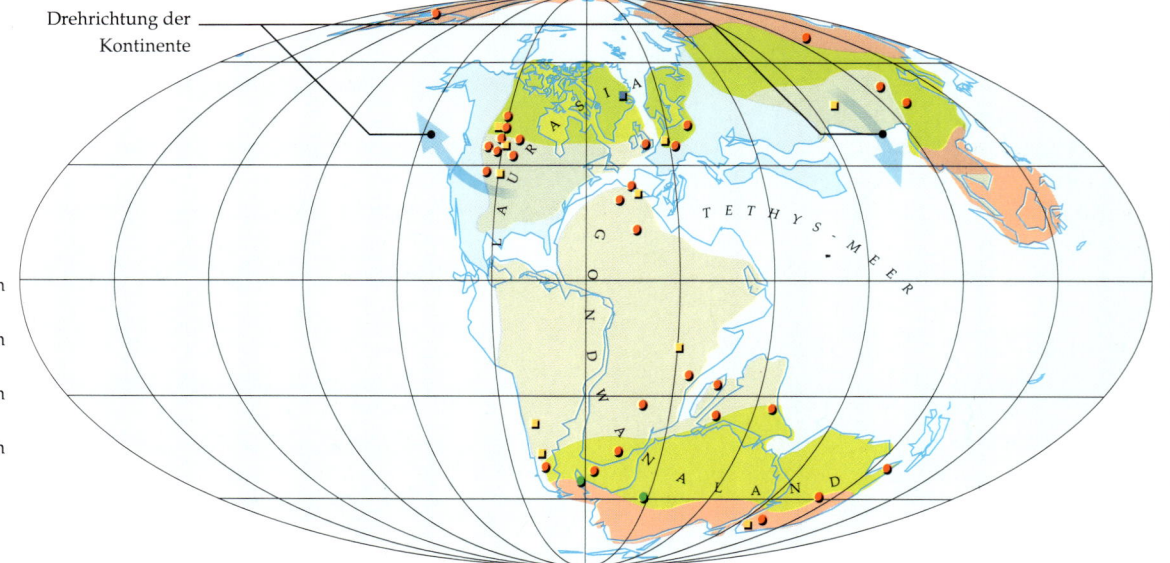

Drehrichtung der Kontinente

was nicht bedeutet, daß sie zum Zufall tendieren, sondern daß ihr Ursachenmuster zu vielfältig ist, um Vorhersagen zuzulassen.

Wir haben es hier mit einer wichtigen Periode zu tun: der langen Herrschaft der Dinosaurier. Die Vorstellung vom warmblütigen Dinosaurier ist faszinierend, aber das Fehlen fossiler Basisinformationen macht den Beweis oder die Widerlegung unmöglich. Die Vorstellung von einer einzelnen Ursache ist zwar attraktiv, wenn jedoch ein verschlungener Zusammenhang unzulässig vereinfacht wird, hilft dies in der Regel zur Klärung der Tatbestände nicht weiter. Die Dinosaurier haben uns kein Weichgewebe zurückgelassen. Wir wissen nicht, wie ihre Herzen, ihre Organe aussahen oder funktionierten. Wir haben nur sehr unsichere Belege, und die reichen wie üblich nur für äußerst unterschiedliche Auslegungen.

Wahrscheinlich hatten die Dinosaurier Glück, das Klima und die geographischen Verhältnisse standen auf ihrer Seite. Welche anderen Tatsachen sprachen noch für sie? Die offensichtlichste ist ihre Körpergröße: Die größeren Sauropoden erreichten ein Gewicht von 70 bis 80 Tonnen, vier- oder fünfmal schwerer als das schwerste Landsäugetier, das Riesennashorn *Indricotherium* aus dem Oligozän (vor rund 35 Millionen Jahren). Der aufrechte Gang ließ dieses Wachstum zu; nicht einmal im ruhenden Zustand hätte ein Tier in Kriechposition einem solchen Gewicht standgehalten. Diese Masse zu manövrieren, war einerseits ein statisches Problem — man hat *Diplodocus* mit einer wandelnden Hängebrücke verglichen —, andererseits ein mechanisches, eine Frage von Kraft und Hebelwirkung. Die Dinosaurier brauchten mächtige, fest verankerte Muskeln zum Gehen oder Laufen und zur Ernährung. Einige Dinosaurierschädel sind wundervolle Skulpturen, die Kiefermuskeln genügend Raum boten, mit denen ganze Karrenladungen von Pflanzennahrung verarbeitet wurden oder die Beute mit einem Biß gelähmt oder getötet wurde.

Die größten erwachsenen Pflanzenfresser müssen aufgrund ihrer Größe nahezu unangreifbar gewesen sein, obwohl die jungen, kranken oder alten Artgenossen immer noch eine dankbare Beute darstellten. Gleichzeitig wuchsen die größten Fleischfresser bis an die Grenze des für Raubtiere Erlaubten: Es ist unsinnig, ein 50-Tonnen-Räuber zu sein, wenn man zu langsam ist, um genug Beute zu machen, aber jagen muß, um den Wanst zu füllen. Die Körpergröße hatte für die bewaffneten Aasfresser den Vorteil, daß sie plündern

konnten, was die agileren Killer gefangen hatten.

Masse bedeutet Wärme. Wenn ein Tier seine Körperfülle verdoppelt, verdoppelt es keineswegs auch die Körperoberfläche. Da der Wärmeverlust an der Körperoberfläche stattfindet, verlangsamt sich der Wechsel der Körpertemperatur mit zunehmender Größe. Man hat errechnet, daß ein mittelgroßer bis großer Dinosaurier in warmem Klima auch ohne Warmblüterausrüstung eine gleichmäßige Körperwärme halten konnte. Vier Fünftel der Nahrung eines Säugetieres dienen der Wärmeregulierung. Ein Reptil hat viel weniger Unterhaltskosten — etwa ein Zehntel dessen, was ein gleich großer Warmblüter benötigt. Während des Jura und eines großen Teils der Kreidezeit war die Welt sogar noch in Polnähe verhältnismäßig warm. Ihre Oberflächenökonomie bot den großen Dinosauriern zwar Vorteile, aber was war mit ihren kleineren Vettern? Wie hielten die ihre Körperwärme und somit ihren Energiehaushalt stabil? Die Antwort lautet: Wir wissen es nicht. Dinosaurier sind eine derart vielfältige Gruppe, daß keine Möglichkeit ausgeschlossen werden kann. Viele Gruppen von Reptilien überlebten das Mesozoikum, und viele existieren noch heute. Kaltblütigkeit, die die Körperwärme an die Umwelt anpaßt, war und ist immer noch eine perfekt funktionierende Überlebensstrategie.

Während des langen Sommers der Dinosaurier wandelte sich die Erde grundlegend, weg von den dürren Bedingungen des Perms und der Trias. Im Jura entwickelten sich die meisten modernen Gruppen in großer Vielfalt, und auch die Meere des Juras wandelten sich mit dem Erscheinen moderner Fischgruppen, der Ammoniten und großer, ausschließlich fleischfressender Meeresreptilien.

Pangäa zerbricht

Der Superkontinent Pangäa war im Perm entstanden und überdauerte die Trias. Im Jura begann er auseinanderzubrechen. Der erste Graben in dieser weiten Landmasse erschien zwischen Europa und Afrika, am Westrand des Tethys-Meeres, das Asien von Indien, der Antarktis und Australien trennte. Der Graben breitete sich nach Westen aus, durchquerte die Gegend Spaniens herunter bis zur Ostküste des angrenzenden Nordamerika, verlief von Nova Scotia bis nach Florida. Weiter im Westen trennte er Nord- und Südamerika, im Süden Südamerika und Afrika. Diese Konti-

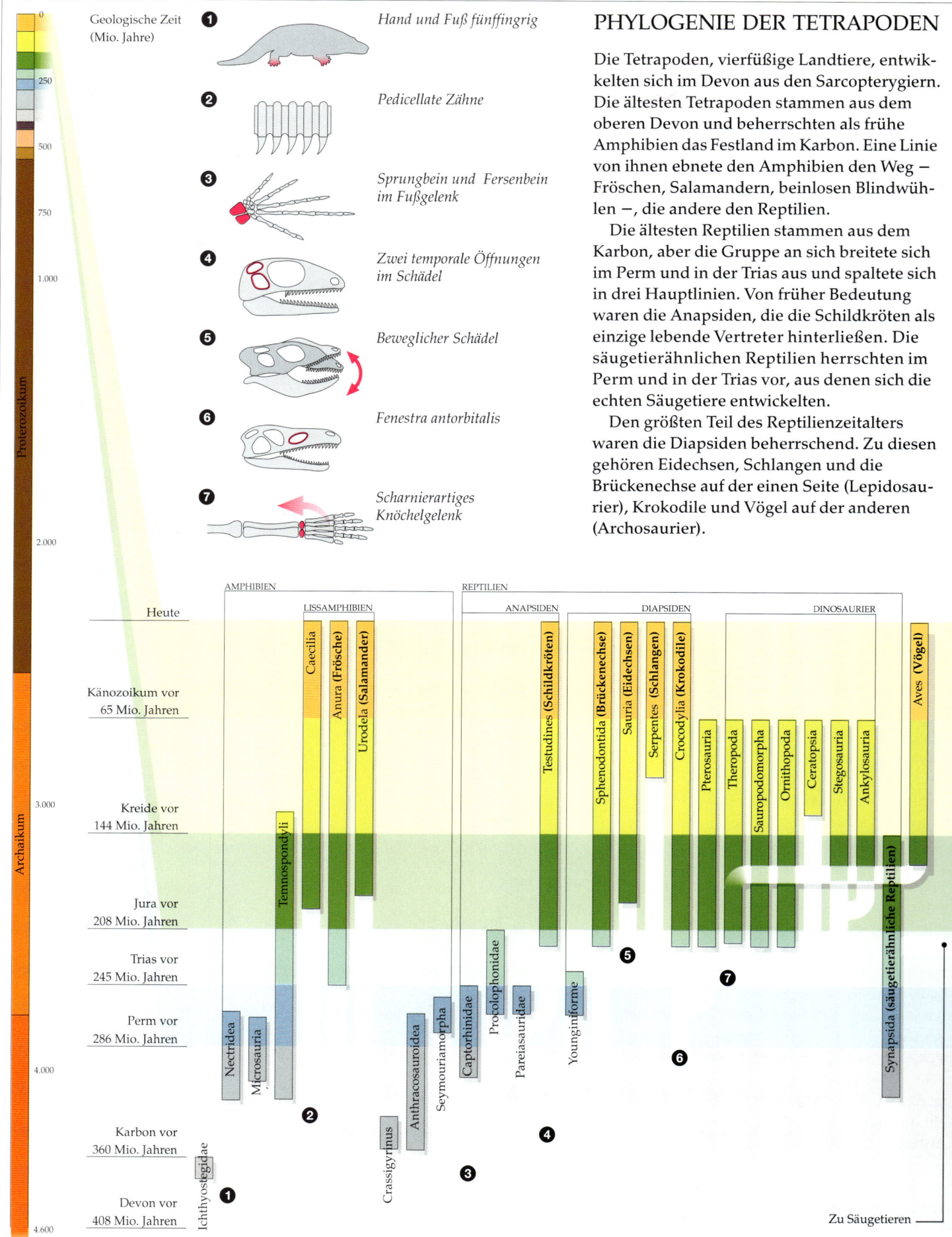

Geologische Zeit (Mio. Jahre)

❶ Hand und Fuß fünffingrig

❷ Pedicellate Zähne

❸ Sprungbein und Fersenbein im Fußgelenk

❹ Zwei temporale Öffnungen im Schädel

❺ Beweglicher Schädel

❻ Fenestra antorbitalis

❼ Scharnierartiges Knöchelgelenk

PHYLOGENIE DER TETRAPODEN

Die Tetrapoden, vierfüßige Landtiere, entwickelten sich im Devon aus den Sarcopterygiern. Die ältesten Tetrapoden stammen aus dem oberen Devon und beherrschten als frühe Amphibien das Festland im Karbon. Eine Linie von ihnen ebnete den Amphibien den Weg – Fröschen, Salamandern, beinlosen Blindwühlen –, die andere den Reptilien.

Die ältesten Reptilien stammen aus dem Karbon, aber die Gruppe an sich breitete sich im Perm und in der Trias aus und spaltete sich in drei Hauptlinien. Von früher Bedeutung waren die Anapsiden, die die Schildkröten als einzige lebende Vertreter hinterließen. Die säugetierähnlichen Reptilien herrschten im Perm und in der Trias vor, aus denen sich die echten Säugetiere entwickelten.

Den größten Teil des Reptilienzeitalters waren die Diapsiden beherrschend. Zu diesen gehören Eidechsen, Schlangen und die Brückenechse auf der einen Seite (Lepidosaurier), Krokodile und Vögel auf der anderen (Archosaurier).

DIE MORRISON-FORMATION

1877 war ein entscheidendes Jahr für die Paläontologie der Tetrapoden. Ein zufälliger Fund am Fuße der jurassischen Rocky Mountains in der Nähe von Morrison, Colorado, war der Beginn für ein Jahrzehnt der Entdeckungen von fossilen Dinosauriern in einer einzigartigen Vielfalt, von kolossaler Größe und in hervorragendem Zustand, die die Erkenntnis von einer Ära veränderten, die in den Gesteinen Europas viel seltener vertreten war.

Der erste, der über den aus dem Boden ausgewaschenen Knochenschatz stolperte, war der englische Missionar und Schullehrer Arthur Lakes. Er schrieb aufgeregte Briefe an einen der beiden um Vorherrschaft ringenden Rivalen in der amerikanischen Dinosaurierforschung, Othniel Charles Marsh (1831–99). Als Marsh nicht antwortete, schickte Lakes ihm zehn Kisten mit Knochen. Jedoch erst, als Lakes auch ein paar Funde an Edward Drinker Cope (1840–97) schickte, beeilte sich der eifersüchtige Marsh, zu reagieren.

Marshs Assistenten buddelten sogleich 30 cm lange Wirbel und 2,50 m lange Schenkelknochen aus der Morrison-Formation. Copes und Marshs Teams wetteiferten in unmittelbarer Nachbarschaft erfolgreich um die Entdeckung weiterer Dinosaurier. Später, im gleichen Sommer fanden zwei Eisenbahningenieure in Como Bluff, Wyoming, ein paar enorme Knochen, die später dem *Brontosaurus* zugeordnet wurden. Sie telegraphierten Marsh, der den Fund sogleich für sich beanspruchte – ein harter Schlag im Kampf zweier Männer, der noch die kommenden zwanzig Jahre andauern sollte.

OBEN: Edward Drinker Cope (1840—97)

DARÜBER: Othniel Charles Marsh (1831–99)

LINKS: *Brontosaurus excelsus* – das rekonstruierte Skelett wurde von Marsh gezeichnet.

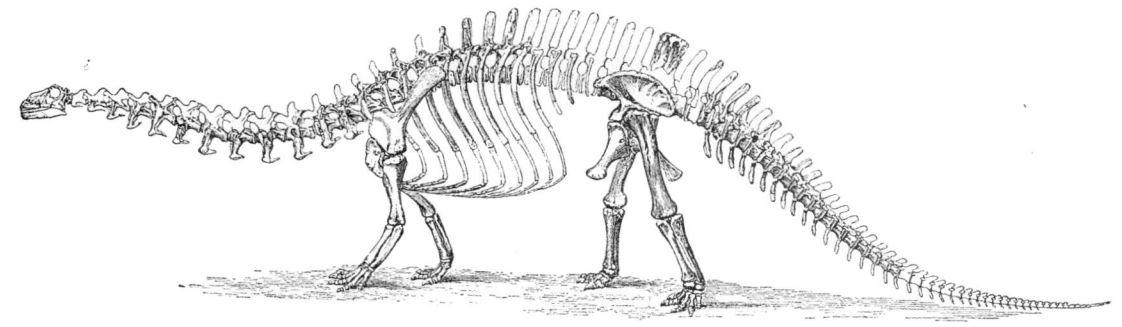

SOLNHOFEN, BAYERN

Im Jahre 1861 gaben die Steinbrüche im bayerischen Solnhofen ihre erstaunlichste Entdeckung preis, ein Geschöpf, das die Eigenschaften von Vögeln und Reptilien zu vereinen schien und folglich *Archaeopteryx*, »Urflügel«, genannt wurde.

Das neue Tier wurde unverzüglich Gegenstand im Streit zwischen den Befürwortern und Gegnern von Darwins neuer Evolutionstheorie. Richard Owen (1804–92), ein bekannter Anatom und Leiter der Naturgeschichtlichen Abteilung des Britischen Museums, ignorierte die reptilienartigen Eigenschaften des *Archaeopteryx* und beharrte darauf, daß es sich »unzweideutig um einen Vogel« handelte.

Owen bekämpfte seinen früheren Protegé und erklärten Unterstützer Darwins, Thomas Huxley (1825–95). In seinem berühmten Aufsatz stellte Huxley 1868 klar, daß *Archaeopteryx* von Reptilien abstammte und sich auf der Grundlage seiner Erbanlagen in einen Vogel transformiert hatte.

OBEN: Sir Richard Owen (1804–92)

LINKS: Thomas Huxley (1825–95) in einer zeitgenössischen Karikatur.

nente scheinen in Form von Gondwana über 400 Millionen Jahre lang Nachbarn gewesen zu sein.

Die Entstehung dieser Gräben hatte umfassende Auswirkungen. Dicke Salzablagerungen entstanden in Nordafrika, Texas, der Karibik und an der Küste Brasiliens. In diesen Gebieten haben die Gräben offensichtlich Vertiefungen zwischen den Kontinenten gebildet, wo sich Sedimente aus Flüssen ablagern konnten, das Meer aber war noch nicht imstande, sie aufzubrechen. Die Salzablagerungen repräsentieren einen Zeitraum von Jahrmillionen, in denen Wasser verdunstete und sich zyklisch ansammelte. Der Graben entlang der Ostküste Nordamerikas schuf eine Reihe von Becken in Richtung des Hauptgrabens (auf einer heutigen Karte von Nordost nach Südwest) von Nova Scotia nach Virginia, die sich wiederum mit vom Land eingeschwemmten Sedimenten füllten und so die »Newark Supergroup« bildeten. Diese geologische Formation umspannt die obere Trias und den unteren Jura, und sie enthält umfangreiche Fossilienfunde vom Landleben jener Zeit – Pflanzen, Insekten, Fische und Reptilien.

Im oberen Jura vor rund 160 Millionen Jahren erstreckte sich das Tethys-Meer fast rund um die Welt, nördlich des damaligen Äquators. Es trennte Asien von den Kontinenten Gondwanas und nun auch Nord- und Südamerika. Dabei entstand der Vorläufer der Karibik. Das Tierleben im Tethys-Meer unterschied sich deutlich von anderen Teilen der Welt; es bestand aus tropischen Riffen und spezifischen Gruppen von Schalentieren. Dieser äquatoriale Tethys-Ozean stand im Gegensatz zum kühleren Reich Nordeuropas.

Pflanzen des Juras

Die Unterschiede zwischen den nördlichen und äquatorialen Gebieten spiegeln sich auch in den Pflanzen wider. Es gab nun ozeanische Barrieren zwischen Nord und Süd, und die Temperaturunterschiede von den Polen zum Äquator wurden größer; sie waren zwar nicht so extrem wie heute, und es gibt keinen Hinweis auf Polareis im Jura, aber die vom Äquator des Juras weiter entfernten Pflanzen entsprachen mehr der Flora gemäßigter Breiten.

Viele typische Pflanzen aus Perm und Trias überlebten den Jura nicht. Lycopoden – Bärlappgewächse – waren bereits im Perm auf dem Rückzug, hatten aber in kleiner Menge überlebt. Die Samenfarne gediehen schon seit

dem späten Devon, teilweise sogar als vorherrschende Pflanzen (*Glossopteris* im Perm). Nun schwanden sie dahin und erlebten nur mit Mühe den Beginn der Kreidezeit. Auch die Üppigkeit der Farne nahm ab, obwohl große Baumfarne bis in die Kreidezeit und die Familie bis heute in bescheideneren Formen überlebt hat.

Die vorherrschenden Bäume des Juras waren die verschiedenen Gruppen von Gymnospermen, den nacktsamigen Pflanzen, deren Samen in einer Art Zapfen durch Pollen befruchtet werden, die der Wind transportiert. Die meisten dieser Gruppen entstanden aus den Saatfarnen des späten Karbons und Perms. Dies waren die Palmfarne (Cycadeen) sowie die Gingkos. Größere Palmfarnarten erreichten eine Höhe von 18 m und ähnelten gewaltigen Palmen, deren Krone ein Wedel schmückte und deren Stamm ein Schuppenmuster aufwies, das durch die Narben der abgestorbenen Wedel zustande kam. Samen und Pollenzapfen wuchsen an verschiedenen Bäumen. Auch wenn die Pollen nah genug an den weiblichen Eizellen landeten, mußten die Spermien noch schwimmen. Die Palmfarne überlebten, wenn auch kümmerlich, in tropischen und subtropischen Gebieten. Eine einzige Gingkoart hat bis heute überlebt. Sie sieht ihren Vorfahren recht ähnlich, und wie die Palmfarne produziert sie Sporen und Eizellen an verschiedenen Bäumen. Im Gegensatz zu Palmfarnen besitzt sie eine moderne Baumgestalt mit schlankerem Stamm und ansehnlichen, ungewöhnlich geformten Blätter an dünnen Zweigen.

Abgesehen von den Kiefern entstanden sämtliche moderne Familien von Koniferen in der oberen Trias und im Jura. Der berühmte versteinerte Wald in Arizona besteht aus den Stämmen triassischer Araukarien, die sich von ihren modernen Nachfahren nicht nennenswert unterscheiden.

Koniferen sind die fortgeschrittensten Gymnospermen: Die Pollenkörner leiten mittels eines Schlauches das männliche Sperma direkt zur Eizelle – eine weitaus zuverlässigere Technik als mit dem Zufall und im Wasser zu schwimmen.

Die Landschaft sah im Jura seltsam halbfertig aus. Sie wurde von Palmfarnen und deren Vettern beherrscht, die wie gigantische, mit Wedeln geschmückte Ananasfrüchte aussahen, die je nach Jahreszeit mit farbenprächtigen Blüten, die keine waren, überwuchert waren. Koniferen gaben dem Wald zwar ein etwas moderneres Aussehen, aber wirkliche Blütenpflanzen, Hartholzbäume und Gräser existierten noch nicht. Einige Anzeichen sprechen dafür, daß die Käfer bei der Befruchtung einiger Gymnospermen eine Rolle spielten, obwohl nur wenige dieser Pflanzen sich darum bemühten, Insekten anzuziehen, und Palmfarne sahen eher so aus, als wollten sie sie fernhalten. Gut die Hälfte der Insekten war zum Bohren, Knabbern und Saugen an Bäumen ausgestattet, und erst die Angiospermen, die Blütenpflanzen, spezialisierten sich auf deren Verpflegung als Gegenleistung für Befruchtungsdienste.

Der Aufstieg der Dinosaurier

Alle frühen Dinosaurier waren Fleischfresser wie der *Staurikosaurus*, und sie waren es anscheinend, die sich in Gestalt zweibeiniger Ceratosaurier wie *Coelophysis* zuerst ausbreiteten. Gegen Ende der Trias hatten sich bei den Dinosauriern auch Pflanzenfresser entwickelt, wie etwa die Prosauropoden, und *Plateosaurus* war bereits eine stark vertretene Art. Alle diese Tiere gehörten zur Gruppe der Saurischia (Echsenbecken-Dinosaurier), die andere Hauptgruppe von Sauriern, die Ornithischia (Vogelbecken-Dinosaurier) entstand bereits vor Beginn des Juras. Alle Vogelbecken-Dinosaurier waren Pflanzenfresser. Sie starteten als agile Zweifüßer, erscheinen jedoch im Jura in einer breiten Formenvielfalt, einschließlich des massiv gepanzerten *Ankylosaurus* und *Stegosaurus*, auf Verteidigung spezialisierte Vierbeiner, deren Größe zwischen 2,50 m und 7,50 m schwankte und die bis zu 2 Tonnen wiegen konnten. Die Ornithischia wirkten gegenüber den später beschriebenen riesigen Sauropoden wie Zwerge.

Neben vielen anderen haben Jacques Gauthier von der Kalifornischen Akademie der Wissenschaften, Paul Sereno von der Universität Chicago und David Norman von der Universität Cambridge neue kladistische Analysen von Dinosauriern durchgeführt. Ihre Untersuchungen der evolutionären Hauptlinien mögen sich in Details voneinander unterscheiden, aber sie legen eine Reihe von Streitpunkten bei. Sie sind sich zum Beispiel darin einig, daß die Dinosaurier eine monophyletische Gruppe sind, die von einem einzigen Vorfahren abstammt, daß ihre engsten Verwandten die Pterosaurier sind und daß die Vögel unmittelbar von den Theropoden, einer Gruppe fleischfressender Dinosaurier, abstammen. Die Forschungsergebnisse

bestätigen auch die Unterteilung der Dinosaurier in zwei Hauptgruppen, die Saurischia (Theropoden, Prosauropoden und Sauropoden) und Ornithischia (zweibeinige Ornithopoden und sämtliche gepanzerte und plattentragende Formen). Der britische Paläontologe Harry Seeley führte diese Begriffe 1887 ein. Sie basieren auf der unterschiedlichen Anlage der Hüftknochen aus der Seitenansicht. Die spätere Entwicklung veränderte das Design, aber das ursprüngliche Muster bleibt offensichtlich.

Tetrapoden besitzen drei Hüftknochen, die sich zum Beckengürtel verbinden. Von der Seite gesehen erscheint das Darmbein (Ilium) oben, durch Verbindung mit einem oder mehreren Wirbeln solide am Rückgrat befestigt. Die anderen beiden Knochen sind das Schambein (Pubis) vorne und das Sitzbein (Ischium) hinten. Ein Ende des Schambeins und ein Ende des Sitzbeins formen gemeinsam den unteren Rand einer Grube, deren oberer Rand teilweise vom Darmbein gebildet wird. Diese Grube ist das Acetabulum, an dem das Hinterbein des Tieres an das übrige Skelett angeschlossen ist. Diese Konstruktion unterlag einer erheblichen Belastung, ob nun die Beine einen Sprinter vorwärts katapultierten oder das tonnenschwere Hinterteil eines Sauropoden hochwuchteten. Der Unterschied zwischen einer Saurischia- und einer Ornithischia-Hüfte liegt in der Anordnung des Schambeins und des Sitzbeins an der Kontaktstelle zum Darmbein. Die normale Anordnung sieht so aus, daß das Schambein nach vorne unten und das Sitzbein nach hinten unten zeigt. Dies ist der Echsenhüften-Entwurf. Bei Ornithischia zeigt das Schambein nicht nach vorne, sondern ist am Darmbein zurück und abwärts geknickt und verbindet sich dort mit dem Acetabulum, so daß es parallel zum rückabwärts zeigenden Sitzbein verläuft.

Das ist die einfache Version. Es ergeben sich hierbei zwei Probleme. Bei den späteren Ornithischia gleitet ein Teil des Schambeins noch weiter abwärts, dehnt sich jedoch an seiner Spitze weiter aus und bildet einen Bogen, der von hinten aufwärts ragt und sich mit dem Darmbein verbindet, um sich dann wieder nach vorne zu neigen, so daß es auf den ersten Blick der Anordnung bei den Saurischia ähnelt. Das zweite Problem ist, daß die Vögel sich nicht aus den Vogelbecken-Dinosauriern (Ornithischia), sondern aus den Echsenbecken-Dinosauriern (Saurischia) entwickelten, bei denen das Schambein frühestens 50 Millionen Jahre nach den Ornithischia und auf andere Weise als bei diesen zurückknickte.

Diese Konstruktionen hatten für die betroffenen Dinosaurier weitreichende Folgen. Die Saurischia trugen die Gedärme vor dem vorgeneigten Schambein. Dies barg für die Fleischfresser, die keine ausgeklügelten Verdauungssysteme zur Verarbeitung ihrer Nahrung benötigten und imstande waren, eine zweibeinige Position beizubehalten, ohne nach vorne zu kippen, keine Probleme; ein schwerer Schwanz lieferte den Gewichtsausgleich für die Körperorgane. Den Pflanzenfressern hingegen blieb keine Wahl: Sie brauchten ein viel größeres und schwereres Verdauungssystem, was sie auf alle viere zwang. Die pflanzenfressenden Ornithischia konnten jedoch als Zweibeiner leben, weil ihr nach hinten geneigtes Schambein für die zwischen den Hinterbeinen verschlungenen Gedärme um den Schwerpunkt herum Platz ließ.

Alan Charig hat aufgezeigt, daß diese unterschiedliche Beckenstruktur auch unterschiedliche Bewegungsformen zur Folge hatte. Saurischier bewegten ihre Hinterbeine vorwärts, indem sie starke Muskeln zusammenzogen, die am Vorsprung des Schambeins und am Oberschenkelknochen befestigt waren. Bei einem großen vierbeinigen Saurischier war der Winkel zwischen Schambein und Oberschenkelknochen so eng, daß nur ein kleiner Schritt der Beine möglich war, die aber derart viel Gewicht zu tragen hatten, daß ein größerer Schritt gefährliche Belastungen mit sich gebracht hätte. Dies war bei den schwerfälligen Sauropoden der Fall. Selbst die schwersten ihrer Verwandten, die fleischfressenden Theropoden, wogen viel weniger. Ob groß oder klein, die fleischfressenden Saurischia mußten sich bei der Verfolgung ihrer Beute schneller bewegen, und das konnten sie als Zweibeiner: Wenn sie »aufstanden«, erweiterte sich der Winkel zwischen Schambein und Oberschenkelknochen, weil das Schambein angehoben wurde und so Platz für längere Muskeln schuf, die ein Ausschreiten ermöglichten. Anscheinend ist bei den Ornithischia das Schambein von Anfang an nach hinten geknickt gewesen, vielleicht um die Lage der Gedärme zu verändern, und sie verschoben ein Ende des Muskels, so daß er mit der Vorderseite des Darmbeins verwuchs. Diese Konstruktion war für zweibeinige Ornithischia ungünstig, was die Ausdehnung der Vorderseite des Schambeins und die Verankerung desselben Muskels dort erklärt. Dr. Charig lieferte eine Erklärung für die Produktentwicklung aus 150 Millionen Jahren.

Wir ziehen als Lehre aus dieser Geschichte, daß die Evolution sich nicht gradlinig bewegt.

Die Ornitischia experimentierten viel mehr mit der Konstruktion des Beckens und sind doch ausgestorben; die konservativeren Saurischia machten eine einzige, entscheidende Veränderung und überlebten als Vögel.

Weitere Innovationen der Ornithischia waren der prädentale Knochen an der Vorderseite des Unterkiefers, der die untere Hälfte von hornigen Schnäbeln stützte, sowie ein System knochiger Stangen oder Sehnen, die mehr oder weniger parallel oder als verwinkelte Streben das Rückgrat entlang liefen, um den Rücken oder den Schwanz zu stützen. Dies war besonders nützlich für Zweibeiner, die ihren Schwanz beim Laufen als Balancierstange benutzten und so nicht mehr zusätzliche Muskelenergie aufbringen mußten.

Die schwergewichtigen Fleischfresser

Die meisten Ceratosaurier waren kleine bis mittelgroße Mitglieder der Echsenbecken-Dinosaurier. Einige wurden aber wesentlich größer. *Dilophosaurus* und *Ceratosaurus*, der in der dinosaurierreichen Morrison-Formation in Utah und Colorado gefunden wurde, erreichten Längen von bis zu 6 m. *Ceratosaurus* trug oben auf seiner Schnauze ein Paar Knochenwülste, die er vielleicht bei den Paarungskämpfen benutzte. Bei *Dilophosaurus* war dieser Kamm noch respektabler ausgebildet, die einzelnen Teile des Kamms sahen aus wie halb aufgerichtete Servierplatten, die von den Nüstern bis hinter den Augen auf dem Schädel lagen. Die Ceratosaurier überlebten den Jura nicht.

Eine zweite, weniger klar bestimmte Gruppe von Theropoden sind die Megalosaurier, die vornehmlich im mittleren Jura erscheinen. *Megalosaurus* war der erste Dinosaurier, der einen wissenschaftlichen Namen erhielt, und zwar aufgrund eines Stücks Unterkiefer und anderer Elemente. Den Namen gab ihm 1824 Dean William Buckland, ein Theologe und Geologe aus Oxford. Bereits viel früher hatte man Knochen von *Megalosaurus* gefunden. Bereits 1676 wurde einer dieser Knochen in einem Buch über die Naturgeschichte von Oxfordshire beschrieben. Man erkannte nicht, um was es sich handelte. Im siebzehnten Jahrhundert hatte man keine Vorstellung von Dinosauriern, was in einem Zeitalter, als die Wissenschaft sich vornehmlich auf biblische Offenbarungen beschränkte, auch schwer denkbar war. Hatte doch Erzbischof Usher die

Schöpfung der Welt gerade erst auf Sonntag, den 23. Oktober des Jahres 4004 v. Chr. datiert.

Die Megalosauridae waren eine bedeutende Familie im mittleren Jura Europas und Chinas und vermutlich auch anderswo, aber Sedimente aus dieser Zeit sind weltweit sehr selten. Eine Vielzahl von Zähnen und Knochen von *Megalosaurus* wurden in der Gegend der Cotswolds in England gefunden, und respektable Megalosaurier wurden im späten Jura bis zur Kreide in Europa, Nordafrika, China und anderswo entdeckt. Sie erreichten eine Länge von bis zu 9 m. Mit seinem tiefen Rachen und dem malmenden Biß ernährte sich *Megalosaurus* vermutlich von gepanzerten Pflanzenfressern, Stegosauriern, Krokodilen und anderen großen Reptilien seiner Zeit.

Die dritte Hauptgruppe von Theropoden des Juras waren die Carnosaurier, die »Fleischechsen«. Vielleicht war *Megalosaurus* einer von ihnen. Keine Zweifel an der Identität gibt es bei *Allosaurus* aus dem späten Jura Nordamerikas. Er war groß genug, um es mit den meisten pflanzenfressenden Dinosauriern in seinem Gebiet aufzunehmen wie *Stegosaurus*, dem Ornithopoden *Dryosaurus* und sogar mit

Im mittleren Jura in China vor rund 175 Millionen Jahren beherrschten Stegosaurier und Sauropoden die Szene. Hier stampft eine Herde Stegosaurier, *Tuojiangosaurus*, auf der Suche nach Schachtelhalmen vorbei. Hinter ihnen befinden sich langhalsige, Sauropoden, *Shunosaurus*, sowie eine Herde kleiner Pterosaurier.

Der Stegosaurier *Kentrosaurus* aus dem ostafrikanischen oberen Jura war ein naher Verwandter des in Nordamerika vorkommenden *Stegosaurus. Kentrosaurus* besaß einen furchterregenden Fächer von Stacheln auf Schwanz, Rücken und Hüften, der ohne Zweifel der Abschreckung diente. Dieser Dinosaurier repräsentierte eine wichtige Gruppe jurassischer Pflanzenfresser. Diese waren eine Zeit lang aufgrund ihrer Wehrhaftigkeit recht erfolgreich, litten jedoch unter ihrem Mangel an Intelligenz (man beachte den winzigen Kopf) und unter einem eher bescheidenen Gebiß.

massiven Sauropoden wie *Apatosaurus* und *Diplodocus*. Kein Rivale übertraf die 1,5 Tonnen des *Allosaurus,* der drei Hauptzehen an den Füßen besaß, die riesige vogelklauenartige Fußspuren hinterließen, sowie einen verkürzten vierten Zeh hinten und außerdem drei weitere Klauen an jeder der mächtigen Hände aufwies. Vielleicht hat er in Rudeln die großen Sauropoden gejagt.

Dinosaurier aus China im mittleren Jura

Aufregende neue Funde kommen aus China, wo in den vergangenen zwanzig Jahren die weitaus größte Zahl neuer Arten von Dinosauriern entdeckt wurde. Einige der bedeutendsten Funde stammen aus dem mittleren Jura, einem in der restlichen Welt recht wenig bekannten Zeitalter.

Bei umfangreichen Ausgrabungen in der Xiashaximiao-Formation in der Provinz Sechuan sind Dong Zhi-Ming und seine Kollegen vom Institut für Wirbeltier-Paläontologie in Peking auf eine reiche Fauna großer und kleiner Dinosaurier gestoßen. Am unteren Ende der Nahrungskette steht der kleine, zweibeinige Ornithopode (»vogelfüßige«) *Xiaosaurus*. Bislang kennen wir aber nur einen Kiefer und ein Bein. Das etwa 1 m lange Tier besaß ein kurzes Maul, seine Kiefer säumten wahrscheinlich rhombenförmige Zähne, deren abgerundete Ecken völlig andere Bißspuren hinterließen als die scharf gesägten Zähne der Theropoden. Die Zahnkanten dienten zum Abrupfen von Blättern, und möglicherweise war das Tier imstande, richtig

zu kauen und nicht nur mit den Kiefern zu zermalmen, wobei die Hälfte wieder aus dem Maul fiel.

Kauen zu können — das war ein großer Vorteil gegenüber den typischen Reptilien. Diese Fähigkeit verringerte den Abfall und verbesserte die Verdauung. Für die spätere Entwicklung der Ornithopoden war es entscheidend.

Einer der ersten Stegosaurier war *Tuojiangosaurus*. Das Skelett ist recht gut und ähnelt dem seines späteren und größeren Verwandten, *Stegosaurus*. Die Stegosaurier gingen stets auf allen Vieren, die Zweibeinigkeit ihres Vorfahren ist jedoch bewiesen, denn beim *Tuojiangosaurus* sind die Hinterbeine viel länger als die Vorderbeine. Der Kopf ist kleiner, die Kiefer lang und nicht zum Kauen zäher Pflanzen geeignet. Wie die übrigen Mitglieder der Familie war auch *Tuojiangosaurus* kein Genie: Bei einer Länge von 4—6 m und einem Gewicht von 1,5 Tonnen hatte er ein nur walnußgroßes Gehirn.

Die hervorragendste Eigenschaft dieses Tieres, das der Gruppe den Namen gab, ist eine Reihe von Platten und Dornen, die sich über die Mittellinie des Rückens und über den Schwanz erstreckt. Auf ihre möglichen Funktionen kommen wir im nächsten Abschnitt zu sprechen.

Ein weiterer Dinosaurier des mittleren Juras in China, von dem vollständige Überreste gefunden wurden, war *Gasosaurus,* vermutlich ein Megalosaurier, der groß genug war, um alles zu fressen, vom *Xiaosaurus* bis zum *Tuojiangosaurus*. Zwei der frühesten Sauropoden waren der 9 m lange *Shunousaurus* und der 14 m lange *Datousaurus*. Diese Gruppe beherrschte das Land des oberen Juras.

Das Geheimnis der Panzerplatten der Stegosaurier

Man erkennt die Stegosaurier an den Platten- und Dornenreihen, die Rücken und Schwanz zieren. *Tuojiangosaurus* und die anderen Stegosaurier des mittleren Juras besaßen dreieckige Platten, ebenso wie *Kentrosaurus* aus dem oberen Jura. Die Überreste dieses kleineren, nur 2,50 m langen Tieres wurden Anfang des zwanzigsten Jahrhunderts von großen deutschen Expeditionen unter der Führung von Werner Janesch in Tansania aus der berühmten Fundstätte Tendaguru Hill ausgegraben. Er schickte die Skelette nach Berlin, wo wir sie noch heute bestaunen können. Das war kein einfaches Unterfangen, da Tendagurn viele Kilometer im straßenlosen Landesinnern lag.

Jeder Knochen wurde sorgfältig verpackt und von eingeborenen Trägern auf dem Kopf zur Verschiffung nach Lindi gebracht. *Stegosaurus* aus der Morrison-Formation in Utah und Colorado trug breite, rhombenförmige Knochenplatten auf dem Rücken und respekteinflößende Dornen am Schwanz. Dieses Bild boten sämtliche Stegosaurier, obwohl die Knochenplatten nur beim *Stegosaurus* derartig breit waren. Der größte Teil der Gruppe starb gegen Ende des Juras aus, einige erscheinen jedoch auch noch in der Kreidezeit, *Dravidosaurus* sogar erst an ihrem Ende. Er wurde anscheinend isoliert, als Indien sich von Gondwana loßriß und nach Nordosten driftete und ihn so vor den weiterentwickelten Raubtieren in Sicherheit brachte, die den Rest seiner Verwandten anderswo töteten.

Über die Funktion der Knochenplatten wurde heiß debattiert. Vielleicht wirkten sie abschreckend auf Raubtiere; sie stellten aber keinen wirksamen Panzer dar, da sie aufrecht standen und keine lebenswichtigen Organe schützten.

Vielleicht dienten sie als Drohgebärde gegen territoriale Eindringlinge oder als Imponiergeste bei der Paarung. Sicherlich waren die gefährlichen Dornen am Ende des biegsamen Schwanzes im Kampf eine wertvolle Waffe gegen Raubtiere. Dennoch scheint die bloße Imponier- und Drohfunktion eine recht kostspielige Erklärung für das Entstehen derartiger Platten zu sein.

Dienten die Platten vielleicht der Temperaturregulierung, wie das Rückensegel der Pelycosaurier? Dann war ihre Wirkungsweise allerdings entgegengesetzt. Windkanalexperimente mit Modellen von Stegosaurier-Knochenplatten haben gezeigt, daß sie wie wärmeableitende Flächen wirken. Ein überhitzter Stegosaurier konnte sich in den Wind stellen und über die Platten Wärme abgeben. Man weiß, daß die Dornen und Platten mit Haut bedeckt waren und von dicken Blutgefäßen durchzogen, was für die Wärmeabstrahlung erforderlich, für eine Panzerung aber nicht logisch war. Doch selbst die Wärmeregulierung durch diese durch Sehnen in der Haut verankerten zusätzlichen Knochen scheint ein recht teurer Luxus gewesen zu sein. Alle anderen Dinosaurier zur Zeit von *Tuojiangosaurus* & Co. besaßen keine solche Einrichtung und sind doch mit der Überhitzung irgendwie zurechtgekommen. Vielleicht produzierte der Verdauungsapparat der Stegosaurier mehr Wärme, da ihre Zähne nicht zum Kauen geeignet waren und sie deshalb die Pflanzennahrung unzerkaut verschlangen, so daß ihre Mägen wie Gärungskessel arbeiteten.

Hier zeigt sich das Vergnügen und gleichermaßen die Frustration, die mit den Spekulationen verknüpft sind, die Paläontologen anstellen, wenn konkrete Beweise fehlen. Die Windkanalexperimente waren gegenüber den biomechanischen Spekulationen im Studierzimmer ein Fortschritt. Man entwarf Modelle und testete Theorien nach technischen und physikalischen Vorgaben. Aber im Ergebnis erkennt man lediglich die Ähnlichkeit mit einer modernen Maschine. Kein rezentes Tier weist ähnliche Knochenplatten auf, so daß biologische Parallelen fehlen. Wir können die Aufgabe der Platten mit einiger Wahrscheinlichkeit aus ihrer Konstruktion erraten, aber nicht beweisen. Vergessen wir nicht, daß auch Hummeln aufgrund ihres Gewichts mit ihren Stummelflügeln theoretisch nicht fliegen und Delphine nach unserem technisch-mechanischen Verständnis nicht derartig schnell schwimmen dürften. Unser bescheidenes Konstruktionstalent hindert uns daran, die Evolution nachzubauen.

Leben in den Jura-Meeren

Die typischen Lebewesen auf dem Meeresboden des Jura-Meeres wären uns auch heute vertraut. *Hexacorallia* bauten Riffe, genau wie heute, und Muscheln gruben sich in die weichen Sedimente ein und bildeten Austernbänke. Gastropoden wie Wellhorn- und Napfschnecken wanderten gemeinsam mit Seesternen und Seeigel auf der Suche nach Beute umher. Gestielte Seelilien gediehen, namentlich im frühen Jura, wo sie in gigantischen Kolonien jedes freie Stückchen harter Oberfläche, sogar Treibholz, besetzten. Schwämme und Bryozoen, Seefedern und Seefächer wuchsen, und schon tauchte auch die Gruppe der Krabben und Hummer mit den ersten hummerähnlichen Tieren auf, obgleich sich diese weitverbreiteten marinen Räuber erst in der Kreidezeit richtig entwickelten.

In der Fauna der Hochsee traten erhebliche Veränderungen ein. Zwei neue Gruppen von Mollusken, die Ammoniten und Belemniten, entstanden im Jura. Beide blickten auf nahe Verwandte zurück, die beim großen Sterben in der auslaufenden Trias bis auf einige wenige untergingen, die sich in den Jura retten konnten und sich in diese beiden Hauptgruppen spalteten. Beide Gruppen sind Cephalopoden und entfernt mit dem rezenten *Octopus*, mit *Sepia* und *Nautilus* verwandt.

Das innere Kalkskelett der Belemniten war wie eine Gewehrkugel geformt. Es handelte sich dabei um die typische Molluskenschale, die für gewöhnlich das Tier umgibt, bei den Belemniten jedoch nach innen gewandert ist. Der projektilförmige Körper bestand aus einem Kalkkristall und diente als Ballast zur Stabilisierung des schwimmenden Tieres. Seine Fossilien wurden in den Meeresablagerungen aus Jura und Kreide gefunden und dienten zuweilen zur Datierung der Gesteine. Sie wurden bereits im achtzehnten Jahrhundert, lange vor dem Beginn der paläontologischen Wissenschaft, gefunden, und man nannte sie »Donnerkeile«. An einem vollständigen Belemniten erkennt man, daß die Kugel nur ein Element einer komplizierteren inneren Schale darstellt, einer zarten, in Kammer aufgeteilten Struktur, die auf dem stumpfen Ende der Kugel saß. Zweifellos pumpte der Belemnit je nach Schwimmlage Flüssigkeit in die Kammern, genau wie die *Sepia* es heute mit ihren Schalenkammern tut. Anhand gut erhaltener Fossilien erkennt man, daß die Schale mit einem fleischigen Muskelmantel umgeben war und daß das Kopfende dem einer *Sepia* sehr ähnlich war: abgerundeter Kopf, scharfe Kiefer, große Augen und zahlreiche, mit Häckchen zum Packen der Beute bewehrte Tentakeln.

Die Ammoniten waren an Zahl und Vielfalt reicher als die Belemniten. Sie besaßen spiralig gedrehte, nach Cephalopodenart in Kammern unterteilte Schalen. Das Tier selbst lebte in der äußersten Kammer und konnte seine Augen, Kiefer und Tentakeln hinter ein Paar Platten zurückziehen und sich wie hinter Türen in der versiegelten Schale verschanzen. Die Ammoniten kamen in Größen zwischen 1 cm und 2 m vor. Gigantische Exemplare lebten im oberen Jura und sahen aus wie Traktorreifen.

Die einzelnen Arten der Ammoniten unterscheiden sich durch eine breite Palette unterschiedlicher Muster – Grate, Buckel, Kerben usw. – auf der Oberfläche der Schalen und durch die Form der Wände der Innenkammern, die auf der Außenseite der Schale als Naht sichtbar sind. Man muß ein wahrer Ammonitenkenner sein, um die Hunderte der kurzlebigen Arten auseinanderzuhalten, die diese sich schnell entwickelnde Gruppe in Jura und Kreide hervorgebracht hat. Sie dienen als Leitfossilien zur Datierung mariner Gesteine und erlauben mit einer Genauigkeit von einer viertel Million Jahren in über 150 Millionen

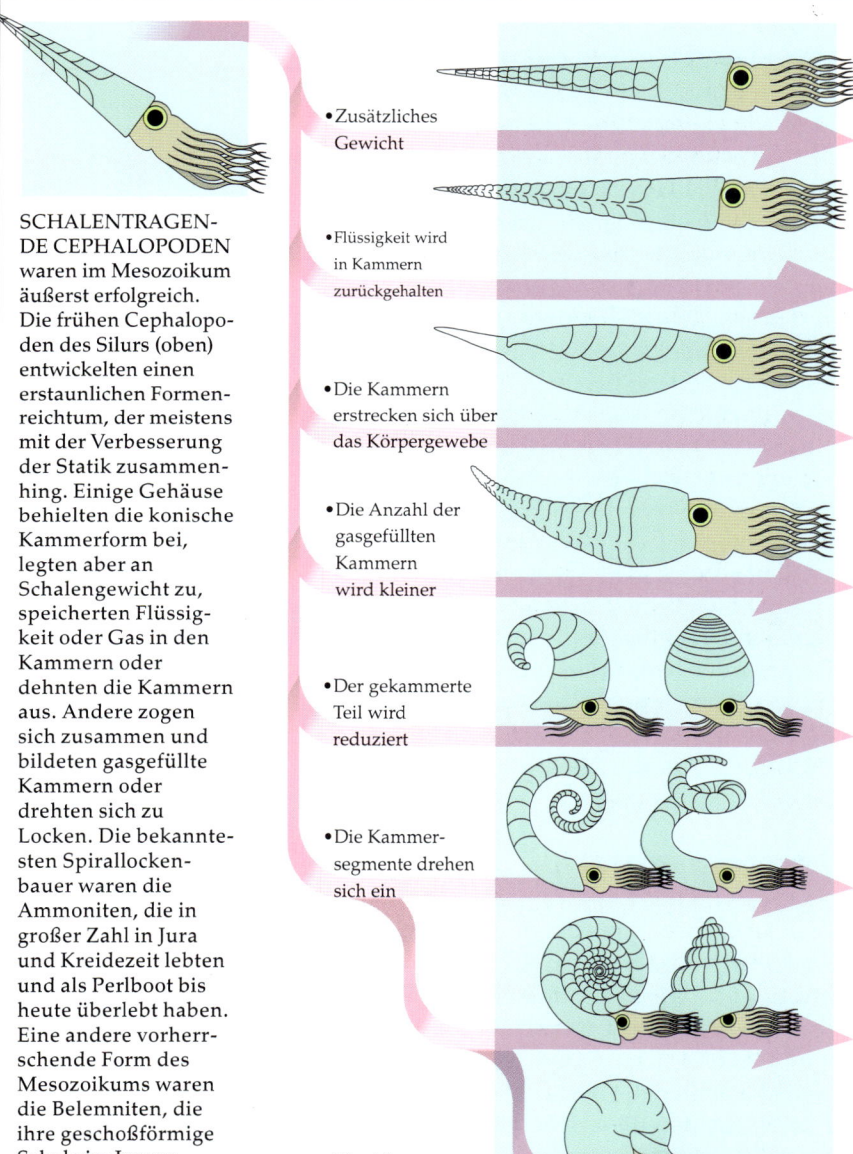

SCHALENTRAGENDE CEPHALOPODEN waren im Mesozoikum äußerst erfolgreich. Die frühen Cephalopoden des Silurs (oben) entwickelten einen erstaunlichen Formenreichtum, der meistens mit der Verbesserung der Statik zusammenhing. Einige Gehäuse behielten die konische Kammerform bei, legten aber an Schalengewicht zu, speicherten Flüssigkeit oder Gas in den Kammern oder dehnten die Kammern aus. Andere zogen sich zusammen und bildeten gasgefüllte Kammern oder drehten sich zu Locken. Die bekanntesten Spirallockenbauer waren die Ammoniten, die in großer Zahl in Jura und Kreidezeit lebten und als Perlboot bis heute überlebt haben. Eine andere vorherrschende Form des Mesozoikums waren die Belemniten, die ihre geschoßförmige Schale im Innern trugen.

• Zusätzliches Gewicht

• Flüssigkeit wird in Kammern zurückgehalten

• Die Kammern erstrecken sich über das Körpergewebe

• Die Anzahl der gasgefüllten Kammern wird kleiner

• Der gekammerte Teil wird reduziert

• Die Kammersegmente drehen sich ein

• *Nautilus*

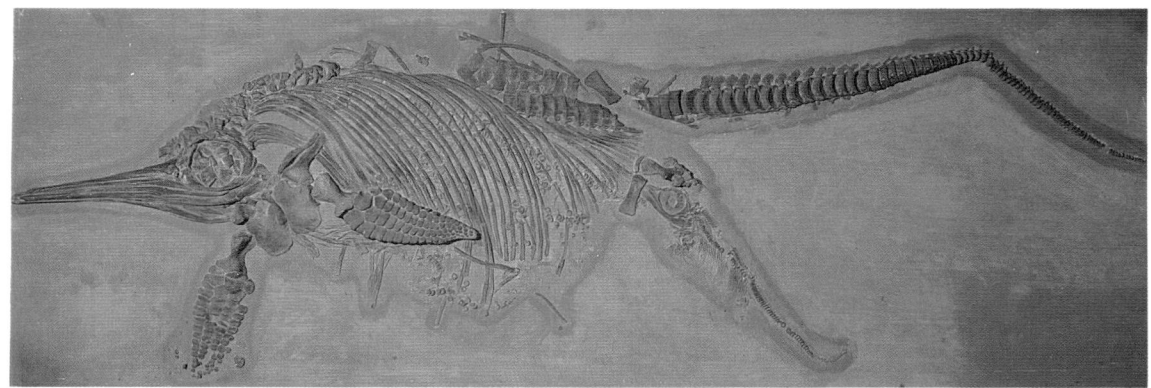

Ein Bild aus dem Jura – und eines der erstaunlichsten Fossilien überhaupt. Ein weiblicher Ichthyosaurier, ca. 3 m lang, wurde während des Geburtsvorgangs fossilisiert. Man erkennt drei winzige Skelette in seinem Rippenkäfig, ein viertes liegt neben seinem Körper. Dies ist nur eine von fünfzig Müttern mit Embryonen, die in der außergewöhnlichen Lagerstätte des unteren Juras von Holzmaden in Süddeutschland gefunden wurden.

Jahren alten Gesteinen eine nahezu minutiöse Bestimmung.

Auch die Knochenfische und Haie durchlebten im Jura einschneidende Veränderungen. Zwar hatten die Holostei weiterhin ihre Bedeutung, aber nun breitete sich eine neue Gruppe, die Teleostei, aus. Die Teleostier beherrschen heute mit 20 000, in 40 Ordnungen unterteilten Arten die Meere. Vom Lachs zum Seepferdchen, vom Thunfisch zur Schleie, vom Aal zum Anglerfisch – sie alle scheinen ihren Erfolg zum Teil dem gegenüber den Holostei fortgeschrittenen Kieferbau zu verdanken.

Die Kieferknochen eines Teleostiers sind so verbunden, daß das Maul beim Öffnen nach vorne gleitet und eine kurze Röhre bildet. Beim Schließen schnappen die beweglichen Ober- und Unterkiefer zurück in die Ausgangsstellung. Dieses System hat den Vorteil, daß der Teleostier die Nahrung im Maul bewegen kann und beim Öffnen der Kiefer eine Art Lutscheffekt erzeugt. Somit kann er die Nahrung besser festhalten und einziehen. Holostei besaßen diese Möglichkeit nicht und verloren die Nahrung häufig, bevor der Kiefer sich schloß.

Dieses Einsaugsystem eröffnete den Teleostiern ganz neue Wege der Ernährung. Einige konnten die Nahrung nun vom Meeresboden aufheben, andere spezialisierten sich auf das Beknabbern von Korallen. Andere warteten mit sperrangelweit geöffnetem Maul auf vorbeischwimmende Beute, die sie durch Schließen des Mauls einfach einsaugten.

Zu den Teleostiern des Juras zählen die langschnauzigen Aspidorhynchiden und die kleinen Leptolepiden. Diese besaßen bereits den symmetrischen Schwanz moderner Teleostier und leichtere Schuppen als die Holostei-Vorfahren. Sie waren schnell und wendig, und ihre Entwicklung hatte starke Veränderungen bei ihren Räubern, wie den Haifischen, zur Folge. Diese Knorpelfische (Chondrichthyes) hatten sich irgendwann im Silur vor 250 Millionen Jahren von den Knochenfischen (Osteichthyes) abgespalten. Eine der kuriosen Nebenwirkungen kladistischer Systeme zur Bestimmung der Tierverwandtschaften ist, daß sie zum Beispiel den Hering dem Affen näher zuordnen als den Haien, da Affe und Hering unmittelbar von den frühen Knochenfischen abstammen.

Hybodonte Haie lebten den ganzen Jura hindurch, und die unterschiedlichen Konstruktionen ihrer Zähne belegen, daß zu ihrer Beute Fische ebenso wie Schalentiere gehörten. Das wichtigste Ereignis dieser Zeit war jedoch der Ursprung aller modernen Haie und Rochen, die gemeinsam den Neoselachia zugeordnet werden. Ein entscheidender Vorteil gegenüber früheren Haien ist das effizientere Maul, das unter der Nase liegt und sich weiter öffnet als das der Hybodonten. Das Maul großer Neoselachia ist im Einsatz gegen andere Tiere eine tödliche Waffe – in der Wirklichkeit ebenso wie im Film.

Die Neoselachia des Juras waren große, auf Knochenfische und Tintenfische ausgerichtete Küstenjäger. Spätere Arten entwickelten sich zu Hochseejägern. Einige Gruppen spezialisierten sich auf Krill, den sie ebenso aus dem Wasser filterten wie die heutigen Wale. Andere, vornehmlich die Glattrochen und Rochen, konzentrieren sich auf Mollusken, die sie zwischen ihren harten Zähnen zermalmen.

Meeresreptilien im Jura

Die Antwort der Meeresreptilien auf die vielfältige neue Nahrung im Meer bestand in ihrer Ausbreitung und ihrer Entwicklung. Die Ichthyosaurier veränderten sich zuletzt. Die Arten im Jura zeigten im Vergleich zu ihren Vorfahren aus der Trias geringfügige Veränderungen am Schädel und in der Schwanzform, ihr Lebensstil aber blieb derselbe. Der Mageninhalt und die Ausscheidungen dieser delphinähnlichen, zwischen 1 m und 5 m langen

DIE BIOMECHANIK RIESIGER SAURIER

Dinosaurier sind für ihre Größe berühmt. Viele von ihnen waren so groß wie ein Mensch oder noch kleiner, doch die meisten hatten in der Tat riesige Ausmaße. Sauropoden waren allesamt größer als irgendein anderes lebendes Landtier. Wie konnten sie mit dieser Größe überleben? Hatten sie die Grenze möglichen Wachstums erreicht?

Wachstumsgrenzen für lebende Tiere lassen sich durch einfache Berechnungen ermitteln. (Diese Berechnungen gelten nicht für Wassertiere, da aufgrund der geringeren Stützprobleme im Wasser andere physikalische Grenzen gelten.) Der Kernpunkt der technischen Überlegungen liegt im Verständnis des Masse-Fläche-Effekts, da sich der Durchmesser der Beine eines Landtieres im Verhältnis zu dessen wachsendem Volumen (oder Gewicht) und nicht im Verhältnis zu seiner Körperfläche verändert.

Die Beine müssen ja das Gewicht des Tieres tragen. Je größer das Tier, desto dicker die Beine.

Eine Graphik (rechts unten) veranschaulicht, wie der Beinumfang mit dem Körpergewicht zunimmt. Mit diesem System können wir das Gewicht unbekannter Tiere aus den Knochenmaßen ablesen.

Die Blockdiagramme (rechts oben) zeigen das Verhältnis zwischen Beindurchmesser und Körpergewicht. Bei einem Körpergewicht von 140 Tonnen sind die Beine so dick, daß sie sich berühren. Dies stellt die obere Gewichtsgrenze dar. Große

Sauropoden mit einem geschätzten Körpergewicht von 50–100 Tonnen hatten diese Grenze also noch nicht ganz erreicht.

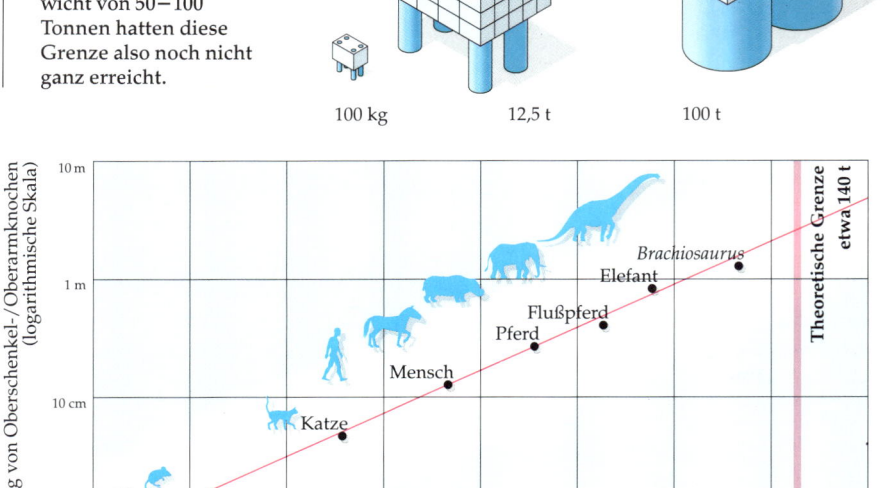

Reptilien beweist, daß sie Belemniten und Fische jagten.

Im aus dem unteren Jura stammenden Posidonienschiefer in Holzmaden und anderen südwestdeutschen Schieferablagerungen, die reiche Fossillagerstätten darstellen, wurden bemerkenswerte Exemplare von Ichthyosauriern gefunden. Bei diesen Fossilien ist die Silhouette der körperlichen Gestalt, auch der knochenlosen Teile wie der Schwanzflosse und der Rückenflosse, in Form von kohleartigen Ablagerungen erhalten geblieben. Unter den Exemplaren von Holzmaden befinden sich sogar im Mutterleib erhaltene Ichthyosaurierembryonen, jeweils zwei oder drei Junge gleichzeitig. Einige waren eindeutig bei der Geburt gestorben, da die kleinen Ichthyosaurier noch halb im Mutterleib stecken: Ein Beweis dafür, daß die Ichthyosaurier bereits so weit für das Leben im Wasser angepaßt waren, daß sie zur Eiablage nicht mehr ans Land stiegen. Die Gegend von Holzmaden war vielleicht seit langer Zeit schon eine Art »Gebärplatz«. Die Jungen waren bei der Geburt bereits recht groß und mußten nach der Geburt für sich selbst sorgen, wie Delphine und Wale.

Die Meere des Juras waren auch mit Krokodilen bevölkert. Auch heute gibt es Meereskrokodile, aber keines ist so perfekt für ein Leben im Meer ausgestattet wie die Geosaurier des oberen Juras. Der 2–3 m lange *Metriorhynchus* zum Beispiel besitzt eine Schwanzflosse und ein Ruder, aber keinen Panzer – ein Schritt hin zur Stromlinienform. Die Geosaurier waren eine kurzlebige, aber wichtige Gruppe von Fischfressern.

Die auffälligste Gruppe des Juras waren die Plesiosaurier, von denen es langhalsige und kurzhalsige Exemplare gab. Beide Linien entstanden im unteren Jura, sind aber erst aus europäischen Meeresablagerungen des oberen Juras gut bekannt. Der Plesiosaurier *Cryptoclidus* maß 3–4 m und besaß über 30 Halswirbel – gegenüber einem Standard von ungefähr 7 –, was aber immer noch in keinem Vergleich mit den 70 oder mehr Halswirbeln einiger Formen aus der Kreidezeit stand. Um schnell zu schwimmen, bewegten diese Reptilien ihre Paddelfüße wie Flügel im Wasser. Sie ernährten sich von Knochenfischen, indem sie den Kopf mit Hilfe des beweglichen Halses wie einen Speer vorwärtsschleuderten und die Fische mit ihren langen Zähnen packten.

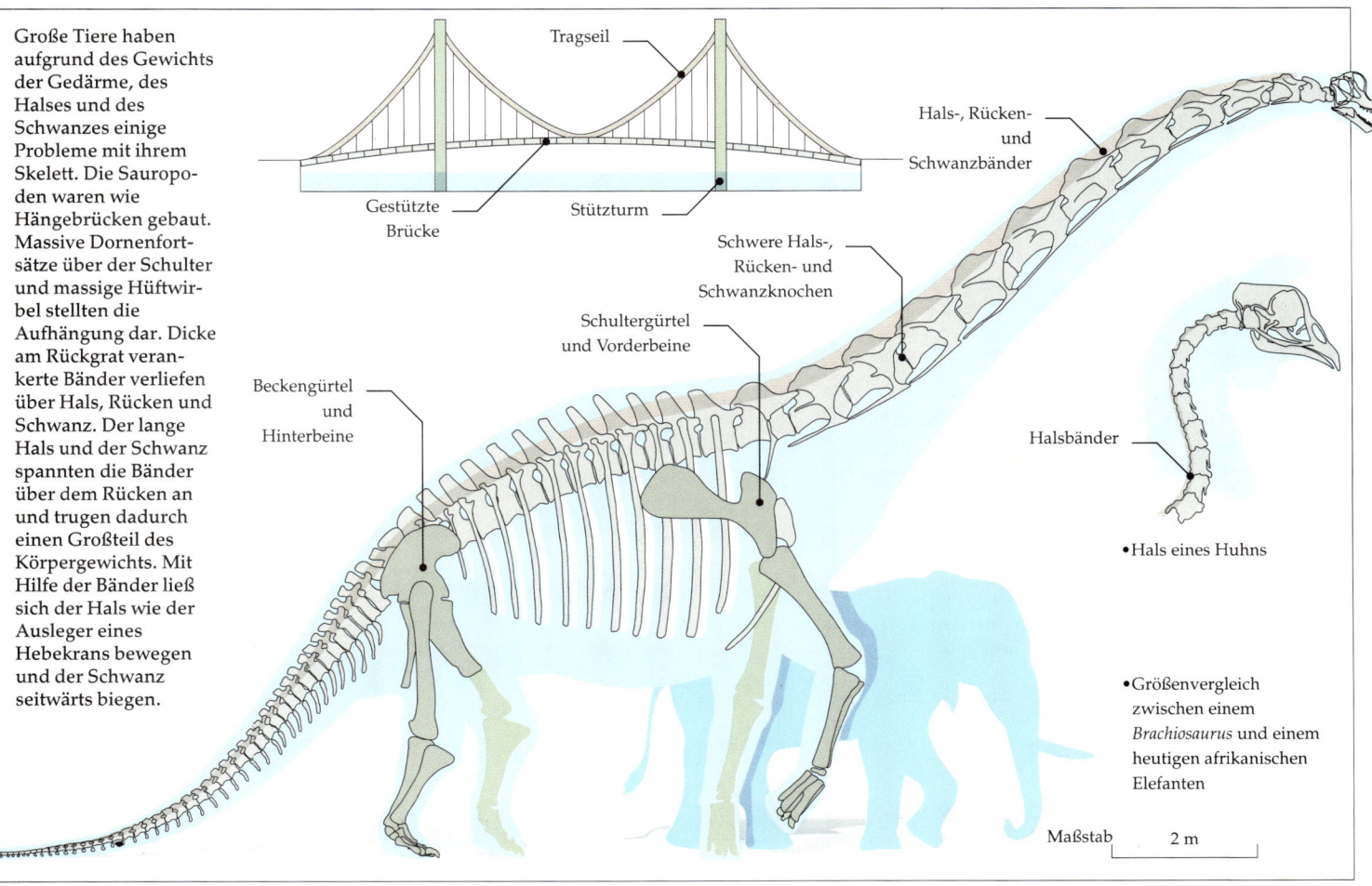

Große Tiere haben aufgrund des Gewichts der Gedärme, des Halses und des Schwanzes einige Probleme mit ihrem Skelett. Die Sauropoden waren wie Hängebrücken gebaut. Massive Dornenfortsätze über der Schulter und massige Hüftwirbel stellten die Aufhängung dar. Dicke am Rückgrat verankerte Bänder verliefen über Hals, Rücken und Schwanz. Der lange Hals und der Schwanz spannten die Bänder über dem Rücken an und trugen dadurch einen Großteil des Körpergewichts. Mit Hilfe der Bänder ließ sich der Hals wie der Ausleger eines Hebekrans bewegen und der Schwanz seitwärts biegen.

Tragseil

Hals-, Rücken- und Schwanzbänder

Schwere Hals-, Rücken- und Schwanzknochen

Schultergürtel und Vorderbeine

Gestützte Brücke

Stützturm

Beckengürtel und Hinterbeine

Halsbänder

• Hals eines Huhns

• Größenvergleich zwischen einem *Brachiosaurus* und einem heutigen afrikanischen Elefanten

Maßstab   2 m

Der Pliosaurier *Liopleurodon* war bis zu 12 m lang, trug einen massiven Kopf auf einem kurzen Hals und ernährte sich vermutlich von anderen Meeresreptilien, wie Ichthyosauriern, Plesiosauriern und Geosauriern. Die Pliosaurier erklommen die Spitze der Nahrungskette quasi als Superfleischfresser, die auf andere große Fleischfresser Jagd machten, die ihrerseits Fischen nachstellten, die sich wiederum von kleineren Tieren ernährten, und so weiter bis hinunter zum mikroskopischen Plankton. Sie bevölkerten alle Weltmeere, und es gibt keinen vergleichbaren rezenten Rivalen für die Pliosaurier, vielleicht mit Ausnahme der Schwertwale, die sich von Seehunden und anderen großen Meeresraubtieren ernähren.

Die Giganten: Sauropoden

Die Sauropoden (»Reptilienfüße«) waren die größten Dinosaurier, die gewaltigsten Landtiere aller Zeiten. *Diplodocus* erreichte eine Länge von bis zu 27 m. *Brachiosaurus* türmte sich 12 m über dem Boden auf. Noch gewalti-

gere Ausmaße nimmt man an für Dinosaurier mit so kühnen Namen wie *Supersaurus*, *Ultrasaurus, Seismosaurus* — mit Körperlängen von 40 m, einer Größe von 15 m und 100 Tonnen Gewicht. Keiner von ihnen ist komplett erhalten geblieben; die Abmessungen werden nur aus den verfügbaren Überresten geschätzt — einem gigantischen Oberschenkelknochen und einem massiven Schulterblatt. Vermutlich sind die Schätzungen übertrieben. Dinosaurierforscher sind in dieser Hinsicht wie Angler — nur, daß ein Dinosaurologe, wenn er die Arme ausbreitet, vermutlich sagt: »Und das war nur der Kieferknochen!«

Die Sauropoden stammen von den Prosauropoden irgendwann im unteren Jura ab, eine klare Trennung beider Gruppen gibt es nicht.Die frühesten verbreiteten Arten waren die Mitglieder der Familie der Cetiosauridae, die in China (*Shunousaurus, Datousaurus*) sowie im englischen mittleren Jura gefunden wurden, wo sie den Lebensraum mit Megalosauriern teilten; ihr Lebensraum beschränkte sich jedoch nicht auf die nördliche Hemisphäre. So erreichten die Sauropoden ihre Blütezeit im oberen Jura, als sie sich in drei Hauptlinien spalteten, die Diplodociden, Brachiosauriden

Der pflanzenfressende *Brachiosaurus* lebte in Herden im Osten Afrikas und im nordamerikanischen Mittelwesten. Diese Kolosse haben überall auf der Welt nahe Verwandte, was darauf hindeutet, daß sie auf der Suche nach Nahrung weite Wanderungen unternahmen. Der mit seinem langen Hals und der vorspringenden Stirn an eine Giraffe erinnernde *Brachiosaurus* ernährte sich vermutlich vom Laub hoher Bäume.

und Camarasauriden, von denen die meisten zu Beginn der Kreidezeit ausstarben. Eine vierte Gruppe, die Titanosauriden, setzte sich in der oberen Kreide vornehmlich in südlichen Erdteilen durch.

Lastwagenladungen von Fleisch auf balkendicken Knochen, zehnmal größer als Elefanten – wie groß konnte ein Sauropode werden? Theoretische Berechnungen haben ergeben, daß einige der oben angesprochenen wildesten Schätzungen von Länge und Gewicht sich der Höchstgrenze nähern. Die Berechnungen stützten sich auf die einfache und beweisbare Tatsache, daß der Durchmesser des Beines in einem bestimmten Verhältnis zum Gewicht seines Besitzers steht, so daß Leichtgewichte wie Gazellen mit sehr dünnen Beinen auskommen, während Schwergewichtler wie Elefanten proportional viel dickere Beine brauchen. Der als Flächenmaß errechnete Durchmesser steht im Verhältnis zum in Kubikmaß errechneten Gewicht: Eine geringfügige Verlängerung führt zu einer erheblichen Gewichtszunahme. Eine Gewichtszunahme führt zu einer entsprechenden Zunahme des Durchmessers des Beines.

Bei einem für viele Sauropoden geltenden Normalgewicht von 50 Tonnen ist der Durchmesser der Beine bereits erheblich; wahrscheinlich riskierten die Tiere beim raschen Lauf einen Beinbruch. Bei einem angenommenen Gewicht von 100 Tonnen hätte ein Sauropode massige Säulenbeine gehabt, die seine Höchstgeschwindigkeit erheblich verringert hätten. Bei 140 Tonnen ist in etwa die Grenze erreicht, da aufgrund des großen Durchmessers die vier Beine unter dem Körper aneinanderstoßen und sich nicht mehr würden bewegen können.

Das Körpergewicht von Dinosauriern wird mit maßstabgetreuen Modellen gemessen. Das Volumen des Modells wird in einem mit Wasser gefüllten Behälter anhand der verdrängten Wassermenge gemessen. Das Volumen eines Dinosauriers steht in direktem Verhältnis zu seinem Gewicht, das Problem ist nur die Umrechnung.

Wiegt ein Liter Dinosaurier ein Kilo oder weniger, und wenn, wieviel weniger? Der Umrechnungsfaktor reicht von 1 bis 0,7, dem Wert für einen normalen Vogel, dessen luftgefüllte Knochen leichter sind. Auch die Sauropoden besaßen hohle Knochen, zumindest im Rückgrat, die vielleicht mit Luftkammern versehen waren.

Aufgrund des problematischen Umrechnungsfaktors und der unterschiedlichen dreidimensionalen Abmessungen weisen die Gewichtsmessungen erhebliche Unterschiede auf. So schwanken beispielsweise die Schätzungen für einen der größten Dinosaurier, *Brachiosaurus,* der in Utah, Colorado und Tansania gefunden wurde, zwischen 15 Tonnen und 78 Tonnen.

Alle Sauropoden besaßen lange Hälse und Schwänze und kleine Köpfe mit einer geringen Zahl stiftförmiger oder spatelförmiger Zähne. Als Pflanzenfresser müssen sie nahezu ununterbrochen gefressen haben, um ihren gigantischen Körper bei Kräften zu halten. Wie ihr Körperhaushalt funktionierte, ist ein heiß umstrittenes Thema. Die Ansichten gehen weit auseinander: von trägen bis hochaktiven Wasser- oder Landtieren.

Einer der frühen Sauropoden-Spezialisten, Elmer Riggs, spekulierte 1904, daß *Brachiosaurus* ein Landtier war, und wies auf die Ähnlichkeit seiner Gliedmaßen mit denen des

Elefanten und Nashorns hin. Seine Meinung stand im krassen Gegensatz zu der damals vorherrschenden Vorstellung von Sauropoden als trägen Riesen, die im tiefen Wasser standen, um ihr Körpergewicht zu tragen.

Fast das gesamte 20. Jahrhundert lang stimmte man der Theorie vom Wassertier zu. Einige Paläontologen vermuteten, daß *Brachiosaurus* in 10 m tiefem Wasser stand und nur sein Kopf herausschaute. (Die Nasenlöcher befinden sich in seltsamer Position über der Augenhöhle.) Andere glaubten, daß die Sauropoden in seichtem Wasser standen und mit ihren biegsamen langen Hälsen Wasserpflanzen weideten. Die Tiefwassertheorie mußte fallengelassen werden, als Kenneth Kermack vom Londoner University College nachwies, daß ein Sauropode nicht hätte atmen können, wenn seine Brust über 1 m tief im Wasser stand, da eine ungeheure Saugwirkung erforderlich gewesen wäre, um Sauerstoff in die Lungen zu ziehen, die vom Wasserdruck zusammengepreßt wurden.

Kermack bezog sich dabei auf die Arbeit des österreichischen Physiologen Robert Stigler, der im Swimming-Pool mit langen Schnorcheln Experimente zur Inhalation durchführte. Beim Einatmen durch einen 1 m langen Schnorchel hatte er bereits Atembeschwerden; als Stigler versuchte, durch einen 6 m langen Schnorchel zu atmen, richtete die Anstrengung so starken Schaden an seinem Herzen an, daß er kurz darauf starb.

Bob Bakker damals an der Yale Universität bestritt 1971 die »amphibische« Theorie und bot als Alternative an, daß es sich bei den Sauropoden um landgängige »Giraffen« handelte, die mit Hilfe ihrer langen Hälse das Laub der höchsten Bäume fraßen. Er präsentierte *Brachiosaurus* beim Weiden in 12 m Höhe und die kürzeren Sauropoden *Diplodocus* und *Apatosaurus,* die sich auf die Hinterbeine stellten, um in 18 m Höhe zu äsen. Nach Bakkers Ansicht über die Dynamik und den Metabolismus der Dinosaurier rannte der *Tyrannosaurus* mit ca. 70 km/h durch das Land; *Triceratops* erreichte immerhin im Galopp die Geschwindigkeit eines angreifenden Nashorns, nämlich ca. 50 km/h. Nach seiner Vorstellung war *Brontosaurus* zum »Schnellgang« eines Elefanten imstande. Die meisten Paläontologen liefen Sturm gegen diese Theorien, die den Vorstellungen von den gemächlichen Sauropoden so gar nicht entsprechen wollten. Heute jedoch herrscht weitestgehend Übereinstimmung darüber, daß die Sauropoden in der Regel Landtiere waren.

Die Pterosaurier und Vögel von Solnhofen

Nachdem sie bereits in der oberen Trias aufgetaucht waren, wurden eine Reihe von Pterosauriern aus dem unteren und mittleren Jura in England, Indien, Arizona sowie im bereits beschriebenen Posidonienschiefer von Holzmaden gefunden. Der beste Beleg für den großen Erfolg dieser fliegenden Archosaurier stammt jedoch aus einer Reihe von Ablagerungen des oberen Juras, insbesondere aus einer der berühmtesten Fossilienlagerstätte, dem Solnhofener Plattenkalk in Bayern.

Vor 150 Millionen Jahren war die Gegend von Solnhofen eine Warmwasserlagune hinter Korallenriffen an der Nordküste der Tethys-See. Es herrschte tropisches Klima, und die Küstenwälder wurden von theropoden Dinosauriern bewohnt, von Eidechsen, Pterosauriern und — äußerst bemerkenswert — von Vögeln. Vor den Riffen tummelten sich Haie, Rochen, Knochenfische, Schildkröten und Krokodile im Wasser und ernährten sich voneinander sowie von der reichen Fauna aus Korallen, Würmern, Mollusken, Hummern, Seesternen und Seeigeln. Im stehenden Wasser der Lagune lebten nur wenige Tiere an der Oberfläche oder auf dem Grund, aber gelegentliche Tropenstürme warfen Sedimente mitsamt den darin enthaltenen toten Tieren über die Riffe. Sie sanken erneut auf den Grund und wurden von den mitgeschwemmten Partikeln unter einer weichen Kalkschicht begraben.

Aufgrund der sauerstoffarmen Umgebung konnten auch weiche Teile überstehen; es befinden sich sogar einige Quallen unter den Fossilien. Dieselben Sedimente begruben auch andere Kadaver, die bis in die Einzelheiten konserviert sind. Fossile Spuren zeigen Kratzer, die Langusten und Pfeilschwänze hinterließen, die in die tödliche Umgebung des Lagunengrundes geschwemmt wurden. In dem Kalkstein wurden über 600 Arten makellos erhalten, womit die Lagerstätte von Solnhofen zu den weltweit wertvollsten Schatzkammern des paläontologischen Wissens zählt. Der kleine Dinosaurier *Compsognathus* wurde in Form eines wunderschönen Skeletts in Solnhofen erhalten. Mit 60 cm ist er der kleinste bekannte ausgewachsene Dinosaurier, er besitzt lange vogelartige Hinterbeine, starke Finger, und sein Mageninhalt beweist seine erfolgreiche Jagd auf schnelle Beute in Gestalt des Skeletts seiner letzten Mahlzeit, der Eidechse *Bavarisaurus.*

Der älteste Vogel der Welt, *Archaeopteryx,* erklettert an der Küste einer tropischen Lagune in Süddeutschland vor 150 Millionen Jahren einen baumähnlichen Palmfarn. *Archaeopteryx* besaß starke Klauen zum Erklettern von Bäumen, und das Fliegen lernte er vermutlich, um schneller zwischen den Baumwipfeln hin und her zu wechseln. Arme und Beine, mit denen er schnell laufen konnte, lassen noch die verwandtschaftliche Nähe zum Dinosaurier erkennen. Vielleicht jagte *Archaeopteryx* Insekten, indem er hinter ihnen herlief und die Flügel benutzte, um sie besser zu fangen.

GEGENÜBER: Ausgewachsene Pterosaurier, Mitglieder der Gattung *Pterodactylus* und Zeitgenossen des *Archaeopteryx* in Süddeutschland, kehren mit Fischen zurück in ihre Nester an den Klippen, um ihre gefräßigen Jungen zu füttern. Die Pterosaurierküken schlüpften aus Eiern und waren zunächst flugunfähig. Sie besaßen winzige, noch nicht entwickelte Flügel, große Köpfe und hungrig aufgesperrte Schnäbel wie Vögel. Einige Wochen Fütterung mit eiweißreicher Fischkost ließen die Pterosaurier schnell heranwachsen, um dann fliegen zu lernen.

Hier wurden hunderte Fossilien von Pterosauriern, die zu acht verschiedenen Gattungen gehören, gefunden. *Rhamphorhynchus* und *Scaphognathus* waren eher kleine Tiere von Möwengröße. Sie ähneln den Pterosauriern der oberen Trias, weil sie wie diese einen langen Schwanz aufweisen. Abdrücke von Weichgewebe zeigen eine Vielzahl blatt- und deltaförmiger vertikaler Schwanzsegel, die beim Flug als Steuer dienten. Andere Abdrücke zeigen, daß *Rhamphorhynchus* einen Kehlsack zur Speicherung von Fischen besaß, der üblichen Nahrung von Pterosauriern in Solnhofen, die er vermutlich im Sturzflug kurz unter der Wasseroberfläche wegschnappte. Die breiten Kiefer des *Anurognathus* legen nahe, daß er sich Insekten im Flug fing — und unter der Solnhofener Fauna boten sich einige Beutetiere an: Zikaden, Libellen, Holzwespen und viele andere mehr. Kein Rhamphorhynchoide überlebte den Jura, aber sie hatten — leider nicht durch Fossilien belegt — bereits für einen Nachfolger gesorgt. *Pterodactylus,* der auch in Ostafrika, England und Frankreich gefunden wurde, gehört zur ersten einer neuen Gruppe von Pterosauriern, den Pterodactyloiden, die sehr kurze Schwänze, größere Köpfe und längere Hälse als die Rhamphorhynchoiden besaßen.

Warum starben so viele Pterosaurier im Meer? Das taten nicht alle. Einige wurden mit einer Halshaltung gefunden, die man oft bei Vögeln feststellt, die nach dem Tod austrock-

nen. Vielleicht waren einige Exemplare bereits tot, als sie in die Lagune geschwemmt wurden; ihre Knochen sind verstreut und häufig unvollständig. Wo ein Skelett vollständig erhalten wurde, können wir nur vermuten, daß sein ehemaliger Besitzer durch einen Wetterumschwung regelrecht vom Himmel gefegt wurde.

Solnhofener Fossilien und neues Material aus Kasachstan zeigen, daß die Pterosaurier eine feine Körperbehaarung aufwiesen. Fell ist ein zuverlässiger Hinweis auf Warmblütigkeit, und so sind sich die meisten Paläontologen einig, daß die Pterosaurier Warmblüter waren. Dadurch würde die hohe Stoffwechselrate garantiert, die das aktive Fliegen verlangt. Ohne Zweifel waren die Pterosaurier tüchtige Flatterer; einige der späteren, riesigen Formen aus der Kreidezeit waren allerdings Segelflieger. Seit neuestem geht man davon aus, daß sie mit gefalteten Flügeln zweibeinig auf dem Boden liefen, anstatt wie Fledermäuse herumzukrauchen. Der alte Glaube, Pterosaurier seien schlechte Flieger gewesen, ist nicht mehr haltbar — wozu solche grandios entwickelte Schwingen, wenn man damit nicht richtig fliegen kann? Die Zweibeintheorie wird jedoch in Zweifel gezogen.

Der unumstrittene König von Solnhofen, von dem sechs Skelette und eine Feder gefunden wurden, ist *Archaeopteryx.* Die Fossilien wurden zwischen 1860 und 1988 gefunden, und es liegen dort mit Sicherheit noch weitere. Das taubengroße Skelett hat etwa die Form eines kleinen theropoden Dinosauriers mit den entsprechenden Eigenschaften: knochiger Schwanz, Klauen und Zähne. Einige Exemplare hielt man zunächst auch für Dinosaurier, bis man auf die Federn stieß. Nach Ansicht der meisten Paläontologen beweisen die Federn, daß *Archaeopteryx* ein Vogel war.

Das Rätsel der Herkunft von Federn vermag auch *Archaeopteryx* nicht zu entschlüsseln, da seine eigenen bereits vollkommen modern sind. Wie auch Haare und Schuppen bestehen Federn aus dem harten Protein Keratin, und sie sind vermutlich bei einem theropoden Dinosaurier entstanden, der eher zufällig ausgefranste Schuppen entwickelte und zur Wärmeisolation behielt. Darüber hinaus haben längere Federn am Unterarm ihrem Träger beim Springen, beim Verfolgen der Beute oder bei der Flucht geholfen. Die Funde weisen *Archaeopteryx* als Baumkletterer aus, der die Klauen an seinen Handschwingen und Füßen zum Klettern benutzte, um dann aus dem Gleitflug das Fliegen zu entwickeln, was

FLUGSTILE

Vögel sind so perfekt für das Fliegen gebaut, daß man kaum glauben mag, daß sie sich aus flugunfähigen Reptilien entwickelt haben. Die kladistische Analyse moderner und fossiler Reptilien gibt jedoch ein klares Bild. Die engsten Verwandten der Vögel sind die Dinosaurier, insbesondere die theropoden (fleischfressenden) Dinosaurier. Unter den Theropoden verweisen einige kleine, bewegliche zweibeinige Dinosaurier insbesondere aus Nordamerika und der Mongolei auf die verwandtschaftliche Nähe. Mit den Vögeln teilen sie den dreizehigen Fuß, den vierten, nach hinten gekehrten Zeh, lange, schlanke Hinterbeine und lange Arme mit drei langen Fingern. Ein näherer Vergleich der Skelette von *Dromaesaurus* (Dinosaurier) und *Archaeopteryx* (Vogel) zeigt, wie eng die beiden Gruppen zueinander stehen.

Natürlich ähnelt *Archaeopteryx* eher einem Dinosaurier als einem heutigen Vogel. Er weist noch den langen, schmalen Schwanz, den schweren Schädel, die Zähne sowie die Finger seiner unmittelbaren Vorgänger auf, die bei modernen Vögeln sämtlich fehlen.

Anfangs war die Flugfähigkeit von reptilienähnlichen Vögeln wie *Archaeopteryx* umstritten. So hat *Archaeopteryx* beispielsweise kein tiefliegendes Brustbein, das bei modernen Vögeln den Ansatzpunkt für starke Flugmuskeln bildet (siehe große Abbildung unten). Mußte ihm ohne Brustbein nicht die Kraft für

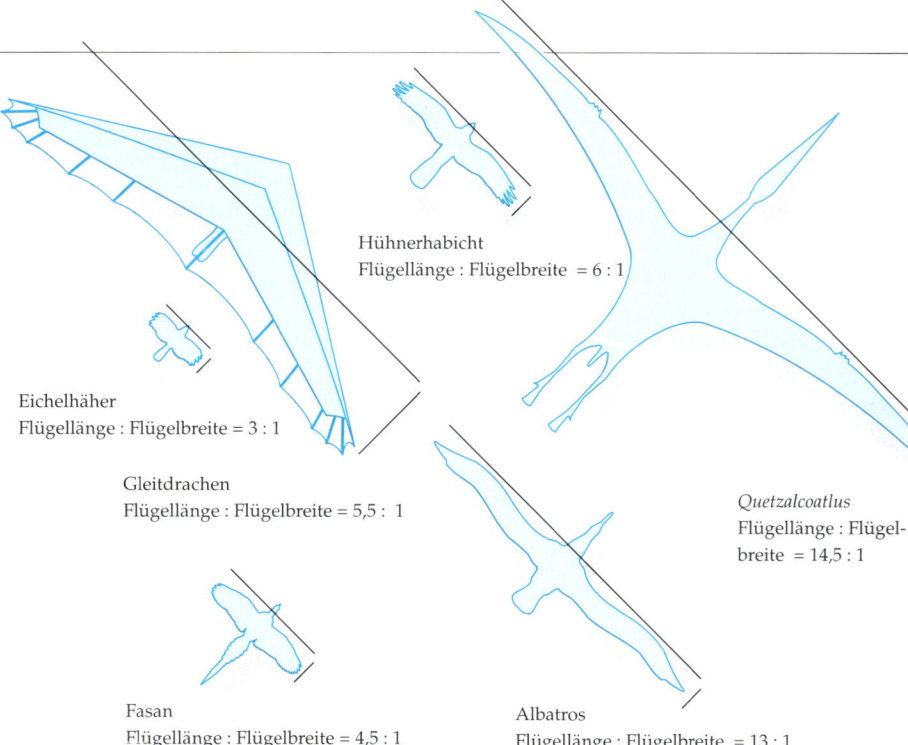

Hühnerhabicht
Flügellänge : Flügelbreite = 6 : 1

Eichelhäher
Flügellänge : Flügelbreite = 3 : 1

Gleitdrachen
Flügellänge : Flügelbreite = 5,5 : 1

Quetzalcoatlus
Flügellänge : Flügelbreite = 14,5 : 1

Fasan
Flügellänge : Flügelbreite = 4,5 : 1

Albatros
Flügellänge : Flügelbreite = 13 : 1

Die Form der Flügel sämtlicher fliegender Tiere, insbesondere das Verhältnis zwischen Flügellänge und -breite, verrät ihren Lebensstil. Ein langer, schmaler Flügel ist aerodynamisch wirkungsvoll – das Flattern ist mit ihm jedoch schwierig und kräftezehrend. Lange Flügel sind daher ideal für Vögel, die im offenen Luftraum leben, wie zum Beispiel Albatrosse und die riesigen Pterosaurier der oberen Kreide oder wie *Quetzalcoatlus* mit seiner ausladenden Flügelspannweite von 14 m. Der Start ist jedoch ein Problem mit diesen langen Schwingen. Für den sibirischen Eichelhäher, der in Waldgebieten lebt, garantieren kurze, breite Flügel einen schnellen, kraftvollen Start und die notwendige Manövrierfähigkeit. Die weiten Schwingen der Weihe gestatten ein ruhiges Segeln ebenso wie den wendigen Flug. Ein Gleitdrachen stellt einen Kompromiß zwischen der aerodynamischen Wirksamkeit eines günstigen Breiten-Längen-Verhältnisses und der Manövrierfähigkeit kürzerer Flügel dar.

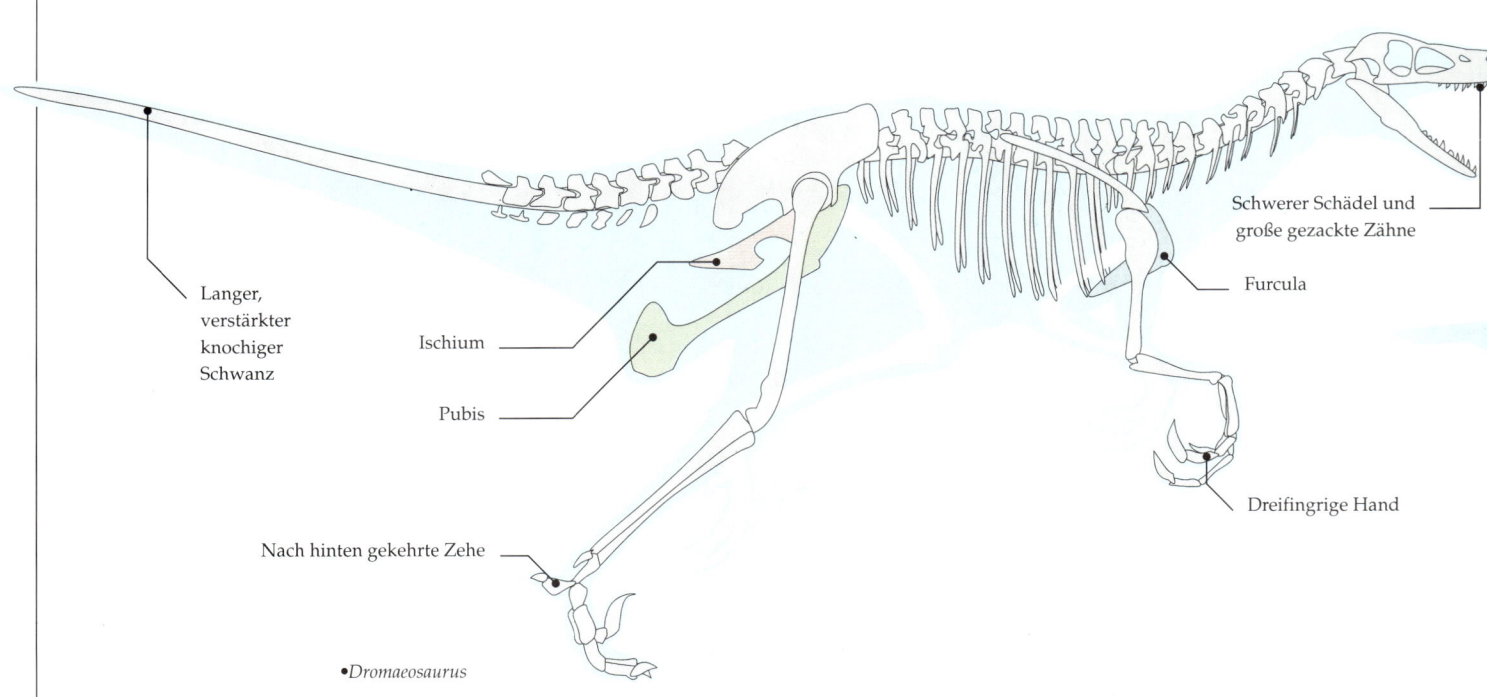

Langer, verstärkter knochiger Schwanz

Ischium

Pubis

Nach hinten gekehrte Zehe

•*Dromaeosaurus*

Schwerer Schädel und große gezackte Zähne

Furcula

Dreifingrige Hand

den Flügelschlag fehlen? Heute scheint die ganze Debatte recht lächerlich; warum sollte Archaeopteryx Federn und Flügel besitzen, wenn er damit nicht fliegen konnte? In der Tat gehören diese Federn einem Flieger. Zudem besitzen auch Fledermäuse kein tiefes Brustbein, obwohl sie hervorragende Flieger sind.

Eine weitere noch nicht geklärte Streitfrage lautet, ob die Vögel sich beim Sprung vom Baum auf den Boden oder vom Boden auf den Baum entwickelt haben (um von Ast zu Ast zu hüpfen und schneller voranzukommen oder um flatternd immer höher hinter den Insekten herzujagen). Die erste Vorstellung scheint wahrscheinlicher; *Archaeopteryx* verfügte über starke Flügelklauen, die er zum Klettern benutzen konnte. Moderne Fluggleiter bewegen sich ähnlich zwischen den Baumkronen.

Dieses berühmte Fossil des *Archaeopteryx* wurde im 150 Millionen Jahre alten Solnhofer Kalkstein gefunden. Es handelt sich eindeutig um ein Tier, das fliegen konnte. Die Schwungfedern flugunfähiger Vögel weisen eine symmetrische Anordnung um den Kiel auf. Federn, die zum Abheben dienen, haben schmale Vorderkanten und breite Hinterkanten. Eben solche Federn besitzen diese und andere vergleichbare Fossilien.
Im Solnhofer Kalkstein wurden ausgesprochen gut erhaltene Fossilien

gefunden. Die Fossilien sind so außergewöhnlich, daß Anhänger der Schöpfungstheorie behauptet haben, daß es sich bei den Fossilien des *Archaeopteryx* um Fälschungen

handle – um Gipsabgüsse moderner Federn mit fossilem Anstrich. Dieser Verdacht wurde durch mikroskopische Untersuchung der Federn eindeutig widerlegt ebenso wie durch die Tatsache, daß im Solnhofer Kalkstein Hunderte solcher Weichteilfossilien erhalten blieben: Quallen, Würmer, Fischdärme, Pterosaurier-Haare und vieles mehr.

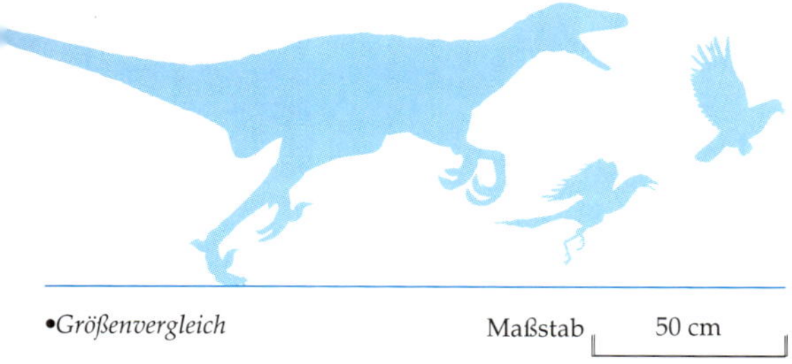

•*Größenvergleich*

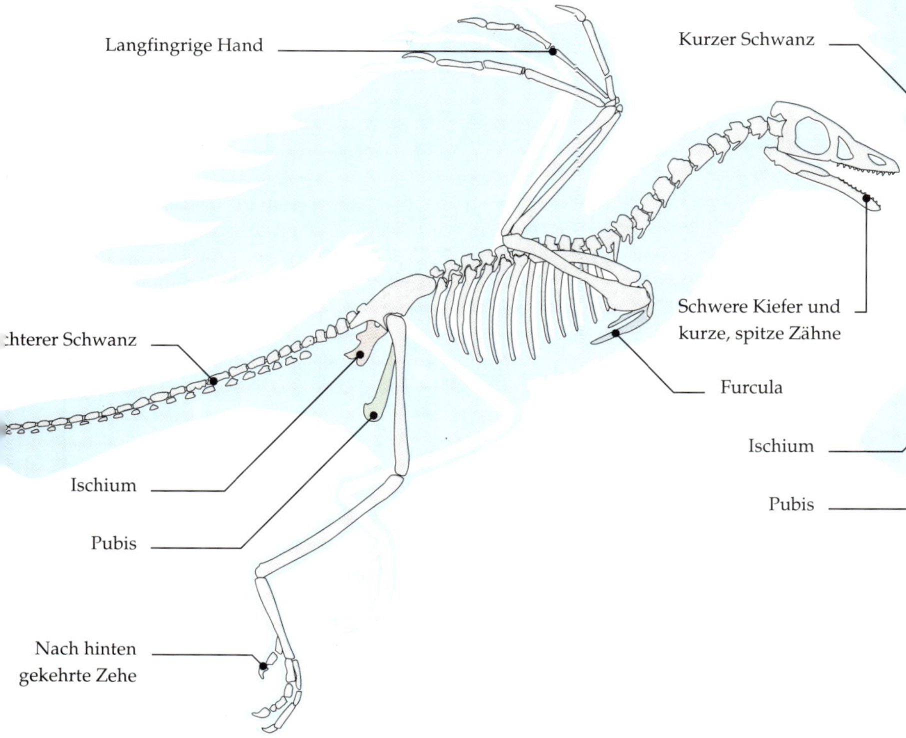

Maßstab ⊢ 50 cm ⊣

Langfingrige Hand

Kurzer Schwanz

Verkleinerte und zusammengewachsene Finger

Leichter Schädel, keine Zähne

Verstärkte Schultern

Schwere Kiefer und kurze, spitze Zähne

...hterer Schwanz

Furcula

Furcula

Ischium

Ischium

Pubis

Pubis

Großes Brustbein

Nach hinten gekehrte Zehe

Nach hinten gekehrte Zehe

Verstärktes Becken zum Auffangen des Landedrucks

•*Archaeopteryx*

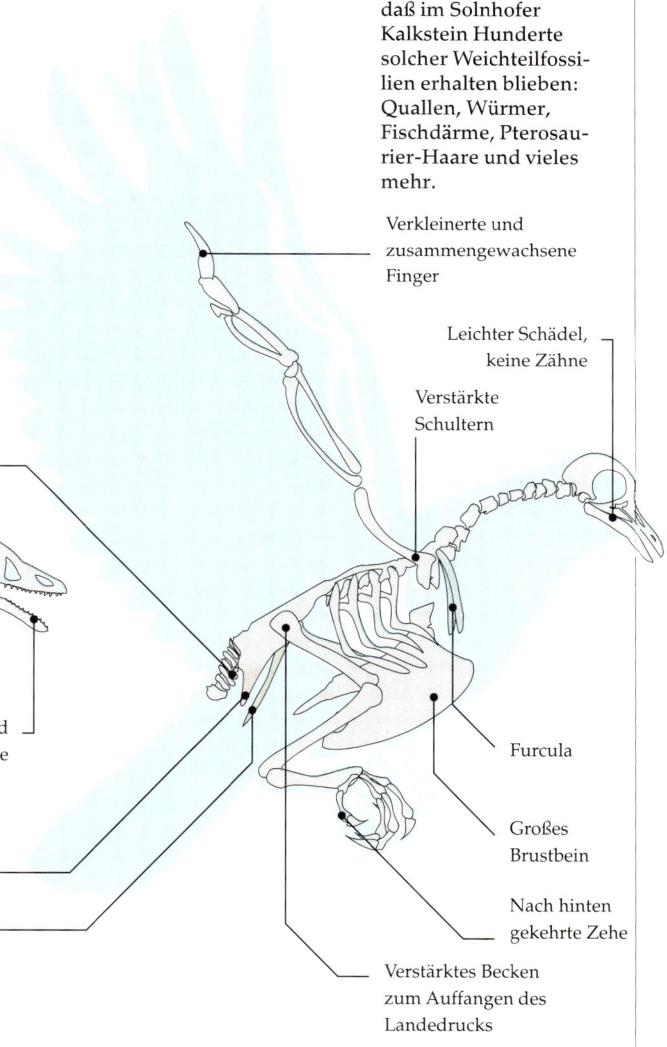

•*Columba* (Taube)

Der kleinste Dinosaurier, *Compsognathus,* lebte zur gleichen Zeit wie *Archaeopteryx,* und sein Knochenbau unterschied sich von dem des ersten Vogels nicht allzu sehr. Zwei exzellent erhaltene Skelette von *Compsognathus* wurden in Süddeutschland und Südfrankreich gefunden. Im Rippenkäfig des ersten fand man ein vollständiges Eidechsenskelett – eine üppige Henkersmahlzeit.

diesem »Proto«-Vogel ermöglichte, von Baumkrone zu Baumkrone zu schweben. Da die Flügel denen moderner Vögel entsprechen, gibt es keinen Grund für die Annahme, daß er ein schlechter Flieger gewesen sei.

Neuere physiologische Untersuchungen der Archosaurier haben ergeben, daß die Vögel am engsten mit den kleinen Theropoden wie *Compsognathus* und *Deinonychus* aus der frühen Kreide verwandt sind. Der zeitliche Ursprung der Vögel ist noch unklar. Beide Gruppen haben eine Reihe gemeinsamer Eigenschaften wie auch Unterschiede, die sich nach dem Scheidepunkt entwickelt haben. Einige Kladogramme datieren diesen Scheidepunkt spätestens auf den mittleren Jura. Es gibt jedoch auch Funde aus der texanischen Obertrias, von denen man annimmt, daß sie zu einem Vogel gehören, doch der Beweis muß noch erbracht werden. Mit Kladogrammen ist eine Identifizierung unwahrscheinlich, da dadurch der so schön stimmige Stammbaum der Dinosaurier und der anderen Vögel erheblich gestört würde. Riesige Lücken würden sich dort auftun, wo der gemeinsame Vorfahr über einige zehn Millionen Jahre keine Spur eines von ihm abstammenden Vogels oder Theropoden-Fossilien hinterlassen hat. Außerdem wäre der so früh erschienene gemeinsame Urahn in seiner Konstruktion den zeitgenössischen Dinosauriern außerordentlich weit voraus gewesen.

Nach dem Erscheinen der Frösche in der Trias tauchten zwei weitere moderne Hauptgruppen von Amphibien im Jura auf. Molche und Salamander (Ordnung der Urodela) sind 1990 im englischen Jura durch mehrere Funde bekannt geworden. Nun erfreute sich das Mesozoikum einer nahezu vollständigen Besatzung von Gruppen moderner Tetrapoden, die den Fröschen, Schildkröten, Krokodilen und Säugetieren aus der Trias folgten.

Fauna und Flora an Land und im Wasser waren zu einem zahlen- und artenmäßig ungeheuren Reichtum gelangt. Aber die Kontinentalverschiebung in der Kreidezeit sollte noch günstigere klimatische Voraussetzungen und Lebensräume erzeugen. Zwar ist ein Wandel grundsätzlich nicht für sämtliche Lebensformen förderlich, doch das Ende des Juras kündete von kommenden blühenden Zeiten.

Der Countdown des Mesozoikums

Die letzte Epoche des Mesozoikums war die Kreidezeit vor 144 bis 65 Millionen Jahren, die länger dauerte als das gesamte folgende und bis heute unvollendete Zeitalter des Känozoikums. Die Kreidezeit ist die längste Einzelepoche des gesamten Phanerozoikums, des Zeitalters des »sichtbaren Lebens«. Die Säugetiere der Kreidezeit lebten über 80 Millionen Jahre; eine neue Flora entstand gemeinsam mit den dazugehörigen Insekten, der Atlantische Ozean wurde geboren, Gondwana brach endgültig auseinander und die Kontinente nahmen eine aus heutiger Sicht nicht mehr allzu verwirrende Stellung ein. Der angestrengte Versuch, das Ereignis der Kreidezeit zu erfassen, scheint durch die mit einem Rückblick untrennbar verkoppelten Vor- und Nachteile schwierig, wenn nicht unmöglich. Aus unserer Sicht stellt diese Epoche eine Zeit des Niedergangs der typischen Lebensformen des Mesozoikums dar — dazu gehörten die Ammoniten, Belemniten, Gymnospermen, Ichthyosaurier, Plesiosaurier und Dinosaurier. All diese Gruppen hatten sich ausgebreitet und zahlreiche Arten entwickelt — gegen Ende der Kreidezeit starben sie auf ebenso vielfältige Weise aus, wie sie entstanden waren.

Bewegung der Kontinente und Klimate

Die ungeheure Dicke der leicht zugänglichen Sedimente erzählt uns eine Menge über die Geschichte der Kreidezeit. Am bekanntesten sind die dicken Kreidelager, die sich in vielen Teilen der Welt in der oberen Kreide bildeten, in Kansas und an der Golfküste der Vereinigten Staaten, entlang der Südküste Englands, in Norddeutschland und Dänemark. Kreide (lateinisch: *creta*) ist reiner Kalkstein, der aus den winzigen kalkigen Plättchen mikroskopischen Phytoplanktons, den Haptophyten, besteht. Diese schwammen während ihres Stadiums als Goldalgen frei umher, um sich in ihrem Ruhestadium in ihrer einzelligen komplizierten Mikropanzerung aus einer Vielzahl von Kalziumkarbonatschuppen – den Coccolithen mit einem Durchmesser von etwa 0,005 mm – abzusetzen. Sie trieben zunächst an der Oberfläche warmer Meere, bevor sie in Milliarden geometrisch geformter Körper 3000 bis 4000 m auf den Grund sanken. (Tiefer nicht, da das gelöste Kohlendioxid in größeren Tiefen eine schwachsaure Lösung erzeugt, die die Kalziumkarbonat-Skelette auflöst.)

Während der Kreidezeit stieg der Meeresspiegel allmählich bis zu einer davor und danach nie wieder gekannten Höhe an. Während die Kontinente weiter auseinandertrieben, bildeten sich zwischen ihnen Meere und bedeckten die vormals trockenen Landflächen. Frühere Wüsten wurden zu Schwemmland, und bis zum Ende des Zeitalters waren zwei Fünftel der früheren Kontinentalfläche seichter Meeresboden.

Die Temperaturen stiegen auf Werte, wie sie vor 100 Millionen Jahre geherrscht hatten. Am Ende der mittleren Kreide sank die Temperatur immer rascher, bis in den letzten paar Millionen Jahren des Zeitalters die mittlere Jahrestemperatur im nordamerikanischen Mittelwesten von 20° C auf 10° C gefallen war.

Durch Grabenbrüche hatten sich im unteren Jura Europa und Afrika sowie Nord- und Südamerika getrennt, blieben jedoch noch nahe beieinander. Nun trieben sie auseinander. Indien und Madagaskar entfernten sich von der afrikanischen Ostküste, die Antarktis und Australien trieben, noch verbunden, nach Osten und lösten sich von Südamerika. Neue Meere entstanden; zu ihnen gehörten der Nord- und der Südatlantik, die Karibik und der Indische Ozean. Das große nordamerikanische Binnenmeer reichte vom nördlichen Polarmeer nach Süden über Nordkanada hinunter bis Mexiko und der Halbinsel von Yucatan. Das Tethys-Meer erstreckte sich über seine früheren Grenzen hinaus nach Südeuropa über sämtliche Britischen Inseln, Mitteleuropa, Südskandinavien und den europäischen Teil von Rußland hinweg. Dadurch wurde die Erde in ca. zwölf Landmassen gespalten. Heute finden wir Spuren der Entwicklung unterschiedlicher Floren, die örtlich beschränkt waren, und Spuren von auf

einzelne Inselkontinente der Kreidezeit verschlagenen Tieren, wo sich ein großer Teil der Vielfalt des heutigen Lebens an Land entwickelte. Auf dem mittlerweile vergangenen Superkontinent Pangäa hingegen hatte eine marodierende Horde vegetarischer Dinosaurier eine Tausende von Kilometern lange Schneise quer durch den Kontinent gefressen und geplünderte Farnprärien und Wälder hinterlassen, während sich die Reihen der Fleischfresser lichteten. Auf einem Streifen von 50 Grad südlicher bis 50 Grad nördlicher Breite entstanden in der Kreide ausgedehnte Kohlegebiete. Im Tethys-Meer vervielfachte sich das Mikroplankton vor 120 bis 75 Millionen Jahren und wurde auf den Festlandssockeln unter seichten Meeren in sauerstoffarmen Sedimenten begraben, die es vor der Verwesung bewahrten. Es verwandelte sich in Öl; über die Hälfte der bekannten Ölvorräte der Welt liegen in Feldern aus der Tethys-Zeit im Persischen Golf, Nordafrika, dem Golf von Mexiko und Venezuela.

Dinosaurier im englischen Wealden

Die reichsten Funde frühen kreidezeitlichen Lebens auf dem Lande stammen aus dem südwestenglischen Wealden und der Isle of Wight – nicht nur Dinosaurier, sondern Krokodile, Schildkröten, Säugetiere, Insekten und Pflanzen ebenso wie Fische. Die vorherrschenden Dinosaurier stellten die Ornithopoden dar, eine Gruppe, die im oberen Jura entstanden war. Es gab hier zwar auch Sauropoden, sie waren jedoch selten – das Zeitalter der pflanzenfressenden Riesen war eindeutig vorbei.

Der Wealden war damals mit Farn bewachsenes Flachland, von mit Bäumen und Palmfarnen gesäumten Wasserläufen durchzogen, die in Marschland und Lagunen mündeten. Der vorherrschende Ornithopode war der 10 m lange Zweibeiner *Iguanodon* mit einem Pferdeschädel, langen Kiefern und weit zurückliegenden Augen. In seinem Freßverhalten liegt der Grund für seinen Erfolg. Die Kiefer sind mit nachwachsenden Zähnen gespickt, die ein ständiges gründliches Zermahlen der Nahrung ermöglichten. Im vorderen Kiefer befinden sich keine Zähne, sondern eine knöcherne Platte. Dieses Werkzeug aber, das er mit den heutigen Schafen teilt, ist ein Präzisionsinstrument zum Abrupfen der Blätter und Pflanzen. Der eigentliche Fortschritt aber war die

Fähigkeit, zu kauen. Auch die ersten Ornithopoden wie *Xiaosaurus* besaßen eine vergleichbare, aber lange nicht so spezialisierte Ausrüstung. David Norman untersuchte dieses Spezialwerkzeug. Die Seiten des Mauls waren eine vom restlichen Schädel getrennte Einheit und konnten sich entlang einer Linie von hinten nach vorne bewegen. Die Zähne standen in einem bestimmten Winkel, so daß sie, wenn sich der Kiefer um eine Pflanze schloß und sich die seitlichen Kieferteile auf- und auswärts schoben, eine seitwärts wirkende Reißbewegung ausführten. Der Ornithopode *Iguanodon* konnte die Nahrung zu einem verdaulichen Brei zermalmen, während die Sauropoden die Pflanzen unzerkaut verschlangen und sich auf eine eiserne Verdauung verließen.

Iguanodon ging für gewöhnlich auf zwei Beinen und konnte so die Vegetation von hohen Bäumen abäsen, aber er konnte auch auf allen vieren gehen. Dies erkennt man an den Vorderläufen: Die meisten Klauen sind eigentlich kleine Hufe. Die Daumenklaue ist ein großer, spitzer Dorn, der derartig fremd geformt war, daß ihn Richard Owen im letzten Jahrhundert fälschlich als Nasenhorn identifizierte.

Der Erfolg der Ornithopoden wird an ihrer großen Zahl während der Kreidezeit und an ihrer Wandelbarkeit in den verschiedenen Faunen gemessen. Der zweithäufigste Dinosaurier im Wealden war ein kleineres Tier, das 3–5 m lange *Hypsilophodon* mit schlanken Sprinterbeinen und einem versteiften Schwanz zur Verbesserung des Gleichgewichts beim Rennen – die Gazelle unter den Dinosauriern. 1983 wurde mit der Entdeckung von *Baryonyx* die Existenz einer neuen Gruppe erkannt, eines großen, nur in einem einzigen Skelett überlieferten Theropoden, dessen auffallendster Zug seine ungeheure sichelartige Klaue ist.

Die Fleischfresser mit den Sichelklauen

Eine Reihe von Theropoden scheinen unabhängig voneinander Klauen zum Aufschlitzen der Beute entwickelt zu haben. *Baryonyx* besaß eine 30 cm lange Klaue – und war 9 m lang. Leider ist bislang unklar, ob die Klaue am Hinter- oder Vorderbein steckte.

Baryonyx sah aus wie die meisten Fleischfresser, etwa wie der *Allosaurus,* besaß jedoch die Klaue eines Monsters und den Schädel eines Krokodils. Die seltsamste Eigenart ist der

Schädel, denn die Kiefer waren lang und schmal, das genaue Gegenteil zu den anderen Theropoden ähnlicher Größe, die tiefe Kiefer zum Zerknacken der Knochen und Zerreißen des Fleisches besaßen. Vielleicht hatten die Namensgeber des *Baryonyx,* Angela Milner und Alan Charig, recht mit ihrer Vermutung, daß er ein Fischfresser war: Schließlich fand man Fischschuppen im Rippenkorb, und rezente Bären benutzen ihre Tatzenklauen, um Fische aus dem Wasser zu angeln. Lauerte *Baryonyx* am Ufer und angelte Fische aus dem Fluß oder stand er stocksteif im Wasser und harpunierte große Fische wie ein Reiher mit seinem Schnabel?

Das etwas seltsam anmutende Bild eines solchen zwei Tonnen schweren Räubers beim Angeln wird durch den Vergleich mit anderen klauenbewehrten Dinosauriern unterstrichen. Die Dromeosauriden und Troodontiden der Kreide Nordamerikas und der Mongolei waren im allgemeinen kleinere Tiere mit kleineren Klauen, die sie jedoch zum Zerreißen von Beutetieren benutzten, die vielleicht sogar größer waren als sie selbst. Der bekannteste Dromeosaurier ist *Deinonychus,* der 1960 von John Ostrom von der Yale Universität in der Cloverly-Formation in Montana ausgegraben wurde. *Deinonychus* war rund 3 m lang, 1 m hoch und 60–75 kg schwer. Außer dem Schädel ist das Skelett vollständig bekannt.

Ein wichtiger Bestandteil von Ostroms Untersuchung des *Deinonychus* ist der Beleg, daß solche Zweibeiner schnelle Angreifer und Verfolger waren. Er stellte fest, daß der Schwanz durch Knochenspangen steif gehalten wurde. Damit waren die älteren Rekonstruktionen solcher Zweibeiner, nach denen sie wie Kängurus hüpften und dabei den Körper nahezu aufrecht hielten und den Schwanz auf dem Boden nachschleppten, überholt. Ostrom fand drei Belege für die Tatsache, daß *Deinonychus* den Schwanz und das Rückgrat nahezu waagerecht hielt:

1. Diese Stellung verleiht ein perfektes Gleichgewicht, anders als beim schwanzlastigen Känguruh.
2. Die Nackenwirbelsäule ist ständig S-förmig gebogen, so daß *Deinonychus* in Känguruhhaltung stets in den Himmel geguckt hätte.
3. Starke Sehnen scheinen den Rücken steif und waagerecht gehalten zu haben, wie bei den Vögeln.

Deinonychus besaß muskulöse Schultern und starke Greifhände mit drei langen Fingerklauen, doch die Füße geben den Ausschlag.

Der kleine Fleischfresser *Deinonychus* aus der unteren Kreide in Montana machte seine geringe Körpergröße durch eine gefährliche Zehenklaue wett. Diese Dinosaurier verhielten sich vermutlich wie im Rudel jagende Hunde. Sie isolierten einen großen Pflanzenfresser – in diesem Falle einen ornithopoden *Tenontosaurus* – von seinen Artgenossen, um das Tier dann anzugreifen und zu erlegen.

Vier klauenbewehrte Zehen, von denen die zweite wie eine Sense absteht und mit Spezialgelenken beim Laufen hochgestellt werden konnte, als ob sie vor dem Abstumpfen bewahrt werden sollte. *Deinonychus* hat vielleicht in Rudeln gejagt. Wenn sie einen großen Ornithopoden angriffen, konnten sie aus dem Sprung auf die Beute springen und sie mit den Fußklauen aufschlitzen, während sie sich mit den Fingern an ihr festhielten. Die Fußklauen konnten einen Winkel von 180 Grad beschreiben und über 1 m lange Wunden reißen. Theropoden wie *Deinonychus* haben tiefe Einblicke in einen wichtigen Problembereich, den Ursprung der Vögel, erlaubt. In den 70er Jahren waren sich die meisten Paläontologen über die Herkunft der Vögel unsicher und umgingen diese Frage gern. Ostrom stellte auffallende Ähnlichkeiten mit Formen wie *Deinonychus* fest und wärmte eine alte Vorstellung von den Vögeln als eigentlich zweibeinigen fleischfressenden Dinosauriern mit Flügeln wieder auf. Jüngste kladistische Analysen haben diese Sicht gestärkt. In der Tat weist *Deinonychus* so viele Ähnlichkeiten zu *Archaeopteryx* auf, daß einige Skeletteile, abgesehen von der Größe, nahezu identisch sind.

Der Siegeszug der Blütenpflanzen

Wenige Veränderungen haben die Landschaft und die Ökologie der Erde mehr geprägt als das Auftauchen der Angiospermen. In der frühen Kreidezeit beherrschten die Gymnospermen die Landflora, aber die Palmfarne und Ginkgos waren bereits auf dem Rückzug, die Bennettiteen im Aussterben begriffen, und nur die Koniferen gediehen. Die Angiospermen — Blütenpflanzen, Hartholzbäume und viel später die Gräser — entstanden vor 100 Millionen Jahren. Sie verbreiteten und veränderten sich ständig, so daß es heute mindestens 250 000 Arten von Angiospermen gibt, im Vergleich zu nur 550 Koniferen.

Im Gegensatz zu Gymnospermen, den Nacktsamern, schließen die Angiospermen (Bedecktsamer) ihre Samenanlagen in einem Fruchtknoten ein. Dadurch sind sie vor Pilzinfektionen, Austrocknen und unwillkommenen Insekten-Besuchern geschützt. Die dazugehörende Blüte gehört zu den charakteristischen Merkmalen der Angiospermen. Sie entwickelten eine außergewöhnliche Palette von Farben, Gerüchen, Formen — zuweilen unauffällig, zuweilen eine Explosion von Farbglanz und Düften. Das System der Fortpflanzung der Angiospermen birgt gegenüber dem der Gymnospermen mehrere Vorteile. Blütenblätter sind uns bei Blumen allgemein vertraut — eine Aufforderung an Insekten zur Bestäubung. Die meisten Angiospermen (vornehmlich die Gräser) haben weniger auffällige Blüten und keine aufsehenerregende Erscheinung. Die wichtigen Fortpflanzungsorgane befinden sich in der Mitte: das flaschenförmige Fruchtblatt, zusammen mit Fruchtknoten und unbefruchteter Eizelle (dem Vorläufer des Samenkorns) am Boden und der Narbe (Pollenfänger) an der Spitze. Rund um diesen weiblichen Teil, den Megasporophyll, liegen die Staubblätter, die männlichen Mikrosporophyllen, eine Reihe dünner Stifte, die an der Spitze die Pollen tragen. Die angiosperme Keimzelle ist tief im Innern des Fruchtknotens sicher gegen Verletzungen geschützt. Dies ist das letzte Stadium in der Entwicklungsreihe von Pflanzen, die einst mit freischwimmenden Sporen begannen. Das Pollenkorn ist die letzte Ausgabe des männlichen Gametophyten, der einst als selbständige Pflanze sproß. Er setzt keine Spermien mehr frei, die ihren Weg über feuchte Oberflächen bis zur Keimzelle finden müssen. Wie bei Koniferen liefert er das Sperma jetzt über eine Leitungsröhre direkt in der Eizelle ab. Angiospermen verfügen über eine spezielle Oberfläche zur Aufnahme des Pollenkorns und schaffen Platz, damit die Röhre bis zur Eizelle vordringt.

Ein weiteres Merkmal des Fortschritts der Angiospermen ist die sogenannte doppelte Befruchtung. Am Kopf des Staubblatts sind zwei anstatt einer männlichen Samenzelle, wie bei niederen Pflanzen. Die erste verschmilzt mit der Eizelle im Keimsack, der letzten Ausgabe des primitiven weiblichen Gametophyten, der ebenfalls einst als getrennte Pflanze wuchs. Gleichzeitig verschmilzt die zweite Samenzelle mit einem zweiten Kern im Fruchtknoten und teilt sich rasch, um dem sich entwickelnden Keim als Nahrung zu dienen. Diese Konstruktion ist äußerst ökonomisch, da die Pflanze, abgesehen von der Fruchtknotenbildung, nur wenig Energie verbraucht, bis die Befruchtung erfolgt ist. (Im Gegensatz dazu ist der weibliche Zapfen einer Konifere das Ergebnis eines beträchtlichen Aufwandes, befruchtet oder nicht.) Nun verwelkt die Blüte, und der Keim reift mit Embryo und Nahrung zu allen erdenklichen Formen heran – zum Beispiel zu eßbaren Teilen von Erbsen oder Nüssen, oder zu Früchten, Beeren, Kapseln und zu mit Haken oder Flügeln versehenen Vorrichtungen, die die Verbreitung der Samen als »Anhalter« von vorbeikommenden Tieren oder per Luftreise besorgen.

Die ältesten Angiospermen-Fossilien datieren in die mittlere Unterkreide vor rund 130–120 Millionen Jahren. Es handelt sich um sogenannte *Clavatipollenites*, Pollenkörner aus dem südenglischen Wealden. Vor 120–100 Millionen Jahren waren Pollen und Blätter im Osten Nordamerikas, in Rußland und Israel keine Seltenheit mehr. In diesen Gegenden wurden einige gut erhaltene Blüten und Früchte früher Angiospermen gefunden, die mit den heutigen Magnolien und dem Berghorn verwandt zu sein scheinen.

Die frühesten Lebensräume waren Gebiete, wo Ströme oder Überschwemmungen den Boden bearbeiteten und nur rasch wachsende schmächtige Kräuter und kleine Sträucher wurzeln konnten. Ein Problem der Koniferen war, daß sie nach der Befruchtung überwintern mußten, um im folgenden Jahr ihre Saat auszusäen. Kiefern brauchen sogar zwei Jahre. Das Pflanzenwachstum wurde auch durch wandernde Dinosaurierherden gefördert, die den Boden umgruben und düngten.

Bei der Betrachtung der möglichen gemeinsamen Entwicklung von Dinosauriern und Pflanzen stoßen wir auf das klassische Huhn-Ei-Dilemma. Nach Bob Bakkers Ansicht entwickelten jurassische Pflanzen Abwehrmechanismen gegen hochragende pflanzenfressende Dinosaurier wie Sauropoden und Stegosaurier (er stellt sich dabei vor, wie diese, auf Hinterbeine und Schwanz gestützt, die Bäume abernten). Die Koniferen entwickelten Dornen, Gifte oder einen unangenehmen Geschmack, um die Zerstörung ihrer Saat in den oberen Stockwerken zu verhindern, sie

brauchten aber keinen Bodenschutz für ihren Nachwuchs. Das Aussterben der hochragenden Pflanzenfresser und das Entstehen aller Arten von erfolgreichen, in Bodennähe fressenden Arten machte nun ein schnelles Wachstum und eine schnelle Aussaat notwendig. Angiospermen waren dazu imstande, Koniferen nicht – somit haben die neuen Dinosaurier die Blumen »erfunden«! Andere Fachleute sehen den Prozeß umgekehrt. Die Verbreitung der Angiospermen begünstigte die Tieffresser auf Kosten der Hochfresser, die ohne Rücksicht auf den Nährwert alles zu sich nahmen, was sie abrupfen konnten, und viel mehr Energie zur Verdauung brauchten als die effizienten Fresser wie zum Beispiel Ankylosaurier und Ceratopsier.

Haben die aufsteigenden Angiospermen die sich langsamer entwickelnden und fortpflanzenden Keimlinge von Koniferen und Palmfarnen an Wuchs und Zahl überrundet? Oder haben die sich rasch entwickelnden Pflanzenfresser aus der Gruppe der Ornithischia die Bedingungen für die Verbreitung dieser rasch wachsenden Neuankömmlinge geschaffen? Eine Antwort auf diese Frage würden genaue Statistiken der Frühgeschichte der Angiospermen und eine Zählung der Dinosaurierarten und ihrer Population vor über 100 Millionen Jahren erfordern. Dann müßten wir mehr über weiches Gewebe wissen – über Sämlinge und Sprößlinge, Zungen und Verdauungstrakte –, als die Fossilfunde uns liefern können. Zufälligkeiten sind noch kein Beweis – bis zu einer hieb- und stichfesten Begründung ist es ein weiter Weg.

Während der oberen Kreide setzte sich die Verbreitung der Angiospermen fort, bis gegen Ende des Zeitalters rund 50 der modernen Familien (von insgesamt 500) bereits ihren Einstand gefeiert hatten, unter anderem Buche, Birke, Feige, Stechpalme, Magnolie, Eiche, Palme, Bergahorn, Walnuß und Weide. Die häufigsten Fossilien sind Blätter, die den Paläontologen die Entwicklung der Angiospermen aufzeigen und Schlüsse über die klimatischen Bedingungen ihrer Entstehung zulassen. Anfangs waren die Blätter klein, mit glattem Rand und unregelmäßig geädert. Zu Beginn der Oberkreide wiesen mehrere Blätter gezackte oder gelappte Formen auf, die Äderung war regelmäßiger und die Oberfläche größer geworden. Zur gleichen Zeit nahm der Anteil der angiospermen Pollen von 1 Prozent des gesamten Pollenaufkommens bis zu 40 Prozent zu – Beweis eines stürmischen Wachstums der Blütenpflanzen in einer Spanne von 20 Millionen Jahren.

Vorläufer der angiospermen Pflanzen: Ein Farn aus dem oberen Jura, der in trockenem Boden gedieh und zahlreichen Dinosauriern als Nahrung diente.

PFLANZENPHYLOGENIE

In diesem Diagramm sind die einfachsten lebenden Organismen wie Viren, Blaugrünalgen und Bakterien abgebildet.

Die Pflanzenentwicklung kann man am besten an Hand von Landfossilien beobachten. Die ersten Pflanzen gingen im Silur an Land. Es waren einfache kleine Formen wie *Cooksonia*, die durch den Stengel mit Hilfe von Gefäßsträngen Wasser und Nährstoffe einsogen. Eine Vielzahl von Bärlappgewächsen, Schachtelhalmen und primitiven Farnen breiteten sich im Devon aus.

Das Karbon gilt oft als Landschaft üppiger Tropenwälder, in denen gigantische Bärlappgewächse, Schachtelhalme, Palmfarne (Cycadeen), Ginkgos und primitive Koniferen vorherrschten. Diese Gruppen überlebten zwar Perm, Trias und Jura, verschwanden aber danach. Ein großes Ereignis in der frühen Kreidezeit stellte das Auftauchen der Blütenpflanzen dar, der Angiospermen, die einen grandiosen Siegeszug über die Welt antraten.

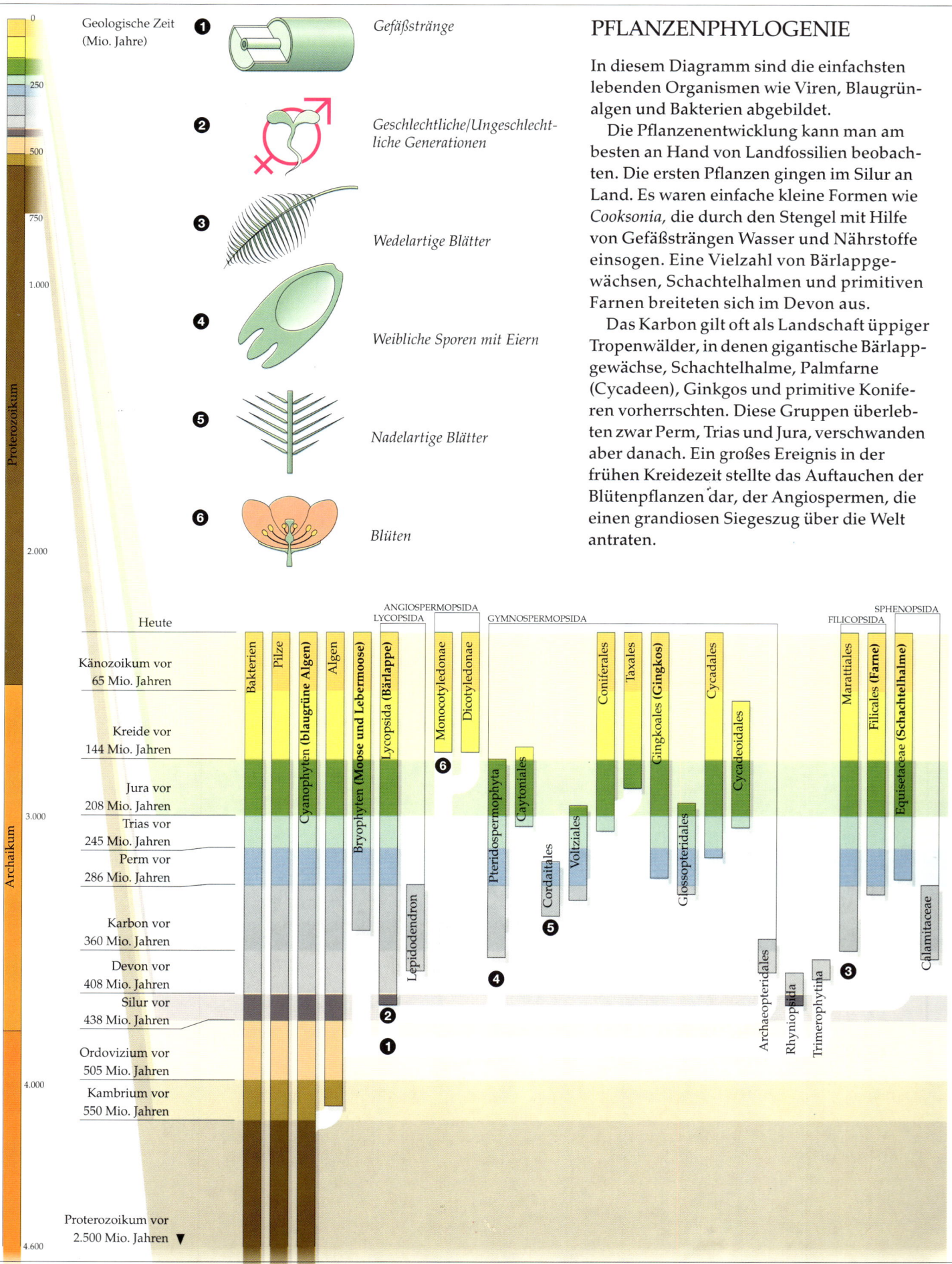

Geologische Zeit (Mio. Jahre)

❶ Gefäßstränge
❷ Geschlechtliche/Ungeschlechtliche Generationen
❸ Wedelartige Blätter
❹ Weibliche Sporen mit Eiern
❺ Nadelartige Blätter
❻ Blüten

DARWINS BLUMEN

Charles Darwin (1809–82) veröffentlichte 1859 sein Buch mit dem Titel »Die Entstehung der Arten durch natürliche Zuchtwahl«. Eine Zeitlang litt er unter einer Krankheit, die er sich vermutlich während seiner Reise auf der HMS Beagle 1831–36 zugezogen hatte, darüber hinaus quälten ihn tiefe Angstzustände. Thomas Carlyle nannte sein Buch »Evangelium des Schmutzes«. Der Herzog von Argyll verkündete: »Ich gehe so weit, zu behaupten, daß kein jemals auf der Welt gelehrtes philosophisches System unter einer derartigen Last von Unwahrscheinlichkeit stöhnt.« Ungeachtet dieser Angriffe gegen ihn setzte Darwin sein Werk unbeirrt fort.

Die genaue Beobachtung der Pflanzen bot die Möglichkeit, die Theorie an der natürlichen Welt zu erproben. Fasziniert beobachtete Darwin, wie Orchideen von Insekten befruchtet wurden, wie Pflanzen kletterten, wie verschiedene Blüten an ein und derselben Pflanze gediehen – und er beobachtete fleischfressende Pflanzen. Tagelang lag er in seinem Garten und beobachtete *Drosera* (Sonnentau) beim Fliegenfang. 1860 schrieb er an seinen

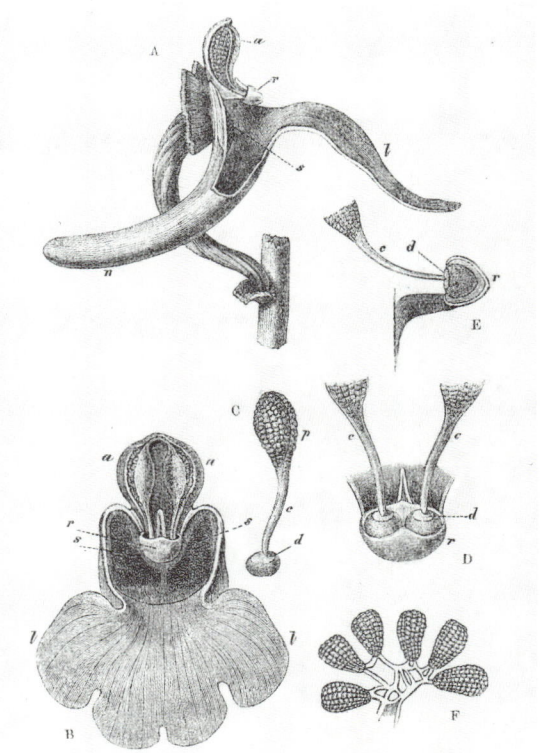

Freund, den großartigen Botaniker Joseph Hooker: »Ich habe *Drosera* wie ein Besessener beobachtet. Hier nun eine Tatsache, die so sicher ist, wie Du dort stehst, wo Du Dich jetzt befindest. Du wirst es nicht glauben, aber eine Haarfaser von einem 78 000stel Gewicht eines Grans auf eine Drüse aufgebracht, veranlaßt die drüsentragenden Härchen der *Drosera*, sich nach innen zu bewegen.« Diese perfekt abgestimmte Anpassung dient der Stickstoffversorgung von Pflanzen auf kargen Böden. Das kleinste Teilchen Materie löst bereits den Freßmechanismus der Pflanze aus.

In all den Jahren, in denen er seine Theorien von der natürlichen Zuchtwahl entwickelte, setzte Darwin seine privaten botanischen Studien fort. Zwischen den botanischen Studien und den allgemeineren Theorien sah er keine Kluft – eines beruhte auf dem anderen.

Im Jahre 1872 wurde eine Mitgliedschaft Darwins in der Zoologischen Abteilung des Französischen Instituts abgelehnt. Eines der Institutsmitglieder behauptete, daß »die Wissenschaft in jenen Büchern, die ihm zum Ruhm verhalfen . . ., keine Wissenschaft, sondern eine Ansammlung bloßer, häufig offenkundig falscher Behauptungen« darstellt. Schließlich wurde Darwin 1878 zum korrespondierenden Mitglied der Botanischen Abteilung des Instituts gewählt.

LINKS: Eine von Darwins Illustrationen aus seinem Werk »Über die mannigfachen Weisen der Befruchtung von Orchideen durch Insekten« aus dem Jahr 1862. Dies sind Teile von *Orchis mascula*. Zum ersten Mal erläuterte Darwin den Vorgang, bei dem das Pollinium einer Blüte durch eine Biene (die er durch einen spitzen Stift imitierte) zur Befruchtung auf die nächste Blüte übertragen wird.

UNTEN LINKS: Karikatur von Charles Darwin aus der Londoner Zeitschrift »Vanity Fair« aus dem Jahr 1871.

Die Blattform ermöglichte die Rekonstruktion der Klimate der späten Kreidezeit. Kleinere Blätter mit gezackten Rändern verweisen auf niedrige Temperaturen und weniger Regen. Glatte Ränder, dickere und größere, mit Ablaufspitzen versehene Blätter, die den Ablauf des Wassers ermöglichten, zeigen feuchte tropische Wälder an. Das Holz ist ein weiterer Wegweiser. Tropische Hölzer bilden unter den recht regelmäßigen klimatischen Bedingungen weniger klare Jahresringe aus als Hölzer, die im Sommer eine Wachstumsperiode und im Winter eine Ruheperiode hatten. Blätter und Holz sprechen für hohe

Durchschnittstemperaturen in der oberen Kreide in Nordamerika, die etwa 5 Millionen Jahre vor Ende dieser Periode extrem absanken. In den ersten 5 Millionen Jahren des folgenden Tertiär fielen die Temperaturen erneut, bevor sie wieder anstiegen. Solche Schwankungen verursachten erhebliche geographische Wanderungen der Pflanzen. Bevor die Temperatur fiel, dehnten sich die Tropenwälder bis in die heutigen Vereinigten Staaten aus, während laubabwerfende Polarwälder Kanada bedeckten. Die laubabwerfenden Wälder wanderten dann in den Süden der Vereinigten Staaten.

DIE GEMEINSAME ENTWICKLUNG VON PFLANZEN UND INSEKTEN

Seit etwa 300 Millionen Jahren leben Insekten auf dem Land. Viele von ihnen ernährten sich von Pflanzen, von den nahrhaften Sporen oder Früchten. Die Entstehung der Blütenpflanzen (Angiospermen) in der unteren Kreide scheint eine zweite, großräumige Verbreitung der Insekten ausgelöst zu haben: Neue Gruppen wie Schmetterlinge, Motten, Ameisen und Bienen entstanden. Diese Insekten ernährten sich vom Nektar der Blüten und einige, zum Beispiel Ameisen und Bienen, entwickelten hochkomplizierte Siedlungsstrukturen (Nester, Bienenstöcke).

Die Blütenpflanzen wiederum profitierten von der Bestäubung durch diese Insektengruppen. Die farbenprächtigen Blumen entwickelten komplizierte Formen aus Blütenblättern und Fortpflanzungsapparaten, die präzise auf die bestäubenden Insekten als Anziehungspunkt zugeschnitten waren. Bienen zum Beispiel können Farben wahrnehmen (im ultravioletten Bereich). Die Schönheit der Blüten dient ausschließlich als Lockmittel für die Bestäuber. Das Insekt landet auf der Blüte, schiebt seinen Körper tief hinein, um an den Nektar zu gelangen, und streicht dabei etwas von dem Pollenstaub mit seinem haarigen Körper ab. Beim Eindringen in eine andere Blüte derselben Art wird der Pollenstaub abgestreift und löst das Anschwellen einer Pollenröhre in der Fruchtnarbe des Ovariums (dem »Ei«) aus, wo die Befruchtung ihren Lauf nimmt. Die Entwicklung von Blumen und Bestäubern verlief parallel zueinander.

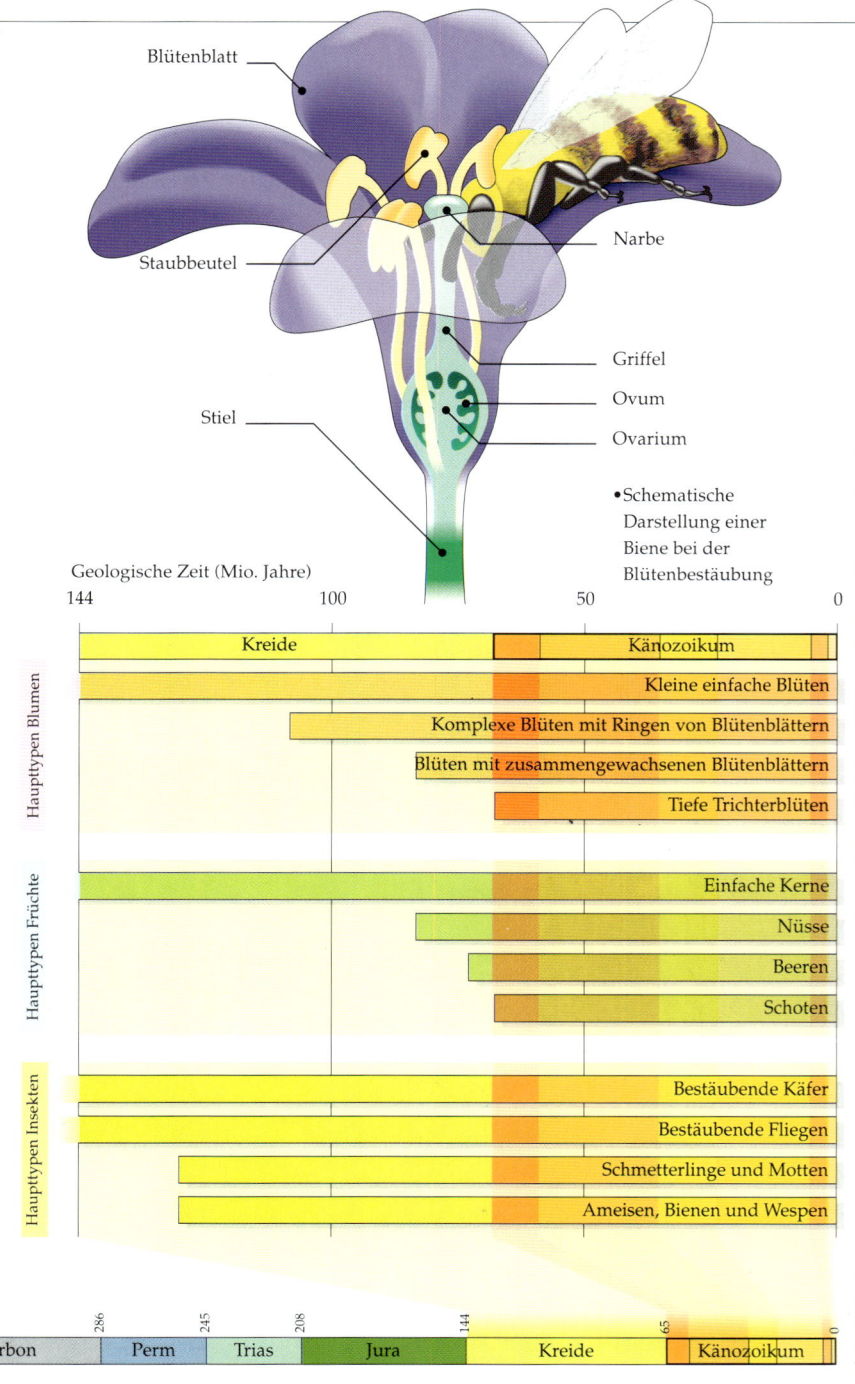

Blütenblatt

Narbe

Staubbeutel

Griffel

Ovum

Ovarium

Stiel

• Schematische Darstellung einer Biene bei der Blütenbestäubung

Geologische Zeit (Mio. Jahre)
144   100   50   0

Kreide		Känozoikum

Haupttypen Blumen
- Kleine einfache Blüten
- Komplexe Blüten mit Ringen von Blütenblättern
- Blüten mit zusammengewachsenen Blütenblättern
- Tiefe Trichterblüten

Haupttypen Früchte
- Einfache Kerne
- Nüsse
- Beeren
- Schoten

Haupttypen Insekten
- Bestäubende Käfer
- Bestäubende Fliegen
- Schmetterlinge und Motten
- Ameisen, Bienen und Wespen

550	505	438	408	360	286	245	208	144	65	0
Kambrium	Ordovizium	Silur	Devon	Karbon	Perm	Trias	Jura	Kreide	Känozoikum	

Eine neue Aufgabe für Insekten: Bestäubung durch Pollentransport

Vermutlich bestäubten zunächst Käfer einige der Pflanzen, die man in die Nähe des Ursprungs der Blütenpflanzen stellt, wie die Bennettiteen, deren blütenartige Fortpflanzungsorgane die Bestäuber durch ihren Duft oder blasse Farben angelockt haben mögen und auf diese Weise einigen Insekten beibrachten, auf solche Signale zu reagieren. Weitere bestäubende Insekten im Jura und in der späten Kreide waren wohl Diptera (Fliegen und Mücken), Hymenoptera (Wespen und Bienen) und sogar kleine Motten.

Einige der besten Fossilien von Insekten aus der frühen Kreidezeit stammen aus dem südöstlichen Wealden. Ed Jarzembowski vom Booth Museum of Natural History in Brighton stellte eine Konzentration von 385 Insekten auf 50 cm^2 fest. Die Exemplare sind so gut erhalten, daß man die feinsten Einzelheiten wie Flügelfarben, Adern und sogar Augenlinsen erkennen kann. Dort fanden sich Libellen und Jungfernfliegen, Kakerlaken, Grillen, Wanzen, Käfer, Skorpionfliegen, Stubenfliegen, Schnaken, Wespen, eine Termite und eine Schlangenfliege.

Heute sind die hauptberuflichen Blütenbestäuber die Hymenoptera. Die ersten fossilen Vertreter waren die Sägewespen, Xyelidae, die seit der Trias umhersummten. Einige Exemplare tragen massenweise Pollen in ihren Därmen – ein sicheres Indiz für ihre Nahrung. Die Wespen entstanden in der Unterkreide und sammelten die Pollen mit ihren dafür spezialisierten Haaren und Beingelenken. Andere Wespen, die Vespoidea, entstanden in der Oberkreide. Bis vor kurzem kannte man echte Bienen erst ab dem Eozän, vor nicht einmal 60 Millionen Jahren. Obwohl man annahm, daß die Bienen gleichzeitig mit den Angiospermen auftauchten, fand man die erste Biene aus der Kreide erst 1988, in Bernstein eingeschlossen in New Jersey. Man kann an diesem Exemplar jedes Detail erkennen außer den arg zerdrückten Flügeln. Es handelt sich um eine Art von *Trigona,* eine Bienenart, die wir heute vom Amazonasbecken bis Panama finden.

Die frühen Magnolien wurden wahrscheinlich von verschiedenen Insekten bestäubt und hatten sich noch nicht auf eine Art festgelegt. Die engere Festlegung ganz bestimmter Pflanzen-Insekten-Beziehungen erfolgte vermutlich erst in der oberen Kreide mit den vespoiden Wespen, die heute kleine radialsymmetrische Blumen bestäuben. Solch enge Bindungen belohnen beide Partner: die Insekten mit garantiert hochwertiger Nahrung und die Gastpflanze mit einem professionellen Bestäuber. Funde aus der Oberkreide zeigen, daß Angiosperme wie die Rose besondere Eigenschaften entwickelten, um ihre Bestäuber, die von Nektar und von Pollen lebten, zu versorgen. Die Blüten spezialisierten sich seit dem Ende der Kreide und im Tertiär zunehmend auf einen bestimmten Bestäubertyp, zu dem auch Bienen gehörten.

Das Auftauchen von Termiten in der Unterkreide und von Bienen und Ameisen in der Oberkreide spricht für einen entscheidenden Fortschritt im Insektenverhalten. Dies sind die ersten bekannten Insekten, die in engen Gemeinschaften leben und eine Arbeitsteilung mit den für ihre Aufgaben spezialisierten Formen herausbilden. Typische Vertreter dieses Insektentyps, zum Beispiel Bienen, Ameisen und Termiten, haben eine fruchtbare Königin, eine große Zahl fruchtbarer Männchen und viele unfruchtbare Arbeiter für Nestbau und Wartung, Nahrungssuche, Verteidigung oder Angriff und Brutpflege. Die Entstehung dieser Insekten fällt wahrscheinlich zeitlich mit der Verbreitung der Angiospermen zusammen. Die lange Partnerschaft zwischen Pflanzengruppen und Insekten führte zur Entwicklung von derartig vielfältigen Formen und Verhaltensweisen, die in Millionen von Jahren genetisch verankert wurden, daß man den ungeheuren Erfindungsgeist der Evolution ahnen kann.

Revolution in den Meeren der Kreidezeit

Mit Beginn der Kreidezeit durchkreuzten neue Gruppen von Raubtieren die Meere, und die verheerenden Auswirkungen, die sie anrichteten, führten zu einer mesozoischen Meeresrevolution. Zu den Neuankömmlingen gehörten Teleostier, die sich nach ihrem Entstehen im Jura offensichtlich auch in der Kreide wohl fühlten, sowie zahlreiche neue Gruppen der Neoselachier (»Neue Haie«).

Auch der Meeresboden wurde von mörderischen Räubern heimgesucht. Dazu gehörten Neogastropoden, eine rasch wachsende neue Gruppe spiralförmiger Schnecken, die nahezu alle neue Waffen entwickelt hatten, sei es, daß

Das Niobrara-Binnenmeer der oberen Kreide im Mittelwesten Nordamerikas war voller Leben. Kleine und große Fische ebenso wie Ammoniten stellten wichtige Glieder in der Nahrungskette der Reptilien dar. Pterosaurier wie der *Pteranodon* tauchten auf der Jagd nach Fischen unter Wasser, während Schildkröten und Plesiosaurier sich von Fischen und gepanzerten Ammoniten ernährten. Die Pliosaurier mit ihren kräftigen Kiefern machten als gut gerüstete Raubtiere Jagd auf andere Reptilien.

sie Muschelschalen durchbohren und das Fleisch heraussaugen, die Beutetiere vergiften, tödliche Pfeile abschießen oder Fische am Stück hinunterschlingen konnten. Weitere Jäger waren die Krustentiere, im Jura noch hummerartige Geschöpfe, die sich nun zu echten Krabben und Hummern entwickelt hatten. Diese Krabben konnten mit ihren Zangen Schalen knacken. Auch zahlreiche Teleostier entdeckten Schalentiere als neue Nahrungsquelle auf dem Grund.

Dies hatte dramatische Auswirkungen auf das Leben am Meeresgrund. Brachiopoden und Crinoiden (Seelilien) nahmen stark ab. Muscheln vergruben sich immer tiefer ins Sediment, um Krabben und Mollusken zu entgehen. Andere entwickelten massive Schalen oder Dornen, um Angreifer abzuschrecken. Eine Muschelgruppe, die Inoceramiden, legte sich Schalen von bis zu 1,80 m Durchmesser zu. Zeitweise wurde die Koralle als Riffbaumeister Nummer eins von einer anderen Muschelgruppe zur Seite gedrängt,

den Rudisten, die sich auf harten Oberflächen auf dem Meeresgrund festsetzten und bis zu 1 m groß wurden. Feste Klumpen dieser großen, konischen Schalen bildeten massive Riffe in den tropischen Meeren der ganzen Welt: Sie schützten sich einfach durch ihre Größe davor, gefressen zu werden.

Darüber hinweg schwammen Ammoniten und Belemniten, verschiedene Fischarten und eine neue Baureihe von Meeresreptilien. Am Ende der Unterkreide waren die Ichthyosaurier nahezu ausgestorben. An ihre Stelle traten neue Haie und ein paar 2 bis 4 m große Teleostier wie *Xiphactinus*. In großen kreidezeitlichen Binnenseen schwammen gigantische Fische, Haie wie die 6 m langen und 1,5 Tonnen schweren Cretoxyrhiniden.

Es gab über drei Meter lange Meeresschildkröten wie *Archelon*, deren Flossen breiter als ihre Körper lang waren. Pliosaurier und Gruppen langhalsiger Plesiosaurier, wie die Elasmosaurier, erreichten über 12 m Länge, und ihre Hälse zählten über 70 Wirbel. Die

mächtigste Gruppe von Meeresreptilien aber waren die von 3 bis 10 m langen Mosasaurier. Überraschenderweise waren sie Eidechsen — die größten aller Zeiten —, verwandt mit den heutigen Waranen, deren berühmteste rezente Art, der indonesische Komodo-Waran, bis zu 3 m lang wird. Die Mosasaurier — *Clidastes, Mosasaurus, Platecarpus, Tylosaurus* — hatten lange Kiefer und kräftige Zähne, einen seitlich abgeflachten Schwanz und Paddelfüße. Vermutlich ernährten sie sich von Fischen, aber auch eine Reihe fossiler Ammoniten weisen unverkennbar Bißspuren von Mosasauriern auf.

Vögel und Pterosaurier der Kreidezeit

Die vorherrschenden Raubtiere in der Niobrara-Kreide, die das einstige kreidezeitliche Binnenmeer zwischen Kansas und Manitoba markiert, waren Flieger, insbesondere der Tauchvogel *Hesperornis,* der eine Höhe von 1 m erreichte und vermutlich aussah wie der heutige kleine, mit ihm nicht verwandte Kormoran. *Hesperornis* konnte nicht fliegen — ein Charakteristikum, das sich unabhängig voneinander bei zahlreichen Vogelgruppen seit ihrem Entstehen bildete. Seine Eigenschaften liegen in dem Bereich zwischen denen des ersten bekannten Vogels, *Archaeopteryx,* und moderner Vögel. Einige Fortschritte gegenüber *Archaeopteryx* bestehen in einem verkleinerten Schwanz, einem angewachsenen Brustbein, das den Abschwung der Flügelmuskeln stützte, und den zusammengewachsenen Unterschenkelknochen. Weiterhin primitive Eigenschaften blieben die Zähne, der fehlende Kiel am Brustbein und massive, statt hohler Flügelknochen.

Der Tauchvogel *Hesperornis* schwamm durch Fußstöße und steuerte vermutlich mit dem Schwanzstummel. An den fossilen Exkrementen erkennt man, daß er Fischfresser war. Ansonsten sind Fossilien von Vögeln aus der Kreide selten, mit Ausnahme einiger Funde in der oberen spanischen Kreide und einem 1992 in China entdeckten und beschriebenen Exemplar. Erst im Tertiär tauchen moderne Vögel auf. Derzeit kennen wir 155 Familien. Die Fossilienfunde sind jedoch verstreut, und von 47 Familien fehlen jegliche Fossilien.

Die kreidezeitlichen Pterosaurier (Flugsaurier) entwickelten zwar mannigfaltige Formen, aber es zeichnen sich eindeutige Trends ab. Im Vergleich zu ihren jurassischen Vorfahren waren sie durchweg größer. Zunehmend verlieren sie die Zähne, und mit zunehmender Körpergröße mußten sie abspecken, was sie durch Einsparungen von nichttragendem Knochenmaterial, nämlich von Wirbeln und einigen Flügelknochen, leisteten, die sich teilweise zu hauchdünnen, im Innern verstrebten Röhrenknochen entwickelten. All diese Eigenschaften deuteten eine zunehmende Spezialisierung an, die jedoch die Gefahr eines evolutionären Catch-22 in sich birgt: Versäume die Evolution, und du hängst im Wettbewerb zurück und verlierst den Anschluß an eine sich wandelnde Umwelt. Bleibe auf der Evolutionswelle, und wenn die Bedingungen sich grundlegend ändern, fehlt dir aufgrund deiner Spezialisierung die Ausstattung für einen veränderten Lebensstil. Während die weniger spezialisierten Tiere ihre pragmatischere altmodische Werkzeugkiste benutzen und nur ein wenig auf neue Entwicklungen abstimmen, stellt sich dein Königsweg als Sackgasse heraus.

In der Oberkreide herrschten zwei gigantische Familien von Pterosauriern vor: die Pteranodontiden in Nordamerika und die weltweit verbreiteten Azhdarchiden (den Namen erhielt die Familie von *Azhdarcho,* einem großen Pterosaurier, der 1984 in Usbekistan gefunden und nach einem Drachen der usbekischen Mythologie benannt wurde). Der bekannteste dieser Giganten ist der in der Niobrara-Formation gefundene *Pteranodon,* der eine Flügelspannweite von 5 bis 8 m erreichte. Sein schwerer Kopf bestand aus einem dreieckigen, zahnlosen zugespitzten Schnabel, dem eine ähnliche Struktur in Form eines langgezogenen Kamms am Hinterkopf Gleichgewicht verlieh, der wie ein aerodynamisches Leitwerk aussieht. Der Körper war winzig; das ganze Tier bestand im wesentlichen aus Flügeln und Kopf.

Der älteste flugunfähige Vogel, der menschengroße *Hesperornis* aus der oberen Kreide der mittelamerikanischen Gewässer, hatte seine Flügel nahezu verloren, konnte jedoch vermutlich tauchen und schwimmen, indem er seine teilweise mit Schwimmhäuten versehenen Füße als Paddel benutzte. Er tauchte hinter den Fischen her, wie es heute viele Seevögel tun. *Hesperornis* hatte noch Zähne, wies jedoch zahlreiche Merkmale moderner Vögel auf, die *Archaeopteryx* fehlten.

Der bizarre Dinosaurier *Tsintaosaurus* aus der oberen Kreide Chinas. Dieser Hadrosaurier teilte mit seinen Verwandten die Körperform und den Schädel, doch auf seinem Kopf verlängerten sich die Knochen zu einem stehenden phallischen Fortsatz. Dieser Knochenzapfen diente wie bei anderen Hadrosauriern als visuelles Signal für die anderen Mitglieder der Art und wahrscheinlich auch für den Partner. Die Luftkanäle lassen jedoch auch den Gebrauch als trompetenartige Hupe vermuten.

Als größter Flieger aller Zeiten wurde *Pteranodon* 1975 abgelöst, als man in Texas — wo sonst — *Quetzalcoatlus* entdeckte. Die Flügelspanne dieses Ungeheuers wurde auf 11 bis 15 m geschätzt, viermal so groß wie die des größten modernen Vogels, des Kondors. Biomechanisch hatte dieses Wunderwerk mehr mit einem Leichtflugzeug als mit einem fliegenden Tier zu tun. Leider ist das Skelett von *Quetzalcoatlus* nur unvollständig erhalten. Er hatte lange, zahnlose Kiefer, einen langen, starren Hals und einen etwa menschengroßen Körper, der jedoch wegen der Röhrenknochen viel leichter war. Da er 400 km von der Küste des einstigen Binnenmeeres entfernt gefunden wurde, kann man ihn nur schwer als Fischfresser einordnen. Aber die Alternative — die Theorie vom Riesengeier, der Dinosaurierkadaver verspeist — ist nicht nachweisbar.

Die mongolischen Dinosaurier der Oberkreide

Funde von Dinosauriern der Oberkreide wurden in Nordamerika und der Mongolei wie auch in anderen Teilen der Welt gemacht. Teams aus Polen, aus der ehemaligen Sowjetunion und der Mongolei unternahmen sorgfältige Ausgrabungen. Sehr bekannt ist die Nemegt-Formation in der Wüste Gobi, in der viele Überreste aus der Oberkreide gefunden wurden. Sie wird von Hadrosauriern beherrscht, den sogenannten Entenschnabel-Dinosauriern, die die wichtigsten ornithopoden Nachkommen der frühkreidezeitlichen Hypsilophodonten waren. Hadrosaurier wurden 10 bis 15 m groß, waren damit jedoch keineswegs gigantisch. Sie wiesen einen ähnlichen Körperbau wie die Iguanodonten aus derselben Zweibeinerevolutionslinie auf. Es wurden Dutzende von unterschiedlichen Arten beschrieben, die sich durch einen phantasievollen Kopfputz hervortaten. Bei allen ist die Schnauze zum typischen »Entenschnabel« abgeflacht, die Zähne sind in mehreren Reihen angeordnet, häufig bis zu 500 Stück pro Kiefersegment. Einige Hadrosaurier besaßen überhaupt keinen Kamm, während andere ehrgeizige Auswüchse an Kiefer- und Nasenknochen aufwiesen, die nach hinten ausliefen — einige wie Platten, andere wie Dornen.

Die Atemwege einiger Hadrosaurier führten durch die Knochenkämme auf ihrem Kopf. Heute scheint die Funktion der Kämme klar. Sie dienten als Erkennungssignale der verschiedenen Arten, wie das unterschiedliche Federkleid bei vielen Vögeln oder die vielfältigen Stimmen von Fröschen, Vögeln und bestimmten Säugetieren. David Weishampel von der Johns-Hopkins-Universität vermutet, daß der Kamm sowohl visuelle als auch akustische Signale abgab.

Weishampel baute die Luftkanäle verschiedener Hadrosaurier nach und fand heraus, daß er durch kräftiges Hineinblasen verschiedene Trompetentöne erzeugen konnte. Wie bei den Blechblasinstrumenten in einem Orchester erzeugten die verschiedenen Luftkanäle unterschiedliche Klänge. Weishampel stellte fest, daß jede Art einen unterschiedlichen Ton hervorbrachte und daß weibliche und männliche Tiere derselben Art eine jeweils typische Stimme hatten, die sich während des Wachstums auch nicht mehr änderte. So posaunten die Hadrosaurier ihre Erkennungsmelodie, ihr Geschlecht, ihren Rang in der Hackordnung, ihre Herdenzugehörigkeit und andere Informationen durch die Form ihres Kammes in die Landschaft. Nun wird verständlich, wie verschiedene Arten von Hadrosauriern in den Niederungen der Oberkreide Seite an Seite leben konnten wie Antilopen in der afrikanischen Savanne. Die Trompetenstöße, die die Hadrosaurierlungen durch die Resonanzröhren der bis zu 1 m hohen Kämme preßten, müssen sich zu einem fröhlichen Blas- und Hupkonzert ergänzt haben.

Die Fauna der Oberkreide weist noch eine weitere Gruppe von Zweibeinern mit Ornithopoden-Körpern auf, deren herausragendes Merkmal ein massiger Schädel war. Es handelt sich um die Pachycephalosaurier, die zuerst im Wealden gefunden wurden, dann aber auch in der gesamten Kreide. *Stegoceras* war zwar nur

2 m lang, aber sein Schädeldach war dafür außergewöhnlich dick. Größere Spielarten besaßen eine bis zu 25 cm dicke Schädeldecke aus massivem Knochen, was der halben Schädellänge entsprach. Auf der Suche nach einer Erklärung für diesen Einbauhelm kam Peter Galton von der Universität Bridgeport in Connecticut zu dem Schluß, daß die Pachycephalosaurier ihre Brunftkämpfe im Stil rezenter Wildschafe und anderer vergleichbarer Pflanzenfresser austrugen. Bei diesem Ritual rannten die Männchen mit voller Wucht mit den Schädeln gegeneinander, ohne bleibenden Schaden davonzutragen. Die Pachycephalosaurier waren somit während der Brunft die Percussionspieler zur Blasmusik der Hadrosaurier.

Die übrigen Pflanzenfresser der Oberkreide waren gepanzerte Vierbeiner mit Keulen, Schilden und Lanzen zur Verteidigung gegen den großartigsten aller Räuber. Mit der Größe eines Panzers und mit ihrer schweren Bewaffnung prägten sie das klassische Image der Dinosaurierzeit.

Die Ceratopsier aus der mongolischen Mittelkreide hatten große dreieckige Köpfe. Spätere Spielarten besaßen eine schwankende Zahl von Hörnern und eine knochige Halskrause zum Schutz der Schulterregion. Die Halskrause diente auch als Ansatzpunkt für die kräftigen Kiefermuskeln. Die größeren Ceratopsier erreichten eine Länge von bis zu 9 m, eine Hornlänge von bis zu 1 m und waren 6 Tonnen schwer. Der bekannteste ist der *Triceratops,* dessen Existenz wie die der anderen nur aus dem Westen Nordamerikas westlich des Binnenmeeres durch Funde belegt ist. Er war der größte der Gruppe, dreihörnig und mit muskulösen Beinen, mit denen er wie ein Nashorn losrennen konnte (ein Nashornbulle wiegt 3 bis 4 Tonnen). *Styracosaurus* hingegen hatte nur ein großes Nasenhorn, dafür aber sechs dicke spitze Dornen, die seinen Rücken hinter der Halskrause säumten. Vom *Torosaurus* kennen wir nur den 2,6 m langen Schädel, den größten, der je von einem Landtier gefunden wurde.

Zweifellos dienten die Hörner der Ceratopsier der Abschreckung gegen Raubtiere. Sie lebten in Herden, was sie zur Bildung von Abwehrringen befähigte, wie es heute noch die Moschusochsen tun, um ihre Jungen hinter einer Palisade drohender Hörner zu schützen. Ein einzelner *Triceratops* muß sogar für *Tyrannosaurus* eine ernsthafte Gefahr gewesen sein; es gehört heute nicht mehr zur Taktik der Fleischfresser, große Beute von vorne anzugreifen, und nichts deutet darauf hin, daß die großen Fleischfresser des Mesozoikums so dumm waren, den Feind nicht an der schwächsten Stelle anzugreifen.

Vielleicht benutzten die heute Ceratopsier ihre Hörner auch bei den Brunftkämpfen – eine Form verletzungsfreier Kämpfe, die heute viele Hirsche führen und mit denen die stärksten Tiere ohne großes Risiko ermittelt werden können. Bei gesenktem Kopf standen ihre Halskrausen nahezu senkrecht ab: ein riesiger Schild mit typischen Insignien aus Hörnern und Dornen.

Die letzte Gruppe der Pflanzenfresser, die Ankylosaurier, entstand im Jura, entfaltete sich jedoch erst in der Oberkreide. Als enge Verwandte der Stegosaurier wurden sie oft bis zu 10 m lang und bis zu 6 Tonnen schwer. Sie waren gut gerüstet mit Knochenplatten im Nacken, am Rücken, an der Hüfte und den Flanken; auch der Schädel war mit Knochen verstärkt. Am Kopf trugen sie Knochenhörner und am Rücken zahlreiche Knochendornen.

Spätere Ankylosaurier hatten sogar am Ende des langen Schwanzes noch eine Knochenkeule. Diese wurde mit Schwung aus der Hocke gegen die Beine des Angreifers geschwungen. Für einen zweibeinigen Räuber stellte die Verletzung eines Beins eine tödliche Bedrohung dar. *Euoplocephalus* und *Ankylosaurus* sind die einzigen nordamerikanischen Ankylosaurier, andere Arten stammen aus Ostasien. Es hat den Anschein, als seien die amerikanischen Arten aus Asien nach Amerika eingewandert.

Die letzte und sicherlich berühmteste Gruppe von Dinosauriern waren die Tyrannosaurier. Der nordamerikanische *Tyrannosaurus rex* und sein mongolischer Verwandter, *Tarbosaurus,* waren die weitaus größten fleischfressenden Landtiere, die dieses Zeitalter je hervorgebracht hat, größer auch als alle, die nach ihnen kommen sollten. Sie erreichten eine Länge von 14 m, eine Höhe von 6 m und wogen 5 Tonnen. Die schweren Kiefer waren mit 15 cm langen Zähnen gespickt, und ein Kind hätte bequem aufrecht in einem aufgerissenen Rachen stehen können. *Tyrannosaurus* stand auf massiven dreizehigen Hinterbeinen und besaß lächerlich wirkende Arme – hager, zweifingrig und so kurz, daß sie nicht mal bis zum Maul reichten. Dem massiven Kopf fehlte die gewichtsparende Knochenstruktur anderer großer Fleischfresser und diente vielleicht als eine Art Schlaghammer, wie bei Haien. Ein derartig großes Raubtier konnte nicht über lange Strecken schnell laufen. *Tyrannosaurus* ernährte sich wahrscheinlich von überraschten großen Pflanzen-

Kein anderer Dinosaurier hatte mehr Hörner und Dornen als *Styracosaurus*. Das Nasenhorn ist für die meisten Keratopsier ebenso typisch wie die knochigen Wülste über den Augen und an den Kopfseiten. Der Nackenschild ist mit zahlreichen zusätzlichen Dornen bewehrt und sollte vermutlich Raubtiere wie *Tyrannosaurus Rex* abschrecken.

Das große Sterben

Das massenhafte Aussterben am Ende der Kreidezeit vor 65 Millionen Jahren wischte die Dinosaurier zusammen mit allen Landtieren über 25 kg Körpergewicht hinweg. Dennoch richtete es nicht mehr Schaden an als vier oder fünf anderer solcher Ereignisse auf der langen Reise des Lebens, und alles in allem wirkte es sich weniger verheerend aus als das Sterbeereignis am Ende des Perms. Der Mensch aber hat ein selbstbezogenes Interesse an den Ursachen dieser Entwicklung, und der plötzliche Tod der Dinosaurier sieht zwangsläufig viel dramatischer aus, und sei es nur aufgrund der zurückgelassenen Spuren, als der Tod kleiner, weniger vertrauter Tiere. Wir tragen keine Trauer über das Hinscheiden von Würmern, Schalentieren, Trilobiten, Ammoniten oder Fischen, Pflanzen mit lieblosen lateinischen Namen oder für uns nicht sichtbaren Mikroorganismen. Wirklich überraschend für das Ende der Kreidezeit ist die Tatsache, daß es so lange gedauert hat, bis es die menschliche Vorstellungskraft fesselte.

Wir können diese Episode mit dem gebräuchlichen geologischen Fachchinesisch als das K-T-Ereignis bezeichnen, K für Kreide und T für Tertiär, der auf das Mesozoikum folgenden Teilepoche des Känozoikums. Erst im Jahre 1950 begann dieses Ereignis die allgemeine Aufmerksamkeit der Wissenschaft auf sich zu ziehen. Schon lange war klar, daß ein größerer Wandel stattgefunden haben mußte, aber man hielt die bisherigen Fakten für gesichert. Lediglich einige deutsche Wissen-

fressern oder von bereits geschwächten oder toten Tieren. Er konnte den Körper der gefangenen Beute mit dem klauenbewehrten Fuß niederhalten und mit heimtückisch gesägten Zähnen große Fleischbrocken herausreißen.

Die Landschaft war von Dinosauriern, von weitverbreiteten Faunen und einer Reihe neuer Tiere bevölkert, die sich sehr erfolgreich im Überlebenskampf durchsetzten. Es ist kaum zu glauben, daß die Dinosaurier in der Oberkreide bereits im Niedergang begriffen waren. Und doch sollte die gesamte Population, eine ganze Epoche tierischer Existenz, bald vom Erdboden verschwinden. Das große Massensterben am Ende der Kreidezeit wurde eingehend untersucht, aber es paßt in keines der vorgegebenen Lebensmuster, und man hat bis heute keine endgültige Erklärung gefunden.

Maiasaura, ein ornithopoder Entenschnabel-Dinosaurier wurde in Montana entdeckt und wohl eingehender untersucht als jeder andere Fund. Nester voller Eier und Jungtiere zeugen von hingebungsvollen Eltern. Jedes Nest barg zwischen zehn und zwanzig Eiern. Nach dem Schlüpfen fütterten die Eltern und die Jungtiere die neugeborenen Nachkommen mit pflanzlicher Kost.

schaftler hatten sich zwischen 1910 und 1950 intensiv mit dem Massensterben befaßt, aber ihre Arbeit wurde teils aus kulturellen, teils aus offensichtlich politischen Gründen in der englischsprachigen Welt ignoriert.

In den 50er Jahren begannen wißbegierige Paläontologen wie Norman Newell und George Simpson mit dem Sammeln von Fossilien zum Beleg für das Aussterben; andere suchten auf theoretischer Ebene nach Gründen. Die meisten K-T-Theorien jener Tage konzentrierten sich auf die Dinosaurier: Sie waren zu groß, zu dumm, zu verstopft oder zu paarungsfaul, um zu überleben; sie litten unter einem ständigen Kampf um die Nahrungsressourcen mit Säugetieren oder Insekten; sie wurden von Pflanzen vergiftet, von Seuchen dahingerafft, von Klimaschocks ausgelöscht, durch eine außerirdische Katastrophe vernichtet usw. Diese Theorien waren jedoch nicht überzeugend, da sie alle anderen ausgestorbenen Gruppen nicht mitberücksichtigen, und weil mit ihnen nicht erklärt werden konnte, warum andere überlebten − oder es waren schlicht unbeweisbare Spekulationen aus dem Studierzimmer, oft ohne eine eingehende Untersuchung der näheren Umstände, die sowieso nur vage bekannt waren.

Seither hat sich unser Wissen jedoch phantastisch vermehrt. Zahlreiche, genaueste Untersuchungen sind an Gesteinsformationen an der K-T-Grenze durchgeführt worden, um Belege für Umweltveränderungen, geochemische Besonderheiten und für die Verteilung, den Niedergang und die Verdrängung fossiler Gruppen an Land wie im Meer zu suchen. Der Datenbestand ist mittlerweile riesig und umfaßt ausführliche Erkenntnisse aus über 150 K-T-Profilen in der ganzen Welt − viel mehr als vom Ereignis am Ende des Perms gefunden werden kann. Heute arbeiten wir mit Hilfe von Computern, die auf den Bezug von Daten zueinander und auf die Suche nach Anomalien programmiert werden können. Somit können wir Untersuchungen durchführen, die früher Jahrzehnte der Forschung verschlungen hätten. Was ist also geschehen?

Die Paläontologen haben die ausgestorbenen Gruppen dokumentiert: Dinosaurier, Pterosaurier, einige Familien von Vögeln und Beuteltieren an Land, Mosasaurier, Plesiosaurier, einige Familien von Knochenfischen, Ammoniten, Belemniten, Rudisten, Trigoniden und Inoceramiden unter den Muscheln sowie mehr als die Hälfte der verschiedenen Planktongruppen im Meer. Einige dieser Gruppen zeigen einen deutlich langzeitigen Rückgang an Artenreichtum in den letzten 10 Millionen

HADROSAURIER

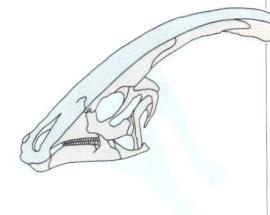

Die Entenschnabel-Dinosaurier (Hadrosaurier) waren in den letzten 20 Millionen Jahren der Kreidezeit weit verbreitet. Die verschiedenen Arten wiesen einen sehr ähnlichen Körperbau auf, unterschieden sich aber durch erstaunliche Knochenkämme auf den Köpfen. Welche Funktionen hatten diese?

• Männlicher *Parasaurolophus*

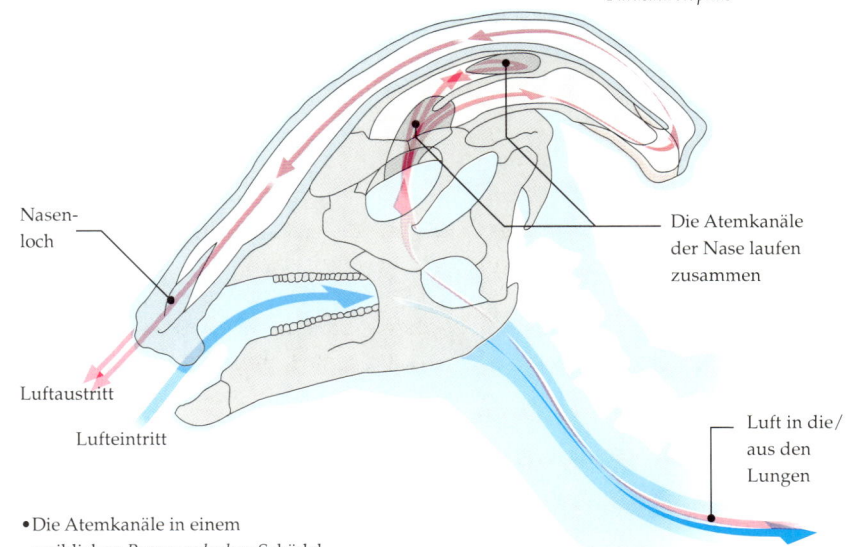

Nasenloch

Die Atemkanäle der Nase laufen zusammen

Luftaustritt

Lufteintritt

Luft in die/ aus den Lungen

• Die Atemkanäle in einem weiblichen *Parasaurolophus*-Schädel

Der Kamm besteht aus dem vorderen Oberkieferknochen und dem Nasenbein, beides Knochen auf der Oberseite des Mauls, und enthält Atemwege, die auf diesem Wege außergewöhnlich weit über den Kopf verlaufen. Beim Atmen sog der Hadrosaurier die Luft durch die gedrehten Röhren ein und stieß sie wieder aus. Bei

Experimenten stellte sich heraus, daß mit dieser Anordnung von Röhren Töne erzeugt werden konnten wie bei Blasinstrumenten, deren spezifische Qualität von der jeweiligen Beschaffenheit der Kämme abhing. Wahrscheinlich hatten weibliche und männliche Tiere unterschiedliche Kämme. Jede Art besaß eindeutig unterschied-

liche Kammformen, so daß die unterschiedlichen Arten sich an der Kammform erkennen konnten. Die akustische Verständigung zwischen männlichen und weiblichen Tieren und die drohenden Trompetenstöße zwischen rivalisierenden Männchen müssen sich zu einem amüsanten Konzert ergänzt haben.

☐ Oberkiefer
☐ Nasenbein

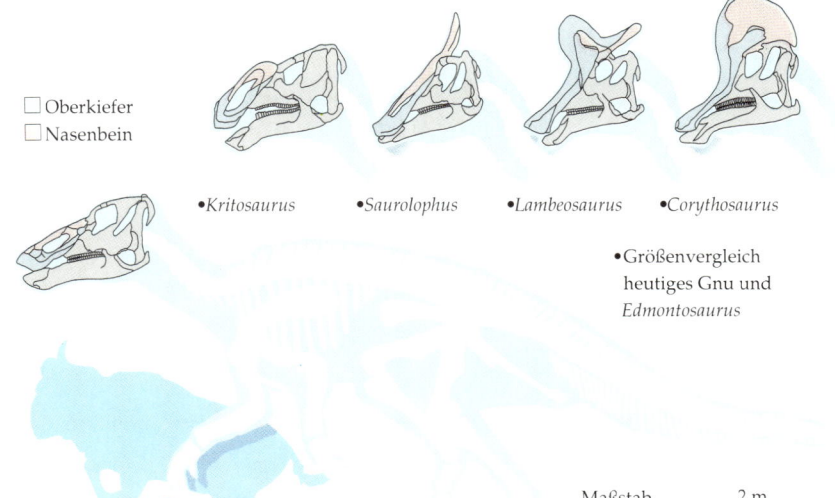

• *Kritosaurus*   • *Saurolophus*   • *Lambeosaurus*   • *Corythosaurus*

• Größenvergleich heutiges Gnu und *Edmontosaurus*

Maßstab   2 m

Der Pachycephalosaurier *Stegoceras* und seine Verwandten sind für ihre Dickschädel bekannt, die als Aufprallschutz dienten. Sie ähnelten den gewöhnlichen ornithopoden Dinosauriern. Die Schädeldecke entwickelten sie offensichtlich für die Paarungskämpfe der männlichen Tiere. Zweifellos gewann der massivste Schädel die meisten Partnerinnen und garantierte noch dickschädeligeren Nachwuchs in der nächsten Generation.

Jahren der Kreidezeit, während andere inmitten der Blüte ihres artenreichen Daseins direkt an der K-T-Grenze zu verschwinden scheinen, als hätte sie jemand abgeschaltet. Andere Tiere, für deren Verschwinden man häufig das K-T-Ereignis verantwortlich machte, wie zum Beispiel die Ichthyosaurier, waren schon lange vorher ausgestorben. Zu den Überlebenden gehörten Landpflanzen und Landtiere — Insekten, Schnecken, Frösche, Salamander, Schildkröten, Eidechsen, Schlangen, Krokodile, lebendgebärende Säugetiere —, die meisten marinen Wirbellosen — Seesterne, Seeigel, Mollusken, Arthropoden — sowie die meisten Fische.

Die Gesteinsformationen und die Fossilien von Angiospermen-Blättern sprechen für eine erhebliche Abkühlung der Atmosphäre gegen Ende der Kreidezeit. Steven Stanley von der Johns-Hopkins-Universität bringt das Aussterben mit den Auswirkungen eines großen Abkühlungsschocks in Verbindung; im Meer waren nur tropische Faunen betroffen, Rudisten und andere Tethys-Gruppen starben aus, während die Faunen höherer Breiten unberührt blieben. Eine mögliche Ursache für die Abkühlung liegt in den plattentektonischen Veränderungen, durch die Australien von der Antarktis weggetrieben wurde. Kalte Tiefenströmungen aus dem südlichen Ozean trieben zu dem wärmeren Tethys-Meer und beeinfluß-

ten die Abbauprozesse von Karbonaten, d. h. die Tiefe, bis zu der Kalziumkarbonat von Tieren oder Sedimenten aufgenommen wird. Warmwasser ist gesättigt, aber kaltes Wasser kann Kalziumkarbonat auflösen und so jedes kalkschalige Tier umbringen. Im Zusammenhang mit einem sinkenden Meeresspiegel hätte kaltes Wasser die Temperaturen am Äquator verändert und den mäßigenden Einfluß der warmen Meere verringert. Der daraus folgende klimatische Wandel hätte mit Sicherheit allgemein kältere Bedingungen und stärkere klimatische Extreme im Landesinnern verursacht.

Der sicher spannendste Tatverdächtige für das K-T-Sterben ist eine Art Außerirdischer. Diese Vorstellung ist nicht neu, aber erst seit 1979 tauchten Beweise auf. In jenem Jahr untersuchte ein Team von der Universität Berkeley in Kalifornien die K-T-Grenze in Gesteinsformationen im italienischen Gubbio auf der Suche nach chemischen Hinweisen für weitere K-T-Tatorte in der übrigen Welt. In einer Tonschicht genau an der Grenze der beiden Zeitalter stellte das Team das seltene Metall Iridium in der hundertfachen Konzentration des Normalen fest. Auf der Erdoberfläche ist Iridium sehr selten, es kommt aber oft in Meteoriten vor. Aus den Ergebnissen der Untersuchungen stellten der Geologe Walter Alvarez und sein Vater, der Physiker und

Nobelpreisträger Luis Alvarez, zusammen mit ihren kalifornischen Kollegen ein Katastrophenmodell auf, das bis heute intensiv geprüft wird. Die an einem Ort festgestellte Iridiumkonzentration würde im Weltmaßstab auf etwa 200 000 Tonnen hindeuten. Man bräuchte einen Asteroiden von mindestens 10 Kilometern Durchmesser, um soviel Iridium zu erhalten, und ein Asteroid dieser Größe, der mit einer Geschwindigkeit von 16–22 km/sec. auf der Erde einschlägt, hätte einen Krater von 65 km Durchmesser und eine weltweite Verwüstung hervorgerufen. Nach Ansicht von Walter und Luis Alvarez hat der Einschlag eine Staubwolke in die oberen Schichten der Atmosphäre geblasen, die groß genug war, um die ganze Welt ein Jahr oder länger zu bedekken und die Sonne zu verdunkeln. Andere Wissenschaftler erforschten die möglichen Auswirkungen eines Atomkrieges und stellten fest, daß dadurch genug Staub aufgewirbelt würde, um die ganze Erde in einen »atomaren Winter« zu hüllen. Ein Asteroid von der genannten Größe würde mit der Wucht von 100 Millionen H-Bomben von je 1 Megatonne einschlagen – genug, um den Globus in einen Kühlschrank zu verwandeln.

Seit 1979 hat man in über 100 K-T-Übergangsprofilen in der ganzen Welt diese Iridium-Einlagerungen festgestellt, eine Bestätigung für Alvarez' Annahme. Weitere Hinweise für einen heftigen Einschlag wurden an vielen dieser Orte gefunden, unter anderem durch gewaltige Hitze entstandene Glaskügelchen, zusammengepreßter Quarz und das Mineral Stishovit. Quarzpartikel mit bis zu neun durch Stoß verursachten, sich überkreuzenden Bruchschichten findet man nur an solchen Einschlagstellen und in Atomtestkratern.

Diese Theorie wirbelte eine Wolke von Argumenten auf. Wo befindet sich die Einschlagstelle? Vielleicht an der Nordküste

Yucatans, vielleicht in Iowa, obschon der dortige Manson-Krater für einen solchen Einschlag zu klein erscheint – was aber, wenn es mehr als einen Einschlag gab? Oder vielleicht fiel der Asteroid in den Ozean, und der Krater auf dem Meeresboden wurde seither unter einer tektonischen Platte begraben oder durch Sedimente bedeckt. Die Stoßspuren im Quarz deuten zwar auf einen Einschlag auf dem Festland hin, aber es gibt auch Belege für Tsunamis, riesige Flutwellen, die einen Einschlag im Ozean nahelegen. Ein Einschlag in das seichte Wasser des Kontinentalsockels hätte beide Effekte erzeugt.

Kraterzählungen auf dem Mond und auf der Erdoberfläche, zusammen mit den Beobachtungen der großen Asteroiden, deren Bahn sich mit der Erdbahn überschneiden könnte, lassen Schätzungen zu, daß ein 10 km großer Asteroid einmal in 50 oder 100 Millionen Jahren einschlagen könnte, abgesehen von kleineren Körpern, die auch öfter einschlagen können. Unmittelbar über der Iridiumschicht fand man an mehreren Fundorten Rußpartikel. Ausgehend von der (unbewiesenen) Annahme, daß diese weniger als ein Jahr nach dem Einschlag fielen, scheinen sie ein Beweis für riesige Brände auf dem Kontinent zu sein, die möglicherweise durch die zurückkehrenden, in die Atmosphäre eintretenden Trümmer verursacht wurden, die durch den Einschlag in den Weltraum gesprengt worden waren und nun als Meteorenschwarm auf den Globus zurückfielen.

Die Staubwolke machte monatelang den Tag zur Nacht, unterdrückte die Photosynthese der Pflanzen und zerstörte so die Grundlage der Nahrungskette auf dem Land wie im Meer. Den schlimmsten Schaden erlitten natürlich die großen Tiere mit dem größten Nahrungsbedarf und die großen Raubtiere. Im Herzen

Eine Horde von Straußen-Dinosauriern galoppiert zur Zeit der Oberkreide über die offenen Flächen Nordamerikas. *Struthiomimus* rannte vermutlich so schnell wie ein Rennpferd im vollen Galopp. Sie besaßen keine Zähne und zerkleinerten Fleisch oder Eier wahrscheinlich mit den scharfen Rändern ihrer Schnäbel.

Der Ankylosaurier *Nodosaurus* besaß eine Panzerung aus in Querreihen angeordneten kleinen Knochenplatten. Diese bildeten einen festen, leicht biegsamen Panzer auf seinem Rücken vom Schwanz bis zur Schädeldecke. Ankylosaurier besaßen sogar knöcherne Augenlider. *Nodosaurus* hatte erstaunlich kräftige Beine für einen schnellen Trab und einen kurzen Galopp, wie man ihn von Nashörnern kennt.

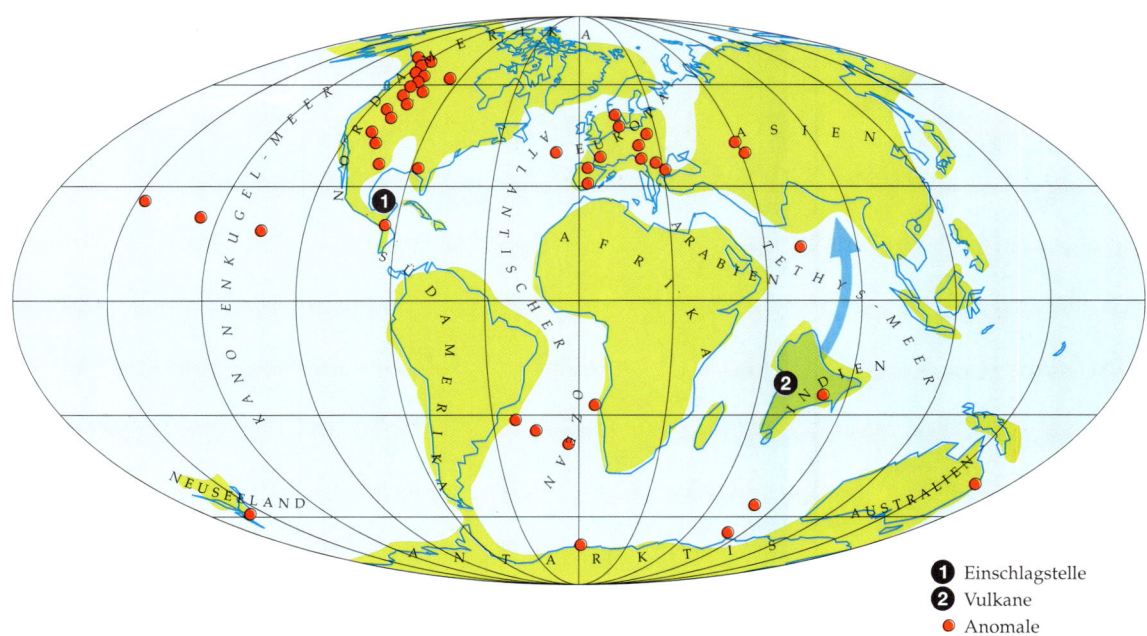

Derzeit versuchen zwei vorherrschende Theorien, die katastrophalen physikalischen Ereignisse an der K/T-Grenze zu erklären. Da ist zum einen die Theorie vom Asteroideneinschlag. Im Jahre 1991 fand man endlich den Krater. Die Einschlagstelle entdeckte man bei der Untersuchung alter Ölbohrlöcher in der Gegend von Chicxulub auf der mittelamerikanischen Halbinsel von Yucatán (1). Die andere Theorie erklärt die Iridiumvorkommen durch massive Lavaausbrüche in Indien (2).

1 Einschlagstelle
2 Vulkane
● Anomale Iridiumvorkommen

DAS K/T-EREIGNIS

Das große Aussterbeereignis gegen Ende der Kreidezeit vor 65 Millionen Jahren löste mehr Forschereifer aus, als jedes andere Aussterbeereignis, doch eine endgültige Erklärung wurde bisher nicht gefunden. Niemand kann mit Sicherheit sagen, warum die Dinosaurier ausstarben, obwohl sich insbesondere in den vergangenen 15 Jahren Hunderte von Erdwissenschaftlern aller Art sich darüber die Köpfe zerbrochen haben.

Dieser Forschungsboom wurde durch einen bemerkenswerten Aufsatz ausgelöst, den Luis Alvarez und seine Mitarbeiter 1980 in »Science« veröffentlichten. Darin präsentierte er ein einziges, recht bescheidenes Indiz, aus dem er schloß, daß die Erde vor 65 Millionen Jahren von einem Asteroiden (einem großen Meteoriten) von 10 km Durchmesser getroffen wurde, der einen großen Teil des irdischen Lebens auslöschte. Bei diesem dürftigen Beweisstück handelte es sich um Iridiumspitzenwerte (unten rechts) die im italienischen Gubbio festgestellt wurden und die angeblich überall auf der Welt in ähnlicher Form vorkommen sollten.

Seit 1980 hat sich diese Voraussage erstaunlich präzise bewahrheitet. In über 150 K/T-Gebieten in der ganzen Welt fand man ähnliche Iridiumspitzenwerte in Ablagerungen im Gestein an Land und unter dem Meer. War es ein Asteroid?

1 Theorie vom Meteoriteneinschlag

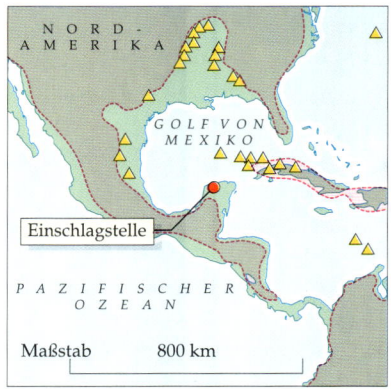

2 Vulkantheorie

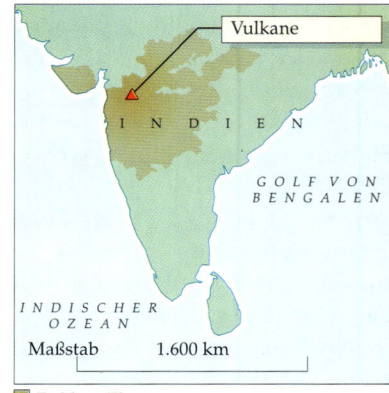

△ Nachweise von Tsunamis
⋰ Küstenlinie z. Z. des Einschlags

■ Dekkan-Ebene

Iridiumspitzenwerte (rechts) sind das Schlüsselindiz für die Katastrophe an der K/T-Grenze. An Dutzenden von Orten in der ganzen Welt haben Geologen diese ungewöhnliche geochemische Anomalie entdeckt, in der Regel in Verbindung mit einer aschenähnlichen Lehmschicht. Iridium ist ein seltenes Element in der Erdkruste und kommt nur in winzigen Mengen vor und wird im Erdkern und in Meteoriten vermutet, jedoch nirgendwo sonst. Das reiche Iridiumvorkommen an der K/T-Grenze gilt als Indiz für den Einschlag eines großen Asteroiden. Bis 1991 fehlte jedoch der Nachweis eines Kraters. Doch endlich fand man einen Krater mit der passenden Größe (über 100 km Durchmesser). Die Theorie wird durch die Untersuchungsergebnisse von karibischen Gesteinen der K/T-Grenze untermauert. Sie weisen Glas in den Sedimenten auf, das beim Einschlag geschmolzen und über große Entfernungen umhergeschleudert wurde. Dieses Glas weist offensichtlich dieselbe geochemische Struktur wie die Chicxulub-Gesteine auf. Die Hochebene von Dekkan weist große Mengen von Sedimenten der K/T-Grenze auf. Schenkt man den Vulkanologen Glauben, waren riesige Vulkane in der Lage iridiumreiche Rauch- und Staubwolken auszustoßen, die den Erdball umrunden und das Leben von Dinosauriern bis hin zum Plankton auslöschen konnten. Es bleiben, wie man sieht, noch viele Fragen offen.

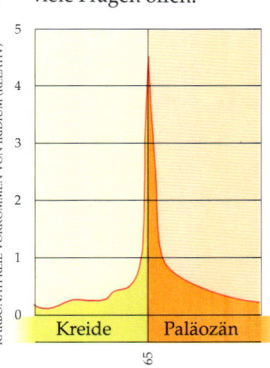

Geologische Zeit (Mio. Jahre)

der Kontinente fiel die Temperatur unter den Gefrierpunkt. In der Hitze des Einschlags reagierten atmosphärischer Stickstoff und Sauerstoff zu Sauerstoffnitrat, das sich als Salzsäureregen niederschlug und die Faunen der oberen Ozeanschichten abtötete.

Doch dies sind Spekulationen. Wenn Asteroiden so oft eingeschlagen sind, warum gibt es dann keine mit weiteren Aussterbeereignissen verbundenen Iridiumeinlagerungen? Wenn der Einschlag so verheerend war, warum haben andere, bekannte Einschläge so wenig Schaden angerichtet? Der Manicouagan-Krater, 540 km nordöstlich vom kanadischen Quebec, hat einen Durchmesser von 70 km, entspricht also genau einem 10 km großen Asteroiden. Und er entstand vor 210 Millionen Jahren am Ende der Trias. Aber es gab in der Trias zwei Wellen von Massensterben, und für keine liegen Anzeichen von Iridium vor. Der noch größere, 100 km breite Popigai-Krater in Sibirien zeugt von einem Einschlag vor 40 Millionen Jahren, in dieser Zeit findet man jedoch kein Iridium, und es gab kein Aussterben.

Kühne Theorien auf der Basis umstrittener Statistiken sollte man mit Vorsicht genießen. Physiker, Geologen und Paläontologen, die die Wucht und die statistische Wahrscheinlichkeit eines Asteroideneinschlags untersuchen, sind sich sicher, daß die Erde öfter als ein Mal von Objekten in der Größenordnung des Manicouagan-Asteroiden getroffen wurde. Sie erforschen die wahrscheinlichen Auswirkungen derartig großer, plötzlich freiwerdender Energiemengen und entwerfen das Bild einer Katastrophe, die schwer genug gewesen wäre, um ein Massensterben und ein neues Zeitalter auszulösen. Andere Paläontologen, aber auch skeptische Physiker und Geologen bestreiten die Aussterbestatistiken, weil sie wissen, daß man die Ursachen nicht auf ein einziges Ereignis beschränken kann, und weil sie die Anzeichen des Niedergangs in zahlreichen Gruppen lange vor dem K-T-Grenzereignis erkannt haben. Sie wissen, daß im Innern der Erde gewaltige Kräfte schlummern, die aber nicht immer dort bleiben müssen. Sie sind nicht bereit, ein einziges dramatisches Ereignis als treibende Kraft anzuerkennen, das vielleicht nur als Teil einer ganzen Reihe von Ursachen die Beschleunigung oder komplizierte Verwicklungen eines schon laufenden Prozesses verursacht hat. Möglicherweise ist in der Erdökologie eine Entwicklung vorprogrammiert, die einen qualitativen Umschlag in einen vollkommen neuen Zustand verursacht, so wie eine Zelle zur Krebszelle wird oder tropisches Wetter in einen Hurrikan umschlägt. Wenn sich die Wissenschaft mit dieser Möglichkeit befaßt, kann sie es sich kaum noch leisten, alle Erkenntnisse unter »außerirdische Ursachen« abzulegen und die Spur zu den komplizierteren Mustern aufzugeben, die der Beziehung zwischen dem Leben und seiner anscheinend einzigen Heimat unseres Sonnensystems innewohnen.

Die Meinungen scheinen sich zwischen dem Einschlagskatastrophenmodell und dem Modell von der allmählichen globalen Abkühlung die Waage zu halten. Es gibt Beweise für beide Theorien, und beide sind von Bedeutung. Ein dritter Ursachenzusammenhang liegt im Innern der Pflanzen und Tiere des Mesozoikums verborgen. Welche biologischen Merkmale ließen die einen sterben und die anderen überleben? All diese Forschungswege laufen am K-T-Ereignis zusammen und verwirren sich dann zu einem gewaltigen Knäuel. Die Wissenschaftler sind sich einig, daß das 65 Millionen Jahre alte Rätsel Antworten auf wichtige Fragen bereit hält, die teilweise bis jetzt noch von niemandem gestellt wurden. Solange das K-T-Knäuel sich nicht entwirren läßt, ist es die Aufgabe der Wissenschaft, weiter zu beobachten, zu experimentieren und zu zweifeln.

Säugetiere waren in der Dinosaurierwelt durchaus heimisch, auch wenn sie klein und außer Sicht blieben, was de facto auf ein Nachtleben hinauslief. Diese Szene aus der Oberkreide der Mongolei zeigt eine Familie von Deltatheriden, rattengroßen therischen Säugetieren, bei der Nahrungssuche in der Nähe einer schlafenden Gruppe von Protoceratopsiern, kurz vor dem Niedergang der Dinosaurier. Die Deltatheriden waren weder Beuteltiere noch Plazentatiere, sondern eine eigenständige Linie, die zum Ende der Kreidezeit ausstarb.

Kapitel 5

SIEGER DURCH VERSÄUMNIS
DER TRIUMPHZUG DER SÄUGETIERE

Christine Janis

Die Dynastien der Dinosaurier hatten abgedankt. Nur das Verschwinden der Menschheit könnte sich auf andere Arten und die Erdoberfläche ähnlich nachhaltig auswirken wie dieses Ereignis. Die Dinosaurier hatten das Mesozoikum bis in den letzten Winkel geprägt, fast den gesamten Lebensraum oberhalb der Daseinsebene von Insekten und Bakterien mit Beschlag belegt. Sie waren die Straßenbauer und Landschaftsarchitekten. Der Tag gehörte ihnen. Kein Tier trat ihnen zu nahe oder beschleunigte ihr Aussterben.

Es ist typisch für menschliches Denken, zu glauben, daß die Säugetiere einen einfachen Fortschritt von einer niederen zu einer höheren Lebensform darstellen und daß sie auf irgendeine Weise die angeblich brutale Gewalt und Dummheit der Dinosaurier ausgetrickst haben. Es gibt sogar eine Theorie, daß kühne, fleischfressende Säugetiere bei Nacht und Nebel hervorkamen und ihre Eier auffraßen. Es gibt keinen Hinweis dafür, daß Säugetiere den Dinosauriern vor dem K-T-Ereignis in irgendeiner Weise Schaden zufügten. Die uns vorliegenden Hinweise legen sogar nahe, daß die Säugetiere die Hinterbänkler des Mesozoikums waren und daß ihr langdauernder Aufstieg die Folge und nicht die Ursache des Untergangs der Dinosaurier war.

Die Säugetiere und ihre Entwicklung (einschließlich der menschlichen) sind der Gegenstand unserer Geschichte. Die meisten Bücher sparen sie bis zum Schluß auf, und dafür gibt es gute Gründe: Die Erzähler können ihren eigenen Standpunkt nicht verleugnen. Aber die Geschichte schreitet fort, und es gibt Hunderttausende von Linien, die über den Webrahmen einer im Wandel begriffenen Welt gespannt sind. Um unsere eigene Geschichte zu verstehen, bedarf es nicht der Vorstellung einer Art Stufenleiter der Vervollkommnung, die nur Menschen erklimmen konnten. Die Fäden der Geschichte laufen nicht bei uns zusammen.

Im unteren Paläozoikum erstreckten sich dichte Wälder bis in höhere Breiten. Eine Szene aus dem unteren Paläozoikum in Wyoming zeigt, daß die Vegetation unter anderem aus Sequoiabäumen mit einem dichten Unterwuchs aus Tee und Lorbeer bestand sowie aus Farn und Bärlapp. Am Boden sehen wir den waschbärähnlichen Allesfresser *Chriacus.* Er wird von einem Baum aus von *Ptilodus* beobachtet, einem Multituberkulaten, primitive Säugetiere, die häufig die »Nagetiere des Mesozoikums« genannt werden. Weiter oben im Baum sehen wir *Peradectes* (»der Bissige«) sowie ein frühes, opossumartiges Beuteltier. Im Oligozän waren die Beuteltiere in Nordamerika ausgestorben und kehrten erst im Pleistozän in Form echter Opossums aus Südamerika zurück.

So waren die Säugetiere auch bei weitem nicht die letzte Vertebratenklasse, die sich entwickelte. Sie tauchen als Fossilien 60 Millionen Jahre vor den Vögeln auf, und wenn wir davon ausgehen, daß die synapsiden Reptilien als Vorfahren der Säugetiere sich als erster Zweig der Amnioten herausbildeten, wäre es logisch, die gesamte Linie zu behandeln, bevor wir zu Schildkröten, Eidechsen, Schlangen, Krokodilen und Dinosauriern übergehen. Die Säugetiere können auch nicht für sich beanspruchen, die zahlreichste Tierform zu sein, weder was die Zahl der Arten noch die der Einzeltiere angeht. Es gibt sehr viel mehr Arten von Fischen, Reptilien und Vögeln als von Säugetieren, und die Gesamtzahl aller Wirbeltier-Arten verschwindet vor den Unmengen anderer Tierformen, wie Insekten oder Mollusken.

Ein Argument, die Menschen an die Spitze der Evolution zu stellen, ist ihre Intelligenz, obwohl es unter evolutionärem Gesichtspunkt keinen Grund für die Überzeugung gibt, eine größere Zahl von Gehirnzellen habe langfristig eine größere Anpassung zur Folge als z. B. eine größere Beinzahl. Aber Intelligenz läßt sich als praktische, meßbare Fähigkeit definieren, da sie den Menschen den Gebrauch von Werkzeugen ermöglicht und ihnen die Visionen gibt, ihre Umwelt zu verändern, so wie soziale Insekten wie Ameisen und Termiten ihre kleinen Welten umwandeln. Wer will entscheiden, wessen »Gruppenintelligenz« eine geringere Vielfalt besitzt? Doch wohl nicht diejenigen, die dazu neigen, ihre eigenen Besonderheiten (wie den Bau des Fußes für den aufrechten Gang) als überlegen, und andere Besonderheiten (wie Vogelflüge) als interessante Abweichung zu bezeichnen.

Wie dem auch sei – dieses Buch ist von Menschen für andere Menschen geschrieben worden, und Menschen sind die mächtigsten

Bewohner dieses Planeten im letzten, winzigen Abschnitt der galaktischen Zeit geworden. Wir scheinen das einzige Tier mit dem Bewußtsein zu sein, daß es nach dem »letzten Kapitel« noch eine Zukunft gibt, und daß wir vielleicht eine Rolle dabei spielen.

Unser durch Fossilienfunde wachsendes Wissen hat uns gelehrt, daß keine gradlinigen Hauptstraßen aus der fernen Vergangenheit in unsere Gegenwart führten. Keine Lebensform hat die Gegenwart ohne kampfloses Voranschreiten erreicht, aber ebensowenig hat sie überlebt, weil sie andere, weniger »starke« Geschöpfe im Kampf oder in der Konkurrenz übertroffen hat. Paläontologen wie Stephen Jay Gould von der Harvard-Universität und David Raup aus Chicago haben dargestellt, wie oft die bloße Gewalt der Ereignisse die Pfade des Lebens diktiert hat, ohne die Möglichkeit der Einflußnahme durch irgendeine Lebensform. Keinem Tier ist ewiges Leben beschieden, wenn seine Nahrung knapp, sein Lebensraum zerstört wird und örtliche oder weltweite Katastrophen eintreten. »Pechsträhnen« treten ebenso häufig auf wie »schlechte Gene«. Die beste Anpassung an die bestehenden Umstände kann für die unvorhersehbaren nächsten Umstände tödlich sein. Die Meilensteine der Geschichte des Lebens sind große Aussterbeereignisse, die wahllos die verschiedensten Arten ausrotten. Die Überlebenden fanden anschließend ein neues Spiel mit neuen Regeln unter veränderten Bedingungen vor.

Dies soll nun nicht heißen, daß die Arten wie Flipperkugeln im Automaten Erde umherspringen, bis sie in einem Loch verschwinden oder Punkte machen. Die natürliche Auswahl wirkt über Jahrmillionen hinweg zur Verbesserung von Mängeln durch ständige Neuerungen oder Korrekturen von Formen und Strategien. Und es gibt ebensoviel »Glück« wie »Pech«. Für die Säugetiere hat das Glück vielleicht mit dem Versäumnis begonnen, ihre Kraft mit den Dinosauriern in der oberen Trias zu messen. Ein Grund für den Untergang ihrer Rivalen war deren Größe und Gewicht. Die Säugetiere waren gezwungen, in kleinem Maßstab zu leben, der ihnen mehrere Optionen offenließ. Ein kleines Tier war beweglich; es konnte schwimmen, klettern, graben, rennen oder springen, je nachdem, wie es die Umstände erforderten. Ein größeres Tier mußte sich spezialisieren – aber je stärker die Spezialisierung, desto schwieriger ist es, den Bauplan an die veränderte Umwelt anzupassen.

In der Oberkreide hatten viele Säugetiere das Eierlegen aufgegeben und brachten nun lebende Junge zur Welt. Eine andere lebenswichtige Neuerung bei den Säugetieren war die Vielfalt und Leistungsfähigkeit ihrer Zähne, mit denen sie schneiden, scheren, durchbohren, kauen, malmen, Nahrung abrupfen und verarbeiten konnten. Kleine Tiere benötigen im Verhältnis zu ihrer Körpergröße mehr Energie als große, und der Vorteil war auf der Seite der Arten, die ökonomischere Formen der Nahrungsverarbeitung entwickelten. Die sogenannten Insektivoren (Insektenfresser) ernährten sich vermutlich von kleinen Tieren – u. a. Raupen, Würmern und Tausendfüßlern. Einige Säugetiere wurden Allesfresser, die sowohl Pflanzen als auch Tiere fraßen.

Als potentielle Beute für die kleinen, schnellen fleischfressenden Dinosaurier hatten die Säugetiere hinsichtlich ihrer Größe und Schnelligkeit keine Chance (im Mesozoikum gab es weder Flußpferde noch Gazellen), aber 150 Millionen Jahre selektiver Druck hatten die Entwicklung einer größeren Beweglichkeit und eines besseren Geruchs- und Gehörsinns zur Folge. Um ein derartig leistungsstarkes Nervensystem zum Senden und Empfangen von Nachrichten zu betreiben, brauchte man ein effizienteres Gehirn. Mit welchen Problemen die Säuger auch immer konfrontiert waren – wenn es um den verbesserten Körperbau ging, war das Anstreben dinosaurierhafter Ausmaße keine Lösung. Der Druck der Umstände zwang die Säugetiere, die Effizienz im Kleinen zu verbessern, und so übernahmen sie die Rolle der Schlaufüchse, die die meisten bis heute weiter spielen.

Auf die Beine

Die Geschichte der kleinen Säuger des Mesozoikums macht zwei Drittel der gesamten Entwicklungsgeschichte der Säugetiere aus. Wenn wir ihre Entwicklung bis zu den ersten säugetierähnlichen Reptilien vor 300 Millionen Jahren zurückverfolgen, dann macht das »Säugetierzeitalter« – dessen Beginn traditionell jedoch auf den Untergang der Dinosaurier datiert wird – etwa ein Fünftel ihrer Geschichte aus.

Die Fossilienfunde legen nahe, daß die Cynodontier als Vorfahren der ersten echten Säugetiere als Gruppe sowohl zahlenmäßig wie auch artenmäßig in der Trias zurückgingen, nachdem sie zuvor dominant gewesen waren und später auch kleinere und spezialisierte Arten hervorbrachten. Es war ein letztes Verkleinerungsexperiment, um dem Massensterben in der oberen Trias zu entgehen und

Die erste Gruppe echter Säugetiere waren die Morganucodontiden der oberen Trias und der Juras. *Megazostrodon* (»großer Tierzahn«) war eine mausgroße Art aus Südafrika und ähnlich heutigen kleinen Insektenfressern, vermutlich Einzelgänger und nachtaktiv. Wie rezente Kloakentiere legte er wahrscheinlich Eier und hatte weder Zitzen noch äußere Ohren.

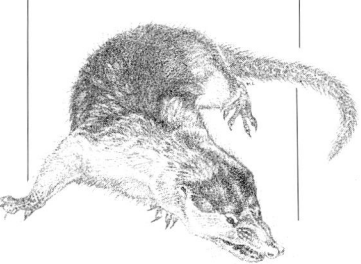

den Stammbaum fortzusetzen. Bruchstückhafte Überreste möglicher Säugetiere von vor 225 bis 220 Millionen Jahren wurden jüngst gefunden.

Die frühesten Säuger, von denen wir Einzelheiten kennen, sind die Morganucodontiden der oberen Trias vor rund 210 Millionen Jahren. Ihre bemerkenswerteste Eigenschaft war ihre Körpergröße: Sie waren beträchtlich kleiner als selbst ihre spätesten Cynodontier-Vorfahren, eher maus- (28 g) als kaninchengroß (fast 1 kg). Der kleine Schritt zum Säugetier führte sie in eine andere ökologische Nische, vermutlich als insektenfressende Nachttiere und weniger als allgemeiner orientierte Raubtiere.

Die Morganucodontiden besaßen ein vergleichsweise großes Gehirn, das besser in Knochen verpackt war als das ihrer Reptilienahnen. Dies war zum Teil auf ihren kleinen Körper zurückzuführen; große Tiere haben im Verhältnis kleinere Gehirne, was sich dadurch erklärt, daß im Vergleich zum Bewegen eines großen Beines nicht mehr Gehirnzellen gebraucht werden als für ein kleines Bein. Ein Tier, das fünfzigmal so groß ist wie ein anderes, benötigt kein fünfzigmal größeres Gehirn.

Kleine Säuger sehen die Welt mit anderen Augen als große; eine Baumwurzel wird zur Wohnung, ein Kiesel zum Felsblock, die Baumrinde zur Leiter in den Himmel. Zahlreiche Skelettanpassungen der Morganucodontiden, die für die spätere Evolution von entscheidender Bedeutung waren, entsprachen vermutlich der Notwendigkeit, sich wendiger und schneller bewegen zu können, was einem größeren und schwereren Tier nicht möglich ist. Gerade weil sie kleiner waren, konnten die ersten Säugetiere gut klettern. Die Fossilien zeigen vereinfachte Schulter- und Beckengürtel, ein biegsames Rückgrat und flexible Gelenke. Das Rückgrat ermöglichte den frühen Säugetieren durch auf- und abführende Rückgratbewegungen eine hüpfende Fortbewegung im Gegensatz zum Seitwärtsschwenken beim Reptiliengang.

Je kleiner das Tier, desto größer ist seine Oberfläche im Verhältnis zur Körpermasse und um so höher ist der Wärmeverlust. Es verbrennt mehr Energie und braucht mehr Nahrung, um sie zu ersetzen. Die Morganucodontiden entwickelten größere Kiefermuskeln und präzise gegeneinander ausgerichtete Backenzähne (Molaren und Prämolaren), die die Nahrung effektiver zerteilten, so daß die Verdauung schneller ablief und somit auch schneller neue Nahrung aufgenommen

werden konnte. Die rasche Nahrungsverarbeitung hatte, ungeachtet der Körpergröße, bei den frühen Säugetieren zwangsläufig auch einen rascheren Stoffwechsel als bei den Cynodontiern zur Folge. Es ist darüber hinaus unmöglich, den Vorteil eines ineinandergreifenden Gebisses zu nutzen, wenn der Biß ständig durch nachwachsende Zähne wie bei den Cynodontiern und rezenten Reptilien, unterbrochen wird. Deshalb besaßen die frühen Säugetiere (wie die Menschen) lediglich zwei einander ersetzende Gebisse.

Diese neue Form eines Bauplans und der einmalige Zahnersatz erzählen uns indirekt noch etwas mehr über die Biologie der frühen Säugetiere. Vor diesen Veränderungen müssen sie Milchdrüsen und die Milchproduktion entwickelt haben. Von dem Moment an, als Milch zur Verfügung stand, konnte das Junge mit wenigen Zähnen oder gar zahnlos geboren werden. Die Zähne brauchten erst zu wachsen, als der Kiefer seine endgültige Größe angenommen hatte. Ohne Milch hätte der neugeborene Morganucodontide zur Ernährung ein vollständiges Gebiß benötigt, und die Zahnfolge hätte sich wie zuvor entwickelt. Wir haben also allen Grund, anzunehmen, daß die frühen Säugetiere Milch produzierten, doch vermutlich hatten sie noch keine Zitzen, die auch den modernen Kloakentieren (dem eierlegenden Schnabeltier und dem Ameisenigel) als primitivsten überlebenden Säugetieren fehlen.

Die Laktation muß für die Entwicklung früher Säugetiere lebenswichtig gewesen sein. Aufgrund der Fähigkeit, die Jungen direkt aus dem eigenen Körper zu ernähren, waren die Weibchen nicht mehr mit der Qual der Wahl konfrontiert, entweder im Nest zu bleiben und die Brut warmzuhalten oder sich auf Nahrungssuche zu begeben. Ein weiblicher Morganucodontide konnte vor der Geburt Fettschichten anlegen, um sich und den Nachwuchs zu ernähren, ohne das Nest zu oft verlassen zu müssen. Vögel lösen dieses Problem des Schutzes der warmblütigen Jungen vor Wärmeverlust durch die Integration des Vatertieres in die Brutpflege – die Anlage von Fettvorräten im Körper würde ein flugabhängiges Tier behindern.

Die frühesten Säugetiere und ihre direkten Cynodontier-Vorfahren besaßen ein doppeltes Kiefergelenk, eine Kombination aus dem alten Reptilienkiefer und dem zukünftigen Säugerkiefer, das in Kapitel 3 beschrieben wird. Artikulare und Quadratum des Reptilienkiefers funktionierten vermutlich wie eine Art Ohr, das Trommelfell saß vermutlich im

Unterkiefer. Spätere Säugetiere entwickelten diesen primitiven Bauplan zu einem echten, kompakten Mittelohr, und es gibt Belege dafür, daß die Schlußentwicklung unabhängig voneinander in den folgenden Hauptlinien verlief: Bei Multituberculata, Monotremata (Kloakentiere) und Theria. (Multituberculata haben ihren Namen nach den zahlreichen abgerundeten Höckern auf den Backenzähnen, im Gegensatz zu den einfacheren spitzen Zähne der Theria.

Die Theria (Beutel- und Plazentatiere) gingen noch einen Schritt weiter und entwikkelten eine längere Gehörschnecke, den Teil des Innenohres zur Wahrnehmung und Analyse von Geräuschen. Diese Verlängerung erfolgt durch Eindrehen der Gehörschnecke, um den im Schädel vorhandenen Platz auszufüllen, und dadurch scheint eine Verbesserung der Wahrnehmung und Unterscheidung möglich. Viele primitive Säugetiere besitzen eine gerade Gehörschnecke, und wir wissen, daß rezente Kloakentiere nur eine teilweise gedrehte Schnecke und kein Außenohr besitzen.

Dies wirft eine interessante Frage auf: Ist es berechtigt, frühe Säuger wie Morganucodonten mit äußeren Ohren darzustellen? Wenn wir diese Formen, ohne einen Beweis für das weiche Gewebe zu haben, mit Ohren abbilden, stellen wir vielleicht das Aussehen der Säugetiere falsch dar?

Ob mit oder ohne Ohren, das Interessanteste an den mesozoischen Säugetieren ist ihre Vorläuferrolle für die weitere Verbreitung nach dem Aussterben der Dinosaurier. Bis dahin mögen sie aus moderner Sicht als Ungeziefer eingeordnet werden, häufig waren sie sehr klein, nur selten größer als Ratten. Die meisten Gruppen waren Insekten- oder Fleischfresser, obwohl die Multituberculaten auch Pflanzenfresser entwickelten.

Es scheint zwei Hauptperioden der Artenbildung bei den mesozoischen Säugetieren gegeben zu haben. Eine Radiation im oberen Jura brachte zahlreiche Linien hervor, die die untere Kreide aber nicht überlebten. (Ebenfalls in der unteren Keide erfolgte der Aufstieg der Blütenpflanzen, verbunden mit dem Erscheinen neuer Insektenarten). Am Ende der Unterkreide erschienen etwa zeitgleich mit einem vergleichbaren Umschwung der Dinosaurierfauna mehrere fortgeschrittene Multituberculaten und mehrere Linien echter Therier – Beuteltiere, Plazentatiere (Placentalia) und andere, die die Schlüsselmerkmale der Theria aufwiesen, aber mit keiner der rezenten Gruppen sehr eng verwandt sind und das

DIE GLIEDMASSEN DER SÄUGETIERE

Die Grundform einer Säugetiergliedmaße gehört zu Allround-Säugern, die ein bißchen von allem können. Spezialisiertere Säuger bevorzugen eine spezifische Verwendung auf Kosten anderer Fähigkeiten.

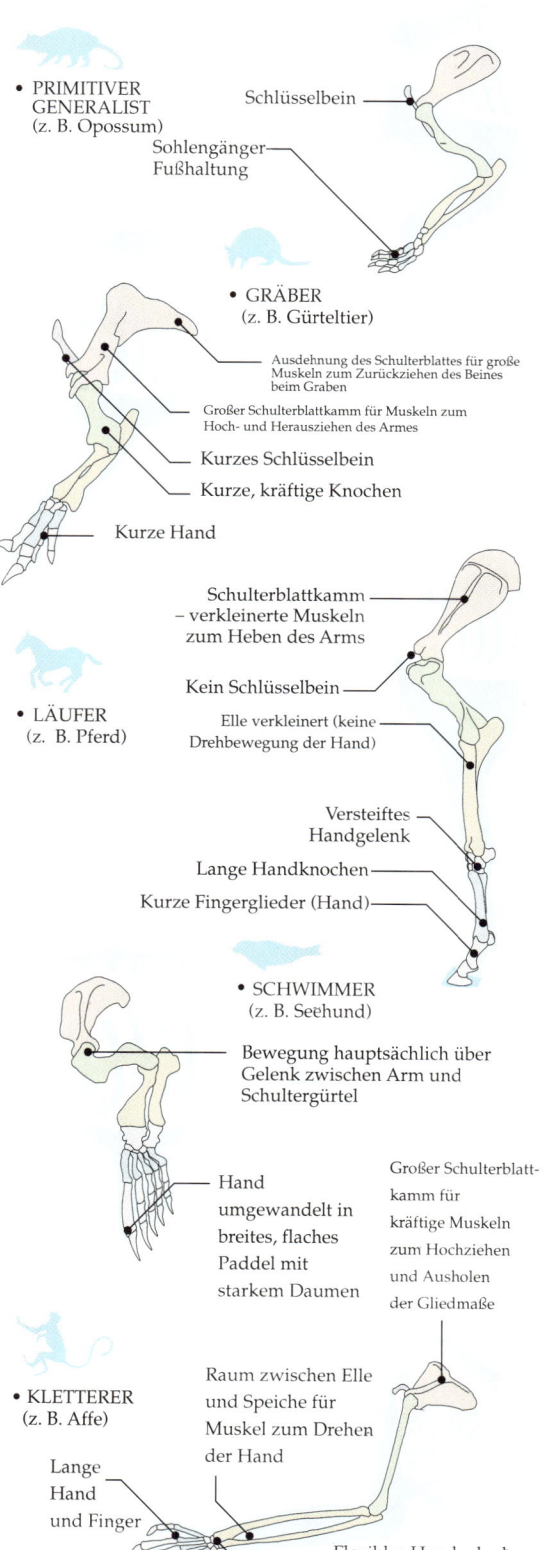

- PRIMITIVER GENERALIST (z. B. Opossum)

Schlüsselbein

Sohlengänger Fußhaltung

- GRÄBER (z. B. Gürteltier)

Ausdehnung des Schulterblattes für große Muskeln zum Zurückziehen des Beines beim Graben

Großer Schulterblattkamm für Muskeln zum Hoch- und Herausziehen des Armes

Kurzes Schlüsselbein

Kurze, kräftige Knochen

Kurze Hand

Schulterblattkamm – verkleinerte Muskeln zum Heben des Arms

Kein Schlüsselbein

- LÄUFER (z. B. Pferd)

Elle verkleinert (keine Drehbewegung der Hand)

Versteiftes Handgelenk

Lange Handknochen

Kurze Fingerglieder (Hand)

- SCHWIMMER (z. B. Seehund)

Bewegung hauptsächlich über Gelenk zwischen Arm und Schultergürtel

Hand umgewandelt in breites, flaches Paddel mit starkem Daumen

Großer Schulterblattkamm für kräftige Muskeln zum Hochziehen und Ausholen der Gliedmaße

Raum zwischen Elle und Speiche für Muskel zum Drehen der Hand

- KLETTERER (z. B. Affe)

Lange Hand und Finger

Flexibles Handgelenk

PRIMITIVE kleine Säugetiere besitzen lose zusammengesetzte Hand- und Fußgelenke und paarige Knochen im Unterarm (Elle und Speiche) und Unterschenkel (Schienen- und Wadenbein), um in viele Richtungen beweglich zu sein. Die kurzen Hände und Füße besitzen biegsame, weitgespreizte Finger und Zehen. Die ganze Hand oder der Fuß liegen flach auf dem Boden auf (»Sohlengänger«).

GRÄBER haben starke, dicke Klauen besonders am Vorderfuß, und kurze, stämmige Gliedmaßen mit Vorsprüngen zur Verankerung kräftiger Muskeln. Sie behalten den Sohlengang bei.

LÄUFER brauchen längere, weniger biegsame Glieder, die die Energie in Vorwärts- und Rückwärtsbewegung umsetzen. Unterarm und Unterschenkel verlieren oder reduzieren die Doppelknochen-Drehkonstruktion. Hand- und Fußwurzel werden länger, die Finger stehen enger zusammen und können auch zahlenmäßig verringert sein. Sie laufen auf Zehenspitzen (»Zehengänger«) wie der Hund, oder auf einer einzigen, in einem Huf verpackten Zehenspitze (»Huftier«) wie ein Pferd.

SCHWIMMER bilden zu Paddeln abgeflachte Vordergliedmaßen aus, Hand- und Fußknochen strecken sich zu Flossen.

KLETTERER verlängern die Gliedmaßen, die Flexibilität ihrer Hand- und Fußgelenke wächst. Alle Gelenkoberflächen sind rund und flach, um eine optimale Bewegungsfreiheit zu gewährleisten.

Ende der Kreidezeit nicht überlebten. (Theria kommt vom griechischen *thérion*, einem wilden Tier, und erscheint in diesem Kapitel noch häufig als Wortsilbe: *Sivatherium*, z. B. verbindet Sanskrit und Griechisch zur Bedeutung »herrliches Tier«). Diese späteren Säugetiere waren etwas größer (aber nicht größer als Katzen oder Kaninchen). Ihr komplexeres Gebiß diente dem Zerhacken und Mahlen ebenso wie dem einfachen Zerschneiden – eine Anpassung an neue Nahrungsquellen, die vielleicht mit Änderungen bei Pflanzen und Insekten zusammenhängt.

Die fortgeschrittenen Vertreter der Klasse der Mammalia (Säugetiere) lassen sich in drei Unterklassen einordnen: Die Allotheria (die ausgestorbenen Multituberculata), die Prototheria (Kloakentiere) und die Theria (Beuteltiere und Plazentatiere). Die Multituberculaten lebten von der oberen Trias bis zum oberen Eozän (vor rund 35 Millionen Jahren) – eine eindrucksvolle Lebenszeit von 160 Millionen Jahren im Vergleich zu den 120 Millionen Jahren moderner Säugetierentwicklung seit der Unterkreide. Ihr Niedergang hing vermutlich mit dem Aufstieg der Theria zusammen, die eine ähnliche Lebensweise hatten – zunächst die frühen Primaten und Huftiere, dann die artenreichen Nagetiere, denen sie ähnelten. Obwohl einige Formen von Multituberculaten auch bodenlebend und ein wenig wombatähnlich waren, lebten die doch meistens kleinen Säuger (Maus- bis Eichhörnchengröße) auf Bäumen. Sie fraßen praktisch alles und waren Nachttiere. Ihre Skelette hatten sich aus denen primitiverer Säuger entwickelt und an das Leben auf Bäumen angepaßt, mit Knöcheln, die eine Drehung des Fußes nach hinten ermöglichten, und teilweise waren Greifschwänze vorhanden. Die vornehmliche Spezialisierung erfolgte in Schädel und Gebiß; sie entwickelten einen recht breiten flachen Schädel mit vielhöckrigen Backenzähnen und nagetierartigen Schneidezähnen.

Das Becken der Multituberculaten war zu eng gebaut, um Eier legen zu können oder große Lebendgeburten durchzuführen. Vermutlich gebaren sie noch unentwickelte Junge nach Art der Beuteltiere. Da die Monotremen keine Zitzen besitzen, hatten Multituberculaten vermutlich ebenfalls keine – auch diese Spezialausrüstung mußte erst auf einem langen Entwicklungspfad entwickelt werden.

Lebende Monotremen kennen wir heute nur aus Australien und Neuguinea, die sich auf derselben tektonischen Platte befinden und bis vor verhältnismäßig kurzer Zeit noch durch eine Landbrücke verbunden waren. Nach zunächst nur in Australien geborgenen Resten wurden vor kurzem auch in Südamerika Fossilien gefunden. 1992 bestätigte Rosendo Pascual vom Museum von La Plata in Argentinien die Entdeckung des Zahns eines etwa 62 Millionen Jahre alten *Ornithorhynchus (Platypus* = Schnabeltier) in Patagonien. Dieser Fund läßt darauf schließen, daß die Monotremen sich ursprünglich auf dem mesozoischen und alttertiären Gondwana ausbreiteten (Australien, Antarktis, Südamerika).

Die rezenten Kloakentiere Ameisenigel und Schnabeltier sind hochspezialisierte Tiere. Vielleicht war die Gruppe einst artenreicher, aber noch gibt es keine fossilen Belege dafür. Beide rezente Formen besitzen schwere, reptilienartig gespreizte Glieder, aber das Schnabeltier schwimmt, und der Ameisenigel gräbt nach Termiten und Wirbellosen im Boden, so daß ihr Kriechgang wohl eher als eine Spezialentwicklung statt als ein ursprüngliches, »primitives« Merkmal anzusehen ist – Maulwürfe haben zum Beispiel eine ähnliche Körperhaltung.

Theria, Plazenta- wie Beuteltiere, wiesen neue Merkmale auf. Sie besaßen tribosphenische Backenzähne, die der ursprünglichen Schneidefunktion noch die Fähigkeit des Malmens hinzufügen. Während bei den primitiven Tieren das Rabenbein (Coracoid) im Schultergürtel erhalten blieb, entwickelten die Theria einen Schultergürtel, in dem das Rabenbein zum Rabenfortsatz verkümmerte und mit dem unteren Teil des Schulterblatts (Scapula) zusammenwuchs. Das Schlüsselbein blieb als einzige Verbindung zwischen Schulterblatt und Brustbein erhalten. Aus der neuen Anordnung der Schultermuskeln ergaben sich auch Änderungen des Schulterblattes. Der Schultergürtel konnte nun als eigenes Segment frei schwingen und den Stoß des Landens bei Sprüngen besser mit den Vorderbeinen abfedern.

Beutel- wie Plazentatiere gebären lebendige Junge, die aber bei den Beuteltieren noch unentwickelt sind und für gewöhnlich in einem Beutel ausgetragen werden, während Plazentatiere ihre bei der Geburt weiterentwickelten Jungen bis zu einem reiferen Stadium im Körper tragen. Beuteltiere haben allgemein kleinere Gehirne und einen langsameren Stoffwechsel als Plazentatiere. Während viele der primitiveren Plazentatiere nachts aktiv sind, haben sich größere und spezialisiertere Formen auf das Leben am Tag eingestellt. Das einzige tagsüber aktive Beuteltier ist der ameisenfressende Numbat. Gemessen an den

DIE ZÄHNE DER SÄUGETIERE

Die Zähne eines Tieres sind seine Werkzeuge, um die Nahrung verdauungsgerecht verarbeiten zu können. Die Entwicklung einer präzisen Nahrungsverarbeitung durch die Säugetierzähne erweiterte den Speiseplan erheblich und spielte somit eine bedeutende Rolle bei der Bildung zahlreicher verschiedener Arten und Körpergrößen der Säugetiere.

CYNODONTIER: Die Backenzähne hatten 3 Höcker zum Zerkleinern und Zerreißen der Nahrung. Der präzise Zahnreihenschluß der echten Säugetiere war jedoch noch nicht vorhanden.

ECHTE SÄUGETIERE: Sie tauchten vor rund 210 Millionen Jahren auf. Bei ihnen ist der Unterkiefer schmaler als der Oberkiefer. Beim Zusammenschluß der Zähne erfolgt neben der Aufwärts- auch eine leichte Einwärtsbewegung. So greifen die Zähne ineinander und zerschneiden die Nahrung.

THERIA: Sie tauchten vor 120 Millionen Jahren auf. Ihre ineinandergreifenden Zähne besaßen mehr Höcker und konnten neben der Schneidefunktion nun auch Mahlen. Rezente allesfressende Säugetiere, wie das Opossum, besitzen noch heute diese ursprünglichen dreieckigen Zähne der Theria.

RAUBTIERE: Raubtiere, wie zum Beispiel der Löwe, haben zusammenschließende Backenzähne mit hohen Schneiderändern. Diese Zähne nennen wir Fleischschneideschere.

SPEZIALISIERTE ALLESFRESSER: Dazu gehören die Primaten wie der Mensch und die Schimpansen. Bei ihnen ist der Zahn flacher und viereckiger, um faserige Nahrung besser mahlen zu können.

PFLANZENFRESSER: Die einzelnen Zahnhöcker haben sich zu Raspeloberflächen entwickelt. Die Pflanzennahrung wird zwischen den Zähnen zerdrückt und zerrieben.

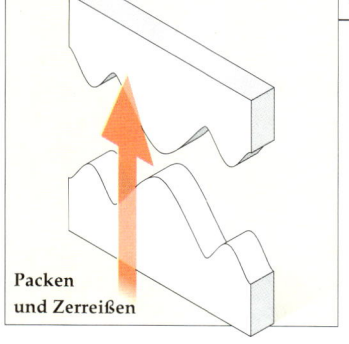

•Cynodonten (Thrinaxodon)

Spitze, nicht ineinanderpassende Zähne

Packen und Zerreißen

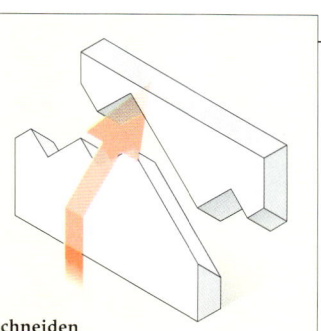

•Löwe

Schneidefunktion der Backenzähne

Schneiden

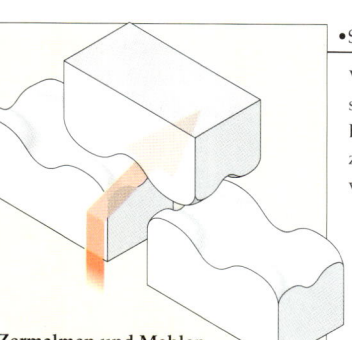

•Schimpanse

Viereckige, stumpfe Backenzähne zum Zermalmen von Wurzeln

Zermalmen und Mahlen

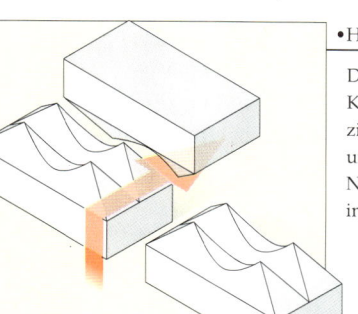

•Hirsch

Durch die Kieferbewegung ziehen die Zähne unzerkaute Nahrung ins Maul hinein

Zerkleinern

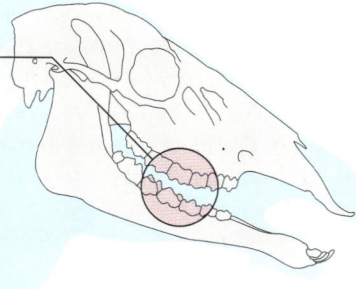

rezenten primitiveren Formen waren die frühen Beuteltiere vermutlich Baumbewohner mit einem Greifschwanz, die die Nahrung mit den Vorderfüßen festhielten. Die frühen Plazentatiere lebten vermutlich mehr auf der Erde, und das Vergraben der Fäkalien deutet darauf hin, daß sie ursprünglich in Erdhöhlen lebten.

Der Hauptunterschied im Skelett zwischen Beutel- und Plazentatieren sind die bei den Plazentatieren verschwundenen Beutelknochen (Epipubis), die als Verstrebungen vom Schambein (Pubis) der Beuteltiere ausgehen. Diese Knochen dienten ursprünglich der Stützung des Beutels, aber aus Fossilienfunden wissen wir, daß sie bei den meisten Mammalia vorhanden sind und daß der Bauplan der Placentalia der seltenere war. Diese verloren die Beutelknochen wohl, weil sie die Ausdehnung des Hinterleibs im fortgeschrittenen Schwangerschaftsstadium behinderten.

Die Wissenschaftler gingen für gewöhnlich davon aus, daß die Geburtsform der Beuteltiere der der Plazentatiere unterlegen sei, bis John Kirsch von der Universität Wisconsin und Jason Lillegraven von der Universität Wyoming vor kurzem dagegenhielten, daß beide Gruppen von Säugetieren sich aus beutellosen Formen entwickelt haben, deren stark unterentwickelte Junge ihre Entwicklung an den Zitzen festgeklammert vollendeten. Somit wären beide Wege der Geburtspflege »gleichberechtigt, wenn auch entgegengesetzt« aus demselben ursprünglichen Zustand entstanden, in dem die Beuteltiere einen Beutel zum Schutz ihrer unentwickelten Jungen bildeten, während die Placentalia es vorzogen, sie länger im Mutterleib zu behalten.

Ein Nachteil der Plazenta-Strategie liegt in dem Umstand, daß es schwieriger und wohl auch gefährlicher ist, die Schwangerschaft abzubrechen, wenn die Bedingungen es verlangen, während die Beuteltiermutter das Junge aus dem Beutel werfen kann, sollten die Nahrungsmittel zu knapp sein, um beide zu ernähren (diese Strategie wäre allerdings für solche Beuteltiere verfehlt, die nur ein- oder zweimal im Leben Junge haben, wie zum Beispiel die australische Beutelmaus). Auf der anderen Seite werden die Nährstoffe durch die Plazenta effizienter weitergegeben als durch Milch, und diese Tatsache scheint zwei Hauptauswirkungen auf die Geschichte der Theria gehabt zu haben. Erstens wachsen plazentale Junge rascher als die von Beuteltieren, so daß die Plazentatiere eine raschere Nachwuchsfolge aufbauen können. Zweitens wirkt sich die plazentale Ernährungsform positiv auf die Gehirnentwicklung aus, so daß selbst intelligentere Beuteltiere ihren plazentalen Gegenspielern kein Paroli bieten können.

Ein letzter, entscheidender Unterschied liegt darin, daß die neugeborenen Beuteltiere vom Geburtskanal am Bauchfell der Mutter hoch in den Beutel klettern, also bereits über Vorderfüße verfügen müssen. Dieser Umstand blockiert die Entwicklung von hochspezialisierten Vorderfüßen, wie wir sie bei Fledermäusen, Walen oder einzehigen Läufern wie dem Pferd finden. Obwohl die eine wie die andere Fortpflanzungsmethode bei kleinen kreidezeitlichen Säugern eine gewisse Chancengleichheit mit sich brachte, scheint es, daß nach dem Wegfall der früheren Größengrenze des Wachstums die Placentalia die Beuteltiere in der langen Zeit gemeinsamer Existenz aus dem Rennen warfen. Eine Ausnahme scheint hier Südamerika zu bieten, wo Plazenta- und Beuteltiere unterschiedliche ökologische Rollen übernahmen und sich auf einem Kontinent, der über 50 Millionen Jahre lang vom Rest der Welt abgeschnitten war, zweispurig entwickelten.

Die Erde als Flickenteppich

Vor 210 Millionen Jahren in der oberen Trias bildeten die Kontinente gemeinsam den Superkontinent Pangäa, und die frühesten Säugetiere konnten problemlos sämtliche Teile der Welt erobern. Fossilien aus jener Zeit zeigen in Nordamerika, Südafrika und China durchaus ähnliche Säugetiere. Während des verbleibenden Mesozoikums drifteten die Kontinente auseinander. Die Säugetiere bevölkerten nun im Tertiär, dem längsten und wichtigsten Unterabschnitt des folgenden Zeitalters des Känozoikums, die neugebildeten »Inselkontinente«.

Die Geschichte des Mesozoikums läßt sich ähnlich erzählen wie der Aufstieg und Fall des Römischen Reiches. Eine einzelne dominante Gruppe besteigt eine einzelne Bühne. Die grobe Handlung zumindest scheint klar, wenn auch die Entfernung Einzelheiten verdunkelt. Andererseits stammen unsere Informationen im wesentlichen von der »herrschenden« Gruppe.

Dinosaurier hinterlassen mehr Knochen, da sie größer und deshalb leichter erhaltbar sind. Sie schreiben ihre Geschichte mit Knochen, wie die Römer die ihre mit Worten und Denkmälern. Die Geschichte, die Kultur und die Sprache kleinerer Gruppen sind schwerer zu entschlüsseln, sie erscheinen eher als Fußnoten des Haupttextes.

Dann bricht das Reich zusammen. Neue Kräfte steigen auf, ein neues Zeitalter beginnt, aber anstelle einer Universalgeschichte mit einem Hauptthema finden wir Zentrifugalkräfte, die in verschiedene Richtungen weisen. Nebenereignisse aller Art entwickeln sich. Mit fortschreitender Zeit bleiben zwar mehr Informationen erhalten, aber es ergeben sich auch mehr Widersprüche. Beim Zusammenbruch Roms zerfällt die Kommunikation. Güter, Neuigkeiten und Menschen reisen langsamer. Der Kontakt der äußeren Provinzen zum Zentrum bricht ab. Mit dem Untergang der Dinosaurier verschwindet das Zentrum, Pangäa zerfällt in mehrere Kontinente, die für die Tiere anderer Kontinente und für ihre genetischen Informationen nicht mehr zugänglich sind.

Auf den Untergang an der K-T-Schwelle folgt zwar kein »Zeitalter der Finsternis«. Doch die Geschichte des Lebens zerbricht in Stücke. Infolge unseres größeren geologischen Wissens über den Wandel von Klimaten und Kontinentalbewegungen erhalten wir ein deutlicheres Bild von der Gewalt dieser globalen Kräfte, die die Wege der Evolution beeinflußten. Diesen Wegen – zumindest einigen davon – soll der Rest dieses Kapitels folgen. Sie sind zu einem komplizierten Muster verwoben.

Zunächst einmal scheint die Verteilung der Hauptgruppen der Säugetiere im späten Mesozoikum so auszusehen: In Australien entstanden vermutlich die Kloakentiere, obwohl jüngere Funde aus Südamerika vermuten lassen, daß sie sich ursprünglich im südlichen Superkontinent ausgebreitet hatten. Multituberculaten tauchten in Asien und in Nordamerika auf. Beuteltiere erschienen in Süd- (möglicherweise auch Nord-)Amerika. In Asien entwickelten sich Plazentatiere. In der Oberkreide kreuzten sich die Wege von Beutel- und Plazentatieren in Nordamerika. Wenngleich die Beuteltiere auf der nördlichen Hemisphäre nicht gänzlich von der Bildfläche verschwanden, ging doch ihre Artenvielfalt zurück. Sie müssen sich irgendwann in der Oberkreide oder im Alttertiär über die Antarktis von Südamerika bis Australien ausgedehnt haben, bevor diese Kontinente auseinanderbrachen.

Placentalia wie Marsupialia sind im frühen südamerikanischen Paläozän heimisch. Da jedoch in Australien bis zum oberen Miozän (als Nagetiere und Fledermäuse anscheinend

aus Südostasien einwanderten) keine Fossilien von Placentalia geborgen wurden, nahm man allgemein an, daß nur die Beuteltiere ursprünglich Australien besiedelten. Mangels Beweises zur Entkräftung des falsch verstandenen Begriffs von der plazentalen Überlegenheit nahm man als gesichert an, daß Australien die Wiege der Evolution von Beuteltieren wurde, nur weil es den Placentalia aus irgendwelchen Gründen nicht gelang, den Weg über die einstige Landbrücke von der Antarktis zu beschreiten.

Eine neue Fossilienlagerstätte aus dem unteren australischen Eozän hat diesen Mythos nun endlich entkräftet. Mike Archer und seine Kollegen von der Universität von New South Wales haben unlängst den 55 Millionen Jahre alten Fossilienfundort von Tingamarra beschrieben, der einen einzelnen plazentalen Säugetierzahn enthält. Das nach seinem Fundort Tingamarra benannte Tier wurde als primitives allesfressendes Exemplar der Ungulata (Huftiere) identifiziert. (»Ungulata«, ein weiterer in diesem Kapitel häufig genannter Begriff, stammt vom lateinischen *ungula* für Huf.) Nun ist es wahrscheinlich, daß die Beuteltiere die Antarktis nicht allein durchquerten und daß mindestens eine plazentale Form mit ihnen ankam, aber aus bisher unbekannten Gründen ausstarb. Neben den nun ausgestorbenen Multituberculaten traten die Theria das Erbe der Dinosaurier an. Schon vor der Oberkreide waren einige Untergruppen ausgestorben, andere lebten weiter, wieder andere entstanden im Känozoikum, einige überlebten bis heute. Anstatt sie schubweise entsprechend ihrem Eintritt in die

Einige ausgestorbene plazentale Säuger lassen sich nicht in die sechs überlebenden Hauptgruppen einordnen. OBEN: Dieses wombatartige Geschöpf stammt aus der Gruppe der Taeniodonta (Bandzähner), stämmigen Pflanzenfressern des Eozäns, die zum Ausgraben von Wurzeln und Knollen ausgerüstet waren.

OBEN: Ein Mitglied einer anderen Gruppe, der Plagiomenidae aus dem nordamerikanischen Paläozän und Eozän. Sie waren scheinbar gleitfliegende Säugetiere, die ein Flugsegel aus Fell ausspannen konnten, sind aber nicht unbedingt mit den rezenten Fluglemuren verwandt.

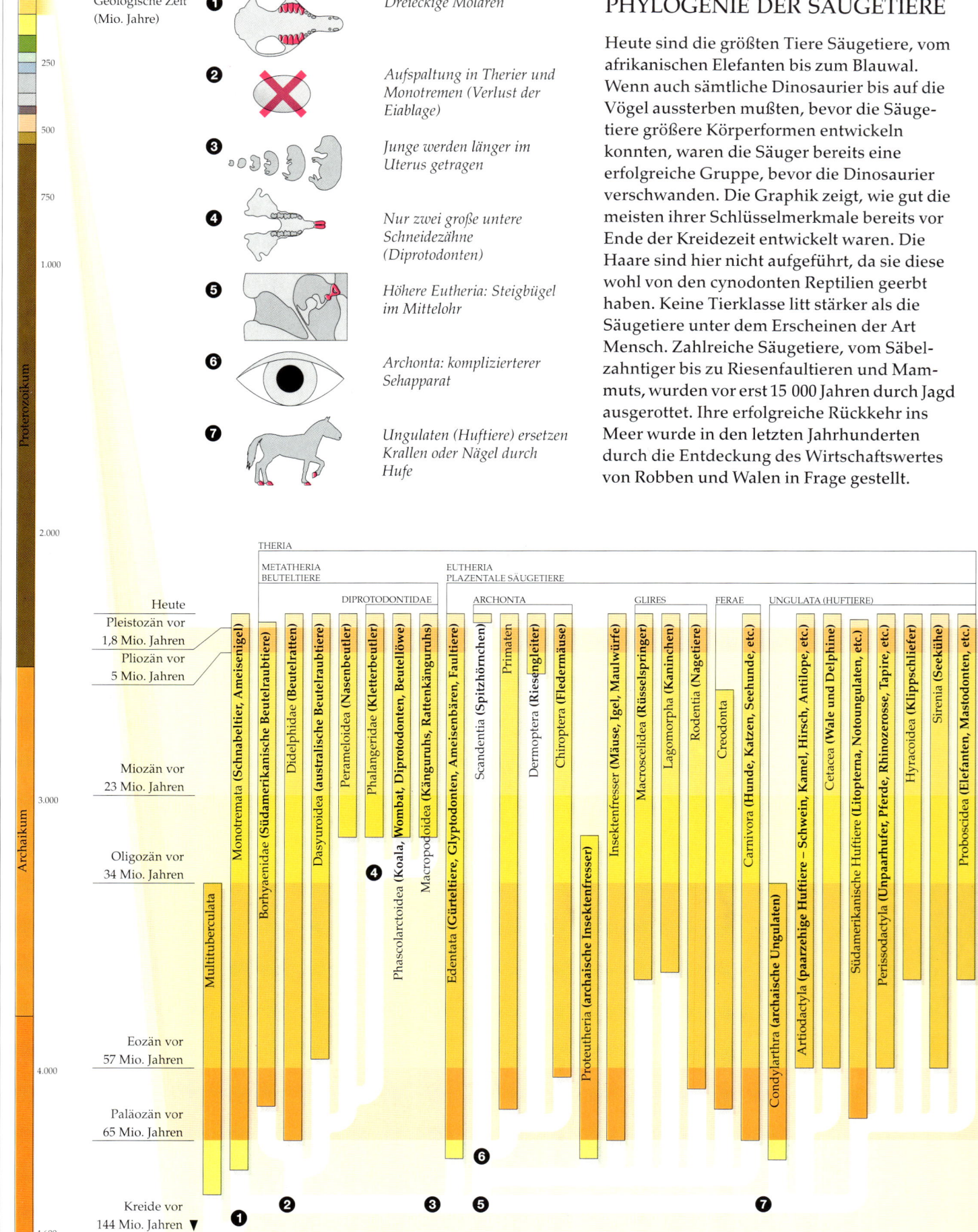

Geologische Zeit (Mio. Jahre)

❶ Dreieckige Molaren

❷ Aufspaltung in Therier und Monotremen (Verlust der Eiablage)

❸ Junge werden länger im Uterus getragen

❹ Nur zwei große untere Schneidezähne (Diprotodonten)

❺ Höhere Eutheria: Steigbügel im Mittelohr

❻ Archonta: komplizierterer Sehapparat

❼ Ungulaten (Huftiere) ersetzen Krallen oder Nägel durch Hufe

PHYLOGENIE DER SÄUGETIERE

Heute sind die größten Tiere Säugetiere, vom afrikanischen Elefanten bis zum Blauwal. Wenn auch sämtliche Dinosaurier bis auf die Vögel aussterben mußten, bevor die Säugetiere größere Körperformen entwickeln konnten, waren die Säuger bereits eine erfolgreiche Gruppe, bevor die Dinosaurier verschwanden. Die Graphik zeigt, wie gut die meisten ihrer Schlüsselmerkmale bereits vor Ende der Kreidezeit entwickelt waren. Die Haare sind hier nicht aufgeführt, da sie diese wohl von den cynodonten Reptilien geerbt haben. Keine Tierklasse litt stärker als die Säugetiere unter dem Erscheinen der Art Mensch. Zahlreiche Säugetiere, vom Säbelzahntiger bis zu Riesenfaultieren und Mammuts, wurden vor erst 15 000 Jahren durch Jagd ausgerottet. Ihre erfolgreiche Rückkehr ins Meer wurde in den letzten Jahrhunderten durch die Entdeckung des Wirtschaftswertes von Robben und Walen in Frage gestellt.

GEORGES CUVIER UND *PALAEOTHERIUM*

Nach der französischen Revolution wandte die Wissenschaft die rationalistischen Lehren der Aufklärung auf die Erkundung der Natur an. Im Nationalen Naturgeschichtlichen Museum zeigte Georges Cuvier (1769–1832), wie wertvoll die Verbindung geologischer und fossiler Funde für die Entwicklung neuer Theorien über die sich wandelnde Urwelt war. Um die Jahrtausendwende erhielt er auf Forschungsreisen gesammelte Fossilien, z. B. von südamerikanischen Riesenfaultieren. Cuvier war ein begabter, methodisch denkender Anatom. Ihm galt der augenscheinliche Beweis mehr als wohlklingende Theorien, und er nutzte sein Talent zur Rekonstruktion fossiler Tiere, um sie mit lebenden Arten zu vergleichen.

Um ein schlüssiges zoologisches Klassifizierungssystem zu schaffen, unterteilte Cuvier die Tiere in vier auf ihren Körperbau gestützte Kategorien – Vertebrata, Mollusca, Articulata und Radiata. Cuvier war kein Anhänger der Evolutionslehre. Er ging davon aus, daß Umwälzungsepochen in der Vergangenheit für lokal begrenzte Massenaussterbeereignisse verantwortlich waren, die Platz für aus anderen Gegenden nachrückende Tierpopulationen schuf. Um diese Theorien zu untermauern, führte er in den Gipssteinbrüchen des Alttertiärs nahe Paris Ausgrabungen durch und fand ein zuvor unbekanntes fossiles Säugetier, das

Georges Cuvier (1769–1832)

Eigenschaften des heutigen Tapirs, Nashorns und Schweins aufwies. Er nannte dieses Exemplar *Palaeotherium* (Urtier). Er identifizierte in der Pariser Region sieben weitere Formationen in geologischen Schichten, die wechselweise Meeres- und Süßwasserfossilien aufwiesen. Cuvier schlußfolgerte daraus regelmäßig wiederkehrende Epochen, in denen das Land abgesunken war und katastrophale Überschwemmungen Umwälzungen in den Fossilienfunden verursachten.

Ein Stich, Deutschland, ca. 1850, zeigt das Tier, das Cuvier *Megatherium* nannte. Mittlerweile ist es als ein großes, bodenbewohnendes Faultier identifiziert worden.

Das größte bekannte fleischfressende Landsäugetier war *Andrewsarchus* – mit einer Kopflänge von über 1 m, einer Körperlänge von 5 m und einem Gewicht von nahezu 1 Tonne war er weitaus größer als ein Grizzlybär. Im Gegensatz zu dem überkommenen Bild seiner entfernten rezenten Verwandten war er ein Huftier, Mitglied der Ordnung der Mesonychidae, aus der auch die Wale hervorgingen. Mesonychidae tauchten im unteren Paläozän auf, *Andrewsarchus* jedoch beherrschte vornehmlich das mongolische Eozän, wo er im neunzehnten Jahrhundert durch den Fossiliensammler Roy Chapman Andrews gefunden wurde. Hier sehen wir ihn beim Verzehr des Kadavers eines *Gobiotherium* (»Tier der Gobi«), eines urzeitlichen Huftiers. Die Zähne und der Schädel des *Andrewsarchus* bezeugen, daß er weder Berufskiller noch Fleischspezialist war, sondern mehr nach Bären- oder Wolfsart alles fraß, was ihm in die Quere kam, einschließlich Aas.

Geschichte darzustellen, konzentrieren wir uns lieber auf die Schlüsselgruppen.

Beutel- und Plazentatiere tauchten als Fossilien in der unteren Kreide vor 120 Millionen Jahren erstmalig auf. Die Beuteltiere werden in vier Hauptgruppen unterteilt. Zu den Didelphia gehören Opossums, Beutelratten und einige ausgestorbene Tiere, die ebenfalls doppelte Gebärmütter besaßen. Sie kommen vornehmlich in Südamerika vor, obwohl die Didelphia (echte Opossums und Opossumähnliche) bereits während des frühen Känozoikums in Nordamerika und der Alten Welt erscheinen und Nordamerika im Pleistozän erneut besiedeln.

Die anderen, ausschließlich in Australien und Neuguinea gefundenen Gruppen stammen vermutlich von gemeinsamen Vorfahren ab, die Australien im frühen Känozoikum bevölkerten. Zu ihnen gehören die Dasyruoidae (fleischfressende Beuteltiere und Beutelmäuse), Perameloidae (Beutelratten) und die Phalangeroidae (Opossums, Koalas, Wombats, Känguruhs, die ausgestorbenen nashornähnlichen Diprotodontiden und der Beutellöwe). Zu den Phalangeroidae gehören die meisten pflanzenfressenden australischen Beuteltiere; ihr Hauptmerkmal sind zwei vorstehende untere Vorderzähne. Es gibt vier getrennte, eng miteinander verwandte Opossum-Familien, zu denen auch die spezialisierten Flugtypen zählen (eine Parallele zu den plazentalen Flughörnchen).

Die Placentalia unterteilen wir in sechs Hauptgruppen: Edentata (Südamerikanische Gürteltiere, Faultiere und Ameisenbären); Archonta (Primaten, Spitzhörnchen, Fledermäuse und Riesengleiter); Glires (Rüsselspringer, Nagetiere und Kaninchen); Insektenfresser (echte Spitzmäuse, Maulwürfe, Igel und verwandte Gruppen); Ferae (ausgestorbene Creodonta und echte Carnivora, auch Seehunde) und Ungulata (eine vielgestaltige Gruppe, zu deren überlebenden Formen die bekannten Huftiere, Wale, Elefanten und Klippschliefer zählen).

Die Faultiere und ihre Sippe scheinen ein früher, primitiver Abzweiger zu sein; die Bindeglieder zwischen den anderen Gruppen stellen ein ungelöstes Labyrinth dar, obwohl ein paar Abschnitte bereits erforscht wurden. Die Insektenfresser galten einst als Gründungsmitglieder der Placentalia, aber offensichtlich sind die rezenten Mitglieder der Ordnung der Insektenfresser nicht primitiver als die meisten anderen Placentalia, auch wenn ihr Aussehen und ihr Lebenswandel an vergangene Formen erinnern. Eine Reihe von Fossilien von Insektenfresser-Familien tauchen im Alttertiär auf, Lepticiden, Palaeoryctiden, Pantolestiden, Apatemyiden, und da bleiben sie auch, versehen mit schwerfälligen Etiketten, da kein menschliches Wesen sie je gesehen hat, um ihnen einen Namen wie Hund oder Katze zu geben.

Einige frühe Säugetiere werden als Condylarthra (Urhuftiere) klassifiziert und als Vorfahren der Ordnung der Ungulata, der behuften Säugetiere, betrachtet. Verschiedene Gruppen von Condylartha haben ganz offensichtlich völlig getrennte Entwicklungswege beschritten, andere sind möglicherweise die Vorfahren der späteren Ungulaten-Gruppen, weitere landeten in evolutionären Sackgassen. Nicht

DIE REKONSTRUKTION AUSGESTORBENER TIERE

Die Zähne eines Fossils verraten, ob es sich um einen Fleisch-, Alles- oder Pflanzenfresser handelte, die Beinknochen lassen das Grundmodell erkennen – Läufer, Kletterer etc. Aus Zähnen und Beinknochen können wir das Gewicht des Tieres schätzen. Brüche oder Verdrehungen sind Zeugen für Krankheiten oder die Todesursache. Aber solche Anhaltspunkte liefern uns ein umfassenderes Bild, vor allem dann, wenn es nahe oder zunmindest vergleichbare lebende Verwandte des Tieres gibt. *Sinclairomeryx* war ein Dromomerycide (»Wiederkäuer/Läufer«) des unteren nordamerikanischen Miozäns (vor rund 17 bis 14 Millionen Jahren). Sein Skelett entsprach in der Größe etwa einem Damhirsch bei einem Gewicht von 45–55 kg. Die Dromomeryciden waren mit den Hirschen verwandt und besaßen geteilte Hörner statt verästete Geweihe. Aber welche der verschiedenen Lebensweisen der Hirsche können wir bei *Sinclairomeryx* vermuten?

Einige Schädel von ausgewachsenen Tieren tragen Hörner, andere nicht. Wir können annehmen, daß die gehörnten Schädel zu

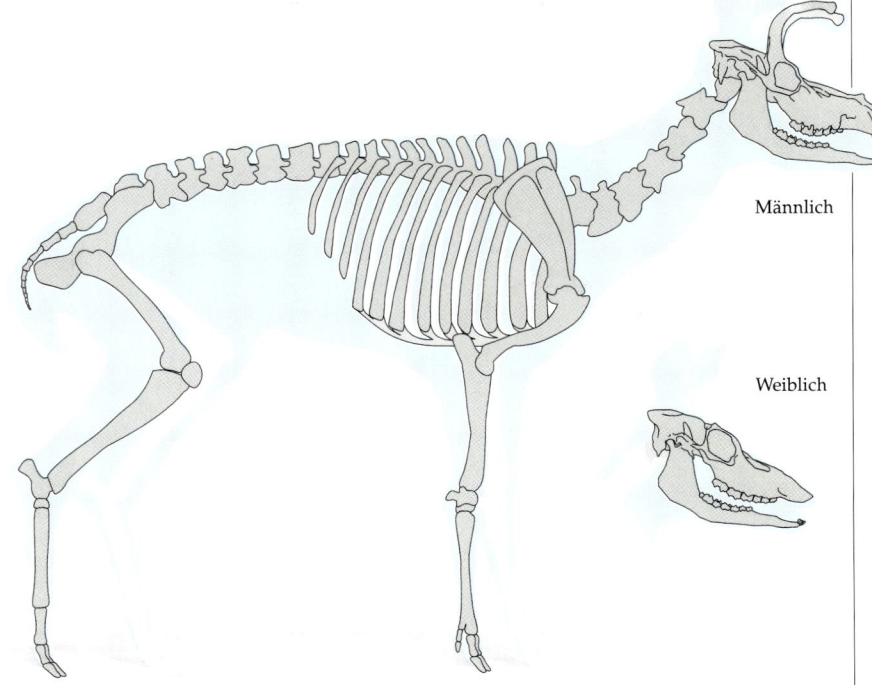

Männlich

Weiblich

männlichen Tieren gehörten. Die Hörner weisen an der Basis keine Sollbruchstelle auf wie Geweihe, was uns zeigt, daß sie nicht abgeworfen wurden. Die gehörnten Schädel haben kleine, paarige »Buckel« auf dem Nasenbein, und obwohl wir keinen fossilen Zahnfund bergen konnten, läßt der größere Sockel in diesen Schädeln auf genug Raum für einen großen oberen Eckzahn schließen. Der erhebliche Unterschied zwischen dem männlichen und dem weiblichen Tier legt die Vermutung nahe, daß zwischen den Hirschen häufig Kämpfe entbrannten, wie wir sie von Hirschen oder Antilopen heute kennen, wenn die Männchen ihre Turniere um Gebietsansprüche oder in der Brunst austragen. Nach dieser Theorie lebten die Hirschkühe in kleinen Gruppen mit den Kälbern zusammen, während die Hirschbullen Einzelgänger waren. Daß gekämpft wurde, kann als gesichert gelten, da sämtliche Bullen geheilte Bruchstellen an den Hörnern aufweisen. Aufgrund der Heilung kann man auch davon ausgehen, daß die Hörner mit einer Haut bedeckt waren; nackte Geweihe sind nicht durchblutet und können deshalb nicht heilen.

Die Backenzähne von *Sinclairomeryx* liegen nicht sehr hoch und das Maul ist relativ schmal. Diese Merkmale verweisen auf einen Äser wie den rezenten Hirsch, der auch Gras weidet. Die Beine von *Sinclairomeryx* sind weder lang noch kurz, was auf einen Mischlebensraum aus Wald und Savanne hinweist, womit die Nahrungsfrage geklärt wäre.

LINKS: Auf der Grundlage des Fossilfundes hat Marianne Collins eine Rekonstruktion von *Sinclairomeryx* hergestellt. Ihre Arbeit vereint wissenschaftliche Kenntnis mit künstlerischer Begabung. In Zusammenarbeit mit Wissenschaftlern unter Verwendung fossiler Daten und mit viel praktischer Erfahrung kann sie ausgestorbene Tiere der Vergangenheit so naturgetreu wie möglich darstellen.

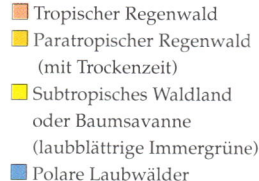

Tropischer Regenwald

Paratropischer Regenwald
(mit Trockenzeit)

Subtropisches Waldland
oder Baumsavanne
(laubblättrige Immergrüne)

Polare Laubwälder

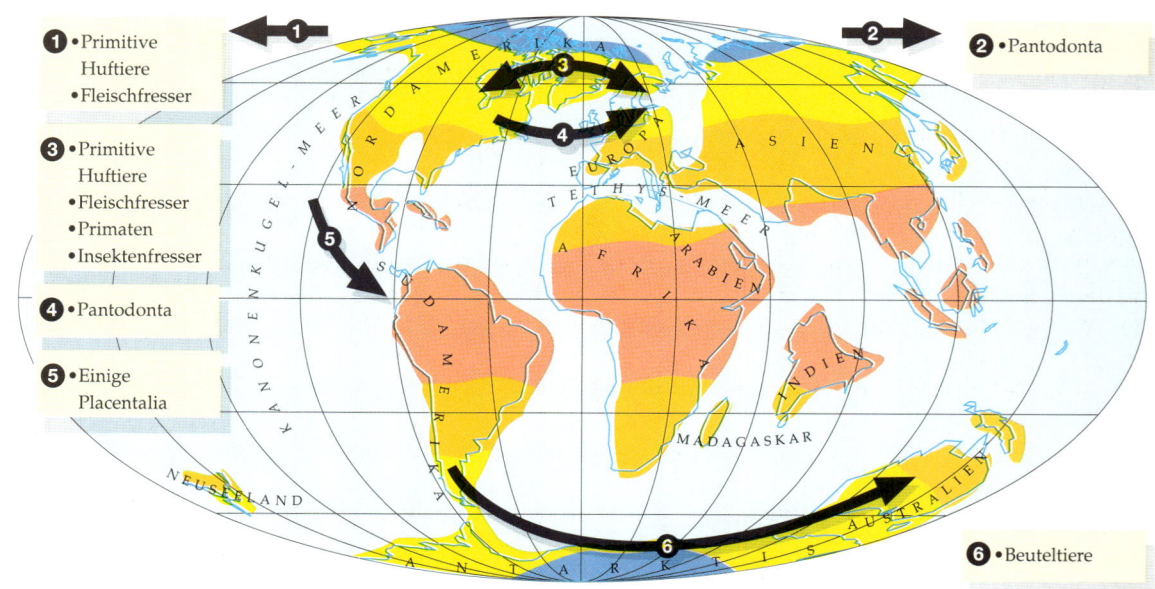

KARTE VOM UNTEREN BIS MITTLEREN PALÄOZÄN (VOR 63 MILLIONEN JAHREN)

Unser Wissen über die Vegetation der Vergangenheit ist lückenhaft, und die auf dieser Karte abgebildeten groben Umrisse sind lediglich Vermutungen. Während des Paläozäns hüllte ein warmes, ausgeglichenes, viel feuchteres Klima ohne große Unterschiede zwischen den Polen und dem Äquator die Erde ein. Die Wälder Nordamerikas scheinen dichter und sumpfiger als in der Oberkreide. Tropische und paratropische Wälder dehnten sich weiter als heute nach Norden und Süden aus. Subtropisches Waldland erstreckte sich bis zu den Polgebieten, wo sie Laubwäldern Platz machten, die den langen polaren Tagen und Nächten angepaßt waren. Eine Reihe von Tieren wanderten auf den eisfreien arktischen Routen zwischen Nordamerika und Westeuropa oder Ostasien. Zwischen Europa und Asien, die durch Binnenmeere getrennt waren, fanden anscheinend keine Migrationen statt. Afrika, Indien und Madagaskar waren vermutlich voneinander getrennt, Süd- und Nordamerika waren nicht miteinander verbunden; dennoch wanderten einige Säugetiere nach Süden. Südamerikanische Beuteltiere gelangten über die Antarktis nach Australien.

alle sind primitiver als einige spätere Gruppen von Huftieren, und sie scheinen sich später als paarzehige Ungulaten, die Artiodactyla, heute die erfolgreichste und artenreichste Gruppe von Huftieren, zu der Schwein, Flußpferd, Hirsch und Antilope zählen, von dieser Evolutionslinie abgezweigt zu haben.

Wir denken bei Huftieren gewöhnlich an Pflanzenfresser — eine weitere Hauptgruppe sind die Perissodactyla, unpaarhufige Ungulaten, zu denen Pferd, Nashorn und Tapir zählen. Aber eine Gruppe der Urhuftiere, die ausgestorbenen Mesonychiden, waren Fleischfresser, und ihre Schädel weisen Merkmale früher Wale auf. Biochemische Untersuchungen an lebenden Säugetieren belegen die Zugehörigkeit der Wale zur Ordnung der Huftiere! Unter den lebenden Gruppen sind sie den Schweinen und Kühen am nächsten verwandt.

Die Welt des Paläozäns

Die Welt des Alttertiärs vor 66 bis 57 Millionen Jahren war viel ausgeglichener als die Welt von heute. Das tropische bzw. subtropische Klima reichte bis in die Polargebiete. Es gibt Anzeichen dafür, daß die ganzjährigen Niederschlagsmengen sich nach dem Aussterben der Dinosaurier dramatisch erhöht haben. Die Wälder des nordamerikanischen Paläozäns scheinen dichter und sumpfiger gewesen zu sein als in der Oberkreide.

Unsere Kenntnis der vergangenen Vegetation ist sehr lückenhaft, und die breiten Streifen in den Karten in diesem Kapitel stellen lediglich zu einer allgemeinen Über-

sicht hochgerechnete Einzelergebnisse dar. Außerdem kann keine Karte eine Epoche beschreiben, die Millionen von Jahren dauerte. Klimatische Schwankungen haben sicherlich die Grenzen zwischen den Vegetationstypen verschoben, wie sie es heute noch tun; hier handelt es sich lediglich um Momentaufnahmen einer sich ändernden Szene.

Im Alttertiär gab es an den Polen Laubwälder. Diese umfaßten Pflanzen, die an eine viel wärmere Umgebung angepaßt waren, als wir sie heute nördlich des 66. Breitengrades finden, obwohl die Lichtverhältnisse vermutlich übereinstimmen. Die Bäume trugen sehr große Blätter, die in den langen Polarsommern das Licht speicherten. Der Rest des Globus war von tropischen Wäldern bedeckt, die sich jedoch von den heutigen erheblich unterschieden, da ihre Bewohner fast ausnahmslos kleine auf Bäumen lebende Säugetiere waren. Es gab nicht die großen Fleisch- oder Pflanzenfresser, die heute den tropischen Urwald bevölkern — keinen Jaguar, Leopard, Okapi oder Tapir.

Anscheinend benötigten die Säugetiere in den oberen Etagen der von den Dinosauriern freigelassenen Nischen mehrere Millionen Jahre für die Entwicklung moderner Körpergrößen. Einer der Gründe lag vermutlich darin, daß die Wälder dichter waren als in der Kreidezeit, da keine massigen Dinosaurier sie rodeten und der dichte Wald als Lebensraum für kleine Baumbewohner eher geeignet ist als für größere Tiere am Boden.

Eine weitere Besonderheit der paläozänen Säuger liegt darin, daß sie keine Zähne besaßen, die auf Pflanzennahrung deuten würden. Die meisten Säugetiere waren entweder Insekten- oder Allesfresser, auf deren Speiseplan vielleicht noch Früchte, Beeren und junge Triebe standen.

Warum ließ sie die reiche Blätter- und Pflanzennahrung kalt? In den heutigen Wäldern sind laubfressende Säugetiere in Lebensräumen heimisch, wo die Temperatur und der Niederschlag während des Jahres erheblich schwanken. Wenn Pflanzen ihr Laub in den kalten Jahreszeiten regelmäßig abwerfen, gibt es keinen Grund, die Blätter vor dem Verzehr durch Säugetiere oder Insekten zu schützen. Folglich sind die Blätter in laubabwerfenden Lebensräumen verzehrbarer als in solchen ohne Jahreszeiten, wo die Pflanzen ihr Blätterkleid durch alle möglichen Mittel ungenießbar machen. Die Abwesenheit laubfressender Säugetiere deutet also auf geringe jahreszeitliche Schwankungen hin.

Der erste Ausbreitungsboom im Paläozän betraf vornehmlich sogenannte »archaische« Gruppen, die keine unmittelbaren Vorfahren rezenter Tiergruppen waren. Dies soll nicht heißen, daß diese Tiere leistungsschwach oder fehlangepaßt gewesen wären. Ihre sehr schnelle Verbreitung zeigt vielmehr, daß sie zu ihrer Zeit äußerst erfolgreich waren. »Archaische« Zustände brauchen »archaische« Baupläne. Der Ersatz solcher frühen Baupläne durch Säugetiere, die wir heute »modern« nennen, bezeugt vermutlich die Umwälzungen in einer späteren Welt mit einem deutlicheren Jahreszeitenwechsel. Die Evolution kennt keine Prognosen: Anpassung gilt nur der aktuellen Situation.

Zu Beginn des Paläozäns bestanden die Säugetiere aus Überlebenden der Oberkreide: Multituberculaten, Didelphia (Beuteltiere), primitive waschbärähnliche Huftiere sowie ein Stamm insektenfressender Tiere. Angesichts der Abwesenheit wirklich großer Raubtiere schienen einige Urhuftiere wie *Oxyclaenus* wenigstens eine kleine Raubtierrolle zu übernehmen.

Auch einige neue Säugetiertypen erlebten den Start des Paläozäns. Eichhörnchenähnliche frühe Primaten (Plesiadapidae) tauchten auf der nördlichen Halbkugel auf. Einige Protentheria-Familien gaben ihr Debüt, und in Europa und Nordamerika gab es »echte«, mit den heutigen Mäusen und Igeln verwandte Insektenfresser. Die nordamerikanischen *Palaeodontia* waren ameisenfressende, erdhöhlenbewohnende Säugetiere, die den südamerikanischen Edentaten (Zahnarme) ähnlich sahen.

Einige größere Pflanzenfresser machten sich breit. Die Taeniodonta lebten vom unteren Paläozän bis zum mittleren Eozän vor rund 66 bis 40 Millionen Jahren in Nordamerika, wurden jedoch auch in Europa im unteren Eozän und im oberen Eozän in Asien gefunden. Sie lassen sich am ehesten mit riesigen Wombats vergleichen; wie der Wombat besaßen sie mächtige Grabklauen, vorstehende Schneidezähne, hochkronige Backenzähne und suchten vermutlich ebenfalls nach Wurzeln und Knollen. Einige spätere Formen, wie *Ectoganus* aus dem nordamerikanischen Mitteleozän, entwickelten das Wombatmerkmal der nachwachsenden Backenzähne, um aufgrund ihrer Neigung für sandige Nahrung der Abnutzung der Zähne zu begegnen.

Wo es so viel Ökoraum zu füllen gab, kann das Paläozän für eine Bilanz der Vielfältigkeit der Säugetiere kaum herangezogen werden. Viele dieser Arten sind bis heute völlig unbekannt. Die Condylarthra probierten eine Reihe von Formen aus: Von den schweineähnlichen Peryptichidae bis zu den eichhörnchenähnlichen Hyopsodontidae; allesfressende waschbär- oder bärähnliche Arctocyonidae; bodenbewohnende alles- oder pflanzenfressende Phenacodontidae; und die fleischfressenden Mesonychidae, die Hyänen oder Vielfraßen ähnelten. Die herrschenden Fleischfresser gehörten zu der heute ausgestorbenen Ord-

Alle heutigen plazentalen Fleischfresser gehören zu der einen Ordnung Carnivora (Raubtiere). Größere Fleischfresser des Paläozäns und Eozäns jedoch waren Mitglieder einer verwandten, ausgestorbenen Ordnung Creodonta (»Fleischfreßzahn«). Es gab zwei Haupttypen, die Hyaenodontidae und die Oxyaenidae (»Hyänenzahn« und »scharfe Hyäne«), die den modernen Hyänen allerdings nur vereinzelt ähnelten. Die Evolution hat ein Grundmodell für fleischfressende Formen entwickelt. Wir zeigen hier vier Standardtypen.

OBEN LINKS: Diese »Frettchengestalt« ist ein kleines Raubtier, das sich von Nagetieren und Eidechsen ernährt. Die Abbildung zeigt den Hyaenodontiden *Tritemnodon* (»dreiteiliger Schneidezahn«).

UNTEN LINKS: Die »Katze« war ein mittelgroßes bis großes Raubtier, das sich auf die ausschließliche Ernährung von Fleisch spezialisiert hatte. Hier sehen wir den Oxyaeniden *Patriofelis* (»Vater der Katzen«).

OBEN RECHTS: Der »Hund« war ein mittelgroßes bis großes Raubtier, das Fleisch als Teil eines vielseitigeren Speiseplans schätzte und mehr als andere Formen auf das Laufen spezialisiert war. Dieser »Hund« ist der Hyaenodontide *Arfia*, der seinen Namen nach dem lauten Hecheln des Hundes erhielt.

UNTEN RECHTS: Die »Hyäne« oder »Vielfraß« war groß und schwer gebaut, starke, stumpfe Zähne halfen beim Aasfressen und Knochenknacken. Hier sehen sie *Oxyaena*.

Barylambda aus der Ordnung der Pantodonta wurde im Paläozän bis mittleren Eozän Nordamerikas, Asiens und Westeuropas entdeckt. Als Pflanzenfresser lebten sie vermutlich ganz oder teilweise im Wasser.

Im nordamerikanischen unteren Paläozän hatten die Säugetiere begonnen, einander zu bejagen. Hier bereitet sich *Purgatorius* auf die Verteidigung seiner Jungen gegen das Raubtier *Oxyclaenus* vor. *Purgatorius* war Allesfresser von der Größe eines mittleren Buschbabys, ein primitives Mitglied der Gruppe der Plesiadapiformes, die entweder die frühesten Primaten oder deren enge Verwandte waren. *Oxyclaenus* war ein Arctocyonide (»Bärenhund«).

nung der Creodonta. Die frühesten Mitglieder der Carnivora waren die gleichfalls ausgestorbenen wiesel- oder frettchenähnlichen Miacidae. Sie fraßen vermutlich, was sie gerade vorfanden, und waren keine Spezialisten. Als herrschende Landraubtiere sollten die Carnivora noch 25 Millionen Jahre auf sich warten lassen.

Vieles von unserem Wissen über das frühe Paläozän stammt aus Nordamerika, aber einige Erkenntnisse aus der restlichen Welt offenbaren einzigartige regionale Unterschiede. In Asien scheinen sich die schwerfälligen Pantodonta und Tillodonta (Rupfzähner) entwickelt zu haben, Alles- oder Pflanzenfresser, die im späteren Paläozän nach Nordamerika wanderten. Die Pantodonta waren vermutlich die größten Säugetiere ihrer Zeit. Sie schwankten zwischen Hunde- bis Bisongröße, zu ihnen gehörten semiarboreale (Baumbewohner) bis semiaquatische flußpferdartige Formen, die meisten jedoch lebten auf dem Land. Einer der ungewöhnlichsten Pantodonta war *Barylambda* im oberen nordamerikanischen Paläozän vor rund 58 Millionen Jahren.

Nur Nordamerika bietet Fossilienfunde von opossumartigen Beuteltieren, die in Südamerika erst im mittleren Paläozän gefunden wurden, wo sie allerdings derartig artenreich vertreten sind, daß sie bereits früher existiert haben müssen. Kurz nach ihrem ersten Erscheinen im oberen Unterpaläozän breiteten sich die plesiadapiformen Primaten ausschließlich in Nordamerika aus und verzweigten sich in unterschiedliche Familien. Die Carpolestidae zum Beispiel hatten zum Schälen von Obst spezialisierte Zähne, wie einige moderne australische Beutelratten. Die Picrodontidae scheinen Gummifresser gewesen zu sein, wie einige Buschbabys und Seidenäffchen der modernen Primaten. In der Welt jener Zeit wurden nirgendwo sonst plesiadapiforme Primaten gefunden.

Über das afrikanische Paläozän wissen wir praktisch nichts. Einige spärliche Fossilfunde vom Ende der Epoche legen die Möglichkeit nah, daß in Afrika die fuchsähnlichen Mitglieder der ausgestorbenen Carnivorenordnung der Creodonta sowie einige fortgeschrittene, echte Primatenformen wie die heute in Asien lebenden Tarsier entstanden.

Was wir über Südamerika wissen, stammt aus dem mittleren bis oberen Paläozän. Hier trugen sämtliche Gegenstücke zu den Insekten- und Fleischfressern der nördlichen Hemisphäre ihre Jungen in Beuteln: zum Beispiel die opossumähnlichen Didelphiden und die fleischfressenden Borhyaenidae. Aber die Huftiere Südamerikas trieben die Entwicklung der Placentalia voran mit Tieren wie Litopterna (»einfache Ferse«) und Notoungulata (»Südhuftiere«), die ihre Jungen viel länger im Mutterleib trugen.

Möglicherweise genügten die unterschiedlichen klimatischen Bedingungen Südamerikas, um mit der Bildung sich jahreszeitlich ändernder und offener Wälder einer Vielzahl von bodenbewohnenden Laubfressern einen Lebensraum zu bieten.

Das Paläozän auf der nördlichen Halbkugel erlebte eine weitere Ausbreitungswelle vornehmlich größerer, bodenbewohnender Tiere. Die vornehmlich im Norden herrschenden Raubtiere waren die mesonychiden Condylarthra. In Nordamerika entwickelte die Evolution eine Vielfalt katzenähnlicher Creodonten, die Oxyaenidae. Unter den großen Pflanzenfressern befanden sich insbesondere in Asien mehrere Arten von Pantodonten, ebenfalls in Asien und Nordamerika faßten die frühen Uintatherien Fuß. (Die späteren Uintatherien des Eozäns waren aufsehenerregende nashornähnliche Tiere mit

einer Reihe knochiger Hörner auf dem Kopf und säbelartigen oberen Eckzähnen.)

Doch diese vielgestaltigen großen Tiere machen auf den modernen Beobachter, dessen Vorstellungen von Säugern durch Hunde und Katzen, Antilopen und Pferde geprägt sind, einen schwerfälligen Eindruck. Dies waren nicht die schnellfüßigen, langbeinigen, grazilen Formen, wie sie über die heutigen Prärien stolzieren, und es sollten noch Millionen von Jahren bis zur Entstehung von großen Grasebenen vergehen, auf deren offenen Flächen sich daran angepaßte Säugetiere tummelten.

Die Oxyaeniden waren langgestreckte kurzbeinige Geschöpfe, die überdimensionalen Wieseln ähnlich sahen. Sie überraschten ihre Beute im Wald aus dem Hinterhalt, waren aber zu langen Verfolgungsjagden nicht in der Lage. Mesonychiden hatten ziemlich lange Beine, ihre Zähne jedoch zeugen vom hyänenartigen Lebensstil des Aasfressers statt des aktiven Jägers. Die Taeniodonten gruben den Waldboden um. Die Condylarthra waren stämmige, kleine Tiere, und die gewichtigeren Pantodonta und Uintatherien lebten vermutlich als semiaquatische Flußuferbewohner; ihre Zähne machen nicht den Eindruck, als hätten sie etwas anderes als leichte Pflanzennahrung verarbeitet.

Zwischen den verschiedenen Teilen der Welt des Paläozäns fand kaum ein Austausch von Säugetieren statt. Einige primitive Ungulaten, Fleisch- und Insektenfresser waren wohl in der Lage, über die eisfreie Arktisroute zwischen Nordamerika und Europa einerseits und zwischen Nordamerika und Asien andererseits zu wandern. Zwischen Europa und Asien scheint es keine Migrationen gegeben zu haben, da diese durch Binnenmeere getrennt waren. Afrika, Indien und Madagaskar waren vermutlich vom Rest der Welt abgeschnitten. Obwohl Südamerika isoliert war, gelang es einigen Säugetieren, den Weg von Nordamerika hierher zu finden und eine einmalige Fauna zu begründen.

Nachhaltige Auswirkungen auf das spätere Paläozän hatte das Eindringen der frühesten Nagetiere wie *Paramys* von ihren ersten bekannten Lebensräumen in Asien aus nach Nordamerika. Ihre Ankunft in Nordamerika fällt mit dem Niedergang einer Reihe von Multituberculaten und den dort heimischen eichhörnchenähnlichen Primaten zusammen.

Das untere und mittlere Eozän

Gegen Ende des Paläozäns und bis ins untere Eozän, vor rund 50 Millionen Jahren, erwärmte sich das globale Klima spürbar. Die tropische Vegetation dehnte sich aus und drängte den paratropischen Regenwald zum arktischen Polarkreis, um dort eine der ungewöhnlichsten Naturformen der Erdgeschichte zu bilden: Urwälder an den Polen. In den Wäldern der höheren Breiten tummelte sich eine wachsende Vielzahl von Säugetieren.

Viele unserer rezenten Ordnungen begannen ihre Karriere im unteren Eozän, darunter die echten Primaten und die paar- und unpaarhufigen Säugetiere (artiodactyle und perissodactyle Ungulaten). Viele der alten Säugetiergruppen des Paläozäns, wie Condylarthra,

KARTE DES UNTEREN UND MITTLEREN EOZÄNS (VOR 50 MILLIONEN JAHREN)

Vor etwa 55 Millionen Jahren erwärmte sich das Klima spürbar. Die tropische Vegetation breitete sich Richtung Arktis und Antarktis aus und brachte eine erheblich erweiterte Artenvielfalt von Säugetieren mit sich, als im Paläozän vorhanden war. Viele unserer rezenten Ordnungen begannen ihre Laufbahn im frühen Eozän, darunter die echten (lemuriformen) Primaten und die paar- und unpaarhufigen Säugetiere (Artiodactyla und Perissodactyla). Die alten Säugetiere wie die plesiadapiformen Primaten, Condylarthren, Proteutherien und Multituberculaten waren im Niedergang begriffen und starben bis zum Ende des Zeitalters aus.

Migrationswellen von Säugetieren strömten über die nördlichen Kontinente hin und her, und die regionalen Populationen wurden einander ähnlicher, allerdings ohne ihre individuellen Eigenschaften zu verlieren. Von großer Bedeutung war die Bewegung nach und von Afrika seit dem oberen Paläozän. Etwa um die Mitte des Eozäns nahm die Migration ab.

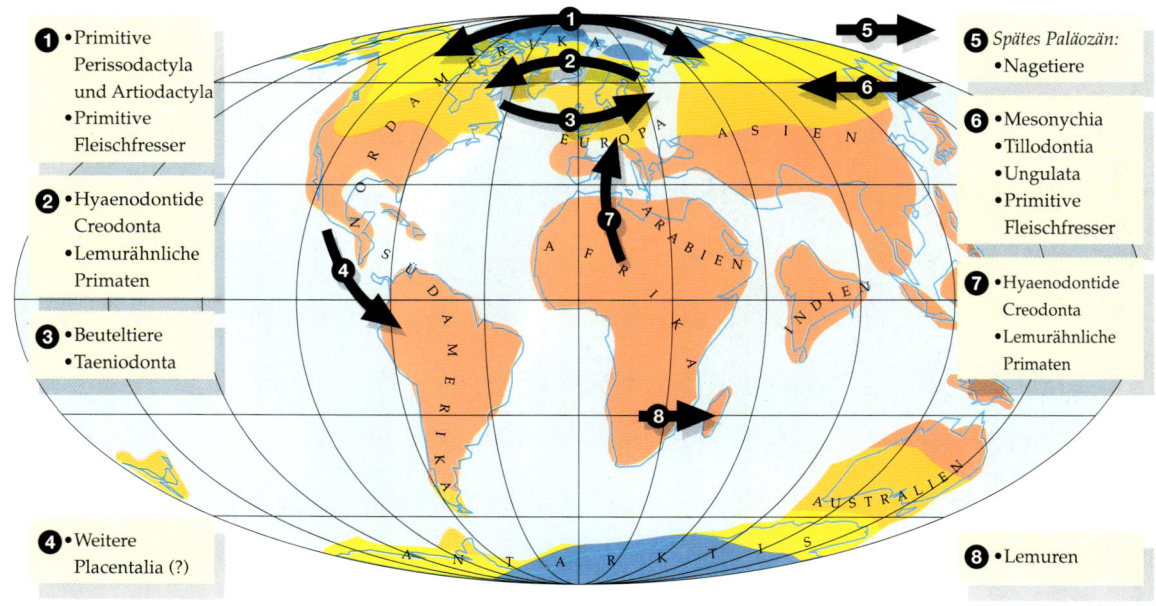

1
• Primitive Perissodactyla und Artiodactyla
• Primitive Fleischfresser

2
• Hyaenodontide Creodonta
• Lemurähnliche Primaten

3
• Beuteltiere
• Taeniodonta

4
• Weitere Placentalia (?)

5 *Spätes Paläozän:*
• Nagetiere

6
• Mesonychia
• Tillodontia
• Ungulata
• Primitive Fleischfresser

7
• Hyaenodontide Creodonta
• Lemurähnliche Primaten

8
• Lemuren

■ Tropischer Regenwald
■ Paratropischer Regenwald (mit Trockenzeit)
■ Subtropisches Waldland oder Baumsavanne (laubblättrige Immergrüne)
■ Polarer Laubwald

OBEN: Eine der frühesten bekannten Fledermäuse ist *Icaronycteris* aus der Green-River-Formation in Wyoming vor 55 Millionen Jahren.

UNTEN: Wale und Seekühe erschienen erstmalig vor 50 Millionen Jahren. Der 18 m lange *Basilosaurus* war ein Prototyp des Wales mit einem winzigen Kopf. Der Kopf moderner Wale macht bis zu einem Drittel der Körperlänge aus. Er besaß noch hintere Gliedmaßen, die die Wale später ablegten.

Proteutheria und Multituberculata standen vor dem Untergang und starben bis zum Ende der Epoche aus. Doch die zahlreichen Neuerscheinungen ersetzten die älteren Säuger nicht unmittelbar. Das frühe Eozän bot beiden Platz, und es gab kein dramatisches Aussterben, sondern die Neuzugänge breiteten sich einfach langsam aus, während die Oldtimer bis zum Ende des mittleren Eozäns immer weiter zurückgingen und schließlich verschwanden. In diese Zeit fällt auch der Aufstieg moderner Nagetierfamilien.

Das Eozän, »Anbruch der Neuzeit«, hat seinen Namen wegen der Einführung zahlreicher rezenter Ordnungen und sogar einiger Säugetierfamilien vor 57 bis 34 Millionen Jahren erhalten. Drei der höchstspezialisierten rezenten Ordnungen sind die Fledermäuse (Ordnung Chiroptera), die erstmalig im unteren Eozän erschienen, und die Wale und Seekühe (Ordnung Cetacea und Sirenia), Säugetiere, die im mittleren Eozän ins Meer zurückkehrten. Andere Neuankömmlinge waren moderne Formen der Ordnung der Primaten, die sich in die lemurenartigen Adapidae (wie *Notharctus*) und die tarsierarti-

gen Omomyidae aufspalteten (wie *Teilhardina*, die nach dem französischen Paläontologen und Philosophen Teilhard de Chardin benannt wurde). Die Zugehörigkeit der Plesiadapiformes (wie *Purgatorius*) zu den echten Primaten

ist umstritten, obwohl sie sicherlich nahe Verwandte einiger rezenter Primatentypen waren. Frühe Mitglieder der Ordnungen Artiodactyla und Perissodactyla sind der winzige moschustierähnliche *Diacodexis* und das früheste Pferd, *Hyracotherium*. Diese beiden Ordnungen waren auf der ganzen nördlichen Hemisphäre verbreitet, wenngleich einige Artiodactyla auch in Asien gefunden wurden. Primaten erscheinen nur in Nordamerika und Europa.

Für die Perissodactyla war das Eozän eine besonders erfolgreiche Zeit. Sie bildeten eine Vielzahl von Familien, die teilweise noch heute bestehen (Pferde, Nashörner, Tapire), teilweise aber auch ausgestorben sind (Brontotheriidae, Chalicotheriidae, Palaeotheriidae). Brontotheriidae durchstreiften das untere und mittlere Eozän. Die nashornähnlichen Tiere wurden in Asien und Nordamerika gefunden, und trugen wuchtige Knochenhörner auf der Nase, während die Hörner der echten Nashörner aus Keratin, also zusammengepreßter, gehärteter Haut, bestehen. Weitere erfolgreiche Ungulaten des unteren Eozäns waren die Uintatherien in Asien und Nordamerika, die sich zu gehörnten nashorngroßen Formen entwickelten. Der Artenreichtum der untereozänen Artiodactyla begrenzte sich auf kleine, meist allesfressende Dichobunidae, wie *Diacodexis.*

Als Fleischfresser verbreiteten sich die fuchsgroßen hyaenodontiden Creodonta im frühen Eozän über die nördliche Halbkugel. Die vielfraßähnlichen oxyaeniden Creodonten verbreiteten sich von Nordamerika aus nach Europa, starben aber dann bis Ende des frühen Eozäns aus und verschwanden bis zum Ende des mittleren Eozäns auch aus Nordamerika. Die echten Carnivora, die Miacidae, die die ganze nördliche Halbkugel überzogen, waren noch kleine, wiesel- oder frettchenähnliche Wesen.

Afrika und Südamerika waren während des unteren Eozäns anscheinend vollkommen von der nördlichen Hemisphäre abgeschnitten, obwohl, wie wir sehen werden, zu Beginn der Epoche ein minimaler Austausch zwischen Afrika und Europa stattfand. Einige Gruppen entstanden wahrscheinlich in Afrika: die ausgestorbenen nashornähnlichen Arsinoitheriidae, einige fortgeschrittene Primaten, frühe Hyracoidea (Klippschliefer), Proboscidea (Rüsseltiere) und Seekühe.

Die ersten Proboscidea wie *Moeritherium* waren flußpferdähnliche, rund eine viertel Tonne schwere Wassertiere, die gerade damit begannen, ihre Schneidezähne in Hauer umzuwandeln. Der Langnasentyp entwickelte diese kurzen Stoßzähne im Ober- und Unterkiefer, und viele der Nachfahren behielten diese Ausstattung in verlängerter Form bei. Die Deinotherien, entfernte Verwandte von Mastodon und Elefant, verloren die oberen Stoßzähne und behielten die unteren, nach unten und hinten gebogenen Stoßzähne. Der

heute vertraute Stoßzahn, der sich aus dem Unterkiefer nach oben biegt, war erst eine Erfindung spättertiärer Mastodonten und Elefanten.

Diese Neulinge entwickelten die uns vertraute hochstirnige Miene, die wir als Ausdruck elefantischer Weisheit empfinden. Die frühen Proboscidea hatten lange, pferdeähnliche Gesichter. Die hervorstechendste Neuerwerbung war der Rüssel, mit dem sie geschickt Nahrung aufnehmen können. Dies war eine geniale Lösung für ihr Greifproblem, das durch die Änderung der Vorderbeine in Hufe zum Laufen entstanden war.

Die südamerikanischen Fossilienfunde belegen viel anschaulicher das Leben der dort heimischen paläozäne Tiere. Wie auch in der nördlichen Hemisphäre gingen die auf Bäumen lebenden Insektenfresser (hier ausnahmslos Beuteltiere) zurück, die Bodenlebenden nahmen zu in Form einer Vielzahl von Gürteltieren und Glyptodontidae – ausgestorbene, gepanzerte, riesigen Gürteltieren ähnliche Geschöpfe, deren Verteidigungsstrategien denen der Ankylosaurier unter den Dinosauriern ähnelten, die den Schwanz als dornenbesetzte Keule benutzten. Die Huftiere bildeten verschiedene Formen heraus, und die Notoungulaten entwickelten sich zu sechs Familien, die zu jener Zeit allesamt klein bis mittelgroß und stämmig waren, gebaut etwa wie ein Schwein oder Klippschliefer. Schließlich erschienen im mittleren Eozän die frühen Riesenfaultiere.

Wie ging die Vermehrung der Säugetierformen im sich wandelnden Klima des Eozäns vor sich? Die Erwärmung des Klimas führte zu einer periodischen jährlichen Niederschlagsform, der zu einer gelockerten Baumdichte führte, da die Wurzeln sich ausdehnten, um in der Trockenzeit genug Wasser aufnehmen zu können. Durch die Auflockerung der Wälder erreichte mehr Licht den Waldboden, die Bodenvegetation gedieh besser und ernährte mehr bodennahe Pflanzenfresser, die wiederum neue Arten entwickelten und Größen erreichten, die kein Baumbewohner je hätte erlangen können.

Neue Formen von Primaten in den Bäumen und Ungulaten auf dem Boden fraßen, wie die Zähne verraten, mehr Laub als ihre paläozänen Vorfahren, was eine jahreszeitlich wechselnde Umwelt voraussetzt, in der die Blätter weitaus genießbarer sind.

Eine Parallele liefert der heutige mittelamerikanische Regenwald mit seinen jahreszeitlich bedingten periodischeren Niederschlägen, als sie die Regenwälder der Alten Welt kannten.

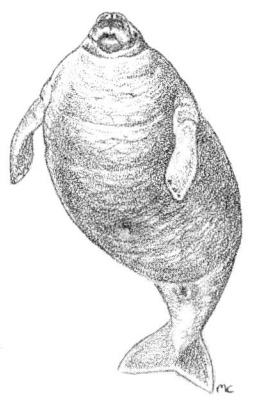

OBEN: Stellar's Seekuh, auch *Hydrodamalis* (»Seejungfrau«) genannt, war ein riesiger, 8 m langer Dugong. Sie lebte in der Arktis im Gebiet der Beringstraße und wurde von den Menschen innerhalb von siebenundzwanzig Jahren nach ihrer Entdeckung 1741 durch Jagd ausgerottet. Die ersten Seekühe erschienen im Eozän, wo sie sich im warmen Wasser des seichten Tethys-Meeres und anderer Meere von Seegras ernährten. Im Miozän erreichten sie die größte Artenvielfalt. Die heutigen Seekühe sind tropische Tiere, die sich von Seegras oder treibenden Pflanzen in Flüssen und Mündungsgebieten ernähren – empfindliche Geschöpfe, deren Fortbestand gefährdet ist.

GEGENÜBER, OBEN RECHTS: Das welpengroße *Hyracotherium,* auch *Eohippus* (»Pferd der Morgenröte«) genannt, ist das früheste bekannte Pferd. Es lebte im nordamerikanischen und europäischen paratropischen Regenwald des frühen Eozäns. Die Zähne verraten eher eine Diät aus weichen Blättern und Früchten, statt Gras, und anstatt in Herden über die offene Prärie zu galoppieren, lebte es vermutlich allein oder paarweise am schattigen Waldrand.

Die Kulisse einer Vielzahl von Säugetieren eines untereozänen Waldes vor rund 55 Millionen Jahren. Auf diesem Bild sehen wir beim Trinken im Sumpf *Diacodexis,* paarhufige Ungulaten und allesfressende Äser, daneben auf dem Boden *Paläsinopa,* ein primitiver Insektenfresser ähnlich einer rezenten Ottermaus *(Potamogale velox).*

Mit gebleckten Zähnen nähert sich ihnen *Paläonictis* (»Altes Wiesel«), ein aasfressender Knochenknacker aus der ausgestorbenen Ordnung Creodonta.

Auf dem Baumstumpf sitzt *Cantius,* ein primitiver omomyider Primate und Fruchtfresser, und in der Astgabel des Baumes *Apatemys,* ein frühes insektenfressendes Säugetier, das Insekten aus den Baumstämmen bohrt.

In einiger Entfernung stehen zwei Coryphodontidae, Mitglieder der archaischen ungulatenähnlichen Ordnung *Pantodonta.*

Dieses Bild basiert auf Fossilienfunden im englischen Abbey Wood. Die Vegetation bestand aus dichtem, paratropischem Regenwald mit Mangrovensümpfen, tropischen Bäumen mit großen, saftigen Früchten sowie Lianen und Farnen. Darüber hinaus bezeugen die dortigen Fossilienfunde offene Gebiete mit Bodenvegetation. Dieser Überfluß an Nahrung bot einen Lebensraum für zahlreiche Arten von Säugetieren, und über 90 Prozent der gefundenen Pflanzenarten wächst noch heute im tropischen Asien.

Sämtliche modernen tropischen Regenwälder beherbergen eine Vielzahl laubfressender Affen.

In Mittelamerika lebt jedoch eine Vielzahl von bodenständigen Laubfressern, zu denen nicht nur der tropische Hirsch und das Tapir, sondern auch große Nagetiere wie Pakas, Agutis (Goldhasen) und Wasserschweine gehören, die hier eine Rolle übernommen haben, die anderswo von huftragenden Säugetieren gespielt wird.

Das frühe Eozän erlebte eine große Welle von Wanderungen zwischen den Kontinenten der nördlichen Hemisphäre, außer dort, wo die Meerenge von Turgai Europa von Asien trennte.

Es scheint quer über die Arktis eine offene Grenze zwischen Europa und dem Osten Nordamerikas und zwischen Asien und dem Westen Nordamerikas gegeben zu haben, obwohl jede Region ihre eigene, typische Formensammlung von Säugetieren behielt. Während zum Beispiel in Nordamerika alle Arten tapirähnlicher Äser lebten, waren in Europa die Palaetheriden heimisch, die enger mit Pferden verwandt waren. Die nashornähnlichen Brontotheriidae lebten in Nordamerika und Asien, waren in Europa jedoch unbekannt, wo sich eigene Gruppen großer nashornähnlicher Tapire tummelten.

Im unteren und mittleren Eozän lebten in Asien eine große Vielfalt von Tapiren, die zum Teil einzigartig für diesen Kontinent waren, und zu denen winzige Zwergarten ebenso wie langbeinige Formen zählten. Die Chalicotheriidae, seltsame, unpaarhufige Ungulaten, die später die Hufe durch Klauen ersetzten, wurden erstmalig im unteren Eozän in Europa gefunden, tauchten jedoch auch im mittleren Eozän in Asien und Nordamerika auf.

In einer bemerkenswerten eozänen Wanderung breiteten sich die opossumähnlichen Säugetiere von Nordamerika in die Alte Welt aus, wo sie als seltene Tiere bis ins untere Miozän lebten. Es scheint zu Beginn des Eozäns oder am Ende des Paläozäns auch Wanderungen zwischen Afrika und dem eurasischen Kontinent gegeben zu haben. Lemurartige Primaten, die Vorfahren der späteren Primaten, entstanden vermutlich in Afrika und eroberten sich anschließend den Rest der Welt. Lemuren sind zu jener Zeit aller Wahrscheinlichkeit nach von Afrika nach Madagaskar übergesiedelt.

Mittleres bis oberes Eozän

Im oberen Eozän erreichten die globalen Temperaturen den Höhepunkt des Tertiärs. Während des mittleren und oberen Eozäns war vornehmlich in höheren Breiten eine Tendenz zur Abkühlung und Trockenheit spürbar, und das Ende der Epoche erlebte vermutlich sogar Winterfröste. Am Ende des Eozäns vor rund 34 Millionen Jahren nahm die Abkühlung plötzlich zu. Innerhalb von vielleicht einer Million Jahren erfuhren die nördlichen Breiten einen Sturz der Jahrestemperaturen und erhebliche jahreszeitliche Schwankungen.

Während des oberen Eozäns wurde die tropische Vegetation Richtung Äquator verdrängt, während in den höheren Breiten eine neue Art von Vegetation entstand gemäßigter Mischwald aus Nadelbäumen und Laubbäumen, ähnlich den heutigen Wäldern in Kanada und Nordeuropa. Infolge des Klimawandels starben zahlreiche Arten aus, insbesondere in den höheren Breiten wurden einige der dort heimischen Säugetiere seltener oder verschwanden ganz. Dieses Sterbeereignis war vermutlich nicht die unmittelbare Auswirkung des kälteren Wetters, sondern eine Folge der jahreszeitlichen Schwankungen und kalten Winter, die das Vegetationswachstum unterbrachen. Früchte und Beeren standen außerhalb der verbleibenden tropischen Regenwälder nicht mehr ganzjährig zur Verfügung. Die Waage schlug nun in die andere Richtung aus. Mit dem zunehmenden jahreszeitlichen Wechsel in den Wäldern starben die alten, mehr von Früchten abhängigen Pflanzenfresser und Baumbewohner aus oder beschränkten ihren Lebensraum auf die Tropen. Gleichzeitig erschienen größere Pflanzenfresser mit stärker ausgeprägten Zähnen, die die nunmehr kärgere Vegetation besser verarbeiten konnten.

Woher kam der Wandel? Eine naheliegende Erklärung ist das Zerbrechen der südlichen Kontinente. Australien trennte sich von der Antarktis. In der nördlichen Hemisphäre öffnete sich die Passage zwischen Grönland und Norwegen und ermöglichte einen Wasseraustausch zwischen der Arktis und dem nördlichen Atlantik. Das Zusammentreffen von kaltem Polwasser und warmem Tropenwasser änderte die globalen Tiefenströmungen und kühlte die Kontinentalmassen der höheren Breiten ab. Die Entstehung der Eiskappe über der Antarktis begann im mittleren oder oberen Eozän.

Ein derartiger fortgesetzter Wandel in Klima und Vegetation mußte sich auf die Säugerfauna der zweiten Hälfte des Eozäns auswirken. Diese Umwälzung vernichtete die sogenannten »urzeitlichen« Mammalia. Der Beginn des oberen Eozäns erlebte den weltweiten Verlust folgender Gruppen: primitive (plesiadapiforme) Primaten, miacide echte Fleischfresser und nahezu sämtliche fleischfressenden Condylarthren (Mesonychidae und Arctyonidae), die meisten Multituberculaten, pflanzenfressende Condylarthren (obschon die eichhörnchenähnlichen Hyopsodontidae bis zum Ende des Eozäns durchhielten), und die schwerfälligen, großen urzeitlichen Pflanzenfresser – Uintatherien und Tillodontia, Taeniodonta und Pantodonta –, die jedoch in Asien teilweise bis zum Oligozän überlebten. In

KARTE DES MITTLEREN BIS OBEREN EOZÄNS (VOR 40 MILLIONEN JAHREN)

Abkühlung und Trockenheit machten sich bemerkbar, und in höheren Breiten gab es wohl auch Winterfröste. Tropische Vegetationsformen wurden in die Äquatorzone verdrängt. Näher zu den Polen entstand gemäßigter Mischwald, wie wir ihn heute in Kanada und Nordeuropa vorfinden. Über der Antarktis baute sich die Eiskappe auf.

Zahlreiche Säugetiere starben in den höheren Breiten aus, als kalte Winter und jahreszeitliche Schwankungen das Pflanzenwachstum veränderten. Die überlebenden Condylarthren starben aus, die Primaten aber überlebten in tropischen Gebieten mit gesicherter Obstversorgung. Das Anwachsen des Polareises senkte den Meeresspiegel, und das Schließen der Meerenge von Turgai öffnete asiatischen Säugetieren den Weg nach Europa, was fatale Folgen für viele europäische Arten. Einige rezente Säugetiere entstanden und lebten in den neuen jahreszeitlich dominierten Wäldern. Zu den frühesten modernen Pflanzenfressern gehörten die Kamele, echte Nashörner und Kaninchen. Fortschrittlichere Pferde und Nagetiere tauchten auf, ebenso wie die ersten Katzen, Hunde und Bären.

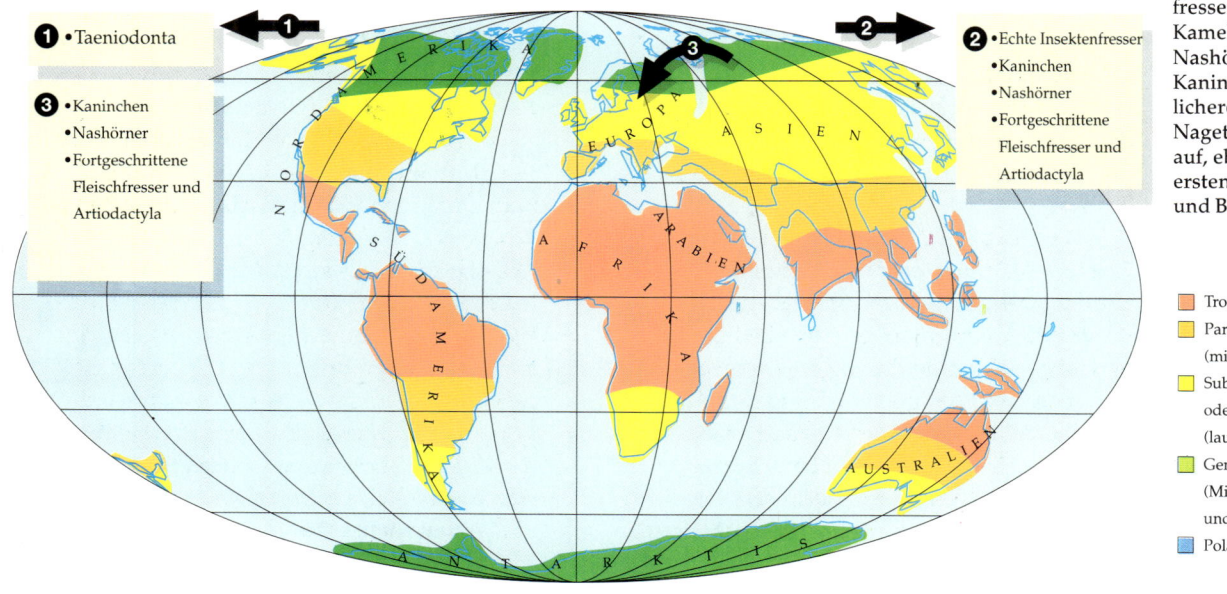

Tropischer Regenwald

Paratropischer Regenwald (mit Trockenzeit)

Subtropisches Baumgebiet oder Baumsavannen (laubblättrige Immergrüne)

Gemäßigter Wald (Mischwald aus Nadel- und Laubbäumen)

Polarer Laubwald

Palaeolagus kennen wir aus dem oberen Eozän und Oligozän in Nordamerika. Obwohl es sich um ein primitives echtes Kaninchen handelt, waren seine Beine nicht für Sprünge ausgestattet, wie bei den heutigen Kaninchen, sondern es sah vermutlich eher wie die heutigen Pikas aus, kleine, kurzohrige Verwandte der Kaninchen.

GEGENÜBER: *Diatryma* war ein 2 m großer, fleischfressender Vogel im europäischen und nordamerikanischen Eozän. Er besaß einen schweren, gefährlichen Schnabel und muskulöse Beine mit Krallen. Wie seine entfernten Verwandten des südamerikanischen Oligozäns und Miozäns, die Phorusrhaciden, muß *Diatryma* als erfolgreicher Raubvogel für die meisten Säugetiere seiner Zeit eine tödliche Bedrohung dargestellt haben.

Ictops gehört zur Gruppe der Lepticida, frühen Insektenfressern. Obwohl sein Name »wieselähnlich« bedeutet, sah er wohl eher wie eine heutige Elefantenspitzmaus aus. Einzelheiten lepticider Fossilienfunde belegen, daß sie vornehmlich auf den Hinterbeinen nach vorne gebeugt im Wechselschritt liefen.

Europa gab es noch lemurähnliche Primaten, deren Zahl jedoch drastisch gesunken war und die in der nördlichen Hemisphäre das Eozän nicht überdauerten.

Eine neue Kollektion wurde aufgelegt, Vorläufer der Säugetierlinien, die sich im Jungtertiär fortsetzten. Kaninchen erschienen im oberen Eozän in Asien und verbreiteten sich rasch nach Nordamerika (erreichten Europa jedoch erst im Oligozän). Die Nagetiere entwickelten verschiedene Arten, Mitglieder zahlreicher rezenter Familien tauchten auf, Verwandte der Ziesel, Biber, Haselmäuse und Hamster.

Mit dem Verschwinden urzeitlicher Raubtiere erschienen neue Familien der Ordnung Carnivora (zu denen sämtliche rezenten plazentalen Raubtiere gehören). Die Amphicyonidae (ausgestorbene Bärenhunde) und frühe frettchenähnliche Mitglieder der Bärenfamilie erschienen in der nördlichen Hemisphäre, während in Europa ginsterkatzenähnliche (Viverridae) und wieselähnliche (Mustelidae) Raubtiere auftauchten. Nordamerika hingegen schickte frühe Hunde und Asien frühe Nimravidae (die ausgestorbenen »falschen« Säbelzahnkatzen) ins evolutionäre Rennen. Die meisten dieser frühen echten Raubtiere waren im oberen Eozän noch klein. Die hyaenodontiden Creodonta spielten jedoch in der ganzen Welt noch eine große Rolle und versuchten, dem Schicksal der anderen Raubtiere im oberen Eozän zu entgehen, indem sie wolfsgestaltige Formen wie *Hyaenodon* hervorbrachten.

Bei den Pflanzenfressern zeichnete sich ein dramatischer Wechsel ab, allen voran bei den paarhufigen Ungulaten, deren Zähne sich immer besser der faserigen Diät aus zäher Pflanzennahrung anpaßten. Das Eozän erlebte das Auftauchen schweineähnlicher Allesfresser und hirschartiger Pflanzenfresser.

Obwohl sich die echten Schweine noch nicht entwickelt hatten, erschienen in Nordamerika die Pekaris. Kurz nachdem schweineartige Tiere erstmalig in Asien aufgetaucht waren, verbreiteten sich die mittlerweile ausgestorbenen Verwandten der Schweine, die Anthracotheriidae, in Europa, Nordamerika und Afrika und die gleichfalls schweineartigen Entelodontidae nach Nordamerika. Zu den pflanzenfressenden Formen der paarhufigen Ungulaten gehörten mit den Kamelen verwandte Arten, aber die ersten Wiederkäuer waren die Traguliden, deren einziger Überlebender das Moschustier ist. Einige frühe echte Wiederkäuer – Vorfahren der späteren gehörnten Familien – tauchen im eurasischen Eozän auf.

Die unpaarhufigen Ungulaten (Perissodactyla), die im unteren und mittleren Eozän zu den herrschenden Laubfressern gehörten, überlebten trotz des Auftretens neuer paarhufiger Formen. Es gab in Europa zahlreiche Arten von primitiven Pferden und pferdeartigen Palaeotheriden, obwohl die Zahl der Pferde in Asien und Nordamerika zurückgegangen war. (Sie wichen am Ende des Eozän in Nordamerika zurück, als sich Mitglieder der größeren pflanzenfressenden Unterfamilie der Pferde, Anchitheriinae, ebenso wie *Mesohippus* als spezialisierte Äser entwickelten.)

Auch die im unteren Eozän so erfolgreichen Tapire verschwanden, aber die nashornähnlichen lophiodontiden Tapire lebten in Europa weiter, ebenso wie die kleinen Tapire in Asien, die fast wie Gazellen aussahen. Um die Mitte des Eozäns stellte sich eine neue Gruppe unpaarhufiger Äser ein, aus denen sich ein in unserer Zeit für seine fabelhafte Kraft und Angriffslust bekanntes Geschöpf entwickeln sollte: das Nashorn. Aber sein frühester Ahne hatte kein Horn und war etwa so groß wie ein kleines Pferd.

Eine große Karriere im oberen Eozän machten schließlich die Brontotheriidae in Nordamerika und Asien. Die Brontotheriidae des mittleren Eozäns erreichten eine Größe zwischen einem Tapir und dem rezenten javanischen Nashorn und hatten keine Hörner. Im oberen Eozän wuchsen die Brontotheriidae bis zur Größe unseres heutigen Breitmaulnashorns und trugen ein paar große Hörner auf der Nase, die jedoch aus Knochen und nicht aus Keratin wie bei den heutigen Nashörnern bestanden.

Mit dem Ende des Eozäns erfolgte eine weitere Welle des Aussterbens, die sowohl paläozoische Relikte wie die Condylarthra als auch neuere Formen des unteren Eozäns, wie die lemurähnlichen Primaten der höheren Breiten, dahinraffte. Die Menschheit profitierte noch einmal von einem evolutionären Gnadenerlaß, als in eher tropischen Gebieten, wo die Wälder noch das ganze Jahr über Früchte lieferten, Primaten überlebten. Der Todesstoß für mehrere europäische Säugetiergruppen erfolgte aufgrund des Austrocknens der Meerenge von Turgai, die zuvor eine Barriere zwischen den Säugetieren Europas und Asiens gebildet hatte. Das Verschwinden dieses Binnenmeeres war mit einem weltweiten Fall des Meeresspiegels verbunden, da das Wasser im Polareis gebunden wurde. Tiere, die einst von Europa abgeschottet waren, strömten aus Asien herein, und ihre Existenz wirkte sich dort dramatisch auf die heimische Fauna aus.

VÖGEL: VARIATIONEN EINES VIELSEITIGEN BAUPLANS

Die vertrautesten und erfolgreichsten Vögel sind kleine Flieger von der Art, wie sie sogar im Herzen unserer Städte flattern. Sie sind so zerbrechlich, daß es kaum Fossilien von ihnen gibt. Der rezente Kondor der Anden aber ist am besten für den hohen, weiten Flug ausgestattet: 3 m Spannweite, großes, ausgekehltes Brustbein als Anker für mächtige Flugmuskeln. Ein anderer, aufsehenerregender Vogeltyp ist ausgestorben: der flugunfähige, laufende Raubvogel mit massivem Schnabel, kräftigen Beinen und tödlichen Klauen, der eine Schulterhöhe von mindestens 2 m erreichte.

Diatryma gehört zum nordamerikanischen und europäischen Eozän. *Phorusrhacus* entstammt einer Familie von südamerikanischen Räubern vom Oligozän bis Pliozän (vor 38 bis 2 Millionen Jahren). Ausgewachsen waren sie zu widerstandsfähig, um angegriffen zu werden, aber vermutlich außerstande, ihre am Boden hockenden Kücken gegen schnelle, kleine Raubtiere zu verteidigen.

Vögel haben zum Schwimmen zwei Strategien entwickelt. Sie können mit zu Flossen umgebauten, an massiven Brustbeinen verankerten Flügeln durch das Wasser »fliegen«, wie Pinguine; oder sie wandeln ihre Hinterbeine zu breitfüßigen Paddeln um. Das ist bei vielen heutigen Wasservögeln der Fall. *Hesperornis* war ein reiner Wasserbewohner der Kreidezeit, der von kräftigen Beinen vorwärtsgetrieben wurde.

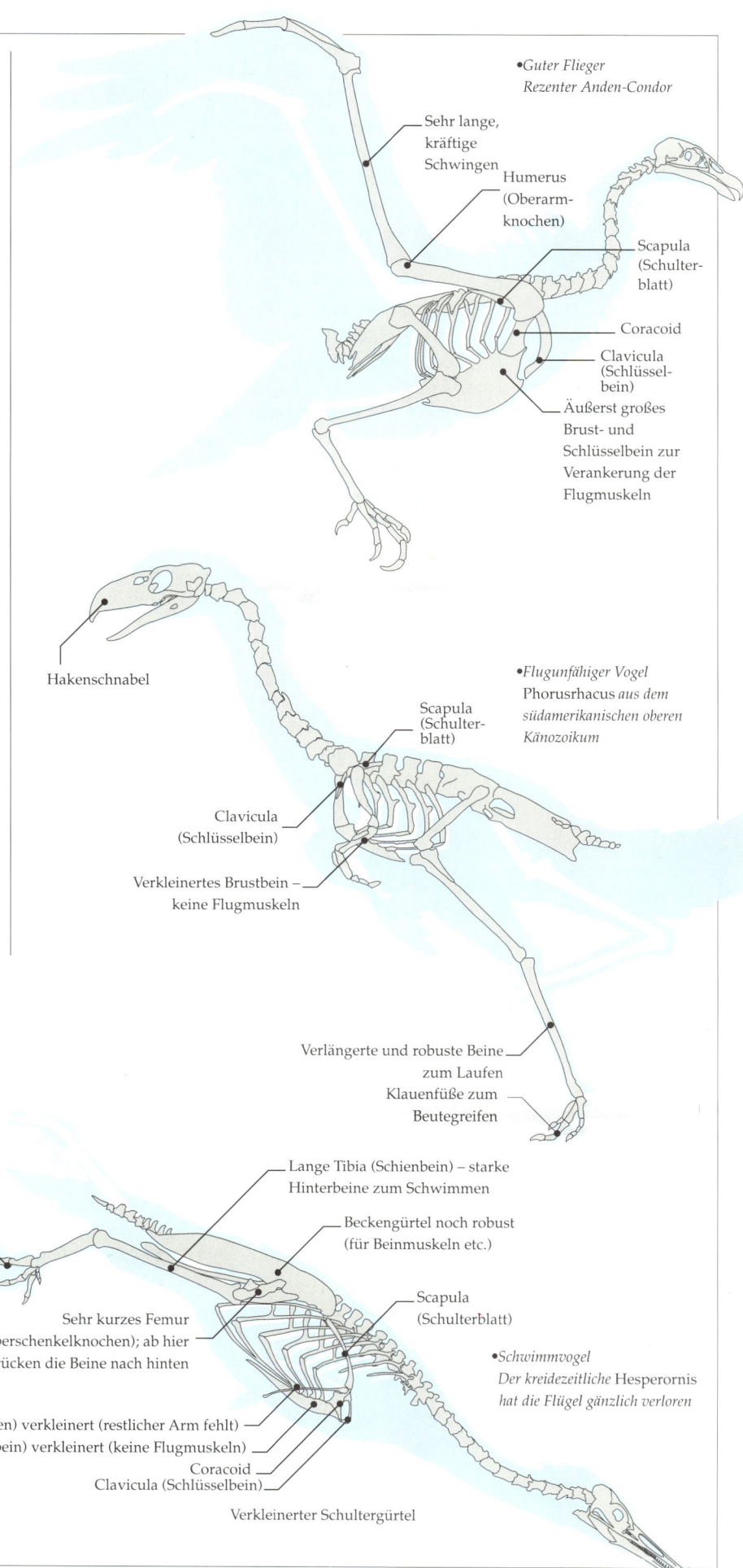

KARTE DES OBEREN
EOZÄNS BIS FRÜHEN
OLIGOZÄNS (VOR
35 MILLIONEN
JAHREN)

Innerhalb einer Million
Jahre erfolgte am Ende
des Eozäns möglicher-
weise ein tiefer
Temperatursturz.
Dadurch entstand ein
kühleres, jahreszeitlich
wechselndes, für die
wärmeliebenden alten
Säugetierarten
unfreundliches
Weltklima. Im unteren
Oligozän war der
polare Laubwald
verschwunden. Die
nördlichen Breiten
über Asien, Nordame-
rika und Europa
wurden von Mischwald
aus Nadelbäumen und
gemäßigten Laubwäl-
dern bedeckt, an die im
Norden eine neue
Zone von Laubwald
anschloß.

Im kühlen Oligozän
gab es sogar weniger
tropische und
paratropische Wälder
als heute, jedoch nicht
dasselbe Klimagefälle
zwischen den Tropen
und den Polen, auch
wenn sich eine spärliche
Tundra um
die neue Eiskappe der
Antarktis legte. Die
Erde war weniger
trocken als heute.
Einige der Waldgebiete
waren unregelmäßig,
aber es gab weder
breitflächiges Grasland
noch Wüsten oder
Halbwüsten. Wir
wissen wenig über
Tiermigrationen
zwischen den Konti-
nenten, außer daß die
Affen und die cavio-
morphen Nagetiere
Südamerika vermutlich
durch Zufall erreichten.

- Tropischer Regenwald
- Paratropischer Regenwald (mit
  Trockenzeit)
- Subtropisches Waldland oder
  Baumsavanne (breitblättrige
  Immergrüne)
- Gemäßigtes Waldland
  (Laubwald)
- Gemäßigtes Waldland (Mischwald
  aus Nadelbäumen und
  Laubbäumen)
- Tundra
- Eiskappe

Die europäischen Tapire zum Beispiel
starben aus und wurden durch echte asiatische
Nashörner ersetzt, und viele der einzigartigen
kleinen Pflanzenfresser Europas wurden
durch Wiederkäuer aus Asien verdrängt.
Dieser Zeitabschnitt zwischen Eozän und
Oligozän heißt »La Grande Coupure«, der
große Einschnitt, womit das massive Aussterben aufgrund des doppelten Schlages des
klimatischen Wandels und der asiatischen
Invasion gemeint ist. Die Perissodactyla waren
schwer getroffen. Außerhalb Nordamerikas
verschwanden sogar die Pferde. Tapirver-
wandte erlebten überall einen Niedergang;
und nur die Vorfahren der modernen Tapire
überlebten das Oligozän. Die Brontotheriden
starben in Nordamerika aus und überdauerten
in Asien nur das mittlere Oligozän. Nur die
echten Nashörner überlebten weltweit ohne
großen Schaden.

Das ruhige Oligozän

Beim Eintritt ins Oligozän kühlte die Welt
rasch ab, und es gab ausgeprägtere Jahreszeiten. Aussterbewellen rafften die Säugetiere
hinweg, die mehr an die tropische Welt des
Eozäns vor über 15 Millionen Jahren angepaßt
waren. Im frühen Oligozän vor 32 Millionen
Jahren gab es endgültig keine polaren Laubwälder mehr. Die Antarktis trug eine Eiskappe,
an ihren Rändern wuchs eine spärliche
Tundra. Auf dem anderen Pol befand sich
jedoch noch kein Eis, und der weite Raum der
höheren nördlichen Breiten wurde von
gemischten Koniferen- und Laubwäldern
bedeckt. (Die nördliche Tundra ist noch sehr

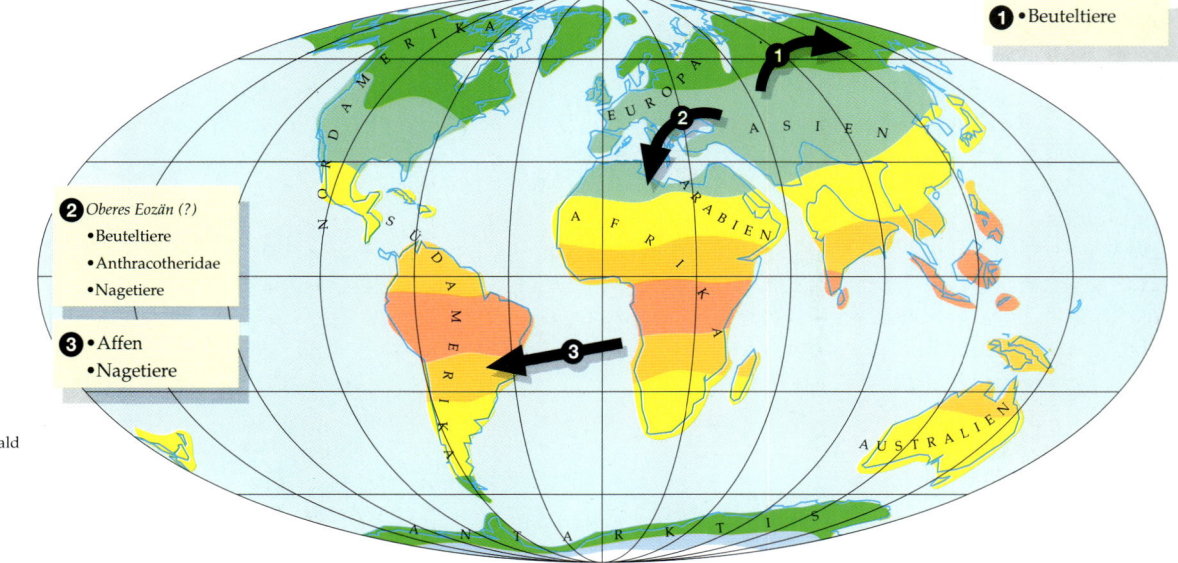

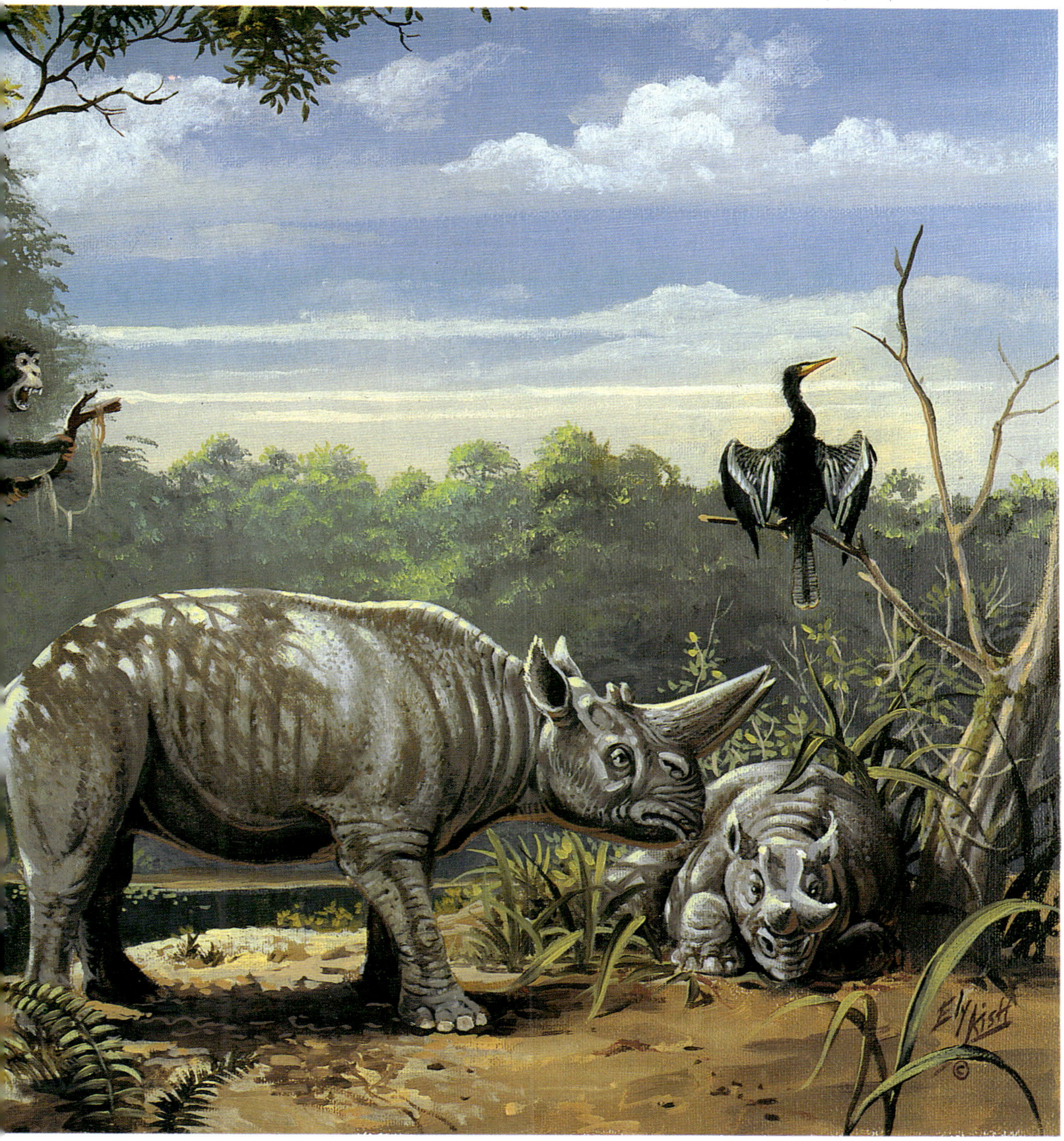

Die Fayum-Fauna aus dem unteren Oligozän in Ägypten (vor rund 35 Millionen Jahren) ist in einer einmaligen Fossilien-Fundstätte dokumentiert. In der Abbildung sind zwei Mitglieder der ausgestorbenen Primatenfamilie der Propliopithecidae zu sehen: *Aegyptopithecus* und *Propliopithecus.* In Ufernähe zwei Pflanzenfresser: Das nilpferdähnliche *Arsinoetherium* gehörte zu einer kurzlebigen, den Elefanten verwandten Säugetierordnung.

UNTEN: *Hesperocyon* (»Westhund«) war ein früher nordamerikanischer Hund aus dem oberen Eozän und Oligozän. Er hatte etwa die Größe eines kleinen Fuchses und war wie die rezenten Füchse und andere kleine Mitglieder der Hundefamilie wahrscheinlich eher ein Alles- als ein reiner Fleischfresser. Vermutlich lebte er mehr allein oder in kleinen Familienverbänden als in Rudeln. Wolfsartige Hundeformen tauchten erst vor ein paar Millionen Jahren auf, obwohl vor ihnen möglicherweise andere Arten von Raubtieren wie der mittlerweile ausgestorbene Bärenhund und Hundebär die Rolle großer Fleischfresser übernommen haben.

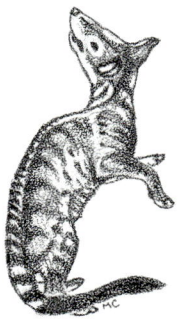

jung.) In der Zone zwischen diesem Wald und dem subtropischen Waldgebiet entwickelte sich ein neuer Vegetationstyp, ein Laubwaldgebiet ähnlich unseren Wäldern in Westeuropa und denen im Osten der Vereinigten Staaten.

Diese Welt war kühler als im Alttertiär, und die Tropenwälder waren eingeschränkter als heute. Gleichzeitig waren die Unterschiede zwischen Pol und Tropen weniger ausgeprägt; zumindest auf der nördlichen Halbkugel gab es weite Flächen gemäßigten Waldlandes ohne ein Anzeichen für kälteangepaßte Pflanzen, wie wir sie heute in Tundra oder Taiga vorfinden. Die Welt im Oligozän war im Vergleich zu heute nicht so trocken. Einige Waldgebiete waren vielleicht mit Buschwerk durchsetzt, offene Räume, aber horizontweite Prärien gab es nicht.

Wir erhalten ein Bild von einer ausgeglichenen Umwelt. Vom Anfang abgesehen traten keine größeren Ereignisse ein. Für die Migration von Tieren zwischen den Kontinenten oder für nachhaltige Änderungen bei den Tieren zu Land wie zu Wasser gibt es keine Anzeichen.

Offensichtlich war dies eine Zeit evolutionärer Stabilität, eine Atempause zwischen der rasanten Entstehungs- und Untergangsfolge des Alttertiärs und den Neuerscheinungen und Wanderungen moderner Tierformen im Jungtertiär. Nur wenige Paläontologen fühlen sich dem Oligozän zugeneigt – selbst sein Name bedeutet geringschätzig »wenig Neues« – und vielleicht ist es gerade aus diesem Grunde schwerer vorstellbar, wie es damals aussah.

RECHTS: *Cainotherium* (»Neues Tier«), ein kaninchenähnliches, entfernt mit dem Kamel verwandtes behuftes Säugetier, lebte im Oligozän und unteren Miozän in Europa. Die Cainotheriidae starben vermutlich infolge der Verdrängung durch neue fortgeschrittene Wiederkäuer aus. Da diese jedoch auch nicht überlebten, mag die Ursache in den Änderungen des Klimas und der Vegetation liegen.

GEGENÜBER OBEN: Das gazellenähnliche Kamel *Stenomylus* kennen wir aus dem oberen Oligozän. Die ersten Kamele entwickelten sich in Nordamerika.

RECHTS AUSSEN: *Protoceras* (»erstes Horn«) war ein frühes Mitglied der nordamerikanischen Familie der Protoceratidae, einer neuen Gruppe des Oligozäns, deren Mitglieder eher wie Hirsche aussahen, jedoch mit den Kamelen verwandt waren. Nur die männlichen Tiere trugen Hörner auf beiden Seiten des Hinterkopfes und auf der Nase.

Einige Säugetiere hatten das Eozän überlebt. Der kleine Pflanzenfresser *Cainotherium* war ein entfernt mit dem Kamel verwandtes, kaninchenähnliches Huftier. *Metamynodon* war ein nordamerikanisches Mitglied der Nashornfamilie der *Amynodontidae* (heute ausgestorben), die vom mittleren Eozän bis ins untere Miozän in Nordamerika und Asien zu Hause waren, vermutlich die ersten Säugetiere, die eine flußpferdähnliche, semiquatische Laufbahn einschlugen.

Die Spitze der alten Garde übernahm die ausgestorbene Nashornfamilie Hyracodontidae, die auf die kleinen, alttertiären Nashörner Amerikas und Europas zurückgingen, jedoch in einer südost- und zentralasiatischen Region um China und Belutschistan lebten. Das größte Familienmitglied und das größte bekannte Landsäugetier war das gigantische »Giraffennashorn« *Indricotherium,* das nach Erkenntnissen des Nashornspezialisten

Mikael Fortelius von der Universität Helsinki hornlos wie seine Verwandten war und eine Schulterhöhe von 5,5 m bei einem Gewicht von 15 Tonnen aufwies. Seine Zähne weisen darauf hin, daß es als Äser das Laubwerk hoher Bäume abäste.

Viele rezente Familien von Säugetieren waren zu jener Zeit bereits vorhanden, spielten jedoch nicht die Rolle, die wir erwarten würden. Bären waren in der gesamten nördlichen Hemisphäre heimisch, zum Beispiel in Gestalt des *Cephalogalis,* der wie ein kleiner, stämmiger Fuchs aussah. Mitglieder der Hundefamilie (Canidae) verbreiteten sich in Nordamerika als kleine, fuchsähnliche Tiere wie *Hesperocyon.* Es gab zahlreiche Pferde in Nordamerika, wie die ponygroßen Waldäser *Miohippus* und *Anchitherium,* aber noch keine großen Weidetiere.

Kamele waren in Amerika heimisch, aber die Kamele des Oligozäns entsprachen noch

nicht den kräftigen Modellen des Tertiärs. Vielmehr wiesen sie einen eher zarten Körperbau auf, wie der gazellenähnliche *Stenomylus,* dessen Ähnlichkeit mit lebenden Gazellen, seine hochkronigen Backenzähne und sehr langen Beine zu der Vermutung Anlaß gaben, es habe im Oligozän große offene Trockengebiete und vielerorts subtropisches Waldland gegeben. Ein weiteres Kamel, der lamagroße *Oxydactylus,* schien mit seinen langen Beinen und dem langen Hals nach Giraffenart gelebt zu haben.

Die Saat für das bevorstehende Feuerwerk neuer Formen war ausgelegt, aber nur ein Hellseher hätte die endgültigen Sieger voraussagen können.

Vielmehr gehörten viele der im Oligozän zahlreichen erfolgreichen Säugetiere zu

RECHTS: *Metamynodon* gehörte zu der mittlerweile ausgestorbenen Familie der *Amynodontidae.*

Ordnungen, die noch heute bestehen, aber zu heute ausgestorbenen Familien. Die Bärenhunde (Amphicyonidae) waren Raubtiere und Aasfresser. Die höher spezialisierten, fleischfressenden Jäger jener Zeit waren katzenähnliche »falsche« Säbelzahntiger der Familie Nimravidae. (Echte Katzen aus der Familie der *Felidae* erschienen erst im frühen Miozän.)

Die meisten weidenden und äsenden Tiere des Oligozäns waren vornehmlich schafsgroße und schweineähnliche Formen, deren Zähne auf pflanzenreichere Nahrung deuten, anders als die der heutigen Schweine, die alles fressen. In der Alten Welt spielten die auch in

Mit 15 Tonnen Gewicht ist *Indricotherium* (»Giraffennashorn«) das größte jemals gefundene Landsäugetier. Es äste in den Kronen kleiner Laubbäume und war vom oberen Eozän bis ins untere Miozän in Südostasien heimisch. Seine kleinen verwandten Begleiter waren die aus jener Zeit bekannten schafsgroßen Nashörner *Hydracodon*.

RECHTS: *Archaeotherium* (»altes Tier«) war Mitglied der Familie der Entelodontidae, einer mit Schweinen verwandten artiodactylen Gruppe. Sie waren vornehmlich in der Alten Welt heimisch, breiteten sich aber ab dem späten Eozän bis ins frühe Miozän auch nach Nordamerika aus. Das im Oligozän in Nordamerika gefundene *Archaeotherium* war ein kuhgroßes Tier. Die Entelodentiden besaßen unverhältnismäßig große Köpfe, hatten eher Kuh- denn Schweinsfüße (zweizehig), und mit ihren Zähnen und Kiefern konnten sie eine Nahrung verarbeiten, die viel fleischreicher war als die heutiger Schweine. Vielleicht waren sie Aasfresser nach Art der Hyäne.

UNTEN: Die früheste bekannte Robbe *Enaliarctos* (»Seebär«) war an der Grenze zwischen Oligozän und Miozän an der nordamerikanischen Pazifikküste heimisch. Seehunde gehören zur Ordnung der Carnivora. Ihre nächsten lebenden Verwandten sind die Bären. *Enaliarctos* war etwa ottergroß und sah einem Otter wohl auch ähnlicher als einer modernen Robbe. Wie der rezente Seelöwe konnte er die Hinterbeine zum Gang an Land vor- und rückwärts drehen. Er entwickelte aber nicht die Spezialausstattung im Innenohr, mit der moderne Robben unbeschadet vom Druck in großen Tiefen tauchen können.

Nordamerika gefundenen Anthracotheriidae diese Rolle. Viel zahlreicher jedoch waren die kamelverwandten Oreodontidae, langschwänzige, äsende Zehengänger, deren Füße mehr denen des Hundes als denen des Schweines ähnelten. Eine ähnliche Rolle spielte eine breite Palette von Hyracoidea (Klippschliefer) in Afrika und Notoungulata in Südamerika. Dies waren die Stammspieler im Team des Oligozäns; kurzbeinige und stämmige Tiere, ähnlich dem rezenten Klippschliefer oder Wasserschwein. Ihnen fehlte die Größe und Eleganz unserer heutigen Hirsche und Antilopen, und auch wenn sie eine Schlüsselrolle spielten, gibt ihre bloße Ähnlichkeit zu rezenten Arten keine Hinweise auf ihre Verhaltensweisen.

Es ist schwer, das allgemeine Ökosystem des Oligozäns darzustellen. Wir können uns Paläozän und Eozän als gemäßigten tropischen Regenwald oder Miozän und Pliozän als weltweite Serengeti vorstellen, obwohl solche Vergleiche die Realität verzerren und simplifizieren. Irgendwie widersetzt sich das Oligozän der Phantasie des Restaurators. Ohne Zweifel war die vorherrschende Vegetation ein wie auch immer geartetes Waldland, aber nicht zu vergleichen mit den heutigen gemäßigten Wäldern, wo der flinkfüßige Hirsch anstelle der trägen Oreodonten heimisch ist.

Einige Paläontologen haben ein kleines Gebiet der heutigen Welt mit dem oligozänen Typus der Vegetation verglichen. Diese einzigartige »Fynbos«-Vegetation liegt an der äußeren Spitze des südafrikanischen Kaps. Es ist ein üppiges, mit 1 m hohen Sträuchern bewachsenes Buschland, etwa eine Mischung zwischen der Sonorawüste in Arizona und einem dichten englischen Buschland. Wenn man mitten im Fynbos sitzt, fällt es nicht schwer, sich eine grunzende Herde schnüffelnder, zänkischer Oreodonten vorzustellen, die

durch das Unterholz brechen, etwa wie heutige Klippschliefer beim Streit um ein sonniges Plätzchen auf einer felsigen Lichtung.

Aber das Leben hat sich nicht zehn Millionen Jahre lang ausgeruht, und wir brauchen mehr Hintergrundmaterial zur Rekonstruktion der Kulisse, vor der sich der nächste große Wandel ankündigte.

Unteres bis mittleres Miozän

Das untere Miozän vor 23 Millionen Jahren war von dem Übergang zu einem wärmeren und erheblich trockeneren Klima geprägt. Zu jener Zeit entstand die Drakestraße zwischen Antarktis und Südamerika und öffnete den Weg für einen Zirkumpolarstrom. Durch tektonischen Druck wurden große Gebirgsketten aufgefaltet – die Kordilleren im Westen Nordamerikas, die Anden in Südamerika und der Himalaya in Asien. Diese Ereignisse veränderten radikal die Kreisläufe in Atmosphäre und Ozean und führten zu einem globalen Wandel des Klimas, des Niederschlags und folglich auch der Vegetation.

Eine weitere Ursache war das Schrumpfen der seichten Binnenmeere im Innern der Kontinente. Das Tethys-Meer wurde durch die Landbrücke zwischen Afrika und Eurasien abgeschlossen, wodurch das Mittelmeer entstand. Mit der wachsenden Landmasse verringerte sich die Meeresfläche, die als Dämpfer klimatischer Extreme fungierte.

Diese großen Verschiebungen kontinentaler Platten veränderten die Meeresströmungen, so daß Nährstoffe aus dem tiefen Wasser an verschiedenen Stellen hochgeschwemmt wurden und dem Phytoplankton als Nahrung dienten, der Basis der ozeanischen Nahrungskette. Dieses Aufwallen erfolgte in den gemäßigten Breiten, wo wir die Nährstoffe noch heute vorfinden, die damals einige Säugetiere ins Wasser lockten. Die ersten Robben erschienen an der Grenze zwischen Oligozän und Miozän, desgleichen die Vorfahren der modernen Wale. Eine weitere langfristige Auswirkung dieses Wandels auf die Evolution waren die Tauchvögel. In den mittleren Breiten der nördlichen Hemisphäre scheinen Robben und Seelöwen die großen fleischfressenden Tauchvögel verdrängt zu haben, darunter den menschengroßen Riesenpinguin.

Die Erwärmung der mittleren Breiten führte zur Ausdehnung des tropischen und subtropischen Waldes, aber die Trockenheit brachte auch eine neue Vegetation hervor: Sträucher oder Dornenbüsche, die den zähen Pflanzen im heutigen Kalifornien und der südeuropäischen Machia ähneln. Aufgrund der durch die Erdrotation verursachten konstanten West-Ost-Strömung der Atmosphäre, die Niederschlag hauptsächlich an den Ostseiten der Kontinente abregnen läßt, wächst Buschland vornehmlich auf der Westseite der Kontinente. Die Zähne einiger im unteren Miozän Argentiniens gefundener Säugetiere legen nahe, daß in Südamerika die Zeit großer Grasflächen und Savannen angebrochen war.

Nun erfolgten massive Ausbreitungswellen von Tieren durch Wanderungen zwischen den Kontinenten, die durch den fallenden Meeresspiegel und die Entstehung hoher und trockener Landbrücken möglich wurden. Die Meeresfauna war durch das Erscheinen von Wal und Robbe bereits verändert worden. Fledermäuse tauchten, von Südasien kommend, in großer Zahl in Australien auf. Ratten, Ginsterkatzen und mungoartige Raubtiere machten sich auf Madagaskar breit. Durch die erstmalige Verbindung mit dem eurasischen Festland änderte sich die einst so einzigartige afrikanische Fauna unwiederbringlich. Viele der ursprünglich afrikanischen Formen, vor allem die elefantenähnlichen Geschöpfe und die Hominoidea – die Menschenaffen – drangen in Eurasien ein.

Als europäische Einwanderer gelangten verschiedene Kaninchenarten, Katzen (einschließlich der säbelzähnigen) und moderne Nashörner nach Afrika. Die Nagetiere der frühen oligozänen Fayum-Fauna in der Fayum-Senke südlich von Kairo lieferten den Forschern einzigartige afrikanische Gruppen,

wie z. B. die heutigen Springhasen und die Maulwurfsratte. Später, im unteren Miozän, trafen auch nördlichere Gruppen ein: Bärenhunde und ginsterkatzenähnliche Raubtiere, Moschustiere, Schweine, klauenbewehrte Chalicotheriden, primitive Formen von Giraffen und Antilope, sowie echte Insektenfresser, die sich in ausschließlich afrikanische Tierlinien verzweigten, wie Goldmaulwürfe und den Tenrec, den wir heute nur noch auf Madagaskar finden. Bei den Primaten stammten Hominoidea wie *Dryopithecus* von oligozänen Vorfahren ab, aber zu dieser Zeit kamen noch einige andere Primaten der Alten Welt hinzu, die cercopitheciden Affen (zu denen heute Makaken und Paviane zählen) und die Buschbabys.

Die Proboscidea mit ihren langen Rüsseln hatten sich in drei unterschiedliche Gruppen verzweigt: Die auf das Abäsen von Baumkronen spezialisierten Deinotherioidea, die nur den unteren Satz Stoßzähne bewahrten, die äsenden Mastodons und die allesfressenden Gomphotheriden. Alle drei Arten von Rüsseltieren wanderten im unteren Miozän nach Eurasien, und bald folgten ihnen Klippschliefer, Erdferkel und Hominoidea nach. Die Anthracotheriden des mittleren Miozäns waren vermutlich die Vorfahren der Flußpferde.

Im unteren Miozän sahen sich die Faunen Europas und Asiens ziemlich ähnlich. Aus den früheren kleinen ungehörnten Wiederkäuern waren mehrere verschiedene und breite Linien hervorgegangen, jede mit der ihr eigenen Gehörnform: Knöcherne, hautbedeckte Knubbel für die frühe Giraffe *Giraffokeryx;* für *Dicerocerus* (ein früher Hirsch) jährlich

KARTE DES UNTEREN UND MITTLEREN MIOZÄNS (VOR 16 BIS 20 MILLIONEN JAHREN)

Das Klima erwärmte sich wieder. Große Gebirgsketten, die Kordilleren, die Anden und die Himalaya entstanden. Diese Gebirgsketten erzeugten mit den veränderten Meeresströmungen eine Änderung der Luftzirkulation und der Niederschläge.

Buschland wuchs als neuer Vegetationstyp vornehmlich auf den trockeneren Westseiten der Kontinente. Sümpfe haben sich in subtropisches Waldland gewandelt, und in Südamerika gab es zwar Grasländer, aber noch keine Savannen. Landbrücken taten sich auf, und die Wanderbewegungen wirkten sich nachhaltig auf Afrika aus, das von Wiederkäuern, Schweinen und echten Fleischfressern aus Eurasien heimgesucht wurde. Von Afrika in Gegenrichtung wanderten Erdferkel, Rüsseltiere und Klippschliefer aus. Die Proboscidea gelangten ebenso wie die modernen Wiederkäuer und Fleischfresser nach Nordamerika. Das nordamerikanische äsende Pferd *Anchitherium* breitete sich nach Eurasien aus.

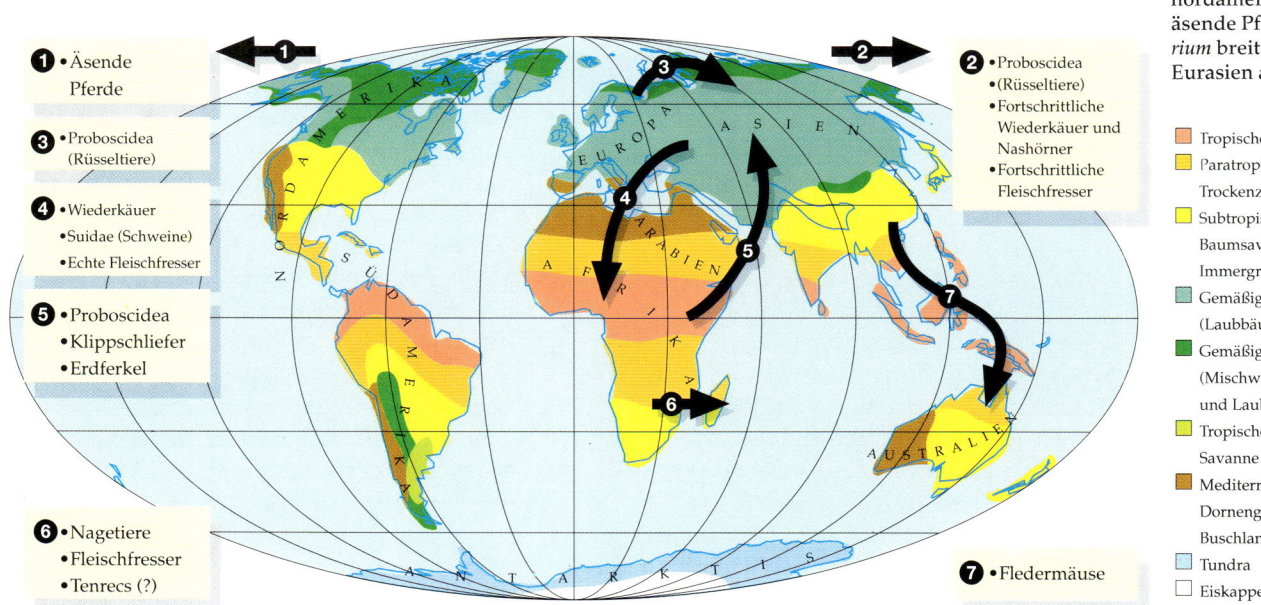

1 • Äsende Pferde

3 • Proboscidea (Rüsseltiere)

4 • Wiederkäuer
• Suidae (Schweine)
• Echte Fleischfresser

5 • Proboscidea
• Klippschliefer
• Erdferkel

6 • Nagetiere
• Fleischfresser
• Tenrecs (?)

2 • Proboscidea
• (Rüsseltiere)
• Fortschrittliche Wiederkäuer und Nashörner
• Fortschrittliche Fleischfresser

7 • Fledermäuse

■ Tropischer Regenwald

■ Paratropischer Regenwald (mit Trockenzeit)

■ Subtropisches Baumland oder Baumsavannen (laubblättrige Immergrüne)

■ Gemäßigtes Waldland (Laubbäume)

■ Gemäßigtes Waldland (Mischwald aus Nadelbäumen und Laubbäumen)

■ Tropisches Grasland oder Savanne

■ Mediterranes Waldland, Dornengebüsch oder Buschland

■ Tundra

□ Eiskappe

wechselnde, verästelte Geweihe aus nacktem Knochen; für *Eotragus* echte Antilopengehörne mit einem keratinbedeckten Knochenkern. Größer zwar als ihre Ahnen, erreichte doch keiner dieser Wiederkäuer die Größe des Damhirsches – und sie alle ästen vermutlich im Waldland. Einige Schweine, wie *Listriodon*, besaßen tapirartige Zahnkämme, um Blätter zu zerreißen, und nicht die für Schweine üblichen bunodonten, klobig-runden Zähne. Aber wo beim Tapir ein zartes Maul zum Auswählen und Aufsammeln der Futterpflanze sitzt, besaßen sie ein extem breites Maul, mit dem sie alles mögliche verschlangen.

Reichlich vorhandene Beute brachte einige neue Raubtierformen ins Spiel. Zu den meistverbreiteten Räubern gehörten die Hemicyonidae – die Hundebären. Sie waren zwar echte Angehörige der Bärenfamilie, ähnelten in Verhalten und Aussehen jedoch vermutlich eher Hunden als modernen Bären. Bei ihrer Entdeckung wurden sie irrtümlich für Hunde gehalten, daher auch ihr Name, der »Halbhunde« bedeutet. Die im Oligozän noch üblichen frettchenhaften Gestalten waren nun verschwunden und machten kleinen Gelegenheitsräubern im Ökosystem Platz: Viverridae (Ginsterkatze und Zibetkatze), Mustelidae (Wiesel, Dachs, Otter u. a.) und Procyonidae (heute praktisch auf Nordamerika beschränkte Waschbären).

Auch die Hyäne gab im unteren Miozän ihr Debüt, nicht als Raubtier, sondern als koyotenhafter Aasfresser. Katzen verbreiteten sich, darunter frühe Säbelzahntiger, die Machairodontidae. Aber die Raubtiere des Oligozäns hatten noch nicht abgedankt: Die Bärenhunde trieben nach wie vor ihr Unwesen.

Die modernen Insektenfresser gediehen – Igel, Spitzmäuse und Maulwürfe –, und sie verbreiteten sich in der ganzen nördlichen Hemisphäre, obwohl Igel zum Ende des Miozäns fast ausgestorben waren. Auch Kaninchen und Nagetiere machten sich auf der nördlichen Halbkugel zunehmend breit; muride (mausartige) Nager (Ratten und Mäuse) erschienen im mittleren Miozän erstmalig in Asien. Diesen zähen kleinen Abfallsammlern sollte noch eine bemerkenswerte Zukunft vornehmlich in Gesellschaft des Menschen beschieden sein. Gleichzeitig erlebte diese Epoche das Erscheinen größerer Hominoidea wie *Sivapithecus* (alias *Ramapithecus*) – der einer unserer entferntesten erkennbaren Vorfahren zu sein scheint.

Die nordamerikanische Bühne wurde zu dieser Zeit durch einwandernde Hemicyoniden und echte Katzen bereichert. Die Amphi-

cyoniden blieben als große, knochenknakkende Aasfresser wie *Daphoenodon* an Deck, aber die Hyaenodontiden waren ausgestorben, und auch der säbelzähnige *Nimravus* überlebte das untere Miozän nicht. Im mittleren Miozän wanderten die den Elefanten verwandten Gomphoteriden und die Mastodons von Asien aus nach Nordamerika ein, doch ihre äsenden Vettern, die Deinotheriden, gelangten nie über die Beringstraße.

Eine der bedeutendsten Neuerscheinungen des unteren Miozäns waren fortgeschrittene Wiederkäuerformen: der kleine geweihlose Hirsch (mit dem rezenten asiatischen Moschusreh verwandt); die den Hirschen verwandten Dromomerycidae und die Antilocapridae, die einzige bis heute überlebende Gruppe, die zum Beispiel von der in den westlichen Prärien Nordamerikas heimischen Gabelantilope vertreten wird (die eigentlich dem Hirsch näher verwandt ist).

Mit der Verbreitung dieser Neuankömmlinge nahm der Bestand der ursprünglichen Pflanzenfresser ab oder sie starben aus. Primitive tragulide Wiederkäuer wie *Leptomeryx* wurden selten, und die schweineähnlichen Entelodontiden und Anthracotheriden waren gegen Ende des unteren Miozäns verschwunden. Die Oreodonten, das Fußvolk des Oligozäns, nahmen zahlenmäßig zwar ebenfalls ab, entwickelten aber einige größere Formen mit längeren Beinen und hochkronigeren Zähnen. Auch Pekaris und Tapire kamen nicht häufig vor, aber sie hielten durch und haben bis heute überlebt.

Wirklichen Erfolg hatten die Pferde. Die ersten *Equidae*, Vorfahren der modernen Pferde, galoppierten durch das untere Miozän. *Merychippus,* ein Pferd mit längeren Beinen und hochkronigeren Backenzähnen als seine Vorfahren, wurde mit dem härteren Vegetationstyp des unteren Miozäns im offeneren Lebensraum besser fertig. Sie breiteten sich ungeheuer schnell und weit aus. Vom frühen bis zum mittleren Miozän erlebte die gesamte nördliche Halbkugel eine immense Ausbreitung diese Tiere, die sich an das Leben in der offeneren Savanne angepaßt hatten.

In Eurasien vermehrte sich die Antilope, während Hirsch und Giraffiden zahlenmäßig zurückgingen. In Nordamerika verdrängten spezialisierte Pferde und Hirsch die älteren Oreodonten. Bislang gibt es jedoch noch keinen Hinweis auf offenes Weideland. Diese Pflanzenfresser scheinen von einer gemischten Weide- und Äsungsnahrung gelebt zu haben, waren aber noch keine echten Weidetiere wie die modernen Pferde oder die Antilopen.

EVOLUTION DES PFERDES

Die Pferde begannen als vierzehige Waldläufer und endeten als große, einzehige Grasland-galopper. Die hier aufgestellte Entwicklungs-geschichte ist irreführend. Sie scheint eine Tendenz zu größerem Wachstum und Einzel-hufigkeit aufzuweisen. Vielleicht hätte sich unter anderen Bedingungen ein dreizehiges, waldbewohnendes Pferd entwickelt.

Hyracotherium (Eohippus) gehörte in die paratropischen Regenwälder der nördlichen Hemi-sphäre im unteren Eozän. Es besaß ungefähr die Größe eines rezenten afrikanischen Moschustiers und lief auf vierzehigen Vorder- und dreizehi-gen Hinterfüßen. Auf seinen durch Fußballen gestützten und behuften Zehen bewegte sich das Tier in lebhaftem Galopp. Niedrigkronige, teilweise gezackte Zähne ermöglichten die Ernährung von Beeren, Knospen und jungen Blättern.

Mesohippus gehörte zu der neuen Subfamilie der Anchitheriinae, die im oberen nordameri-kanischen Eozän erschienen, als das kühlere Klima *Hyracotherium.* *Mesohippus* war etwa gazellengroß und mit seinen längeren Beinen und dem fehlenden vierten Zeh am Vorderfuß gut an das Waldland des Oligo-zäns und unteren Miozäns angepaßt. Niedrigkronige, komplizierter gezackte Zähne deuten auf eine blattreiche, weniger zarte Nahrung hin, denn das sich nun

jahreszeitlich ändernde Buschland bot nicht mehr ganzjährig Knospen und Beeren an. Die Gattung *Merychippus*, die erste der überlebenden Familie der modernen Pferde (Equidae), tauchte im unteren Miozän auf. Als im Grasland weidender Zeitgenosse des waldlandbewohnen-den *Anchitherium*, der sich ebenfalls evolutio-när verändert und in Größe und Körperbau verstärkt hatten, paßte es sich an die kühleren und trockeneren Klimate und an die Ausdehnung der Grasländer an, indem es die Fußballen ablegte und höherkro-nige Zähne herausbil-dete, die das Gras verarbeiten konnten. Dem offenen Land entsprechend waren die Equini rasche Läufer.

Equus ist der rezente Überlebende mehrerer Linien, die sich vom frühen *Merychippus* ab verzweigten und sämtlich hochkronigere und besser gezackte Zähne entwickelten. Einige Gruppen behielten die Drei-zehigkeit bei, andere wurden kleiner, zwei Linien entwickelten die Einzehigkeit.

Zahnkrone des oberen Backenzahns

Vorderfuß

Fußballen

•Hyracotherium   •Mesohippus   •Merychippus   •Equus

Die Nachfahren von *Hyracotherium* entwickelten sich vornehmlich in Nordamerika, dem tertiären Inselkonti-nent. Da sie während des Klimawandels nicht auswandern konnten, blieb ihnen die Wahl zwischen Tod und Anpassung. Für die spezialisierten Waldbewohner wie *Hypohippus* und *Archeohippus* gab es keine Zuflucht, und so starben sie aus. Der äußerst erfolgreiche dreizehige Savannen-spezialist *Hipparion* emigrierte im oberen Miozän in die Alte Welt und verbreitete sich

über Südeurasien und Afrika. Mit Ausnahme des *Equus* starben bis zum unteren und mittleren Pliozän sämtliche nordameri-kanischen Linien von Pferden aus. Wir wissen nicht, ob das Überleben von *Equus* auf einen Wettbe-werbsvorteil oder auf puren Zufall zurück-geht. Was das Pferd an Zahl und Verbreitung gewann, verlor es an Artenvielfalt.

Hyracotherinae
Anchitherinae
Merychippines
Hipparioni
Equini

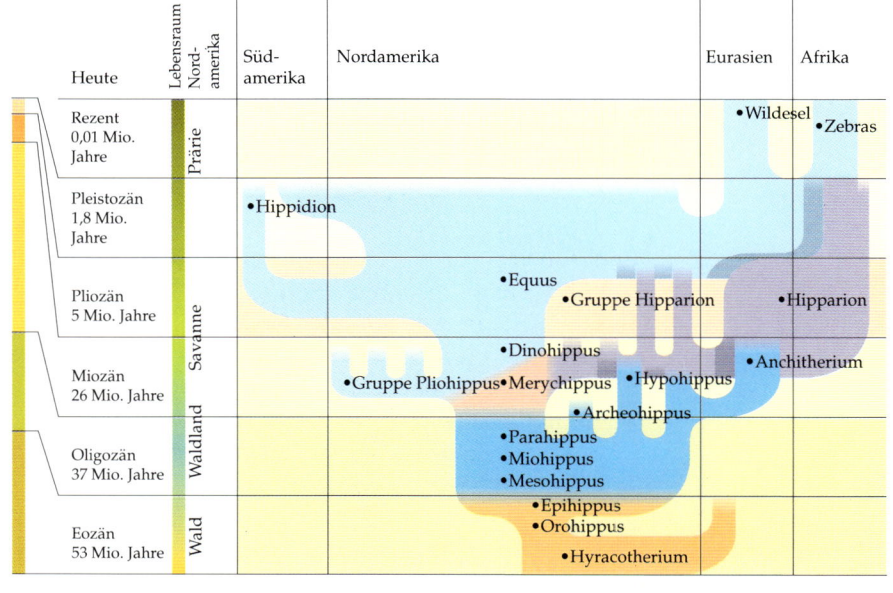

Heute	Lebensraum Nord-amerika	Süd-amerika	Nordamerika	Eurasien	Afrika
Rezent 0,01 Mio. Jahre	Prärie			•Wildesel	•Zebras
Pleistozän 1,8 Mio. Jahre	Savanne	•Hippidion			
Pliozän 5 Mio. Jahre	Savanne		•Equus •Gruppe Hipparion		•Hipparion
Miozän 26 Mio. Jahre	Savanne / Waldland		•Dinohippus •Gruppe Pliohippus •Merychippus •Archeohippus	•Hypohippus	•Anchitherium
Oligozän 37 Mio. Jahre	Waldland		•Parahippus •Miohippus •Mesohippus		
Eozän 53 Mio. Jahre	Wald		•Epihippus •Orohippus •Hyracotherium		

KARTE DES OBEREN
MIOZÄNS (VOR
ETWA 10 MILLIONEN
JAHREN)

Das langandauernde
Auffalten von Gebirgen
setzte mehr Gesteins-
oberflächen der
chemischen Verwitte-
rung aus, wodurch der
Atmosphäre rascher
Kohlendioxid entzogen
wurde, das auf diesem
Weg in den Ozean
zurückgelangte.
Daraus resultierte ein
umgekehrter Treib-
hauseffekt, da die
dünnere Atmosphäre
weniger Sonnenwärme
zurückhielt. Ein
wesentliches Merkmal
dieser Epoche war die
Entstehung savannen-
artiger Grasländer in
Nord- und Südame-
rika, die durch die
globale Abkühlung
und Trockenheit
gefördert wurde.
Steppenartige
Vegetation tauchte in
Ostasien auf, aber in
Afrika, Australien und
Westeurasien dehnte
sich bis dahin noch
kein echtes Grasland
aus. Die Elephantidae
waren entstanden und
wanderten von Afrika
nach Eurasien.
Hipparion breitete sich
von Nordamerika nach
Asien und Afrika aus.
Nord- und Südamerika
lagen eng genug
beieinander, um frühe
»Kundschafter«
auszutauschen.

Oberes Miozän

In der zweiten Hälfte des Miozäns, nach der
anscheinend wärmsten Periode der Epoche
vor 35 Millionen Jahren bis heute, wurde die
Welt kühler und trockener. Warum? Zwei
Ursachen haben vermutlich gemeinsam dafür
gesorgt. Erstens vermehrte die Verbindung
des Arktischen mit dem Atlantischen Ozean
das kalte Tiefenwasser des Atlantiks, und der
Arktische Ozean wurde zum Wärmeschlucker.
Zweitens wirkte sich der Abschluß der äquato-
rialozeanischen Zirkulation im Gebiet um
Indonesien auf die Zirkulationsmuster des
Pazifischen und Antarktischen Ozeans aus.

Eine weitere wichtige Ursache lag in der
fortgesetzten Auffaltung neuer Gebirgsketten,
nicht nur weil dadurch die Kontinente in
höhere, kühlere Luftschichten gehoben
wurden, sondern auch weil die Barrieren der
Gebirge die Atmosphäre nach oben ablenkten,
wo sie Wärme verlor. Der Regenschatteneffekt
an den östlichen Berghängen förderte die
Ausbreitung des Graslandes. Eine weitere,

weniger auffällige Auswirkung der Gebirgs-
auffaltung besteht in der chemischen Verwitterung größerer Gesteinsoberflächen. Bei der
chemischen Reaktion der Gesteinsoberfläche
wurde der Atmosphäre mehr Kohlendioxid
entzogen, das so ins Meer gelangte. Der
Verlust von Kohlendioxid beeinträchtigt die
Fähigkeit der Atmosphäre, Wärme zu speichern, und der so eintretende umgekehrte
Treibhauseffekt sorgte für eine globale Abkühlung. Als Folge dieser Änderungen erschienen
savannenartige Grasländer in Nord- und
Südamerika – ein Schlüsselereignis der
vergangenen halben Milliarde Jahre.

In der Kreidezeit hatte die Entstehung
angiospermer Pflanzen die Vegetation der
Welt neu gestaltet – und die davon lebende
Fauna gleich mit. Die Ernährungsweise der
Tiere und ihre Nahrungsorgane beeinflußten
wiederum die Entwicklung der Angiospermen.
Eine typische Erscheinung in Gebieten mit
überreichem Wasser- und Lichtvorkommen ist
der Drang in die Höhe, bei dem der nackte
Boden zurückbleibt. Angiosperme haben
aufgrund ihres Bedarfs an Insekten zur
Bestäubung Blüten und Düfte entwickelt. Gras
hat demgegenüber einen völlig anderen Weg
eingeschlagen, der sich auch für unfreundliche
Bedingungen eignet. Es kauert am Boden und
tritt in derartigen Mengen auf, daß die Befruchtung per Windbestäubung gewährleistet ist,
und es dehnt sich lieber in die Breite aus, statt
nach oben zu streben. Die Lage des Grases
macht seinen Verzehr einfach; aber anstelle
des Wachstums von der Sproßspitze aus
wächst Gras von der Basis in Halmrichtung. Je
mehr abgefressen wird, desto dichter wächst
es nach. Grasende Tiere sind ein Garant für

Tropischer Regenwald

Paratropischer Regenwald (mit
Trockenzeit)

Subtropisches Waldland oder
Baumsavanne (laubblättrige
Immergrüne)

Gemäßigtes Waldland
(Laubbäume)

Gemäßigtes Waldland
(Mischwald aus Nadelbäumen
und Laubbäumen)

Tropisches Grasland oder
Savanne

Gemäßigtes Grasland (Prärie,
Steppe, Pampas)

Mediterraner Waldland-Typ,
Dornensträucher und
Buschland

Tundra

Eiskappe

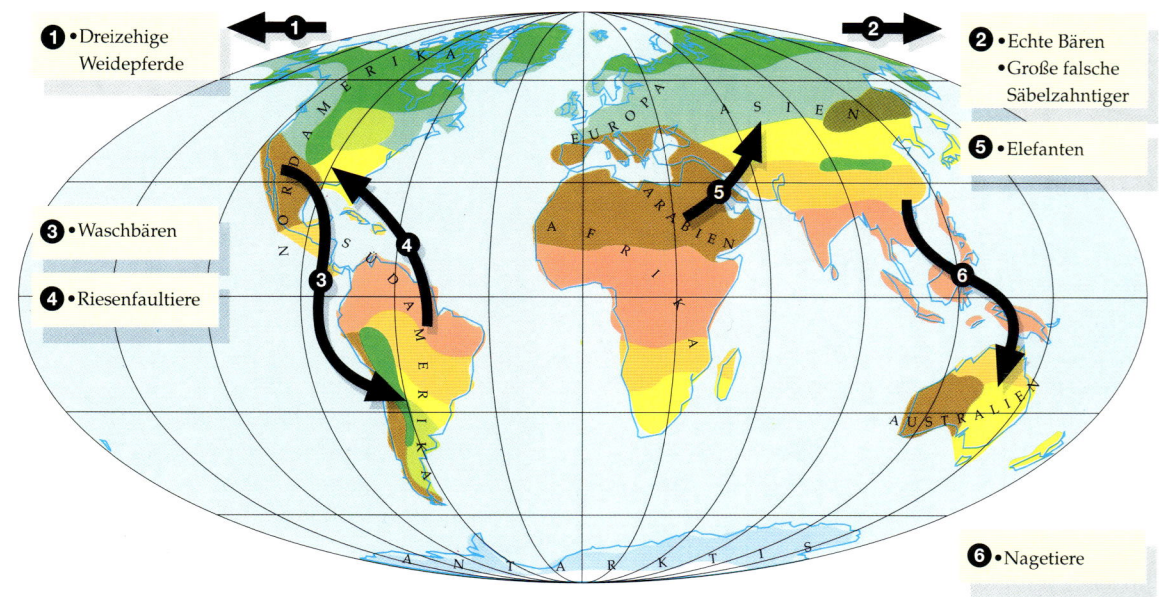

1 • Dreizehige Weidepferde

2 • Echte Bären
• Große falsche Säbelzahntiger

5 • Elefanten

3 • Waschbären

4 • Riesenfaultiere

6 • Nagetiere

das Nachwachsen dieser Pflanze, die sich über Hunderte von Kilometern ausdehnen kann.

Ein Nachteil des Grases als Futterpflanze ist seine Aufnahme von Kieselerde, einem schmirgelnden Mineral, das die Zähne schnell abnutzt. Die evolutionäre Antwort der weidenden Säugetiere war die Bildung hypsodonter Zähne, deren Kronen höher als breit sind und die mit einem Zahnschmelzüberzug und hartem Zahnzement geschützt sind. Somit war eine der Auswirkungen der Kieselsäure-Partikel die Anpassung der Weidetiere an ihre Abhängigkeit vom Gras: ein monopolistischer Markt also. (Auch Änderungen der Darmflora spielen eine wichtige Rolle; die behuften Armeen der Savanne marschierten ihrem Magen nach.) Heute bedeckt Gras ein Drittel der Erdoberfläche und ist das Hauptnahrungsmittel der irdischen Tierbevölkerung.

Die Säugetierfauna des oberen Miozäns setzte die Trends der Zeit fort und förderte die Herrschaft von Formen, die sich an die offeneren Lebensräume angepaßt hatten. Insbesondere die Zahl und die Artenvielfalt der grassamenfressenden Nagetiere wie Wühlmäuse und Weißfußmäuse stieg stark an.

In der Alten Welt machten sich immer mehr Antilopen breit, jedoch keine derartig für das Weideleben spezialisierte Form wie das heutige Gnu. Demgegenüber entwickelte sich in der nordamerikanischen Fauna eine Vielzahl von Pferden, die sich nahezu ausschließlich auf Gras spezialisierten wie heutige Zebras und Pferde. Das dreizehige Pferd *Hipparion* fand den Weg über die Beringstraße und wurde in der Alten Welt heimisch. Auch echte Elefanten und Flußpferde tauchten im oberen Miozän erstmalig in Afrika auf.

Zur gleichen Zeit setzte sich der Abwärtstrend der waldlandangepaßten Äser fort. Nordamerika zeigt uns, was geschah. Dort wies das untere Miozän zunächst beide Typen auf – Äser und Weidetiere der Savanne; aber gegen Ende der Epoche waren die kleinen Äser verloren. Die verbleibenden Huftiere waren meistens größer und an härtere Nahrung gewöhnt. Das nordamerikanische Obermiozän erlebte den Untergang der wiederkäuenden Äser (Blastomerycidae und Dromomerycidae), der restlichen Oreodonten, der kamelverwandten gehörnten Protoceratidae und sämtlicher Nashörner. Pekaris und Tapire

OBEN: *Prodeinotherium* aus dem afrikanischen oberen Miozän gehörte zu einer Form der Proboscidea, die sich vor dem Vorfahren der Elefanten abzweigte. Im Gegensatz zu anderen Rüsseltieren hatte er keine oberen Stoßzähne, sondern ein tapierartiges Gebiß. Die langen Beine deuten darauf hin, daß er Bäume abäste.

Hipparion war vor kurzem aus Nordamerika eingewandert. Das echte, einzehige Pferd der Gattung *Equus* erschien später im Pleistozän.

GEGENÜBER: *Epigaulus,* ein primitiver Nager des nordamerikanischen Miozäns und entfernter Verwandter des Bergbibers. Mit Hilfe starker Klauen grub er Erdbauten. Das paarige Gehörn diente möglicherweise als Waffe.

SÄUGETIERE DER SAVANNE

Im oberen Miozän vor rund 10 bis 12 Millionen Jahren entwickelte sich in Nordamerika eine Gemeinschaft von Tieren und Pflanzen, ähnlich der heutigen Landschaft in Ostafrika. Die frühere nordafrikanische Savanne war jedoch keineswegs zu vergleichen mit der heutigen baumlosen Prärie. Pollenfunde belegen nicht nur die Existenz von Gräsern, sondern auch von Nadelbäumen (Kiefer, Fichte, Tanne, Wacholder) und Laubbäumen (Walnuß, Eiche, Buche, Birke, Weide) sowie von allen möglichen Sträuchern und Kräutern. Eine breite Vielfalt größerer Pflanzen- und Fleischfresser bewohnten eine vielseitige Landschaft von mit Bäumen und Sträuchern bestandenem Grasland. Obwohl sich die Formen und Strukturen der nordamerikani-schen savannenbewohnenden Säugetiere in den Säugern Ostafrikas auch heute noch wiederfinden, sind diese späteren Tiere längst nicht alle eng mit den miozänen Arten verwandt. Sie illustrieren lebhaft, wie ähnliche Umgebungen zur Entwicklung ähnlich angepaßter, möglicherweise völlig unverwandter Tiere in einer riesigen Entfernung von Zeit und Raum beitragen.

PFLANZENFRESSENDE GROSSSÄUGER: Ein großer Teil der Nahrung des modernen Elefanten besteht aus Gras. Diese miozänen Vorläufer waren vermutlich eher auf das Äsen und den Verzehr von Früchten spezialisiert. Das Mastodon *Zyglophodon* hatte zwei Paar Stoßzähne. *Amebelodon* benutzte seinen schaufelförmigen Unterkiefer vermutlich zum Abstreifen von Baumrinde. Das Spitzmaulnashorn ist das Gegenstück zu seinem entfernten Verwandten *Aphelops*. *Teleoceras*, das semiaquatische Nashorn, sah aus wie eine Mischung aus Flußpferd und Breitmaulnashorn.

WEIDETIERE: Der afrikanische Büffel ist ein bedeutendes Weidetier. Neben den Zebras, einer häufigen, jedoch nicht sehr vielfältigen Gruppe, gab es auch andere mittelgroße Weidetiere, die von mehreren Antilopenstämmen abgeleitet werden. In der nordamerikanischen Savanne wurden die meisten dieser Nischen durch die neue miozäne Baureihe von einzehigen oder dreizehigen, zebra- bis ponygroßen Pferden gefüllt. Es scheint keine nordamerikanischen schweineähnlichen Weidetiere wie das Warzenschwein gegeben zu haben.

Elefant   Spitzmaulnashorn   Breitmaulnashorn   Nilpferd

Zygolophodon   Amebelodon   Aphelops   Teleoceras

Kaffernbüffel   Zebra   Pferdeantilope   Weiß-schwanzgnu   Kuhantilope   Kob-antilope   Riedbock   Warzenschwein

Cormohipparion   Neohipparion   Pliohippus   Protohippus   Nannipus   Calippus

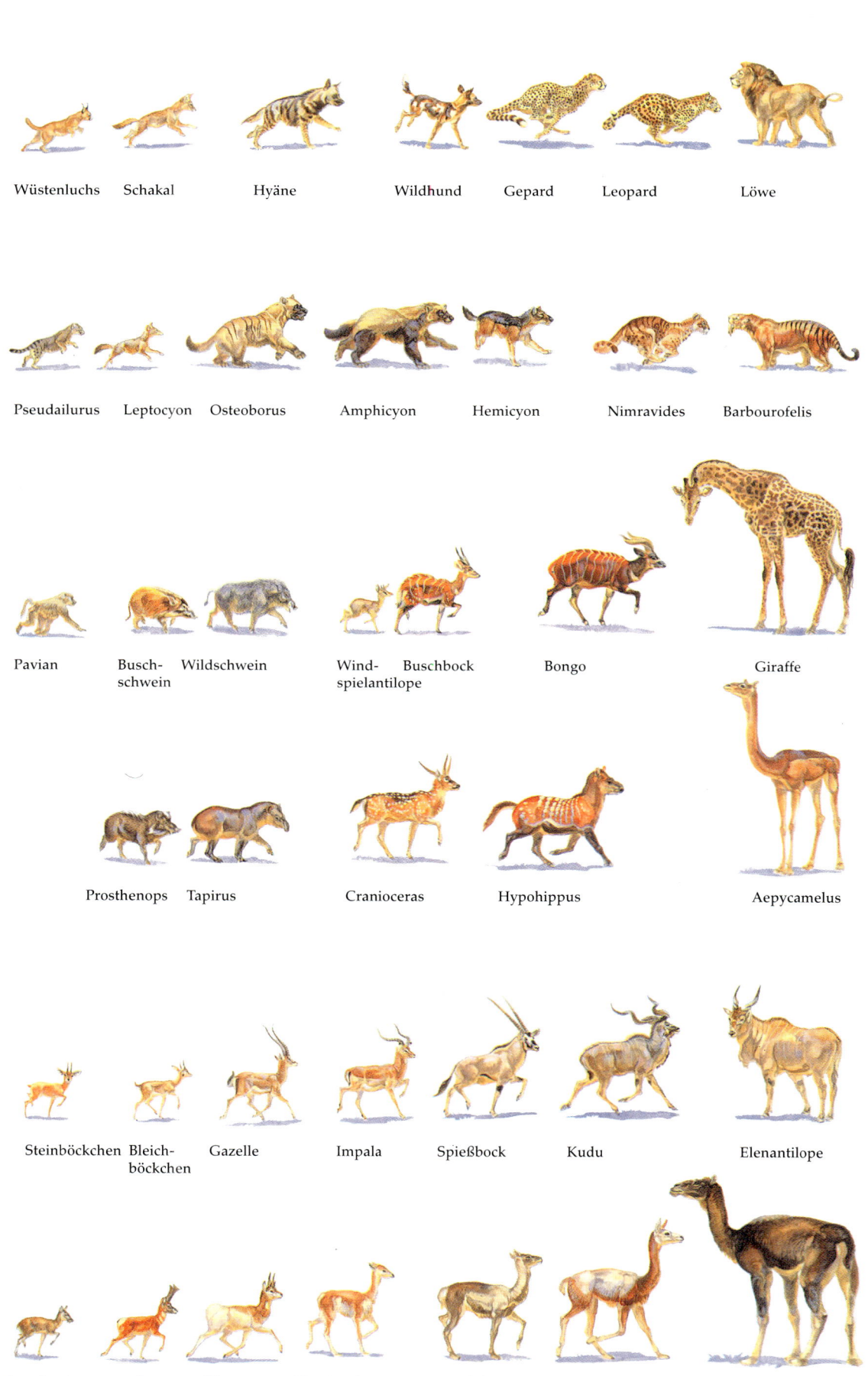

Wüstenluchs Schakal Hyäne Wildhund Gepard Leopard Löwe

Pseudailurus Leptocyon Osteoborus Amphicyon Hemicyon Nimravides Barbourofelis

Pavian Busch-schwein Wildschwein Wind-spielantilope Buschbock Bongo Giraffe

Prosthenops Tapirus Cranioceras Hypohippus Aepycamelus

Steinböckchen Bleich-böckchen Gazelle Impala Spießbock Kudu Elenantilope

Longirostromeryx Cosoryx Plioceras Hemiauchenia Protolabis Procamelus Megatylopus

CARNIVOREN: Auffällig ist das Fehlen schneller Rudeljäger im Miozän. Zu den größeren Räubern gehörte der sicherlich nicht zum Läufer geschaffene *Barbourofelis,* der seine Beute vermutlich aus dem Hinterhalt überfiel. *Amphicyon* war ein massiger »Bärenhund«, *Osteoborus* war Angehöriger einer ausgestorbenen Unterfamilie der Hunde. Beide besitzen den soliden Schädel und die kräftigen knochenknackenden Zähne der heutigen Hyäne.

ÄSENDE TIERE UND ALLESFRESSER: *Aepycamelus* und die Giraffe sind langhalsige Äser verschiedener Abstammung. Große, wiederkäuende Waldtiere wie die afrikanische Bongo-Antilope spielten dieselbe Rolle, wie einige dreizehige Pferde des Miozäns, z. B. *Hypohippus. Prostenops* und das Buschschwein ähneln sich. Für den Pavian der Savanne gibt es keine nordamerikanische Entsprechung, da dort keine Primaten überlebten. Auch kleine Äser fehlen.

MISCHFUTTERVERWERTER: Zu den afrikanischen Arten, die sowohl grasen als auch Blätter fressen, gehören alle Arten von Antilopen, von der großen Elenantilope und Kudu bis hin zum kleinen Oribi und Steinbock. Im nordamerikanischen Miozän gehörten die Camelidae zu den größeren Mischfressern, und der mächtige *Megatylopus* würde jede lebende Antilope in den Schatten stellen. Kleinere Tiere wie *Plioceras* und *Cosoryx* sind die Ahnen der heutigen Gabelantilope. *Longirostromeryx* ist mit dem tibetanischen Moschustier verwandt.

GEGENÜBER OBEN: *Wakeleo* (»kleiner Löwe«) war ein frühes Mitglied der Familie der Beutellöwen, die man an der Riversleigh-Fundstätte im australischen Miozän fand. Er war ungefähr so groß wie ein Ozelot, etwas kleiner als der jaguargroße *Thylacoleo* (»Springlöwe«) des Pleistozäns.

Der Beutellöwe entstand auf kuriose Weise. Er war nicht mit anderen fleischfressenden Beuteltieren wie dem Beutelwolf verwandt, sondern gehörte zum zweiten Anlauf einer Fleischfressergeneration, die von einem Vorfahren abstammte, den sie mit Wombat und Koala gemein hatte. Wie die meisten Pflanzenfresser hatte auch dieser Ahne die Eckzähne eingebüßt, so daß die Beutellöwen ihre Schneidezähne zu scharfen, gebogenen Waffen nach Reißzahnart umkonstruieren mußten. Auch ihre Beine sind denen der meisten fleischfressenden Säugetiere völlig unähnlich – sie sind schwerer mit Muskeln bepackt, der Daumen ist frei beweglich und mit einer großen Klaue zum Töten oder Zerreißen der Beute bewehrt. Er lebte vermutlich mehr als die meisten heutigen Raubtiere in den Bäumen.

überlebten, von den Kamelen nur sehr große Formen wie *Megatylopus*.

Ähnliche, jedoch nicht derartig tiefgreifende Ereignisse fanden auch in der Alten Welt statt. Die Tiere konnten in ausgeglichenere tropische Gegenden in Eurasien und Afrika abwandern, während in der Neuen Welt Nordamerika noch nicht mit Südamerika verbunden war, so daß Äser, die den zurückweichenden Tropenwäldern zum Äquator folgen wollten, in eine Sackgasse liefen.

In der Alten Welt nahmen Äser wie Hirsche und primitive Giraffen zahlenmäßig ab, aber diese Gruppen starben nicht aus. Statt dessen entwickelten sich neue Typen von Giraffiden. Sehr große langhalsige Arten wie die heutige Giraffe erschienen in Afrika, das elchähnliche kurznackige Sivatherium in Asien. Die Nashörner konnten sich in der Alten Welt behaupten und entwickelten modernere Typen, zu denen auch der Urahn des heutigen Spitzmaul-, Breitmaul- und Wollnashorns gehört.

Die Änderungen betrafen auch die größeren Fleischfresser des oberen Miozäns. Die im unteren Miozän so erfolgreichen Bärenhunde und Hundebären (Amphicyonidae und Hemicyonidae) schwanden dahin. Die echten Säbelzahnkatzen griffen auf frische Reserven zurück. In Nordamerika gab es zwei löwengroße katzenartige Raubtiere, die echte Katze *Barbourofelis* und den »falschen« Säbelzahntiger, *Nimravides*, die beide von Auswanderern der Alten Welt abzustammen scheinen. Echte Bären (Ursidae) traten in Erscheinung, als große, träge Tiere wie *Agriotherium*, die sowohl Fleisch als auch Pflanzen fraßen, ihre eurasische Heimat verließen und nach Nordamerika abwanderten. Die Hunde bildeten in Nordamerika verschiedene Arten und brachten eine Reihe von Tieren hervor, die den Kojoten ähnelten, die am Ende des Miozäns in die Alte Welt wanderten.

Eine der interessantesten Raubtiergeschichten des Miozäns erzählt vom Ursprung und der Artenvielfalt der Hyänen, die kürzlich von Lars Werdelin vom Schwedischen Naturkundemuseum in Stockholm und Nikos Solounias von der Long Island School für Osteopathische Medizin in New York erforscht wurden. Heutzutage sind die Hyänen nicht sehr artenreich. Drei Arten sind aufs Knochenknacken spezialisiert, eine davon (die Tüpfelhyäne) jagt in Rudeln. Eine zusätzliche Art, der Erdwolf, ist ein Termitenspezialist mit verkleinerten Kiefern und Zähnen. Die ersten Hyänen im Miozän breiteten sich gleichzeitig mit kojotenähnlichen Tieren wie *Proctitherium* aus, wurden aber im Pliozän selten, als echte

Hunde von Nordamerika in die Alte Welt auswanderten.

Die echten Hyänen entwickelten im mittleren bis oberen Miozän zwei unterschiedliche Typen. Da waren die schweren, wolfsähnlichen Hyänen wie *Thalassictis*, die bis zum Ende des Miozäns überlebten, und die schlanken, langbeinigen Hyänen wie *Chasmaporthetes*, die bis ins obere Pleistozän lebten und im Pliozän nach Amerika wanderten. Diese Tiere waren den Geparden ähnlicher als den Hyänen, die heute die Savanne durchstreifen. Keiner der beiden Typen besaß den gewölbten Kopf und die großen, bulligen Backenzähne, die für heutige Hyänen typisch sind, deren Knochenbrecherkarriere vor etwa 10 Millionen Jahren begann.

Im heutigen Nordamerika gibt es keine Hyänen, aber es scheint, daß während des Miozäns die Bärenhunde die Rolle der ersten Knochenbrecher übernommen hatten. Viele Säuger estanden durch das Känozoikum fort. Die Akteure wechselten jedoch ständig, und viele der heutigen Säugetierfamilien starteten damals eine ganz neue Karriere.

Im Innern geschlossener Gebiete auf dem australischen und südamerikanischen Inselkontinent arbeitete die Evolution. Unsere einst so dürftigen Kenntnisse über das australische Miozän sind durch die Arbeit von Mike Archer und seinen Kollegen von der Universität New South Wales gewachsen, die an der Riversleigh-Fundstätte im Westen von Queensland Ausgrabungen unternommen haben. Hier öffneten sie ein leuchtendes Fenster zur Vergangenheit Australiens. Sie bargen Fossilien aus dem oberen Oligozän bis zum Pliozän, die meisten Funde aber stammen aus dem Miozän.

Riversleigh enthüllte nicht nur die primitiveren Vorfahren vieler überlebender Beuteltiere, wie Opossums, Känguruhs und Beutelratten, sondern auch frühe Funde ausgestorbener, bestens bekannter Formen sehr großer Tiere des Pleistozäns. Die nashornähnlichen Diprotodontidae sind mit den Wombats verwandt; die mit den Koalas verwandten Beutellöwen sind ein Beispiel für die Rückkehr zum Fleischfresser in einer Reihe normalerweise pflanzenfressender phalangeroider Beuteltiere. Es gibt auch ein paar Überraschungen – einige kleine, anderswo vollkommen unbekannte und nicht erkennbar mit irgendeinem bekannten Beuteltier verwandte Säugetiere (mit den angemessenen Bezeichnungen *Thingodonta* und *Weirdodonta*), und eine gigantische Python, die als *Montypythonoides* unsterblichen Ruhm erlangt hat.

Im unteren Miozän verzeichnete Südamerika ein paar Neuzugänge, die im Oligozän ihren Weg über Afrika gefunden hatten. Dies waren die einzigartigen südamerikanischen Affen und Seidenäffchen, die caviomorphen Nagetiere (Meerschweinchen, Wasserschwein) sowie die Phorusrhaciden, wunderbare flugunfähige, bis zu 3 m große Raubvögel. Aber diese Eindringlinge schienen der alteingesessenen Artenvielfalt nichts anhaben zu können. Die Huftiere (graziöse Litopterna und stämmigere Notoungulata) entwickelten längere Beine und hochkronigere Zähne, wie wir sie von ihren behuften Nachbarn in der nördlichen Hemisphäre kennen, und reagierten damit auf die Entwicklung miozäner Savannen. Die heimischen Beuteltiere (Opossums und Borhyaeniden) und die Edentata (Faultiere, Ameisenbären, Gürteltiere und Glyptodontiden) setzten ihren evolutionären Weg gleichfalls fort.

Gegen Ende des Miozäns waren Australien und Südamerika etwas weniger isoliert. Zu

dieser Zeit erreichten Nagetiere Australien vermutlich über die malaysische Inselkette. Obwohl der große Austausch von Faunen zwischen Nord- und Südamerika erst im Pliozän erfolgte, lagen die beiden Kontinente am Ende des Miozäns doch eng genug aneinander, um frühe Botschafter auszutauschen, die auf Treibholz oder schwimmend kamen. Waschbären tauchten in Südamerika auf, und einige kleinere Bodenfaultiere erschienen in den südlichen Teilen Nordamerikas.

Das Plio-Pleistozän

Zu Beginn des Pliozäns vor rund 5 Millionen Jahren hatte sich ein kühleres, trockeneres, dem heutigen recht ähnliches Globalklima entwickelt. Zu jener Zeit tauchten neue Haupttypen einer uns vertrauten Vegetation auf. Zu Beginn des Pleistozäns vor 1,8 Millionen Jahren war die Welt in eine kühlere Periode abwechselnder Eis- und Zwischeneiszeiten eingetreten, das Klima war kälter und trockener als im Pliozän.

Diese Epoche wurde in der nördlichen Hemisphäre mit dem erstmaligen Erscheinen arktischer Vegetation eingeläutet: die Tundra im Polarkreis nördlich der Baumgrenze und die Taiga – immergrüner Nadelwald – als Streifen darunter. (In höheren Lagen kommen Tundra und Taiga heute sogar in tropischen Regionen vor.) Die Tundra ist eine Landschaft mit ständig gefrorenem Boden (Permafrost) und sehr kurzen Wachstumsperioden hauptsächlich für Moose, Flechten und Riedgras. Der Taigawald besteht aus weiten Flächen immergrüner Nadelbäume und liefert den

Neohelos (»Neuer Höcker«, wegen des deutlichen Höckers auf einem der vorderen Backenzähne) war ein miozänes Mitglied der ausgestorbenen Diprotodontidae, oft als »Riesenwombat« bezeichnet, in Wirklichkeit jedoch nur entfernt mit diesem verwandt. Im Gegensatz zu den grasfressenden Wombats hatten die Diprotodontiden sich auf das Äsen spezialisiert. Ihr Gebiß ähnelte dem des Tapirs, und die Schädel einiger Arten hatten Raum für tapirähnliche Rüssel gelassen.

Neohelos war etwa kuhgroß, aber einige seiner pleistozänen Vettern wurden so groß wie ein kleines Nashorn. Er wurde in den Riversleigh-Ablagerungen im australischen Queensland gefunden und wird hier zusammen mit zwei zwergenhaften Opossums abgebildet, Beuteltieren, die in derselben miozänen Lagerstätte gefunden wurden, jedoch noch heute im nordwestlichen australischen Regenwald vorkommen.

Die in der argentinischen Santa-Cruz-Formation entdeckte Mammalia-Fauna aus der Zeit vor rund 25 Millionen Jahren spiegelt die Trennung Südamerikas von Nordamerika wider. Hier fand man Säugetiere wie *Cladosictis,* ein frettchenartiges Mitglied der fleischfressenden Beuteltierfamilie Borhyaenidae (»unersättliche Hyänen«), und *Stegotherium* (»bedecktes Tier«), ein frühes Gürteltier.
Auch zwei Huftiere sind hier abgebildet: Das pferdeartige, gazellengroße Mitglied der Ordnung Litopterna, *Diadophorus,* und *Nesodon,* das wombatähnliche, kuhgroße Mitglied der Notoungulata. Eine einzigartige Erscheinung der südamerikanischen Fauna des Tertiärs waren die Phorusrhaciden: menschengroße, flugunfähige fleischfressende Vögel.

Säugetieren eine magerere Kost als die gemischten Nadel- und Laubwälder, die zuvor in dieser Region gediehen.

In den niederen Breiten sorgte das trockenere Klima für zuvor unbekannte Verbreitung von wüstenhaften Vegetationstypen, die einen großen Teil des Gebietes besetzten, das früher mit Büschen und Dornensträuchern bedeckt war. Auch das Grasland breitete sich aus, aber anstelle der baumbestandenen Savanne, die einst im Miozän typisch für die höheren Breiten war, zeigten sich nun trockenere, baumlose, heute als Prärien, Steppe oder Pampas vertraute Landschaften. Obwohl die moderne Welt viel tropisches Grasland kennt, wie die Savanne in Australien, verfügt nur Afrika über ein Mosaik aus Grasland und Waldland, das eine große Artenvielfalt von

Säugetieren ernähren kann. Die Tropenwaldzone ist seit dem Miozän enger an die Äquatorialgebiete gedrängt worden. In vielen Gebieten, die einst von Tropenwald bedeckt waren, befindet sich jetzt subtropisches Waldland oder Grasland, das seinerseits in den mittleren Breiten von gemäßigteren Waldlandformen verdrängt wurde.

Keine dieser Änderungen wirkte sich günstig für Faunen oder Floren aus. Jeder Schritt vom Tropenwald zum subtropischen Waldland und dann von der Savanne zur Prärie reduziert die Zahl der Arten und die Möglichkeiten erfolgreicher Wechselwirkungen zwischen ihnen. Viele Säugetiere, die im unteren Miozän häufig vorkamen, starben zum Ende dieser Epoche oder während des Pliozäns aus. Nordamerika wurde besonders

schwer getroffen, da es bis dato keinen Zugang zur Äquatorialzone besaß, über den sich tropenangepaßte Arten hätten in Sicherheit bringen können.

Zu Beginn des Pliozäns entwickelten sich sehr große Pflanzenfresser, die für das Überstehen nahrungsarmer Perioden besser ausgerüstet waren und sich mit der insgesamt härter gewordenen Nahrung begnügten. Zu diesen Pflanzenfressern gesellten sich spezialisierte Raubtiere wie die Säbelzahntiger. Unter den kleineren Pflanzenfressern ging es den Mischfressern besser als den spezialisierten Äsern. Von einer großen Vielfalt von Pferden mit unterschiedlichen Ernährungsgewohnheiten überlebten nur die Grasfresser in Nordamerika. Das afrikanische Plio-Pleistozän entwickelte eine Palette weidender Antilopen in den neuen ostafrikanischen Savannen, die sich im Regenschatten der neu aufgefalteten ostafrikanischen Gebirgskämme ausbreiteten.

Der große Geologe Preston Cloud schrieb, daß die tektonischen Platten zusammen mit den Kontinenten, die sie tragen, »über die Oberfläche der Asthenosphäre gleiten . . . mit der Geschwindigkeit eines Ambosses, der durch soliden Asphalt dringt«. Nicht alle geologischen Ereignisse laufen so gemächlich ab wie diese 2,40 m pro Jahrhundert und auch nicht so gewaltsam wie Meteoreinschläge oder Vulkanausbrüche. Vor 6,5 bis 5 Millionen Jahren ist das Mittelmeer vielleicht fünfmal zu einem gewaltigen Wüstenbecken bis in 5000 m unter dem Meeresspiegel ausgetrocknet, um immer wieder von einem gewaltigen Wasserfall, der sich aus dem Atlantik in die Straße von Gibraltar ergoß, gefüllt zu werden. Während des gesamten Pleistozäns bedeckten weite

KARTE DES PLIO-PLEISTOZÄNS (VOR CA. 5,5 BIS 0,1 MILLIONEN JAHREN)

Abkühlung und Trockenheit sorgten für ein dem heutigen sehr ähnliches Klima. Die Tundra wuchs auf Permafrostboden innerhalb des Polarkreises. Die Taiga legte sich als Band südlich davor. Weiter südlich führten die trockeneren Bedingungen zu einer Ausbreitung von Wüsten zu Halbwüsten und Buschland. Gemäßigtes Grasland verdrängte die baumbestandene Savanne in höheren Breiten. Tropisches Grasland ist heute häufig, aber nur die afrikanische Savanne ernährt eine große Vielfalt von Säugetieren. Die Tropenwaldzone geht heute schnell zurück. Keine dieser Entwicklungen ist für den biologischen Artenreichtum günstig. Grasland bietet sehr viel weniger Arten gute Lebensbedingungen als die Savanne, und dem gemäßigten Waldland fehlt die Tierwelt des subtropischen Waldes. Zu Beginn des Pliozäns lebten große Pflanzenfresser und spezialisierte Raubtiere. Im späten Pleistozän, erschienen in Afrika Menschen.

Tropischer Regenwald

Paratropischer Regenwald (mit Trockenzeit)

Subtropisches Waldland oder Baumsavanne (laubblättrige Immergrüne)

Gemäßigtes Waldland (Laubbäume)

Gemäßigtes Waldland (Mischwald aus Nadelbäumen und Laubbäumen)

Tropisches Grasland oder Savanne

Gemäßigtes Grasland (Prärie, Steppe, Pampas)

Mediterraner Waldland-Typ, Dornensträucher und Buschland

Halbtrockenes Buschland

Trockene Wüste

Taiga (nördlicher Nadelwald)

Tundra

Eiskappe

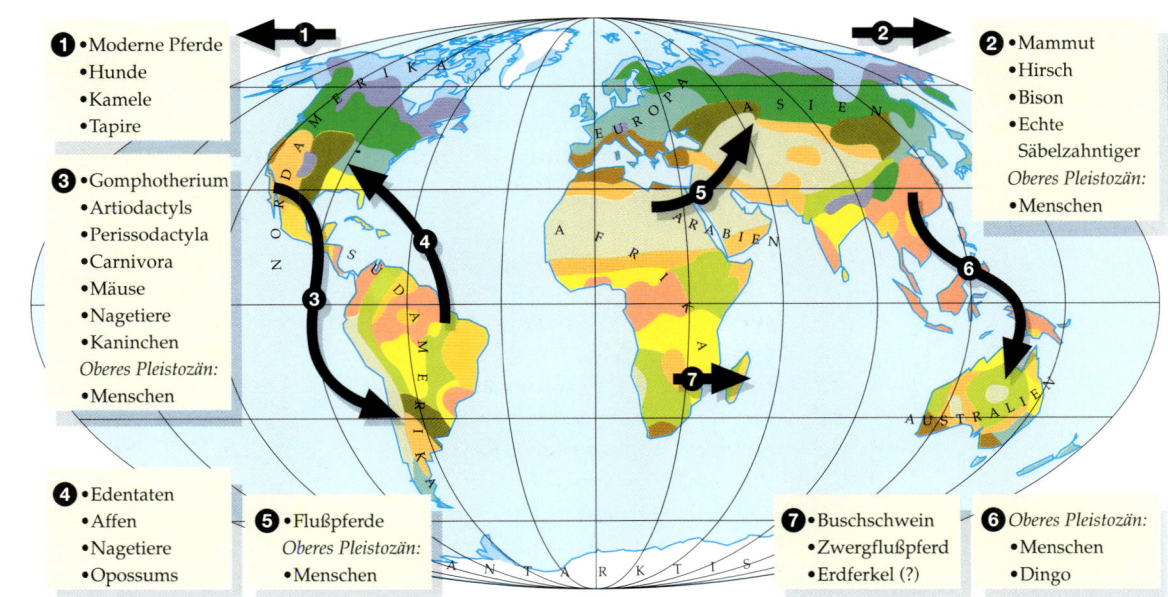

1
• Moderne Pferde
• Hunde
• Kamele
• Tapire

2
• Mammut
• Hirsch
• Bison
• Echte Säbelzahntiger
Oberes Pleistozän:
• Menschen

3
• Gomphotherium
• Artiodactyls
• Perissodactyla
• Carnivora
• Mäuse
• Nagetiere
• Kaninchen
Oberes Pleistozän:
• Menschen

4
• Edentaten
• Affen
• Nagetiere
• Opossums

5
• Flußpferde
Oberes Pleistozän:
• Menschen

7
• Buschschwein
• Zwergflußpferd
• Erdferkel (?)

6
Oberes Pleistozän:
• Menschen
• Dingo

Smilodon (»Dolch-zahn«) war ein löwengroßes Mitglied der echten machairo-dontiden Katzen, die wir aus dem Plio-Plei-stozän der Alten Welt und Nordamerikas kennen. Als klassischer »Säbelzahntiger« kennen wir ihn aus zahlreichen Skeletten, die in der La-Rancho-Brea-Teergrube in Los Angeles gefunden wurden. Säbelzahnti-ger hatten kürzere Beine als andere Katzenformen. Vermutlich waren sie Kurzstreckensprinter und schlitzten mit ihren enormen Reißzähnen der Beute den Bauch auf. Heutige Katzen beißen der Beute häufig in den Nacken, und ihre kürzeren, runden Reißzähne bohren sich bis auf den Knochen. Diese Vorgehensweise hätte die schmalen, flachen Zähne des *Smilodon* beschädigt, da sie zum Aufreißen von Fleisch und nicht zum Knochenbrechen geeignet waren.

Gletscherkappen die höheren Breiten der Erde namentlich in der nördlichen Hemisphäre, um sie immer wieder teilweise frei zu geben. Dies ist wahrscheinlich zwanzigmal oder öfter geschehen.

Derzeit durchlebt unsere Erde eine Zwischeneiszeit, die am Ende des Pleistozäns vor etwa 12 000 Jahren begann, und die Temperaturen sind in den höheren Breiten zwischen 4 °C und 6 °C höher als in der letzten Eiszeit. Diese Zwischeneiszeit ist aller Wahr-scheinlichkeit nach kühler als viele vorange-gangene, die es sogar Flußpferden und Makaken-Affen erlaubten, bis nach England vorzudringen.

Die nördliche Hemisphäre war ein Teil der Eismaschine. Große Landmassen liegen in der Nähe der Antarktis und leiten die Gletscher nach Süden. Die Antarktis ist zwar genauso kalt, aber sie ist von den südlichen Kontinenten durch den zirkumpolaren Ozean auf 55–60 ° Breite abgetrennt, und wenn es in der südli-chen Hemisphäre Gletscher gegeben hat, dann waren sie keinesfalls mit der Antarktis verbunden.

Was war für die abschließende plötzliche Abkühlung der pleistozänen Welt verantwort-lich, mit der vor rund 2 Millionen Jahren die

Ära der Eiszeiten begann? Ein wichtiges Ereignis war vermutlich die nord-südamerika-nische Landbrücke, die vor etwa 2,5 Millionen Jahren entstand. Sie verzerrte die ozeanische und atmosphärische Zirkulation und leitete insbesondere warme Meeresströmungen nach Norden, die früher weiter südlich verlaufen waren. Der Aufbau neuer Gletscher ver-schlingt große Mengen atmosphärischen Wassers, das durch die aus den warmen Strömungen entlang der Kontinentalränder verursachten Niederschläge beschafft wird. Diese Ereignisse scheinen mit der Entstehung der arktischen Eiskappe und der Bildung kalter Strömungen um den Nordpol zusam-menzuhängen.

Der Rhythmus dieser Kälteperioden ist mit einer Kombination von drei planetaren Zyklen verbunden, die sich auf die Sonneneinstrah-lung auf die Erde auswirken. Es gibt regelmä-ßig langsame Veränderungen des Neigungs-winkels der Erdachse, ihrer Neigung zur Sonne und der Kreisbahn der Erde um die Sonne. Jeder Zyklus läuft mit seiner eigenen Geschwindigkeit, mit seinen eigenen Höchst- und Tiefstwerten ab. Wenn sie zusammenwir-ken, bezeichnet man sie als Milankovitch-Zy-klen. Einmal alle Zehntausende von Jahren erreichen sie gemeinsam und gleichzeitig ihren Höchst- oder Niedrigststand. Diese Zyklen haben vermutlich stets das Erdklima beeinflußt, aber es bedurfte zunächst der Bildung der arktischen Eiskappe, damit sie das globale System in eine noch nicht abgeschlos-sene Reihe von Eiszeiten schicken konnten. Die Vorstellung von den Eiszeiten des Pleisto-zäns als ein weltweites Frösteln, bei dem die Tiere durch die intensive Kälte und die Not bei der Futtersuche ums Leben kamen, hat etwas

Verführerisches. Es wäre jedoch ein Irrtum anzunehmen, daß während dieser Perioden sämtliche nördlichen Breiten arktischen Bedingungen ausgesetzt waren. Die Winter waren vermutlich nicht viel kälter als heute. Der Unterschied bestand in den kälteren Sommern, die den Schnee des Winters nicht schmelzen konnten. Die Eiskappen allein waren das geringere Problem. Die schlimmsten Folgen für das Leben brachte die veränderte Vegetation mit sich.

In der Welt der letzten Eiszeit vor etwa 18 000 Jahren führte die Bindung von Wasser in einem nutzlosen gefrorenen Zustand zu Dürre in den Tropen. Die Tropenwälder schrumpften zu einem Gebiet zusammen, das kleiner war als nach der letzten Eiszeit, kurz bevor die Menschen den Ackerbau erfanden. Es ist nicht

schwer zu verstehen, warum die größeren Säugetiere in Australien und Madagaskar, die an das Leben im Tropenwald angepaßt waren, von den wachsenden Wüsten an den Rand ihrer Existenz und zuweilen darüber hinaus gestoßen wurden, während die Waldtiere in den verbleibenden Tropen in schrumpfende Rückzugsgebiete gedrängt wurden, wo der Nahrungsmangel den Überlebenskampf erheblich verschärfte.

Als sich das tropische Grasland in den Eiszeiten ausbreitete, konnten weidende Tiere üppig leben. Wenn die Tropenwälder in wärmeren Zeiten zurückkehrten, wurden die Weidetiere in höhere Breiten gedrängt. Doch diese Breiten zeigten nun kein tropisches Grasland mehr, sondern gemäßigtere Prärie als kärglichen Lebensraum. Die Erkenntnis

Bis zum Pleistozän waren die tropischen Regenwälder Australiens zurückgegangen. Zurück blieb offenes Buschland. Zur Fauna gehörten Beuteltiere, wie der nashorngroße Verwandte des Wombat *Diprotodon,* und der mächtige Waran *Megalania,* der auf unserem Bild gerade ein totes *Diprotodon* verspeist. Der flugunfähige *Dinornis* (»laufender Vogel«) erreichte eine Höhe von 3 m und ernährte sich von Pflanzen.

Elasmotherium (»Plattentier«, wegen seiner flachen Backenzähne) war ein großes Nashorn im Pleistozän vor 3 bis 0,5 Millionen Jahren. Es hatte etwa die Größe unseres heutigen Breitmaulnashorns. Verwandte Formen kennen wir aus dem Miozän. Im Gegensatz zu den anderen großen, ausgestorbenen Nashörnern des eurasischen Pleistozäns handelte es sich bei *Elasmotherium* nicht um ein arktisches Pelztier, sondern es lebte in gemäßigten Steppen.

Seine Nase zierte ein einziges, sehr langes Horn (bis 2 m), und seine für Nashörner ungewöhnlich langen Beine verliehen ihm ein pferdeähnliches Aussehen. Man spekuliert darüber, ob Begegnungen mit ihm in der Frühzeit der Menschheit den Mythos vom Einhorn begründeten. Anders als normale Nashornzähne waren seine Zähne im Schmelz viel stärker gefaltet und wuchsen nach. *Elasmotherium* muß ausgesprochen hartes Gras gemampft haben, nur so läßt sich ein solches Bollwerk von Zähnen erklären.

dieser Zusammenhänge hilft beim Verständnis, wie im späten Känozoikum Südamerika zunächst seine eigenen Pflanzenfresser hervorbrachte, sie dann verlor, dann Raum für eine Vielzahl nördlicher Einwanderer wie Pferde, Kamele und Gomophtheriden schuf, um sie erneut in der gegenwärtigen Zwischeneiszeit zu verlieren.

Deshalb lenkt der Begriff Eiszeit die Aufmerksamkeit von dem Hauptschuldigen für die Veränderung ab. Das Austrocknen der Tropen hatte auf die Evolution der Säugetiere vermutlich einen weitaus stärkeren Einfluß als die Kälte der Eiskappen. Das Plio-Pleistozän ist berühmt für die riesigen Säugetiere, die heute nahezu alle ausgestorben sind. Sämtliche Rüsselträger durchwanderten die ganze Welt, mit Ausnahme Australiens. Im mittleren Miozän tauchten in Nordamerika Gomphotheriden und Mastodons auf, Deinotheriden gelangten nach Afrika und Eurasien, und Elefanten stellten sich erstmalig in Afrika vor. Im Pliozän erreichten die Elefanten (einschließlich den Mammuts, den engen Verwandten des indischen Elefanten) Eurasien, und bis zum Pleistozän hatten die Mammuts es bis nach Nordamerika geschafft. Im Pliozän wanderten die Gomphotheriden nach Südamerika.

Große Nashörner wie das langhörnige *Elasmotherium* durchstampften das nördliche Eurasien. Seine Beine waren für ein Nashorn ungewöhnlich lang und verliehen dem Tier ein pferdeähnliches Aussehen, das zusammen mit dem langen einzelnen Horn auf der Stirn zu der Annahme führte, daß Begegnungen in historischer Vorzeit den Mythos vom Einhorn begründeten.

Gigantische Kamele wie *Titanotylopus* wurden in Nordamerika gefunden, während Asien und Afrika die großen, elchähnlichen Sivatheriinen beherbergten. *Sivatherium* hatte ausladende Hörner, die sich unabhängig von den einfacheren, hautbedeckten Hörnern der heutigen Giraffe und Okapis entwickelten. Ein archäologisches Artefakt aus Sumer legt nahe, daß *Sivatherium* lange genug lebte, um die Phantasie der Menschen anzuregen.

Auch die Inselkontinente hatte ihre Giganten. Madagaskar wies eine Vielzahl enormer Lemuren auf, die bis vor 1000 Jahren lebten. Südamerika beheimatete gigantische Riesenfaultiere wie das 3 Tonnen schwere und beim aufrechten Äsen 3 m hohe *Megatherium.* In Australien erreichte *Diprotodon* die Größe eines kleinen Nashorns. Im Gegensatz zu seinen Wombat-Vettern war es Äser und pflegte eine flußpferdähnliche Lebensweise.

Diprotodon war mit der vierfachen Masse des pleistozänen Riesenkänguruhs das einzige wirklich große Beuteltier.

Warum erreichten die Beuteltiere nicht die Größe von Elefanten oder zumindest von Pferden oder Bisons? Die Antwort finden wir vielleicht im Geburtsverhalten der Beuteltiere. Das Junge muß aus dem Geburtskanal in den Beutel der Mutter krabbeln, während diese auf

den Hinterbeinen sitzt. Ein wirklich großes Beuteltier hätte mit dieser Stellung Probleme, und seine Größe würde für das winzige Neugeborene eine beschwerliche Kletterpartie bedeuten, die seine Überlebenschancen wohl verringern würde.

Einige dieser pleistozänen Giganten setzen uns in Erstaunen, weil wir ihre lebenden Vettern kennen. Sie sind als Fossilien ziemlich

jung, und manche werden in Teergruben oder Torfmoosen in derart gutem Zustand gefunden, daß sie im Museum hervorragende Ausstellungstücke abgeben – denken wir nur an den edlen Riesenhirsch. Die Schöpfungsgeschichte dieser Riesen und die Ursachen für ihren Untergang hängen wohl mit dem Hin und Her des eiszeitlichen Klimas zusammen, das einzelnen großen Säugetieren Vorteile

Der Hominide *Australopithecus africanus* ist uns aus der Sterkfontein-Höhle bekannt. Zu den Herden grasender Huftiere gehören das Weißschwanzgnu und *Makapania.* Zwei Hyänen, *Chasmoporthetes,* belauern die Pflanzenfresser.

Megaloceros (»Großes Geweih«), auch Riesenhirsch genannt, ist ein elchgroßer Hirsch und aus den Torfablagerungen in Irland bestens bekannt, zumal er das ganze Pleistozän hindurch in Eurasien heimisch war. Er ist mit dem heutigen Damhirsch enger verwandt als mit dem Elch oder Rothirsch.

Das enorme Geweih erreichte eine Spannweite von bis zu 3,7 m und wog 45 kg, d. h. ein Siebtel seines gesamten Körpergewichts. Eine wenig überzeugende Theorie führte das Geweih als ein Beispiel für evolutionäre Überspezialisierung an, als eine möglicherweise durch genetische Selektion hervorgerufene Behinderung, deren Träger sein Unwesen trieb, bis er endlich ausstarb. (Bei sämtlichen Hirschen, mit Ausnahme des Rentiers, bilden nur die männlichen Tiere Geweihe.) Studien haben ergeben, daß das Geweih des Riesenhirsches für einen großen Hirsch gar nicht so außergewöhnlich war, da es eine Tendenz zum proportional verstärkten Größenwachstum der Geweihe gibt.

verschaffte, ähnlich wie bei den viel größeren Dinosauriern.

Ein großes, massives Tier verliert aufgrund seiner verhältnismäßig kleinen Oberfläche weniger Wärme; es kann mehr Fett speichern als ein kleines Tier; seine längeren Beine erlauben eine großräumige Futtersuche bei verhältnismäßig geringem Energieaufwand. Als Art aber sind größere Säugetiere schnell vom Untergang bedroht, insbesondere in einer inkonstanten Umwelt. Sie brauchen für ihre Größe zwar recht wenig Futter (ein Elefant wiegt zehnmal soviel wie ein Pferd, frißt jedoch weniger als das Zehnfache), aber sie brauchen absolut gesehen dennoch mehr Nahrung, so daß eine länger als einen Winter dauernde Dürreperiode große Probleme mit sich bringt. Zweitens haben größere Säugetiere eine längere Tragezeit und einen zeitlich sehr gestreckten Geburtsrhythmus. Unter harten Bedingungen können solche Tiere außerstande sein, sich schnell genug zu vermehren, um das Überleben der Art zu gewährleisten. Das Klima im Pleistozän schwankte ständig zwischen kalten und warmen Phasen, was zu erheblichen Umweltveränderungen führen mußte. Überraschenderweise sind die Säuger vom Aussterben dann bedroht, wenn sie aus einer kalten in eine warme Phase wechseln, vielleicht, weil ein solcher Wechsel zügiger verläuft als der Wechsel von warm zu kalt. Diese Veränderungen haben wahrscheinlich zumindest einige der Wanderungen ausgelöst, die zu der heutigen Verbreitung der Säugetiere führten.

Der größte Austausch erfolgte zwischen Nord- und Südamerika nach der Entstehung des Isthmus von Panama vor rund 2,5 Millionen Jahren. Mit Eröffnung dieser Brücke konnte der Verkehr in beide Richtungen fließen. Die folgenden Ereignisse werden zuweilen als ein evolutionärer Erfolg der nördlichen und als »überlegen« gehandelten Säugetiere verbucht, die nach Süden ausschwärmten, um die unterlegenen südlichen Vettern wie die Beuteltiere zu dezimieren. Diese Interpretation entspricht aber wohl mehr dem seltsamen Geschichtsverständnis der menschlichen Kolonisierung des Globus als der präzisen Erläuterung einer komplizierten Epoche der Säugetierevolution.

Sicherlich wanderten mehr Arten von Norden nach Süden als umgekehrt, aber Nordamerika ist auch der größere Kontinent und besitzt mehr Arten für die Teilnahme am Austausch. Außerdem berücksichtigen die Berechnungen auf der Grundlage der Fossilienfunde nicht immer die Existenz zahlreicher

südlicher Arten in den mittelamerikanischen Tropen, die nicht alle nach Norden wanderten, wie z. B. Baumfaultiere, Affen und caviomorphe Nagetiere wie Meerschweinchen, Chinchillas und Wasserschweine. Viele der nach Nordamerika gewanderten Formen starben bis zum Ende des Pleistozäns aus, wie die Riesenfaultiere und die gepanzerten Glyptodons. Jedoch auch nördliche Einwanderer wie gomphotherienartige »Elefanten« und Pferde starben in Südamerika aus, aber diese Ereignisse haben mehr mit den weltweiten Sterbeereignissen am Ende des Pleistozäns zu tun, als mit irgendeinem unmittelbaren Effekt des Austausches.

Der Schlüsselfaktor für den Erfolg der Tiere aus dem Norden in Südamerika liegt darin, daß sie sich artenmäßig stärker vermehrten. Vermutlich waren hier aber mehr pragmatische Faktoren ausschlaggebend als eine »eingebaute« Überlegenheit. Zunächst, als das Klima abkühlte und im Pleistozän stärker schwankte, besaß Südamerika mit seiner Äquatorzone mehr Klimazonen, während die Temperaturen in Nordamerika zurückgingen. Deshalb standen die Einwanderer in Nordamerika härteren Bedingungen gegenüber als diejenigen in Südamerika.

Zweitens gibt es wenig Beweise für einen unmittelbaren »Wettstreit« zwischen den endemischen südamerikanischen Säugetieren und den Invasoren aus dem Norden. Viele der Arten, die im Miozän in die Savanne gezogen waren, existierten bereits nicht mehr: so zum Beispiel die meisten einheimischen Huftiere. Ein großer Teil der Artenvielfalt bei den Invasoren aus dem Norden, die heute in Südamerika leben, besteht bei Hirschen, Katzen und Hunden, die damals lediglich in bereits freigewordene ökologische Rollen zu schlüpfen brauchten. Der Austausch scheint unter den endemischen Nagetieren und Primaten, den opossumähnlichen Beuteltieren und den kleineren Ameisenbären, Gürteltieren und Baumfaultieren nur wenig Schaden angerichtet zu haben. Die Vereinigten Staaten sind noch heute die Heimat einer Reihe erfolgreicher südamerikanischer Eindringlinge wie Gürteltiere, Stachelschweine und Opossums.

Es gab darüber hinaus weitere Formen des Austausches. Aus der Alten Welt übernahm Nordamerika Hirsche und Bisons sowie Mammuts und Säbelzahntiger, die das Pleistozän nicht überlebten. Im Gegenzug kamen Hunde, Kamele und echte Pferde (einzehige Weidetiere) aus Nordamerika herüber. Vermutlich gelangte um diese Zeit das Buschschwein und das Zwergflußpferd nach Mada-

gaskar (heute ausgestorben). Und schließlich und endlich verließen im oberen Pleistozän die Menschen Afrika, um auch andere Kontinente zu bevölkern.

Am Ende des Pleistozäns waren folgende Säugetiere ausgestorben: Weltweit alle großen Rüsseltiere außer Elefanten, in Nordamerika und Nordeurasien die Elephantidae (Mammuts); Säbelzahntiger, gepardähnliche Hyänen und hyänenähnliche Hunde; Sivatherinen, Chalicotherien und Riesenklippschliefer. Südamerika hatte den Verlust seiner Beutelraubtiere, der einheimischen Ungulaten (Notoungulata und Litopterna) und der großen Edentaten (Bodenfaultiere und Glyptodontiden) zu beklagen. Nordamerika büßte ebenso die großen Edentaten ein sowie seine Pferde, Kamele und Tapire. In Australien verschwanden die äsenden Riesenkänguruhs, Diprotodontiden, und der Beutellöwe, obwohl der Volksmund und die Sagen der Eingeborenen davon berichten, daß dieser bis in jüngere Zeiten gelebt hat.

Die Größe der heutigen Faunen, insbesondere die Anzahl der größeren Säugetiere sind im Vergleich zur Zeit vor 12 000 Jahren erheb-

lich zurückgegangen. Heute gibt nur noch Äquatorialafrika einenNachgeschmack von der Zahl und Artenvielfalt großer Säugetiere, die in der ganzen Welt bis vor verhältnismäßig kurzer Zeit noch existierten. Wir denken wahrscheinlich an das Pleistozän als das Goldene Zeitalter großer Säugetiere, weil es relativ eng mit unserer Zeit verbunden ist.

Evolutionäre Trends bei späteren Säugetieren

Drei Trends herrschen in der Evolution der Säugetiere in den vergangenen 65 Millionen Jahren vor. Erstens entwickelten sie eine große Vielfalt von Arten und auf diesem Weg eine noch viel größere Mannigfaltigkeit an Körperformen-Spezialisten auch für Wasser und Luft. Die Artenvielfalt war durch die Tatsache, daß die verschiedenen Kontinente häufig ihre eigenen spezialisierten adaptiven Körpertypen herausarbeiteten, besonders groß. Ein klassisches Beispiel dafür ist die parallele Entwicklung der Beuteltiere in Australien und der

Vor rund 2,5 Millionen Jahren wies Florida die artenreichste Fauna in den Vereinigten Staaten auf. Zu den rezenten Einwanderern aus Südamerika zählen das gigantische Riesenfaultier *Glossotherium* (»Zungentier«), der gewaltige flugunfähige, fleischfressende Vogel *Titanis* und das Wasserschwein *Neochoerus* (»neues Schwein«). Heute gibt es Wasserschweine, die größten Nagetiere, in den Vereinigten Staaten nicht mehr; sie leben nur noch in Mittel- und Südamerika. Zu den alten, in Nordamerika heimischen Säugetieren gehören das Pferd *Nannippis* (»Zwergpferd«), das die Größe eines großen Hundes hatte, und der riesige Biber *Castoroides,* der so groß wie ein kleiner Bär war.

Placentalier anderswo: der Beutelwolf und »fliegende« Opossums; der plazentale Wolf und »fliegende« Eichhörnchen. Zweitens erreichten die Säugetiere größere Körpermaße als im Mesozoikum, als die Riesen die Größe von Opossums hatten. Und drittens entwickelten eine Reihe von Säugetieren größere Gehirne – nicht nur die Primaten und Delphine, sondern auch viele Arten von Carnivoren und Huftieren.

Der große Artenboom zu Beginn des Känozoikums muß in Beziehung zum Aussterben der Saurier gesehen werden. Obwohl es keinen Beweis für unmittelbare Verdrängungskämpfe mit ihnen oder mit den großen Meeresreptilien gibt, schien deren Anwesenheit doch zunächst den Weg blockiert zu haben. Nach ihrem Verschwinden blieben die Säugetiere nicht länger auf die Rolle kleiner Generalisten beschränkt, obgleich sie einige Millionen Jahre brauchten, um sich an ihre neue Rolle zu gewöhnen. Die große Artenvielfalt von Säugetieren auf den verschiedenen Kontinenten steht auch in direktem Zusammenhang mit der Bedeutung der plattentektonischen Bewegungen. Im Mesozoikum drifteten die Kontinente auseinander; so konnten sich verschiedene Grundtypen primitiverer Säugetiere in verschiedenen Stadien getrennt voneinander entwickeln und das Ausmaß der Spezialisierungen ausdehnen.

Das Spektrum der Körperformen scheint sich während des Känozoikums verbreitert zu haben, obwohl wir auch ein paar klassische Formen verloren haben, wie die säbelzähnigen Raubtiere. (Der »Typ« selbst liegt vielleicht aber nur im Winterschlaf. Die Abwesenheit von menschlichem Eingreifen könnte zu seiner erneuten Entstehung führen. Der asiatische Nebelparder *Neofelis nebulosa* zum Beispiel ist ein erprobter Baumbewohner mit verlängerten Reißzähnen. Ein paar Millionen Jahre der Nichteinmischung durch die industrialisierte Welt, und es wäre durchaus vorstellbar, daß diese Linie der Katzenfamilie die Säbelzahnform wieder entwickelt.)

Die Umstände diktierten diesen Trend der Artenvielfalt. Die vergangenen 65 Millionen Jahre waren von einer ständigen Verschlechterung des Klimas von einer warmen, feuchten, mit tropischen Waldtypen bedeckten Welt zu einer kalten, trockenen Welt mit scharf abgegrenzten Klimazonen von den Polen zum Äquator geprägt. Mit der Entstehung unterschiedlicher Umweltnischen haben verschiedene Säugetiertypen spezielle Körperformen entwickelt, um darin leben zu können. Die Entwicklung vom Beginn des Känozoikums bis heute bestand großenteils in einem Hinzufügen, zum Beispiel des Kamels oder des Eisbären (um extreme Beispiele zu nennen), zu einer Fauna der tropischen Waldgegenden mit Buschbabys und Moschustieren.

Schließlich liegt ein Grund für die gesteigerte Vielfalt der Körperformen in dem zweiten, allgemeinen Trend der Säugetierevolution zur Vergrößerung des Körpers. Die physikalischen Gesetze diktieren, daß größere Tiere die Welt gänzlich anders als die kleinen erleben. Wir haben gesehen, daß die im Verhältnis zur Masse relativ kleine Körperoberfläche großer Säugetiere den Wärmeverlust verringert, und deshalb auch im Verhältnis zur Größe weniger Nahrung aufgenommen werden muß, als dies bei einem kleineren Säugetier der Fall ist. Dieselbe Körperoberfläche muß aber viel mehr Masse umkleiden: Wenn eine Maus und ein Mensch im zweiten Stock aus dem Fenster fallen, ist es die Maus, die aufsteht und wegläuft, weil die Gewalt des

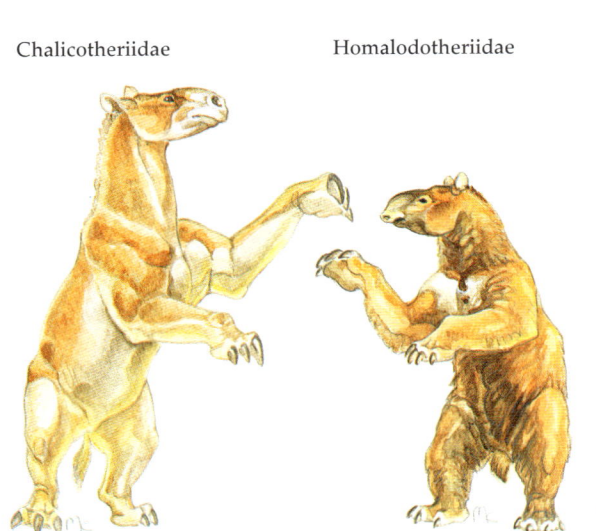

Chalicotheriidae   Homalodotheriidae

Alticamelus   Sthenurinus

Aufpralls über eine proportional viel größere Oberfläche verteilt wird. (Entsprechend haben Kinder eine größere Chance, solche Stürze zu überstehen, als Erwachsene, nicht nur wegen ihrer weicheren Knochen, sondern auch einfach deshalb, weil sie kleiner sind.)

Je schwerer das Tier, desto umsichtiger muß es also mit der Schwerkraft umgehen. Der Körperbau muß zunächst einmal das eigene Gewicht tragen, selbst im Stand – vom Laufen ganz zu schweigen.

Daraus folgt, daß größere Tiere einen spezialisierteren Körperbau benötigen als kleine, auch wenn sich ihre Lebensweise kaum unterscheidet. So mußte mit der Entwicklung neuer Körpergrößen bei den Säugern auch die Vielfalt der Körperformen zunehmen, je nachdem, was der Körper zu leisten hatte. Am Beispiel von zwei vollkommen verschiedenen Tätigkeiten wie Klettern und Graben kann man diesen Zusammenhang erkennen. Eine Feldmaus klettert hohe Grashalme hinauf, um die Saatkörner an der Spitze zu fressen; eine Wühlmaus gräbt sich unter der Erde zu den Graswurzeln durch. Beide Nagetiere unterscheiden sich im Aussehen nicht sehr. Andererseits sieht ein Baumfaultier völlig anders aus als ein Gürteltier, obwohl beide ebenso eng miteinander verwandt sind, wie Feldmaus und Wühlmaus (verschiedene Familien innerhalb einer Ordnung). Aussehen und Ausstattung haben sich dem völlig unterschiedlichen Umgang mit der Schwerkraft entsprechend angepaßt. (Aus diesem Grund unterscheiden sich Landtiere aller Größen so viel mehr voneinander als Wassertiere, die von der Schwerkraft weitgehend verschont bleiben.)

In den oberen Größenordnungen wird der Unterschied wirklich dramatisch. Seeotter und Walrosse sind beide meeresbewohnende Schalentierfresser, die ihre Zeit teilweise an Land verbringen. Waschbären und Grizzlybären sind generalisierte Allesfresser, und alle diese Säugetiere gehören zu einer einzigen Ordnung, den Fleischfressern. Nun sehen zwar ein Seeotter und ein Waschbär ziemlich unterschiedlich aus und sind leichter auseinanderzuhalten als eine Feldmaus und eine Wühlmaus. Dennoch könnte das ungeübte Auge besonders aus der Entfernung die beiden verwechseln. Ein Walroß würde jedoch niemand mit einem Grizzlybär verwechseln, da ihre unterschiedlichen Funktionen auch völlig unterschiedliche Baupläne erforderten.

Eine Grundfrage: Was ist ein großes Säugetier? Wir neigen dazu, unsere eigene Größe als Norm zu setzen und betrachten den Elefanten

als groß und das Kaninchen als klein. Wenn wir aber den Standpunkt der durchschnittlichen Körpergröße der Säugetierarten einnehmen (bei denen Nagetiere und Fledermäuse viel zahlreicher repräsentiert sind als Antilopen oder Wale), stellt sich heraus, daß das durchschnittliche Körpergewicht eines Säugetieres bei 450 g liegt, das entspricht dem Gewicht einer kleinen Ratte. Da wird sogar ein Kaninchen zum großen Säuger, ganz zu schweigen vom Menschen.

Wenn im Vergleich mit diesem Standard die meisten mesozoischen Säugetiere noch klein waren, warum neigte die Evolution dann zu diesem Hochbau? Es gibt ein evolutionäres Gesetz, das Copesche Gesetz, das seinen Namen dem legendären Dinosauriersammler des neunzehnten Jahrhunderts, Edward Drinker Cope, verdankt, das besagt, daß im Laufe der Zeit alle Linien zur Vergrößerung der Körper tendieren.

Eine Erklärung dafür ist vielleicht der bloße Zufall; wenn die Säuger klein angefangen haben, liegt der Weg nach oben nah. Wenn wir zurückgehen zum kreidezeitlichen Säugetier mit einem Körpergewicht von 450 g, können wir seine Diversifizierung in zwei Richtungen beobachten: »abwärts« bis zum kleinsten Säugetier, der 5-g-Maus, und »aufwärts« bis zum afrikanischen Fünftonner, dem Elefanten. Offensichtlich ist die Masse von 5 g das untere Limit für ein Säugetier (da die Wirbeltiere zu komplexe Körpersysteme haben, um sie zu miniaturisieren), während 5 Tonnen sicherlich keinesfalls die Obergrenze markieren, nicht mal für ein Landsäugetier, wenn man bedenkt, daß einige der ausgestorbenen Säuger bis zu 15 Tonnen wogen. Also: Vom Start bei 5 g liegt die evolutionäre Zukunft eher in der Vergrößerung als in der Verkleinerung.

Das soll jedoch nicht bedeuten, daß zufällige Veränderungen die wahrscheinlichste Ursache für die Entwicklung größerer Körper sind. Die Tatsache, daß allein verfügbarer Raum für die wachsende Körpergröße verantwortlich sein kann, verweist darauf, daß nicht jeglicher evolutionäre Wandel der Anpassung dient. Ein Wandel kann eintreten, weil er dem Träger einen Vorteil verschafft, er kann jedoch auch zu einem Nachteil werden. Ein Grund für die vergleichsweise körperliche Überlegenheit känozoischer Säugetiere gegenüber mesozoischen mag darin liegen, daß die von den Dinosauriern gezogene Obergrenze verschwand. Es ist aber ebenso eine Tatsache, daß viele Linien die Körpergröße während des Känozoikums steigerten. Hier mögen klimatische Veränderungen eine Rolle gespielt haben.

Viele der Säugetiere des nordamerikanischen Pleistozäns, wie Bison und Mammut, wanderten erst relativ spät dort ein. Vor rund 1 Million Jahren lebte der Steppenbison (*Bison priscus*). Während die Proboscidea eine große Spanne des Känozoikums überdauerten, tauchten echte Elefanten wie die Mammuts erst im Pleistozän auf. Ein weiterer, recht frischer Ankömmling aus Südamerika ist das Gürteltier *Holmensina*, während die in Nordamerika heimischen Säuger durch den Baummarder und das Pekkari vertreten werden.

Ein weiteres Gesetz für die wachsende Körpergröße von Säugetieren ist die Bergmannsche Regel, die besagt, daß Tiere in höheren Breiten stärker nach Wachstum streben als in äquatorialen Breiten. Diese Regel macht mehr Sinn, wenn wir sie auf eng verwandte Arten anwenden, als bei der Betrachtung der Säugetiere im allgemeinen. Polarfüchse sind größer als gemeine Füchse in gemäßigteren Gegenden; und obwohl die Elefanten, die heute in äquatornahen Ländern leben, größer als jedes lebende arktische Säugetier sind, sind sie doch kleiner als die nahe verwandten Mammuts, die im Pleistozän die arktische Tundra bevölkerten.

Die Vorteile des Größenwachstums in harten Zeiten wurden während des Plio-Pleistozäns deutlich, als die Säugetiere mit einer zunehmend kalten und bedrohlichen Welt konfrontiert wurden. Der größere Körper hielt nicht nur mehr Körperwärme zurück, sondern entwickelte auch die Fähigkeit, einen langen harten Winter mit dem angespeicherten Fett zu überleben.

Obwohl es möglich ist, zahlreiche allgemeine »Gesetze« und Trends zu erkennen und die relativen Vorteile und Nachteile größerer oder kleinerer Körper aufzulisten, ist es aber dennoch so, daß wir in keinem einzelnen Fall genau wissen, welche selektiven Kräfte am Werk waren, um die Änderung herbeizuführen. Unterschiedliche Faktoren weisen in unterschiedliche Richtungen, und zufällige Veränderungen lassen sich nicht gänzlich ausschließen. Inselbedingungen können beispielsweise seltsame Auswirkungen auf die Entwicklung der Körpergröße haben: Es hat den Anschein, als ob die großen Säuger geschrumpft und die kleinen Säuger gewachsen wären. Im Pleistozän erreichten Elefanten einige Mittelmeerinseln und entwickelten zwergwüchsige Formen, teilweise nicht größer als ein Bernhardiner. Auf der gleichen Insel wurden die Nagetiere größer. Die Fossilienfunde belegen, daß solche Änderungen schnell erfolgen konnten, in einigen Fällen innerhalb weniger Jahrtausende, und nicht nur bei Elefanten, sondern auch bei Flußpferden, Antilopen und Hirschen.

Pflanzenfresser werden auf Inseln wahrscheinlich kleiner, weil der begrenzte Raum die Nahrungsvorräte einschränkt. Die Waage kann auch zur anderen Seite hin ausschlagen: Die Menschen sind heute in einigen wohlhabenden Gegenden der Welt einige Zentimeter größer als vor 150 Jahren. Kleine Säugetiere wie Nagetiere neigen zum Wachstum, wenn sie auf raubtierlosen Inseln leben, was nahelegt, daß der entscheidende Vorteil kleiner Säugetiere in der Fähigkeit bestand, sich rasch zu verstecken, um nicht gefressen zu werden.

Der dritte Haupttrend der Säugetiere weist in Richtung Intelligenz. Wiederum mag hier die Entwicklung größerer Gehirne mit dem klimatischen Wandel im Känozoikum zusammenhängen. Ein jahreszeitliches Klima ist schwerer vorherzusagen, und ein Säugetier muß sich daran erinnern, wo in der Trockenzeit die Wasserlöcher zu finden sind, oder wo im Winter die besten Weidegründe liegen. Die Evolution großer Gehirne ist vielleicht ein weiteres Ergebnis einer zufälligen Anpassung. Hier mag sich aber auch ein natürlicher Trend für die allmähliche Vergrößerung des Gehirns in einer Aufwärtsbewegung ausdrücken.

Dies kann jedoch keine Gesetzmäßigkeit sein. Obwohl die Größe des Gehirns bei einigen Gruppen zugenommen hat, weisen die Säugetiere diesen Trend nicht überall auf. Ein paar gehirnstarke Arten haben sich entlang einer Reihe anderer, die sich nicht oder kaum verändert haben, entwickelt – das Gehirn der heutigen Maus ist nicht viel größer als das ihrer mesozoischen Vorfahren.

Nicht alle Mitglieder einer Gruppe entwickkeln sich in dieselbe Richtung. Bei den unpaarhufigen Ungulaten weisen die Pferde zum Beispiel ein relativ großes Gehirn auf, ihre Verwandten jedoch, die Nashörner und Tapire, nicht. (So sind Pferde intelligent genug, für bestimmte Arbeiten trainiert zu werden, zum Beispiel zu Polizeipferden, aber die Welt wird niemals eine Schwadron Polizisten hoch zu Nashorn erleben – nur die cleveren Tiere lernen, wie man mit Menschen kooperiert.)

Die Primaten sind das klassische Beispiel für allmähliches Gehirnwachstum. Dieser Trend scheint sich bei der Gruppe als Ganzes etwa im Oligozän stabilisiert zu haben, aber nicht alle lebenden Primaten haben ihrer Körpergröße entsprechende Gehirne, wie die Buschbabys und Lemuren beweisen. Seit dem Oligozän kann man nur bei den *Hominoidea* (Menschenaffen und Menschen) ein ständiges Wachstum des Gehirns verzeichnen. Der schnelle Aufstieg der menschlichen Vorfahren begann vor wenigen Millionen Jahren, und es scheint sich dabei um eine extreme evolutionäre Spezialisierung gehandelt zu haben, für die uns eine schlüssige Anpassungserklärung fehlt.

Obwohl wir unsere eigene Intelligenz preisen, und manche Menschen glauben, intelligenter zu sein heiße besser zu sein, wissen wir immer noch nicht, wieso größere Intelligenz bei Primaten oder anderen Säugetieren einen adaptiven Vorteil bedeuten sollte. Viele Säugetiere finden sich ohne vergrößertes Gehirn hervorragend zurecht. Beide, das kleinhirnige Opossum ebenso wie der großhirnige Waschbär, sind Profi-Müllsammler in den Vorstädten der USA, und für beide besteht dieselbe Wahrscheinlichkeit, von Autos überrollt zu werden.

Eine mögliche Erklärung besteht darin, daß größere Gehirne bestimmten Arten aufgezwungen wurden, um ihre Jungen zu schützen. Selbst kleine Primaten haben stets nur einmal im Jahr ein oder zwei Junge gleichzeitig. Das Fortpflanzungsverhalten der Kaninchen garantiert eine große Nachkommenschaft, aber wenn man sich fortpflanzt wie ein Primat, muß man klug genug sein, sich aus jedem Problem herauszuhalten, um das Überleben der Art zu gewährleisten.

Natürlich erklärt diese Theorie nicht, warum ausgerechnet Fleischfresser zu größeren Gehirnen neigen, gebären sie doch große Würfe. Bei so vielen evolutionären Trends können wir das Geschehen nur dokumentieren und von allen möglichen attraktiven Erklärungen träumen – insbesondere, wenn sie unseren tiefsten Vorurteilen entgegenkommen – aber es ist wohl kaum möglich, eindeutige Ursachen bis hinein ins Labyrinth von Leben und Zeit zu erforschen.

Die Beisetzung eines Kindes in der Qafzeh-Höhle in Israel vor rund 100 000 Jahren. Es ist das älteste Grab, welches Belege dafür liefert, das Grabbeigaben hinzugefügt wurden: Ein Teil des Schädels eines Damhirsches lag zwischen den Armen des Kinderskeletts. Wahrscheinlich wurde der Kopf des Hirsches auf den Körper des Kindes gelegt. Beim Qafzeh-Volk handelte es sich um primitive, aber moderne Menschen. Ihre Skelette weisen moderne Körperformen auf, wenn auch die Schädel noch ein paar archaische Merkmale wie starke Brauenbögen, große Gesichter und Zähne zeigen.

Kapitel 6

PRIMATEN IM AUFWIND

Peter Andrews und Christopher Stringer

Der Pionier des modernen Klassifizierungssystems für Pflanzen und Tiere war der schwedische Botaniker Karl Linné, auch als Linnaeus bekannt. In der wichtigsten, 1758 veröffentlichten zehnten Auflage seiner klassischen Studie »Systema Naturae« listete er die verschiedenen Ordnungen der Säugetiere auf, die die Klasse der Mammalia bilden. Für einen Naturforscher des achtzehnten Jahrhunderts lag es nahe, die Gruppe, zu der der Mensch gehört, den anderen überzuordnen. Deshalb gab er dieser Ordnung die Bezeichnung Primaten in Anlehnung an die mittelalterlich-lateinische Wortbedeutung »der Rangerste«. Linnaeus gab der Art Mensch den Namen *Homo sapiens* — »Weiser Mann«, eine Klassifikation, die allerdings eher eine Herausforderung als eine wissenschaftliche Beschreibung darstellt.

Eine Übersicht über die Ordnung der Primaten muß mit einer physischen Beschreibung der lebenden Arten im Vergleich zu den Fossilienfunden beginnen; sie endet aber zwangsläufig bei einer Reihe menschlicher Eigenschaften, die sehr schwer zu beschreiben sind, ganz zu schweigen von ihrer Rückverfolgung in die Vergangenheit. Gedächtnis, Intelligenz und Sprache tragen zur Entstehung einer sozialen Art bei. Irgendwann ergaben sich aus ihrer Interaktion Selbstbewußtsein, Kultur und schließlich Geschichte. Es überschreitet den Horizont der Naturwissenschaft, die eine menschliche Erfindung ist, all diese Elemente zu erfassen, die den meßbaren Körper und den unermeßlichen Geist der Menschheit ausmachen. Immerhin wissen wir heute eine Menge mehr über den Beginn der Handlungsabläufe und über die Reihenfolge einiger Schlüsselereignisse als noch vor einem Jahrhundert. Ständig tauchen neue Erkenntnisse auf, und wir sollten uns über scheinbar widersprüchliche Muster nicht wundern. Es gibt nur wenige Fakten, die mit mehr Skepsis und Vorstellungskraft untersucht werden sollten, als die Ursprünge und die Kindheit der Familie Mensch.

Diese Ursprünge beschreiben eine außerordentliche Episode in der umfassenderen Geschichte der Primaten. Die Anfänge dieser

DIE MÖGLICHE VERWANDT-SCHAFT ZWISCHEN DEN HOMINOIDEN PRIMATEN

In dieser Zeittabelle werden die Verwandt-schaftsbeziehungen und die Entwicklung der hominoiden Primaten dargestellt: links die Zeitskala in Millionen Jahren – von vor 34 Millionen Jahren bis heute. Dieser Zeitraum umfaßt das Oligozän, Miozän, Pliozän und Pleistozän. Die lebenden Arten von Menschenaffen und Menschen befinden sich oben (ihr umgangssprachlicher Name steht in Klammern), ihre Familieneinteilung wird über der jeweiligen Abbildung wiedergegeben. Derzeit sind drei Familien der Hominoidea bekannt. Im ersten Teil des Miozäns erscheint eine ausgestorbene Familie, die Proconsulidae, die wir aus Ostafrika kennen. Dann folgen die Gibbons aus der Familie der Hylobatidae, von denen wir keinen fossilen Vorfahren gefunden haben, obwohl sie sich vor mindestens 17 Millionen Jahren von der dritten Familie, den Hominidae, abgespalten haben müssen.

Die Familie der Hominidae schließt alle lebenden Menschenaffen und Menschen ein, einschließlich einer Reihe von fossilen Linien, von denen einige nicht unmittelbar mit lebenden Nachkommen in Verbindung gebracht werden können wie der Stamm der Kenyapithecinen, den wir aus Kenia und der Türkei kennen. Die Hominidae schließen zwei Unterfamilien ein: Ponginae und Homininae. Zu den ersteren gehören der lebende Orang-Utan und *Sivapithecus,* ein Vorfahr des Orang-Utans aus dem mittleren Miozän; der letztere schließt die afrikanischen Menschenaffen und den Menschen ein, obwohl es leider keine Fossilien von Vorfahren dieser Gruppe gibt. Die Trennung von Menschen und Menschenaffen erfolgte vermutlich vor 4 bis 6 Millionen Jahren, denn die frühesten bekannten Mitglieder der menschlichen Linie lebten vor ungefähr 4 Millionen Jahren. Auf der rechten Seite sehen wir Abbildungen von Rekonstruktionen fossiler Schädel, die gemäß ihrem Rang in der Stammesgeschichte numeriert sind.

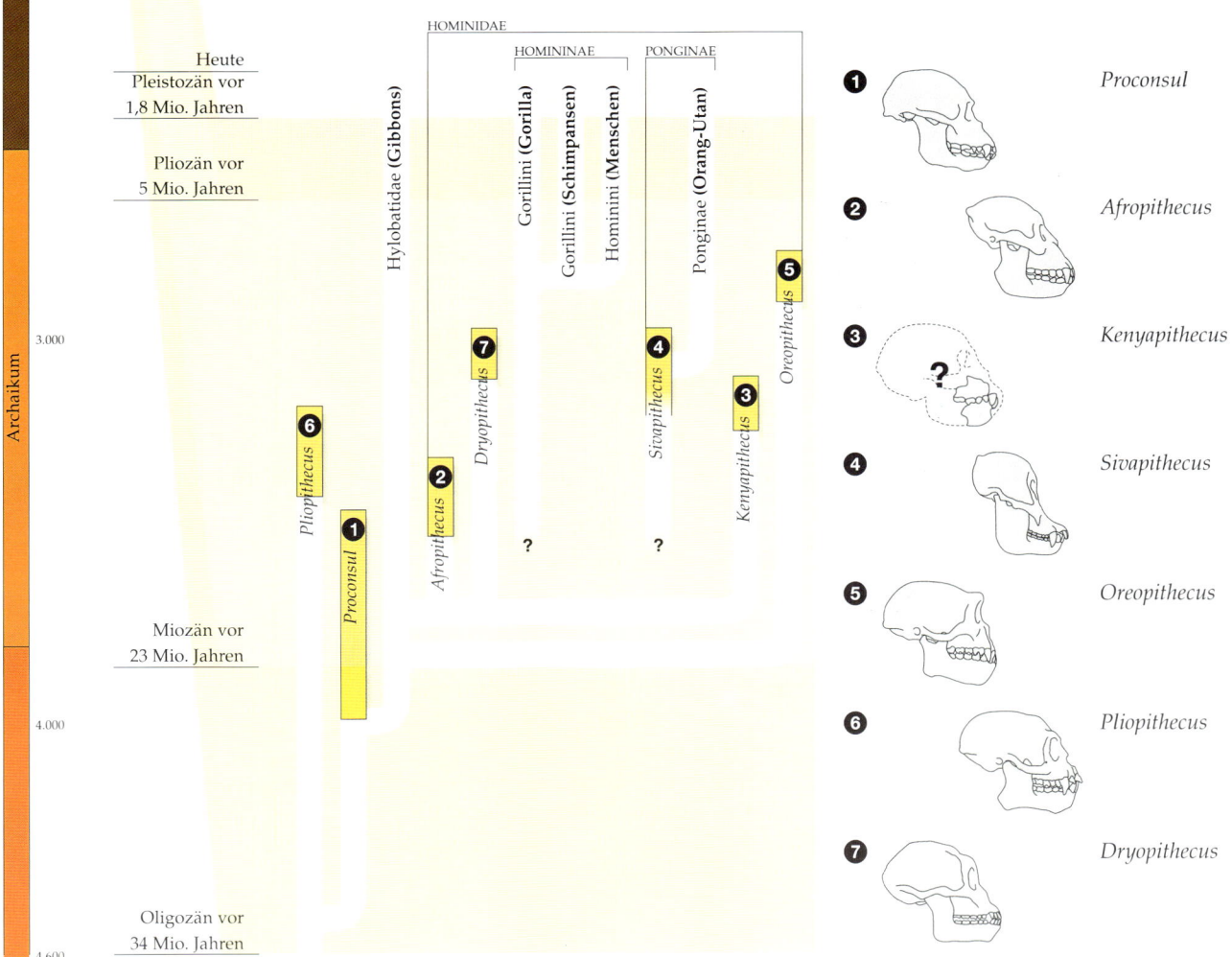

HOMINOIDE PRIMATEN – DIE UNMÖGLICHKEIT EINES STAMMBAUMS

Das Diagramm auf der gegenüberliegenden Seite zeigt, wie der Wissensstand in den letzten Jahren gestiegen ist, wie tief vormals die Unkenntnis war und wie sehr die in der Vergangenheit erarbeiteten Abstammungsmuster auf Vermutungen basierten. Bis vor wenigen Jahren hätten die mit der Darstellung der Beziehungen zwischen den sehr frühen hominoiden Primaten beauftragten Paläoanthropologen eine gänzlich andere Form von Diagramm erstellt. Vertrauensvoll wären lange geologische Zeiträume mit einem geraden Strich überbrückt worden, ohne einen Beleg für die angenommenen Verbindungen.

Heute sind die Fachleute viel vorsichtiger geworden. Gerade an Punkten, an denen ein Beweis höchst willkommen wäre, offenbaren sich oft große Lücken. Über 9 Millionen Jahre des Oligozäns und 7 Millionen Jahre des oberen Miozäns gibt es so gut wie keine Hinweise in irgendeiner Richtung. Solche mitten im Diagramm auftauchenden Fragezeichen markieren die Grenzen des modernen Wissens über unsere eigenen Ursprünge. Einige moderne Autoren haben darauf verwiesen, daß es mehr Paläoanthropologen gibt als brauchbare Fossilien – der Stoff, aus dem Legenden gestrickt werden. Lediglich eine moderne Art, der Orang-Utan, läßt sich zuverlässig mit einem Menschenaffen des mittleren Miozäns verbinden: Sivapithecus, ein schimpansengroßer Früchtefresser, dessen Kiefer und Gaumen denen des modernen Tieres ähneln.

Es lassen sich jedoch auch einige breitere Trends erkennen. Das hier vorgelegte Diagramm soll ein Bild von der hominoiden Evolution im Miozän vermitteln, das man als Summe unterbrochener Serien von Anpassungswellen zusammenfassen könnte. Der Evolutionstheorie zufolge ereignen sich solche Explosionen der Vielfalt innerhalb einer Population sehr schnell als Reaktion auf neue Umweltbedingungen. Da die Ausbreitung der Arten – nach geologischer Zeitmessung – ebenfalls sehr schnell vor sich ging und Fossilienfunde nur unregelmäßig vorkommen, weil die warmen Wälder als Lebensraum so vieler Geschöpfe die Erhaltung der Fossilien erheblich erschwerten, wird die Aufgabe der Paläontologen, die Abfolge der Ereignisse zu entwirren, zu einer mühsamen Arbeit. Statt auf sich allmählich entfaltende Zweige eines Stammbaums stößt man auf genetische »Inseln« mit Tieren, deren genaue verwandtschaftliche Zusammenhänge unmöglich festzustellen sind. Vermutlich wird die Überbrückung zwischen ihnen stets auf Vermutungen angewiesen bleiben.

Wir müssen uns auch von einer weiteren, so häufig mit dem traditionellen Familienstammbaum verbundenen Vorstellung verabschieden. Diese urzeitlichen Tiere waren keine »primitiven« Vorfahren der bestehenden Arten. Sie waren zu ihrer Zeit sehr leistungsfähige Tiere. Proconsul africanus wird beispielsweise leichtfertig eine durchschnittliche Anatomie nachgesagt. Seine Schultern und Ellbogen entsprechen denen moderner Menschenaffen, Arme und Handknochen jedoch eher denen von Affen. Die Hinterbeine weisen umgekehrte Eigenschaften auf: Die Hüfte ist im Gegensatz zu den Unterschenkelknochen nicht besonders menschenaffenähnlich, die Fußknochen entsprechen weitgehend denen heutiger Menschenaffen. Dieser Körperbau spiegelt die Lebensart von Proconsul wider – den kombinierten Lauf auf allen Vieren und das Klettern in den Bäumen. Dem Diagramm zufolge existierte Proconsul viele Millionen Jahre lang – zeitlich gesehen ein Erfolg, den wir Menschen erst einmal nachmachen müssen.

Abschließend ist noch eine Lücke zu begründen. Jedem Betrachter dieses Diagramms, dem die Vorläufer aus den 60er und 70er Jahren geläufig sind, wird auffallen, daß Ramapithecus, ein eurasischer Menschenaffe des oberen Miozäns, fehlt. Im Jahre 1934 wurde der Vorschlag gemacht, Ramapithecus als ersten Hominiden zu definieren und damit die Ursprünge des Menschen um 15 Millionen Jahre vorzudatieren. Sein riesiger Kiefer und die großen, mit dickem Schmelz ausgestatteten Zähne wurden als Spezialisierungen angesehen, die die hominide Linie von anderen Linien unterschied.

Heute weiß man, daß diese Theorie falsch ist. Dicker Zahnschmelz war keineswegs nur ein Charakteristikum der Hominiden. Molekularbiologische Belege legen die Abzweigung der Hominiden von den Menschenaffen auf ein jüngeres Datum als vor 15 Millionen Jahren fest. Somit wurde Ramapithecus nun der Gattung Sivapithecus zugeordnet, dem Ahnherrn des Orang-Utan.

Geschichte liegen weit zurück, und sie dauert bis heute an. So läßt sich die Primatenkarriere seit Ende des Mesozoikums vor rund 65 Millionen Jahren wie ein Führer in die Vergangenheit benutzen. Natürlich ist dieser Führer unvollständig; es fehlen die verlorengegangenen Arten sowie einst vorhandene und wichtige, aber mit der Zeit überholte Merkmale.

Die Körper der Primaten sind weniger spezialisiert als die anderer Säugetiere, und ihnen fehlt das detaillierte Inventar einzigartiger Merkmale, die es leichter machen, ihre Säugetier-Kollegen zu beschreiben. Zum Glück wissen wir eine Menge über das weiche Gewebe unserer eigenen Art und das anderer Primatenarten sowie über ihre Gewohnheiten und Verhaltensweisen. Aber Gewohnheiten und Verhaltensweisen hinterlassen keine Fossilien, höchstens Spuren, die die Wissenschaft zu deuten lernt. Man kann Vergleiche zwischen den Knochen alter und moderner Arten anstellen, aber die frühesten fossilen Arten weisen nicht alle physikalischen Merkmale heutiger Primaten auf.

Die ersten Primaten entstanden in den Tropen und Subtropen, wo sie bis auf wenige Ausnahmen noch heute leben. Die meisten sind Baumbewohner mit den entsprechend vielseitigen Merkmalen, die ihr Lebensraum erfordert. Fünf Finger am Ende jedes Gliedes sind auf das Greifen spezialisiert; an ihren Enden befinden sich sensible, durch Nägel statt durch Klauen geschützte Fingerspitzen und opponierbare Daumen. Diese fünf Finger sowie das Schlüsselbein sind Merkmale der frühesten Mammalia, die die Primaten beibehielten, während andere Säugetierordnungen sie verloren oder veränderten. Der opponierbare Daumen ist als Merkmal nicht auf die Primaten beschränkt, verleiht ihnen jedoch die Fähigkeit, alle möglichen Gegenstände zu greifen — eine Fähigkeit, die sich vor der Intelligenz entwickelte, aber schon die Mittel bereitstellte, mit der sich Intelligenz umsetzen läßt.

Zur Fortbewegung, Beutesuche und Erkennung von Raubtieren in der gefährlichen Welt der Bäume haben die meisten Primaten die Entwicklung scharfer Augen vor eine gute Spürnase gesetzt. Die Augen schauen nach vorne statt zur Seite, das Sichtfeld überlappt, so daß das Gehirn eine dreidimensionale Perspektive erhält. Die Augen sitzen in Knochenringen, manchmal in einer vom Gehirn getrennten Knochenkapsel.

Das Gehirn der Primaten ist größer und strukturierter als das gleich großer Säugetiere.

Es wird durch ein kompliziertes System von Nervensträngen versorgt, die Informationen und Anweisungen transportieren; seine Versorgungsleitungen müssen besonders sorgfältig verlegt sein, da sie bereits durch kurze Unterbrechungen der Blutzufuhr tödlich beschädigt werden können. Das menschliche Gehirn wiegt etwa ein Fünfzigstel des gesamten Körpergewichts, verbraucht jedoch rund ein Fünftel des Energiehaushalts. Es war wohl schon immer ein aufwendig entwickeltes und zu wartendes Organ, und so muß es den Primaten in jedem Entwicklungsstadium einen lohnenden Gegenwert für die investierte Energie geliefert haben. Primaten haben verhältnismäßig selten Junge, die sie erst nach monatelanger Tragezeit gebären. Der Nachwuchs gedeiht langsam und ist ungewöhnlich stark von der elterlichen Pflege abhängig — Eigenschaften, die mit der Entwicklung komplexer sozialer Organisationsformen bei zahlreichen Primatenarten einhergehen und deren Geschichte länger sein muß, als Fossilienfunde belegen können. Eine der Hauptaufgaben dieser Primatengesellschaften besteht im Schutz und der Aufzucht der gefährdeten Jungen. Vielleicht lag der Grund für den Einsatz dieses großen Zeit- und Energieaufwands darin, daß die Jungen mit ihrem verbesserten Gehirn auch mehr Fertigkeiten zu erlernen hatten, und darüber hinaus in der Erfahrung, daß das soziale Leben durchaus Vorteile mit sich brachte.

Die Paläontologen haben über zweihundert Gattungen von Primaten beschrieben, doch nur zweihundert Arten bevölkern unsere heutige Welt. In der Chronik des Lebens ist ihre Geschichte kurz, aber ereignisreich. Erkenntnislücken über einen Zeitraum von nur wenigen Millionen Jahren verdecken lebenswichtige Epochen. Da die Ordnung der Primaten bis heute existiert, ist sie Untersuchungsgegenstand der Biochemie, der Genetik, der Ökologie, der Ethnologie und vieler anderer Wissenschaften, die mit Hilfe modernster Technologien arbeiten. Aber unsere eigene Teilhaberschaft an diesem Untersuchungsprozeß als Beobachter und zugleich Beobachtete, macht es schwer, objektiv zu bleiben. Wenn es uns unangenehm ist, als Menschen so eng mit den Menschaffen und Affen verwandt zu sein, mögen wir versucht sein, die Verbindung herunterzuspielen und den menschlichen Ursprung weiter in der Vergangenheit zu suchen. Rassische oder religiöse Vorurteile können Wissenschaftler dazu veranlassen, entscheidende Ereignisse in der Geschichte der Primaten falsch zu interpretieren, und die Flut von Informationen dient nicht immer und unbedingt als Beleg für die Beweiskraft der Argumente – es ist nach wie vor menschlicher Erfindungsgeist, der die Fakten interpretiert.

Linné ordnete die Chiroptera – die Fledermäuse und Flughunde – der Ordnung der Primaten zu. Diese Ordnung ist jedoch schwer zu bestimmen, da ihr Ursprung im dunkeln liegt. Es gibt keine unangefochtene Datierung von Primatenfossilien bis zurück in die Kreidezeit, und es besteht noch Unklarheit über den Status der Plesiadapiformes, die mitunter als frühe Primaten eingeordnet werden. Selbst ihr Name gibt Anlaß zur Verwirrung. Er bedeutet »ähnlich der Form eines Adapiden«. Adapiden waren spätere Primaten, die ihren Namen (nach dem heiligen ägyptischen Stier) einer Beschreibung verdanken, die 1821 Georges Cuvier vornahm, der sie in Verbindung mit den paarhufigen Säugetieren brachte, als er ihre Fossilien untersuchte. So ist der Name selbst ein Fossil aus der Geschichte der Paläontologie.

Mehrere Familien der Plesiadapiformes füllen, auf mindestens 20 Arten verteilt, das europäische und nordamerikanische Paläozän als ein Teil der frühen Expeditionsstreitkräfte kleiner insektenfressender Säugetiere, die es nach dem Untergang der Dinosaurier auf die Bäume zog, um ihren Speiseplan mit Früchten, Nüssen und Sprößlingen zu erweitern. Dschungel und Urwald bedeckten den größten Teil des Landes und waren vermutlich dichter als zu der Zeit, als noch große Dinosaurier hindurchstampften und ästen. Harze, Blüten und Nektar und die sich davon ernährenden Insekten waren weitere Neuheiten. Die Plesiadapiformes besaßen breite Schädel und lange Schnauzen und sahen Baummäusen oder großen Ratten ähnlicher als Euprimaten (echte Primaten). Ihr Gebiß läßt Schlüsse auf ihre Nahrung zu und es verbindet sie mit den Primaten, aber noch saßen Klauen an der Stelle von Fingernägeln, ihre Augen schauten nicht nach vorn und ihr Gehirn war noch nicht entwickelt.

Sind dies unsere Urzeit-Vorfahren? Ihnen folgten derart offensichtlich fortgeschrittene Primatengruppen, daß sie einfacheren Vorläufern entstammen mußten. Vielleicht wäre unsere Bereitschaft, sie in die Ordnung der Primaten aufzunehmen, nicht so groß, wenn es Funde von überzeugenderen Kandidaten gäbe. Sicherlich hatten auch die Plesiadapiformes, die zu den »Ur-«Primaten gezählt werden, unübersehbar spezielle Merkmale entwickelt, so daß man sie zu den unmittel-

baren Vorfahren der sogenannten »modern aussehenden Primaten« zählen muß, denen wir auch selbst angehören, auch wenn wir diese Merkmale nicht aufweisen.

Daß es sich um Primaten handelte, um omomyide und adapide Euprimaten, die Europa und Nordamerika im Eozän überfluteten, als diese Gebiete noch durch einen Landweg über Island und Grönland verbunden waren – daran besteht kein Zweifel. Die Omomyidae waren mit einem Gewicht von 60 bis 2500 g kleiner als die 70 bis 10 000 g schweren Adapidae. Beide Familien besaßen Fingernägel, nach vorn gerichtete Augen, verkleinerte Schnauzen und im Verhältnis größere Gehirne als ihre zeitgenössischen, gleich großen Säugetiere. Die Omomyiden wiesen Ähnlichkeit, jedoch keine gesicherte Verwandtschaft mit modernen Tarsiern auf, rattengroßen Kletterern und Springern, die auf alles, von Insekten über Vögel bis zu Schlangen, Jagd machen. Während die Tarsier riesige Augen besitzen, konnten ihre eozänen Vorfahren auf diese Utensilien der Nachtsichtigkeit verzichten. Sie hatten einen vielseitigeren Speiseplan, wurden aber vermutlich tagsüber von den »überlegenen« affenähnlichen Primaten verdrängt, die im oberen Eozän und unteren Oligozän die Bühne betraten.

Die Adapiformes gelten als mögliche Vorfahren der modernen asiatischen und afrikanischen Loris und Buschbabys und der vielfältigen madegassischen Lemuren. Ohne weitere Beweise können wir jedoch nicht sicher bestätigen, ob hier eine direkte Verbindung besteht, oder ob diese urzeitlichen und modernen Familien ihre gemeinsamen Merkmale von unbekannten Vorfahren des Paläozäns geerbt haben. Nagetiere waren eine weit verbreitete und sehr erfolgreiche Gruppe im Paläozän, und vielleicht hat ihr Leben auf dem Waldboden die eozänen Primaten auf die Bäume getrieben.

Ein weiteres Rätsel stellt der Ursprung der heutigen Primaten Zentral- und Südamerikas dar – der platyrrhinen (»breitnasigen«) Affen – Seidenäffchen, Kapuzineräffchen, Spinnenäffchen, Wolläffchen, Brüllaffen, Sakis und Uakaris. Sie unterscheiden sich von den Affen und Hominoiden der Alten Welt, weil ihre Nasenlöcher weiter auseinander liegen und der Blick seitwärts, statt nach vorne und unten gerichtet ist. Meist besitzen sie lange Schwänze als eine Art fünftes Glied zum Greifen, und sie wurden nie auf dem Boden gesehen. Zwei Theorien versuchen ihre Ankunft im oberen zentral- und südamerikanischen Eozän oder Oligozän zu erklären: Entweder kamen sie per

DIE AUSBREITUNG DES LEBENS AN LAND

Das Leben an Land datiert 350 Millionen Jahre zurück. Dies ist nur ein kleiner Abschnitt der gesamten Dauer des Lebens auf dem Erdball, das Tausende von Jahrmillionen auf das Meer beschränkt blieb. Die ersten Landtiere waren Amphibien, denen im Perm die Reptilien folgten, bis sich im Mesozoikum die Dinosaurier und Vögel entwickelten. Die ersten Säugetiere kennen wir aus der Trias vor 230 Millionen Jahren. Zu jener Zeit gab es verschiedene Säugetiergruppen, die den lebenden Primaten recht ähnlich sahen, obwohl die ersten echten Primaten erst im unteren Eozän vor 55 bis 60 Millionen Jahren auftauchten. Die hominoiden Primaten entwickelten sich während des Oligozäns vor 25 bis 30 Millionen Jahren.

Das Diagramm zeigt die Zeitskala für terrestrisches Leben. Oben die Zeitskala vom Karbon vor 360 Millionen Jahren bis heute. Darunter befindet sich auf einer weiteren Skala die zeitliche Verteilung der höheren Primaten, die vor 34 Millionen Jahren im oberen Eozän erstmalig gefunden wurden. Die Hominoiden tauchen erstmalig in 25 Millionen Jahren alten Ablagerungen auf, besonders häufig im Miozän. In jüngerer Zeit sind die Funde von Hominoiden seltener geworden, mit Ausnahme der Menschen und ihrer Vorfahren.

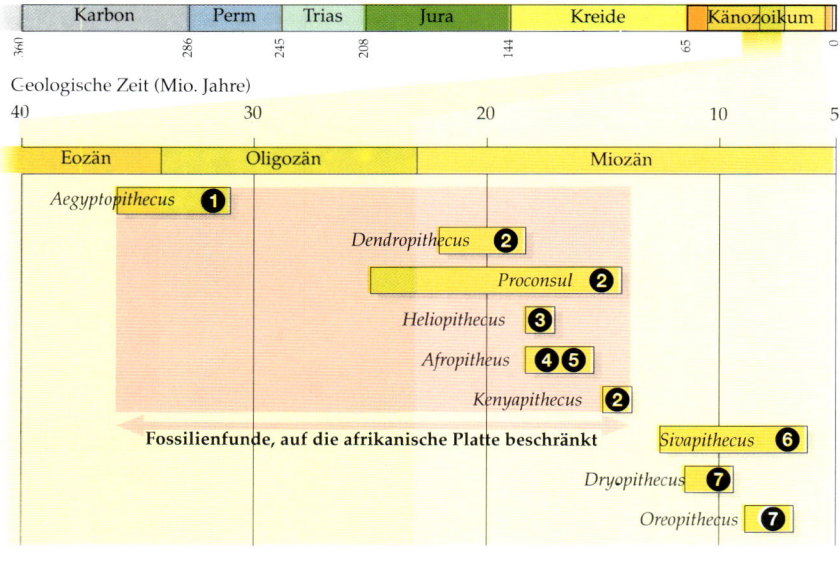

Einige wichtige Fossillagerstätten des Miozäns in Afrika und Eurasien. *Aegyptopithecus* wurde in der Fayum-Lagerstätte gefunden (1), *Kenyapithecus* und *Afropithecus* in Ostafrika (2 und 4), Saudi-Arabien (3) und in der Türkei (5), *Dryopithecus* in Europa (7) und *Siyapithecus* in Indien und Pakistan (6).

Maßstab am Äquator

4.800 km

»Floß« und durch Inselspringen von Nordamerika oder, was wahrscheinlicher ist, infolge des sinkenden Meeresspiegels von Afrika her, als die heute längst wieder versunkenen Gipfel des mittelatlantischen Rückens aus dem Wasser ragten.

Wie ihre frühe Geschichte auch immer ausgesehen haben mag – die Entwicklung der neuweltlichen Primaten bietet den Theoretikern der Hominoiden-Evolution ein warnendes Beispiel. Sie müssen erklären, welche besonderen Gründe die Entwicklung der Zweibeiner in der Alten Welt gefördert haben, während ihre neuweltlichen Vettern, als sie einen ganzen Kontinent zu erforschen hatten, auf dem sie sich in 35 Millionen Jahren in aller Ruhe entwickeln konnten, auf die Palme gingen.

Dieses Kapitel widmet sich den hominoiden Primaten, die sich in der Alten Welt entwickelten – den kleineren Affen, Menschenaffen und Menschen. Auch hier weist unser Wissen große, quälende Lücken auf. Der afrikanische Kontinent ist reich an geschichtlichen Belegen über die Primaten, aber für 9 Millionen Jahre versiegt dieser Reichtum plötzlich – auf halbem Wege zwischen Oligozän und Miozän –, und nochmals für sieben Millionen Jahre im oberen Miozän. Im ersten Intervall (vor 31 bis 22 Millionen Jahren) begann der Aufstieg der Gorillas, der Schimpansen und der Menschheit, aber für nahezu den gesamten Zeitraum gibt es in Afrika kaum Fossilien. Als John Reader in den 80er Jahren über die Leitfossilien menschlicher Evolution aus Europa, Fernost oder Afrika schrieb, witzelte er, daß »selbst heute noch die bedeutenden Funde auf einem Billardtisch Platz fänden«. Ein einziger neuer Schädel aus unerwarteter Zeit oder Fundstelle könnte die Geschichte der Primaten neu beschreiben. Aber das wäre nicht das erste Mal.

Die Hominoiden: Vom Menschenaffen zum Menschen

Zu den hominoiden Primaten gehören die kleineren Affen, die Menschenaffen und die Menschen. Zu den kleineren Affen (Durchschnittsgewicht 7 kg) zählen die Gibbons und Siamangs aus Südostasien, eine vielfältige Gruppe, die aber allesamt der Gattung *Hylobates* angehören, weil sie Merkmale besitzen, die man bei anderen Primaten nicht kennt. Eine aufsehenerregende und atemberaubende Eigenschaft besteht in ihrer Art der Fortbewegung, ein akrobatisches Schwingen von Ast zu Ast nur mit Hilfe ihrer langen Arme, deren Knochen und Muskeln sich dieser Funktion angepaßt haben. Mit lautstarken, komplexen Schnatter- und Brüllgeräuschen kommunizieren sie im dichten Regenwald miteinander. In ihrem monogamen Verwandtschaftssystem verteidigt jede Familie ihr eigenes Waldrevier in der Regel erfolgreich durch ein aggressives Chorgeschrei.

Die großen Menschenaffen wurden aufgrund ihrer vordergründigen Ähnlichkeit alle zur Familie der Pongidae gezählt. Heute wissen wir, daß ihre Ähnlichkeiten häufig auf ihre Größe zurückzuführen sind, die eine Reihe von Ahnen zur Entwicklung gleichartiger Konstruktionslösungen für das Leben mit einem schweren Körper bewogen hat. Eine Auswirkung dieser Entdeckung war der Beschluß, den Orang-Utan aus Sumatra und Borneo seiner eigenen Unterfamilie, den Ponginae, zuzuordnen, zusammen mit vielfältigen fossilen Arten, jedoch getrennt von den afrikanischen Affen, die mit den Menschen zu den Homininae gezählt werden. Diese neuen Einsichten sind nicht auf fossile Funde zurückzuführen, sondern auf Erkenntnisse der Molekularbiologie, die Sequenzen von Aminosäuren und DNS von verschiedenen Arten lebender Tiere (einschließlich uns selbst) detailliert vergleichen kann.

Zwei biochemische Erkenntnisse haben unsere Sicht der Geschichte und der Familienbeziehungen hominoider Primaten revolutioniert. Die erste resultiert aus Messungen der genetischen Entfernung zwischen den einzelnen heutigen Primatengruppen. Mit Hilfe des an anderer Stelle erläuterten Rückdatierungssystems der »Molekularuhr«, die durch Schätzungen der DNS-Mutationsraten zu dem Punkt gelangt, an dem die Arten sich von einem gemeinsamen Vorfahren abzweigten, kam man zu dem Schluß, daß die Gibbons sich von der Linie der Menschenaffen und Menschen vor 12 Millionen Jahren, die Orang-Utans vor 10 Millionen Jahren und die Menschen von den afrikanischen Affen vor 5 Millionen Jahren trennten. Diese Countback-Methode ist jedoch noch sehr neu und umstritten und vielleicht nicht sicher genug, um die Annahmen zu rechtfertigen, daß die Wandlungsraten über 10 Millionen Jahre konstant blieben. Andere Untersuchungen haben die Trennung der Affen der Alten Welt von der Linie, die zu den Menschen führte, auf 34 und 25 Millionen Jahre zurückdatiert – das ist ein

sehr weit gesteckter Rahmen. Die Reihenfolge und die allgemeine Datierung der Hauptereignisse liegen deutlich näher an der Gegenwart, als man ursprünglich annahm.

Die Molekularbiologie hat gezeigt, daß der Orang-Utan vom ursprünglichen hominoiden Zustand etwas abweicht; ihm fehlen ein paar DNS-Sequenzen, die Menschen und afrikanischen Menschenaffen gemeinsam sind. Überzeugende Beweise für diese größere verwandtschaftliche Entfernung sind in der Anatomie oder Physiologie des Orang-Utans nur schwer zu finden, so daß man annehmen darf, daß ähnliche Unterschiede zwischen fossilen Arten bestehen, die sich physisch gleichen.

Die zweite Erkenntnis aus der Molekularbiologie ist der geringe genetische Abstand zwischen den Menschen und den afrikanischen Menschenaffen. Diese bestehen aus zwei Schimpansenarten (dem gemeinen Schimpansen und dem einst Zwergschimpansen genannten Bonobo) und drei Unterarten von Gorillas. Wie entstand diese Gruppe? Mit wem sind die Schimpansen enger verwandt, mit dem anderen afrikanischen Menschenaffen, dem Gorilla, oder mit den Menschen? Ihre Morphologie bietet keine eindeutige Antwort, und der molekulare Befund zeigt verschiedene Wege auf. Er legt zwar nahe, beweist aber nicht, daß eine engere Verwandtschaft zwischen Schimpansen und Menschen besteht. (Eine Untersuchung kam zu dem Schluß, daß der Mensch 98,4 Prozent der DNS mit Schimpansen und 97,7 Prozent mit den Gorillas gemeinsam hat.) Dies bedeutet nicht, daß die Schimpansen oder ein ihnen sehr ähnlicher Affe der Urahn der Menschen war, aber ihre gemeinsamen Vorfahren waren die letzten Abzweiger auf der Linie der Primaten.

Die Frage ist noch nicht beantwortet, aber sie bewegt die Menschen auch viel weniger als die Gewißheit, daß sämtliche Unterschiede in Erscheinung, Physiologie, Intelligenz und Verhalten zwischen den afrikanischen Affen und uns selbst in rund 2 Prozent unterschiedlicher DNS bestehen. Es klaffen tatsächlich keine großen Abgründe zwischen den Menschen und den anderen Mitgliedern der Gruppe der Hominoiden, und wenn wir uns zu viel auf die Unterschiede einbilden, die uns zu dem machen, was wir sind, dann übersehen wir das große Bündel gemeinsamer Merkmale.

Die afrikanischen Menschenaffen sind keine homogene Gruppe. Schimpansen leben in großen Familienverbänden, die sich in kleine, täglich wechselnde Untergruppen aufspalten. Malen wir einem Schimpansen und einem

DIE MOLEKULARE UHR

Genetische Unterschiede zwischen lebenden Arten lassen sich durch Änderungen in Proteinen, Aminosäuren oder unmittelbar in der DNS identifizieren. Die meisten dieser Änderungen sind wirkungsneutral. Sie führen zu keinerlei Änderung der aktuellen äußeren Gestalt. Da solche wirkungsneutralen Änderungen regelmäßig vorkommen können, läßt sich die Zeit seit der Trennung zweier Arten durch die Messung ihrer genetischen Unterschiedlichkeit bestimmen.

Die im Bild unten prozentual ausgedrückten Unterschiede basieren auf den DNS-Unterschieden zwischen den vier lebenden hominiden Arten. Am engsten scheinen die Menschen mit den Schimpansen verwandt zu sein, da man nur 1,2 Prozent Unterschiede zwischen der DNS vom Menschen und der des Schimpansen gefunden hat. Das bedeutet, daß die DNS von Schimpansen und Menschen zu 98,8 Prozent identisch ist.

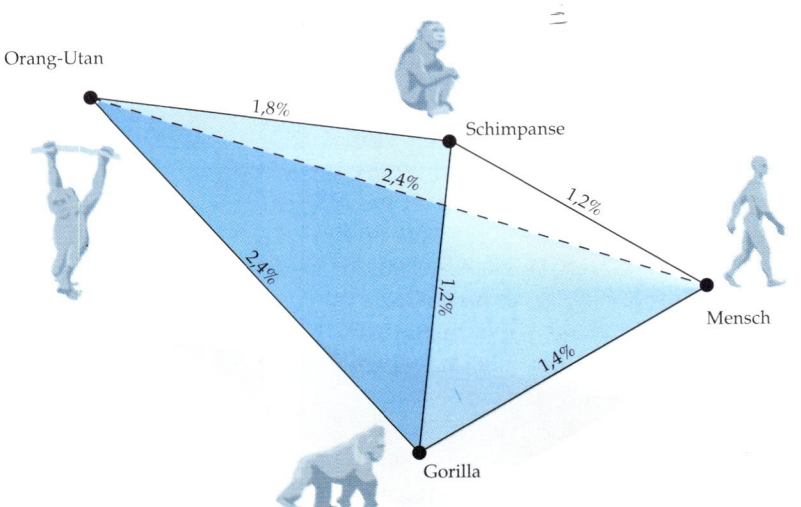

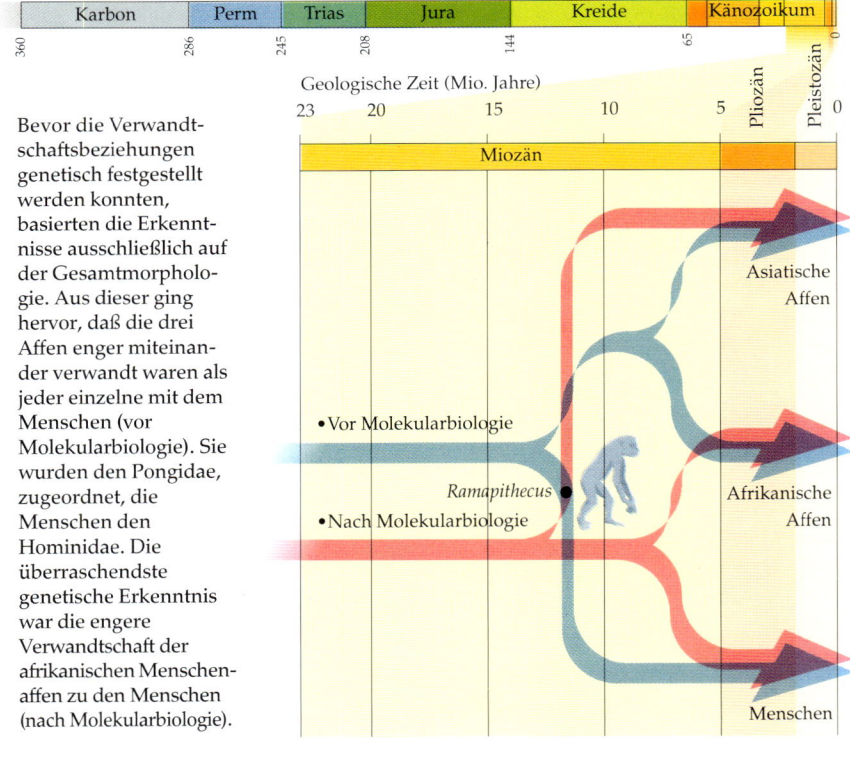

Bevor die Verwandtschaftsbeziehungen genetisch festgestellt werden konnten, basierten die Erkenntnisse ausschließlich auf der Gesamtmorphologie. Aus dieser ging hervor, daß die drei Affen enger miteinander verwandt waren als jeder einzelne mit dem Menschen (vor Molekularbiologie). Sie wurden den Pongidae, zugeordnet, die Menschen den Hominidae. Die überraschendste genetische Erkenntnis war die engere Verwandtschaft der afrikanischen Menschenaffen zu den Menschen (nach Molekularbiologie).

Gorilla ein Ohr mit (abwaschbarer) Farbe bunt an und stellen beide vor den Spiegel, wird der Schimpanse nach dem Ohr grabschen, während der Gorilla es ignoriert. Hat der Schimpanse ein höher entwickeltes Selbstbewußtsein? Der Gorilla hat eine männlich-dominierte Sozialstruktur: Ein führendes Männchen wird von mehreren Weibchen mit ihren neugeborenen und heranwachsenden Jungen geteilt. Gorillas sind über das Baumleben hinausgewachsen, die erwachsenen Tiere verbringen einen großen Teil des Lebens auf dem Boden. Sie fressen mehr Pflanzen als die anderen Affen, die hervorragende Kletterer sind und alle möglichen Arten von Früchten verzehren. Auf dem Boden gehen Schimpansen wie Gorillas auf allen vieren, gestützt auf die Fingerknöchel der Faust.

Diese Fortbewegungsart ist eine ebenso individuelle Anpassung wie der Armschwung der Gibbons, das vierbeinige Klettern der Orang-Utans und der aufrechte Gang des Menschen. Falls wir eines dieser Merkmale in Fossilien wiederfinden, haben wir den möglichen Ahnen der Anwender-Gruppe gefunden, und in der Tat weisen fossile Funde von frühen Menschen Merkmale des aufrechten Gangs auf.

Weitere Hinweise auf die Verwandtschaft früher Hominoiden ergeben sich aus der Körpergröße, dem Gebiß, das auf die Nahrung schließen läßt, und den Lebensräumen, die man anhand der gefundenen Fossilien bestimmen kann. Die Paläontologen müssen zur Enthüllung der hominoiden Lebensgeschichte und Sozialstrukturen Detektivarbeit leisten, Funde deuten oder logische Zusammenhänge ableiten, die die kleinsten fossilen Details einbeziehen. Moderne Ausgrabungsmethoden enthüllen die Position jedes einzelnen Zahns, Knochens, Steins, Kiesels und dessen Beziehung zur Fundstelle. Auf diesem Fundament werden große Gebäude errichtet.

Der Ursprung der Hominoiden

Alle Primaten außerhalb der neuweltlichen Gruppe der Platyrrhini gehören zu der vielfältigeren, altweltlichen Gruppe der Catarrhini (»Hängenasen«). Zu diesen zählen zwei Überfamilien, die bereits beschriebenen Hominoidea (Hominoiden) und die Cercopithecoidae (»Affen mit Schwänzen«) — die Affen Afrikas und Asiens. Um den Scheidepunkt dieser beiden Gruppen zu datieren, müssen wir Exemplare der einen oder der anderen in Fossilienfunden klar unterscheiden.

Der erste Fund eines echten Cercopithecoiden oder eines Hominoiden liefert uns einen Anhalt für das Datum der Spaltung, die irgendwann vor der Zeit dieses Exemplares liegen muß. Aber trotz des großen Unterschiedes zwischen beiden Überfamilien sind sie doch nicht so deutlich von ihren catarrhinen Vorfahren vor der Spaltung zu unterscheiden. Ist nun also das besagte Fossil, bei dem es sich offensichtlich um einen fortgeschrittenen Entwurf handelt, eine der letzten Generationen ursprünglicher Catarrhinen vor der Spaltung oder eine frühe Art einer der beiden neuen Überfamilien? Nur ein vollständiger Fund von Fossilien, die die Zeit zwischen diesen beiden Wegen überbrücken, könnte diese Frage beantworten. Wir verfügen bislang jedoch lediglich über armselige Belege, was Zeit und Raum betrifft.

Ein klassischer Fall ist die vielfältige Primatengruppe, die in der reichen fossilen Flora und Fauna gefunden wurde, die in den letzten dreißig Jahren der amerikanische Paläontologe Elwyn Simons in der Fayum-Senke nicht weit von Kairo ausgegraben hat. Sie stammen aus dem frühen ägyptischen Oligozän vor rund 35 bis 31 Millionen Jahren, als die Fayum tiefliegendes Sumpfland entlang eines breiten Flusses war, der in das nahe, seichte Meer floß. Wasservögel, Krokodile, Schildkröten und Seeschlangen tummelten sich in Mangrovensümpfen, in der Nähe von dichtem tropischem Regenwald — Laubbäume und Palmen, mit Lianen überwachsen und von Termiten unterwandert. In einem monsunartigen Klima lebte eine Reihe von Säugetieren, von Nagetieren bis zu Elefanten, von Klippschliefern bis zum nashornähnlichen *Arsinoitherium*.

Simons barg mindestens zehn verschiedene Arten fossiler Primaten in der Fayum, vier davon mit Sicherheit Catarrhinen, der Rest primitiverer Bauart. *Propliopithecus* hatte Zähne und Kiefer wie Hominoiden zum Verzehr von Früchten. *Parapithecus* besaß Zähne mit Schneidekanten für eine spezielle Laubdiät, wie wir sie von den Affen kennen. Viele der anderen, kleineren Primaten waren Insektenfresser. Das größte Tier gehörte der Gruppe der Catarrhinen an und wog etwa 10 kg. Alle Exemplare wiesen robuste Gliederknochen auf, die mehr Kraft als Beweglichkeit lieferten.

Die Fayum-Primaten sind eine Fundgrube der Erkenntnis. Sie sind mit den früheren eozänen Primaten der nördlichen Kontinente nicht sehr eng verwandt, deren Norddrift die Primaten dezimiert hatte. Sie enthalten auch keinen Beweis für die Spaltung zwischen Affen und Hominoiden, die irgendwann später in einem Intervall von 9 Millionen Jahren, vor 31 bis 22 Millionen Jahren erfolgt sein muß, eine Zeit, aus der wir von der Primatengeschichte in Afrika praktisch nichts wissen. Man kann davon ausgehen, daß die Fayum ein typischer tropischer Lebensraum war, ebenso wie Afrikas Küstengebiete. Sämtliche Primaten der Fayum lebten wie ihre heutigen Nachfolger in den oberen Baumetagen. Ihren Lebensstil auf dem Boden hatten sie noch nicht gefunden.

Die frühesten Hominoiden

Im Jahre 1948 fand eine Expedition der Universität von Kalifornien in Lothidok in Nordkenia den Teil eines fossilierten Affenkiefers. Er lag zusammen mit anderen Fundstücken zwischen Vulkanstaubablagerungen, die durch die Kalium-Argon-Methode (K-Ar-Methode) datiert werden konnten. Die K-Ar-Methode mißt den radioaktiven Zerfall instabiler Kalium-Isotopen zu Argon, einem Edelgas, dessen Werte bekannt sind. Das Alter des Kiefers wird auf zwischen 27,5 und 24,8 Millionen Jahre geschätzt. Für sich allein genommen, wäre der Kiefer wohl kaum zu identifizieren gewesen, aber er läßt sich mit einem früheren Fund in Koru, Kenia, vergleichen, der 1933 von dem Paläontologen des britischen Museums A.T. Hopwood beschrieben wurde. Hopwood ordnete ihn einer neuen Gattung zu: *Proconsul*, ein scherzhafter Seitenhieb auf einen im Zoo von Birmingham gehaltenen Schimpansen mit Namen Consul. Durch die Bezeichnung »Vor-Consul« definierte er ihn als fossilen Menschenaffen, den ersten je gefundenen; seine hominoide Identität wird allgemein anerkannt. Mit Hilfe der K-Ar-Methode wurde die Koru-Fundstätte inzwischen auf das untere Miozän vor 20 bis 19 Millionen Jahren datiert, und somit ist der möglicherweise 6 Millionen Jahre ältere *Proconsul hamiltoni* aus Lothidok der früheste bekannte Hominoide.

Hopwoods Fund wurde durch den heute berühmten Paläontologen Louis Leakey bekannt gemacht, der später seine eigene Miozän-Fundstätte auf der Insel Rusinga im kenianischen Viktoriasee fand und im Verlaufe einer Reihe von Sammlungen zwischen 1930 und 1950 größere *Proconsul*-Funde machte. John Napier beschrieb den vollständigsten

Skelettfund von Rusinga 1959. In den 70er Jahren führte Peter Andrews auf Rusinga und im gleichfalls westkenianischen Songhor eine Reihe von Ausgrabungen durch und beschrieb diese und mehrere Hundert von Leakys neuen Funden aus dem Jahre 1978. Unlängst führte Alan Walker auf Rusinga Ausgrabungen durch, ergänzte das von Napier beschriebene Teilskelett und fand an einer neuen Stätte eine bemerkenswerte Reihe von anderen dazugehörigen Skeletten.

Aufgrund dieses Materials können wir die Anatomie von *Proconsul* ausführlicher beschreiben als jedes andere Affenfossil und gewinnen einen Einblick in die Fülle anderer Affenarten in einem Goldenen Zeitalter der hominoiden Entwicklung, deren damalige Vielfalt seither nie wieder erreicht wurde. *Proconsul* selbst war der Stammvater mehrerer Arten; der kleinste war etwa so groß wie ein Siamang, der größte wie ein weiblicher Gorilla. Zuweilen findet man sie neben den Fossilien einer verwandten Gattung, *Rangwapithecus,* oder neben anderen, kleineren Menschenaffen, deren Herkunft unklar ist.

Eine Gattung mit so vielen Arten und einer solchen Bandbreite von unterschiedlichen Körpergrößen wies sicherlich eine breite Palette von Lebensweisen auf und entwickelte die erforderlichen Adaptationen dazu. Die Baupläne von *Proconsul* sind ebenso vielfältig wie die lebender Hominoiden, wir wissen aber über den Schädel erheblich mehr als über das weniger dauerhafte übrige Skelett. Man braucht schon mehr als Glück, um einige Knochen aus der sauren, ätzenden Walderde zu bergen. Die meisten Einzelheiten von *Proconsul,* der Schädel einschließlich der Gesichtsform, die Zähne, das Fehlen von Augenbrauen-Bögen und der dünne Zahnschmelz sind primitive, von nicht-hominoiden Vorfahren geerbte Merkmale. Aber das Gehirn war verhältnismäßig groß, und die vergrößerte Oberfläche der Backenzähne und die breiteren Schneidezähne weisen möglicherweise auf eine Ernährung mit Früchten hin. Dies sind Signale in Richtung einer hominoiden Zukunft, denn die Änderungen bedingen einander: Zähne, die besser zum Zermalmen und Verarbeiten von Früchten vor der Verdauung geeignet sind, zwingen das Gehirn, sich an Nahrungsquellen zu erinnern, die nicht ganzjährig zugänglich sind und darüber hinaus im Wald verstreut sein können.

WEGE DER ANPASSUNG

Im Laufe der Evolution paßte sich der Mensch allmählich an neue Lebensräume und an eine vielseitige Kost an. Man geht davon aus, daß die Hominiden zunächst in Waldgebieten lebten, sich dann aber zunehmend an freieres Gelände anpaßten, zuerst in Afrika (insbesondere *Paranthropus* und *Homo habilis*), anschließend auch in gemäßigteren Gegenden (*Homo erectus* und spätere Arten). Die frühen Hominiden richteten ihre Ernährung nach dem aus, was sie vorfanden. Vermutlich zwang sie die Ausdehnung in jahreszeitlich geprägte Gegenden in den gemäßigten bis kalten Klimazonen Europas und Asiens zur verstärkten Ernährung von Fleisch, insbesondere in den Wintermonaten, wenn Pflanzenfutter rar war. Man nimmt an, daß sie gelegentlich auch Aas verzehrten.

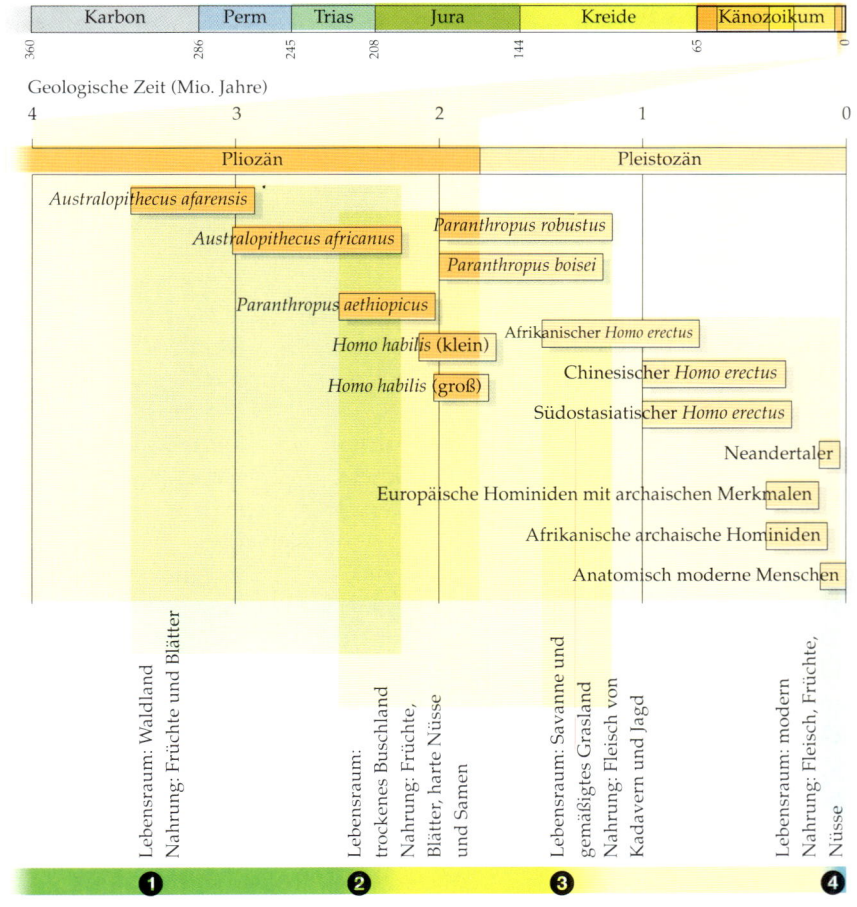

Das übrige Skelett zeigt dieselbe Mischung aus primitiven und fortschrittlichen Merkmalen. Die Schulter verlieh dem Arm ebenso viel Beweglichkeit, wie dem lebenden Affen, aber er ließ sich am Ellbogen nicht vollständig strecken. An der Hand saß ein vollkommen opponierbarer Daumen (anders als beim Affen). Sie wies die Proportionen einer menschlichen Hand auf, ohne eine Verkürzung des Daumens und die Verlängerung der Hand wie bei modernen Menschenaffen. Die Hinterbeine sind an Knie und Hüfte wie bei primitiven Catarrhinen gebaut, an Knöcheln und Füßen aber eher affenähnlich. Die Fortbewegung von *Proconsul* auf allen vieren unterschied sich von der der Affen, da die Schultern und Knöchel beweglicher und das Ellbogengelenk stabiler gebaut waren.

Der opponierbare Daumen und die »menschlichen« Handproportionen wären jedoch für moderne Affen unnütz und nur für Menschen sinnvoll. Fast alle lebenden Hominoiden benutzen Werkzeuge oder stellen sie gar selbst her, wie der Schimpanse, der einen Zweig abstreift, um mit ihm dann vorsichtig in einer Spalte zu stochern und mit Termiten wieder herauszuziehen. Somit ist die Vorstellung keineswegs zu abwegig, daß *Proconsul* die mentalen und handwerklichen Voraussetzungen besaß, um Werkzeuge zu benutzen, wenngleich es keine Möglichkeit gibt, die frühesten Werkzeuge oder ihren Zweck zu identifizieren, selbst wenn sie als Fossilien überliefert wären. Der Gebrauch von Werkzeugen wird als einzigartiges hominoides Talent der Primaten angesehen, einer der Schätze, der mit weiterem körperlichem Wandel und sich ändernden Umständen beibehalten und weiterentwickelt wurde.

Der tropische Regenwald, in dem *Proconsul* hauste, ist in Form von fossilen Samenkörnern und Früchten erhalten, einschließlich der westafrikanischen Mahagoniart *Entandophragma* und zahlreichen Lianenarten. Auf der Insel Rusinga gibt es Hinweise auf weniger üppigen Waldwuchs mit eher jahreszeitlich bestimmtem Klima. Die Konservierung ist dort so gut, daß man bei einer Ausgrabung Fossilien von auf dem Waldboden verstreuten Knospen, Zweigen und Blättern vermischt mit Samenkörnern und Früchten fand. In der Regel stößt man auf *Proconsul*-Arten gemeinsam mit Gruppen, die sich mittlerweile zu Regenwaldspezialisten entwickelt haben – große Elefantenläuse, Flughörnchen der Familie Anomaluridae und Verwandte der rezenten Loris –, aber es hat den Anschein, als habe zumindest eine Art unter trockeneren, jahreszeitlich

bestimmten Bedingungen gelebt. Diese Gattung sah Affen ähnlicher als Menschenaffen. Mit der nächsten Schlüsselgruppe ändert sich dieses Bild schnell.

Die Hominoiden im mittleren Miozän

Im unteren Miozän erschien eine neue Gruppe von Hominoiden, die Peter Andrews als neue Unterfamilie klassifizierte, die Afropithecinae. Hierzu zählen mehrere vornehmlich im mittleren Miozän erfolgreiche Gattungen. *Afropithecus* aus Nordkenia, der ähnliche, jedoch kleinere *Heliopithecus* aus Saudi-Arabien und *Keniapithecus* aus Kenia sowie der jüngst als neue Gattung klassifizierte *Otavipithecus*. Diese neue Unterfamilie ist mit der später erscheinenden Unterfamilie der Dryopithecinae verbunden.

Wie auch die anderen bislang bekannten frühen Hominoiden und wie die Prähominoiden der Fayum zählt auch *Afropithecinus* zu einer afrikanischen Gruppe. Ihre Mitglieder lebten auf einer Kontinentalplatte, die während des Paläozäns und des Eozäns das gesamte Oligozän hindurch bis ins untere Miozän hinein vom eurasischen Kontinent getrennt war, bis Afrika irgendwann vor 18 bis 15 Millionen Jahren Eurasien wieder berührte. All dies deutet stark auf den afrikanischen Ursprung der höheren Primaten hin, die in Eurasien erst erschienen, als die Landbrücke Wanderungen von Afrika aus zuließ.

Afropithecus

Afropithecus aus Nordkenia ebenso wie der nahe Verwandte *Heliopithecus* aus Saudi-Arabien stammen aus 17 bis 18 Millionen Jahre alten Ablagerungen. Gemeinsam sind ihnen die ausgesprochen großen vorderen Backenzähne (zwischen Eckzahn und hinterem Backenzahn) und die sehr starken Eckzähne in einem langgesichtigen, robusten Schädel, der dem der lebenden Menschenaffen ähnelt. Die Fossiliengruppe ist offensichtlich den Menschenaffen und den Menschen näher verwandt als die späteren Gibbons oder die früheren *Proconsul*-Arten.

Die Backenzähne des frühen *Afropithecus* weisen bereits eine der bedeutsamsten in späteren Fossilien und rezenten Hominoiden festgestellten Anpassungen auf: die Verdickung des Backenzahnschmelzes. Diese

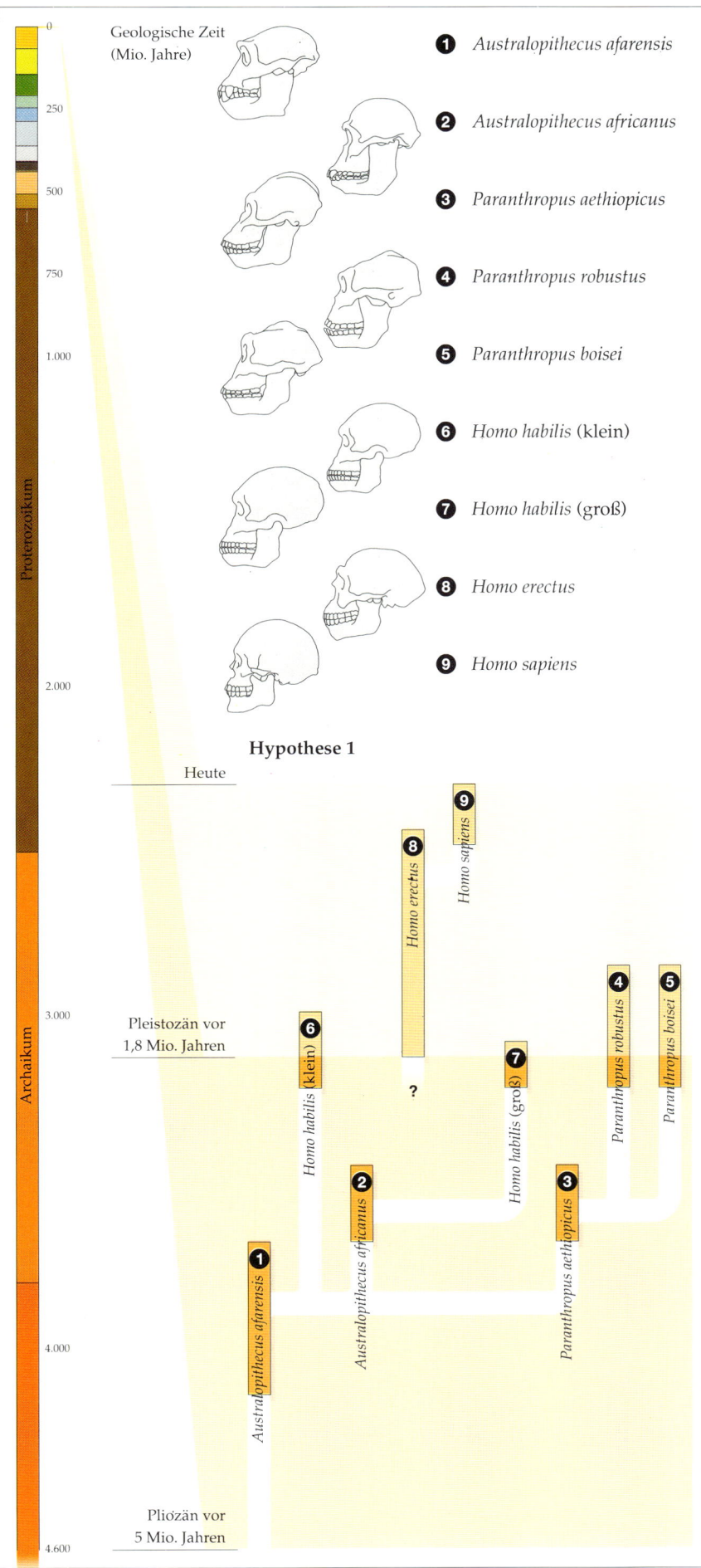

Geologische Zeit
(Mio. Jahre)

❶ *Australopithecus afarensis*

❷ *Australopithecus africanus*

❸ *Paranthropus aethiopicus*

❹ *Paranthropus robustus*

❺ *Paranthropus boisei*

❻ *Homo habilis* (klein)

❼ *Homo habilis* (groß)

❽ *Homo erectus*

❾ *Homo sapiens*

Hypothese 1

Heute

Pleistozän vor
1,8 Mio. Jahren

Pliozän vor
5 Mio. Jahren

HOMINIDEN

In den vergangenen vier Millionen Jahren gab es mindestens neun hominide Arten, die zeitlich und räumlich teilweise nebeneinander lebten. Die einfache Aufeinanderfolge vom *Australopithecus africanus* über *Homo habilis* zu *Homo erectus* und schließlich *Homo sapiens*, an die Wissenschaftler vor zwanzig Jahren glaubten, wurde mittlerweile durch ein komplexeres Schema ersetzt, und die Vor- bzw. Nachfahren-Beziehung gilt längst nicht mehr als so gesichert. Die Beziehung zwischen den verschiedenen Arten und die sich allmählich durchsetzende Erkenntnis, daß sogar die Art *Homo habilis* in mindestens zwei verschiedenen Formen existiert haben mag, taucht die frühen Stadien der Evolution der Gattung *Homo* in den Nebel der Ungewißheit. Es folgen drei mögliche Stammbäume.

Hypothese 1

In diesem Evolutionsmodell entwickelt sich die kleine Form des *Homo habilis* früh, während sich die größere Form später aus *Australopithecus africanus* entwickelt. *Paranthropus aethiopicus* gilt als gemeinsamer Vorfahr der robusten süd- und westafrikanischen Australopithecinen. In allen drei Hypothesen bleibt die Herkunft von *Homo erectus* ungewiß, da man nicht genau weiß, welche der Formen des *Homo habilis* der wahrscheinlichste Vorfahr ist. Die meisten Fachleute sind sich jedoch einig, daß *Homo sapiens* aus *Homo erectus* hervorging, obwohl man sich nicht einig ist, ob dieser Prozeß sich in einem Gebiet (Afrika?) oder in der gesamten bewohnten Alten Welt abspielte. Falls sich beide Formen des *Homo habilis* unabhängig von den beiden Formen des *Australopithecus* entwickelten, könnte man sie nicht *Homo* nennen.

Hypothese 2

Diese Hypothese stützt sich auf Ähnlichkeiten der Form des Gesichts und der Zähne zwischen dem großen *Homo habilis* und den kräftigen Australopithecinen. Man nimmt an, daß der kleine *Homo habilis* aus dem *Australopithecus africanus* hervorging, während die große Form als Mitglied der kräftigen Australopithecinen angesehen wird, die sich vermutlich vor rund 2,5 Millionen Jahren aus *Paranthropus aethiopicus* entwickelte. Wie in der ersten Hypothese gibt es keine Rechtfertigung für die Einordnung der beiden *Homo-habilis*-Typen als *Homo*, und die große *Homo-habilis*-Form könnte sogar als eine Spielart des *Paranthropus* mit großem Gehirn gelten.

Hypothese 3

Diese Hypothese ähnelt weitgehend derjenigen, der Don Johanson nach der umstrittenen Entstehung von *Australopithecus afarensis* zuneigte. Johanson und Tim White machten geltend, daß *A. afarensis* der gemeinsame Vorfahr sämtlicher späteren Hominiden sei und daß, entgegen der allgemeinen Überzeugung, *Australopithecus africanus* kein Vorfahr des *Homo,* sondern der kräftigen Formen des *Paranthropus* war. *Homo habilis* ging unmittelbar aus *A. afarensis* hervor. Falls jedoch zwei Arten des *Homo habilis* existieren, kompliziert sich das Schema. In diesem haben wir separate süd- und westafrikanische Linien des *Paranthropus* aufgezeigt, in denen die große *Homo-habilis*-Form in Verwandtschaft zu der südafrikanischen kräftigen Form steht. Wäre dieses Schema korrekt, könnte man nicht beide kräftigen Linien *Paranthropus* nennen.

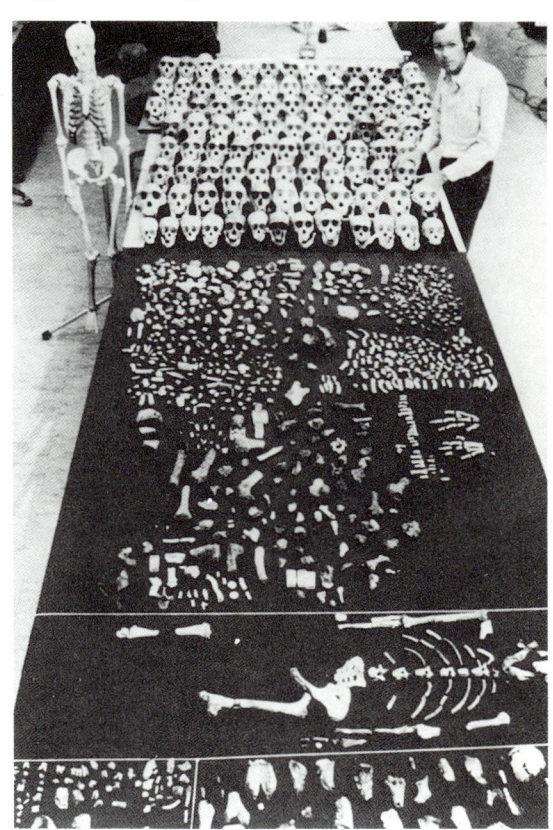

Die Hadar-Fossiliensammlung – präsentiert im Labor in Cleveland. Im Vordergrund sieht man Lucy. Daneben die gesamte Erste Familie nach Anordnung der Skelettknochen. Tim White steht neben ein paar Schimpansenschädeln im Hintergrund.

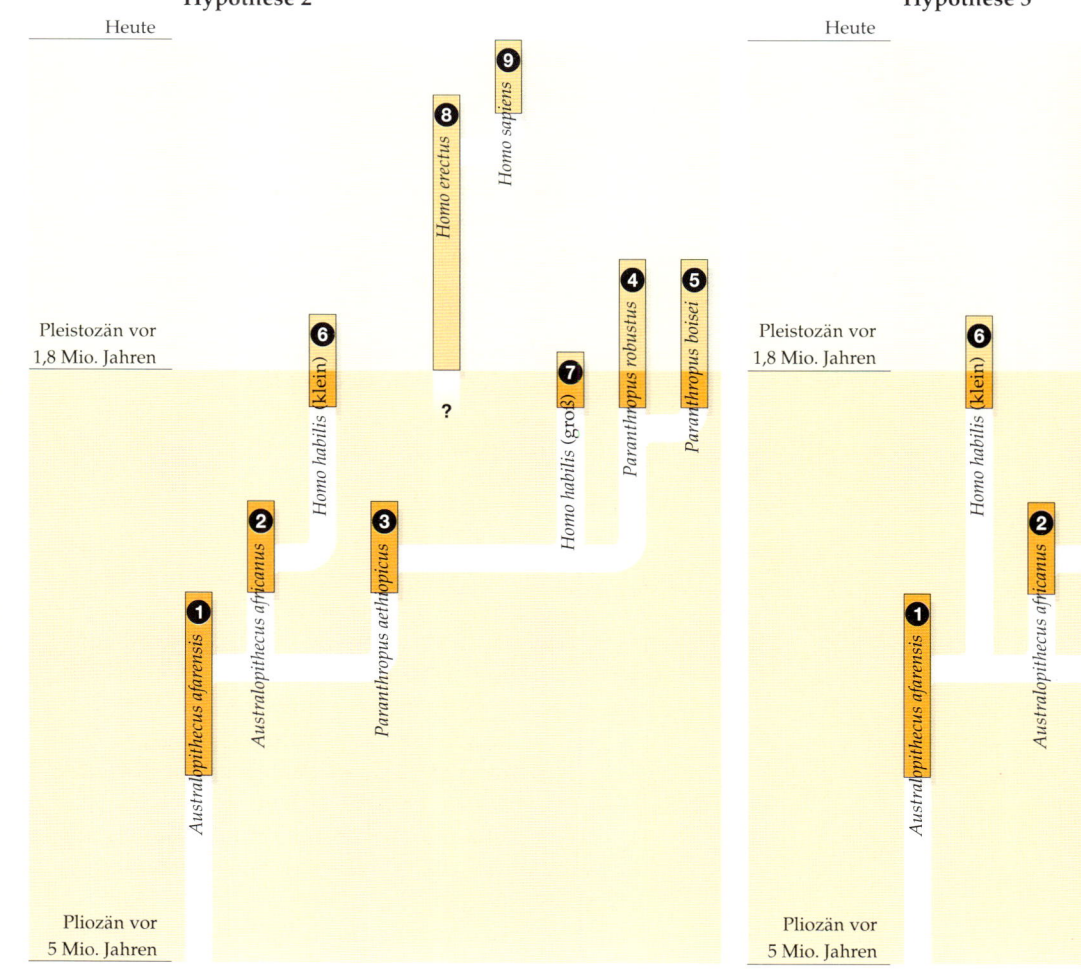

DIE GEN-WANDERUNG

Zwei Modelle stehen zur Zeit im Mittelpunkt der Diskussion um den Ursprung des modernen Menschen: das monogenetische oder »afrikanische« Modell (rechts) und das multiregionale Modell (unten); beide berufen sich auf dieselben Fossilienfunde. Das multiregionale Modell geht davon aus, daß die frühe menschliche Art *Homo erectus* vor rund 1 Million Jahre einen großen Teil der Alten Welt eroberte (z. B. Afrika, Europa, China, Australasien), um dann lokale (regionale oder »rassische«) Merkmale herauszubilden. Diese erhielten sich bis zum heutigen Tag. Der Genfluß zwischen den Regionen sicherte jedoch durch den Austausch von Genen und Merkmalen die Herausbildung des modernen *Homo sapiens* innerhalb der gesamten in Entwicklung begriffenen Population.

Dem gegenüber stellt das »afrikanische« Modell der Entwicklung von *Homo erectus* in aufeinanderfolgenden Populationen in der gesamten Alten Welt einen einzigen Kontinents gegenüber, auf dem sich *Homo sapiens* entwickelte: Afrika. Diesem Modell zufolge haben sich zuerst die modernen Merkmale herausgebildet und wurden dann durch Migration von Afrika aus verbreitet. Vorangegangene alte außerafrikanische Bevölkerungen wurden verdrängt, und erst danach wurden die gemeinsamen modernen Merkmale regional (»rassisch«) geprägt.

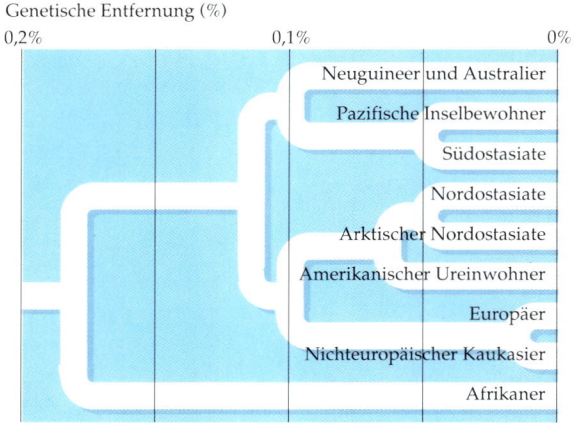

Vergleicht man die Häufigkeit verschiedener Gene, läßt sich eine Art Familienstammbaum aufstellen. Dieser hier zeigt eine erste Hauptverzweigung zwischen afrikanischen und nicht-afrikanischen Populationen, dann eine zweite zwischen Australiern und Südostasiaten einerseits und der restlichen Weltbevölkerung andererseits.

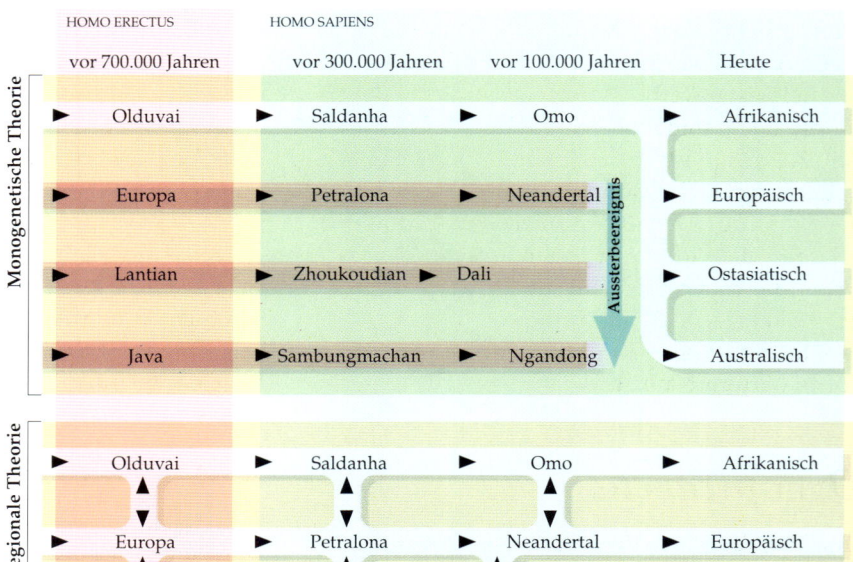

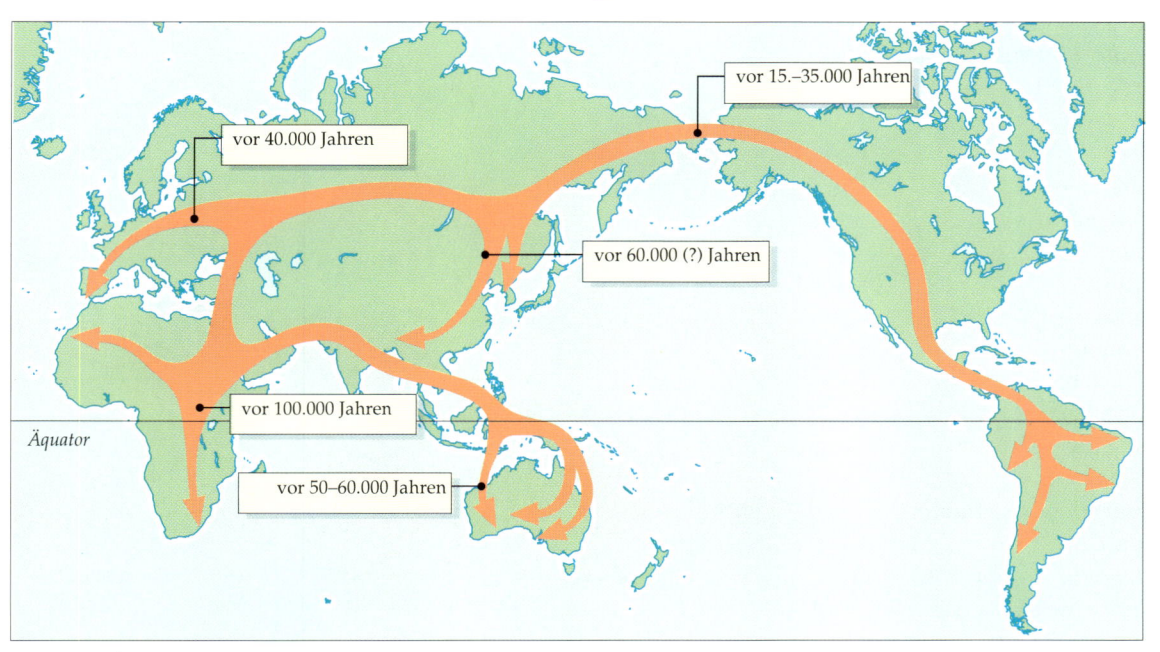

Die Karte verbindet genetische Verwandtschaftsdaten heutiger Populationen mit archäologischen und fossilen Daten der ersten Besiedelung verschiedener Gegenden durch den *Homo sapiens*. Fossilienfunde belegen, daß sich die modernen Menschen vor rund 100 000 Jahren in Afrika entwickelten und bald nach Westasien hin ausbreiteten. Vor rund 60 000 Jahren erreichten sie wahrscheinlich Ostasien und Australien, gelangten jedoch vermutlich erst vor 40 000 Jahren nach Europa.

Änderung war entscheidend, da sie ihren Trägern das Überleben in unwirtlicheren Gegenden sicherte. Zahnschmelz soll die Zähne gegen Abnutzung durch Kauen schützen. Man kann die Lebenserwartung eines Säugetieres häufig an der Haltbarkeit seiner Zähne messen. Einige Tiere, die von harter Nahrung leben, verhungern, wenn ihre Zähne ausfallen und sie keine Nahrung mehr verarbeiten können. Eine ganze Reihe von Veränderungen und vor allem die verlängerte Lebensspanne der späteren Hominoiden wäre ohne diese Ausstattung nicht möglich gewesen. Die Verdickung des Zahnschmelzes mag eine gut sichtbare Anpassung sein, aber um die dazu erforderliche bessere Mineralaufnahme und -versorgung zu ermöglichen, sind radikale physiologische Verbesserungen bereits in der Kindheit während der Zahnbildung erforderlich. Bei den meisten Säugetieren ist der Zahnschmelz relativ dünn. Die Veränderungen der Zähne des *Afropithecus* sowie sein stärkerer Schädel (als Widerlager gegen den verstärkten Druck der Kiefermuskeln) sowie andere Anpassungen deuten auf eine veränderte Ernährungsweise – weg von weichen Früchten hin zu härterer Nahrung.

Hominoiden aufzuweisen scheint. Andererseits weisen seine hinteren Schädelknochen Verbesserungen auf, die wir bei *Afropithecus* und *Proconsul* nicht, aber bei lebenden Hominoiden finden. Der bloße Vergleich der Funde macht es unmöglich, zu klären, welche der beiden Gruppen, *Afropithecus* oder *Dryopithecus,* fortgeschrittener war, ebensowenig wie die Verwandschaft zu lebenden Menschenaffen und Menschen. Inzwischen scheint klar zu sein, daß *Afropithecus* ebenso wie *Dryopithecus* in einer trockeneren, jahreszeitlich bestimmten und weniger komplexen Waldwelt lebten, als in der, die sowohl die untermiozänen Affen als auch die meisten lebenden hominoiden Arten beherbergte.

Afrikanische Menschenaffen und Menschen: die Homininae

Sämtliche Primaten der Neuen Welt sind baumbewohnende Affen, der schwerste ist mit 15 kg der brasilianische Wollspinnenaffe

Dryopithecus

Dryopithecus ist der Vertreter einer vornehmlich europäischen Gruppe, die von afrikanischen Einwanderern abstammt, obschon eine Art von *Dryopithecus* unlängst auch aus China bekannt wurde. Sie lebten vom mittleren bis oberen Miozän. *Dryopithecus fontani* aus Saint Gaudens in Frankreich war der erste fossile Menschenaffe, der drei Jahre vor der Veröffentlichung von Charles Darwins »Entstehung der Arten« 1859 gefunden wurde. Seither wurden in Spanien und Ungarn größere Sammlungen angelegt.
Einige Wissenschaftler haben eine Sammlung von Arten und Gattungen in eine einzige Gattung, *Dryopithecus,* gepackt, die ihrer Ansicht nach die Untergattung *Proconsul* und *Sivapithecus* beinhaltet und so die gesamte Vielfalt fossiler Primaten vom unteren bis oberen Miozän unter ein Dach bringt.
Zwei Gruppen gegensätzlicher Merkmale erschweren die Bestimmung der Rolle, die *Dryopithecus* in der Linie der Hominoiden gespielt hat. Aufgrund seiner leichter gebauten Kiefer und seines dünneren Zahnschmelzes gilt er im Vergleich zu *Keniapithecus* als primitiver, dessen dickerer Schmelz eine fortschrittlichere Entwicklung der obermiozänen

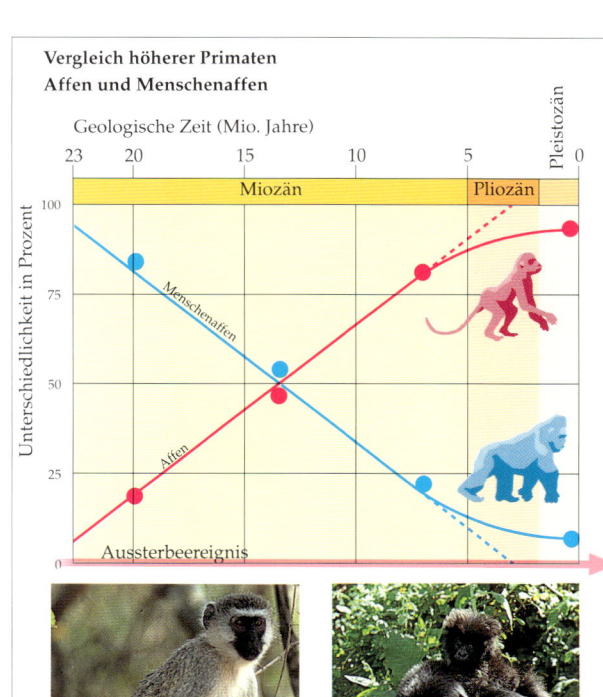

Vergleich höherer Primaten
Affen und Menschenaffen

Moderner Affe – Grüne Meerkatze

Moderner Menschenaffe – Gorilla

Im Vergleich zu anderen Affen droht Menschenaffen auf lange Sicht der Niedergang. Vor zwanzig Millionen Jahren bestanden 80 Prozent der höheren Primatenfamilien aus Menschenaffen gegenüber 20 Prozent anderer Affen. Heute ist dieses Verhältnis exakt umgekehrt. Inwiefern sind Menschenaffen evolutionäre Mißerfolge? Es scheint mittlerweile klar, daß der entscheidende Unterschied zwischen Menschenaffen und anderen Affen darin liegt, daß für letztere zahlreiche »Abwehrstoffe«, die Pflanzen produzieren, genießbar sind. Menschenaffen müssen zum Beispiel unreife Früchte meiden, die andere Affen verdauen können. Vielleicht machte dieser entscheidende selektive Vorteil den Erfolg aus.

(*Brachysteles*), der meistbedrohte Primate der Welt. Keiner der südamerikanischen Primaten lebte je auf dem Boden, und bis heute tauchten in der Neuen Welt keine Hominoiden auf. In Eurasien besitzen wir keinen beweiskräftigen Fossilfund von Gibbons. Die Trockenheit in Europa vernichtete die Hominoiden vor rund 8 Millionen Jahren. Vom asiatischen *Sivapithecus* stammte der Orang-Utan als einziger in Asien verbleibender »Menschenaffe«, ebenfalls eine gefährdete Art, ab.

Bestandssicherung in Südamerika; Ausbreitung und nicht immer erfolgreiche Experimente in Eurasien. Das Zentrum der Entwicklung und des Aufstiegs der Hominoiden war Afrika, insbesondere das ostafrikanische Grabensystem, wo sich ein Grabenbruch in der afrikanischen Kontinentalplatte über 3200 km erstreckt, vom Roten Meer und Äthiopien im Norden hinunter nach Kenia, Uganda, Tansania und Malawi, hinein bis nach Mozambique im Süden.

In einem Zeitraum von 20 Millionen Jahren hat die tektonische Tätigkeit entlang dieses Grabens große Vulkane und Hochebenen errichtet, während das Tiefland dazwischen Täler bildete, die die Wasser Ostafrikas zu den größten Seen des Kontinents leiteten. Hier mußte der ursprüngliche Tropendschungel einer flickenteppichartigen Umwelt aus offenem Waldland und Savanne weichen, während die neuen Hochebenen zu ansteigendem Regenfall führten und neue geographische Barrieren darstellten.

Es wirkten jedoch auch noch andere Kräfte auf dieses Gebiet ein. Die Säugetierwelt geriet durch die neuen Einwanderer aus Eurasien unter Druck. Eine langfristige Trocken- und Abkühlungsperiode und ein jahreszeitlich wechselndes Klima stellte die Einwohner vor die übliche Wahl: umziehen, ändern oder sterben. Die Zähne der Hominoiden paßten sich der härteren, kargeren Nahrung an. Einige Affen entwickelten die Fähigkeit, Zellulose zu verdauen, und Blätter wurden zu ihrem Grundnahrungsmittel. Andere konnten im Gegensatz zu Hominoiden unreife Früchte verdauen. Alle mögliche Drangsal traf die Hominoiden, ein »Mosaik« von Umständen, die sich wie ein Evolutionslabor auswirkten und den Arten eine breite Palette von Entwicklungsoptionen offenhielt.

Inmitten dieser Krise der afrikanischen Hominoiden versiegen die Fossilienfunde. Als sie wieder auftauchen, ist die große Vielfalt miozäner Affen verschwunden, und zu den Neuankömmlingen gehören bereits die Vorfahren moderner Menschen. Wir haben nahezu keine Hinweise für die Ereignisse vor 12 bis 5 Millionen Jahren. Einige Forscher glauben, daß es sich bei einem etwa 10 Millionen Jahre alten Fossilfund in Griechenland um einen afrikanischen Affen und menschlichen Vorfahren handelt, aber die Beweise sind nicht überzeugend genug. Ein einziger Oberkiefer in den Samburuhügeln in Nordkenia, zwischen 10,5 und 6,7 Millionen Jahren alt, sieht aus wie der eines Gorillas, ist aber isoliert und nur bruchstückhaft erhalten, so daß er eine Theorie kaum stützen kann.

Vielleicht spalteten sich vor 10 Millionen Jahren die Vorfahren von Gorillas, Schimpansen und Menschen von einer gemeinsamen Linie ab, möglicherweise eine späte Form des afrikanischen *Dryopithecus,* vielleicht ein Nachfahre des *Keniapithecus.*

Von Gorillas und Schimpansen fehlt fast jede fossile Spur. Geht man von ihrer derzeitigen Verbreitung in West- und Zentralafrika aus, sieht es so aus, als habe sich ihr Vorfahr westwärts in eine vertrautere Umgebung zurückgezogen. Doch die Funde sind so rar, daß es unsicher bleibt, ob die Schimpansen eher dem Menschen oder dem Gorilla näherstehen.

Molekularstrukturen lassen auf eine engere Verbindung zum Menschen schließen, aber anatomische Einzelheiten — zum Beispiel die Armknochen und der dünne Schmelz der Backenzähne — sprechen für eine Gorillaverwandtschaft. Im darüber befindlichen Miozän finden wir nicht nur die Ursprünge der modernen Menschenaffen und Menschen, die Hominidae, sondern auch das Schlüsselmerkmal der frühesten Menschen — den aufrechten Gang. Bevor wir jedoch über die zweibeinige Revolution spekulieren, wenden wir uns den Fossilienfunden ihrer ersten Nutznießer zu.

Australopithecus

Der erste einwandfreie Beleg für die bereits erfolgte Spaltung zwischen Menschenaffen und Menschen stammt von Fossilien der frühen Hominiden, den sogenannten Australopithecinen (Südmenschenaffen). Es waren kleinhirnige, aber zweibeinige Affen, die vor 5 bis 2 Millionen Jahren in Süd- und Ostafrika lebten und sowohl mit Menschen als auch mit Menschenaffen Gemeinsamkeiten aufweisen.

Ihre Entdeckung und ausführliche Untersuchung zwang die Menschheit, einige ihrer wichtigsten und am wenigsten begründeten Selbstbildnisse zu revidieren.

Der Taung-Schädel

Zu Beginn dieses Jahrhunderts konzentrierte sich die Suche nach dem vermuteten »fehlenden Glied« zwischen Affen und Menschen auf den Fernen Osten und Europa, wo man unter anderem den *Pithecanthropus erectus* (»Java-Mensch«) fand. Dieser wird inzwischen als *Homo erectus* klassifiziert. Im Jahre 1925 wagte es der Anatom Raymond Dart, anhand des Fossilschädels eines jungen Primaten, der bei Bergbauarbeiten in Taung in der Nähe des südafrikanischen Kimberley ein Jahr zuvor gefunden worden war, eine neue Form des Affenmenschen zu identifizieren. Ihm war bewußt, daß er einer mächtigen These widersprach: daß der Mensch sich zuerst in Europa entwickelt hatte und daß sich sein großes Gehirn vor den anderen menschlichen Eigenschaften entwickelt hatte.

Nach Darts Ansicht deutete die Form des Schädels und die vermutete Form des Gehirns zusammen mit dem Gebißstand und den Kiefern sowie dem aufrechten, menschlichen Ansatz des Schädels an der Wirbelsäule auf einen Vorläufer, der menschenähnlicher war als alle bis dahin bekannten Menschenaffen.

Nach jahrzehntelanger Forschungsarbeit stellten Dart und ein anderer Wissenschaftler, der greise, aber unverwüstliche Robert Broom, auf der Grundlage weiterer Schädel, Kiefer, Zähne und hinterer Schädelknochen aus weiteren Ausgrabungen eine neue Gattung fest. Das prähumane Evolutionsstadium des *Australopithecus* wird heute weitgehend anerkannt.

Australopithecus afarensis

Die in Südafrika entdeckte und als *Australopithecus africanus* anerkannte Art stammt aus einer Zeit vor 3 bis 2,5 Millionen Jahren. Das früheste Mitglied dieser Gattung entstammt der Hominoiden-Fundstätte im ostafrikanischen Grabenbruch. *Australopithecus afarensis*, der »Südmenschenaffe aus Afar«, erhielt seinen Namen von der äthiopischen Region Afar. Seine Überreste barg man im tansanischen Laetoli in der Nähe der Olduvai-Schlucht sowie an Fundstätten wie Hadar und Omo in Äthiopien. Ein 1984 im nordkeniani-

FUSSSPUREN IN LAETOLI

Die Vulkanasche, die sich vor ca. 3,7 Millionen Jahren in Laetoli in Tansania ablagerte, birgt die Fußabdrücke von Säugetieren und Vögeln, die durch die frische, vom nahegelegenen Vulkan ausgespiene Asche liefen. Der Regen härtete die kalkhaltige Asche und konservierte die Fußabdrücke. Nachfolgender Ascheregen

schützte die erste Schicht vor Verwitterung. Auf diesem Plan von einem Teil der Ausgrabungen des Jahres 1980 erkennen wir die Spuren von einem Elefanten, einem Nashorn, einer Giraffe, von Boviden und viele Spuren eines afrikanischen Hasen. Ganz links sind auch Hyänenspuren zu sehen, und neben den Elefantenspuren die eines Perlhuhns.

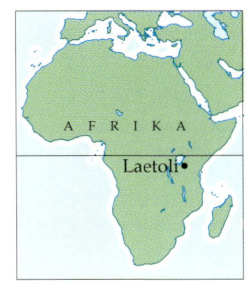

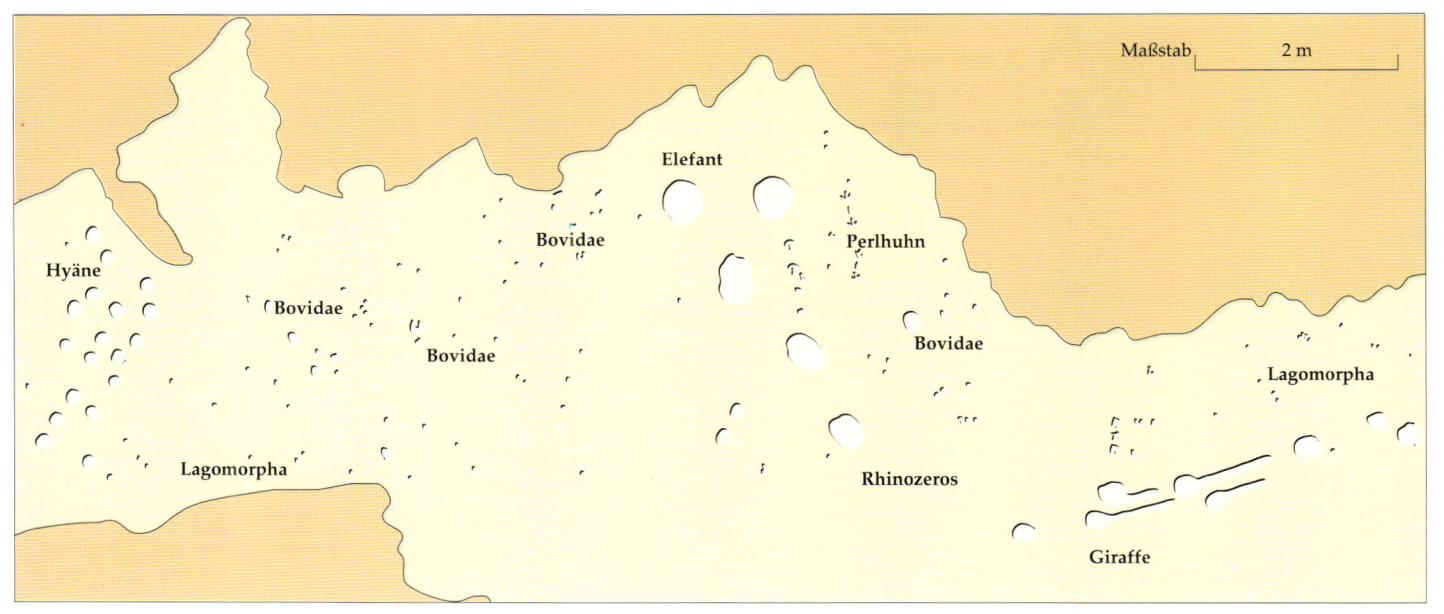

Zwei als *Australopithecus afarensis* identifizierte frühe Hominiden durchschreiten auf zwei Beinen eine offene Fläche, die von dem im Hintergrund ausbrechenden Vulkan mit Asche bedeckt ist. Die Fußabdrücke der Hominiden gruben sich tief in die von einem kurzen Regenschauer aufgeweichte vulkanische Asche. Fast ebenso schnell, wie sie entstanden, wurden sie mit neuer Asche ausgefüllt und auf diese Weise konserviert, bis sie dreieinhalb Millionen Jahre später in den 80er Jahren unseres Jahrhunderts bei den Ausgrabungen in Laetoli (Tansania) unter der Leitung von Mary Leaky entdeckt wurden.

schen Baringo gefundenes Kieferstück schien ein weiteres Glied in der Kette zu sein. Dieser Fund ist etwa 5 Millionen Jahre alt. Das am besten erhaltene bekannte Skelett der berühmten »Lucy« aus Hadar ist möglicherweise nur 3 Millionen Jahre alt.

Australopithecus afarensis war in vielen Einzelheiten, vermutlich auch in seinem Verhalten und hinsichtlich der Größe seines Gehirns, noch sehr menschenaffenähnlich. Die Frage, ob die Gehirnstruktur bereits in eine menschliche Richtung wies, ist heißumstritten. Die vorspringenden Kiefer und Gesichtsknochen waren groß und menschenaffenartig, und in den Kiefern saßen recht große, dickschmelzige Backenzähne, während die Eck- und Backenzähne eine Form aufweisen, die zwischen der des Menschenaffen und der des Menschen angesiedelt ist. Die Schwankung zwischen großen und kleinen Einzeltieren legt die Möglichkeit nahe, daß sich unter den ausgegrabenen Tieren mehr als eine Art befindet. Die meisten Forscher vermuten jedoch, daß es sich um verschiedene Geschlechter einer Art handelt.

In diesem Falle wären die größeren Exemplare die Männchen — rund 1,50 m groß und mit etwa 45 kg leichter als heutige Männer — und die kleineren die Weibchen. »Lucy« war knapp 1,10 m groß und wog ca. 30 kg. Die männlichen Schädel besaßen Knochenkämme wie Gorillas oder große Schimpansen, die mehr Raum für den Ansatz von Kiefer- und Nackenmuskeln boten. Einige Abweichungen im Knochenbau der vermutlichen Weibchen sprechen für bestimmte Verhaltensweisen: Sie haben wahrscheinlich bei der Fütterung, beim Schlafen oder auf der Flucht mehr Zeit auf den Bäumen verbracht. Was den *Australopithecus* vor allen anderen bereits bekannten Hominoiden auszeichnet, ist sein aufrechter Gang. Dies wissen wir nicht nur aus Untersuchungen der Hüft- und Beinknochen von Hadar, sondern dank eines der seltenen Geschenke der Zeit — einer Reihe von Fußabdrücken, die vor 3,7 Millionen Jahren in Laetoli entstanden und konserviert wurden, in einer Art schnelltrocknendem Zement aus Regen und Vulkanasche. Unter Leitung von Mary Leaky fand und barg ein Team die Spuren von drei frühen Hominoiden auf ihrem gemeinsamen Weg, auf dem auch primitive Elefanten, dreizehige Pferde, Vögel und sogar Insekten und Würmer ihre Spuren hinterließen.

Die fortgeschrittene Technik des aufrechten Gangs wurde vermutlich von einigen miozänen Primaten entwickelt, von denen wir bislang keine Spuren haben. Warum entstand der aufrechte Gang?

Eine Reihe früher Menschenaffen wurde größer als alle südamerikanischen Primaten, was das Leben auf dem Baum zusehends erschwerte und ein Leben auf dem Boden näherlegte. Orang-Utans aber erreichen bis zu 70 kg Gewicht und leben dennoch auf Bäumen. Auf dem Boden ist ein Tier auch weit weniger sicher vor Raubtieren. Aber ein schweres Tier muß viel fressen, und Nahrung war in Ostafrika nicht einfach zu finden, zu einer Zeit, als sich die Wälder lichteten und zu Savannen öffneten. Möglicherweise zwang die Nahrungssuche die Primaten zum Abstieg auf die Erde, und sie entwickelten ein erhebliches manuelles Geschick zum Aufheben, Sondieren und Bohren.

Da das Gebiet der Nahrungssuche sich ausdehnte, mußte der Menschenaffe einen Teil der gesammelten Nahrung zurück zu seiner Gruppe tragen. Das Sozialverhalten innerhalb der Gruppe wurde durch das gewachsene kollektive Schutzbedürfnis auf dem Boden gefördert. Die aufrechte Haltung hatte viele Vorteile: Man konnte in offenem Gelände weiter sehen und die Jungen besser tragen.

Von diesem Moment ab erfolgte eine Arbeitsteilung. Anstatt die schwere Last des Körpers mitzutragen, standen Arme und Hände nun für die Handhabung einfacher Werkzeuge, für das Werfen und vielleicht für eine Form der Zeichensprache zur Verfügung. Um die wachsende Körpermasse zu tragen, wurden dafür die Beine stärker und schwerer; dadurch wanderte der Körperschwerpunkt abwärts, was wiederum die aufrechte Haltung erleichterte. Aus den geringfügigen einzelnen Verbesserungen entwickelte sich nach und nach ein eigendynamisches System.

Australopithecus afarensis, der Spaziergänger von Laetoli, trug zwar einige menschliche Züge, war aber von der Lebensweise und der Ernährung her noch ein echter Affe — er fraß Pflanzen, vornehmlich Obst und Blätter, kaum Fleisch. Seine Sprache und Sozialform sind unbekannt. Die Untersuchung seiner Zähne ergab, daß er wie Menschenaffen aufwuchs und eine verhältnismäßig kurze Kindheit hatte.

Australopithecus africanus

Dart gab der Taung-Art die Bezeichnung »Südmenschenaffen von Afrika«. Auch sie gingen aufrecht, aber zu ihrem Lebensstil und zu ihrer Stellung in der menschlichen Evolution gibt es noch zahlreiche offene Fragen. *A. africanus* war vermutlich ca. 1,40 m groß und 30 bis 40 kg schwer. Die Männchen waren größer als die Weibchen. Sie hatten ein menschenaffengroßes Gehirn und ein großes, vorspringendes Gesicht. Die Zähne waren für den Verzehr grober Wurzeln, Knollen und Samen geeignet, aber auch für Früchte, Blätter und Fleisch.

Zunächst lagerten sich die verschiedenen Fossilien in Kalksteinhöhlen ab, wurden von späteren Ereignissen aber durcheinandergewirbelt und zerbrochen, so daß wir es heute mit einem dreidimensionalen Puzzle zu tun haben. Es sieht so aus, als hätten Fleischfresser, wahrscheinlich Hyänen, darin herumgewühlt — *Australopithecus* war in diesem Fall mehr Beute als Jäger.

Über die Lebensweise von *A. africanus* ist wenig bekannt. Zu seiner Zeit wurde das ursprünglich feuchtere südafrikanische Klima trockener, und es entstanden Buschland und Savanne, die den Zähnen nach zu beurteilen eine weitaus weniger günstige Ernährung als Früchte und Blätter, für die das Gebiß geeignet war, gewährleisten konnten. Für den Gebrauch von Werkzeugen gibt es keine Anzeichen.

Paranthropus robustus und Paranthropus boisei

Die Forscher entdeckten in den südafrikanischen Höhlen zwei Typen von Menschenaffen. Der eine war Darts »grazile« Leichtbauform *A. africanus,* der andere ein solide gebauter Zweibeiner mit größerem Schädel und massiveren Kiefern und Zähnen, den man *Australopithecus robustus* oder *Paranthropus robustus* nannte. Die grazilen Exemplare lebten vor 3 bis 2,5 Millionen Jahren, die robusten vor 2 bis 1,5 Millionen Jahren. Die härteren Umweltbedingungen führten bei letzteren zu evolutionären Veränderungen an Kiefer und Zähnen, um auch den Verzehr harter Nahrung zu ermöglichen.

Die wenigen Kenntnisse über das Skelett des *Paranthropus* lassen einen Körper in der Größenordnung des *A. africanus* vermuten, größer als der »Lucy«-Typ des *A. afarensis*. Ein weiblicher *Paranthropus* wog wohl an die 32 kg und wurde 1,10 m groß; ein männlicher wog 40 kg und maß 1,35 m. Der Schädel des größeren Männchens war an Hinterkopf und Stirn mit Knochenkämmen als Ansatz für kräftige Muskeln versehen. Dieser Bauplan und die Größe des Gehirns weisen eine gewisse Ähnlichkeit zum Gorilla auf, doch das seltsam abgeflachte Gesicht, die kleinen Vorder- und die großen Backenzähne sowie die menschenähnliche Schädelbasis weichen von den Merkmalen des Gorillas erheblich ab.

Diese Eigenarten an Schädel, Kiefer und Zähnen behielten die späteren ostafrikanischen Arten des *Paranthropus* bei, wie der berühmte von Mary Leaky in der Olduvai-Schlucht in Tansania 1959 identifizierte Schädel beweist, der nach dem Helfer der Leakys, Charles Boise, zunächst den Namen *Zinjanthropus boisei* erhielt. Die Entdeckung des »Zinj« lenkte die Aufmerksamkeit auf den Fundort, insbesondere als man mit Hilfe von modernen Datierungstechniken feststellte, daß der Schädel fast 2 Millionen Jahre alt war. Hier kam die K-Ar-Datierungsmethode zum ersten Mal gezielt bei einem fossilen Hominoiden zum Einsatz, und es wurde ein viel älteres Datum ermittelt, als man zunächst erwartet hatte (obwohl es heute als völlig normal für frühe Hominoiden gilt), so daß eine neue Bewertung ihrer Geschichte vorgenommen werden mußte.

Bei dem Fossil handelte es sich um den Schädel eines nahezu ausgewachsenen Individuums, das von der Presse aufgrund seiner für besonders kräftiges Kauen geeigneten, enormen Backenzähne »Nußknacker-Mensch« getauft wurde. Die Fachleute halten ihn heute eher für eine Form des *Paranthropus* als für einen echten Menschen. Die Leakys glaubten zuerst, sie hätten den an verschiedenen Olduvai-Fundstätten entdeckten und als der »Olduwaier« bekannten Hersteller primitiver Steinwerkzeuge entdeckt; der Schädel lag an einer Art Fertigungsstätte neben Werkzeugen und Knochenresten. Bald darauf tauchten die Überreste des menschenartigen *Homo habilis* in denselben Schichten auf, und fortan wurde er als der eigentliche Gründer des Olduwaier-Handwerks angesehen.

Eine ähnliche Entdeckung von angehenden Werkzeugmachern finden wir in Koobi Fora in Kenia, wo *Paranthropus* und *Homo* in gleichen Schichten gefunden wurden, die auch reich an Steinwerkzeugen waren. Vielleicht benutzte *Paranthropus* einfache Werkzeuge zum Ausgraben und Bearbeiten von Pflanzennahrung. Die ostafrikanische Art war erheblich größer als die südafrikanische Version von *Paranthropus*; die Weibchen wogen bei einer Größe von 1,25 m 34 kg, die Männchen brachten bei einer Größe von 1,40 m 50 kg auf die Waage.

Menschliche Evolution: Wo steht *Australopithecus*?

Lange nach der Entdeckung der ersten Exemplare von *Australopithecus* ordneten die meisten Wissenschaftler sie immer noch nicht als menschliche Vorfahren ein. Die Theorie vom »Großen Gehirn« nahm die Vorstellung von der Evolution des Menschen in Beschlag, und diese südlichen Menschenaffen mit ihren kleinen Gehirnen und affenartigen Schädelproportionen schienen doch noch arg primitiv. Die neuen Funde waren schwer zu datieren, und der Irrglaube, daß sie aus der Zeit von *Homo erectus* stammten, dessen Fossilien in anderen Gegenden der Welt entdeckt worden waren, wies auf ihre Zugehörigkeit zu einem späten, überlebenden Abzweiger aus einem früheren Stadium hin, das zu weit zurück lag, um noch auf der menschlichen Linie zu liegen. Als durch die Einführung wissenschaftlicher Datierungsmethoden in den 60er Jahren klar wurde, daß zahlreiche Fundstellen von *Australopithecus* über 2 Millionen Jahre alt waren, wurden sie endlich als mögliche menschliche Vorfahren betrachtet. Heute wissen wir, daß ein Teil dieser Fundstellen über 3 Millionen Jahre alt ist. Welche Art ist nun also unser Vorfahre?

Lange Zeit führte *A. africanus* die Liste an, aber die Entdeckung von *A. afarensis* brachte einen älteren Rivalen ins Rennen, der aufgrund einiger Merkmale der Zähne und des Gesichts *Homo habilis* und *Homo erectus*, echten Menschen also, näher zu stehen schien als *A. africanus*. Viele Fachleute sahen in *A. africanus* lediglich eine Zweiglinie von *Australopithecus robustus*, und betrachteten dessen Anpassung an harte Pflanzennahrung, die spezialisierte Mahlzähne erforderte, als Folge neuer Evolutionstrends.

Dieser Ansicht widerspricht eine Minderheit, die auf einige menschenartige Merkmale von *Australopithecus robustus* verweist. Zu diesen gehören das Gehirn, das größer ist als bei *A. africanus* und *A. afarensis*, sowie Einzelheiten an Schädel und Zähnen, die auf ein gemeinsames evolutionäres Erbe deuten. Vor diesem Hintergrund könnte irgendein junger gemeinsamer Vorfahr sowohl für den Aufstieg der menschlichen Linie als auch des *Australopithecus* verantwortlich sein, der sich jedoch zu Tode spezialisierte. *A. afarensis* könnte dann ein noch älterer Vorfahre sein – oder einer abseits des menschlichen Pfades.

Im Jahre 1985 verursachte ein Fund noch mehr Verwirrung. Der »Schwarze Schädel« – so genannt wegen der dunklen Fossilisation – stellt ein primitives robustes Exemplar aus dem kenianischen Westturkana dar und stammt mit 2,5 Millionen Jahren aus einer Zeit lange vor den anderen bisher bekannten robusten Arten. Sein kleines Gehirn und das stark vorspringende Gesicht lassen eine gewisse Ähnlichkeit zu *A. afarensis* erkennen, doch Einzelheiten wie die Form des Gesichtes und des Oberkiefers machen ihn zu einem möglichen Vorfahr des späteren *Paranthropus robustus*. Der »Schwarze Schädel« wurde gemeinsam mit einem bruchstückhaften Fossil klassifiziert, das man 1968 in Äthiopien als *Australopithecus aethiopicus* barg. Wenn sich nun aber nachweisen läßt, daß beide Exemplare Stammväter des späteren *Paranthropus* sind, müssen sie derselben Gattung angehören, dem *P. aethiopicus*. Obgleich dem Schädel die menschlichen Attribute eines großen Gehirns, einer kurzen Schädelbasis und eines verkleinerten Mundes fehlten, stellen einige Fachleute eine Ähnlichkeit zwischen seinem Gesicht und denen früher Exemplare von *Homo* fest.

Trotz der fortdauernden Ausgrabungen von Hominioden ist es unmöglich, eine einzelne Entwicklungslinie zu erkennen, und keiner der zahlreichen Versuche, die besten Fossilien an einen gemeinsamen Stammbaum zu binden, ist frei von Widersprüchlichkeiten.

Die Evolution der Menschheit

Fußabdrücke in Laetoli, Steinwerkzeuge in Olduvai, Feuer in Zhoukoudian. In Mammutelfenbein oder in Kalkstein geritzte oder aus einer Mischung aus Lehm und Knochen geformte und gebrannte Frauenfigurinen in der Ukraine, in Österreich, in der Tschechoslowakei. Irgendwo am Wegrand, vielleicht an einem Ort, der noch zu entdecken bleibt, tauchte die Gattung *Homo*, der Mensch auf. Wir starren einem fossilen Schädel in die Augenhöhlen und fragen uns, ob sie einst

visuelle Eindrücke eingefangen haben, ob sein ehemaliger Besitzer uns angestaunt hätte, so wie wir über seinen Schädel staunen und über das Geheimnis, das er birgt.

Die Geburtsstunde und die Entwicklung unserer eigenen Gattung zu bestimmen und darzustellen, ist keine einfache Angelegenheit. Unsere Erkenntnisse basieren auf einem aufs Geratewohl zusammengewürfelten Fossilienfundus. Manche grundlegenden Unterschiede zwischen uns und den uns am nächsten verwandten Primaten bestehen in einem durch Fossilien nicht zu ermitelnden Verhalten, das erst noch aus einer langsam anwachsenden Schatzkammer von Fossilien mit Hilfe ausgeklügelter Techniken rekonstruiert und beschrieben werden muß, um dann an der Schnittstelle zwischen kritischem Skeptizismus und uferloser Phantasie gedeutet zu werden.

Wo unter all den Relikten unserer Urgeschichte finden wir Anzeichen für den Übergang zur menschlichen Gesellschaft mit ihren Fähigkeiten, Fertigkeiten, Kenntnissen, Regeln und Zeremonien, die mit der Zeit weitergegeben und verändert wurden, je nach den Erfordernissen der äußeren Umstände und entsprechend den Vorgaben unseres genetischen Programms? Sicherlich ist die Sprache ein Schlüssel zur Erkenntnis, aber man braucht mehr als ein scharfes Gehör, um die Sprache der an alten Fundstellen entdeckten Knochen und Steine zu ermitteln.

Aufgrund dieser und anderer Schwierigkeiten haben die Wissenschaftler in der Vergangenheit versucht, einfache Wendepunkte zur Markierung des Auftauchens echter Menschen zu definieren. Einer dieser Wendepunkte stellt die Herstellung von Werkzeug dar (nicht der Gebrauch von Werkzeug: Seeotter benutzen Steine zum Knacken von Schalentieren). Anscheinend wurden steinerne Werkzeuge bereits vor rund 2,5 Millionen Jahren in Afrika hergestellt.

Unlängst tauchte jedoch auch die Vermutung auf, daß bereits der nichtmenschliche Zweibeiner *Paranthropus* einfache Werkzeuge herstellte und benutzte, und seitdem solche Verhaltensweisen auch wilden Schimpansen bekannt sind, kann die Werkzeugherstellung nicht länger als exklusiv menschliche Eigenschaft gelten. Ein weiterer Wendepunkt war die Größe des Gehirns. Da aber die Spanne zwischen Menschenaffen und *Homo sapiens* weit ist – Menschenaffen besitzen bis 600 ml Gehirnvolumen, Menschen für gewöhnlich 1000 ml – mag die ursprüngliche Gehirngröße bei den frühen Mitgliedern der Gattung *Homo*,

Die ersten echten Menschen gehörten zur Art *Homo habilis* an und lebten in den Savannen und Waldgebieten des südlichen und östlichen Afrikas. Diese Gruppe von männlichen Artgenossen ernährt sich von kleinem Wild und Pflanzen. Sie werden von zwei kräftigen Australopithecinen der Gattung *Paranthropus* dabei beobachtet. Es gibt Hinweise darauf, daß beide Linien vor 1,5 bis 2 Millionen Jahren mehrere Jahrtausende lang nebeneinander lebten. Vom *Homo habilis* wissen wir, daß er Werkzeug herstellte. Es ist aber durchaus möglich, daß auch *Paranthropus* Werkzeuge aus Stein, Knochen oder Holz benutzte.

die sich aus einer Form des *Australopithecus* entwickelten, durchaus noch dem Affenstandard entsprochen haben.

Erst seit kurzem sind die Wissenschaftler davon abgekommen, die Gattung Mensch über vereinzelte Merkmale zu definieren, und man zieht nun ein Geflecht von Eigenarten vor, die nicht alle bei einem einzelnen Fossil vorliegen müssen. Zu den körperlichen Merkmalen gehören die Gehirngröße, ein kleineres, weniger fliehendes Gesicht, kleinere Zähne (vor allem hintere und vordere Backenzähne), eine vorragende Nase, und sofern im Fossil erhalten, Anzeichen für ein menschliches Skelett — zu erkennen an Einzelheiten der Hüftknochen und an der Körperform allgemein.

Eine zufriedenstellende Tabelle nicht-körperlicher Faktoren der Menschwerdung — Moral, Psychologie, Kultur etc. — gibt es nicht; auch wenn sie als mosaikartiges Muster vorhanden sind, können sie von der Wissenschaft nicht gemessen werden.

Homo habilis

Die Entdeckungen der Jahre 1959—61 in der Olduvai-Schlucht führten zur Identifizierung der frühen menschlichen Art *Homo habilis* (»geschickter Mensch«) so genannt aufgrund der offensichtlichen Verbindung zu den primitiven Steinwerkzeugen. (Dies waren die ersten und einfachsten Werkzeuge, die bearbeitet worden waren, um eine grobe Schneidekante zu erhalten.) Aufgrund der umliegenden Vulkangesteine datierte man den Fund auf ein Alter von 2 bis 1,5 Millionen Jahren. Er bestand aus Bruchstücken von Schädelknochen, Kiefern, Zähnen und Skelettteilen. Im Vergleich zu *Australopithecus* war das Gehirnvolumen geringfügig größer, zwischen 600 und 700 ml, die Molaren und Prämolaren waren schmal und saßen in einem schlanken Kiefer. Hand-, Fuß- und Beinknochen wiesen menschliche Merkmale, jedoch keine grundlegenden Unterschiede zum *Australopithecus* auf.

Als sie die neuen Arten 1964 tauften, stießen Louis Leakey, Phillip Tobias und John Napier auf den erbitterten Widerstand von Anthropologen, die bezweifelten, daß die Bruchstücke zu Hominoiden gehörten, die sich von *Australopithecus africanus* und *Homo erectus* grundlegend unterschieden. Das Bild wandelte sich mit weiteren Funden in Olduvai und an anderen afrikanischen Ausgrabungsorten, insbesondere in Ostturkana und Nordkenia, wo ab 1967 hominoide Fossilien geborgen wurden. Das dort entdeckte, *H. habilis* zugerechnete Material umfaßte vollständiger erhaltene Schädel als in Olduvai sowie Hüft- und Beinknochen und sogar Teilskelette.

Das berühmteste Ostturkana-Fossil ist etwa 1,9 Millionen Jahre alt und trägt als Namen seine Katalognummer KNM ER-1470. Es läßt auf ein großes, flaches Gesicht schließen, auf ein für einen solch frühen Hominoiden ungewöhnlich gut entwickeltes Gehirn (rund 750 ml) und hatte offensichtlich ziemlich große Zähne. Die Funde in Ostturkana und anderswo waren bis 1985 zahlenmäßig so stark angewachsen, daß die Bandbreite der Merkmale ungewöhnlich groß ausfiel. Einige Wissenschaftler wandten ein, daß diese Vielfalt angesichts der unterschiedlichen Gesichtsformen, Zähne und Gehirngrößen (von 500 ml bis 750 ml) unmöglich einer einzigen Art zugeordnet werden könnte.

Es wächst mittlerweile die Überzeugung, daß *H. habilis* tatsächlich aus mindestens zwei verschiedenen Arten besteht: Eine mit großem Körper, größerem Gehirn, Gesicht und massiveren Zähnen und eine kleinere mit menschenähnlicherem Gesicht, aber primitivem Skelett und kleinerem Gehirn. Zwei Arten können nicht den gleichen Namen tragen, so wurden einige Fossilien neu getauft: *Homo ergaster*, »arbeitender Mensch«, und *Homo rudolfensis* — benannt nach dem Turkana-See, der zu Kolonialzeiten Rudolfsee hieß. Die große Art erreichte vermutlich eine Körperhöhe von 1,50 m bei einem Körpergewicht von etwa 52 kg. Die kleine Art hatte eher eine Körpergröße von etwa 1 m und war ca. 32 kg schwer.

H. habilis erwies sich als scheinbar erster überzeugender Mensch — ein Werkzeugmacher mit eineinhalbfachem *Australopithecus*-Gehirn. Seine Werkzeuge wurden an Fundstellen geborgen, an denen man auch Knochen verschiedener Antilopen, Schweine, Zebras und gelegentlich größerer Tiere wie Flußpferde, Büffel und Elefanten entdeckte. Diese Fundstätten lagen früher an Seen und Flüssen, wo sich die Tiere für gewöhnlich trafen, um zu trinken und unter den nahen Büschen und Bäumen Schutz zu suchen.

Auch Raubtiere und Menschen zog diese Gegend an, so daß nicht feststeht, welches Tier von Menschen oder Raubtieren getötet wurde. Vielleicht fanden die Menschen das frisch getötete Tier und vertrieben den Räuber von seiner Beute.

Die moderneren Hominoiden hatten als Aasfresser wahrscheinlich mehr Erfolg denn als Jäger, und vermutlich hat auch *Homo habilis* so gelebt. Die frühen Menschen teilten ihren Lebensraum mit Säbelzahntigern, die mit ihren Dolchzähnen Fleisch zerreißen, aber keine Knochen zerbrechen konnten. Sie ließen vermutlich große Mengen Fleisch und Knochenmark zurück. Das reiche Vorkommen von Fundstellen mit Werkzeugen legt nahe, daß die Menschen ihren Lebensraum allmählich in einen »Arbeitsplatz« und einen »Wohnort« unterteilten, obwohl von letzterem jede Spur fehlt.

Jäger oder Aasfresser — es scheint sicher, daß die prähumanen Menschenaffen, die aufstanden, um ihren offeneren Lebensraum zu erforschen, ihrer ursprünglichen Speisekarte Fleisch hinzufügten. Da Fleisch einen hochwertigen Ernährungsbestandteil darstellte, förderte sein Genuß die Fähigkeiten, die man brauchte, um an Fleisch heranzukommen.

Ein intelligenter, geschickter Hominide hatte somit Zugang zu den Quellen, die ihn noch intelligenter und geschickter machten. Ein Gehirn, das sich besser an eine Nahrungsquelle erinnerte und die Leistung der Gruppe bei Angriff oder Verteidigung steigerte, mußte eine Menge mehr Funktionen übernehmen, die durch einen komplizierteren Lebenswandel erforderlich wurden.

Ein Erkennungsmerkmal des menschlichen Gehirns ist sein unsymmetrischer Aufbau, der aus der Neigung resultiert, wichtige Funktionen sowohl über den linken als auch über den rechten Hirnlappen abzuwickeln. Diese Teilung der geistigen Arbeit macht aus den meisten Menschen Rechts- und aus einem Fünftel Linkshänder. Kein anderer Primat kennt diese Spezialisierung, aber *H. habilis* kannte sie — die fossilisierten Steinwerkzeuge weisen ihren links- oder rechtshändigen Schöpfer aus. Ein weiteres Anzeichen für die Menschwerdung ist eine leichte Ausbeulung in den Schädeln, die von dem Gehirn stammte, das sie schützten. *H. habilis* hatte in seinem Gehirn Platz für einen Gehirnteil, der bei uns Menschen das »Broca-Zentrum« genannt wird und die Sprachbildung birgt.

Die Sprache eröffnet grenzenlose Möglichkeiten. Sie dient der Weitergabe von Informationen und der Lagebesprechung in der Gruppe — Wörter sind soziale Werkzeuge. Vor allem aber ist Sprache das soziale Bindemittel, mit dem Entscheidungen getroffen, Absichten mitgeteilt und Erinnerungen weitergegeben werden. *H. habilis* konnte noch nicht die vollständige Palette von Lauten entwickelt haben, die dem menschlichen Stimmapparat zur Verfügung stehen, aber schon eine begrenzte Verbindung von Vokalen und Konsonanten, gepaart mit Mimik und Gesten, bot so viele praktische Vorteile, daß der höhere Aufwand für ein größeres Gehirn gerechtfertigt war. Die Werkzeuge des *H. habilis* blieben eine halbe Million Jahre unverändert und zeigen keine Spuren von kreativen Experimenten — nach dieser bahnbrechenden Erfindung scheint die Menschheit sich erst einmal ausgeruht zu haben.

Homo erectus

Bis vor rund 1,7 Millionen Jahren waren die menschlichen Vorfahren auf ihren Geburtsort Afrika beschränkt. Dann setzte eine Wanderungsbewegung ein. Die frühen Menschen erkundeten weitere Lebensräume in der Alten Welt. (In evolutionären Zeitdimensionen schrumpfen geographische Entfernungen: Bei einer Reisegeschwindigkeit von 16 km pro Jahr braucht man für eine Erdumrundung nur 2500 Jahre.) Derweil hatte die Menschheit einen neuen Bautyp entwickelt, den *Homo erectus,* der uns schon viel ähnlicher sah. Sein Name stammt von Eugène Dubois, der 1894 auf Java auf Fossilien stieß, zu denen ein recht moderner Schenkelknochen gehörte. Er nannte die neue Art *Pithecanthropus erectus.*

Die javanischen Funde des *H. erectus* sind 1 bis 0,5 Millionen Jahre alt, einige der afrikanischen Exemplare sind jedoch viel älter. Diese Art lebte vor 1,7 Millionen Jahren schon in Ostturkana und teilte sich Lebenszeit und Lebensraum mit den letzten Gruppen von *H. habilis.* Sie stellten bereits vielseitiger verwendbare Werkzeuge her. Die Beziehungen zwischen *H. habilis* und *H. erectus* liegen im dunkeln. Man nimmt an, daß die eine Art aus der anderen Art hervorging, da es jedoch zumindest zwei Formen von *H. habilis* gab, deren Herstellungsverfahren für Werkzeuge sich von denen ihrer Nachfahren deutlich unterschieden, gibt es keine offensichtliche Kontinuität.

Die Erkennungsmarke des *H. erectus* ist sein solide gebauter Schädel, dickwandiger, ausgeprägter und kürzer als der des *H. habilis,* mit einem Gehirn, dessen Volumen mit der Zeit von 850 auf 900 ml gewachsen war. Das Jochbein lag weiter vorne, aber das Gesicht war kleiner, die Nase ragte weiter vor, und die Nasenlöcher zeigten nach unten. Die Zähne entsprachen denen des kleineren *H. habilis,* am Unterkiefer fehlte jedoch weiterhin das Kinn.

Jahrelang besaßen wir nur dürftige Daten über den Körperbau des *H. erectus,* bis ein sensationeller Fund 1984 in Nariokotome in Westturkana ein nahezu vollständig erhaltenes Skelett zutage förderte, das mit seiner Katalognummer KNM WT-15000 bezeichnet wurde. Es gehörte einem ca. elfjährigen Jungen, der vor etwa 1,6 Millionen Jahren starb. Er war vermutlich in der Nähe eines Flusses umgekommen, der ihn dann an der Fundstelle ablagerte, wo er im Sand fossilisiert wurde. KNM WT-15000 war bereits 1,60 m groß und wog 48 kg. Ausgewachsen hätte er wohl eine Größe von 1,80 m und ein Gewicht von 60 kg erreicht. Seine hohe, schmalhüftige und langbeinige Gestalt, die einigen heutigen Ostafrikanern ähnelt, prädestinierte ihn für das Zurücklegen großer Entfernungen unter heißen klimatischen Bedingungen.

Bei der Ausbreitung von *H. erectus* über die Alte Welt müssen die kälteren Klimate in einigen europäischen und asiatischen Regionen zu einer allmählichen Anpassung der Körperform in Richtung einer kürzeren, gedrungeneren Gestalt geführt haben. Bei allen Spielarten sind die Knochen für eine schwere, kräftige Muskulatur angelegt, und es hat den Anschein, als habe *H. erectus* ein besonders mühevolles Leben geführt. Auf Java und in China lebte er vor 1 Million Jahren, und eine vor kurzem gemachte Entdeckung legt nahe, daß er auch Westasien und Europa erreichte. Im georgischen Dmanisi grub man unlängst einen Unterkiefer aus, zusammen mit Tierknochen und Werkzeugen, die unter vulkanischem Gestein lagen, das auf ein Alter von über 1 Million Jahre schließen läßt.

Die chinesische Form des *H. erectus* ist durch Überreste des sogenannten »Peking-Menschen« überliefert, benannt nach der Fundstelle in der Zhoukoudian-Höhle bei Peking, die in den 30er Jahren entdeckt wurde. Seither haben chinesische Forscher weiteres Material geborgen. Die Zhoukoudian-Höhle diente in vielen verschiedenen Phasen vor etwa 500 000 bis 200 000 Jahren als menschliche Behausung.

Die in Zhoukoudian gefundenen Werkzeuge sind denen der Olduvai-Handwerkskunst des

H. habilis geringfügig überlegen, doch möglicherweise machte der *H. erectus* in Asien mehr Gebrauch von vergänglichen Materialien wie Bambus. Weiter westlich entdeckte man Spuren einer bemerkenswert standardisierten Werkzeugproduktion von Handäxten, in einem Verbreitungsgebiet von Südafrika bis England und mit einer umfangreichen Materialwahl, die von Vulkanlava bis Feuerstein reichte. Diese Form der Werkzeugproduktion läßt sich in einem Zeitrahmen von vor über 1 Million Jahren in Afrika und bis zu 200 000 Jahren in vielen anderen Regionen feststellen; sie wird »Acheuléen« genannt, nach dem französischen St. Acheul, einem Vorort von Amiens, wo man zahlreiche Instrumente bergen konnte. Im Werkzeugkasten von Acheuléen finden wir Geräte zum Schneiden, Glätten, Kratzen, Zerkleinern und Schnitzen. Es gab wohl auch Holzwerkzeuge, die jedoch nur selten erhalten blieben. Der früheste bekannte Holzspeer wurde in Form einer abgebrochenen Eibenholzspitze in Clacton, England, gefunden, die etwa 40 cm lang und 300 000 Jahre alt ist. Von den einfachen, für die nomadische Lebensweise typischen Windschutzwänden ist jedoch leider nichts übriggeblieben, ebensowenig wie von Fallen und Schlingen aus Gras, Rinde oder Holz.

Der verstärkte Fleischkonsum verbesserte bei *H. habilis* und *H. erectus* die Energieversorgung für das wachsende Gehirn. Es gibt in den Knochen eines vermutlich weiblichen *H. erectus* aus Koobi Fora in Kenia Anzeichen, die auf eine tödliche Krankheit infolge der erhöhten Aufnahme von Vitamin A hinweisen, eine Substanz, die sich in der Leber von Fleischfressern sammelt. In wildreichen Lebensräumen gewährleisteten natürlich gestorbene Tiere und die Überreste der Beute von Raubtieren, die von den Hominiden möglicherweise in organisierter Form aufgespürt und geborgen wurden, eine ausreichende Fleischversorgung. Diese Methode war der Jagd vermutlich überlegen, was möglicherweise dazu führte, daß *Paranthropus robustus* und *Homo habilis* aus dem Rennen geworfen wurden, so daß sie vor rund 1,5 Millionen Jahren von der Bildfläche verschwanden.

Größere Gehirne deuten darauf hin, daß es mehr zu lernen gab, daß die Ausbildung länger dauerte und damit die Aufzucht des Nachwuchses mehr Aufwand erforderte. Die sich entwickelnde Sprachfähigkeit führte dazu, daß der Informationsaustausch über Tatsachen, Wünsche oder Absichten die soziale Interaktion komplizierter gestaltete und komplexeres Handeln ermöglichte. Die Menschheit entdeckte die Vielfalt der Welt, und das wirkte sich auf andere Primaten ebenso wie auf möglicherweise gefährliche Mitbewohner aus: Während der Dienstzeit des *H. erectus* starb der Säbelzahntiger in Afrika aus.

Die Nachkommen von Homo erectus

Nur in einer Region scheint sich *H. erectus* bis ins obere Pleistozän fortentwickelt zu haben. Eine Reihe von Schädeldecken und zwei Beinknochen von der Fundstelle Ngandong am javanischen Solo-Fluß gehören zu einem noch robusten, jedoch weiterentwickelten Typ des *H. erectus* mit einem durchschnittlichen Gehirnvolumen von 1000 ml gegenüber den bei frühen Formen üblichen 850 ml. Die Untersuchungen weisen darauf hin, daß die Menschen von Ngandong in Java im oberen Pleistozän so lange überleben konnten, weil sie auf einer Insel isoliert waren.

Andernorts räumte *H. erectus* das Feld für neue Populationen, die unter dem Etikett »urzeitlich« als *Homo sapiens* (unsere eigene Art) klassifiziert werden. Alternativ könnte man sie auch nach dem Fundort jenes Unterkiefers in Mauer bei Heidelberg in Deutschland 1907 benennen: *Homo heidelbergensis*. *H. sapiens* wies noch viele Merkmale des solide gebauten *H. erectus* aus, der Schädel war jedoch höher und geräumiger und enthielt rund 1250 ml Gehirnvolumen, ein nahezu modernes Maß. Das Gesichtsprofil war weit weniger fliehend als bei *H. erectus*, die Zähne waren kleiner, ein Trend, der schon bei *H. habilis* sichtbar geworden war. Die Körperform hatte sich vermutlich in Anpassung an die regionalen Umwelt- und Klimabedingungen verändert.

Mit etwa einer halben Millionen Jahre ist das Mauer-Exemplar der älteste bekannte Hominide Europas. Andere Fossilien stammen aus Petralona (Griechenland), Bilzingsleben (Deutschland) und Arago (Frankreich). In England offenbarten die archäologischen Fundstätten von Boxgrove (West-Sussex) und High Lodge (Suffolk) Hinweise auf die Tätigkeiten, jedoch keine Fossilien. Einer der massivsten bekannten menschlichen Schädel stammt aus Bodo (Äthiopien); ihm entsprechen zwei zerbrochene Schädel aus Yun Xian (China). Diese Exemplare sind zwischen 450 000 und 250 000 Jahre alt; jüngere Exemplare tauchten in Broken Hill (Sambia), Dali und Jinniu Shan (China) auf. Aus Jinniu Shan stammt das einzige einigermaßen vollständig erhaltene Skelett eines *H. heidelbergensis*, von dem jedoch, abgesehen vom stämmigen Körperbau, nur wenige Einzelheiten zu berichten sind. Zu den fortgeschrittenen Merkmalen des Schädels gehören ein Gehirnvolumen von etwa 1300 ml und eine dünnere Schädelwand, die sich von der viel dickeren bei *H. erectus* und einigen anderen Fossilien des *H. heidelbergensis*, zum Beispiel in Bodo oder Petralona, erheblich unterscheiden.

Man nimmt an, daß sich *H. heidelbergensis* aus *H. erectus* entwickelt hat, aber es gibt keine Hinweise, ob dieser Übergang in einer bestimmten Region (vermutet wurde Europa) oder weiträumiger erfolgte. Eine plausible Möglichkeit deutet auf eine Überlappung in China zwischen *H. erectus* (der an Fundstellen wie He Xian und Zhoukoudian auf etwa 250 000 Jahre datiert wurde) und fortgeschritteneren Typen hin, die in Yun Xian und Jinniu Shan gefunden wurden.

Trotz offenkundiger Fortschritte der Größe des Gehirns deutet kein Fund von *H. heidelbergensis* auf ein verändertes Verhalten oder kulturelle Fortschritte hin. Die Besiedelung von zu jener Zeit abgelegenen Randgebieten wie den Britischen Inseln und Nordostchina mag ein Indiz für die allmählich zunehmende Anpassungsfähigkeit des Menschen sein. Dies waren jedoch lediglich erste Ansätze, und sie reichten sicher nicht aus, um das Überleben zu garantieren, als das Erdklima in eine der regulären Eiszeitzyklen einschwenkte. Diese langen Perioden kälterer, trockenerer Bedingungen zwangen die frühen Menschen zum Verlassen nördlicher und gebirgiger Regionen oder führten zu einem regionalen Aussterben.

Die Neandertaler

Die Neandertaler waren wohl das erste Volk, das sich an das Leben am Rande der Eiszeitwelt anpaßte. Sie lebten in der Zeitspanne vor 200 000 bis 35 000 Jahren in nahezu ganz Europa und Westasien, von Wales im Nordwesten bis Gibraltar im Südwesten, von Moskau im Norden bis Usbekistan im Osten. Wir begegnen ihnen auch in Israel und im Irak — Verwandte, die endlich unserem Bild vom Menschen entsprechen.

Zwar wurden die Neandertaler nach einem Skelettfund aus dem Jahr 1856 im Neandertal in der Nähe von Düsseldorf benannt, aber es wurden bereits 1830 und 1848 Exemplare in Belgien und Gibraltar gefunden. Zunächst betrachtete man die Fossilien als abnorme Formen von modernen kranken oder mißgestalteten Menschen. Bis zum Beginn unseres Jahrhunderts hatten weitere Entdeckungen, vornehmlich in Belgien und Frankreich, sie als eine separate Spielart früher Menschen, vielleicht sogar einer anderen als unserer eigenen Art ausgewiesen: *Homo neanderthalensis,* wie William King 1864 vorschlug. Mit dem Namen »Neandertal« klingt ein Unterton brutaler Rückständigkeit an, der durch unsere Kenntnisse jedoch nicht gerechtfertigt wird.

Die Neandertaler müssen sich aus *H. heidelbergensis* entwickelt haben, die Trennung ist jedoch nicht scharf, und es gibt bei Fossilien des mittleren Pleistozäns keine einhelligen Kriterien, die einen Neandertaler vom Nicht-Neandertaler abgrenzen. Der griechische Petralona-Schädel wurde aufgrund seiner vorstehenden Überaugenwülste und einiger anderer Merkmale des Gesichts häufig als Neandertaler eingestuft, aber Fossilien aus Swanscombe (England), Atapuerca (Spanien) und Ehringsdorf (Deutschland) belegen, daß erst vor 300 000 bis 200 000 Jahren Exemplare entstanden, die die Merkmale von *H. heidelbergensis* und von *H. neanderthalensis* zu einer neuen Form vereinten.

Die Atapuerca-Gruppe ist etwas Besonderes. Sie enthält 220 Knochen von mindestens dreiundzwanzig Individuen, darunter zwei gut erhaltene Schädel. Dieser Fossilienschatz übertrifft die Zahl sämtlicher auf der Welt gefundenen Fossilien der vorangegangenen 1 Million Jahre. Ihre Lage in einem Höhlensystem fern von jedem Eingang ist schwer zu erklären. Vielleicht wurden sie von einer Naturkatastrophe, zum Beispiel von einer Überschwemmung, dorthin getragen. Vielleicht wurden sie aber auch von anderen Menschen an diesem Ort beerdigt oder von Raubtieren dorthin geschleppt.

Bis vor 120 000 Jahren war die Entwicklung der echten Neandertaler abgeschlossen. Vor 70 000 Jahren lebten die »klassischen« Neandertaler in Westeuropa. Die meisten ihrer Fossilien stammen aus Höhlen, die sie als Behausung oder Grabstätte benutzten. In der Regel findet man bei ihnen auch Knochen von Tieren, die in kalten Gegenden beheimatet sind — Rentiere, Polarfüchse, Lemminge, Mammuts. Neandertaler waren an das eiszeitliche Europa adaptiert, mit ihrem bulligen, gedrungenen Körper, schweren Muskeln und dem großen Brustkasten bei Männern ebenso wie bei Frauen und Kindern. Die Männer waren etwa 1,70 m groß und wogen um die 70 kg, die Frauen waren 1,60 m groß und wogen 54 kg. Die Beinknochen waren dick und zeigten Spuren von Überanstrengung und Verletzungen. Einige Merkmale der Hüftknochen und die dicken Beinknochen legen nahe,

Die Neandertaler, die legendären Höhlenmenschen, lebten als nomadisierende Jäger und Sammler in großen Sippen. Die auf unserem Bild lebte vor 50 000 Jahren während der Eiszeit in Südeuropa. Sie benutzten Höhlen als willkommene und bequeme Ruheplätze, die ihnen Schutz vor der Kälte boten. Vor rund 35 000 Jahren verschwanden sie aus Europa, kurz nachdem sich *Homo sapiens* in ihrem Gebiet breit gemacht hatte.

FOSSILFUNDSTÄTTEN

Unsere frühesten unmittelbaren Vorfahren vor etwa 1,5 Millionen Jahren lebten vermutlich in Afrika, was durch eine Reihe von Fossilienfundstätten in Süd- und Ostafrika (siehe unten) belegt wird. Bis heute kennt man die früheste menschliche Art in Eurasien nicht mit Sicherheit. *Homo erectus* verbreitete sich jedoch bald von Afrika aus, wie Funde in Georgien (Dmanisi), China (Lantian) und Java (Sangiran) belegen.

Für die späteren Stadien der menschlichen Entwicklung ist Europa wegen seines Reichtums an Fundstätten sehr viel interessanter (links), aber verstreute Funde andernorts zeigen, daß ähnliche Entwicklungen überall dort erfolgten, wo moderne Menschen hingelangten. Jüngste Funde zeigten, daß Australien keineswegs der Hinterhof in der Geschichte der Evolution des modernen Menschen war und daß die frühesten Siedler Australien mit dem Boot vermutlich schon längst erreicht hatten, bevor der Cro-Magnon in Europa den Neandertaler verdrängte.

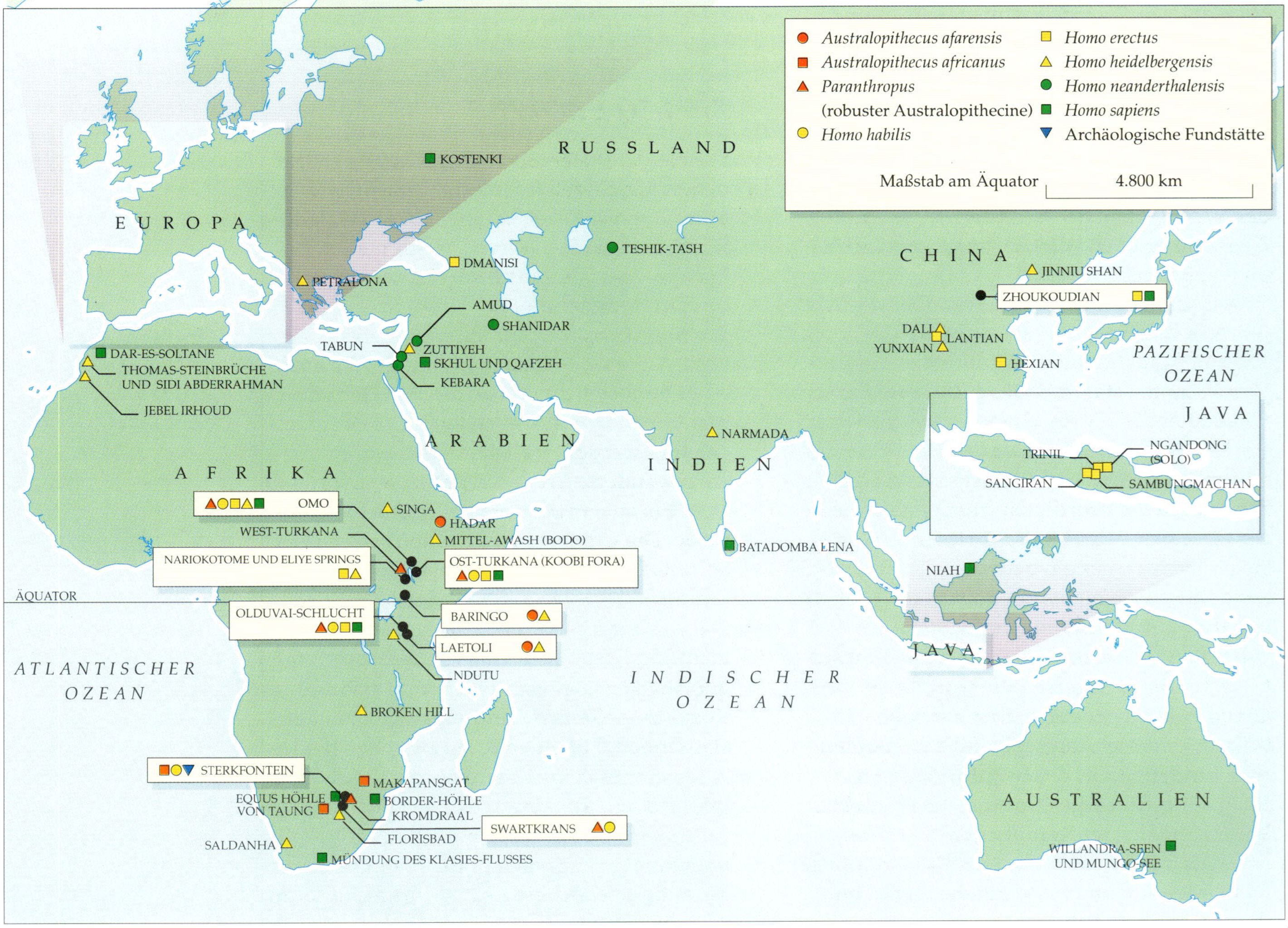

Kartenbeschriftungen (obere Karte)

EUROPA

PONTNEWYDD
HAHNÖFERSAND
HIGH LODGE
BILZINGSLEBEN
NEANDERTAL
EHRINGSDORF
CLACTON
SWANSCOMBE
DOLNI VESTONICE
KENT'S CAVERN
VOGELHERD
BOXGROVE
MLADEC
SPY
ENGIS
BRNO
PREDMOSTI
BIACHE
MAUER
STEINHEIM
CRO-MAGNON UND ABRI PATAUD
ARCY SUR CURE
KRAPINA
SAINT CÉSAIRE
REGOURDOU
LA QUINA
LEMOUSTIER
LA FERRASSIE
GRIMALDI
LA CHAPELLE-AUX-SAINTS
ARAGO
PECH DE L'AZE
SACCOPASTORE
BANYOLAS
MONTE CIRCEO
ATAPUERCA
MITTELMEER
GIBRALTAR
TIGHENNIF
SALÉ
NORDAFRIKA

Kartenbeschriftungen (untere Karte)

Legende:

- ● Australopithecus afarensis
- ■ Australopithecus africanus
- ▲ Paranthropus (robuster Australopithecine)
- ○ Homo habilis
- □ Homo erectus
- △ Homo heidelbergensis
- ● Homo neanderthalensis
- ■ Homo sapiens
- ▼ Archäologische Fundstätte

Maßstab am Äquator — 4.800 km

RUSSLAND
KOSTENKI
EUROPA
TESHIK-TASH
CHINA
DMANISI
JINNIU SHAN
PETRALONA
ZHOUKOUDIAN
AMUD
DALI
SHANIDAR
LANTIAN
TABUN
YUNXIAN
ZUTTIYEH
HEXIAN
DAR-ES-SOLTANE
SKHUL UND QAFZEH
PAZIFISCHER OZEAN
THOMAS-STEINBRÜCHE UND SIDI ABDERRAHMAN
KEBARA
JEBEL IRHOUD
JAVA
ARABIEN
NGANDONG (SOLO)
NARMADA
TRINIL
INDIEN
SANGIRAN
SAMBUNGMACHAN
AFRIKA
OMO
SINGA
HADAR
WEST-TURKANA
MITTEL-AWASH (BODO)
NARIOKOTOME UND ELIYE SPRINGS
OST-TURKANA (KOOBI FORA)
BATADOMBA LENA
NIAH
ÄQUATOR
OLDUVAI-SCHLUCHT
BARINGO
LAETOLI
NDUTU
JAVA
ATLANTISCHER OZEAN
INDISCHER OZEAN
BROKEN HILL
STERKFONTEIN
MAKAPANSGAT
EQUUS HÖHLE VON TAUNG
BORDER-HÖHLE
KROMDRAAL
AUSTRALIEN
SWARTKRANS
SALDANHA
FLORISBAD
WILLANDRA-SEEN UND MUNGO-SEE
MÜNDUNG DES KLASIES-FLUSSES

daß sie mit einem wiegenden Gang, anders als wir, liefen.

Das Gehirn der Neandertaler war mindestens so groß wie das unsrige, aber anders geformt. Es fehlt jedoch jeder Hinweis auf ihre geistigen Fähigkeiten. Ihr Schädel war lang und gedrungen, wie der früher Menschen; die Wülste über den Augenbrauen sprangen massiv hervor, und die massive Nase stach zwischen zurückliegenden Wangenknochen hervor.

Die Öffnungen und das Volumen der Nase waren größer als je bei einem Menschen zuvor oder danach. Eine Theorie bringt diese großzügige Ausstattung mit dem hohen Energieumsatz der Neandertaler in Verbindung und betrachtet sie als ein Kühlsystem. Möglicherweise diente sie aber auch zur Erwärmung der kalten Luft auf dem Weg in die Lunge.

Als Werkzeugmacher wandten die Neandertaler die mittelpaläolithische Handwerkstechnik des Moustérien-Steinbehaus an, benannt nach der französischen Fundstätte Le Moustier (mittlere Altsteinzeit). Zu den Erzeugnissen zählten Bohrer, Schaber, Spitzen, Messer und Handäxte; die Konstruktionen blieben über Zehntausende von Jahren nahezu unverändert. Sie verwandten zwar Holz, erkannten aber wohl nicht die Möglichkeiten, die Materialien wie Knochen, Geweih und Elfenbein boten; und bis zum Ende ihrer Karriere lassen sich keine Ornamente oder Verzierungen an den Werkzeugen der Neandertaler – ganz im Gegensatz zu den Werkzeugen ihrer Nachfolger – erkennen.

Die Neandertaler kannten den Gebrauch von Feuer, sowohl um sich zu wärmen als auch dazu, gefundenes oder aus unterirdischen Vorratsstellen stammendes gefrorenes Fleisch aufzutauen. Die Steinschaber wurden vermutlich für die Bearbeitung von Fellen zur Herstellung von Kleidern und Schutzbedeckungen verwendet. Sie beerdigten, zum ersten Mal in der Geschichte der Menschheit, ihre Toten – sicherlich war dies ein bedeutendes Ereignis, doch wir wissen nichts über die Bedeutung, die der Tod, das Gedenken oder die Achtung der Toten für ihre Kultur hatte. Einige in Grabstätten gefundene Gegenstände wurden als Grabbeigaben gedeutet, aber wir haben bislang keinerlei Anzeichen für Zeremonien oder für den Status der beerdigten Toten. Einige Skelette zeigen Spuren von überlebten Verletzungen oder Krankheiten – Hinweise dafür, daß es so etwas wie eine Krankenpflege und Unterstützung für leidende oder behinderte Menschen gab.

Die Frage der Sprachfähigkeit der Neandertaler ist umstritten. Anatomische Rekonstruktionen legen nahe, daß der Larynx (Kehlkopf) anders lag als beim modernen Menschen, und somit die Lautproduktion einschränkte. Andererseits sieht ein in Israel gefundener Zungenbeinknochen recht modern aus, was auf eine Kehle wie die des heutigen Menschen hinweist. Der moderne menschliche Stimmapparat kann eine sehr viel breitere Palette von Tönen erzeugen als zum Beispiel der von Schimpansen, und mit ihm vermag der Mensch Zehntausende von Wörtern zu artikulieren. Andererseits läßt sich eine beschränktere Umgangssprache durch Gestik, Mimik und Körpersprache ergänzen. Wie weit Denken ohne gedachte Wörter möglich ist, wirft eine Frage auf, die schwer zu beantworten ist. Es ist denkbar, daß die Neandertaler ihre sprachlichen Grenzen aufgrund der langlebigen technischen Tradition durch Fähigkeiten ausglichen, die wir nicht verstehen oder unterbewerten. *Homo »sapiens«*, der »weise« Mensch sollte sich davor hüten, die Möglichkeit außer acht zu lassen, daß es auch andere Wege des Menschseins gibt.

Homo sapiens

Die Neandertaler lebten in der ersten Hälfte der letzten Eiszeit in Europa, verschwanden aber vor etwa 30 000 Jahren. Seit 40 000 Jahren lebten aber auch moderne Menschen in Europa, und tatsächlich scheint das Aussterben der Neandertaler mit ihrem Auftauchen in Verbindung zu stehen. Wahrscheinlich verdrängten die Neuankömmlinge, die nach einer Fundstelle im französischen Département Dordogne zuweilen auch Cro-Magnons genannt werden, jedoch eindeutig eine eingewanderte Art verkörpern, die ursprünglichen Europäer und traten allmählich an ihre Stelle. Die Cro-Magnons stellten sehr viel kompliziertere Werkzeuge her. Einige der letzten Werkzeuge der Neandertaler weisen jedoch ebenfalls Veränderungen auf – es ist nicht auszuschließen, daß vor dem Aussterben der Neandertaler während einer Periode der Koexistenz Kontakte und sogar Kreuzungen stattfanden. Für einen Krieg zwischen beiden Arten gibt es keine Hinweise, die Geschichte zeigt jedoch, daß eine aktive, expandierende Kultur eine stabile, aber passive Kultur nicht unbedingt anzugreifen braucht, um sie durch Krankheiten oder eine Art »Kulturschock« zu destabilisieren.

Die Cro-Magnons waren groß, langbeinig und schmalhüftig. Auch sie besaßen starke Muskeln, jedoch nicht die dicken Knochen der Neandertaler, und mit einer Körpergröße von 1,70 m und einem Gewicht von 55 kg bei den Frauen und 1,80 m und 70 kg bei den Männern ähnelte ihre Statur eher den Afrikanern wie dem Jungen von Nariokotome vor 1,6 Millionen Jahren.

Ihre Fähigkeiten waren denen moderner Menschen vergleichbar. Sie verfügten über komplexe Gesellschaftsstrukturen, Sprache, Symbole und Zeremonien und produzierten Kunst: keine experimentellen Happenings, sondern Alltägliches – Gravuren, Skulpturen, Tonfiguren und die berühmten Höhlenmalereien. Falls die Quelle für diese Tätigkeiten außerhalb Europas liegt, ist sie noch nicht entdeckt worden. Sie stellten auch Schmuck wie Armreifen und Halsketten her, die teilweise äußerst kunstfertig mit Dutzenden von gravierten Einzelteilen angefertigt wurden. Vermutlich malten sie ihre Körper an. Der Gebrauch von Farbstoffen wie Ocker, mit dem sie bei der Bestattung den Leichnam bestreuten oder Handabdrücke auf unterirdischen Wänden umrandeten, ist durch Funde belegt.

Zu den Werkzeugen der Cro-Magnons gehörten lange Feuersteinklingen, die sie zur Herstellung von Spezialinstrumenten, wie Gravurmeißeln, Schabern und kleineren Klingen, benutzten. Neue Techniken ermöglichten die Verarbeitung von Knochen, Geweih und Elfenbein zur Herstellung von Statuetten, Perlen, Ringen, Nadeln, Speerspitzen und vielen anderen Gegenständen, darunter Flöten und Pfeifen; einige Wissenschaftler sind allerdings davon überzeugt, daß die Musik schon lange vorher erfunden worden war.

Diese frühen, »modernen« Menschen waren Zeitgenossen der letzten Neandertaler und

nicht deren Nachkömmlinge. Woher kamen sie also? Ihre fortschrittliche »Werkzeugindustrie« scheint im Osten früher als im Westen Europas aufgebaut worden zu sein, was auf den Einfluß aus dieser Richtung deutet, aber dort gibt es keine nahen Vorfahren, abgesehen von ein paar obskuren, vereinzelten Funden auf der Krim und im Libanon. Noch weiter nach Osten wurden in der oberen Höhle von Zhoukoudian Skelette früher moderner Menschen entdeckt, die fast wie die Cro-Magnons aussehen, die aber erstmalig vor 30 000 Jahren in China auftauchen und deren Ursprung folglich woanders liegen muß.

Noch früher, wahrscheinlich vor über 50 000 Jahren, scheinen die Menschen Australien erreicht zu haben. Wir wissen nicht, wie die ersten Ankömmlinge dort aussahen, aber sie müssen mit dem Boot oder Floß gereist sein, da Australien und Neuguinea während der gesamten Menschheitsgeschichte vom Meer umgeben waren. Bis vor 30 000 Jahren lebten zwei ganz verschiedene Spielarten von Menschen in Australien, einige sahen aus wie Cro-Magnons, die anderen waren sehr viel kräftiger gebaut. Die Wurzeln dieser Unterschiede müssen noch gefunden werden.

Die prä-europäische Geschichte des Cro-Magnons ist ein wichtiger Orientierungspunkt auf der Suche nach den Ursprüngen des modernen Menschen in der ganzen Welt. In Europa, China und Australien scheint es gleichermaßen wenige Belege für eine enge Verwandtschaft zwischen den regionalen Nachkommen von *Homo erectus* oder von *Homo heidelbergensis* auf der einen Seite und frühen modernen Formen auf der anderen zu geben.

Es scheint klar zu sein, daß frühe moderne Menschen vor rund 100 000 Jahren, lange vor ihrem Erscheinen in anderen Regionen, im Mittleren Osten und in Afrika lebten. Ihre Grabstätten wurden in den Höhlen von Skhul und Qafzeh in Israel ausgegraben, weniger vollständige Funde stammen aus der Border-Höhle und der Klasies-River-Mouth-Höhle in Südafrika, der Omo-Kibish-Höhle in Äthiopien und Guomde in Kenia. Die Datierung und die Lage der Fundorte dieser frühesten modernen Menschen sowie die Unterschiede zu ähnlichen, aber viel späteren modernen Menschen in anderen Teilen der Welt und den ihnen vorangehenden Menschen deuten auf eine Hauptrichtung der Abstammung hin. Allem Anschein nach erfolgte der Evolutionsschub vom prämodernen zum modernen Menschen lediglich und ausschließlich vor 150 000 bis 100 000 Jahren in irgendeinem bislang nicht identifizierten Teil Afrikas.

Die frühen modernen Bewohner Europas (die Cro-Magnons, nach einer Fundstätte in Frankreich) waren nicht nur geschickte Jäger und Liebhaber pflanzlicher Kost, sie waren auch die ersten systematisch vorgehenden Fischer. Einige waren vermutlich mit Booten, Netzen und Fischreusen ausgerüstet, wenn auch in unserer Darstellung ein Fischer lediglich einen Speer benutzt, um einen Lachs aus dem reißenden Fluß zu erbeuten. In manchen Wohnhöhlen der Cro-Magnons wurden große Ansammlungen von Fischgräten gefunden, während andere mit eingeritzten Fischornamenten geschmückt sind oder die Reste der Fischerausrüstung wie Harpunen oder Fischhaken aus Knochen oder Geweih aufweisen.

ANATOMISCHES ERBE

Neun charakteristische Merkmale moderner Menschen mit den Daten der evolutionären Herkunft. Der Postorbitalverschluß ist beispielsweise ein recht altes Merkmal, das sich vor vierzig Millionen Jahren entwickelte und für alle höheren Primaten typisch ist, während das menschliche Kniegelenk nur lebende Menschen und menschliche Vorfahren aufweisen.

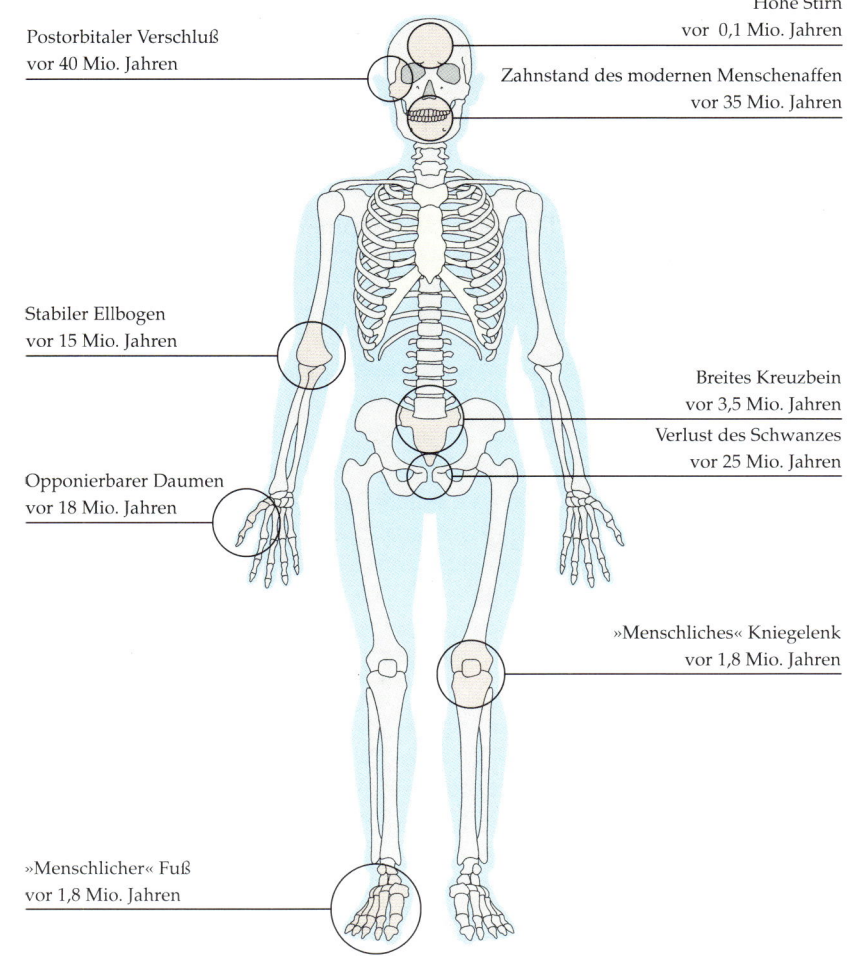

Postorbitaler Verschluß
vor 40 Mio. Jahren

Hohe Stirn
vor 0,1 Mio. Jahren

Zahnstand des modernen Menschenaffen
vor 35 Mio. Jahren

Stabiler Ellbogen
vor 15 Mio. Jahren

Breites Kreuzbein
vor 3,5 Mio. Jahren

Verlust des Schwanzes
vor 25 Mio. Jahren

Opponierbarer Daumen
vor 18 Mio. Jahren

»Menschliches« Kniegelenk
vor 1,8 Mio. Jahren

»Menschlicher« Fuß
vor 1,8 Mio. Jahren

Später verbreiteten sich diese afrikanischen Modernen über die anderen Kontinente, wobei sie sich den unterschiedlichen Klimaten und Umgebungen entsprechend anpaßten. (Eines der eher trivialen Symptome dieser Anpassungen ist unser heutiges Hautfarbenspektrum, das durch möglicherweise fünf bis sieben von insgesamt rund 300 000 Genen verursacht wird.)

Weitere Erkenntnisse offenbart die genetische Zusammensetzung des modernen Menschen. In mehreren Untersuchungen wurde nachgewiesen, daß der genetische Unterschied zwischen afrikanischen Völkern größer ist als zwischen den Völkern anderer Kontinente.

Darüber hinaus ist der genetische Unterschied zwischen den afrikanischen Völkern und den Völkern der anderen Kontinente größer als die Unterschiede zwischen den »Gen-Pools« von zwei anderen Kontinenten. Eine einleuchtende Erklärung für diese Tatsache ist, daß die afrikanische Gen-Ausstattung als erste vorlag und deshalb mehr Zeit als die anderen hatte, sich vielfältig zu entwickeln. Eine Untergruppe verließ Afrika und verzweigte sich, um den Rest der modernen Menschheit hervorzubringen, die genetisch nicht so vielfältig ist, da sie weniger Zeit zur Entfaltung hatte. Die Unterschiede zwischen den Völkern anderer Kontinente sind geringer, da weniger Generationen ihre Gründer voneinander trennen als von ihren afrikanischen Vorfahren.

Die Alternative wäre, daß jeder Kontinent seine eigene, moderne Menschheitsform vermutlich aus dem regionalen *H. erectus* entwickelte. Dies würde dem genetischen Befund widersprechen, der dann zwischen je zwei Kontinenten denselben Grad an Unterschiedlichkeit feststellen müßte. Außerdem würde dies die offenkundigen Unterschiede zwischen urzeitlichen und modernen Populationen außer acht lassen — zum Beispiel zwischen Neandertalern und Cro-Magnons. Es würde darüber hinaus extrem dichte genetische Ströme von Anbeginn an voraussetzen, als Folge der über kontinentale Grenzen hinweg stattfindenden Kreuzungen, um jede dieser unabhängigen menschlichen Unterarten an der Entwicklung gesonderter Arten zu hindern, die nicht weiter kreuzungsfähig wären, wie es die heutigen modernen Menschen jedoch sind. Und es würde jede dieser menschlichen Untergruppen in ihren unterschiedlichen Regionen zwingen, eine ganze Reihe von Skelettmerkmalen herauszubilden, die der heutigen Weltbevölkerung gemeinsam sind, es aber nicht bei den urzeitlichen Populationen waren, die mehr oder weniger unabhängig voneinander lebten.

Damit wäre die Geschichte der Menschheit ein ausgeklügeltes, von Unwahrscheinlichkeiten strotzendes und vom Zufall angetriebenes Modell. Das Gewicht der Erkenntnisse verlangt nach einer logischeren Geschichte, deren erstes Kapitel in Afrika geschrieben wurde und deren Charaktere mit der Bewegung über Europa und Asien Gestalt gewinnen. Vielleicht überquerten sie das Meer, um Australien zu erreichen, und marschierten über die Landbrücke, wo heute die Bering-See liegt, auf ihrem Weg nach Alaska und Amerika. Das Datum der ersten Besiedlung ist umstritten, liegt aber vermutlich nicht einmal 30 000 Jahre hinter uns.

Der moderne *H. sapiens* verfügte über Erfindungsgeist und Kreativität, die sich aus den Verbesserungen des Gehirns, echten neurologischen Veränderungen, erklären. Vielleicht wurden diese Fähigkeiten aber auch von der Menschheit selbst, aus ihrer eigenen Geschichte und Erfahrung heraus entwickelt. Jedes Entwicklungsstadium, sei es in der sozialen Organisation, in der Werkzeugfertigung oder in der Sprache, zwang die Menschen, ein immer komplizierter werdendes Leben zu meistern. Werkzeuge, Sprache, Gedächtnis, soziale Organisation – all dies diente der Ausdehnung der Menschheit, ergänzte ihren ursprünglichen Bauplan. Wo einige dieser Stufen auch zu Schwellen der Verständigung wurden, haben wir uns vielleicht auf die mentale Dimension konzentriert, in der Experimente, Kreativität, Kunst und Phantasie notwendige Fertigkeiten waren. An dem Punkt, an dem die Menschen bereit waren, die Stufe der Kultur und der Gesellschaft zu betreten, endet diese Geschichte.

Sie endet, aber sie ist zwangsläufig nicht vollständig. Dieses Kapitel leidet wie der Rest des »Buches des Lebens« am Verlust von Wörtern, Abschnitten, ganzen Stapeln von Blättern. Weite Gebiete aus Zeit und Raum sind wissenschaftliche Wüste. Wir wissen, daß etwas passiert ist, aber wir wissen nicht was. Und wir können nur hoffen, daß weitere Schätze nur begraben, aber nicht vernichtet sind.

Die Menschheit hat der Evolution ein neues Betätigungsfeld verschafft. Unsere Fähigkeiten sterben nicht mit uns; sie überleben und passen sich in Form von Kunst, Wissenschaften und Technologien an. Die natürliche Zuchtwahl kann unser Wissen nicht mit seinen Besitzern dezimieren. Tödlich oder lebensspendend, das Beste und Schlimmste unserer Kenntnisse ist unauslöschbar gedruckt, belegt und verschlüsselt. Wir haben die Entfernungen auf unserem Planeten auf ein paar Flugstunden reduziert, das Land annektiert, die Menschen gezähmt oder vernichtet, die Atmosphäre und die Ozeane verändert. Unsere Pläne und Entscheidungen wachsen uns über den Kopf, und je größer ihr Ausmaß, desto schwieriger die Reparatur. Wir definieren uns durch unsere Widersprüche. *Homo sapiens* nennt seine besten Eigenschaften »human«, »humanistisch«, »humanitär«. Doch verglichen mit dem *Homo sapiens* wirkt selbst *Tyrannosaurus rex* noch zurückhaltend. *T. Rex* war biologisch ein Gefangener seiner selbst. Die Geschichte verrät uns nicht, ob dies auch für die Menschheit gilt.

LÄNGENVERHÄLTNIS ZWISCHEN UNTER- UND OBERSCHENKEL

Das Längenverhältnis zwischen dem Schienbein und dem Oberschenkelknochen nennt man auch Crural-Index. Bei den heutigen Menschen steht er im Zusammenhang mit dem Klima, in dem die Bevölkerung derzeit lebt oder zuvor lebte. Bevölkerungen aus heißen Gebieten (z. B. die zentralafrikanischen Pygmäen, die Afroamerikaner) weisen ein verhältnismäßig langes Schienbein auf, während dieses bei Bewohnern kühlerer Breiten kürzer ist (z. B. weiße Südafrikaner, Eskimos). Der Kruralindex deutet darauf hin, daß der menschliche Körper dazu neigt, in heißen Klimaten längere Beine und schlanke, aufgeschossene Körperformen zu entwickeln, in kalten Gegenden jedoch gegenteilige Formen zu bilden. Fossile Skelette scheinen derselben Gesetzmäßigkeit zu folgen, denn die Neandertaler der europäischen Eiszeit weisen die Körperform und den Crural-Index von heutigen Lappen auf, während der kenianische *Homo erectus*-Knabe modernen Afrikanern ähnelt.

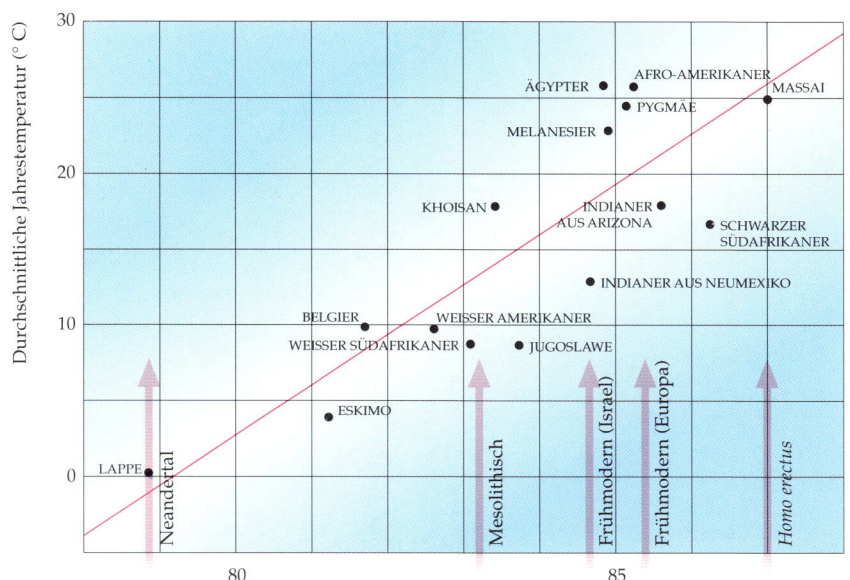

Durchschnittliches Längenverhältnis Schienbein/Oberschenkelknochen (Crural-Index)

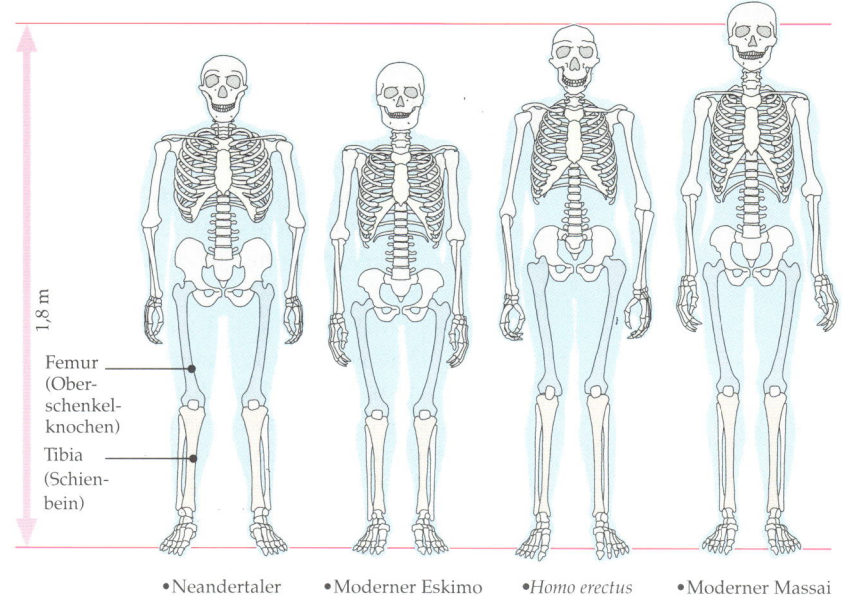

•Neandertaler   •Moderner Eskimo   •*Homo erectus*   •Moderner Massai

Bildverzeichnis

Der Verlag dankt folgenden Institutionen und Privatpersonen für die freundliche Genehmigung zur Reproduktion der Illustrationen.

Courtesy Department Library Services, American Museum of Natural History 11 (2417), 18 unten (1775), 19 (2425), 131 (328401); Ardea 125/Pat Morris 147 oben rechts/Adrian Warren 233 unten; British Library, London 14–15, 18 oben; Jean-Loup Charmet 6, 179; Mary Evans Picture Library 69 oben links, 155 unten; S. J. Gould 7; © 1986 Mark Hallett. Alle Rechte vorbehalten 12–13; Eva Hochmanova 20; Hulton Deutsch Collection 131 unten/ Bettmann Archive 13 oben rechts; Institute of Human Origins, Berkeley, CA, USA 231; The Natural History Museum, London 10, 71, 74, 83, 139, 153; Gregory S. Paul 21; © 1966, 1975, 1985, 1989 Peabody Museum of Natural History, Yale University, CT, USA 8–9; Scottish National Portrait Gallery 69 mitte rechts; N. H. Trewin 67, 69 unten links, oben & unten rechts, 77.

Alle paläontologischen Graphiken basieren auf den Arbeiten von Cambridge Paleomap Services Ltd., Cambridge, England; (S. 24/25 Shark) »Relationships of fossil and living elasmobrachs«, B. Schaffer und M. Williams, *American Zoo*, 1977;

(Delphin) *A review of the Archaeoceti*, R. M. Kellogg, Carnegie Institution Washington 1936; (S. 52 Buntbarsche nach Greenwood, 1974; (S. 72 Drepanaspis) *Paleozoic Fishes* (2nd edn.), J. A. Moy-Thomas und R. S. Miles, Chapman & Hall, 1971; (S. 72 Pteraspis) (E. I. White) *Phil. Trans. R. Soc. Lond.* B 225 381 (1935); (S. 76 Hauptkarte von Schottland) »Environmental controls on fish faunas of the Middle Devonian Orcadian Basin«, R. F. M. Hamilton und N. H. Trewin, »Devonian of the World«, *Memoirs of the Canadian Society of Petroleum Geology*, Calgary 1988; (Bild 1) »Palaeoecology and sedimentology of the Ancharras fish bed of the Middle Old Red Sandstone, Scotland«, N. H. Trewin, *Transactions of the Royal Society of Edinburgh: Earth Sciences*, vol. 77 (1986) S. 21–46; (S. 81 Eusthenopteron Skelett) S. M. Andrews und T. S. Westholl »The postcranial skeleton of *Eustenopteron foordi* Whiteaves«, *Transaction of the Royal Society of Edinburgh: Earth Sciences*, vol. 68 (9) (1968–9) S. 207–329; (S. 81 Ichthyostega Skelett) nach E. Jarvik; (S. 96 *Thrinaxodon*) nach Parrington 1946; (S. 96 *Morganucodon Schädel*) »The skull of *Morganucodon*«, K. A. Kermack, F. Mussett und H. W. Rigney, *Zoological Journal of the Linnean Society* 1981; (S. 117 Proterosuchus) nach Greg Paul in Parrish 1972; (S. 117 Euparkeria) (R. F.

Ewer) Phil. Trans. R. Soc. Lond. B 248 379 (1965); (S. 117 *Saurouchus*) nach J. F. Bonaparte 1981; (S. 117 *Ornithosuchus*) (A. D. Walker) *Phil. Trans. R. Soc. Lond.* B 248 53 (1964); (S. 117 Haltung und Gang) *Vertebrate Palaeontology*, M. J. Benton, Harper Collins Academic 1990; (S. 138 Anpassung der Cephalopoden) »The Ammonoidea«, M. R. House und J. R. Senior, Academic Press London 1981; (S. 140 Graphik zu Beinumfang/Körpermasse) »Mechanics of posture and gait of some large dinosaurs«, R. McN. Alexander, *Zoological Journal of the Linnean Society* 1985; (S. 140/1 *Brachiosaurus*) nach W. Janesch; (S. 146 *Dromaeosaurus*) »The small Cretaceous dinosaur *Dromaeosaurus*«, E. S. Colbert und D. A. Russell, American Museum Novitiates 1969; (S. 146/7 *Archaeopteryx*) nach Yalden 1984; (S. 163 *Hadrosaurier*) »The evolution of cranial display structures in hadrosaurian dinosaurs«, J. A. Hopson, *Paleobiology* 1975; (S. 166 Das K/T-Diagramm entnommen aus *Scientific American*, Oct. 1990 S. 45–56; (S. 175 *Thrinaxodon*) *Mammal-like Reptiles and the Origin of Mammals*, T. S. Kemp, Academic Press London 1982; (S. 199 Schädel-, Fuß- und Zahndarstellung) *Mammal Evolution: An Illustrated Guide*, R. J. G. Savage und M. R. Long, Natural History Museum London; (S. 226 Diagramm zur

molekularen Uhr) *Human Evolution – an Illustrated Introduction*, R. Lewin, Blackwell Scientific Publications 1984 S. 20; (S. 226 Übersicht zu Vor/nach Molekularbiologie) *Human Evolution – an Illustrated Introduction*«, R. Lewin, Blackwell Scientific Publications Second Edition S. 37; (S. 230 *Proconsul*) »Human Evolution – an illustrated introduction«, R. Lewin, Blackwell Scientific Publications 1984 S. 40; (S. 230 *Pliopithecus*) nach H. Zapfe 1960; (S. 230 *Oreopithecus*) nach H. Schafer 1960; (S. 230 *Sivapithecus*) »Maxillofacial morphology of Miocene hominoids from Africa and Indo-Pakistan«, S. C. Ward und D. R. Pilbeam, aus *New Interpretations of Ape and Human Ancestry* ed. R. L. Ciochon und R. S. Corruccini, Plenum (New York) 1983; (S. 232 Genetischer Stammbaum) entnommen aus *Scientific American* Nov. 1991, S. 75; (S. 232 Mono- und multiregionale Theorien) entnommen aus *Scientific American* Dec. 1990, S. 100; (S. 232 Besiedlungskarte) entnommen aus »Genes, Peoples and Languages«, by Luigi Luca Cavalli-Sforza, *Scientific American* Nov. 1991 S. 75; (S. 235 Lageplan von Laetoli) von Mary Leakey und John Harris: *Laetoli* (1988). Nachdruck mit Genehmigung der Oxford University Press; (S. 251 Crural-Index-Graphik) *Hominid Evolution and Community Ecology*, ed. R. Foley, Academic Press London 1984.